Lars Klitzke • Martin Zerwas **Energetisch optimieren im Bestand**

Energetisch optimieren im Bestand

Nachhaltige und ressourcenschonende Konzepte
für alle Baualtersstufen

mit 181 Abbildungen und 66 Tabellen

+ mit Checklisten zum Download

Lars Klitzke, M.Eng., M.Eng., MAS

Energieexperte mit Schwerpunkt Gebäudesimulation, Bauphysik und autarke Versorgungskonzepte. Vertretungsprofessor an den Hochschulen Mainz und Zittau/Görlitz.

Prof. Dipl.-Ing. Martin Zerwas

Bauphysiker und Professor für nachhaltiges Konstruieren an der FH Aachen. DGNB-Auditor und Sachverständiger für Wärmeschutz.

RM Rudolf Müller

Bibliografische Information der Deutschen Nationalbibliothek

Die Deutsche Nationalbibliothek verzeichnet diese Publikation in der Deutschen Nationalbibliografie; detaillierte bibliografische Daten sind im Internet über https://www.dnb.de abrufbar.

Wir freuen uns, Ihre Meinung über dieses Fachbuch zu erfahren. Bitte teilen Sie uns Ihre Anregungen, Hinweise oder Fragen per E-Mail mit: fachmedien.architektur@rudolf-mueller.de.

Lektorat: Petra Lindner, Kescheid
Satz und Umschlaggestaltung: WMTP Wendt-Media Text-Processing GmbH, Birkenau
Umschlagfoto: Foto von Jørgen Larsen auf Unsplash
Druck und Bindearbeiten: Westermann Druck Zwickau GmbH, Zwickau
Printed in Germany

ISBN 978-3-481-04912-6 (Buch-Ausgabe, Produktionscharge *001)
ISBN 978-3-481-04913-3 (E-Book-Ausgabe als PDF)
ISBN 978-3-481-04914-0 (Buch und E-Book-Ausgabe als PDF, Produktionscharge *001)

PEFC
PEFC/04-31-3513
PEFC-zertifiziert
Dieses Produkt stammt aus nachhaltig bewirtschafteten Wäldern, Recycling und kontrollierten Quellen
www.pefc.co.uk

Vorwort

Bauen im Bestand ist keine Technik. Es ist eine Haltung.

Mit dieser Überzeugung haben wir uns der energetischen Optimierung bestehender Gebäude gewidmet – nicht als rein technische Herausforderung, sondern als kulturelle, gesellschaftliche und ökologische Aufgabe. Die vorliegende Publikation ist das Ergebnis einer mehrjährigen Auseinandersetzung mit den Möglichkeiten und Grenzen des Weiterbauens – einer Praxis, die heute mehr denn je im Zentrum der baupolitischen und fachlichen Debatte steht.

Die Dringlichkeit der Klimakrise, der Ressourcenmangel und der hohe Anteil des Gebäudesektors an den weltweiten CO_2-Emissionen lassen keinen Zweifel daran: Wir müssen unsere gebaute Umwelt grundlegend überdenken. Der Fokus darf nicht länger auf dem Neubau liegen, sondern muss sich auf den Bestand richten – auf das, was bereits da ist. In der Substanz vorhandener Gebäude steckt nicht nur graue Energie, sondern auch kulturelles Erbe, gesellschaftliche Erinnerung und handwerkliche Qualität. Dieses Potenzial zu erkennen, zu bewahren und intelligent weiterzuentwickeln, ist ein zentrales Anliegen unseres Werkes.

„Energetisch optimieren im Bestand" richtet sich an Planerinnen und Planer, Ingenieurinnen und Ingenieure, Energieberatende, Architekturschaffende und Entscheidungstragende, die den Wandel im Gebäudesektor aktiv gestalten möchten. Es will keine Sammlung technischer Rezepte sein, sondern ein integrativer Leitfaden, der das komplexe Zusammenspiel aus Technik, Gestaltung, Wirtschaftlichkeit und Nachhaltigkeit beleuchtet. Denn energetische Optimierung ist mehr als der Einbau effizienter Anlagentechnik – sie beginnt mit einem tiefen Verständnis für den Bestand, seinen Wert und seine Möglichkeiten.

Dies zeigt sich auch in der Struktur des Werkes:

- **Kapitel 1–6.4.7** – Der Einführung in die Thematik von Lars Klitzke, folgen seine Analysen zu Energiepreisentwicklung, gesetzlichen Rahmenbedingungen und dem Wohngebäudebestand – vom Einfamilienhaus bis zum Mehrfamilienhaus. Er entwickelt handlungs- und lösungsorientierte Sanierungskonzepte und stellt Energiebilanzen vor.
- **Kapitel 6.4.8** – Martin Zerwas erweitert die Betrachtung um eine umfassende **Ökobilanzierung**, in der sowohl die **graue Energie** und der **CO_2-Fußabdruck** der Bestandsgebäude als auch die **ökologischen Auswirkungen verschiedener Sanierungsstrategien** systematisch analysiert und vergleichend bewertet werden
- **Kapitel 7–9** – Lars Klitzke zeigt Sanierungslösungen für Baukonstruktionen und Gebäudetechnik, die in ganzheitliche Strategien für einen klimaneutralen Gebäudebestand münden.
- **Kapitel 10** – Martin Zerwas macht deutlich, dass Nachhaltigkeit ohne Wirtschaftlichkeit nicht denkbar ist und sich beides gegenseitig bedingt. Er liefert konkrete Rechenmodelle und belastbare Entscheidungsgrundlagen für Investitionen in die Sanierung.
- **Kapitel 11** – Lars Klitzke gibt einen Ausblick auf die Zukunft des Bauens im Bestand im Spannungsfeld zwischen Gebäude- und Emissionseffizienz.

Die Arbeit an diesem Buch war geprägt von zahlreichen Perspektiven. Neben unseren eigenen Erfahrungen als Planer, Forschende und Lehrende haben Gespräche mit Kolleginnen und Kollegen, Fachleuten aus der Praxis sowie engagierten Studierenden das Werk inhaltlich bereichert. Der interdisziplinäre Austausch hat uns gezeigt: Nur wenn Fachdisziplinen zusammenwirken, können zukunftsfähige Lösungen entstehen.

Methodisch bewegt sich das Buch zwischen theoretischer Fundierung und praktischer Anwendung. Es verbindet energetische Analysen mit architektonischen Strategien, stellt Low-Tech-Ansätze neben digitale Tools und diskutiert planerische Haltung ebenso wie wirtschaftliche Rahmenbedingungen. Zahlreiche Fallbeispiele illustrieren die Bandbreite an Lösungen – von der minimalinvasiven Sanierung bis hin zur umfassenden Transformation. Dabei spart das Werk auch kritische Fragen nicht aus: Wo liegen die Grenzen der Machbarkeit? Welche Zielkonflikte treten auf? Wie lassen sich technische Lösungen zukunftsorientierend realisieren?

Unser Anspruch war es, ein Buch zu schreiben, das weder dogmatisch noch rein normativ ist. Vielmehr verstehen wir es als Beitrag zur Entwicklung einer Baukultur, die Verantwortung übernimmt – ökologisch, ökonomisch und sozial. Denn jedes Gebäude, das erhalten und sinnvoll weitergenutzt wird, ist ein Statement gegen Ressourcenverschwendung, gegen die Gleichförmigkeit des Bauens und für eine nachhaltige Zukunft.

Ein besonderer Dank gilt den Mitwirkenden, deren Fachbeiträge und konstruktive Kritik das Buch in vielfacher Weise bereichert haben. Ebenso danken wir den Eigentümerinnen und Eigentümern, die mit Mut und Vertrauen den Weg der Optimierung eingeschlagen haben – oft jenseits etablierter Pfade, aber immer mit dem Ziel, ihren Gebäuden eine Zukunft zu geben. Und nicht zuletzt danken wir unseren Studierenden: Ihre Fragen, ihr kritisches Denken und ihre Begeisterung für das Thema haben uns immer wieder inspiriert, auch scheinbar Selbstverständliches neu zu hinterfragen.

Weiterhin danken wir unseren Familien, Frau Lindner für das präzise und sehr gute Lektorat und dem Verlag RM Rudolf Müller Medien – insbesondere Frau Witte und Frau Wunderer – für die Freiheit, praxisorientierte Inhalte mit wissenschaftlicher Tiefe zu entwickeln und für ihre konstruktive Unterstützung.

Wir hoffen, dass dieses Buch nicht nur informiert, sondern auch motiviert. Dass es Mut macht, Bestehendes als Chance zu begreifen. Und dass es dazu beiträgt, das Bauen im Bestand als das zu verstehen, was es ist: eine verantwortungsvolle, kreative und zukunftsweisende Aufgabe.

Zittau/Aachen, August 2025

Lars Klitzke
Martin Zerwas

Inhalt

Hinweise zum Download-Angebot

Es stehen exklusiv für Buchkäufer die Checklisten aus dem Buch als PDF-Dateien zum Download bereit.

Ihr persönliches Kennwort lautet: G7r!x2Lp

1 Einleitung

Der Bausektor ist einer der Hauptverursacher globaler Treibhausgasemissionen. Nach Erkenntnissen der Vereinten Nationen zeichnet er für 47 % der energiebedingten CO_2-Emissionen weltweit verantwortlich. Besonders der Neubau von Gebäuden erweist sich als äußerst energieintensiv: Für die Herstellung, den Transport und die Montage von Baumaterialien wird eine erhebliche Menge an sogenannter grauer Energie benötigt. Diese Energie repräsentiert bei modernen Effizienzhäusern mehr als die Hälfte des gesamten Energiebedarfs über deren Lebensdauer. Darüber hinaus werden bedeutende Mengen an klimaschädlichen Emissionen nicht nur während der Bauphase, sondern auch beim Abriss und bei der Entsorgung von Gebäuden freigesetzt. Diese Einsichten verdeutlichen die dringende Notwendigkeit, nachhaltigere Praktiken in der Bauindustrie zu implementieren, die sowohl den Energieverbrauch während der Bau- und Abrissphasen reduzieren als auch die Lebensdauer der Gebäude verlängern und deren Gesamtenergieeffizienz verbessern.

Im Gegensatz dazu bieten Bestandsbauten erhebliche ökologische Vorteile. Da diese Gebäude bereits existieren, entfällt der Bedarf an zusätzlicher grauer Energie für den Bau, und die damit verbundenen Emissionen werden erheblich reduziert. Die Wiederverwendung und Anpassung bestehender Bauten tragen dazu bei, den ökologischen Fußabdruck des Bauwesens zu minimieren. Bestandsgebäude enthalten bereits große Mengen an verbauten Rohstoffen, die bei einem Abriss verloren gehen würden. Durch den Erhalt dieser Strukturen kann der Bedarf an neu abgebauten Materialien erheblich reduziert werden, was die Umweltbelastung durch Rohstoffgewinnung und Abfallentsorgung verringert (Altbausanierung mit nachwachsenden Rohstoffen, 2020, S. 9).

Ökonomisch gesehen können Bestandsbauten ebenfalls von Vorteil sein. Während Abriss und Neubau häufig als wirtschaftlich lukrativ erscheinen, können die langfristigen Kosten durch Umbau und Modernisierung deutlich gesenkt werden. Der Erhalt von Bausubstanz spart nicht nur Materialkosten, sondern minimiert auch die notwendigen Investitionen in den Aufbau der Infrastruktur wie Straßen und Versorgungsleitungen. Zudem wird durch eine sorgfältige Modernisierung der energetische Standard von Bestandsbauten verbessert, was langfristig Betriebskosten einspart und zur Nachhaltigkeit beiträgt. (Baukulturbericht 2022/23 Neue Umbaukultur, 2022, S. 8)

Der Gebäudesektor spielt somit eine zentrale Rolle bei der Bewältigung der Energie- und Klimakrise. Die hohen Heizenergiepreise in den Jahren 2022 und 2023 haben die Dringlichkeit verdeutlicht, Maßnahmen zur Reduktion des Energieverbrauchs in Gebäuden umzusetzen. Trotz der Preisdeckelung durch die Politik blieb die finanzielle Belastung für Haushalte hoch, da viele Gebäude energetisch ineffizient sind. Insbesondere Altbauten und Mehrparteienhäuser aus der Zeit vor Einführung moderner Wärmeschutzstandards sind von den hohen Heizkosten betroffen.

Herausforderungen im Gebäudebereich

Altbauten weisen oft schlechte Dämmung und veraltete Heizsysteme auf, wodurch der Energieverbrauch und die Kosten pro m^2 hoch sind. Dies betrifft vor allem Miethaushalte, die keine Kontrolle über notwendige Sanierungsmaßnahmen haben. Die regionalen Unterschiede im Heizenergiebedarf und in den Kosten spiegeln die Varianz im Sanierungsgrad und im Einsatz moderner Heiztechnologien wider. Beispielsweise zeigen ostdeutsche Bundesländer einen tendenziell niedrigeren Energieverbrauch aufgrund höherer Sanierungsraten.

Bedeutung energetischer Sanierungen

Um die Belastung durch hohe Energiekosten zu reduzieren und Klimaziele zu erreichen, sind energetische Sanierungen unerlässlich. Maßnahmen wie die Wärmedämmung von Außenwänden, Dach und Fenstern, der Austausch ineffizienter Heizsysteme gegen Wärmepumpen sowie der Ausbau erneuerbarer Energiequellen in Gebäuden können den Energiebedarf erheblich senken. Dies führt nicht nur zu finanziellen Entlastungen für Haushalte, sondern auch zu einer nachhaltigen Reduktion von CO_2-Emissionen.

Politische und gesellschaftliche Notwendigkeiten

Die Politik spielt eine Schlüsselrolle bei der Umsetzung dieser Maßnahmen. Förderprogramme und Anreize für private Eigentümer müssen ausgeweitet werden, um die Investitionshürden für energetische Sanierungen zu senken. Gleichzeitig ist die Aufklärung der Bevölkerung über die langfristigen Vorteile energiesparender Technologien und Bauweisen entscheidend.

Die Energiepreiskrise im Zuge des Ukrainekriegs unterstreicht die dringende Notwendigkeit, energieeffiziente Bauweisen und Sanierungen zu fördern. Ein umfassender Umbau des Gebäudesektors hin zu energieeffizienten Standards ist nicht nur eine Antwort auf die Kostenproblematik, sondern auch ein zentraler Beitrag zum Klimaschutz. Eine Forcierung entsprechender Maßnahmen ist unabdingbar, da die bisherigen Einsparungen nicht ausreichen, um die ambitionierten Klimaziele zu erreichen.

Potenzial des Umbaus

Die Bauwirtschaft sieht sich der anspruchsvollen Aufgabe gegenüber, die rechtlichen und finanziellen Rahmenbedingungen so zu gestalten, dass Umbauprojekte gezielt gefördert werden. Es ist von essenzieller Bedeutung, den kulturellen, wirtschaftlichen und ökologischen Wert älterer Gebäude zu erkennen und aktiv zu nutzen. Eine gezielte Modernisierung erhält nicht nur die Bausubstanz, sondern trägt auch zur Ressourcenschonung bei und verringert den Bedarf an neuen Bauflächen. Umbauprojekte bieten die Chance, bestehende Bauwerke an veränderte Nutzungserfordernisse anzupassen, ohne die Umwelt durch die Belastungen eines Abrisses und Neubaus zusätzlich zu strapazieren. Der Fokus muss daher verstärkt auf die bestehenden Gebäude und deren Potenzial zur Umnutzung gelegt werden. Planerische Herausforderungen bestehen darin, eine effektive Flächensuffizienz zu gewährleisten und die vorhandenen Strukturen so anzupassen, dass sie modernen Anforderungen entsprechen. Dies erfordert innovative Ansätze in der Architektur und im Bauingenieurwesen, die sowohl den Erhalt der historischen Substanz als auch die Integration moderner Technologien und Energiestandards ermöglichen.

2 Energiepreisentwicklung

Die Entwicklung der Energiepreise in Deutschland von 1960 bis zum Jahr 2024 spiegelt eindrücklich die komplexen Wechselwirkungen zwischen ökonomischen, technologischen und geopolitischen Faktoren wider. In der Nachkriegszeit, insbesondere in den 1960er-Jahren, war die Energieversorgung in Deutschland durch eine Phase relativer Stabilität geprägt. Niedrige Rohstoffpreise, eine hohe Verfügbarkeit fossiler Energieträger wie Kohle und Erdöl sowie der Aufbau eines leistungsfähigen Energienetzes kennzeichneten diese Ära. Dies korrespondierte mit den Wachstumsstrategien der sozialen Marktwirtschaft, die Energie als unverzichtbaren Grundpfeiler der industriellen Produktion betrachteten.

Mit der ersten Ölkrise im Jahr 1973 begann eine Zäsur, die die Vulnerabilität der deutschen Wirtschaft gegenüber externen Schocks offenbarte. Die darauffolgende Verteuerung fossiler Energieträger markierte einen Wendepunkt in der Preisentwicklung und führte zu einer verstärkten Diversifizierung der Energieversorgung sowie zu ersten politischen Weichenstellungen für eine intensivere Nutzung erneuerbarer Energien. Die zweite Ölkrise Ende der 1970er-Jahre verfestigte diesen Trend und führte zu einer zunehmenden Bedeutung von Energieeffizienzmaßnahmen und Energiespartechnologien.

Die 1980er-Jahre waren durch eine relative Beruhigung der Energiepreise geprägt, wenngleich die Diskussion über die langfristigen ökologischen Auswirkungen fossiler Energieträger an Intensität gewann. Die Katastrophe von Tschernobyl im Jahr 1986 leitete eine gesellschaftliche und politische Debatte über die Sicherheit und Zukunft der Kernenergie ein, was insbesondere in Deutschland weitreichende Folgen für die Energiepolitik hatte. Die Preise blieben in dieser Phase trotz regionaler Schwankungen relativ moderat.

Mit der Wiedervereinigung Deutschlands im Jahr 1990 erfuhr der Energiemarkt eine neue Dynamik. Der Transformationsprozess der ostdeutschen Energieinfrastruktur, geprägt von der Integration in westdeutsche Marktstrukturen, ging mit erheblichen Investitionen einher. Parallel dazu begann die Europäische Union, eine harmonisierte Energiepolitik zu entwickeln, die auf Marktliberalisierung und die Förderung erneuerbarer Energien abzielte.

Die Jahrtausendwende brachte eine weitere fundamentale Veränderung. Die Verabschiedung des Erneuerbare-Energien-Gesetzes (EEG) im Jahr 2000 etablierte Deutschland als globalen Vorreiter in der Förderung erneuerbarer Energien. Die Subventionierung von Wind-, Solar- und Biomasseenergie führte jedoch auch zu einer spürbaren Steigerung der Strompreise für Endverbraucher. Gleichzeitig blieben die Preise für fossile Energieträger bis zur Finanzkrise 2008 relativ stabil, ehe die globale Rezession zu einem temporären Rückgang führte.

Die 2010er-Jahre waren vor allem von der Energiewende geprägt. Der schrittweise Ausstieg aus der Kernenergie infolge der Fukushima-Katastrophe 2011 und die kontinuierliche Förderung erneuerbarer Energien führten zu einer strukturellen Transformation des Energiesektors. Diese Transformation ging mit erheblichen Kosten einher, die sich in einer progressiven Erhöhung der Energiepreise widerspiegelten. Hinzu kamen geopolitische Unsicherheiten, darunter die Krise in der Ukraine 2014, die zu einer Volatilität der Erdgaspreise beitrugen.

Die Energiepreisentwicklung in den 2020er-Jahren bis 2024 war maßgeblich durch die multiplen Krisen dieser Epoche beeinflusst. Die COVID-19-Pandemie, der russische Angriffskrieg gegen die Ukraine sowie die daraus resultierende Neuordnung globaler Energielieferketten führten zu einer beispiellosen Energiepreiskrise. Die sprunghafte Verteuerung von Erdgas und Strom stellte Haushalte und Industrie vor immense Herausforderungen. Gleichzeitig beschleunigte diese Krise die Dekarbonisierung und die strategische Förderung von Wasserstofftechnologien, während Deutschland und die EU verstärkt auf die energetische Autarkie setzten.

Zusammenfassend zeigt die Analyse der Energiepreisentwicklung von 1960 bis 2024, dass diese in Deutschland stets in einem Spannungsfeld aus ökonomischer Pragmatik, technologischer Innovation und politischer Steuerung stattfand. Der Blick zurück unterstreicht, wie entscheidend eine langfristige und resiliente Energiepolitik für die Sicherung von Versorgungssicherheit, Wettbewerbsfähigkeit und Nachhaltigkeit ist.

2.1 Energiepreisentwicklung von 2021 bis 2025

Die Analyse der Energiepreisentwicklung und deren Auswirkungen auf die Energieversorgung von Wohngebäuden zeigt, dass die Energiepreise in Deutschland seit der fossilen Energiepreiskrise 2021 erheblichen Schwankungen unterliegen. Die Großhandelsstrompreise sind im Jahr 2024 im Vergleich zu 2023 um 17 €/MWh gesunken, jedoch bleibt die Preisvolatilität hoch, insbesondere aufgrund saisonaler Nachfrageschwankungen und geopolitischer Einflüsse. Besonders im Winter sind Preisspitzen zu beobachten, während günstige Solarenergie im Sommer zu Preissenkungen führt.

Die Endverbraucherpreise für Strom und Gas sind nach dem Wegfall der Energiepreisbremsen Anfang 2024 zunächst gestiegen. Besonders betroffen waren Haushalte mit fossilen Heizsystemen, während Wärmepumpennutzer durch gesunkene Strompreise und verbesserte Förderbedingungen profitieren konnten. Die Unsicherheiten bei der Wärmewende haben zudem zu einem Einbruch der Heizungsabsätze geführt, da viele Haushalte Kaufentscheidungen vertagen.

Im Fernwärmebereich war in der jüngeren Vergangenheit eine deutliche Preissteigerung im Vergleich zum Vorjahr zu verzeichnen, die zeitversetzt die Auswirkungen der fossilen Energiepreiskrise widerspiegelte. Eine Stabilisierung der Fernwärmepreise wird erst mit zeitlichem Abstand zur Marktberuhigung erwartet. Parallel dazu sind die Baukosten erheblich gestiegen, was den Neubau von energieeffizienten Wohngebäuden erschwert.

Während der Anteil erneuerbarer Energien an der Stromerzeugung auf 58 % gestiegen ist, bleibt die Wärmewende hinter den Erwartungen zurück. Die Komplexität des Gebäudebestands, fehlende Daten und unklare politische Rahmenbedingungen bremsen die Transformation.

Energiepreisentwicklung und Versorgung von Wohngebäuden: Herausforderungen und Perspektiven

Die Energiepreisentwicklung ist ein zentraler Faktor für die Versorgungssicherheit und Bezahlbarkeit von Wohnraum in Deutschland. Insbesondere nach den massiven Preisanstiegen infolge der fossilen Energiekrise stellt sich die Frage, wie sich die Preise in den kommenden Jahren entwickeln werden und welche Maßnahmen erforderlich sind, um eine stabile und nachhaltige Energieversorgung für Haushalte sicherzustellen.

Heizkosten im Wandel: Fernwärme und Wärmepumpen

Die Kosten für das Heizen mit Fernwärme sind 2024 im Vergleich zum Vorjahr gestiegen, was auf die verzögerten Effekte der Energiepreiskrise zurückzuführen ist. Während Fernwärme in der Vergangenheit oft als stabiler Energieträger galt, zeigt sich nun, dass Preisentwicklungen stark netzabhängig sind.

Dagegen haben sich die wirtschaftlichen Bedingungen für Wärmepumpen verbessert. Die Preise für Heizstrom sind gesunken, und staatliche Förderungen machen die Umstellung attraktiver. Dennoch bleibt die Sanierungsrate zu niedrig, um eine schnelle Umstellung auf klimafreundliche Heiztechnologien sicherzustellen.

Bau- und Sanierungskosten als zentrale Hürde

Die Bauwirtschaft steht weiterhin unter Druck: Hohe Baukosten und stagnierende Produktivität bremsen den Neubau von energieeffizienten Gebäuden. Besonders problematisch ist, dass energetische Sanierungen auf einem historischen Tiefstand sind, obwohl der Bedarf aufgrund steigender Energiekosten hoch bleibt.

Perspektiven

Die Energiepreisentwicklung bleibt ein Schlüsselfaktor für die Wohnkosten in Deutschland. Während sinkende Strompreise die Kosten für Wärmepumpen-Nutzer senken, stehen Haushalte mit fossilen Heizungen weiterhin vor hohen Belastungen. Die Politik muss klare Rahmenbedingungen für die Wärmewende setzen, um Investitionen in Sanierung und neue Heizsysteme zu erleichtern. Nur so kann eine bezahlbare und nachhaltige Energieversorgung für Wohngebäude gesichert werden. Somit muss der Energiebedarf im Gebäudebestand reduziert werden und bildet den Schlüssel zur Unabhängigkeit von Energiepreisen.

2.2 Energieeinsparung als wirtschaftliche und ökologische Notwendigkeit

Die steigenden Energiepreise der letzten Jahre haben Haushalte und Unternehmen gleichermaßen vor große Herausforderungen gestellt. Besonders im Gebäudesektor, der für etwa 35 % des gesamten Endenergieverbrauchs in Deutschland verantwortlich ist, zeigt sich, dass eine nachhaltige Senkung des Energiebedarfs essenziell ist – sowohl für die finanzielle Entlastung der Verbraucher als auch für die Erreichung der Klimaziele. Denn die beste Energie ist die, die gar nicht erst verbraucht wird. Hier gilt es, den planerischen Ansatz zu verfolgen, erst die Gebäudehülle energetisch zu optimieren, dann die Anlagentechnik anzupassen.

Unterschätztes Potenzial: Energieeffizienz im Gebäudebestand

Während in der Stromerzeugung große Fortschritte durch den Ausbau erneuerbarer Energien erzielt wurden, bleibt die Energieeffizienz im Gebäudesektor hinter den Erwartungen zurück. Der Gebäudebestand ist nach wie vor größtenteils auf fossile Energieträger wie Gas und Öl angewiesen. Die energetische Sanierungsquote liegt bei unter 1 % pro Jahr; dies ist zu wenig, um einen nennenswerten Effekt auf die Energieunabhängigkeit zu erzielen.

Eine umfassende Reduzierung des Energiebedarfs durch Wärmedämmung, moderne Heizsysteme und eine intelligente Gebäudesteuerung könnte den Verbrauch um bis zu 50 % senken. Dadurch würden nicht nur die Kosten für die Verbraucher dauerhaft reduziert, sondern auch die Abhängigkeit von schwankenden Energiepreisen und fossilen Importen erheblich verringert.

Die Energiepreiskrise hat gezeigt, wie stark Haushalte von schwankenden Preisen abhängig sind. Obwohl die Strompreise 2024 im Vergleich zum Vorjahr gesunken sind, bleibt die Unsicherheit hoch. Insbesondere Haushalte mit fossilen Heizungen sind weiterhin von Preissteigerungen betroffen, während Nutzer erneuerbarer Energien (z. B. Wärmepumpen) von sinkenden Strompreisen profitieren.

Ein hoher Energieverbrauch macht Mieter und Eigenheimbesitzer damit langfristig verwundbar gegenüber steigenden Preisen. Umgekehrt bedeutet ein geringer Energiebedarf mehr Preisstabilität und weniger Abhängigkeit von internationalen Energiemärkten.

Ein verbreitetes Argument gegen energetische Sanierungen sind die hohen Anfangsinvestitionen. Die Einsparungen durch geringeren Energieverbrauch übersteigen diese Kosten jedoch oft bereits nach wenigen Jahren. Beispiele aus der Praxis zeigen, dass eine umfassende Sanierung die Heizkosten um bis zu 70 % senken kann. Besonders rentabel sind Maßnahmen wie

- Dämmung von Fassade, Dach und Fenstern, die Wärmeverluste drastisch reduzieren,
- Umstellung auf Wärmepumpen, die Umweltenergie nutzen und fossile Brennstoffe sparen,
- Solarthermie und Photovoltaik, die Energiekosten durch Eigenproduktion senken,
- intelligente Steuerungssysteme, die den Verbrauch automatisch anpassen.

Der Rückgang der Wärmepumpenverkäufe im Jahr 2024 zeigt jedoch, dass Unsicherheiten bezüglich der Förderpolitik Investitionen bremsen. Klare politische Rahmenbedingungen sind daher essenziell, um den Umbau des Gebäudesektors zu beschleunigen.

Neben den finanziellen Vorteilen bringt eine energieeffiziente Bauweise auch erhebliche Klimaschutzgewinne. Der Gebäudesektor verfehlte 2024 erneut seine Klimaziele, da Emissionen nur durch warme Winter und nicht durch strukturelle Verbesserungen sanken. Eine echte Reduktion der Treibhausgasemissionen ist nur möglich, wenn der Energieverbrauch gesenkt wird.

Gleichzeitig stärkt eine niedrige Abhängigkeit von fossilen Brennstoffen die geopolitische Sicherheit. Der russische Angriffskrieg auf die Ukraine hat gezeigt, wie riskant eine starke Importabhängigkeit ist. Energieeffiziente Gebäude sind daher nicht nur eine wirtschaftliche, sondern auch eine sicherheitspolitische Notwendigkeit.

Die Energiepreise bleiben volatil, und Haushalte, die wenig Energie verbrauchen, sind vor Preisschocks weitgehend geschützt. Investitionen in Energieeffizienz zahlen sich langfristig aus und sind der effektivste Weg, um Energiekosten dauerhaft zu senken, sowie die Voraussetzung für eine unabhängige und nachhaltige Zukunft.

3 Gesetzliche Rahmenbedingungen

Die Geschichte des energiesparenden Bauens ist eng mit gesellschaftlichen, ökologischen und technologischen Veränderungen verknüpft. Sie markiert den Übergang von traditionell energieintensiven Bauweisen hin zu nachhaltigen und energieeffizienten Konzepten, die auf Ressourcenschonung und Klimaschutz abzielen. Diese Entwicklung lässt sich in mehrere Phasen unterteilen, die durch unterschiedliche Antriebskräfte geprägt sind. Die gesetzlichen Rahmenbedingungen bilden für Bauschaffende das Gerüst ihres Wirkens, von der Anamnese über die Planung unter Einhaltung von Mindeststandards bis zum Betrieb und zur Weiterentwicklung von Gebäuden. Hierbei sind Kenntnisse von vergangenen sowie gültigen bis hin zu zukünftigen gesetzlichen Anforderungen notwendig, um belastbare Instandsetzungs- und Energiekonzepte zu entwickeln. Das Verständnis der historischen Entwicklung des energiesparenden Bauens ist essenziell, da es die Basis für das Verständnis der Evolution und der Gründe für aktuelle Gesetzgebungen bietet. Dadurch können Planer und Architekten fundierte Entscheidungen im Einklang mit zukünftigen Trends und Änderungen treffen. Insbesondere seit der Ölkrise in den 1970er-Jahren hat das Bewusstsein für energiesparendes Bauen zugenommen. Vor der Einführung der ersten Wärmeschutzverordnung (WärmeschutzV) gab es kaum gesetzliche Anforderungen an das energiesparende Bauen, und der Gebäudebestand vor dieser Verordnung zeichnete sich durch den höchsten Energiebedarf aus. Diese historischen Einsichten verdeutlichen die Notwendigkeit der fortlaufenden Anpassung und Verbesserung der gesetzlichen Rahmenbedingungen im Bereich des energiesparenden Bauens.

3.1 Historische Entwicklung des energiesparenden Bauens

Frühe Ansätze: traditionelle Bauweisen und lokale Anpassung (bis zum 19. Jahrhundert)

Vor der Industrialisierung war energiesparendes Bauen weniger das Ergebnis bewusster Planung als vielmehr eine Notwendigkeit. In agrarisch geprägten Gesellschaften wurden Gebäude so konstruiert, dass sie den natürlichen Gegebenheiten entsprachen und die verfügbaren Ressourcen effizient nutzten, wie die folgenden Beispiele zeigen:

- **Massive Bauweisen:** Materialien wie Stein und Lehm sorgten für gute Wärmespeicherfähigkeit.
- **Lage und Ausrichtung:** Gebäude wurden strategisch platziert, um Windschutz zu gewährleisten und die Sonneneinstrahlung optimal zu nutzen.
- **Klimatische Anpassung:** In kalten Regionen dominierten kompakte Bauformen, während in warmen Klimazonen Schatten spendende Elemente und Belüftungssysteme üblich waren.

Diese Ansätze waren jedoch begrenzt durch den Stand der Technik und lokale Baumaterialien.

Industrialisierung und Energieverbrauch (19. bis Mitte 20. Jahrhundert)

Mit der Industrialisierung und der breiten Verfügbarkeit fossiler Brennstoffe nahm die Bedeutung energiesparender Bauweisen stark ab. Kohle und später Öl und Gas ermöglichten es, Gebäude unabhängig von klimatischen Bedingungen zu beheizen. Diese Phase war durch 3 Charakteristika geprägt:

- **Standardisierte Bauweisen:** Urbanisierung und Massenproduktion führten zu wenig energieeffizienten Gebäuden.
- **Fokus auf Funktionalität:** Die Energiefrage wurde zugunsten von Komfort und industriellen Erfordernissen vernachlässigt.
- **Energieverschwendende Bauweisen:** Großzügige Fassaden aus Glas und Stahl sowie mangelhafte Dämmung prägten die Architektur der Moderne.

Energiekrisen und Bewusstsein für Effizienz (1970er-Jahre)

Die Ölkrisen der 1970er-Jahre markierten eine entscheidende Wende in der Baugeschichte. Der stark ansteigende Energiepreis führte zu einem Umdenken in Bezug auf Ressourcennutzung und Energieeffizienz. In dieser Phase wurden erstmals systematische Konzepte für energiesparendes Bauen entwickelt:

- **Erste gesetzliche Vorgaben:** Die Einführung von WärmeschutzV (z. B. in Deutschland 1977) stellte Mindestanforderungen an die Gebäudedämmung.
- **Passivmaßnahmen:** Fortschritte in der Wärmedämmung, der Vermeidung von Wärmebrücken und energieeffizienten Heiztechnologien wurden erzielt.
- **Solarenergie:** Erste Pilotprojekte zur Nutzung von Solarthermie und passiver Solargewinnung entstanden.

Etablierung des Passivhauses und der erneuerbaren Energien (1990er-Jahre)

In den 1990er-Jahren gewann das Konzept des energiesparenden Bauens durch wissenschaftliche Innovationen und gesellschaftliche Diskussionen über Klimawandel an Dynamik. Das Passivhaus, erstmals 1991 in Darmstadt gebaut, setzte neue Maßstäbe für energieeffizientes Bauen:

- **Kennzeichen des Passivhauses:** hochwärmegedämmte Gebäudehülle, dreifach verglaste Fenster, Lüftungssysteme mit Wärmerückgewinnung;
- **Förderung erneuerbarer Energien:** zunehmender Einsatz von Photovoltaik und Solarthermie;
- **Energieeffizienz als Standard:** Neue Normen und Förderprogramme wie die Energieeinsparverordnung (EnEV) in Deutschland trieben die Verbreitung energieeffizienter Bauweisen voran.

Klimaschutz und Zeitalter des Nullenergiehauses (2000er-Jahre bis heute)

Im 21. Jahrhundert hat energiesparendes Bauen eine neue Dimension erreicht, die über Effizienzsteigerung hinausgeht und auf Klimaneutralität abzielt. Die wichtigsten Entwicklungen dieser Phase sind:

- **Nullenergie- und Plusenergiehäuser:** Gebäude, die ihren Energiebedarf vollständig durch erneuerbare Quellen decken oder mehr Energie erzeugen, als sie verbrauchen;
- **Digitalisierung:** Einsatz von Smarthome-Technologien zur Optimierung von Energieflüssen;
- **internationale Standards:** Zertifizierungssysteme wie Leadership in Energy and Environmental Design (LEED), Building Research Establishment Environmental Assessment Method (BREEAM) und nach der Deutschen Gesellschaft für Nachhaltiges Bauen (DGNB), die nachhaltige Bauweisen weltweit fördern;
- **Klimapolitik:** Vorgaben wie das deutsche Klimaschutzgesetz (2021) und die EU-Strategie für klimaneutrales Bauen, die bis 2050 eine vollständige Dekarbonisierung des Bausektors fordern.

Internationale Zertifizierungssysteme

LEED: Das international anerkannte Zertifizierungssystem wurde von dem U.S. Green Building Council entwickelt, um die umweltfreundliche, ressourcenschonende und nachhaltige Gestaltung von Gebäuden zu fördern. Es bewertet die Gesamtperformance eines Gebäudes in verschiedenen Kategorien wie Energieeffizienz, Wassernutzung, CO_2-Emissionen, Innenraumqualität sowie Material- und Ressourcenmanagement.

BREEAM: ist das älteste und weltweit verbreitete Programm zur Bewertung und Zertifizierung der Nachhaltigkeit von Gebäuden. Entwickelt in Großbritannien vom Building Research Establishment, bewertet es Gebäude anhand mehrerer Kriterien, darunter Energieverbrauch, Umweltauswirkungen, Gesundheit, Transport, Materialien, Abfall, Ökologie und Managementprozesse.

DGNB: Die DGNB-Zertifizierung ist ein in Deutschland entwickeltes Zertifizierungssystem, das darauf abzielt, nachhaltige und zukunftsweisende Gebäude zu fördern. Es bewertet Gebäude nicht nur nach ökologischen, sondern auch nach ökonomischen, soziokulturellen, technischen und prozessorientierten Aspekten. Die DGNB-Zertifizierung zielt darauf ab, langfristig wertbeständige und umweltfreundlich optimierte Gebäude zu schaffen.

Zukünftige Perspektiven: Kreislaufwirtschaft und innovative Technologien

Der Fokus energiesparenden Bauens verschiebt sich zunehmend auf Lebenszyklusansätze und die Integration innovativer Materialien und Technologien:

- **Kreislaufwirtschaft:** Verwendung recycelbarer Baustoffe und Minimierung von Bauabfällen;
- **biobasierte Materialien:** Entwicklung von Baustoffen wie Holz, Hanf und Pilzmyzel;
- **energieautarke Quartiere:** Smarte Energienetze und dezentrale Energiespeicher ermöglichen einen Systemwechsel.

Die historische Entwicklung des energiesparenden Bauens zeigt, wie technologische Innovationen, gesellschaftliches Bewusstsein und politische Vorgaben ineinandergreifen, um eine ressourcenschonende Bauweise zu fördern. Angesichts der globalen Klimakrise bleibt es eine zentrale Aufgabe, diese Prinzipien weiterzuentwickeln und weltweit zu implementieren.

3.2 Gebäudeenergiegesetz

Das Gebäudeenergiegesetz (GEG), das am 1. November 2020 in Deutschland in Kraft trat, stellt einen zentralen Baustein für die Umsetzung der Energiewende im Gebäudesektor dar. Es löste die vorher getrennt geregelten Vorschriften der Energieeinsparverordnung (EnEV), des Energieeinsparungsgesetzes (EnEG) und des Erneuerbare-Energien-Wärmegesetzes (EEWärmeG) ab. Ziel des GEG ist es, den Energieverbrauch von Gebäuden zu reduzieren, die Nutzung erneuerbarer Energien im Bau- und Wohnsektor zu fördern und die EU-Richtlinie über die Gesamtenergieeffizienz von Gebäuden umzusetzen.

Ziele und Bedeutung des GEG

Das GEG verfolgt mehrere zentrale Ziele:

- **Klimaschutz:** Verringerung der CO_2-Emissionen im Gebäudesektor durch höhere Energieeffizienz und den verstärkten Einsatz erneuerbarer Energien;
- **Harmonisierung:** Integration aller relevanten Vorschriften zur energetischen Gebäudeplanung und -sanierung in einem einheitlichen Gesetzeswerk;
- **Förderung von Innovationen:** Unterstützung neuer Technologien und Bauweisen wie der energieautarken Gebäude;
- **Kosteneffizienz:** Sicherstellung, dass energetische Anforderungen wirtschaftlich tragbar bleiben.

Das GEG ist ein wichtiger Schritt zur Erreichung der langfristigen Klimaziele der Bundesregierung, insbesondere der Klimaneutralität bis 2045.

GEG 2024

Um den Anforderungen auf europäischer Ebene gerecht zu werden, existieren auf nationaler Ebene diverse gesetzliche Vorgaben, insbesondere das GEG. Es stellt u. a. Anforderungen an die energetische Qualität bei der Sanierung von Gebäuden. So legt § 48 GEG in Anlage 7 für jedes Bauteil, das zu mehr als 10 % verändert wird, bestimmte Mindest-

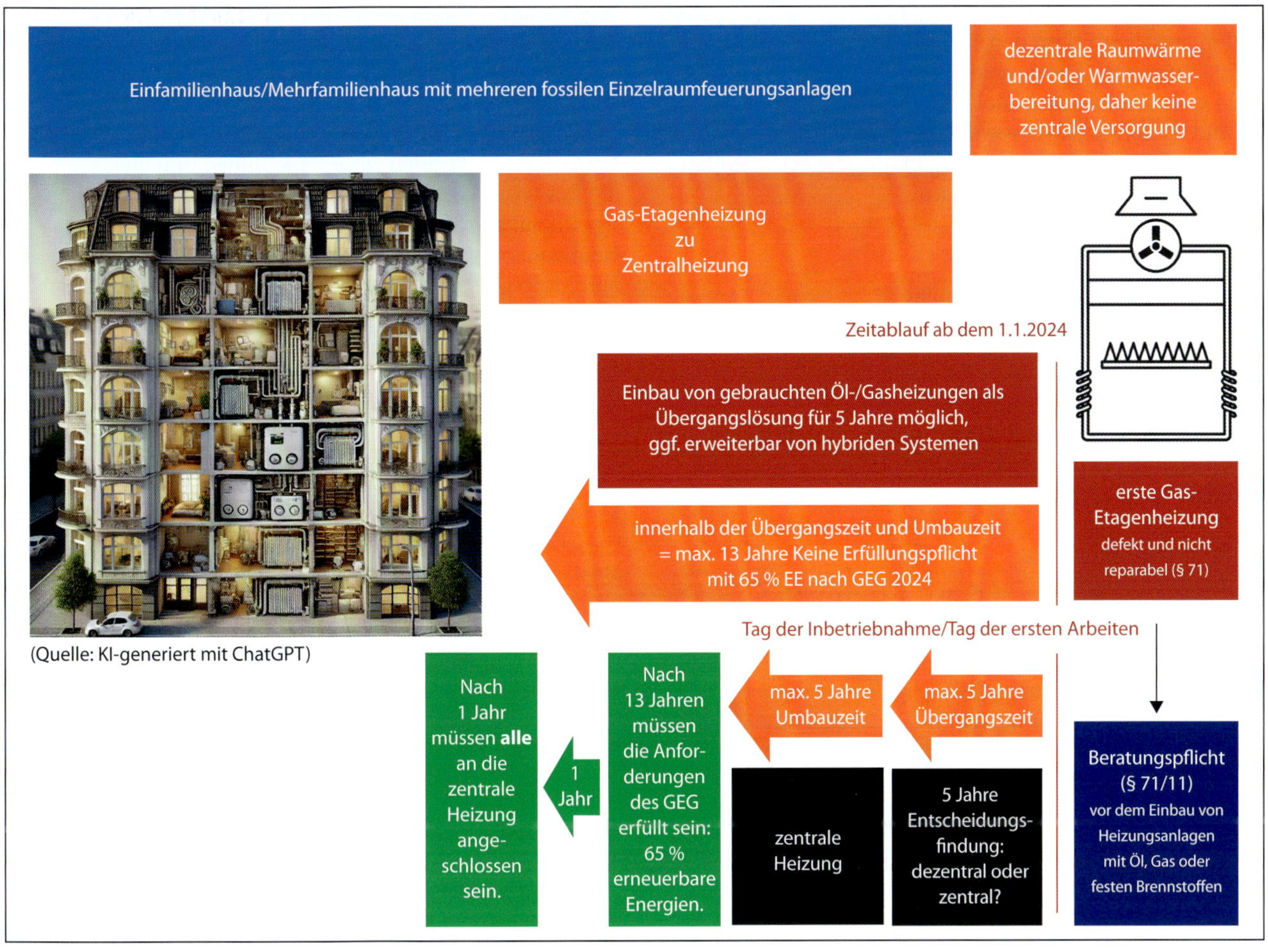

Abb. 3.1: Übergangsfristen bei einer Etagenheizung

anforderungen an den Wärmedurchgangskoeffizienten (*U*-Wert) fest.

Die §§ 72 und 73 GEG definieren außerdem Nachrüstpflichten, die für nach dem 1. Februar 2002 erworbene Bestandsimmobilien greifen. Hiernach müssen Öl- oder Gaskessel, die nicht mit Niedertemperatur oder Brennwert arbeiten und über 30 Jahre alt sind, ausgetauscht werden. Wärmeverteilungs- und Warmwasserleitungen in der unteren Verteilung im unbeheizten Bereich müssen nach § 69 GEG nach den Anforderungen aus Anlage 8 gedämmt werden. Des Weiteren müssen oberste Geschossdecken, die einen beheizten Wohnraum vom unbeheizten Dach trennen und nicht den Mindestwärmeschutz nach DIN 4108-2 „Wärmeschutz und Energie-Einsparung in Gebäuden – Teil 2: Mindestanforderungen an den Wärmeschutz" (2013) erfüllen, mit einem *U*-Wert von 0,24 $W/(m^2 \cdot K)$, ausgeführt werden.

Der bekannteste Teil des novellierten Gebäudeenergiegesetzes betrifft das sog. „Heizungsgesetz". Die Bundesrepublik Deutschland verfolgt mit den Anforderungen, neu eingebaute Heizungen mit 65 % erneuerbaren Energien zu betreiben, das Ziel, bis 2045 klimaneutral zu werden. Die Verpflichtung zum Einsatz von 65 % erneuerbaren Energien ist eng mit der kommunalen Wärmeplanung verbunden. Erst wenn diese in der jeweiligen Stadt oder Kommune veröffentlicht ist, greifen die Vorschriften. Die Fristen hierfür sind der 30. Juni 2026 für Großstädte und der 30. Juni 2028 für Städte mit weniger als 100.000 Einwohnern. Somit ist der Einbau von Heizungen mit fossilen Brennstoffen derzeit zwar noch möglich, allerdings müssen auch diese Systeme ab 2029 anteilig mit erneuerbaren Energien betrieben werden.

Für Wohnungseigentümergemeinschaften mit Gasetagenheizungen gelten zusätzliche Regelungen nach § 71l GEG (siehe Abb. 3.1). Diese werden nach den §§ 71l und 71i GEG erst nach der Wärmeplanungsphase (1. Juli 2026 bzw. 1. Juli 2028) adressiert. Nach der Wärmeplanungsphase bestimmt der erste Austausch einer Gasetagenheizung die Fristenfolge aller weiteren Gasetagenheizungen.

In einem Gebäude, in dem mindestens eine Etagenheizung betrieben wird, sind die Anforderungen des § 71 Abs. 1 GEG für Etagenheizungen erst 5 Jahre nach dem Zeitpunkt anzuwenden, zu dem die erste Etagenheizung oder zentrale Heizungsanlage ausgetauscht und eine andere Heizungsanlage zum Zweck der Inbetriebnahme in dem Gebäude eingebaut oder aufgestellt wurde. § 71i Satz 2 ist entsprechend anzuwenden.

3.3 EU-Gebäuderichtlinie

Die Richtlinie (EU) 2024/1275 (EU-Gebäuderichtlinie 2024) bezeichnet, wurde am 24. April 2024 verabschiedet und am 8. Mai 2024 im Amtsblatt der Europäischen Union veröffentlicht. Sie verfolgt das zentrale Ziel, die Gesamtenergieeffizienz von Gebäuden innerhalb der Europäischen Union zu steigern und den Gebäudesektor bis zum Jahr 2050 klimaneutral zu gestalten. Die EU-Gebäuderichtlinie 2024 spielt eine zentrale Rolle für das energiesparende Bauen und Sanieren, da sie sowohl den politischen Rahmen als auch konkrete Maßnahmen vorgibt, um die Energieeffizienz im Gebäudesektor zu steigern.

Wesentliche Inhalte der Richtlinie

Reduktion des Energieverbrauchs

Die Richtlinie sieht vor, dass der durchschnittliche Primärenergieverbrauch von Wohngebäuden bis 2030 um 16 % und bis 2035 um 20 bis 22 % im Vergleich zum Niveau von 2020 gesenkt werden soll. Diese ambitionierten Ziele sollen durch eine Kombination aus verbesserten energetischen Standards und technischen Innovationen erreicht werden.

Nullemissionsgebäude

Für Neubauten wird die Einhaltung des Standards eines Nullemissionsgebäudes verpflichtend. Dies bedeutet, dass solche Gebäude keine CO_2-Emissionen verursachen dürfen und ihren Energiebedarf vollständig durch erneuerbare Energiequellen decken müssen. Diese Maßnahme ist ein zentraler Baustein zur Dekarbonisierung des Bauwesens.

Förderung von Solarenergie

Die Richtlinie unterstützt nachdrücklich die Installation von Solaranlagen auf Gebäuden, um den Anteil erneuerbarer Energien im Energiemix zu erhöhen. Damit sollen sowohl die Energieautarkie von Gebäuden als auch der Anteil nachhaltiger Energienutzung gesteigert werden.

Renovierungspflichten

Die Mitgliedstaaten sind verpflichtet, nationale Renovierungspläne zu entwickeln und umzusetzen. Diese sollen die energetische Sanierung bestehender Gebäude fördern, um die Anforderungen der Richtlinie zu erfüllen und den Energieverbrauch nachhaltig zu senken.

Finanzielle Anreize

Besonderes Augenmerk liegt auf der Einführung von Maßnahmen zur finanziellen Unterstützung von Renovierungsprojekten, insbesondere zugunsten schutzbedürftiger Haushalte, um Energiearmut zu bekämpfen. Dies stellt sicher, dass die Umsetzung der Richtlinie sozialverträglich gestaltet wird.

Umsetzung in nationales Recht

Die Mitgliedstaaten sind verpflichtet, die Vorgaben der Richtlinie innerhalb von 2 Jahren in nationales Recht zu überführen. In Deutschland wird die Umsetzung voraussichtlich durch Anpassungen des GEG bis zum Juni 2026 erfolgen.

Bedeutung der Richtlinie

Die EU-Gebäuderichtlinie 2024 markiert einen entscheidenden Meilenstein in den Bemühungen der Europäischen Union, die Energieeffizienz im Gebäudesektor zu verbessern und die klimapolitischen Zielsetzungen der EU zu erreichen. Durch die verbindlichen Vorgaben und ambitionierten Ziele wird der Gebäudesektor als einer der zentralen Hebel betrachtet, um die EU auf eine klimaneutrale Zukunft auszurichten. Diese Richtlinie zielt darauf ab, die Emissionsreduktionen zu beschleunigen und gleichzeitig die Energieeffizienz von Neubauten und Bestandsgebäuden signifikant zu steigern. Sie setzt verbindliche Standards für Neubauten und Sanierungen, fördert den Einsatz erneuerbarer Energien und sorgt dafür, dass Maßnahmen sozial gerecht und wirtschaftlich tragfähig umgesetzt werden können. Ihre Relevanz für energiesparendes Bauen und Sanieren liegt in der klaren Ausrichtung auf langfristige Nachhaltigkeit, Ressourcenschonung und Klimaschutz.

3.4 Wärmeplanungsgesetz

Das Gesetz für die Wärmeplanung und zur Dekarbonisierung der Wärmenetze (Wärmeplanungsgesetz – WPG) trat am 1. Januar 2024 in Kraft. Es etabliert eine umfassende gesetzliche Grundlage für eine flächendeckende und verbindliche Wärmeplanung in Deutschland, die als wesentlicher Baustein zur Erreichung der Klimaneutralität bis 2045 gilt.

Verpflichtung zur Wärmeplanung

Die zentrale Zielsetzung des Gesetzes besteht darin, eine systematische Wärmeplanung auf kommunaler Ebene zu implementieren. Die Bundesländer sind verpflichtet, die Erstellung solcher Pläne zu gewährleisten. Hierbei gelten differenzierte Fristen:

- Städte mit mehr als 100.000 Einwohnern müssen ihre Wärmepläne bis zum 30. Juni 2026 erstellen.
- Kleinere Gemeinden haben bis zum 30. Juni 2028 Zeit, ihre Pläne zu erstellen.
- Gemeinden mit weniger als 10.000 Einwohnern können ein vereinfachtes Verfahren nutzen, um den spezifischen Herausforderungen kleinerer Kommunen Rechnung zu tragen.

Die Wärmeplanung dient als strategisches Instrument, um lokale Potenziale für erneuerbare Energien und Abwärmenutzung zu identifizieren und systematisch zu erschließen.

Ziele für Wärmenetze

Das Gesetz formuliert ambitionierte Zielvorgaben für bestehende und neue Wärmenetze, um deren Dekarbonisierung zu beschleunigen:

- Bestehende Wärmenetze müssen bis 2030 mindestens 30 % und bis 2040 mindestens 80 % ihrer Wärme aus erneuerbaren Energien oder unvermeidbarer Abwärme beziehen.
- Für neue Wärmenetze, die seit dem 1. März 2025 in Betrieb gehen, gilt die Vorgabe, dass mindestens 65 % der Wärme aus erneuerbaren Energiequellen stammen müssen.
- Diese Regelungen forcieren eine strukturelle Transformation der Wärmeversorgung hin zu nachhaltigen Energieträgern und sichern eine langfristige Treibhausgasneutralität.

Technologieoffenheit

Das WPG setzt auf einen technologieoffenen Ansatz, der eine flexible und kontextabhängige Gestaltung der Wärmeversorgung ermöglicht. Kommunen können je nach lokalen Gegebenheiten zwischen

- zentralisierten Lösungen, wie beispielsweise der Fernwärme, und
- dezentralen Ansätzen, etwa Wärmepumpen oder Quartierslösungen, wählen.

Dieser Ansatz erlaubt die Entwicklung maßgeschneiderter Lösungen, die sowohl den ökonomischen Anforderungen als auch den ökologischen Zielsetzungen gerecht werden.

Finanzielle Unterstützung

Um die Kommunen bei der Umsetzung ihrer Wärmeplanung zu unterstützen, stellt der Bund finanzielle Mittel in Höhe von 500 Mio. € bereit. Diese Mittel sollen über die Bundesländer zügig und unbürokratisch an die Kommunen weitergeleitet werden. Die Bereitstellung dieser Fördermittel zielt darauf ab, den Planungsprozess zu beschleunigen und die Kapazitäten der Kommunen zu stärken, insbesondere im Hinblick auf komplexe Anforderungen an Datenerhebung und -analyse.

Verzahnung mit dem GEG

Das WPG ist eng mit der Novellierung des GEG verzahnt. Die Nutzung eines Mindestanteils von 65 % erneuerbarer Energien bei der Beheizung von Gebäuden ist an das Vorliegen einer kommunalen Wärmeplanung gekoppelt. Diese enge Abstimmung fördert eine integrierte Wärmewende, die sowohl auf die Sanierung des Gebäudebestands als auch auf die Transformation der Wärmenetze abzielt.

Bedeutung des WPG

Das WPG markiert einen Wendepunkt in der deutschen Klimapolitik und stellt einen entscheidenden Schritt hin zur Erreichung der nationalen Klimaziele dar. Es integriert

- ökologische Ziele durch die konsequente Dekarbonisierung der Wärmeversorgung,
- wirtschaftliche Aspekte durch eine kostenbewusste Planung und Umsetzung sowie
- soziale Gerechtigkeit durch die Förderung lokaler und technologieoffener Ansätze, die regionale Besonderheiten berücksichtigen.

Darüber hinaus stärkt das Gesetz die Handlungsfähigkeit der Kommunen und setzt Impulse für Innovation in der Energie- und Bauwirtschaft. Die Kombination aus verbindlichen Vorgaben, finanzieller Unterstützung und technologieoffener Planung ermöglicht eine zielgerichtete und sozialverträgliche Transformation der Wärmeversorgung. Dieses Gesetz liefert damit die Grundlage, um eine nachhaltige, resiliente und treibhausgasneutrale Wärmeinfrastruktur für die Zukunft zu schaffen.

3.5 Gefahrstoffverordnung

Novellierung der Gefahrstoffverordnung 2024: Auswirkungen auf die Sanierung im Bestand

Die novellierte Verordnung zum Schutz vor Gefahrstoffen (Gefahrstoffverordnung – GefStoffV) vom 2. Dezember 2024, die am 5. Dezember 2024 in Kraft trat, bringt weitreichende Neuerungen für die Sanierung von Bestandsgebäuden mit sich. Mit der Verordnung zur Änderung der GefStoffV und anderer Arbeitsschutzverordnungen wurden insbesondere die Regelungen zu krebserzeugenden Gefahrstoffen überarbeitet.

Ein zentrales Element der Novellierung ist die Integration des risikobasierten Maßnahmenkonzepts für Tätigkeiten mit krebserzeugenden Gefahrstoffen direkt in die GefStoffV. Dies beinhaltet differenzierte Risikobewertungen, klare Anzeigepflichten gegenüber den zuständigen Behörden sowie spezifische Voraussetzungen für Tätigkeiten mit hohem Risiko. Eine weitere wesentliche Änderung betrifft die Regelungen zu Asbest, die gemäß den Ergebnissen des nationalen Asbestdialogs angepasst wurden. Dies umfasst insbesondere neue Vorschriften für zulässige Tätigkeiten und veränderte Qualifikationsanforderungen für Beschäftigte im Umgang mit asbesthaltigen Materialien.

Anpassung an europäische Standards und rechtliche Klarstellungen

Die Änderungen der Verordnung über Sicherheit und Gesundheitsschutz bei der Benutzung persönlicher Schutzausrüstungen bei der Arbeit (PSA-Benutzungsverordnung – PSA-BV) sowie der Verordnung über Sicherheit und Gesundheitsschutz bei Tätigkeiten mit Biologischen Arbeitsstoffen (Biostoffverordnung – BioStoffV) wurden vorgenommen, um die Regelungen an die aktuelle europäische Rechtslage anzugleichen. Seit 1993 sind Tätigkeiten mit Asbest in Deutschland grundsätzlich verboten, wobei bisher Ausnahmeregelungen nur für Abbruch-, Sanierungs- und Instandhaltungsarbeiten bestanden. Eine Regelung für Tätigkeiten mit asbesthaltigen Baustoffen wie Putzen, Spachtelmassen und Fliesenkleber im Bestandssanierungsbereich fehlte bislang. Die novellierte GefStoffV schafft hier nun mehr Rechtssicherheit und klare Handlungsvorgaben.

Einführung des Ampelmodells zur Risikobewertung

Asbesthaltige Baustoffe wurden bis zum Verbot im Jahr 1993 weitverbreitet in der Technischen Gebäudeausrüstung (TGA) eingesetzt. Besonders betroffen sind ältere Wohn- und Gewerbegebäude, in denen asbesthaltige Materialien aufgrund ihrer hitzebeständigen, isolierenden und langlebigen Eigenschaften genutzt wurden. Bei unsachgemäßer Bearbeitung oder Rückbauarbeiten können Asbestfasern freigesetzt werden, was ein erhebliches Gesundheitsrisiko darstellt.

Typische asbesthaltige Baustoffe in Wohngebäuden sind

- Putze, Spachtelmassen und Fliesenkleber (bis ca. 1993),
- Asbestzementprodukte (Wellplatten, Fassadenplatten, Abflussrohre),
- Vinylbodenbeläge mit Asbestträger (Floor-Flex-Platten),
- asbesthaltige Dichtungen und Dämmstoffe (Rohrisolierungen, Brandschutzplatten.)

Mit der Novellierung wird das in der TRGS 910 „Technische Regel für Gefahrstoffe 910" (2014) bereits etablierte Ampelmodell rechtlich verbindlich. Dieses Konzept bewertet die Faserstaubbelastung bei Arbeiten mit Asbest und legt entsprechend abgestufte Schutzmaßnahmen fest (vgl. Tabelle 3.1).

Tabelle 3.1: Risikoeinstufung des Ampelmodells nach Feinstaubbelastung durch Asbest nach TRGS 910

Risiko-einstufung	Belastung in Fasern/m³	Beispiele
gering (grün)	< 10.000	• Verlegen von Elektroleitungen in asbesthaltigen Putzen • sanfte Rückbauverfahren ohne starke mechanische Einwirkung
mittel (gelb)	< 100.000	• Schneiden oder Fräsen von asbesthaltigen Fliesenklebern und Spachtelmassen • Entfernen von asbesthaltigen Bodenbelägen und Wandverkleidungen • kurzzeitige Tätigkeiten mit hoher Staubentwicklung
hoch (rot)	> 100.000	• Abbrucharbeiten von Asbestzementdächern oder -fassaden • Schleifen, Bohren oder Stemmen in stark asbesthaltigen Baustoffen • Abriss von Spritzasbest oder fest gebundenem Asbest

Das Ampelmodell stellt eine praxisgerechte Lösung für Unternehmen dar, um Schutzmaßnahmen auf Grundlage der tatsächlichen Belastungssituation gezielt festzulegen. Je höher die Faserkonzentration, desto strenger die Schutzanforderungen. In der Praxis wurde dieses Modell bereits über die TRGS 910 angewandt, nun ist es rechtlich bindend in die GefStoffV aufgenommen worden. Eine sorgfältige Bewertung einer Asbestbelastung ist nach dem Ampelmodell erforderlich.

Bedeutung der neuen GefStoffV für Bauschaffende

Die Novelle legalisiert Tätigkeiten zur „funktionalen Instandhaltung" baulicher Anlagen im geringen und mittleren Risikobereich. Dies bedeutet, dass Arbeiten wie das Fräsen eines Schlitzes in asbesthaltigem Putz zur Verlegung von Elektroleitungen, die bisher rechtlich unklar waren, nun unter bestimmten Schutzmaßnahmen erlaubt sind.

Jedoch bleiben Tätigkeiten mit hohem Risiko weiterhin strengen Anforderungen unterworfen und dürfen nur von Fachfirmen mit entsprechender Zulassung durchgeführt werden. Für Handwerksbetriebe sind solche Arbeiten faktisch ausgeschlossen.

Zudem gilt nun, dass für alle Gebäude, die vor dem 31. Oktober 1993 errichtet wurden, grundsätzlich mit asbesthaltigen Baustoffen gerechnet werden muss. Bauunternehmen müssen dies in ihren Gefährdungsbeurteilungen berücksichtigen.

Eine weitere wesentliche Neuerung ist die Einführung einer Informations- und Mitwirkungspflicht für den Auftraggeber. Dieser muss dem ausführenden Unternehmen alle relevanten Informationen zur Schadstoffbelastung des Gebäudes zur Verfügung stellen, insbesondere das Baujahr oder vorhandene Schadstoffgutachten. Falls unklar ist, ob Asbest vorhanden ist, muss das Bauunternehmen eine Erkundung durchführen lassen, deren Kosten als besondere Leistung gelten.

Neue Qualifikationsanforderungen und Schulungspflichten

Sachkundeanforderungen für Tätigkeiten mit Asbest

Für alle Tätigkeiten mit asbesthaltigen Materialien bleiben spezifische Qualifikationen und Schutzmaßnahmen verpflichtend. Dazu gehört insbesondere die Sachkunde für Aufsicht führende Personen, die bei Arbeiten mit Asbest ständig vor Ort sein müssen. Um die Komplexität und Gefährdung durch Asbest adäquat zu handhaben, sind spezialisierte Schulungen erforderlich, die in Lehreinheiten quantifiziert werden. Diese Lehreinheiten sind essenziell, um sicherzustellen, dass die betreffenden Fachkräfte über das notwendige Wissen und die Fähigkeiten verfügen, um Asbest sicher zu handhaben und gesundheitliche Risiken zu minimieren.

Die erforderlichen Schulungen sind wie folgt gegliedert:

- **Geringes und mittleres Risiko:** Für Tätigkeiten, bei denen das Risiko der Asbestexposition als gering oder mittel eingestuft wird, sind insgesamt 17 Lehreinheiten erforderlich. Diese Schulungen behandeln Grundlagen im Umgang mit asbesthaltigen Materialien, einschließlich angemessener Arbeitsschutzmaßnahmen und rechtlicher Rahmenbedingungen.
- **Hohes Risiko:** Bei Arbeiten, die ein hohes Risiko der Asbestexposition darstellen, sind umfangreichere Schulungen notwendig, die insgesamt 32 Lehreinheiten umfassen. Diese vertieften Kurse beinhalten detaillierte Verfahrensanweisungen, spezialisierte Schutzmaßnahmen und intensivierte Sicherheitsprotokolle, um den Umgang mit Asbest unter besonders gefährlichen Bedingungen sicherzustellen.

Diese gestaffelten Lehreinheiten reflektieren die unterschiedlichen Niveaus der Gefährdung durch Asbest und gewährleisten, dass alle beteiligten Personen angemessen vorbereitet sind, um ihre Gesundheit und Sicherheit effektiv zu schützen.

Die Novelle weitet die Sachkundeanforderung zudem auf Branchen aus, die bisher nicht erfasst waren, wie den Gleis-, Straßen- und Tunnelbau sowie den Steinbruchsektor. Für diese Bereiche wurde eine dreijährige Übergangsfrist eingeführt.

Einführung einer neuen Fachkunde für Beschäftigte

Erstmals wird für alle Beschäftigten, die mit Asbest arbeiten, eine Grundqualifikation (Fachkunde) vorgeschrieben. Diese kann durch eine zehnstündige Fortbildung erworben werden. Auch hierfür gilt eine dreijährige Übergangsfrist.

Neue Verbote für Arbeiten mit Asbest

Die novellierte GefStoffV verschärft bestehende Verbote und führt neue Restriktionen ein.

Verboten bleiben weiterhin

- die Überdeckung, Überbauung oder Aufständerung von Asbestzementdächern, etwa durch die Installation von PV-Anlagen,
- Reinigungs- und Beschichtungsarbeiten an nicht vollständig beschichteten Asbestzementdächern sowie Außenwandverkleidungen aus Asbestzement.

Neu hinzugekommen ist das Überdeckungsverbot für Asbestzement-Wand- und Deckenverkleidungen sowie asbesthaltige Bodenbeläge.

Anzeige- und Dokumentationspflichten

Weiterhin bestehen umfangreiche Anzeige- und Dokumentationspflichten für Unternehmen, die mit Asbest arbeiten:

- formale Anzeige der unternehmens- und objektbezogenen Tätigkeiten bei der zuständigen Arbeitsschutzbehörde,
- Übermittlung einer Kopie an den Unfallversicherungsträger.

Strengere Regelungen und mehr Rechtssicherheit für die Praxis

Die novellierte GefStoffV 2024 schafft eine präzisere rechtliche Grundlage für Sanierungsarbeiten mit Asbest und verstärkt die Arbeitsschutzmaßnahmen im Umgang mit krebserzeugenden Gefahrstoffen. Während die Legalisierung bestimmter Instandhaltungsmaßnahmen im Bereich geringer und mittlerer Risiken neue Möglichkeiten für den Bausektor eröffnet, bleiben Arbeiten mit hoher Faserstaubbelastung weiterhin streng reguliert und dürfen nur von spezialisierten Fachfirmen ausgeführt werden.

Durch die Einführung verbindlicher Qualifikationsanforderungen, erweiterter Informationspflichten und eines praxisnahen Ampelmodells wird eine strukturierte, risikobasierte Vorgehensweise geschaffen, die langfristig zu einem höheren Schutz für Beschäftigte und Unternehmen beiträgt.

Herausforderungen für Bau- und Energieplaner

Besonders Energieplaner und Bauherren müssen die erhöhten Anforderungen der novellierten GefStoffV berücksichtigen. In vielen Fällen erfolgen Rückbauarbeiten in Eigenleistung, wodurch Baulaien einem erhöhten Gesundheitsrisiko ausgesetzt sind. Unsachgemäße Handhabung asbesthaltiger Baustoffe kann zu schwerwiegenden gesundheitlichen Folgen und langfristigen Haftungsrisiken für Bauverantwortliche führen.

Darüber hinaus hat die Sanierung asbesthaltiger Baukonstruktionen erhebliche finanzielle Auswirkungen.

Auslöser erhöhter Kosten sind insbesondere:

- **Erkundungs- und Materialanalysen**
  - Vor Beginn der Arbeiten sind Probenahmen und Laboranalysen erforderlich, um die Asbestbelastung zu bestimmen.
  - Fachkundige Gutachter oder akkreditierte Labore müssen beauftragt werden.
- **Fachgerechter Rückbau und Entsorgung**
  - Rückbauarbeiten müssen nach der TRGS 519 „Asbest: Abbruch-, Sanierungs- oder Instandhaltungsarbeiten“ (2014) von zertifizierten Fachbetrieben durchgeführt werden.
  - Einhausungen, Schutzmaßnahmen und Entsorgungskosten erhöhen die Sanierungsaufwendungen erheblich.

Wirtschaftliche Auswirkungen auf energetische Sanierungen

Die zusätzlichen Sanierungskosten für asbesthaltige Materialien können das Budget für energetische Modernisierungen deutlich reduzieren. Finanzielle Mittel, die ursprünglich für Dämmmaßnahmen, Heizungsoptimierungen oder Fenstererneuerungen vorgesehen waren, müssen teilweise in Asbestsanierungen und Schutzmaßnahmen umgeleitet werden.

Die novellierte GefStoffV 2024 stellt einen wesentlichen Fortschritt im Arbeitsschutz dar und sorgt für eine rechtlich klare Einordnung von Sanierungsmaßnahmen. Gleichzeitig ergeben sich neue Herausforderungen für Bauherren, Energieplaner und Handwerksbetriebe, insbesondere in Bezug auf Gesundheitsschutz, Kosteneffizienz und Sanierungsabläufe. Eine frühzeitige Erkundung asbesthaltiger Bauteile und eine strategische Budgetplanung sind essenziell, um sicherheitsgerechte und wirtschaftlich tragfähige Lösungen zu gewährleisten.

4 Wohngebäudebestand (Ein- und Mehrfamilienhäuser)

Die zwischen 1949 und 1978 errichteten Wohngebäude, insbesondere Ein- und Zweifamilienhäuser, haben einen wesentlichen Anteil am deutschen Gebäudebestand und prägen das städtische sowie ländliche Landschaftsbild erheblich. Etwa 60 % der rund 19,5 Millionen Wohngebäude in Deutschland entstanden vor der ersten WärmeschutzV von 1978 (siehe Abb. 4.1) und zeigen daher oft signifikante energetische Schwächen (siehe Abb. 4.2). Vor dem Hintergrund des Klimawandels und der Notwendigkeit, CO_2-Emissionen zu senken, wird die Klimaneutralität dieser Bestandsgebäude in Forschung und Praxis immer relevanter.

Die jüngsten Preissteigerungen für Heizenergiepreise im Jahr 2023 um 31 % betonen die Notwendigkeit, effiziente Energieeinsparungs- und Emissionsreduktionsmaßnahmen zu identifizieren und umzusetzen. Zwar wächst das Bewusstsein für die Problematik, doch schlagen sich entsprechende Maßnahmen bislang nur in geringen realen Einsparungen nieder – was auf Umsetzungsbarrieren oder verhaltenes Handeln schließen lässt. Besonders auffällig zeigt sich das Problem in den marginalen Einsparungen beim temperierten Heizenergieverbrauch, der in Zwei- und Mehrfamilienhäusern – viele davon Nachkriegsbauten – nur um 3,8 % gesenkt werden konnte. Diese Gebäude sind oft durch ineffiziente Bauweisen und veraltete Energiesysteme charakterisiert, was energetische Sanierungen erschwert.

Das Einsparpotenzial durch energetische Sanierungen bei Gebäuden, die zwischen 1946 und 1977 gebaut wurden, ist erheblich. Diese Bauten sind entscheidend für die Erreichung der Klimaziele, da sie nicht nur einen Großteil der in Deutschland verbrauchten Endenergie ausmachen, sondern auch den höchsten Energieverbrauch aufweisen. Eine umfangreiche Modernisierung dieser Gebäude ist für das Erreichen der Ziele des Pariser Klimaabkommens bis 2045 essenziell, wobei geschätzt wird, dass etwa ¾ aller deutschen Gebäude energetisch saniert werden müssen.

Die Transformation dieser Gebäudebestände ist unverzichtbar. Einfache, kosteneffiziente und technisch realisierbare Sanierungsansätze, wie der Fokus auf minimalistische und robuste Konstruktionen, bieten erhebliches Potenzial. Strategien wie verbesserte Wärmedämmung und der Verzicht auf komplexe Gebäudetechnik minimieren das Risiko technischer Störungen und verringern die Abhängigkeit von intensiver Wartung. Die Entwicklung energieeffizienter Bauweisen wurde durch die Einführung der WärmeschutzV maßgeblich vorangetrieben, was sich in einem signifikanten Rückgang des jährlichen Heizwärmebedarfs

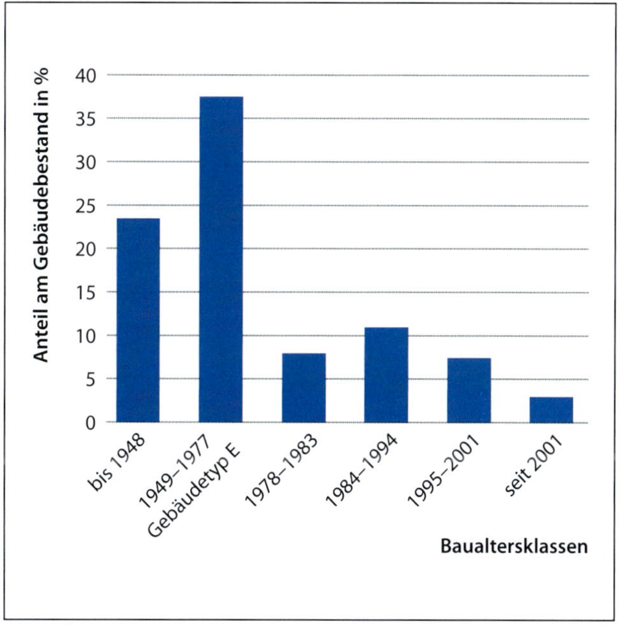

Abb. 4.1: Deutscher Wohngebäudebestand nach Baualtersklassen nach DENA-GEBÄUDEREPORT 2023. Zahlen, Daten, Fakten zum Klimaschutz im Gebäudebestand (2023, S. 7)

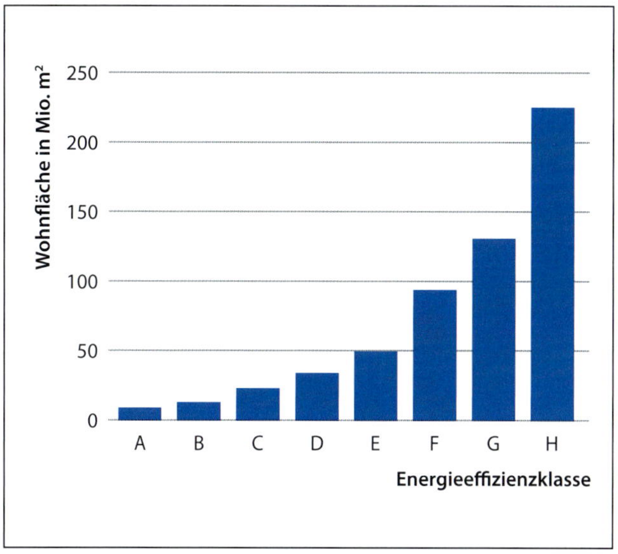

Abb. 4.2: Energieeffizienz von Einfamilienhäusern (1949–1977)

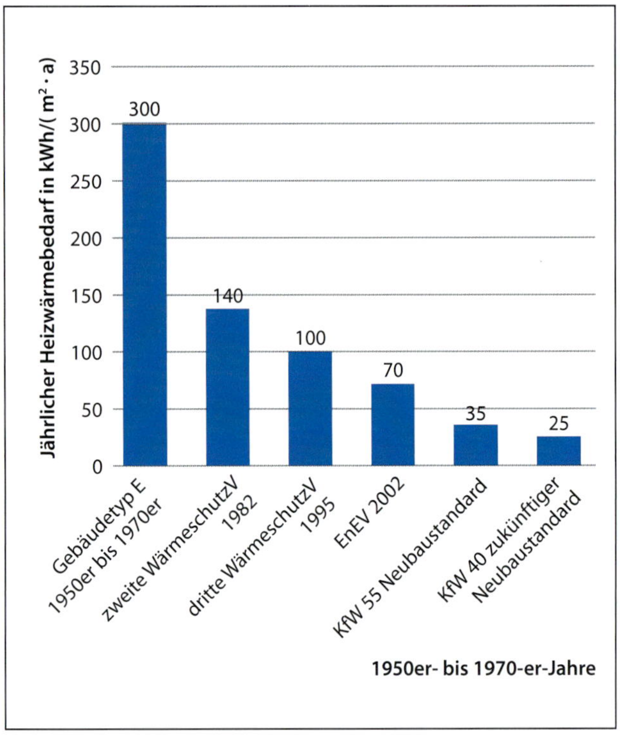

Abb. 4.3: Entwicklung von Neubaustandards nach „Energieeffizienzklassen A+ bis H für Gebäude" (DAA GmbH, 2024)

Abb. 4.4: Straßenfassade aus der Gründerzeit

niederschlägt (siehe Abb. 4.3). Mit der zweiten WärmeschutzV konnte dieser Bedarf auf etwa die Hälfte dessen reduziert werden, was für ein energetisch unreguliertes Gebäude erforderlich wäre. Dies stellt einen wesentlichen Meilenstein dar.

4.1 Gründerzeit (1900 bis 1919) und Fachwerkhäuser

4.1.1 Allgemeine Charakteristika

In der Gründerzeit dominierten Mauerwerksbauten, insbesondere in städtischen Gebieten, während im ländlichen Bereich häufig auch Fachwerkbauten mit Mauerwerksausfachung zu finden waren. Insbesondere in den historisch gewachsenen Kernen deutscher Städte und Gemeinden sind viele dieser Bauten noch heute in großer Zahl und oft gut erhalten. Die massiven Ziegelbauten dieser Zeit zeichnen sich durch aufwendige Fassadengestaltungen aus mit zahlreichen Erkern, Balkonen und Ziegelornamentik sowie Dekor- und Strukturelemente aus Sandstein und Stuck. Die prächtigen Straßenfassaden der Gebäude dieser Epoche gelten häufig als erhaltenswerte Baudenkmäler und spielen eine wichtige Rolle im Stadtbild. (Energetische Sanierung von Altbauten – Handlungsempfehlungen für Hauseigentümerinnen und Hauseigentümer, 2019, S. 10)

Gründerzeitgebäude und Fachwerkhäuser stellen sowohl architektonisch als auch bautechnisch eine besondere Herausforderung dar. Während die Gebäude der Gründerzeit neben den opulenten Fassaden oft durch großzügige Raumhöhen gekennzeichnet sind, bestechen Fachwerkhäuser durch ihre charakteristische Holzkonstruktion und historische Bedeutung. Beide Bauarten erfordern bei der Sanierung besonderes Augenmerk auf den Erhalt der strukturellen Integrität und der ästhetischen Eigenschaften.

Diese Herausforderungen sind eng mit modernen Sanierungsempfehlungen verknüpft, die darauf abzielen, die Energieeffizienz zu verbessern, während gleichzeitig der historische Charakter bewahrt wird. Fachgerechte Sanierungsmaßnahmen müssen daher sowohl den technischen Anforderungen des jeweiligen Bauzeitalters gerecht werden als auch den aktuellen energetischen und baurechtlichen Standards entsprechen.

4.1.2 Fassade

Straßenfassaden aus der Gründerzeit sind prägend für das historische Stadtbild und weisen aus bauphysikalischer Sicht 3 spezifische Eigenschaften auf, die bei Sanierung und Modernisierung berücksichtigt werden müssen:

- Wärmeschutz und Dämmung: Die **Massivbauweise mit Vollziegelmauerwerk** (Wandstärken von 36 bis 77 mm) bietet eine hohe Wärmespeicherfähigkeit, aber eine geringe Dämmwirkung.
- U-Werte zwischen 1,2 und 1,8 W/(m² · K) sind typisch, wodurch energetische Sanierungen erforderlich werden.
- Die Außendämmung ist oft problematisch aufgrund des Denkmalschutzes. Eine Alternative ist die **Innendämmung** mit kapillaraktiven Materialien (z. B. Kalziumsilikat oder Lehmputz).

Abb. 4.4 zeigt ein charakteristisches Gebäude der Gründerzeitbebauung, die sich durch eine funktionale Grundrissorganisation bzw. Raumaufteilung, symmetrische Fassadengestaltung, repräsentative Bauweise und dichte, straßenbegleitende Bebauung auszeichnet. Besonders bei einer energetischen Sanierung müssen bauphysikalische, denkmalpflegerische und städtebauliche Aspekte berücksichtigt werden.

Abb. 4.5 und 4.6: Fachwerkhäuser im städtischen Gebiet

Architektonische Merkmale sind:

- ein leicht erhöhtes Eingangsgeschoss (meist als Hochparterre zur Abgrenzung vom Straßenraum),
- ein zentrales Treppenhaus, das die Erschließung der 4 Obergeschosse ermöglicht,
- eine geschlossene Bauweise innerhalb einer Häuserzeile, was bedeutet, dass das Gebäude nur über eine Straßenfassade und eine Hofseite verfügt.

Lage und Einfluss auf die Belichtung:

- Die Straßenseite ist oft reich verziert und besitzt große Fenster zur optimalen Tageslichtnutzung.
- Die Hofseite ist funktionaler gestaltet und dient der Belichtung von Küchen, Wirtschaftsräumen und Treppenhäusern.
- Die beengte Bebauung reduziert die natürliche Belichtung der mittleren Wohnbereiche, was in der Gründerzeit oft durch hohe Räume und große Fenster ausgeglichen wurde.

Bauphysikalische Herausforderungen bestehen in

- Wärmeverlusten durch ungedämmte Fassaden (U-Werte zwischen 1,2 und 1,8 $W/[m^2 \cdot K]$),
- Wärmebrücken an Fensteranschlüssen und Geschossdeckenübergängen,
- Problemen bei der energetischen Sanierung, da eine Fassadendämmung wegen Denkmalschutzauflagen oft nur eingeschränkt möglich ist.

Abb. 4.5 und 4.6 zeigen typische Fachwerkhäuser in einem städtischen Umfeld, die durch ihre konstruktive Bauweise, gestalterische Vielfalt und historische Bedeutung geprägt sind. Oftmals wurden diese Gebäude im Laufe der Jahre durch Feuer oder/und Kriegseinwirkungen zerstört und mit modernen Baustoffen wieder aufgebaut oder teilsaniert. Dies führt oftmals zu baukonstruktiven Problematiken wie Feuchteeintrag bis hin zu holzzerstörenden Pilzbefall.

Architektonische Merkmale sind

- sichtbares Fachwerk mit tragender Holzstruktur und ausgefachten Wandfeldern (z. B. mit Lehm, Ziegel oder Putz),
- mehrgeschossige Bauweise mit vorkragenden oberen Geschossen (Auskragung zur Flächenerweiterung in oberen Etagen),
- steile Satteldächer zur Optimierung der Dachgeschossnutzung,
- unregelmäßige Fensteranordnung, angepasst an die Fachwerkstruktur.

Die städtische Fachwerkbauweise ist im Gegensatz zu ländlichen Varianten charakterisiert durch

- dicht aneinandergereihte Gebäude, oft in geschlossener Bauweise,
- Brandwände oder gemeinsame Giebel zwischen den Häusern zur Feuerbegrenzung,
- aufwendigere Fassadengestaltung mit Schmuckfachwerk, bemalten Balken und Zierelementen,
- höhere Gebäudehöhen, da in Städten meist 2 bis 4 Geschosse üblich waren.

Die bauphysikalischen Besonderheiten und die damit korrespondierenden Sanierungskonzepte veranschaulicht Tabelle 4.1.

Tabelle 4.1: Bauphysikalische Besonderheiten und Sanierungskonzepte bei Gründerzeit- und Fachwerkhäusern

bauphysikalische Besonderheiten	Sanierungskonzept
Feuchteempfindlichkeit des Holzes	• Schutz durch intakte Dachüberstände und konstruktiven Holzschutz • Verwendung diffusionsoffener Materialien bei der Sanierung
unzureichende Energieeffizienz aufgrund schlechter Wärmedämmung durch geringe Wandstärken	• nachträgliche Innendämmung mit kapillaraktiven Materialien (z. B. Kalziumsilikatplatten, Holzfaserdämmung) **Achtung:** Außendämmung aufgrund von Denkmalschutz oft nicht möglich
statische Besonderheiten durch Verformungen und Setzungen infolge jahrhundertelanger Nutzung	• Verstärkung geschädigter Fachwerkkonstruktionen durch Holzergänzungen oder Verpressungen
Schädlings- und Pilzbefall	• regelmäßige Überprüfung der Tragfähigkeit der Holzkonstruktion • Einsatz von Holzschutzmaßnahmen bei der Restaurierung

Abb. 4.7: Gewölbedecke

Abb. 4.8: Vollziegelmauerwerk mit horizontal Sperre

Städtische Fachwerkhäuser sind ein prägendes Element historischer Stadtbilder und stellen bei der Sanierung eine besondere bauphysikalische und denkmalpflegerische Herausforderung dar. Die Kombination aus denkmalgerechter Erhaltung und moderner Wohnqualität erfordert individuelle Sanierungslösungen unter Berücksichtigung traditioneller Handwerkstechniken und bauphysikalischer Anforderungen.

4.1.3 Kellerdecke

Kellerdecken in historischen und älteren Bestandsbauten wurden häufig als **Gewölbe-, Kappen- oder Betondecken** mit **Stahl- oder Eisenträgern** konstruiert (siehe Abb. 4.7). Diese Bauweisen waren vor allem aufgrund ihrer hohen Tragfähigkeit und Langlebigkeit verbreitet. Die verwendeten Materialien wie Ziegel, Beton und Stahl wiesen jedoch nur begrenzte wärmedämmende Eigenschaften auf, sodass Wärmeverluste in den unbeheizten Kellerraum oder das Erdreich begünstigt wurden.

Die Wärmedurchgangskoeffizienten (*U*-Werte) solcher Konstruktionen liegen typischerweise im Bereich von **0,95 bis 1,2 W/(m² · K)**. Diese relativ hohen Werte führen in darüberliegenden Erdgeschosswohnungen häufig zu Fußkälte, da die Bodentemperaturen aufgrund des Wärmeaustauschs mit dem kühleren Kellerbereich niedrig bleiben. Dies kann nicht nur zu einem unkomfortablen Wohnklima führen, sondern auch den Energieverbrauch für die Beheizung der Wohnräume erhöhen.

Besonders in ländlichen Fachwerkbauten sind die Keller häufig nicht vollflächig unter dem Gebäude angeordnet, sondern erstrecken sich nur über Teilbereiche. Diese Keller sind oft als **niedrige Kriechkeller** ausgeführt, die primär zur Lagerung von Vorräten oder zur Feuchtigkeitsregulierung des Gebäudes dienten. Aufgrund der begrenzten Bauhöhe und der unzureichenden Belüftung können Kriechkeller jedoch zu einer erhöhten Feuchtigkeitsbelastung der angrenzenden Bauteile führen, was das Risiko von Schimmelbildung und Bauschäden erhöht.

4.1.4 Außenwand

Die Außenwände der Gebäude bestehen typischerweise aus **Vollziegelmauerwerk**, dessen Wandstärke je nach Geschosshöhe variiert. In den unteren Geschossen beträgt die Wandstärke meist 50 bis 77 cm, während sie in den oberen Geschossen auf 25 bis 40 cm reduziert ist (siehe Abb. 4.8).

Abb. 4.9: Sockel und Schwellbalken im Fachwerkhaus

Abb. 4.10: Dachkonstruktion mit Fledermausgaube

Diese massive Bauweise sorgt für eine hohe Tragfähigkeit und thermische Speicherfähigkeit, weist jedoch im Vergleich zu modernen Wandkonstruktionen eine geringere Wärmedämmleistung auf.

Die Gestaltung der Fassaden folgt einem typischen Muster: Während die Straßenfassaden oft aufwendig mit Stuckelementen, Gesimsen oder Schmuckornamenten versehen sind, werden Hof- und Gartenfassaden meist schlichter ausgeführt. Dies lag ursprünglich an wirtschaftlichen und repräsentativen Überlegungen, da zur Straße hin ein repräsentativer Eindruck vermittelt werden sollte.

Feuchtigkeitsprobleme und deren Ursachen

Ein häufiges Problem historischer Vollziegelmauerwerke ist das Auftreten von **Feuchteschäden im Sockelbereich**. Diese resultieren primär aus **fehlenden oder unzureichenden Abdichtungen** gegen aufsteigende Feuchtigkeit oder seitlich eindringendes Wasser. Besonders betroffen sind Gebäude, bei denen keine Horizontalsperren vorhanden sind oder diese im Laufe der Zeit beschädigt wurden.

Die **alten Fundamentsockel** besitzen weder eine horizontale noch eine vertikale Sperrschicht, was dazu führt, dass kontinuierlich Feuchtigkeit aus dem Erdreich kapillar in das Mauerwerk aufsteigt. Dies ist besonders problematisch bei Ziegelmauerwerk, da die Feuchtigkeit bis an den Schwellbalken gelangen und von dort in das Innere des Hauses vordringen kann.

Durch das Ansteigen des Gelände- und Straßenniveaus in den vergangenen Jahrzehnten hat sich das Risiko für Feuchteschäden an den unteren Bereichen von Fachwerkwänden weiter erhöht (siehe Abb. 4.9).

Bei bereits vorhandenen Schäden können das Anheben der Schwelle und die Aufmauerung des Sockels, einschließlich der Implementierung einer Horizontalsperre, eine effektive Sanierungsmethode bieten.

In Kombination mit vergleichsweise hohen U-Werten zwischen 1,2 und 1,8 $W/(m^2 \cdot K)$ sowie der Präsenz von **Wärmebrücken** begünstigt die geringe Dämmwirkung der Wände eine verstärkte **Kondensation von Raumluftfeuchtigkeit**. Dieser Effekt tritt besonders in Bereichen mit eingeschränkter Luftzirkulation auf, etwa hinter Möbelstücken oder Vorhängen. Hier kann sich die Raumluftfeuchtigkeit an den kühleren Wandoberflächen niederschlagen, was das **Risiko für Schimmelbildung** erheblich erhöht.

Neben den hygienischen und gesundheitlichen Auswirkungen beeinträchtigt eine anhaltend hohe Feuchtebelastung auch die Bausubstanz. Durch die wiederholte **Durchfeuchtung und Trocknung** des Ziegelmauerwerks kann es langfristig zu **Frostschäden, Salzausblühungen oder Abplatzungen des Putzes** kommen.

Sanierungsstrategie

Eine teilweise funktionierende Horizontalsperre erfordert eine ganzheitliche Sanierungsstrategie, die Feuchteeintrag minimiert, Wärmeverluste reduziert und die Schadensrisiken langfristig begrenzt. Durch die Kombination aus mechanischer Sanierung, feuchteregulierenden Maßnahmen und optimierter Dämmung kann das bauphysikalische Verhalten des Mauerwerks nachhaltig verbessert werden.

4.1.5 Dach und oberste Geschossdecke

Die Dachflächen sind meist als Mansard- oder Satteldächer ausgeführt, die entweder mit Ziegeln, Biberschwanz oder Schiefer gedeckt sind. Typische Dachaufbauten sind Dachhäuschen, Schleppgauben und Fledermausgauben. Abb. 4.10 zeigt eine Fledermausgaube mit Biberschwanzeindeckung.

Dachgauben wurden ursprünglich zur Belüftung und Belichtung von Dachböden konzipiert. Mit der Zeit entwickelten sie sich zu einem prägenden architektonischen Element, das nicht nur funktionale, sondern auch ästhetische Vorteile bietet. Insbesondere bei nachträglich ausgebauten Dachräumen ermöglichen Gauben eine erhebliche Vergrößerung der nutzbaren Fläche und verbessern gleichzeitig die Licht- und Luftverhältnisse im Dachgeschoss. Die Konstruktion, Form und Materialwahl variieren je nach architektonischer Epoche, regionalen Bautraditionen und der Hauptdachkonstruktion.

Die Fledermausgaube zeichnet sich durch ihre sanft geschwungene Form aus, die eine harmonische Integration in die Dachfläche ermöglicht. Ihr wellenförmiges Design erinnert an eine Sinuskurve und schafft einen fließenden Über-

Abb. 4.11 und 4.12: Deckenkonstruktionen in Fachwerkgebäuden

gang zwischen Gaube und Hauptdach. Diese besondere Konstruktion erfordert ein hohes Maß an handwerklicher Präzision und ist vor allem in historischen oder traditionellen Gebäuden zu finden. Dank ihrer geschwungenen Gestaltung fügt sie sich optisch besonders elegant nahtlos in das Gesamtbild des Daches ein und bewahrt die ursprüngliche Ästhetik des Bauwerks. Die Eindeckung erfolgt mit kleinformatigen Materialien, z. B. Biberschwanzziegeln, Schiefer oder Reet.

Vorteile der Fledermausgaube:

- Ästhetik: Sie verleiht dem Dach eine besondere Eleganz und unterstreicht den individuellen Charakter eines Gebäudes.
- Integrierte Gestaltung: Sie fügt sich nahtlos ohne harte Übergänge oder Brüche in die Dachlandschaft ein.
- Einzigartigkeit: Jede Fledermausgaube wird individuell an die Dachform und Gebäudearchitektur angepasst.

Nachteile der Fledermausgaube:

- Hohe Kosten: Die komplexe Form erfordert aufwendige Konstruktionen und handwerkliches Können mit der Folge höherer Baukosten.
- Komplexität: Die Ausführung setzt spezialisiertes Knowhow voraus, wodurch nur wenige Fachbetriebe für den Bau infrage kommen.
- Materialeinschränkungen: Fledermausgauben können nur mit kleinformatigen und flexiblen Deckmaterialien gedeckt werden, was die Auswahl begrenzt und die Kosten erhöht.

Kostenübersicht für die Herstellung einer Fledermausgaube:

- Materialkosten: 4.000–8.000 €
- Arbeitskosten: 5.000–8.000 €
- Planungskosten: 1.000–1.500 €
- Gesamtkosten: 10.000–18.000 €, abhängig von Größe, Materialwahl und regionalen Baukosten

Typische Sanierungsprobleme bei Dachgauben allgemein:

- Undichtigkeiten:
  - Schäden an der Dacheindeckung führen zu Feuchtigkeitseintritt und Wärmeverlusten.
  - Schadhafte Dachrinnen und Fallrohre verursachen Wasserschäden an Fassade und Dachtragwerk.
- Schädlingsbefall: Tierischer und pflanzlicher Befall kann tragende Holzteile beeinträchtigen (z. B. Holzwurm, Hausschwamm).
- Mangelhafte Wärmedämmung:
  - Ungenügende oder veraltete Dämmung führt zu Wärmeverlusten und erhöhten Heizkosten.
  - Die Modernisierung sollte nach den aktuellen Anforderungen des GEG erfolgen.

Die **Fledermausgaube** ist eine der anspruchsvollsten Dachgaubenarten und überzeugt durch ihre ästhetische und anspruchsvolle Einbindung in die Dachlandschaft. Allerdings sind ihre Konstruktion und Sanierung besonders aufwendig. Aufgrund der hohen Material- und Arbeitskosten sollten eine Fachberatung und eine detaillierte Planung vorab erfolgen. Bei Sanierungen ist besonders auf Wärmedämmung, Abdichtung und Schädlingsschutz zu achten, um langfristige Schäden zu vermeiden und den energetischen Standard zu optimieren.

Ursprünglich sind die Sparren außen mit einer Holzschalung, die mit Bitumenpappe abgedeckt ist, versehen, während die Innenseite mit Rabitzputz auf Schilfrohr oder Lehmwickel ausgestaltet ist (siehe Abb. 4.11 und 4.12). Die Lehmwickel werden als Deckeneinschub zwischen die eingenuteten Deckenbalken eingesetzt und dienen als massive

Füllung. Gleichzeitig fungieren sie als Putzträger für die nachfolgenden Putzschichten verputzter Fachwerkdecken. Diese Technik war in der Baugeschichte weitverbreitet, wird jedoch heute aus Kostengründen kaum noch angewendet. Die obersten Geschossdecken bestehen aus Einschubdecken mit Verfüllungen (Energetische Sanierung von erhaltenswerten Altbauten in Freiburg, 2011, S. 3). Die *U*-Werte der Dächer variieren erheblich je nach Konstruktion und liegen im Ursprungszustand zwischen 0,9 und 2,1 $W/(m^2 \cdot K)$. In den letzten Jahrzehnten wurden die Dachflächen vermutlich mehrfach überarbeitet und teilweise gedämmt, wobei die Dicke der Dämmung oft nicht den heutigen Standards entspricht (Gründerzeitgebäude – Leitfaden für energetische Sanierungen in Frankfurt, 2023, S. 7–8). Besondere Vorsicht ist bei künstlichen Mineralfasern geboten, die vor 1993 verbaut wurden, da sie potenziell krebserregend sein können. Beim Umgang mit Asbest sind nach der novellierten GefStoffV (siehe Kapitel 3.5) spezielle Schutzvorkehrungen wie die Vermeidung von Staubentwicklung und die ordnungsgemäße Entsorgung zwingend erforderlich, da bereits geringste Faserkonzentrationen die Gesundheit gefährden können. Solche Arbeiten dürfen ausschließlich von sachkundigen Fachkräften durchgeführt werden, um die Sicherheit aller Beteiligten zu gewährleisten (Nationaler Asbestdialog, 2020, S. 5–6).

4.1.6 Fenster

In Gebäuden aus der Gründerzeit sind heute überwiegend einfach verglaste Fenster aus Holz zu finden (siehe Abb. 4.13). Ursprünglich waren oft Kastenfenster installiert, die entweder dreiflügelig mit einer T-Teilung oder zweiflügelig mit Sprossenteilung und Oberlicht gestaltet waren. Diese Fenster wurden typischerweise auf der Innenseite des Fenstergewändes montiert.

Die energetische Sanierung von Holzfenstern in Gründerzeitgebäuden stellt eine besondere bauphysikalische Herausforderung dar, da sie sowohl denkmalpflegerische Anforderungen als auch moderne Energieeffizienzstandards berücksichtigen muss. Historische Holzfenster sind meist eng an das Fenstergewände angeschlossen und besitzen oft glasteilende Sprossen, die sowohl gestalterisch als auch funktional eine Rolle spielen. Der Einbau neuer Fenster kann das architektonische Gesamtbild erheblich verändern, weshalb eine sorgfältige Abwägung zwischen Denkmalpflege, Energieeffizienz und Wohnkomfort erforderlich ist.

In einigen Gebäuden gibt es Rollläden mit Gurtwicklern (Stadt Freiburg im Breisgau, 2011, S. 3). Die ursprünglichen Kastenfenster wiesen *U*-Werte zwischen 2,5 und 3,0 $W/(m^2 \cdot K)$ auf, wobei die Einfachverglasungen in Nebenräumen, vor allem auf der Rückseite, Werte von bis zu 5,6 $W/(m^2 \cdot K)$ erreichten. Viele dieser alten Fenster sind zudem undicht. Holzfenster können bei guter Pflege eine lange Lebensdauer haben, jedoch sind bei den meisten Originalfenstern sowie bei später erneuerten Fenstern, unabhängig vom Material, häufig erhebliche Schäden zu beobachten. Dies schließt Fenster ein, die nach dem Krieg als Holzfenster, in den 1960er-Jahren als Holzverbundfenster oder in den 1970er- und 1980er-Jahren als Kunststofffenster eingebaut wurden (Gründerzeitgebäude – Leitfaden für energetische Sanierungen in Frankfurt, 2023, S. 7–8).

Abb. 4.13: Einfach verglaste Fenster

Abb. 4.14: Fenstersanierung mit Holzfenster und Holzsturz

Eine fachgerechte Sanierung erfordert die Vermeidung von Wärmebrücken, die Optimierung des Feuchteschutzes und eine schalldichte Montage (siehe Abb. 4.14). Durch eine intelligente Dämmstrategie, sorgfältige Fensteranschlüsse und geeignete Materialwahl kann das bauphysikalische Verhalten des Gebäudes optimiert und langfristige Schäden vermieden werden (siehe Kapitel 9.2).

4.1.7 Technische Gebäudeausrüstung

In Gründerzeithäusern sowie in Fachwerkhäusern waren häufig Einzelöfen als primäre Heizquelle anzutreffen. Diese dienten vornehmlich der Beheizung einzelner Räume und konnten in begrenztem Umfang auch zur Warmwasserauf-

Abb. 4.15: Einzelofen

Abb. 4.16: Elektrifizierung in Gründerzeitgebäuden und Fachwerkhäusern Anfang des 20. Jahrhunderts

bereitung genutzt werden. Eine zentrale Warmwasserversorgung existierte in der Regel nicht. Stattdessen wurde das Warmwasser in Küchen oder Waschküchen über dezentrale Holz-Warmwasseröfen bereitgestellt, die entweder als Durchlauferhitzer oder als Speicheröfen konzipiert waren (siehe Abb. 4.15). Solche Systeme waren jedoch ineffizient sowie energieintensiv und erforderten einen hohen manuellen Arbeitsaufwand für das Nachlegen von Brennmaterial. Fehlende Rohrleitungssysteme führten dazu, dass Warmwasser nur in bestimmten Räumen zur Verfügung stand.

Die Elektrifizierung dieser Gebäude war bis weit in das 20. Jahrhundert hinein rudimentär ausgeführt (siehe Abb. 4.16). Erst mit der fortschreitenden Standardisierung elektrischer Installationen und der Einführung verbindlicher Vorschriften zur Gebäudeelektrik in der Mitte des 20. Jahrhunderts wurde eine umfassendere Elektrifizierung nachgerüstet.

Einzelöfen

Bedeutung und Funktion

Die Einzelöfen als zentrale Wärmequelle zur Beheizung einzelner Räume wurden meist mit Kohle, Holz oder Briketts befeuert. Je nach Region und Gebäudetyp variierten die Ofensysteme:

- **Gründerzeitgebäude** waren – oft in mehreren Wohnräumen – meist mit Kachelöfen oder gusseisernen Kohleöfen ausgestattet, gelegentlich mit Wärmespeicherfunktion.
- In **Fachwerkhäusern** waren Lehmöfen, Kachelöfen oder offene Feuerstellen verbreitet, teilweise mit Rauchabzügen direkt durch das Fachwerk.

Nachteile von Einzelöfen

Der **Wirkungsgrad** war relativ niedrig mit ca. 30 bis 60 %; durch ungedämmte Schornsteine entstanden **hohe Wärmeverluste**.

Die **Luftqualität** wurde durch hohe Feinstaub- und CO_2-Emissionen sowie Rußablagerungen in Schornsteinen beeinträchtigt.

Durch die **manuelle Temperaturregelung** entstanden oft hohe Temperaturschwankungen in den Räumen.

Modernisierung der Heiztechnik

Die Modernisierung alter Heizsysteme mit Einzelöfen kann über folgende Maßnahmen realisiert werden:

- Erhalt historischer Kachelöfen mit effizienteren Brenneinsätzen,
- Ersetzung veralteter Einzelöfen durch moderne, emissionsarme Heizsysteme (z. B. Gasetagenheizungen oder Wärmepumpen),
- Nachrüstung v on Zentralheizungen mit Fußboden- oder Wandheizungssystemen.

Elektrifizierung bis in das 20. Jahrhundert

Die Elektrifizierung von Altbauten diente zunächst primär der **Beleuchtung**.

Merkmale der frühen Elektrifizierung

Die frühe Elektrifizierung war durch folgende Merkmale gekennzeichnet:

- **Begrenzte Stromversorgung**: Es existierten lediglich wenige Stromkreise, die häufig nur in einzelnen Räumen verfügbar waren.

- **Elektrische Infrastruktur für Grundbedürfnisse**: Die Elektrifizierung erfolgte vorrangig für **Beleuchtung** und **einfache Haushaltsgeräte**, z. B. Bügeleisen oder einfache Kochplatten.
- **Kein flächendeckender Stromanschluss**: In ländlichen Gebieten wurden häufig **nur Teile des Gebäudes** mit Strom versorgt.
- **Veraltete Verkabelung**: Stoffummantelte Drähte und unzureichende Absicherung führten oft zu **erhöhten Brandrisiken**.

Entwicklung und Standardisierung

Erst mit der fortschreitenden Standardisierung elektrischer Installationen in der Mitte des 20. Jahrhunderts erfolgte eine **Nachrüstung von Stromkreisen und Steckdosen**.

Durch die Einführung von **Sicherungen und Schutzleitern** wurde die Sicherheit elektrischer Anlagen verbessert.

Ab den 1960er-Jahren war die **flächendeckende Elektrifizierung** auch in Altbauten Standard, einschließlich der Integration elektrischer Warmwasserbereiter.

Die historische Heiz- und Elektroinfrastruktur von Gründerzeit- und Fachwerkhäusern war zunächst rudimentär und ineffizient, wodurch moderne Anforderungen an Wohnkomfort, Energieeffizienz und Sicherheit nicht erfüllt wurden. Während denkmalgerechte Sanierungskonzepte oft den Erhalt historischer Einzelöfen ermöglichen, erfordert die elektrische Nachrüstung eine umfassende Modernisierung, um zeitgemäße Sicherheits- und Komfortstandards zu gewährleisten. Eine solche Nachrüstung erfordert folgende Maßnahmen:

- Erneuerung alter Stoff- und Bleileitungen mit modernen, isolierten Kupferleitungen.
- Erweiterung des Sicherungskastens und Installation von Fehlerstromschutzschaltern (FI-Schutz),
- Integration smarter Steuerungssysteme für Heizungs- und Beleuchtungsanlagen.

Da die Komfortansprüche im Laufe der Zeit gestiegen sind, wurden in den 1970er- und 1980er-Jahren viele alte Einzelöfen durch gebäudezentrale Konstant- und Niedertemperaturkessel ersetzt, die mit Gas oder Öl betrieben werden. Die Heiztechnik ist daher oft veraltet, mit ungedämmten Heizleitungen, Heizkörpern ohne Thermostatventile sowie ungeregelten und überdimensionierten Pumpen. Trinkwarmwasserspeicher sind häufig schlecht gedämmt, was zu Speicherverlusten und Legionellengefahr führt.

4.2 Zwischenkriegszeit (1919 bis 1948)

4.2.1 Allgemeine Charakteristika

In der Zwischenkriegszeit erlebte der Wohnungsbau einen fundamentalen Wandel, der durch neue Baumaterialien, veränderte städtebauliche Konzepte und eine Verbesserung des Wohnstandards geprägt war. Die Einführung von Stahlbeton als tragendes Element revolutionierte die Bauweise, indem sie effizientere, stabilere und ökonomischere Konstruktionen ermöglichte. Gleichzeitig gewannen leichte und wirtschaftliche Baustoffe wie Bims und Bimshohlblocksteine zunehmend an Bedeutung, insbesondere in Regionen mit entsprechenden Rohstoffvorkommen.

Gebäude der Zwischenkriegszeit, die den Zeitraum von 1919 bis 1948 umfasst, reflektieren eine Ära bedeutender sozialer, politischer und technologischer Veränderungen, die die Bautechniken und -materialien dieser Zeit prägten. Infolge der Erfahrungen aus dem Ersten Weltkrieg, der zu einem Mangel an Materialien und Arbeitskräften geführt hatte, entwickelten Architekten und Bauingenieure neue Konstruktionsmethoden und nutzten innovative Materialien wie Stahlbeton und Glas. Diese Veränderungen waren nicht nur Antworten auf die Knappheit, sondern auch auf die wachsenden Anforderungen an Funktionalität und Modernität in der Architektur.

Die Gebäude dieser Epoche stehen heute oft vor spezifischen technischen Herausforderungen, insbesondere in Bezug auf Sanierungen. Viele dieser Strukturen müssen sorgfältig modernisiert werden, um aktuellen Energiestandards zu entsprechen, ohne dass ihr historischer Charakter verloren geht. Sanierungsempfehlungen für solche Gebäude betonen daher die Notwendigkeit, originale Materialien wo möglich zu erhalten oder adäquat zu ersetzen, während gleichzeitig moderne Technologien zur Verbesserung der Energieeffizienz integriert werden. Diese Ansätze ermöglichen es, die architektonische Integrität der Gebäude zu bewahren, während sie für zukünftige Generationen nachhaltig und nutzbar gemacht werden.

Diese Phase der architektonischen Entwicklung bildet eine Brücke zwischen den traditionellen Bauweisen der Vorkriegszeit und den fortschrittlicheren, oft experimentellen Konzepten, die nach dem Zweiten Weltkrieg populär wurden (siehe Kapitel 4.3). In diesem Kontext haben die Erfahrungen aus der Zwischenkriegszeit maßgeblich dazu beigetragen, den Weg für die Architektur der Nachkriegszeit zu ebnen, in der Leichtigkeit, Offenheit und Flexibilität zu Schlüsselelementen wurden.

Die Gebäude aus der Zwischenkriegszeit weisen häufig Merkmale auf, die aus heutiger Sicht als energetisch ineffizient gelten. Eines der markantesten Probleme ist der mangelhafte Wärmeschutz, der vor allem durch ungedämmte Außenwände verursacht wird. In dieser Zeit wurde wenig Wert auf die Wärmedämmung gelegt, und viele Gebäude wurden mit massiven, aber wärmedurchlässigen Materialien wie Ziegel und Beton gebaut; das 38er-Mauerwerk wurde Standard. Diese Materialien können zwar eine gewisse thermische Masse bieten, die hilft, Temperaturschwankungen innerhalb des Gebäudes über den Tag zu mildern, jedoch bieten sie keinen ausreichenden Schutz gegen Wärmeverluste in kälteren Monaten (winterlicher Wärmeschutz) oder gegen Wärmeaufnahme während heißer Perioden (sommerlicher Wärmeschutz).

Diese baulichen Schwächen führen nicht nur zu hohen Energiekosten für Heizung und Kühlung, sondern auch zu einem unkomfortablen Wohn- oder Arbeitsklima in den betroffenen Gebäuden. Um diese Probleme zu adressieren, werden heute nachträgliche, umfangreiche Dämmmaßnahmen durchgeführt. Hierbei werden moderne Dämmstoffe wie bspw. Faserdämmstoffe oder Polyurethan-Schaum verwendet, um die Außenwände effektiv zu dämmen. Diese Maßnahmen verbessern den Wärmeschutz erheblich und tragen dazu bei, den Energieverbrauch zu senken und die CO_2-Emissionen zu reduzieren.

Durch solche Sanierungsmaßnahmen kann die Energieeffizienz von Gebäuden der Zwischenkriegszeit erheblich verbessert werden, ohne dass die ästhetische und kulturelle Bedeutung dieser Bauwerke beeinträchtigt wird. Dies ist besonders wichtig, um die architektonische Integrität und den historischen Wert solcher Gebäude zu wahren, während sie an moderne Standards angepasst werden.

Städtebauliche Veränderungen und Wohnqualität

Ein zentrales Merkmal dieser Zeit war eine geringere Bebauungsdichte im Vergleich zur vorherigen Gründerzeit. Während Gründerzeitviertel von dicht gedrängten Mietskasernen mit kleinen Wohnungen geprägt waren, legte der Wohnungsbau der Zwischenkriegszeit verstärkt Wert auf größere Wohnflächen, bessere Belichtung und Belüftung. Dies war nicht zuletzt eine Folge sozialer Reformbewegungen sowie neuer Erkenntnisse der Bauhygiene.

Ein wesentlicher Fortschritt bestand in der Integration sanitärer Einrichtungen in die Wohnungen. Während in der Gründerzeit Toiletten und Bäder oft außerhalb der Wohnungen, beispielsweise in Treppenhäusern oder Hinterhöfen, untergebracht waren, wurden sie nun standardmäßig in die Grundrisse eingeplant. Dadurch verbesserten sich sowohl der Wohnkomfort als auch die hygienischen Bedingungen erheblich.

Abb. 4.17: Einfamilienhaus aus den 1940er-Jahren

Einfamilienhausbau: Vielfalt an Baustilen

Der Einfamilienhausbau dieser Epoche zeigte eine große stilistische Bandbreite, die von einfachen Siedlungshäusern bis hin zu repräsentativen Stadtvillen reichte. Typisch für viele Stadtrandgebiete waren Siedlungshäuser mit 1,5 Stockwerken und Satteldach, die als wirtschaftliche und funktionale Wohnlösungen für breite Bevölkerungsschichten dienten (siehe Abb. 4.17).

Neben diesen standardisierten Siedlungshäusern wurden weiterhin größere Einfamilienhäuser errichtet, die sich an der Tradition der gründerzeitlichen Stadtvillen orientierten. Diese Gebäude wiesen häufig großzügige Raumaufteilungen, repräsentative Fassaden und hochwertige Baumaterialien auf. Ein weiteres prägnantes Erscheinungsbild dieser Zeit stellten zweigeschossige Gebäude mit Mansarddach dar, die aufgrund ihrer charakteristischen Dachform eine optimale Raumausnutzung im Obergeschoss ermöglichten.

4.2.2 Fassade

Regionale Bauweisen und Fassadengestaltung

Die Bauweise und das Erscheinungsbild der Gebäude wurden stark von regionalen Unterschieden geprägt. Ein bedeutendes optisches Merkmal der Zwischenkriegszeit war die häufige Verwendung von Sichtmauerwerk, das entweder als gestalterisches Element oder aus wirtschaftlichen Gründen unverputzt blieb.

In Norddeutschland setzte sich bevorzugt ein zweischaliges Mauerwerk mit Luftschicht durch, das eine verbesserte Wärmedämmung bot und Feuchteprobleme reduzierte.

In Süddeutschland hingegen dominierte das einschalige Mauerwerk, das oft aus massivem Ziegel bestand und durch seine hohe Speichermasse ein ausgeglichenes Raumklima ermöglichte.

4.2.3 Kellerdecke

Kellerdecken in Bestandsgebäuden wurden häufig als scheitrechte Kappendecken aus Beton ausgeführt. Diese bestanden aus flachen, gewölbten Segmenten, die zwischen Stahlträgern oder Ziegelbögen angeordnet waren. Zur Verbesserung der Dämmeigenschaften und zur Anpassung an unterschiedliche Bodenverhältnisse wurden sie häufig mit einer Schlacke- oder Sandschüttung versehen. Diese Schüttung diente historisch sowohl zur Wärmedämmung als auch zur Schallisolierung und Lastverteilung.

4.2.4 Außenwand

Die Außenwände bestanden häufig aus 25 bis 30 cm dickem Vollziegelmauerwerk, das sowohl innen als auch außen verputzt war und einen U-Wert von etwa 1,7 W/(m^2 · K) aufwies (Gebäudetypologie der Stadt Wuppertal, 2016, S. 11). Gelegentlich kam auch zweischaliges Mauerwerk zum Einsatz, das mit einem U-Wert von etwa 1,5 W/(m^2 · K) eine etwas bessere Wärmedämmung bot. Auch Hohlsteinmauerwerke mit Dicken zwischen 25 und 30 cm und U-Werten von 1,58 bis 1,40 W/(m^2 · K) waren weitverbreitet (Energetische Altbausanierung. Die Düsseldorfer Gebäudetypologie, o. D., S. 2).

4.2.5 Dach und oberste Geschossdecke

Die Dachschrägen waren typischerweise nicht gedämmt und bestanden aus einer Sparschalung, die mit Putz auf Draht- oder Spalierträgern versehen war, was zu U-Werten

Abb. 4.18: Holzfußboden

Abb. 4.19: Holzherd zum Backen und Kochen sowie als Einzelraumfeuerstätte

zwischen 1,8 W/(m² · K) und 3,0 W/(m² · K) führte. Die oberste Geschossdecke bestand überwiegend aus Holzbalkendecken (siehe Abb. 4.18) mit einem Einschub, der mit Sand, Lehm oder Schlacke gefüllt war. Der *U*-Wert dieser Konstruktion betrug 1,2 W/(m² · K) (Gebäudetypologie der Stadt Wuppertal, 2016, S. 9).

4.2.6 Fenster

Einfach verglaste Fenster in Form von Holzrahmenfenstern oder Kastenfenstern dominierten mit hohen *U*-Werten um 5,2 W/(m² · K). Im Laufe der Zeit wurden viele dieser Fenster durch Isolierverglasung mit *U*-Werten um 2,8 W/(m² · K) ersetzt (Umweltamt Landeshauptstadt Düsseldorf, o. D., S. 2).

4.2.7 Technische Gebäudeausrüstung

Historisch erfolgte die Beheizung von Wohngebäuden primär durch Einzelöfen, die in den einzelnen Räumen installiert waren. Zentralheizungen waren in älteren Bauten unüblich, sodass jede Wohnung oder sogar jedes Zimmer über eine eigene Wärmequelle verfügte. Die Wärmeverteilung war daher ineffizient und stark vom verwendeten Brennstoff, etwa Holz oder Kohle, abhängig. Fließendes Warmwasser war in vielen dieser Gebäude nicht vorhanden, was bedeutete, dass Wasser für den täglichen Gebrauch manuell erhitzt werden musste. Der Holzherd war ein traditionelles Heizgerät, das nicht nur in der Küche zum Kochen und Backen verwendet wurde, sondern auch zur Beheizung von Räumen diente (siehe Abb. 4.19).

Ebenso fehlten in älteren Wohnhäusern häufig Badezimmer, da die persönliche Hygiene oft an Waschschüsseln oder in öffentlichen Badeanstalten erfolgte. Die sanitären Anlagen waren typischerweise nicht in die Wohneinheiten integriert. Toiletten befanden sich häufig innerhalb des Gebäudes, beispielsweise im Treppenhaus. Die Sanierung solcher Gebäude stellt insbesondere im Bereich der Sanitärversorgung eine erhebliche Herausforderung dar. Die Nachrüstung von fließendem Warmwasser und die Integration moderner Badezimmer erfordert eine umfassende bauliche Anpassung. Eine der zentralen Schwierigkeiten besteht darin, dass die existierende Verrohrung in Altbauten oft nicht für moderne Installationen ausgelegt ist. Wasserleitungen müssen daher überprüft und in vielen Fällen erweitert oder vollständig erneuert werden, um den heutigen Komfort- und Hygienestandards zu entsprechen.

Zudem ergeben sich durch die nachträgliche Installation sanitärer Einrichtungen strukturelle und technische Herausforderungen. Da ursprüngliche Baukonzepte keine Bäder in den Wohneinheiten vorsahen, fehlen oft geeignete Anschlüsse sowie ausreichend Platz für die Installation moderner Sanitärräume. Die Integration neuer Rohrleitungen kann umfangreiche Eingriffe in die Bausubstanz erfordern, insbesondere in denkmalgeschützten Gebäuden, bei denen eine behutsame und denkmalschutzgerechte Sanierung notwendig ist. Neben den baulichen Aspekten müssen auch energetische und ökologische Gesichtspunkte berücksichtigt werden. Der Einbau effizienter Warmwassersysteme, beispielsweise durch zentrale Warmwasserbereitung oder dezentrale Durchlauferhitzer, kann helfen, den Energieverbrauch zu optimieren und den Wohnkomfort zu steigern.

4.3 Gebäude der Nachkriegszeit (1949 bis 1978)

4.3.1 Allgemeine Charakteristika

Der Wiederaufbau Deutschlands nach dem Zweiten Weltkrieg stellte den Wohnungsbau vor erhebliche Herausforderungen. Bis 1951 wurde der Wohnraummangel auf 4,8 Millionen Einheiten geschätzt, was eine drastische Ausweitung der Bautätigkeit erforderte. Die Zahl der jährlich fertiggestellten Wohnungen stieg von 215.000 im Jahr 1949 auf 515.000 im Jahr 1953. Diese intensive Bauphase war durch kostengünstige und materialsparende Bauweisen gekennzeichnet. Häufig wurden Hohlblocksteine verwendet, die aus Trümmermaterial und Ziegelsplitt in Handarbeit hergestellt wurden. Diese Baumaterialien wiesen jedoch oft Defizite im Schall- und Wärmeschutz auf. In der DDR dominierte der industrielle Fertigteilbau, der zwar eine schnelle Bauweise ermöglichte, jedoch häufig in gestalterischer Monotonie mündete. Bei den Plattenbauten handelte es sich um die ersten Gebäude des Gebäudetyps E. Dieser Gebäudetyp entstand unmittelbar nach dem Zweiten Weltkrieg und diente dem Wiederaufbau sowie der Bereitstellung dringend benötigten Wohnraums. Ab den 1960er-Jahren fand die Industrialisierung des Bauens auch in Westdeutschland zunehmend Anwendung. Neue Fertigungstechniken wie die Fertigteilbauweise wurden mit traditioneller Einzelhausbebauung kombiniert, was zu einer breiteren Vielfalt an Bauformen führte.

Gebäudetyp E

Merkmale:

- Konstruktion: einfache, schnelle Bauweise mit dem Ziel, die hohe Nachfrage nach Wohnraum effizient zu decken
- Materialien: primär kostengünstige und leicht verfügbare Materialien, oft unter Verwendung von Trümmerschutt und Recyclingmaterialien
- Design: funktional und pragmatisch mit minimaler ästhetischer Gestaltung; Fokus auf der Maximierung der Wohnfläche
- Verbreitung: große Teile zerstörter Städte in Deutschland und anderen vom Krieg betroffenen Ländern Europas

Sozioökonomische Bedeutung:

- stellte eine schnelle Lösung für die Wohnungsnot vieler Familien dar
- ermöglichte eine kosteneffiziente Wiederverwendung von Kriegstrümmern
- symbolisierte den Beginn des Wiederaufbaus und der wirtschaftlichen Erholung nach dem Krieg

Historischer Kontext:

- Der Typ E wurde als Teil umfassender Wiederaufbauprogramme entwickelt, die nicht nur auf die Schaffung von Wohnraum abzielten, sondern auch auf die Wiederbelebung der Bauwirtschaft und die Schaffung von Arbeitsplätzen.

Langzeitwirkung:

- Viele dieser Gebäude sind bis heute erhalten und werden genutzt, obwohl sie oft nicht den modernen Anforderungen an Komfort und Energieeffizienz entsprechen.
- In vielen Fällen wurden diese Gebäude im Laufe der Jahre umfangreich saniert oder modernisiert.

Nach den Zerstörungen des Zweiten Weltkriegs und den darauffolgenden Wiederaufbaujahren waren die Gebäude der Nachkriegszeit geprägt von einem tiefgreifenden Wandel in der Architektur, der durch die Erfahrungen und Notwendigkeiten der Zwischenkriegszeit beeinflusst wurde. Die Vor- und Zwischenkriegszeit hatte deutliche Mängel in Bezug auf die Energieeffizienz und Materialnutzung offenbart, besonders durch den Einsatz ungedämmter Baustoffe und den Mangel an Ressourcen, der zu einfachen, oft ineffizienten Bauweisen geführt hatte. Diese Erkenntnisse führten in der Nachkriegszeit (ab 1952) zu einer verstärkten Fokussierung auf verbesserte Bautechniken, Materialien und vor allem auf die Standardisierung der Bauverfahren.

In der Nachkriegszeit, einer Ära des wirtschaftlichen Aufschwungs und des technologischen Fortschritts, kam es daher zu bedeutenden Entwicklungen in der Bautechnologie. Die Verfügbarkeit neuer Materialien wie Beton und Stahl sowie Fortschritte in der Produktionstechnologie ermöglichten es, langlebigere und energieeffizientere Gebäude zu errichten. Insbesondere die Einführung des Mindestwärmeschutzes 1952 und der Einsatz von verbesserten

Abb. 4.20: Einfamilienhaus aus der Nachkriegszeit

Dämmmaterialien ab Ende der 1950er-Jahre waren direkte Antworten auf die früheren energetischen Schwächen.

Darüber hinaus führte der Wunsch, schnell große Mengen an Wohnraum zu schaffen, zur Verbreitung von modularen Bauweisen und Großsiedlungen. Diese Entwicklungen waren nicht nur Antworten auf die dringende Nachfrage, sondern auch auf die Erkenntnisse aus früheren Bauweisen, die oft zu einer ineffizienten Nutzung von Raum und Energie geführt hatten. Die Nachkriegsjahre zeichneten sich daher durch eine Periode aus, in der Mindestwärmeschutz, Funktionalität, die ersten Warmwasserpumpheizungen und der Massenwohnungsbau im Vordergrund standen, getrieben von den Erfahrungen und Mängeln der vorhergehenden Epochen.

Die Einführung der DIN 4108 „Wärmeschutz im Hochbau" im Jahr 1952 markierte einen wesentlichen Meilenstein in der systematischen Verbesserung des Mindestwärmeschutzes im Hochbau. Diese Norm wurde entwickelt, um Taupunktunterschreitungen zu vermeiden und damit die Kondensationsbildung innerhalb der Gebäudestruktur zu reduzieren. Durch die Festlegung klarer technischer Standards für die Wärmedämmung von Gebäuden trug die DIN 4108 maßgeblich zur Erhöhung der Energieeffizienz und zur Verbesserung des Wohnkomforts bei, während gleichzeitig bauinduzierte Feuchtigkeitsprobleme und damit verbundene Bauschäden minimiert wurden. Nach der Ölkrise in den 1970er-Jahren kamen zudem wärmetechnisch optimierte Materialien wie Bimshohlblocksteine und porosierte Ziegel vermehrt zum Einsatz.

Der **Einfamilienhausbau** orientierte sich zunächst an einfachen Bauformen, die oft auf der Tradition der Zwischenkriegszeit beruhten und bestehende Siedlungen erweiterten. In Norddeutschland waren unverputzte Klinkerschalen verbreitet. Typische Merkmale dieser Gebäude waren Satteldächer und die Nutzung einfacher Materialien wie Hohlblocksteine und Gitterziegel (siehe Abb. 4.20).

Der **Geschosswohnungsbau** konzentrierte sich in den frühen Jahren auf die Schließung von Baulücken in innerstädtischen Gebieten. Ab den späten 1950er-Jahren entstanden zunehmend neue Siedlungen in Stadtrandlagen. Mit dem verstärkten Einsatz von Beton, Stahl und Glas sowie der Weiterentwicklung industrieller Bauweisen veränderte sich das architektonische Erscheinungsbild spürbar.

Die in den 1950er- bis 1970er-Jahren entstandenen Geschosswohnungsbauten (siehe Abb. 4.21) und deren Wohnquartiere stellen aus energetischer Sicht eine besondere Herausforderung dar. Diese Gebäude sind das Erbe der Nachkriegsjahrzehnte und gehören oft zu den **Worst Performing Buildings**, da sie **hohe Energiebedarfe** aufweisen, d. h., in Bezug auf Energieverbrauch, CO_2-Emissionen und allgemeine Umweltbelastung die niedrigsten Leistungsstandards aufweisen. Viele dieser Bauten wurden in den 1990er- und 2000er-Jahren energetisch mit Wärmedämm-Verbundsystemen (WDVS) einfach saniert, ohne eine umfassende bauphysikalische Optimierung durchzuführen.

Worst Performing Buildings

Merkmale:

- Energieeffizienz: extrem niedrig, oft aufgrund veralteter Bauweisen, schlechter Wärmedämmung und ineffizienter Heizungs- und Kühlsysteme
- CO_2-Emissionen: deutlich höher als der Durchschnitt, was hauptsächlich auf den hohen Energieverbrauch und die Nutzung fossiler Brennstoffe zurückzuführen ist
- Bauzustand: häufig in schlechtem baulichem Zustand mit veralteten Systemen und Materialien, die nicht den heutigen Umwelt- und Energiestandards entsprechen

Verbreitung:

Diese Gebäude finden sich weltweit, häufig in älteren industriellen oder städtischen Gebieten, die seit Längerem keine grundlegenden Sanierungen erfahren haben.

Sozioökonomische Auswirkungen:

- Wohn- und Arbeitsumgebung: oft gesundheitsschädlich und unkomfortabel für Bewohner und Nutzer
- Instandhaltungskosten: Tendenz zu höheren Betriebs- und Instandhaltungskosten
- Immobilienwert: generell niedriger Wiederverkaufswert und geringere Attraktivität für Investoren

Maßnahmen zur Verbesserung:

- Sanierung: Umfassende Modernisierungsmaßnahmen, einschließlich der Aktualisierung der Heizungs-, Lüftungs- und Kühlsysteme sowie der Verbesserung der Gebäudehülle (Dämmung, Fenster)
- Einsatz erneuerbarer Energien: Integration von Solartechnik oder anderen erneuerbaren Energiequellen zur Reduzierung des CO_2-Fußabdrucks
- Regulative Eingriffe: staatliche und lokale Förderprogramme zur Unterstützung der Sanierung und zur Verbesserung der Energieeffizienz

Zukunftsperspektiven:

- Nachhaltige Transformation: Mit geeigneten Investitionen und Modernisierungen können diese Gebäude zu Modellen für nachhaltiges Wohnen und Arbeiten umgewandelt werden.
- Politische und gesellschaftliche Herausforderungen: Die Transformation erfordert fortlaufende politische Unterstützung und Bewusstseinsbildung zur Bedeutung von Energieeffizienz und nachhaltigem Bauen.

Abb. 4.21: Geschosswohnungsbau aus den 1950er-Jahren

Abb. 4.22: Teilsaniertes Mehrfamilienhaus – Fensteranschluss

Abb. 4.23: Teilsaniertes Mehrfamilienhaus – Sockelausbildung

Wärmebrücken und unvollständige Sanierungen

In unsanierten oder teilsanierten Gebäuden sind insbesondere die Fenster- oder Sockelbereiche häufig Problemzonen für Wärmeverluste.

Ein nachträglicher Fenstertausch ohne flankierende Dämmmaßnahmen kann Wärmebrücken verschärfen, insbesondere an Fensteranschlüssen, Laibungen und Brüstungen.

Schimmelbildung durch Feuchteakkumulation

Ein reiner Fenstertausch ohne begleitende Dämmmaßnahmen führt zu ungünstigen Feuchteverlagerungen.

Luftdichtere Fenster reduzieren den unkontrollierten Luftaustausch, sodass sich Feuchtigkeit vermehrt in den Raumecken, Laibungen und ungedämmten Außenwänden niederschlägt.

Fehlerhafte Anschlussdetails (siehe Abb. 4.22) können zu Schimmelbildung führen, insbesondere in den unbehandelten Anschlussbereichen.

Problematische Sockelzonen

Unzureichend gedämmte oder durchfeuchtete Sockelbereiche (siehe Abb. 4.23) verstärken kapillaren Feuchteaufstieg, was nicht nur Bauschäden, sondern auch Energieverluste verursacht.

Eine nachträgliche Außendämmung verbessert zwar den Wärmeschutz, kann jedoch bei mangelnder Abdichtung zu Feuchteproblemen führen.

Energetische Defizite trotz früherer Sanierungen

In den 1990er- und 2000er-Jahren wurden viele Gebäude mit einfachen WDVS-Dämmmaßnahmen saniert.

Oft wurde keine umfassende bauphysikalische Planung durchgeführt, sodass Wärmebrücken und unzureichende Luftdichtigkeit bestehen blieben.

Auch wurden Dämmschichten nach früheren Standards gewählt, die aus heutiger Sicht unzureichend für hohe Energieeffizienzanforderungen sind.

Notwendigkeit einer ganzheitlichen Sanierung

Besonders der Geschosswohnungsbau der 1950er- bis 1970er-Jahre weist energetische Schwachstellen auf, insbesondere wenn nur unzureichend oder nur teilweise sanierte Fassaden und Fenster vorliegen. Wärmebrücken, Feuchteakkumulation und mangelnde Luftdichtheit begünstigen Schimmelbildung, Komforteinbußen und hohe Energieverbräuche. Eine nachhaltige Sanierung muss daher auf einer ganzheitlichen bauphysikalischen Planung basieren, um langfristige Schäden zu vermeiden, die Wohnqualität zu verbessern und den Energieverbrauch signifikant zu senken.

Abb. 4.24: Teilsanierte Mehrfamilienhäuser aus den 1960er-Jahren

Abb. 4.25: Hochhaus aus den 1970er-Jahren

Lösungsansätze für eine nachhaltige Sanierung der Gebäude der 1950er- bis 1970er-Jahre

Eine nachhaltige Sanierung von Bestandsgebäuden erfordert ein ganzheitliches Konzept, das verschiedene bauliche Maßnahmen sinnvoll kombiniert. Ein zentraler Ansatz ist die **ganzheitliche Sanierungsplanung**, die Fassade, Fenster, Dach und Kellerdecke in einem abgestimmten Maßnahmenpaket berücksichtigt (siehe Abb. 4.24). Nur so können Wärmebrücken effektiv vermieden werden. Die Integration moderner Dämmtechniken, wie vorgehängter hinterlüfteter Fassaden (VHF) oder Hochleistungsdämmstoffe, trägt entscheidend zur Energieeinsparung und langfristigen Substanzerhaltung des Gebäudes bei.

Ein weiterer wichtiger Aspekt ist die **Optimierung der Fensteranschlüsse und des Feuchtemanagements**. Der Fenstertausch sollte stets in Kombination mit einer Laibungsdämmung erfolgen, um unerwünschte Feuchteverlagerungen zu vermeiden. Im Innenbereich können kapillaraktive Dämmstoffe, wie Kalziumsilikatplatten, dazu beitragen, die Feuchtigkeit effektiv zu regulieren. Darüber hinaus verbessert eine erhöhte Luftdichtigkeit in Kombination mit dezentralen Lüftungssystemen mit Wärmerückgewinnung das Raumklima und reduziert Schimmelrisiken.

Besonderes Augenmerk sollte auch auf die **Sanierung der Sockelbereiche** gelegt werden, da diese oft eine hohe Feuchtebelastung aufweisen. Durch den Einsatz einer Perimeterdämmung sowie einer vertikalen Feuchtesperre lassen sich Schäden durch aufsteigende Feuchtigkeit minimieren. Zusätzlich können eine Überprüfung und ggf. die Nachrüstung von Horizontalsperren den kapillaren Feuchteeintrag verringern.

Um die **Energieeffizienz nachhaltig zu steigern**, sollten Sanierungsmaßnahmen an den Fassaden die heutigen Anforderungen des GEG 2023 oder sogar den Passivhausstandard erfüllen. Eine Erhöhung der Dämmdicke führt nicht nur zu einer verbesserten thermischen Hülle, sondern reduziert langfristig die Heizkosten. Ergänzend kann die Integration von PV- oder Solarthermieanlagen den Primärenergiebedarf senken und den Anteil erneuerbarer Energien im Gebäudebestand erhöhen.

Hochhäuser und Fassaden aus Sichtbeton mit Flachdächern wurden zu markanten Merkmalen dieser Baualtersklasse (siehe Abb. 4.25) (Evaluation des Förderprogramms zur Altbausanierung in der Stadt Münster – Anhang zum Endbericht, 2003, S. 15–17).

4.3.2 Fassade

Die **1960er- und 1970er-Jahre** waren durch den massiven Bau von Hochhäusern mit Sichtbetonfassaden und Flachdächern geprägt. Diese Bauweise stand für Funktionalität, Rationalisierung und kosteneffizientes Bauen, brachte jedoch aus bauphysikalischer Sicht eine Reihe von Schwachstellen mit sich, die insbesondere bei der energetischen Sanierung beachtet werden müssen. Dies sind bauphysikalische Mängel, insbesondere im Bereich Wärmeschutz, Feuchteverhalten und Luftdichtheit. Durch gezielte energetische Sanierungsmaßnahmen, wie Fassadendämmung, Dachabdichtung und thermische Entkopplung von Bauteilen, lassen sich Wohnkomfort, Energieeffizienz und Bauwerkserhaltung erheblich verbessern.

Tabelle 4.2 gibt einen Überblick über die zentralen bauphysikalischen Merkmale und Herausforderungen von Hochhäusern dieser Epoche sowie entsprechende Sanierungslösungen.

Zukunftsperspektiven: Moderne Sanierungskonzepte kombinieren klimafreundliche Baustoffe, nachhaltige Dämmtechnologien und smarte Gebäudetechnik, um den Hochhausbestand der Nachkriegszeit zukunftsfähig zu machen. Die modulare Sanierung eröffnet hier gute Sanierungskonzeptionen.

Abb. 4.26: Stahlbetondecke

4.3.3 Kellerdecke

Die Kellerdecken bestanden meist aus Ortbeton mit schwimmendem Estrich (siehe Abb. 4.26). Als Dämmmaterialien kamen Steinwolle, Polystyrol oder Mineralfasern mit einer Stärke von 2 bis 4 cm zum Einsatz, sodass diese Konstruktionen *U*-Werte zwischen 0,8 und 1,6 W/(m^2 · K) erreichten.

Tabelle 4.2: Bauphysikalische Merkmale und Herausforderungen von Hochhäusern der 1960er- und 1970er-Jahre sowie Sanierungslösungen

bauphysikalische Merkmale	Herausforderungen	Sanierungslösungen
Wärmeschutz und Energieeffizienz	• meist keine oder nur geringe Dämmschichten auf Sichtbetonfassaden • hohe Wärmeverluste und schlechte Energieeffizienz mit *U*-Werten, die oft bei 1,5 bis 2,0 W/(m^2 · K) lagen • innenseitige Dämmung unüblich, da sie das Feuchteverhalten negativ beeinflussen konnte	• Außendämmung mit WDVS oder vorgehängten hinterlüfteten Fassaden • Vakuum-Isolationspaneele (VIP) für geringe Aufbauten bei begrenzten Platzverhältnissen
Feuchteschutz und bauphysikalische Schäden	• Sichtbeton ist kapillar aktiv und nimmt Feuchtigkeit auf. Dies führt bei fehlendem Schutz zu Betonkorrosion, Rissen und Abplatzungen. • Flachdächer waren oft unzureichend abgedichtet und neigten zu Wassereintritten und Durchfeuchtungen der Dachkonstruktion.	• Anwendung von hydrophoben Imprägnierungen oder Beschichtungen zur Reduzierung der Wasseraufnahme von Beton • verstärkter Einsatz von Dränage- und Entwässerungssystemen bei Dachsanierungen • Verbesserung der Dachabdichtung durch mehrlagige Bitumen- oder Kunststoffbahnen
Wärmebrücken und Luftdichtheit	• Fassadenanschlüsse, Deckenstöße und Balkonplatten erzeugten massive Wärmebrücken mit der Folge von Wärmeverlusten und Kondensationsproblemen. • Schwache Fugendichtungen und undichte Fensteranschlüsse führten zu hohen Infiltrationsraten und Zuglufterscheinungen.	• nachträgliche Dämmung von Balkonplatten oder thermische Trennung zur Reduktion von Wärmebrücken • Einsatz von luftdichten Anschlusssystemen bei Fenstersanierungen
Schallschutz	• hohe Schallübertragung durch Betonbauteile, insbesondere durch direkt gekoppelte Geschossdecken ohne Trittschalldämmung • Verschlechterung des Lärmschutzes gegen Außenlärm durch Schallbrücken an Fassadenanschlüssen	• nachträglicher Einbau von schalldämmenden Bodenaufbauten (z. B. schwimmendem Estrich) • Austausch alter Fenster durch Schallschutzverglasung (Schallschutzklasse 4 oder höher)

4.3.4 Außenwand

In den frühen Nachkriegsjahren wurden vor allem Vollziegel für Außenwände verwendet. Später setzten sich zunehmend Gitter- oder Lochziegel sowie Hohlblocksteine aus Natur- oder Hüttenbims durch (Altbausanierung mit nachwachsenden Rohstoffen, 2020, S. 46). Die *U*-Werte lagen in der Regel zwischen 1,1 und 1,4 $W/(m^2 \cdot K)$ (Gebäudetypologie der Stadt Wuppertal, 2016, S. 19). Die zunehmende Berücksichtigung des Mindestwärmeschutzes zur Vermeidung des Tauwasserausfalls zeigte neue Innovationen im Fassadenbau und die ersten WDVS wurden entwickelt.

WDVS

Ein WDVS ist eine Konstruktion zur thermischen Wärmedämmung von Gebäudefassaden. Diese Systeme sind darauf ausgelegt, den Energieverbrauch eines Gebäudes für Heizung und Kühlung zu reduzieren, indem sie den Wärmeverlust über die Außenwände minimieren. Ein typisches WDVS besteht aus mehreren Komponenten:

- Dämmstoff: Dies kann aus verschiedenen Materialien bestehen, wie z. B. Polystyrol, Mineralwolle oder Resol-Hartschaum (siehe Abb. 4.27). Der Dämmstoff wird direkt auf die Außenwände des Gebäudes aufgebracht.
- Klebeschicht: Diese Schicht dient dazu, den Dämmstoff sicher an der Wand zu befestigen.
- Armierungsschicht: Eine zusätzliche Schicht, oft ein Armierungsmörtel mit einem eingebetteten Gewebe, wird über den Dämmstoff gelegt, um Stabilität zu verleihen und Rissbildung zu vermeiden.
- Oberputz: Die äußerste Schicht des Systems ist oft wetterbeständig und prägt das äußere Erscheinungsbild des Gebäudes. Sie kann in verschiedenen Farben und Texturen ausgeführt werden.

WDVS helfen nicht nur, Energiekosten zu senken, sondern tragen auch zum Umweltschutz bei, indem sie den CO_2-Ausstoß eines Gebäudes reduzieren. Ein WDVS ist aus bauphysikalischer Perspektive ein äußerst effektives Mittel zur Verbesserung der thermischen Effizienz eines Gebäudes. Es beeinflusst verschiedene Aspekte der Bauphysik, darunter Wärmedämmung, Feuchtigkeitsregulierung und teilweise auch den Schallschutz. Nachfolgend sind die wichtigsten bauphysikalischen Aspekte dargestellt, die bei der Betrachtung eines WDVS berücksichtigt werden müssen.

Wärmedämmung

Das primäre Ziel eines WDVS ist es, den Wärmeverlust durch die Außenwände zu minimieren. Dies wird durch das Anbringen einer Dämmschicht erreicht, die den *U*-Wert der Wand reduziert. Ein niedriger *U*-Wert bedeutet, dass weniger Wärme durch die Wand verloren geht, was zu einer höheren Energieeffizienz führt. Dies trägt erheblich zur Senkung des Energiebedarfs für Heizung und Kühlung bei und verbessert den Wohnkomfort.

Feuchtigkeitsregulierung

WDVS müssen so konzipiert sein, dass sie den Feuchtigkeitstransport durch die Konstruktion effektiv steuern. Eine schlecht ausgeführte Dämmschicht kann zu Kondensationsproblemen führen, insbesondere wenn die Dampfdiffusionswiderstände der verschiedenen Schichten nicht richtig aufeinander abgestimmt sind. Kondensation kann in Schimmelbildung und anderen baubiologischen Problemen resultieren. Deshalb ist eine korrekte Planung der Dampfdiffusionsfähigkeit von entscheidender Bedeutung.

Abb. 4.27: WDVS-Materialien

Temperaturverhalten

Ein weiterer wichtiger Aspekt ist das Verhalten der Wandtemperaturen im Inneren. Durch die verbesserte Dämmung erhöht sich die Innentemperatur der Wandoberfläche, was die Behaglichkeit verbessert und das Risiko von Oberflächenkondensation und Schimmelwachstum verringert.

Schallschutz

Obwohl WDVS primär zur Wärmedämmung eingesetzt werden, können sie auch zur Verbesserung des Schallschutzes beitragen. Die zusätzliche Masse und die Dämmungseigenschaften des Systems können helfen, die Schallübertragung durch die Fassade zu reduzieren, obwohl dies normalerweise nicht die Hauptfunktion ist.

Brandschutz

Der Brandschutz ist ein kritischer Aspekt bei der Auswahl der Materialien für ein WDVS. Einige Dämmmaterialien, wie z. B. expandiertes Polystyrol (EPS), können unter bestimmten Bedingungen zur Brandausbreitung beitragen, wenn sie nicht richtig behandelt oder geschützt werden. Die Verwendung von nicht brennbaren Dämmstoffen wie Mineralwolle ist in vielen Anwendungen vorzuziehen, um die Brandsicherheit zu erhöhen.

Nachhaltigkeit und Umweltauswirkungen

Die Materialauswahl und das Recyclingpotenzial von WDVS sind ebenfalls wichtige Überlegungen. Materialien mit geringeren Umweltauswirkungen und einer höheren Recyclingfähigkeit sind vorzuziehen, um die Nachhaltigkeit des Gebäudes zu verbessern.

Insgesamt bietet ein WDVS zahlreiche bauphysikalische Vorteile, erfordert jedoch sorgfältige Planung und Ausführung, um sicherzustellen, dass alle Aspekte, von der Wärmedämmung bis zum Feuchtigkeitsmanagement und Brandschutz, effektiv adressiert werden.

Exkurs

Entwicklung der ersten WDVS – von den 1950er- bis in die 1960er-Jahre

Entstehung der ersten WDVS

Die ersten WDVS wurden Ende der 1950er-Jahre entwickelt und fanden mit größerer Verbreitung in den 1960er-Jahren Anwendung. Diese innovative Bauweise entstand als Reaktion auf die steigenden Energiebedarfe und die Notwendigkeit, Gebäudehüllen effizienter zu dämmen, insbesondere zur Vermeidung von Tauwasserausfall.

Ein WDVS besteht aus mehreren Schichten, die eine nachträgliche Dämmung der Außenwand ermöglichen. Die ersten Systeme nutzten hauptsächlich EPS als Dämmstoff, der direkt auf die Außenwand geklebt oder gedübelt wurde. Darüber kam eine Armierungsschicht mit Gewebeeinlage, gefolgt von einer abschließenden Putz- oder Farbschicht.

Abb. 4.28: Mehrfamilienhaus mit WDVS gedämmt (links) und ungedämmt (rechts)

Gründe für die Einführung von WDVS

Die steigenden Anforderungen an den Wohnkomfort und der Wunsch nach besseren energetischen Eigenschaften von Gebäuden führten zur verstärkten Nutzung von WDVS. In der Nachkriegszeit bestand zudem ein großer Bedarf an kostengünstigen und schnell zu errichtenden Gebäuden, was zu energetischen Defiziten in vielen Neubauten führte.

Die wichtigsten Gründe für die Entwicklung und Anwendung von WDVS waren:

- **Reduzierung des Heizwärmebedarfs** durch Senkung der Energiekosten und bessere Wohnqualität,
- **Beseitigung von Wärmebrücken** durch gleichmäßige Dämmung der Gebäudehülle,
- **Verbesserung des Raumklimas** durch Schutz vor Kälte im Winter und Überhitzung im Sommer,
- **einfache Nachrüstung** durch die Möglichkeit der energetischen Sanierung bestehender Gebäude.

In den 1960er-Jahren wurden WDVS vor allem in mehrgeschossigen Wohnbauten und öffentlichen Gebäuden eingesetzt, da hier die Heizenergieeinsparung besonders spürbar war.

Technologische Entwicklung der ersten WDVS

Die ersten WDVS wurden vor allem mit Polystyrol-Hartschaumplatten (EPS) ausgeführt, da dieses Material eine hohe Dämmleistung bei geringem Gewicht bot. Die Systeme wurden entweder verklebt oder mechanisch befestigt, wobei die Verarbeitung damals noch nicht standardisiert war.

Verbreitung und Standardisierung in den 1960er-Jahren

Während in den 1950er-Jahren WDVS noch experimentell und vereinzelt angewendet wurden, begannen in den 1960er-Jahren ihre größere Verbreitung und serienmäßige Anwendung im Wohnungsbau.

Mineralische Oberputze zur besseren Witterungsbeständigkeit kamen verstärkt zum Einsatz. Des Weiteren entstanden in den 1950er-Jahren erste Normierungen und Richtlinien zur fachgerechten Verarbeitung von WDVS. Exemplarisch zu nennen sind

- die DIN 4108,
- die VDI-Richtlinie 4100 „Schallschutz im Hochbau" (1994), die später auch relevant für WDVS-Bauteilaufbauten wurde,
- herstellerspezifische Verarbeitungsrichtlinien, etwa von frühen WDVS-Anbietern wie Sto oder Caparol, die mit Einführung von Systemlösungen in den 1960er-/1970er-Jahren verbindliche Vorgaben entwickelten,
- später auch DIN 55699 „Allgemeine Planungsgrundlagen für WDVS" (2012) als Grundlage zur bauaufsichtlichen Zulassung moderner Systeme.

In dieser Zeit wurden auch Alternativen zu Polystyrol, wie Mineralwolle-Dämmplatten, entwickelt, die eine bessere Feuerbeständigkeit aufwiesen.

In Deutschland wurde WDVS zunehmend in Mehrfamilienhäusern und öffentlichen Gebäuden eingesetzt (siehe Abb. 4.28), insbesondere bei der Sanierung von Nachkriegsbauten, die oft nur unzureichend gedämmt waren.

Zu den bekanntesten frühen Projekten mit WDVS gehörten

- Großwohnsiedlungen der 1960er-Jahre, die mit nachträglicher Dämmung aufgerüstet wurden,
- Sanierungsmaßnahmen an Altbauten, um den Wohnkomfort zu verbessern und Heizkosten zu senken,
- Pilotprojekte in öffentlichen Gebäuden, um die Wirksamkeit von WDVS zu testen.

Mit der zunehmenden Standardisierung und Verbesserung der Materialien in den späten 1960er- und frühen 1970er-Jahren wurde WDVS schließlich zu einer der wichtigsten Dämmtechnologien für Fassaden, die bis heute weiterentwickelt wird.

Beginn einer effizienten Fassadendämmung

Die Entwicklung der WDVS Ende der 1950er-Jahre und ihre zunehmende Verbreitung in den 1960er-Jahren legten den Grundstein für die moderne Fassadendämmung. Diese Technologie ermöglichte eine deutliche Reduzierung des Heizenergiebedarfs, verbesserte das Wohnklima und wurde zu einem zentralen Bestandteil der energetischen Sanierung.

Ab den 1970er-Jahren erfuhren WDVS wesentliche Weiterentwicklungen:

- Neue Dämmstoffe: Neben EPS kamen Mineralwolle und später Hochleistungsdämmstoffe wie Phenolharzplatten zum Einsatz.
- Optimierte Befestigungstechniken: Mechanische Dübel und spezielle Klebesysteme verbesserten die Haltbarkeit.
- Moderne Putzsysteme: Armierungsgewebe und flexible Putze reduzierten die Rissbildung.
- Farbliche Gestaltungsmöglichkeiten: WDVS ermöglichten eine individuelle Fassadengestaltung.

Der weltweite Ölpreisschock in den 1970er-Jahren verstärkte die Nachfrage nach energieeffizienten Gebäudelösungen weiter. In dieser Zeit begannen viele Regierungen, Vorschriften zur Wärmedämmung in Gebäuden einzuführen, was die Nutzung von WDVS weiter vorantrieb.

Die vermehrte Ausführung von WDVS führte allerdings auch zu einer Häufung von Mängeln an diesen, insbesondere durch Verarbeitungsfehler. Die korrekte Verarbeitung eines WDVS ist entscheidend für seine Energieeffizienz, Langlebigkeit und optische Qualität. Fehlerhafte Ausführungen können bauliche Mängel verursachen, die sowohl die Funktion als auch die Ästhetik der Fassade beeinträchtigen.

Leopardeneffekt

Einer der häufigsten und bekanntesten Fehler bei der Verarbeitung von WDVS ist der sog. „Leopardeneffekt". Dieses Phänomen tritt auf, wenn sich auf der Putzoberfläche unregelmäßige, punktuelle Dunkel- und Hellflecken abzeichnen, die an das Muster eines Leopardenfells erinnern (siehe Abb. 4.29).

Abb. 4.29: Leopardeneffekt durch fehlerhafte Montage eines WDVS

Der Leopardeneffekt ist auf folgende Ursachen zurückzuführen:

- **Fehlerhafter Kleberauftrag:** Wird der Klebemörtel nur randständig oder punktuell auf die Dämmplatten aufgetragen (sog. Punkt-Wulst-Methode ohne durchgehende Klebefläche), entstehen ungleichmäßige Klebeflächen. Die Folge sind Temperaturunterschiede auf der Fassade, da die unverklebten Bereiche weniger Wärme weiterleiten als die verklebten Flächen.
- **Falsche Dübeltechnik** (keine thermische Entkopplung): Wird das WDVS nicht mit thermisch entkoppelten Kunststoffdübeln befestigt, leiten diese Wärme besser als die umgebende Dämmung. Diese punktuelle Wärmeableitung führt zu sichtbaren Dübelabzeichnungen auf der Putzoberfläche.
- **Ungleichmäßige Trocknung des Oberputzes:** Temperaturunterschiede an der Fassadenoberfläche führen dazu, dass Feuchte ungleichmäßig verdunstet, was das Fleckenmuster zusätzlich verstärkt.
- **Materialunterschiede zwischen Putz und Dämmung:** Unterschiedliche thermische Ausdehnungen von Dämmmaterial und Putz können langfristig zur Rissbildung führen, wodurch der Leopardeneffekt verstärkt wird.

Sonstige bauliche Mängel von WDVS

Langfristig kann eine ungleichmäßige Wärmedämmung auch die **Lebensdauer der Fassade** reduzieren. Temperaturdifferenzen zwischen unterschiedlich stark gedämmten Bereichen verursachen Spannungen im Material, die zu Rissbildung und Ablösungen des Putzes führen können. Diese Schäden beeinträchtigen nicht nur die Optik, sondern auch die strukturelle Integrität des Systems. Zudem steigt durch ungleichmäßige Oberflächentemperaturen das **Risiko für Algen- und Pilzbefall**, da Feuchtigkeit in bestimmten Bereichen länger gehalten wird. Dies kann insbesondere in feuchten Klimazonen zu einer deutlichen Verschlechterung des Fassadenbildes führen.

Mängelvermeidung

Um diese baulichen Mängel zu vermeiden, ist eine fachgerechte Verarbeitung nach den geltenden DIN-Normen und Herstellerangaben unerlässlich. Eine korrekte Kleberauftragung spielt hierbei eine entscheidende Rolle. Es wird empfohlen, entweder eine Vollflächenverklebung oder eine optimierte Wulst-Punkt-Methode zu verwenden, bei der mindestens 40 % der Dämmplattenfläche mit dem Untergrund verklebt sind. Zusätzlich sollte auf den Einsatz thermisch entkoppelter Dübel geachtet werden, um Wärmebrücken zu vermeiden und Dübelabzeichnungen auf der Oberfläche zu verhindern.

Auch die gleichmäßige Verarbeitung des Putzes ist ein essenzieller Faktor. Ein sorgfältiger Auftrag des Oberputzes mit einer ausreichend langen Trocknungszeit kann Fleckenbildungen reduzieren und zur homogenen Erscheinung der Fassade beitragen. Darüber hinaus müssen bauphysikalische Grundlagen berücksichtigt werden: Die Wahl des richtigen Dämmstoffs und eine angemessene Dämmdicke helfen, Temperaturunterschiede zu minimieren und die Energieeffizienz zu maximieren.

Ein weiterer wichtiger Aspekt ist die regelmäßige Qualitätskontrolle während der Bauphase. Visuelle Inspektionen, der Einsatz von Wärmebildkameras sowie bauphysikalische Messungen ermöglichen es, Verarbeitungsfehler frühzeitig zu erkennen und zu korrigieren.

Während frühe WDVS vor allem aus Polystyrol und mineralischen Oberputzen bestanden, wurden in den folgenden Jahrzehnten hochwertigere Dämmstoffe, optimierte Befestigungssysteme und langlebigere Fassadenbeschichtungen entwickelt. Heute sind WDVS ein unverzichtbarer Bestandteil der modernen Bau- und Sanierungstechnik, insbesondere im Kontext der Energieeffizienzanforderungen und Klimaschutzziele.

4.3.5 Dach und oberste Geschossdecke

Bei ausgebauten Dächern waren die Schrägen oft mit 2,5 bis 5 cm dicken, verputzten Holzwolleplatten versehen, die einen *U*-Wert von etwa 1,7 W/(m² · K) aufweisen. Alternativ wurden auch Gipskartonplatten oder Profilbretter mit 6 cm Mineralfaserdämmung zwischen den Sparren eingesetzt, die mit einem *U*-Wert von 0,6 W/(m² · K) deutlich effizienter waren. Ein wesentliches Problem bei diesen Konstruktionen ist häufig die mangelnde Winddichtheit, insbesondere bei leichten Bauweisen, was zu höheren tatsächlichen Wärmeverlusten als rechnerisch erwartet führen kann (Evaluation des Förderprogramms zur Altbausanierung in der Stadt Münster, 2003, S. 17). Flachdächer bestanden häufig aus Ortbeton mit einer 2 bis 3 cm dicken Polystyrol- oder Mineralfaserdämmung sowie Abdichtung und Bekiesung, was *U*-Werte von etwa 1,2 W/(m² · K) ermöglichte (Gebäudetypologie der Stadt Wuppertal, 2016, S. 21).

Die obersten Geschossdecken variierten je nach Dachnutzung. Nicht ausgebaute Dächer wiesen oft Holzbalkendecken mit Schlackefüllung oder Einschub auf und erreichten damit *U*-Werte zwischen 0,7 und 1,0 W/(m² · K). Alternativ kamen Ortbetondecken mit schwimmendem Estrich und 3 bis 4 cm Polystyroldämmung zum Einsatz, die einen *U*-Wert von 0,6 W/(m² · K) erreichten (Gebäudetypologie der Stadt Wuppertal, 2016, S. 24).

4.3.6 Fenster

In der Nachkriegszeit waren ursprünglich einfach verglaste Holzfenster oder zweifach verglaste Verbund- oder Kastenfenster verbreitet. Diese wurden teilweise durch Rollläden ergänzt. Im Laufe der Zeit wurden diese Fenster jedoch nahezu vollständig saniert, sodass heute meist Isolierverglasungen mit einem *U*-Wert von etwa 2,8 W/(m² · K) vorliegen (Leitfaden Energieausweis. Teil 1 – Energiebedarfsausweis: Datenaufnahme Wohngebäude, 2015, S. 16).

4.3.7 Technische Gebäudeausrüstung

Die Nachkriegszeit war eine Übergangsphase, in der sich die individuelle Beheizung durch Feststofföfen hin zur zentralisierten Heiztechnik entwickelte. Parallel dazu setzte sich fließendes Warmwasser als Wohnstandard durch, während Fernwärme besonders in der DDR an Bedeutung gewann. Die technische Gebäudeausrüstung dieser Epoche legte den Grundstein für die modernen Heiz- und Sanitärsysteme der folgenden Jahrzehnte.

Abb. 4.30 und 4.31: Konstanttemperaturkessel und teilgedämmte Heizungsrohre

Ein **Konstanttemperaturkessel** (siehe Abb. 4.30) ist eine ältere Bauform eines Heizkessels, die mit einer festen Kesselwassertemperatur betrieben wird – unabhängig vom aktuellen Wärmebedarf des Gebäudes. Typischerweise beträgt diese Kesseltemperatur zwischen 70 und 90 °C, auch wenn gerade wenig oder keine Heizwärme benötigt wird. Das bedeutet, dass der Kessel kontinuierlich auf einer hohen Temperatur gehalten wird, um jederzeit Wärme zur Verfügung zu stellen.

Die Wärmeerzeugung erfolgt meist über die Verbrennung von Öl oder Gas. Dabei gibt der Brenner die erzeugte Wärme an das Kesselwasser ab, das dann über das Heizsystem mit teilweise ungedämmten Heizungsrohren (siehe Abb. 4.31) in die Wohnräume transportiert wird. Konstanttemperaturkessel sind veraltete Heizsysteme, die aufgrund ihres hohen Energieverbrauchs, der schlechten Umweltbilanz und gesetzlicher Vorgaben zunehmend ersetzt werden müssen. Der Austausch gegen moderne Brennwertkessel, Wärmepumpen oder hybride Heizsysteme kann den Energieverbrauch erheblich senken, die Betriebskosten reduzieren und die Umwelt entlasten.

Erkennungsmerkmale von Konstanttemperaturkesseln

Konstanttemperaturkessel – auch Standardkessel genannt – sind eine ältere Generation von Heizkesseln, die typischerweise zwischen den 1970er- und frühen 1990er-Jahren installiert wurden. Sie lassen sich anhand verschiedener Merkmale erkennen.

Technische Erkennungsmerkmale

- Konstanttemperaturkessel sind an 5 technischen Merkmalen erkennbar:
- Dauerhaft hohe Kesseltemperatur: Der Kessel hält ständig eine hohe Vorlauftemperatur (meist 70 bis 90 °C), unabhängig vom tatsächlichen Wärmebedarf.
- Kein Brennwertnutzen: Die Abgase werden mit hoher Temperatur (über 150 °C) abgeführt, ohne die darin enthaltene Kondensationswärme zu nutzen.
- Hoher Abgasverlust ist sichtbar durch den warmen Abgasstrom am Schornstein. Typische Abgasverluste liegen bei 10 bis 15 %.
- Ungeregelter Betrieb: Meist existiert keine außentemperaturgeführte Regelung – der Kessel „taktet" häufig, d. h., schaltet sich häufig ein und aus.
- Großer Pufferspeicher nicht erforderlich: Konstanttemperaturkessel benötigen in der Regel keinen Puffer, da sie direkt im Heizkreis arbeiten.

Optische und bauliche Hinweise

- Auch anhand von Optik und Bauart lassen sich Konstanttemperaturkessel erkennen:
- Typenschild/Herstellerdaten: Ein Baujahr vor 1991 kann ein Hinweis auf einen Konstanttemperaturkessel sein (z. B. auf dem Kesselgehäuse oder im Technikraum).
- Großes Kesselvolumen: Oft liegt eine massige Bauweise mit schwerem Guss-Wärmetauscher vor.
- Schornsteinanschluss oben: Konstanttemperaturkessel sind oft direkt verbunden mit einem gemauerten Schornstein, ohne Kondensatablauf oder Kunststoffrohr (wie bei Brennwerttechnik).
- Fehlender Kondensatanschluss: Es ist kein Ablauf für Kondenswasser vorhanden; dies ist typisch für Nicht-Brennwerttechnik.
- Alte Regelungseinheit: analoge Thermostate, Drehregler ohne digitale Steuerung oder Außensensoren deuten auf Konstanttemperaturkessel hin.

Typische Nachteile

Folgende Nachteile sind typisch für Konstanttemperaturkessel:

- hoher Energieverbrauch: besonders ineffizient im Teillastbetrieb;
- schlechtere Umweltbilanz: höhere Emissionen durch unvollständige Verbrennung und fehlende Wärmerückgewinnung;
- GEG-Verbot: Nach GEG dürfen Konstanttemperaturkessel, die älter als 30 Jahre sind, nicht weiter betrieben werden. Dies gilt nicht für Niedertemperatur- oder Brennwertkessel.

Tabelle 4.3 enthält eine Checkliste zur Überprüfung, ob ein Konstanttemperaturkessel vorliegt, Tabelle 4.4 stellt die Unterscheidungsmerkmale zwischen verschiedenen Heizungstechniken gegenüber.

Tabelle 4.3: Checkliste Konstanttemperaturkessel

Kriterium	erfüllt (ja/nein)	Bemerkungen
Baujahr der Anlage vor 1985		
Kesseltemperatur konstant, unabhängig vom Heizbedarf		
keine witterungsgeführte Regelung vorhanden		
hohe Oberflächentemperatur des Kessels fühlbar		
kein Brennwertnutzen (kein Kondenswasseranschluss)		
Kessel läuft auch im Sommer (für Warmwasserbereitung)		
Wirkungsgrad unter 75 %		
kein modulierender Brenner (nur An-/Aus-Betrieb)		
großer Kesselwasserinhalt		
hoher Energieverbrauch trotz moderater Heizlast		

Tabelle 4.4: Unterscheidungsmerkmale Heizungstechnik

Kriterium	Konstanttemperaturkessel	Niedertemperaturkessel	Brennwertkessel
typischer Einsatz Baujahr	1970–1990	ab 1980	ab 1995
Vorlauftemperatur	70–90 °C konstant	30–70 °C modulierend	30–60 °C modulierend
Regelung	ein-/ausschaltend, keine Außentemperaturführung	außentemperaturgeführt	modulierend mit digitaler Regelung
Brennwertnutzung	nein	nein	ja
Abgastemperatur	> 150 °C	100–140 °C	< 60 °C
Kondensatanschluss	nein	nein	ja
Schornsteinanforderung	gemauerter Schornstein ohne Kunststoffrohr	Schornsteinsanierung mit feuchteunempfindlichem Rohr empfohlen	Kunststoff-Abgasführung mit Kondensatablauf
Wirkungsgrad (Altbestand)	60–75 %	75–87 %	90–98 %
GEG-Konformität	nein, nach § 72 GEG ab 30 Jahren verboten	ja, teilweise	ja
typischer Austauschzeitpunkt	sofort	nicht erforderlich nach GEG 2024	nicht erforderlich nach GEG 2024

Die Heiz- und Warmwasserversorgung insbesondere im mehrgeschossigen Wohnungsbau erfolgte zunehmend über Gasgeräte. In den 1960er-Jahren kamen die ersten wandhängenden Gasheizungen und Gas-Durchlauferhitzer (siehe Abb. 4.32) auf den Markt. Diese Innovation markierte einen bedeutenden Fortschritt in der Heiztechnik, insbesondere für Wohnungen und Einfamilienhäuser, da sie eine platzsparende, effiziente und komfortable Alternative zu den damals verbreiteten großen Heizkesseln und Kohleöfen darstellte.

Die Einführung **wandhängender Gasheizungen** bedeutete eine Abkehr von den bis dahin dominierenden Einzelöfen und zentralen Kohlekesseln. Die kompakte Heizlösung war besonders für städtische Wohnungen attraktiv, da sie wenig Platz benötigte und eine individuelle Beheizung einzelner Wohneinheiten ermöglichte.

Die ersten wandhängenden Gasheizungen besaßen folgende Vorteile:

- Platzersparnis: Ein separater Heizungsraum oder großer Kessel war nicht notwendig.
- Schnelle Wärmebereitstellung: Es erfolgte eine sofortige Erwärmung durch Gasflammen.
- Bessere Steuerbarkeit: Thermostatische Regelungen ermöglichten eine individuell einstellbare Raumtemperatur.
- Direkte Wärmeversorgung: Gas- Durchlauferhitzer erwärmten das Wasser bedarfsgerecht im Moment der Entnahme, sodass kein Speicher notwendig war.
- Verbesserte Energieeffizienz: Im Vergleich zu alten Kohle- oder Ölheizungen konnte Gas sauberer und wirtschaftlicher verbrannt werden.
- Vereinfachte Installation: Die Montage an der Wand ermöglichte eine flexiblere Nutzung, insbesondere in städtischen Mehrfamilienhäusern.

Diese Eigenschaften machten wandhängende Gasheizungen besonders für den sozialen Wohnungsbau der 1960er-Jahre attraktiv, da hier eine kostengünstige, wartungsarme und zuverlässige Wärmeversorgung gefragt war.

4.4 Ölkrise (1978 bis 2002)

4.4.1 Allgemeine Charakteristika

Die Ölkrise der 1970er-Jahre führte zu einem fundamentalen Umdenken im Bauwesen, das die Baupraktiken und Materialtechnologien der nachfolgenden Jahrzehnte bis 2002 entscheidend prägte. In Reaktion auf die gestiegenen Energiekosten und das zunehmende Umweltbewusstsein entstanden die ersten gesetzlichen Regelungen zur Energieeinsparung. Die daraus resultierende erste WärmeschutzV (siehe Kapitel 3.1) markierte einen Wendepunkt in den Baustandards, der die Erfahrungen aus der Nachkriegszeit aufgriff und in effizientere Energiekonzepte überführte.

Die Gebäude dieser Ära standen vor der technischen Herausforderung, die neuen, strengeren Anforderungen an den Energieverbrauch zu erfüllen, was oft umfangreiche Sanierungen bestehender Strukturen erforderlich machte. Die Sanierungsempfehlungen für diese Gebäude fokussierten sich daher primär auf die Verbesserung der Wärmedämmung und die Implementierung moderner Heizsysteme, um den Energiebedarf signifikant zu reduzieren. Insbesondere wurden Techniken wie die Nachrüstung von WDVS, der Austausch alter Fenster durch Isolierverglasung und die Optimierung von Heiztechnik empfohlen, um den gestiegenen Anforderungen gerecht zu werden.

Abb. 4.32: Gasdurchlauferhitzer aus den 1960er-Jahren

Die Entwicklung von Heizsystemen hat im Laufe der Jahre eine signifikante Evolution durchlaufen, insbesondere als Reaktion auf steigende Energiepreise und wachsendes Umweltbewusstsein. Ursprünglich dominierten Ölheizungen den Markt, doch mit der Zeit fand eine Verlagerung hin zu gasbetriebenen Systemen statt. Diese Transformation spiegelt die Suche nach effizienteren und umweltfreundlicheren Heizlösungen wider.

Zu Beginn waren Konstanttemperaturkessel die Norm (siehe Kapitel 4.3.7). Diese Kessel arbeiteten unabhängig von der Außentemperatur stets bei voller Leistung, was oft zu unnötigem Energieverbrauch und erhöhten Kosten führte. Die Einführung von Niedertemperaturkesseln markierte einen bedeutenden Fortschritt in der Heiztechnologie. Diese Kesseltypen waren in der Lage, ihre Betriebstemperatur an die tatsächlichen Wärmeanforderungen des Gebäudes anzupassen, was eine effizientere Nutzung der eingesetzten Energie ermöglichte.

Der nächste bedeutende Schritt in der Entwicklung waren Brennwertkessel. Diese Technologie nutzt nicht nur die Wärme, die durch die Verbrennung von Gas oder Öl entsteht, sondern auch die Wärme, die in den Abgasen enthalten ist und die bei älteren Systemen einfach verloren ging. Brennwertkessel sind daher deutlich effizienter als ihre Vorgängermodelle, da sie einen größeren Anteil der eingesetzten Energie in nutzbare Wärme umwandeln können. Diese Steigerung der Effizienz trägt zur Reduzierung der Betriebskosten und der Umweltbelastung bei.

Die Einführung der ersten Solarthermieanlagen und das bahnbrechende „1000-Dächer-Programm" für PV-Anlagen in der Bundesrepublik Deutschland markierten wichtige Meilensteine in der Entwicklung und Verbreitung erneuerbarer Energien. Diese Initiativen Anfang der 1990er-Jahre waren entscheidend dafür, dass die Nutzung von Sonnenenergie in Deutschland einen signifikanten Aufschwung erlebte, und legten den Grundstein für die spätere Energiewende.

Solarthermieanlagen, die die Sonnenenergie nutzen, um Wasser zu erwärmen, wurden zusammen mit PV-Anlagen, die Sonnenlicht direkt in elektrische Energie umwandeln, immer populärer. Das „1000-Dächer-Programm", das 1990 gestartet wurde und bis 1995 lief, war besonders einflussreich. Es zielte darauf ab, die Installation von PV-Anlagen auf privaten Häusern zu fördern und so die Technologie aus der Forschungs- und Entwicklungsphase in die breite Anwendung zu überführen. Durch dieses Programm wurden Tausende von Solaranlagen installiert, was nicht nur zu einer Reduktion der CO_2-Emissionen beitrug, sondern auch das Bewusstsein für und das Interesse an erneuerbaren Energien in der deutschen Bevölkerung signifikant steigerte.

Diese frühen Fördermaßnahmen waren entscheidend dafür, dass Deutschland eine Führungsrolle in der Nutzung von Solarenergie einnehmen konnte. Sie schufen ein solides Fundament für die weiteren Förderprogramme und gesetzlichen Rahmenbedingungen, die letztlich zur breiten Akzeptanz und Integration erneuerbarer Energien in das nationale Energieversorgungssystem führten. Durch solche zukunftsweisenden Initiativen konnte Deutschland seine Abhängigkeit von fossilen Brennstoffen verringern und einen wichtigen Beitrag zum globalen Klimaschutz leisten.

Diese Entwicklungen in der Heiztechnologie zeigen, wie Innovationen nicht nur zur Steigerung der Energieeffizienz beitragen, sondern auch erheblich die Umweltbelastung verringern können. Indem sie den Energieverbrauch minimieren und die Emissionen senken, leisten moderne Heizsysteme einen wichtigen Beitrag zum Umweltschutz und unterstützen Haushalte dabei, nachhaltiger zu agieren.

Durch die Veränderungen, die in der vorhergehenden Epoche der Nachkriegszeit eingeleitet wurden, in der bereits ein Bewusstsein für die Notwendigkeit besserer Energieeffizienz gewachsen war, bildeten die Erfahrungen und technischen Entwicklungen dieser Jahre die Basis für die gestiegenen Anforderungen der WärmeschutzV von 1978 (siehe Kapitel 3.1). Diese neuen Vorschriften führten zu einem Bauwesen, das nicht nur energieeffizienter war, sondern auch umweltfreundlicher, da der CO_2-Ausstoß und der Verbrauch fossiler Brennstoffe reduziert wurden. Die WärmeschutzV beeinflusste sowohl die Auswahl der Baumaterialien als auch die architektonische Gestaltung der Gebäude. Das vermehrte Umweltbewusstsein und die technischen Innovationen dieser Zeit ebneten den Weg für die fortlaufende Entwicklung und Verfeinerung von Energieeffizienzstandards im Bauwesen, die bis heute anhalten.

Entwicklung der Wärmeschutzanforderungen

Mit der ersten WärmeschutzV von 1977 wurde erstmals ein gesetzlicher Mindeststandard für den Wärmeschutz festgelegt. Diese Regelungen wurden in den folgenden Jahrzehnten weiter verschärft:

- WärmeschutzV 1982: Detailliertere Anforderungen wurden eingeführt, darunter die Pflicht zur luftdichten Ausführung von Fugen, um unkontrollierte Wärmeverluste zu minimieren. Dies führte zu einer deutlich dichteren Bauweise.

Abb. 4.33: Zweifamilienhaus aus der Zeit nach der Ölkrise

- WärmeschutzV 1995: Der zulässige Primärenergiebedarf von Gebäuden wurde weiter reduziert. Diese Verordnung bereitete den Weg für die spätere Energieeinsparverordnung (EnEV 2002) und die damit verbundenen Anforderungen an den ganzheitlichen Energiestandard von Gebäuden.

Die konsequente Umsetzung dieser Wärmeschutzmaßnahmen führte zu einer signifikanten Reduzierung des Energieverbrauchs für Heizung und Warmwasser. Gleichzeitig traten jedoch neue Herausforderungen auf:

- Der dritte Bauschadenbericht von 1995 stellte fest, dass sich durch die verbesserte Luftdichtheit der Gebäude das Risiko für Feuchtigkeit und Schimmelbildung erhöhte, insbesondere beim Austausch alter Fenster.
- Da viele Gebäude mit neuen, dichten Fenstern ausgestattet wurden, ohne die Lüftungskonzepte entsprechend anzupassen, kam es vermehrt zu Problemen mit ungenügender Luftzirkulation und Feuchtestau.

Typische Bauweisen und Materialien

Der Wohnungsbau dieser Periode war vor allem durch den Neubau von Ein- und Zweifamilienhäusern geprägt. Diese Gebäude hatten in der Regel 1 bis 2 Geschosse und ein Satteldach als häufigste Dachform (siehe Abb. 4.33).

Zur Verbesserung des Wärmeschutzes wurden verstärkt neue Baustoffe und Dämmtechniken eingesetzt:

- Mauerwerk: Verwendet wurden porosierte Ziegel, Kalksandsteine und Porenbeton, die aufgrund ihrer verbesserten Wärmedämmeigenschaften zunehmend an Bedeutung gewannen.
- Außendämmung: Gebäude wurden häufig mit WDVS oder zusätzlicher Außendämmung ausgestattet, um die geforderten *U*-Werte zu erreichen.
- Fertighausbau: Leichtbaukonstruktionen und Beton-Sandwich-Elemente kamen vermehrt zum Einsatz, insbesondere bei industriell gefertigten Wohnhäusern.
- Regionale Unterschiede: Während in Norddeutschland Klinker-Vorsatzschalen als Fassade weitverbreitet waren, dominierten in anderen Regionen verputzte Fassaden mit WDVS.

Städtebauliche und architektonische Entwicklungen

Ein prägendes Merkmal dieser Baualtersklasse war die zunehmende Verdichtung im Wohnungsbau:

- Kleinere Grundstücke wurden für frei stehende Einfamilienhäuser genutzt, wodurch kompaktere und effizientere Bauformen entstanden.
- Es zeichnete sich ein Trend zu energieeffizienten Baukonzepten ab, darunter Niedrigenergiehäuser und erste Umsetzungen von Passivhausstandards.
- Die Architektur war funktional und pragmatisch geprägt, wobei vorgefertigte Bauelemente eine zunehmende gestalterische Vielfalt ermöglichten.

4.4.2 Fassade

Plattenbau

In den **1960er-Jahren** erreichte die **Plattenbauweise** ihren Höhepunkt und wurde insbesondere in der DDR sowie in anderen sozialistischen Staaten als bevorzugte Bauweise für den schnellen und kostengünstigen Wohnungsbau etabliert. Diese Bauweise beruhte auf der industriellen Vorproduktion von Betonplatten, die anschließend auf der Baustelle zu standardisierten Wohngebäuden zusammengesetzt wurden. Ziel war es, innerhalb kurzer Zeit große Wohnkomplexe zu errichten und den akuten Wohnraummangel nach dem Zweiten Weltkrieg effizient zu beheben.

In der DDR wurde die Plattenbauweise durch ein umfassendes staatliches Wohnungsbauprogramm gezielt gefördert, um der wachsenden Stadtbevölkerung bezahlbaren und funktionalen Wohnraum bereitzustellen. Besonders in Städten wie Berlin, Leipzig, Dresden oder Rostock entstanden großflächige Plattenbau-Siedlungen, die durch mehrgeschossige Wohnblöcke mit modularisierter, einheitlicher Bauweise geprägt waren. Die rationelle Fertigung ermöglichte nicht nur eine schnelle und wirtschaftliche Bauweise, sondern auch eine hohe Standardisierung der Wohnungen, wodurch sich die Baukosten weiter reduzierten.

Obwohl die Plattenbauten vor allem für ihre Funktionalität und Effizienz bekannt waren, führten die monotone Architektur und die oft einförmige Gestaltung zu späterer Kritik. Dennoch bleiben sie ein prägendes Symbol des industriellen Wohnungsbaus der 1960er-Jahre und sind bis heute in vielen Städten ein fester Bestandteil des Stadtbildes.

Die Plattenbauweise brachte erhebliche Vorteile mit sich:

- Schnelle Bauweise: Durch die Vorfertigung der Betonelemente konnte die Bauzeit drastisch verkürzt werden.
- Geringe Baukosten: Die standardisierte Fertigung reduzierte Material- und Arbeitskosten.
- Massentauglichkeit: Plattenbauten ermöglichten es, in kurzer Zeit große Wohnkomplexe für viele Menschen zu schaffen.
- Modulare Bauweise: Verschiedene Gebäudetypen konnten durch Kombination standardisierter Elemente realisiert werden.

Trotz ihrer funktionalen Vorteile war die Plattenbauweise auch mit Nachteilen verbunden:

- Monotone Architektur: Die uniformen Fassaden führten zu einer sterilen, wenig abwechslungsreichen Stadtgestaltung.
- Geringe Schall- und Wärmedämmung: Die dünnen Betonplatten hatten oft schlechte Dämmwerte, was zu hohem Heizbedarf und Lärmbelästigung führte.
- Geringe architektonische Flexibilität: Die standardisierten Grundrisse boten nur begrenzte Anpassungsmöglichkeiten für individuelle Wohnbedürfnisse.

Zukunft der Plattenbauweise: Erhalt, Sanierung und Weiterentwicklung

Trotz des Bedeutungsverlusts der Plattenbauweise in vielen Ländern nach den 1980er-Jahren prägen zahlreiche dieser Gebäude weiterhin das Stadtbild. In Deutschland wurden viele Plattenbauten umfassend saniert und modernisiert, um den heutigen Wohnstandards zu entsprechen. Maßnahmen wie verbesserte Fassadendämmung, moderne Fenster, zusätzliche Balkone sowie flexible Grundrissgestaltungen haben dazu beigetragen, die Attraktivität und Lebensqualität dieser Wohnquartiere erheblich zu steigern.

In der zeitgenössischen Architektur erlebt das Prinzip der industriellen Vorfertigung eine Renaissance, insbesondere im modularen Wohnungsbau. Vorproduzierte Beton- und Holzelemente ermöglichen nachhaltige, flexible Wohnlösungen und tragen dazu bei, ressourcenschonendes Bauen zu fördern. Statt großflächigen Abrisses wird zunehmend das Konzept „Umbau statt Neubau“ verfolgt. Eine der größten planerischen Herausforderungen besteht darin, bestehende Strukturen innovativ weiterzuentwickeln und dabei Prinzipien wie Lowtech (siehe Kapitel 6.4.1), Flächeneffizienz und nachhaltige Ressourcennutzung zu berücksichtigen.

Putzfassaden der 1980er-Jahre

In den 1980er-Jahren waren Putzfassaden ein dominierendes Element im Bauwesen, besonders im Wohnungsbau in Europa und Nordamerika. Diese Zeitperiode war geprägt durch eine Mischung aus traditionellen Bauweisen und dem Beginn der Integration moderner Bautechnologien. Verschiedene Schlüsselaspekte charakterisierten die Putzfassaden der 1980er-Jahre.

Materialien und Techniken

Für die Putzfassaden der 1980er-Jahre kamen unterschiedliche Materialien und Verarbeitungstechniken zum Einsatz:

- Mineralischer Putz wurde häufig verwendet aufgrund seiner Atmungsaktivität und der Fähigkeit, Feuchtigkeit aus der Umgebung aufzunehmen und abzugeben. Dies war besonders wichtig in Klimazonen mit hoher Luftfeuchtigkeit.
- Kunstharzputz begann sich durchzusetzen, da er eine bessere Wasserabweisung und Farbbeständigkeit als traditioneller Kalk- oder Zementputz bot.
- Strukturputz in Form von Texturen und Mustern war in den 1980er-Jahren besonders beliebt. Sie boten eine Möglichkeit, Individualität und moderne Ästhetik auszudrücken, von Rillenputz bis zu kräftiger Körnung.

Design und Ästhetik

Die 1980er-Jahre zeichneten sich durch neue gestalterische Formen aus:

- Farbvielfalt: Die Farbpalette erweiterte sich in den 1980er-Jahren deutlich. Neben den klassischen weißen und grauen Tönen wurden zunehmend kräftige und leuchtende Farben verwendet, die den optimistischen Zeitgeist der Dekade widerspiegelten.
- Glattputz: Während strukturierter Putz populär war, begann sich auch der Glattputz durchzusetzen, insbesondere in der modernen Architektur, die glatte, einheitliche Oberflächen bevorzugte.

Technologische Entwicklungen

In den 1980er-Jahren waren folgende technologischen Entwicklungen zu verzeichnen:

- Verbesserungen in der Mischtechnologie: Bedeutende Fortschritte in der Misch- und Auftragstechnologie von Putz, einschließlich der Automatisierung von Mischprozessen und der Entwicklung von Spritztechniken, ermöglichten eine effizientere und gleichmäßigere Anwendung.
- Energieeffizienz: Obwohl nicht im heutigen Maße, begann die Integration von Dämmtechnologien hinter Putzfassaden, um den Wärmeverlust zu reduzieren.

Bauphysikalische Eigenschaften

Auch die bauphysikalischen Eigenschaften veränderten sich in folgenden Bereichen:

- Wärmedämmung: Mit dem steigenden Bewusstsein für Energieeffizienz wurden Fassadendämmsysteme entwickelt, die oft in Kombination mit Putzsystemen verwendet wurden, um die Isoliereigenschaften zu verbessern.
- Langlebigkeit und Wartung: Putzfassaden boten eine dauerhafte Lösung, die jedoch regelmäßige Wartung erforderte, um Risse und Feuchtigkeitsschäden, insbesondere in extremen Wetterbedingungen, zu vermeiden.

Insgesamt spiegelten die Putzfassaden der 1980er-Jahre die sich wandelnden technischen, ästhetischen und ökologischen Ansprüche der Zeit wider und legten den Grundstein für weitere Innovationen in den nachfolgenden Jahrzehnten.

Fassadenformen der 1990er-/2000er-Jahre

Die 1990er- und frühen 2000er-Jahre kennzeichnen eine experimentelle und transformative Periode in der Architektur, in der Fassadengestaltung eine zentrale Rolle spielte, um sowohl funktionale als auch ästhetische Anforderungen zu erfüllen. Diese Zeit erlebte eine Vielfalt an Fassadenformen, die von postmodernen bis zu Hightechdesigns reichten und durch verschiedene Aspekte charakterisiert waren.

Materialien und Innovationen

In dieser Epoche kamen neue und innovative Materialien zum Einsatz:

- Glasfassaden: Der vermehrte Einsatz von Glas in der Fassadengestaltung ermöglichte mehr natürliches Licht und förderte den Trend zu transparenteren Gebäuden. Die Weiterentwicklung von Isolier- und Sicherheitsglas verbesserte signifikant die Energieeffizienz und Sicherheit, was durch die Optimierung der *U*-Werte und die Reduktion von UV-Einstrahlung quantifizierbar ist.
- Metallfassaden: Aluminium und Edelstahl wurden aufgrund ihrer Langlebigkeit und Wartungsfreundlichkeit sowie der Möglichkeit, schlankere und flexiblere Fassadenstrukturen zu schaffen, zunehmend populär. Diese Materialien bieten zudem Vorteile in der Wiederverwertbarkeit, was ihre Nachhaltigkeit erhöht.
- Verbundwerkstoffe: Neue Verbundmaterialien wie Faserzementplatten und polymere Verbundstoffe boten neue Gestaltungsmöglichkeiten mit verbesserten Eigenschaften hinsichtlich Gewicht, Haltbarkeit und Witterungsbeständigkeit. Ihre modulare Bauweise unterstützt schnelle Montageprozesse und bietet verbesserte thermische Isolationseigenschaften.

Design und Ästhetik

Das Design der 1990er- und 2000er-Jahre war einerseits durch Minimalismus reduziert, andererseits durch Farben und Texturen auffällig:

- Minimalismus: Klare Linien und einfache geometrische Formen prägten den minimalistischen Stil, gekennzeichnet durch eine reduzierte Farbpalette und den Einsatz von Materialien in ihrer rohen, unverkleideten Form. Diese Ästhetik spiegelt das Streben nach Zeitlosigkeit und Funktionalität wider.
- Farben und Texturen: Die 1990er-Jahre brachten eine breitere Palette an Farben und Texturen in die Fassadengestaltung ein, wobei oft mutige und leuchtende Farben verwendet wurden, um städtische Landschaften aufzuhellen.

Technologische Entwicklungen

2 technologische Entwicklungen prägten die Fassaden der Epoche in besonderem Maße:

- Strukturelle Verglasung: Fortschritte in der Klebetechnologie ermöglichten strukturelle Verglasungen ohne sichtbare Rahmen, was Designern half, nahtlose Glasfassaden zu schaffen. Diese Innovation minimiert Wärmebrücken und verbessert die visuelle Kohärenz.
- PV-Fassaden: Die Integration von PV-Elementen begann, als Möglichkeit zur autarken Energieversorgung von Gebäuden Aufmerksamkeit zu erregen. Diese Systeme sind nicht nur funktionell, sondern auch gestalterisch integriert, was zur ästhetischen und energetischen Leistung des Gebäudes beiträgt.

Nachhaltigkeit und Energieeffizienz

Der Relevanz von Nachhaltigkeit und Energieeffizienz trugen 2 Entwicklungen Rechnung:

- Doppelhautfassaden: Diese wurden entwickelt, um die Energieeffizienz zu verbessern, indem sie eine thermische Schicht zwischen den beiden Hautschichten schufen, die als Puffer gegen Wärmeverlust und -gewinn dient. Sie ermöglichen auch eine kontrollierte natürliche Belüftung, was die Notwendigkeit mechanischer Klimatisierung reduziert.

- Natürliche Belüftungssysteme: Fassadensysteme wurden zunehmend so gestaltet, dass sie natürliche Belüftung unterstützen und damit den Energieverbrauch für Klimaanlagen reduzieren. Diese Systeme sind besonders effektiv in gemäßigten Klimazonen und tragen zur Verbesserung der Luftqualität und des thermischen Komforts bei.

Die 1990er- und frühen 2000er-Jahre waren eine Epoche voller technologischer Fortschritte und kreativer Designs in der Fassadengestaltung, wobei Architekten und Designer die Grenzen traditioneller Materialien und Techniken ausloteten und gleichzeitig den Weg für nachhaltigere Gebäudepraktiken ebneten.

4.4.3 Kellerdecke

Kellerdecken wurden typischerweise aus Ortbeton mit schwimmendem Estrich gefertigt. Zur Dämmung kamen Polystyrol- oder Mineralfasermaterialien mit einer Stärke von 3 bis 6 cm zum Einsatz. Diese Konstruktionen erreichten *U*-Werte zwischen 0,5 und 0,8 $W/(m^2 \cdot K)$.

4.4.4 Außenwand

Die Außenwände wurden in unterschiedlichen Varianten realisiert. Häufig war 24 cm dickes Porensteinmauerwerk anzutreffen, das innen und außen verputzt wurde und *U*-Werte von etwa 0,7 bis 0,9 $W/(m^2 \cdot K)$ aufwies. Ebenso verbreitet waren 24 cm dicke Kalksandsteinwände, die mit WDVS oder hinterlüfteten Fassaden in Kombination mit einer zusätzlichen Dämmung von 4 bis 8 cm versehen wurden. Diese Bauweisen erreichten *U*-Werte von 0,4 bis 0,6 $W/(m^2 \cdot K)$.

4.4.5 Dach und oberste Geschossdecke

Flachdächer

Verbreitung, Herausforderungen und moderne Lösungen

Flachdächer sind ein charakteristisches Merkmal vieler Nachkriegsbauten und wurden insbesondere bei Wohn- und Gewerbegebäuden häufig eingesetzt. Trotz ihrer funktionalen und ästhetischen Vorteile, wie der optimalen Raumnutzung oder der Möglichkeit zur Begrünung, hatten sie in der Vergangenheit oft mit Abdichtungsproblemen zu kämpfen. Mangelhafte Materialien und unzureichende Bauausführung führten dazu, dass viele dieser Dächer im Laufe der Zeit undicht wurden und aufwendige Sanierungen erforderlich machten.

Moderne Bau- und Sanierungstechniken bieten heute jedoch langlebige Lösungen. Hochwertige Abdichtungssysteme aus Bitumen, Kunststoff oder Flüssigkunststoffen sorgen für eine verbesserte Widerstandsfähigkeit gegenüber Witterungseinflüssen. Zudem werden Flachdächer zunehmend für nachhaltige Konzepte wie Dachbegrünungen oder PV-Anlagen genutzt, wodurch sie nicht nur besser geschützt, sondern auch ökologisch aufgewertet werden.

Flachdach und Aufstockung: Erweiterung des Wohnraums durch Dachaufstockung

In der Nachkriegszeit wurde die Dachaufstockung häufig als Lösung für den akuten Wohnraummangel genutzt. Besonders Flachdächer eigneten sich aufgrund ihrer stabilen Bauweise und der fehlenden Dachschrägen ideal für diese Maßnahme. Durch zusätzliche Wohneinheiten konnte der Wohnraum effizient erweitert werden, ohne neue Flächen zu versiegeln – ein Vorteil, der auch heute angesichts steigender Wohnraumknappheit wieder an Bedeutung gewinnt.

Moderne Aufstockungen setzen zunehmend auf nachhaltige und leichte Bauweisen, etwa durch vorgefertigte Holzelemente oder modulare Bausysteme. Diese ermöglichen eine schnelle und ressourcenschonende Umsetzung, reduzieren die Belastung der Bestandsgebäude und verbessern durch zusätzliche Dämmmaßnahmen oft auch die Energieeffizienz des gesamten Gebäudes. Zudem bieten Dachaufstockungen die Möglichkeit, bestehende Gebäude funktional und architektonisch aufzuwerten, etwa durch neue Wohnkonzepte, begrünte Dachflächen oder integrierte PV-Anlagen.

Spitzdächer

Spitzdächer dieser Zeit wiesen häufig Innenverkleidungen aus Gipskartonplatten oder Profilbrettern auf, die oft nicht winddicht ausgeführt waren. Zwischen den Sparren wurde Mineralfaserdämmung mit einer Stärke von 8 bis 12 cm verwendet, wodurch *U*-Werte von 0,4 bis 0,5 $W/(m^2 \cdot K)$ erzielt wurden. Flachdächer bestanden demgegenüber in der Regel aus Ortbeton mit 6 cm Polystyrol- oder Mineralfaserdämmung sowie Abdichtungen und Bekiesung. Diese Konstruktionen erreichten *U*-Werte von etwa 0,6 $W/(m^2 \cdot K)$. Die oberste Geschossdecke wurde häufig mit Gipskartonplatten oder Profilbrettern ausgestattet, zwischen denen 8 bis 12 cm Mineralfaserdämmung angebracht waren. Auch hier wurden *U*-Werte von 0,4 bis 0,5 $W/(m^2 \cdot K)$ erzielt. Nicht ausgebaute Dachräume waren oft mit Ortbetondecken versehen, die mit schwimmendem Estrich und 4 bis 6 cm Polystyroldämmung ergänzt wurden (Gebäudetypologie der Stadt Wuppertal, 2016, S. 29).

4.4.6 Fenster

Nach der Ölkrise in den 1970er-Jahren wurde die Bedeutung von Energieeffizienz im Bauwesen neu bewertet, was zu signifikanten Veränderungen in den Standards für Baumaterialien und -techniken führte. Insbesondere Fenster mit Isolierverglasung wurden zum neuen Standard, da sie im Vergleich zu einfach verglasten Fenstern eine verbesserte Wärmedämmung boten. Diese Isolierfenster erreichten typischerweise *U*-Werte von etwa 2,8 $W/(m^2 \cdot K)$, was einen bedeutenden Fortschritt in der Reduzierung von Wärmeverlusten darstellte.

In einigen fortschrittlicheren Anwendungen kam es auch zum Einsatz von Wärmeschutzverglasungen, die noch bessere *U*-Werte zwischen 1,3 und 1,7 $W/(m^2 \cdot K)$ erreichten, wie aus einem Bericht der Forschungsgesellschaft für Nachhaltigkeit hervorgeht (FNR, 2020, S. 46). Diese Fenster nutzten beschichtete Gläser und/oder Edelgase zwischen den Scheiben, um die Wärmedämmwirkung zu verstärken. Der Einsatz solcher Technologien markierte einen wichtigen Schritt in Richtung energieeffizienterer Gebäudekonzepte, die sowohl die Heizkosten senken als auch den CO_2-Ausstoß reduzieren.

Wie signifikant sich die *U*-Werte verschiedener Verglasungsarten seit 1970 entwickelt haben, zeigt Abb. 4.34.

Der Wechsel zu effizienteren Fenstern ist auch ein Beispiel für die sich wandelnde Architekturlandschaft, in der die Umwelt- und Energieauswirkungen zunehmend Berücksichtigung fanden. Diese Entwicklung setzte sich in den folgenden Jahrzehnten fort und führte zur ständigen Verbesserung der Fenstertechnologien, einschließlich der Einführung von Dreifachverglasungen und fortschrittlicheren Dämmtechniken, die heute in vielen neuen oder sanierten Gebäuden Standard sind.

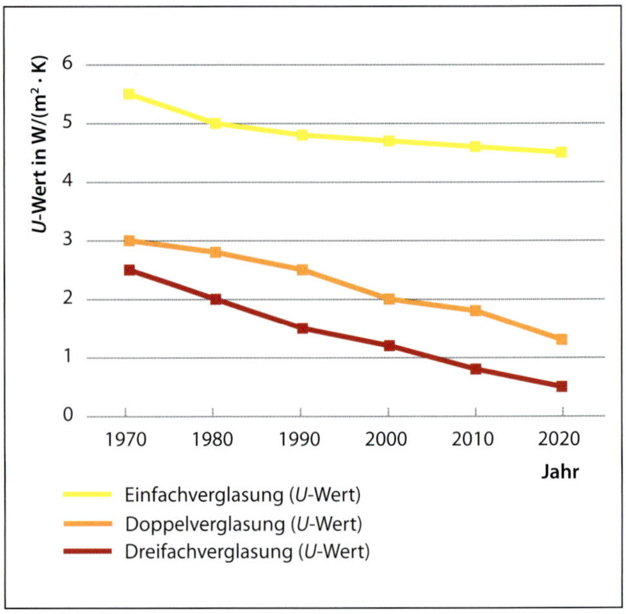

Abb. 4.34: Entwicklung der *U*-Werte von Verglasungen seit der Ölkrise

4.4.7 Technische Gebäudeausrüstung

In der Bauperiode nach der Ölkrise erlebte die technische Gebäudeausrüstung (TGA) erhebliche Weiterentwicklungen, die maßgeblich durch die steigenden Anforderungen an Energieeffizienz und Wirtschaftlichkeit geprägt waren. Der Fokus lag auf der Optimierung der Heizsysteme, Warmwasserbereitung und der Nutzung erneuerbarer Energien.

Modernisierung der Heiztechnik

Ein zentraler Fortschritt war die Ablösung veralteter Heizsysteme durch effiziente Zentralheizungen. Während in früheren Baualtersklassen häufig Einzelöfen oder einfache Kohleheizungen genutzt wurden, setzte sich nun die flächendeckende Installation von Zentralheizungen mit modernen Gas- oder Ölbrennern durch.

Diese Entwicklung bot folgende Vorteile:

- Effizientere Brennwerttechnik: Durch verbesserte Heizkesseltechnologien mit höherem Wirkungsgrad wurde der Brennstoffverbrauch optimiert.
- Erweiterung der Fernwärmeversorgung: Insbesondere in urbanen Gebieten wurde die Nutzung von Fernwärme intensiviert, um eine zentralisierte, effizientere Wärmeversorgung zu gewährleisten.
- Einführung moderner Regelungssysteme: Fortschrittliche Thermostate und Regelventile ermöglichten eine präzisere Steuerung der Heizleistung, wodurch der Energieverbrauch weiter reduziert wurde.

Warmwasserbereitung und erste regenerative Technologien

Parallel zur Optimierung der Heizsysteme verbesserten sich auch die Techniken zur Warmwasserbereitung. In vielen Neubauten wurden erstmals dezentrale oder zentrale Warmwasserspeicher integriert, die eine effizientere Warmwasserversorgung ermöglichten.

Folgende Techniken kamen zum Einsatz:

- Elektrische Wärmepumpen: Erste Luft-Wasser- und Sole-Wasser-Wärmepumpen wurden in dieser Zeit eingeführt, blieben jedoch aufgrund hoher Investitionskosten zunächst eine Nischenlösung.
- Solarkollektoren für Warmwasser: Erste Ansätze zur Nutzung regenerativer Energien wurden erprobt, insbesondere durch die Installation von thermischen Solarkollektoren zur Unterstützung der Warmwasserbereitung. Obwohl diese Technologie in den 1980er- und 1990er-Jahren noch nicht weitverbreitet war, legte sie den Grundstein für die spätere Entwicklung nachhaltiger Energiekonzepte.

Solare Nutzung

Obwohl die Nutzung der Sonnenenergie bereits seit Jahrhunderten bekannt ist, rückte sie erst infolge der Ölkrise in den 1970er-Jahren wieder verstärkt in den Fokus der Energiepolitik und Bauwirtschaft. Vor allem die solare Warmwasserbereitung und Heizungsunterstützung entwickelten sich zu wichtigen Bestandteilen umweltbewusster Baukonzepte. Die grundlegende Technik der Solaranlagen hat sich seit der Erfindung des thermischen Sonnenkollektors durch Clarence Kemp im Jahr 1891 und später durch William J. Bailey im Jahr 1909 kaum verändert. Dennoch hat die Forschung in den vergangenen Jahrzehnten erhebliche Fortschritte gemacht, insbesondere in Bezug auf die Materialqualität, die Effizienz der Kollektoren und die Überwachungssysteme.

Dank der kontinuierlichen Entwicklung verbesserter Absorbermaterialien, selektiver Beschichtungen und intelligenter Steuerungssysteme konnte der Wirkungsgrad solarthermischer Anlagen erheblich gesteigert werden.

Röhrenkollektoren

Aufbau und Funktionsweise

Röhrenkollektoren (siehe Abb. 4.35) bestehen aus parallel angeordneten Vakuumröhren, in denen sich der Absorber und ein Wärmetauscher befinden. Das Vakuum zwischen den Röhrenwänden dient als exzellente Wärmedämmung und minimiert Wärmeverluste.

Es gibt 2 Haupttypen von Röhrenkollektoren:

- Heatpipe-Technologie: Die Wärmeübertragung erfolgt durch Verdampfung und Kondensation eines Wärmeträgerfluids innerhalb der Röhren.
- Direktdurchströmte Röhren: Das Wärmeträgerfluid fließt direkt durch die Röhren.

Abb. 4.35: Röhrenkollektor

Abb. 4.36: Flach- und Röhrenkollektor

Vorteile von Röhrenkollektoren:

- Sie erzeugen einen höheren Wirkungsgrad durch effektive Vakuumisolierung (bis zu 30 % mehr Energiegewinn als Flachkollektoren).
- Bessere Leistung bei niedrigen Temperaturen: Röhrenkollektoren sind ideal für kalte Wintermonate und Regionen mit diffusem Licht.
- Effiziente Nutzung bei ungünstigen Einstrahlwinkeln: Einzelne Röhren lassen sich teilweise ausrichten.
- Kompaktere Bauweise: Es entsteht weniger Platzbedarf bei gleicher Leistung im Vergleich zu Flachkollektoren.

Nachteile von Röhrenkollektoren:

- Höhere Anschaffungskosten: Die aufwendige Fertigung und das Vakuumdesign machen Röhrenkollektoren teurer.
- Empfindlicher gegen Hagel oder mechanische Einwirkungen: Die Glasröhren können leichter beschädigt werden.
- Komplexere Wartung und Reparatur: Defekte Röhren müssen einzeln ausgetauscht werden.

Flachkollektoren

Flachkollektoren (siehe Abb. 4.36) sind eine kosteneffiziente Wahl zur Nutzung von Sonnenenergie, vor allem zur Warmwasserbereitung und als Ergänzung zu Heizsystemen in Wohngebäuden. Diese Solarkollektoren zeichnen sich durch ihre flache, rechteckige Form aus, die typischerweise durch eine Glas- oder Kunststoffabdeckung geschützt wird, um die Wärmedämmung zu optimieren. Unter dieser durchsichtigen Abdeckung liegen schwarze Absorberplatten, die Sonnenlicht effizient einfangen. Diese Platten bestehen in der Regel aus Metall und sind mit einer speziellen Beschichtung versehen, die ihre Absorptionsfähigkeit maximiert und gleichzeitig die Wärmeabgabe minimiert.

In den Absorberplatten integrierte Rohre führen eine Wärmeträgerflüssigkeit, die die gesammelte Wärme aufnimmt und durch das System zu einem Wärmetauscher, meist einem Warmwasserspeicher, transportiert. Hier wird die Wärme an das Wasser im Speicher übertragen, das im Haushalt für Duschen, Kochen oder Heizen genutzt wird.

Die Beliebtheit von Flachkollektoren beruht auf ihrer simplen Konstruktion und der effizienten Umwandlung von Sonnenlicht in nutzbare Wärme. Sie sind ideal für den Einsatz in gemäßigten Klimazonen und lassen sich problemlos auf Dächern oder auf frei stehenden Konstruktionen installieren. Der größte Vorteil dieser Systeme liegt in der signifikanten Reduzierung des Energieverbrauchs für Warmwasser und Heizung, was nicht nur die Betriebskosten senkt, sondern auch zur Verringerung von CO_2-Emissionen beiträgt.

Vorteile von Flachkollektoren:

- Günstigere Anschaffungskosten: Aufgrund der einfacheren Bauweise sind Flachkollektoren (siehe Abb. 4.36) preiswerter als Röhrenkollektoren.
- Robuste und langlebige Technik: Flachkollektoren sind weniger anfällig für mechanische Schäden oder Undichtigkeiten.
- Effizient bei direkter Sonneneinstrahlung: Ein hoher Wirkungsgrad bei senkrechtem Einstrahlwinkel ist gegeben.
- Flachkollektoren besitzen eine gute Wirtschaftlichkeit für Anwendungen mit niedriger bis mittlerer Temperaturanforderung (z. B. Warmwasserbereitung, Heizungsunterstützung).

Nachteile von Flachkollektoren:

- Höhere Wärmeverluste entstehen besonders bei niedrigen Außentemperaturen oder bewölktem Himmel.
- Größere Fläche erforderlich: Um denselben Ertrag wie Röhrenkollektoren zu erzielen, werden mehr Quadratmeter Kollektorfläche benötigt.
- Flachkollektoren besitzen eine schwächere Leistung bei diffusen Lichtverhältnissen (z. B. in den Wintermonaten oder bei schrägem Einstrahlwinkel)

Empfehlung Technologieauswahl

Die Wahl zwischen Flach- und Röhrenkollektoren hängt stark vom Einsatzzweck und den Standortbedingungen ab:

- **Flachkollektoren** eignen sich besonders für die solare Warmwasserbereitung und die Unterstützung der Raumheizung in Regionen mit hoher direkter Sonneneinstrahlung. Sie sind eine wirtschaftliche Lösung für Haushalte, die eine kosteneffiziente, bewährte Technologie suchen.
- **Röhrenkollektoren** sind ideal für Anwendungen mit höherem Energiebedarf oder für Standorte mit kaltem Klima oder diffusem Licht. Besonders für Prozesswärme, Heizungsunterstützung im Winter oder industrielle Anwendungen sind sie die bessere Wahl, da sie selbst bei ungünstigen Bedingungen eine hohe Effizienz aufweisen.

Die Entscheidung sollte basierend auf den individuellen Anforderungen, Budgetüberlegungen und den klimatischen Gegebenheiten getroffen werden. In jedem Fall leisten beide Systeme einen bedeutenden Beitrag zur Reduzierung fossiler Brennstoffe und zur nachhaltigen Energieversorgung.

Tabelle 4.5 stellt Flach- und Röhrenkollektoren vergleichend gegenüber.

Tabelle 4.5: Vergleich Flach- und Röhrenkollektor

Kriterium	Flachkollektor	Röhrenkollektor
Anschaffungskosten	günstiger	teurer
Wirkungsgrad	niedriger (ca. 60–75 %)	höher (bis zu 90 %)
Wärmeverluste	höher	sehr gering (durch Vakuum)
Platzbedarf	größer	kompakter
Effizienz im Winter und bei diffusem Licht	gering	sehr gut
Eignung für hohe Temperaturen (z. B. Prozesswärme)	eingeschränkt	sehr gut
Robustheit und Lebensdauer	sehr stabil	empfindlicher
Wartung und Reparatur	einfach	aufwendiger

Steigendes Interesse an erneuerbaren Energien seit der Ölkrise 1973: von der Krise zur Innovation

Die Ölkrise von 1973 war ein Wendepunkt zugunsten der erneuerbaren Energien, insbesondere auch für die Photovoltaik. Bis dahin waren PV-Anlagen hauptsächlich in der Raumfahrt oder in wissenschaftlichen Anwendungen zu finden. Für den allgemeinen Hausgebrauch fehlten jedoch wirtschaftlich tragfähige Nutzungskonzepte, und die Kosten für Solarzellen waren exorbitant hoch. Erst durch die zunehmende Verknappung fossiler Energieträger und steigende Ölpreise wurde das Potenzial der Solarenergie verstärkt erkannt.

Die wachsende Besorgnis über die Umweltverträglichkeit fossiler und nuklearer Energiequellen verstärkte diesen Trend. Die Reaktorkatastrophen von Harrisburg (1979) und Tschernobyl (1986) verdeutlichten die Risiken der Kernenergie und führten zu einem gesellschaftlichen Umdenken. Gleichzeitig wurde die PV-Technologie durch intensive Forschung und wirtschaftliche Anreize zunehmend erschwinglicher. Durch den technologischen Fortschritt stieg der Wirkungsgrad der Solarzellen von anfänglich 5 bis 10 % in den 1950er-Jahren auf über 20 % in modernen Modulen.

Abb. 4.37: Agri- und Freiflächen-PV-Anlagen

Politische Förderung und Marktdurchbruch: das Stromeinspeisungsgesetz und staatliche Programme

Der entscheidende Durchbruch für die Photovoltaik im Gebäudesektor erfolgte in Deutschland in den 1990er-Jahren mit der gezielten staatlichen Förderung. Ein zentrales Element war das **Stromeinspeisungsgesetz** (1991), das erstmals eine garantierte Mindestvergütung für Strom aus erneuerbaren Energiequellen festlegte. Dies schuf wirtschaftliche Anreize für den Ausbau privater Solaranlagen und legte den Grundstein für das spätere EEG (siehe Kapitel 2).

Ein weiteres wichtiges Förderprogramm war das **1000-Dächer-Programm** der Bundesregierung (1990–1992), das die Installation von PV-Anlagen auf Wohnhäusern finanziell unterstützte. Diese Maßnahmen beschleunigten die Marktdurchdringung von Solaranlagen erheblich und führten zu einem nachhaltigen Wachstum der Solarbranche.

Heute sind PV-Anlagen auf Hausdächern ein fester Bestandteil nachhaltiger Energiekonzepte. Die Anbindung an das öffentliche Stromnetz sowie intelligente Speichertechnologien ermöglichen eine effiziente Nutzung der Solarenergie. Durch technologische Innovationen und sinkende Produktionskosten wird die Photovoltaik zunehmend wettbewerbsfähig und spielt eine Schlüsselrolle in der Energiewende.

Die Solarenergie hat sich seit den 1970er-Jahren von einer Nischenlösung zu einer tragenden Säule der Energieversorgung entwickelt. Wissenschaftliche Fortschritte in den Bereichen Materialforschung, Effizienzsteigerung und Speichertechnologien tragen dazu bei, dass Solaranlagen heute wirtschaftlich rentabel und umweltfreundlich sind. Angesichts des fortschreitenden Klimawandels und der Notwendigkeit einer nachhaltigen Energieversorgung wird die Bedeutung der Solarenergie weiter zunehmen. Zukunftsweisende Konzepte wie bauwerkintegrierte Photovoltaik (BIPV) und Agri-Photovoltaik (siehe Abb. 4.37) zeigen, dass die Technologie noch viel Potenzial für weitere Innovationen bietet.

4.5 Klimadebatte (2002 bis 2015, 2024)

4.5.1 Allgemeine Charakteristika

Die Periode von 2002 bis 2015 und darüber hinaus bis in das Jahr 2024 markiert eine zunehmend kritische Phase in der Architektur und Städteplanung, die stark durch die Erfahrungen und Entwicklungen der vorangegangenen Epochen beeinflusst wurde. Nachdem in den früheren Dekaden durch Programme wie das „1000-Dächer-Programm" (siehe Kapitel 4.4.1) die Grundlagen für die Nutzung erneuerbarer Energien gelegt wurden, rückte die Integration nachhaltiger Technologien in Gebäuden immer stärker in den Vordergrund. Dies spiegelte sich insbesondere in der Klimadebatte wider, die zunehmend Einfluss auf die Gesetzgebung und die Bauvorschriften nahm.

Die verstärkte Auseinandersetzung mit den Folgen des Klimawandels und die wachsende Dringlichkeit, Treibhausgasemissionen zu reduzieren, führten zu strengeren Energieeffizienzstandards für Neubauten und Bestandsgebäude. Diese Standards bauten auf den technologischen Fortschritten und den politischen Erfahrungen der 1990er- und 2000er-Jahre auf, als Deutschland seine Führungsrolle in der Solarenergienutzung etablierte (siehe Kapitel 4.4.1). Die daraus gewonnenen Erkenntnisse wurden genutzt, um weitergehende Maßnahmen zur Energieeffizienz und zum Einsatz erneuerbarer Energien in Gebäuden zu entwickeln.

In diesem Kontext spielten Gebäude eine zentrale Rolle in der Klimadebatte, da der Gebäudesektor sowohl ein erheblicher Energieverbraucher als auch ein bedeutender CO_2-Emittent ist. Initiativen und Förderprogramme, die eine umfassende energetische Sanierung sowie den Einsatz von Technologien wie Photovoltaik, Solarthermie und Geothermie förderten, wurden weiter ausgebaut. Zudem führte die fortschreitende Diskussion um Nachhaltigkeit zu einer umfassenderen Betrachtung der Lebenszykluskosten von Gebäuden, einschließlich ihrer Bau-, Betriebs- und Abrissphasen.

Im Jahr 2002 wurde mit der Einführung der EnEV ein entscheidender Schritt in der deutschen Energiepolitik vollzogen. Diese Verordnung revolutionierte den Baubereich, indem sie eine gemeinsame Bewertung der Gebäudehülle und der TGA vorschrieb und so höhere Standards für Energieeffizienz setzte. Diese ganzheitliche Betrachtung zwang zu einem umfassenden Ansatz in der Bauplanung und -ausführung, der sowohl die Isolation als auch die Effizienz von Heizungs-, Lüftungs- und Klimaanlagen berücksichtigte.

Die Bauweise und energetischen Standards von Gebäuden haben sich zwischen 2002 und 2019 unter dem Einfluss der Klimadebatte und verschärfter gesetzlicher Regelungen maßgeblich verändert. Der Fokus auf Energieeffizienz führte dazu, dass Niedrigenergie- und Passivhausstandards zunehmend auch im mehrgeschossigen Wohnungsbau Anwendung fanden. Energetische Anforderungen wurden nicht nur für Neubauten, sondern auch für Modernisierungen verbindlich.

Ein weiterer Meilenstein war die Verschärfung der EnEV im Herbst 2009, die Niedrigenergiehäuser zum allgemeinen Standard erhob. Zeitgleich förderte die Kreditanstalt für Wiederaufbau (KfW) energieeffiziente Bauweisen durch spezielle Programme für KfW-Energiesparhäuser der Klassen 60 und 40. Parallel dazu erlebte die Gebäudeautomation durch die Verbreitung von Smarthome-Systemen eine rapide Weiterentwicklung.

Das Jahr 2015 markierte ein weiteres wichtiges Jahr für die globale Klimapolitik mit der Unterzeichnung des Pariser Klimaabkommens. Dieses Abkommen verpflichtet die Unterzeichnerstaaten, die globale Erwärmung auf deutlich unter 2 °C zu beschränken, was massive Anstrengungen zur Reduzierung der CO_2-Emissionen weltweit erforderlich macht. Für den Gebäudesektor bedeutet dies eine noch strengere Kontrolle und Reduzierung der Energieverbräuche und Emissionen.

Die Einführung des GEG im Jahr 2020 in Deutschland baut auf den Grundlagen der EnEV auf und integriert zusätzlich ältere Gesetze wie das EnEG und das Erneuerbare-Energien-Wärmegesetz (EEWärmeG). Das GEG zielt darauf ab, die verschiedenen Regelungen zu vereinheitlichen und weiter zu verschärfen, um den Energieverbrauch von Gebäuden noch effektiver zu senken (siehe Kapitel 3.2).

Parallel dazu hat sich die Heizungstechnologie erheblich diversifiziert. Die Entwicklung reicht von traditionellen Methoden wie Öl- und Gasheizungen über effizientere Systeme wie Wärmepumpen, die Umweltwärme nutzen, bis hin zu zukunftsweisenden Technologien wie Wasserstoffheizungen. Diese Transformation der Energieversorgung weg von molekularen Energien hin zu elektro- und elektrochemischen Prozessen reflektiert den globalen Trend zur Dekarbonisierung und nachhaltigeren Energiequellen.

Diese energiepolitischen Meilensteine verdeutlichen den fortlaufenden Übergang zu einer nachhaltigeren und energieeffizienteren Gestaltung des Bau- und Wohnsektors, der die internationalen Klimaziele unterstützt und fördert.

Die Jahre bis 2024 zeugen von einer kontinuierlichen Entwicklung und Implementierung innovativer Technologien und smarter Lösungen, die nicht nur die Energieeffizienz verbessern, sondern auch die Lebensqualität der Bewohner erhöhen. Diese Phase zeigt deutlich, wie das kollektive Bewusstsein und die politischen Entscheidungen, beeinflusst durch vorherige Erfahrungen und wissenschaftliche Erkenntnisse, den Weg für eine nachhaltigere Zukunft ebnen.

Die typischen Bauweisen dieser Zeit spiegeln die neuen energetischen Standards wider. Ein- und Zweifamilienhäuser wurden meist ein- bis zweigeschossig mit Satteldach errichtet. Die tragenden Konstruktionen bestanden häufig aus monolithischem Mauerwerk wie porosierten Ziegeln oder Porenbeton, ergänzt durch WDVS. In Norddeutschland wurde oft eine Klinker-Vorsatzschale verwendet, während gelegentlich auch Holz-Leichtbaukonstruktionen zum Einsatz kamen.

Die Baualtersklasse 2002 bis 2020 steht somit für einen entscheidenden Wandel in der Bauweise, der durch die gesetzliche Verankerung von Energieeffizienz und die technologischen Fortschritte in der Gebäudeautomation geprägt wurde. Die Häuser dieser Zeit sind nicht nur Beispiele für erhöhte Energieeinsparung, sondern auch Ausdruck eines gestiegenen Bewusstseins für nachhaltiges Bauen.

4.5.2 Bauweisen zur Minimierung des Energieverbrauchs

Passivhaus

Das **Passivhaus** gilt als eine der fortschrittlichsten Bauweisen zur Minimierung des Energieverbrauchs und zur Optimierung des Wohnkomforts. Nachdem Wolfgang Feist im Jahr 1992 das erste Passivhaus konzipiert und definiert hatte, hat sich dieser Baustandard seit 2002 als fester Bestandteil der modernen Bauwelt etabliert.

Ein Passivhaus zeichnet sich durch einen extrem niedrigen Heizwärmebedarf aus, der durch eine hochwertige Gebäudehülle, optimale Dämmung und eine effiziente Lüftungstechnik mit Wärmerückgewinnung ermöglicht wird. Das Prinzip beruht darauf, interne Wärmequellen (Personen, Haushaltsgeräte) sowie solare Gewinne effizient zu nutzen, wodurch eine klassische Heizung weitgehend überflüssig wird.

Durch den Einsatz von kontrollierter Wohnraumlüftung (KWL), dreifach verglasten Fenstern und einer luftdichten Bauweise erreicht ein Passivhaus eine außergewöhnliche Energieeffizienz, die sowohl den CO_2-Ausstoß als auch die Betriebskosten erheblich reduziert. Diese Bauweise trägt dazu bei, die Anforderungen an nachhaltiges und klimafreundliches Bauen zu erfüllen, und hat sich als zukunftsweisender Standard für energieeffiziente Gebäude etabliert.

Passivhaus

Merkmale eines Passivhauses:

- extrem niedriger Heizwärmebedarf: max. 15 kWh/(m² · a)
- hochwertige Wärmedämmung: *U*-Werte unter 0,15 W/(m² · K)
- dreifach verglaste Passivhausfenster mit *U*-Werten unter 0,8 W/(m² · K)
- luftdichte Bauweise mit Blower-Door-Test (n_{50}-Wert max. 0,6/h)
- KWL mit Wärmerückgewinnung (WRG)
- Vermeidung von Wärmebrücken zur Reduzierung von Energieverlusten

Vorteile eines Passivhauses:

- bis zu 90 % Heizenergieeinsparung gegenüber konventionellen Gebäuden
- höherer Wohnkomfort durch gleichmäßige Temperaturen und optimales Raumklima
- Nachhaltigkeit und CO_2-Reduktion durch effiziente Energienutzung
- geringe Betriebskosten durch minimale Heizanforderungen

zusätzliche Optimierungsmöglichkeiten:

- Kombination mit PV-Anlagen zur autarken Energieversorgung
- Einsatz von Erdwärmetauschern zur Vorwärmung der Frischluft
- Plusenergiehäuser als Weiterentwicklung mit eigener Stromproduktion

Das Passivhaus ist ein hocheffizienter Gebäudestandard, der durch seine minimale Heizenergieanforderung, hohen Wohnkomfort und ökologische Nachhaltigkeit überzeugt. Es setzt Maßstäbe für das klimaneutrale Bauen der Zukunft.

KfW-Effizienzhäuser

Seit 2009 definiert das KfW-Effizienzhaus die Standards für energieeffiziente Gebäude in Deutschland. Entwickelt als Teil der staatlichen Förderprogramme für nachhaltiges Bauen und Sanieren, dient das Effizienzhaus als Orientierung für Bauherren und Sanierer, die ihren Energieverbrauch senken und von finanziellen Anreizen profitieren möchten.

Das Konzept basiert auf dem Primärenergiebedarf und der Effizienz der Gebäudehülle. Je niedriger der Kennwert eines Gebäudes im Vergleich zu einem Referenzgebäude nach dem GEG, desto höher die Förderung. Effizienzhausklassen wie KfW 40, 55 oder 70 geben an, wie viel Prozent des Primärenergiebedarfs eines Standardgebäudes das jeweilige Haus benötigt.

Die KfW-Effizienzhäuser kombinieren optimierte Dämmung, moderne Heiztechnik und erneuerbare Energien zu einem nachhaltigen Wohnkonzept, das sowohl den CO_2-Ausstoß reduziert als auch langfristige Energiekosteneinsparungen ermöglicht. Neben Neubauten können auch energetische Sanierungen auf einen Effizienzhausstandard gebracht werden, wodurch ältere Gebäude zukunftssicher und wirtschaftlich betrieben werden können. Effizienzhäuser werden in verschiedenen Energiestandards klassifiziert, die sich an den gesetzlichen Vorgaben der EnEV (2009) und später des GEG orientieren. Grundlage für die energetische Bewertung eines Gebäudes ist das **Referenzgebäudeverfahren**, das für jedes Neubau- oder Sanierungsvorhaben ein sog. Referenzhaus berechnet. Dieses dient als Vergleichsmaßstab und ermöglicht eine objektive Bewertung der Energieeffizienz des geplanten Gebäudes.

Das Referenzhaus entspricht dem geplanten Gebäude hinsichtlich Geometrie, Nutzfläche und Ausrichtung, verwendet jedoch standardisierte Bauteilwerte gemäß den Anforderungen der EnEV bzw. des GEG. Diese Referenzwerte betreffen u. a. die energetischen Eigenschaften von Wänden, Fenstern, Türen und Dachkonstruktionen. Durch die Berechnung des Transmissionswärmeverlusts (Wärmeverlust über die Gebäudehülle) und des Jahresprimärenergiebedarfs (Energieaufwand für Heizung, Warmwasser und Lüftung) lassen sich gebäudespezifische energetische Kennwerte ableiten.

Die Effizienzhausstandards basieren auf diesen Referenzwerten und definieren, um welchen Faktor ein Gebäude energieeffizienter sein muss als das gesetzlich vorgegebene Referenzhaus. So gelten beispielsweise Effizienzhäuser 55, 40 oder 40 Plus als besonders energieeffizient. Diese Klassifikationen bedeuten, dass der Energieverbrauch dieser Gebäude jeweils nur 55 %, 40 % oder sogar weniger des zulässigen Wertes nach GEG beträgt. Diese Standards zielen darauf ab, die Energieeffizienz im Bauwesen signifikant zu steigern.

Die Klassifizierung als Effizienzhaus 55, 40 oder 40 Plus hat auch direkte Auswirkungen auf die Förderfähigkeit der Gebäude. Gebäude, die diese Standards erfüllen, qualifizieren sich häufig für staatliche Förderprogramme, die finanzielle Anreize für energieeffizientes Bauen bieten. Dies umfasst Zuschüsse oder günstigere Kreditkonditionen, die Bauherren und Eigentümern helfen sollen, die höheren anfänglichen Investitionskosten für energieeffiziente Baumaßnahmen zu bewältigen.

Indem die Effizienzhausstandards strengere Anforderungen als die gesetzlichen Mindestanforderungen stellen, tragen sie zur Reduzierung des Energiebedarfs und der CO_2-Emissionen bei, was wiederum die Umweltauswirkungen des Sektors mindert und zur Erreichung der Klimaziele beiträgt.

Tabelle 4.6 gibt eine Übersicht über die verschiedenen KfW-Effizienzhausstandards.

Tabelle 4.6: KfW-Effizienzhausstandards

Standard	Primärenergiebedarf in %	Transmissionswärmeverlust in %
Effizienzhaus 40	40	55
Effizienzhaus 55	55	70
Effizienzhaus 70	70	85
Effizienzhaus 85	85	100
Effizienzhaus 100	100	115
Effizienzhaus 115	115	130

Das Referenzgebäudeverfahren stellt somit eine transparente Grundlage für die energetische Bewertung und Optimierung von Neubauten und Sanierungsprojekten dar und ermöglicht die gezielte Planung von energieeffizienten Gebäuden.

4.5.3 Luftdichtheit der Gebäudehülle

Die **Luftdichtheit der Gebäudehülle** ist ein zentraler Faktor für die Energieeffizienz von Gebäuden. Sie verhindert unkontrollierte Luftströmungen durch Fugen, Ritzen und Anschlüsse, die zu Wärmeverlusten, Feuchtigkeitsproblemen und Komforteinbußen führen können. Obwohl die Notwendigkeit luftdichter Gebäudehüllen bereits seit 1982 in bauphysikalischen und normativen Vorgaben verankert ist, fand ihre konsequente Umsetzung in der Baupraxis erst ab 2002 flächendeckend statt.

Mit der Einführung strengerer Energiestandards und gesetzlicher Vorgaben, insbesondere durch die EnEV und später das GEG, wurde die Luftdichtheit zu einem unverzichtbaren Bestandteil energieeffizienten Bauens. Moderne Gebäude sind darauf ausgelegt, ungewollte Luftströmungen durch Leckagen in der Gebäudehülle zu minimieren, um Wärmeverluste zu reduzieren und den Energieverbrauch zu senken. Besonders bei Niedrigenergiehäusern, Passivhäusern und Effizienzhäusern spielt die Luftdichtheit eine entscheidende Rolle, da bereits geringe Undichtigkeiten zu erheblichen Energieverlusten führen können.

Die luftdichte Bauweise erfordert eine präzise Verarbeitung der Gebäudehülle, insbesondere an kritischen Anschlüssen wie Fensterrahmen, Türzargen, Dachanschlüssen und Durchdringungen für Leitungen. Zur Überprüfung der Luftdichtheit wird häufig der Blower-Door-Test eingesetzt, bei dem durch einen kontrollierten Druck- und Unterdrucktest Leckagen in der Gebäudehülle identifiziert und behoben werden können.

Neben der Energieeinsparung bietet eine luftdichte Gebäudehülle auch bauphysikalische Vorteile: Sie reduziert das Risiko von Feuchteschäden in der Konstruktion, da unkontrollierte Luftströmungen keine warme, feuchte Raumluft in kalte Bauteile transportieren können. Dadurch wird Schimmelbildung vermieden und die Langlebigkeit der Bausubstanz gesichert. Zudem trägt eine luftdichte Bauweise zur Verbesserung des Schallschutzes bei, da sie die Übertragung von Außenlärm reduziert.

Während in den 1980er- und 1990er-Jahren die Luftdichtheit in der Baupraxis oft vernachlässigt wurde, setzte sich dieses Prinzip ab 2002 flächendeckend durch und wurde zu einem Standard in der energieeffizienten Bauweise. Heute sind eine sorgfältige Planung und Umsetzung der Luftdichtheit unerlässlich, um die hohen Anforderungen moderner Gebäude an Energieeffizienz, Wohnkomfort und Bauschadensfreiheit zu erfüllen.

4.5.4 Dreifachverglasung

Mit der Weiterentwicklung energieeffizienter Bauweisen und zunehmenden Anforderungen an den Wärmeschutz etablierte sich ab dem Jahr 2002 die Dreifachverglasung als Standard in der Fenstertechnik. Während in den Jahrzehnten zuvor vor allem Zweifachverglasungen verwendet wurden, setzte sich die Dreifachverglasung im Zuge verschärfter WärmeschutzV und energieeffizienter Bauvorschriften zunehmend durch. Besonders durch das EnEG und die EnEV wurde die Notwendigkeit besser gedämmter Gebäudehüllen betont, wodurch sich die Anforderungen an den *U*-Wert von Fenstern deutlich verschärften.

Aus bauphysikalischer Sicht bietet die Dreifachverglasung erhebliche Vorteile gegenüber älteren Verglasungstechniken. Ein Fenster mit Dreifachverglasung besteht aus 3 hintereinander angeordneten Glasscheiben, die durch mit Edelgasen (z. B. Argon oder Krypton) gefüllte Zwischenräume thermisch voneinander getrennt sind. Diese Konstruktion sorgt für eine wesentliche Reduzierung des *U*-Werts. Während einfache Verglasungen einen *U*-Wert von bis zu 5,8 $W/(m^2 \cdot K)$ aufweisen und herkömmliche Zweifachverglasungen Werte von ca. 2,7 $W/(m^2 \cdot K)$ erreichen, liegen moderne Dreifachverglasungen in der Regel unter 0,8 $W/(m^2 \cdot K)$.

Ein weiterer wichtiger bauphysikalischer Aspekt der Dreifachverglasung ist die Vermeidung von Tauwasserbildung auf der Fensterinnenseite. Da die innerste Glasscheibe eine deutlich höhere Oberflächentemperatur behält als bei Einfach- oder Zweifachverglasungen, wird das Risiko von Kondensation und Schimmelbildung im Fensterbereich minimiert. Dies trägt erheblich zur Behaglichkeit im Innenraum bei, da kalte Zugluftzonen an den Fenstern verringert werden und sich die Strahlungstemperatur im Raum verbessert.

Zusätzlich ermöglicht die Dreifachverglasung eine deutliche Verbesserung des Schallschutzes, da die zusätzliche Scheibe und die Gasfüllung im Scheibenzwischenraum die Schalldämmwerte erhöhen. Insbesondere in urbanen Gebieten mit hoher Lärmbelastung sorgt dies für eine spürbare Reduzierung von Außengeräuschen im Innenraum.

Allerdings bringt die Dreifachverglasung auch bauphysikalische Herausforderungen mit sich. Aufgrund des erhöhten Eigengewichts der Scheiben müssen Fensterrahmen und Befestigungen entsprechend stabiler ausgeführt werden. Zudem kann eine hohe Luftdichtheit der Fenster in modernen Niedrigenergie- und Passivhäusern zu Feuchteproblemen führen, wenn kein adäquates Lüftungskonzept vorhanden ist.

Mit der Einführung von energieeffizienten Bauweisen, Passivhäusern und verschärften Energiestandards setzte sich die Dreifachverglasung nach 2002 als Standardsystem für Neubauten durch. Heute ist sie in nahezu allen Neubauten mit hohem energetischem Anspruch Pflicht und trägt maßgeblich zur Reduzierung des Heizenergiebedarfs sowie zur Verbesserung des Raumklimas bei.

4.5.5 Wohnraumlüftung

Seit 2002 nimmt die KWL eine zunehmend zentrale Rolle in der technischen Gebäudeausrüstung ein. Mit der Verschärfung der EnEV (2002, 2009, 2014) und später des GEG (2020) rückte die luftdichte Bauweise in den Fokus, wodurch der natürliche Luftaustausch in Gebäuden reduziert wurde. Um dennoch ausreichend Frischluft bereitzustellen und Schimmelbildung durch Feuchteakkumulation zu vermeiden, wurden KWL-Systeme mit WRG zur effizienten Belüftung von Innenräumen verstärkt eingesetzt (siehe Kapitel 8.4.1).

4.5.6 Erneuerbare Energien

Seit 2002 verzeichnete der Ausbau erneuerbarer Energien in Deutschland und vielen anderen Ländern einen erheblichen Anstieg, insbesondere im Bereich Photovoltaik und Windkraftanlagen für Eigenheimbesitzer. Diese Entwicklung wurde maßgeblich durch politische Förderprogramme, technologische Fortschritte und ein gestiegenes Bewusstsein für Klimaschutz und Energieeffizienz vorangetrieben.

Ein entscheidender Meilenstein für den verstärkten Einsatz erneuerbarer Energien war das EEG (siehe Kapitel 2). Dieses Gesetz garantierte attraktive Einspeisevergütungen für Solarstrom, was dazu führte, dass immer mehr Privatpersonen in PV-Anlagen auf ihren Dächern investierten. Der Preis für Solarmodule sank durch die zunehmende Nachfrage und technologische Verbesserungen kontinuierlich, sodass die Wirtschaftlichkeit von PV-Anlagen für Eigenheimbesitzer stetig attraktiver wurde.

Neben der Photovoltaik begann auch der Ausbau von kleinen Windkraftanlagen (siehe Abb. 4.38) für den Eigenverbrauch zuzunehmen. Besonders in ländlichen Regionen, in denen geeignete Windverhältnisse herrschen, wurden Kleinwindkraftanlagen als Ergänzung zur Photovoltaik installiert. Diese ermöglichen eine dezentrale Energieerzeugung, wodurch Eigenheimbesitzer ihren Strombedarf unabhängig von steigenden Energiepreisen teilweise oder vollständig decken können.

Abb. 4.38: Kleinwindkraftanlage

Die Integration solcher Systeme in ein umfassendes Energieversorgungskonzept für Eigenheimbesitzer bietet zahlreiche Vorteile, erfordert jedoch eine sorgfältige Planung. Die Effizienz einer Kleinwindkraftanlage hängt stark von der Windgeschwindigkeit am Standort ab. Idealerweise sollte die durchschnittliche **Windgeschwindigkeit mindestens 4 bis 5 m/s** betragen, damit die Anlage wirtschaftlich sinnvoll betrieben werden kann.

Kleinwindkraftanlagen: technische Anforderungen und Standortwahl

Wichtige Faktoren für den optimalen Betrieb:

- Freie Aufstellung ohne Hindernisse: Gebäude, Bäume oder andere Hindernisse sollten die Windströmung nicht blockieren.
- Mindesthöhe über Dachfirst: Um Turbulenzen zu vermeiden, sollte die Anlage mindestens 5 bis 10 m über Hindernissen positioniert sein.
- Beachtung von Genehmigungsanforderungen: In vielen Bundesländern ist für Kleinwindkraftanlagen eine Baugenehmigung erforderlich.

Damit eine Kleinwindkraftanlage effizient genutzt werden kann, sollte sie in ein ganzheitliches Energieversorgungssystem eingebunden werden. Dies beinhaltet:

- Kombination mit Photovoltaik: Ergänzung zur solaren Stromerzeugung für eine ausgewogene Energieproduktion,
- Batteriespeicher für Eigenverbrauchsoptimierung: Speicherung von überschüssiger Energie zur späteren Nutzung,

- intelligentes Energiemanagement: Steuerung von Haushaltsgeräten nach Verfügbarkeit der erzeugten Energie,
- Netzeinspeisung oder Eigenverbrauchsmodell: Entscheidung, ob überschüssiger Strom ins Netz eingespeist oder vollständig selbst genutzt wird.

Ein modernes Smarthome-System kann die Nutzung der Wind- und Solarenergie optimieren, indem es die Energieflüsse steuert und Verbraucher gezielt dann aktiviert, wenn ausreichend Strom produziert wird.

Die Integration von Kleinwindkraftanlagen in das Energieversorgungskonzept von Eigenheimen bietet großes Potenzial zur **Steigerung der Energieunabhängigkeit** und zur Optimierung der erneuerbaren Stromerzeugung. In Kombination mit Photovoltaik, Batteriespeichern und intelligentem Energiemanagement lassen sich Schwankungen in der Stromerzeugung ausgleichen, sodass eine stabile und nachhaltige Energieversorgung gewährleistet ist.

Während Kleinwindkraftanlagen in dicht besiedelten Stadtgebieten aufgrund gesetzlicher Einschränkungen und geringerer Windgeschwindigkeiten oft nicht rentabel sind, können sie in ländlichen Regionen mit guten Windverhältnissen eine wirtschaftlich sinnvolle Ergänzung zur Photovoltaik darstellen. Wer die Standortbedingungen sorgfältig prüft und die technischen Anforderungen berücksichtigt, kann mit einer Kleinwindkraftanlage langfristig Stromkosten senken und einen aktiven Beitrag zur Energiewende leisten.

Die zunehmende Nutzung erneuerbarer Energien brachte nicht nur ökologische Vorteile durch die Reduzierung von CO_2-Emissionen, sondern führte auch zu einer langfristigen Kosteneinsparung für Haushalte. Durch die Kombination aus Eigenverbrauch und Einspeisung ins öffentliche Netz konnten viele Hausbesitzer von staatlichen Förderungen profitieren und sich gegen steigende Strompreise absichern.

Ein weiterer bedeutender Entwicklungsschritt war die Verbreitung von Batteriespeichern, die es ab den 2010er-Jahren ermöglichten, den selbst erzeugten Solarstrom effizienter zu nutzen. Durch die Speicherung von überschüssigem Strom aus PV-Anlagen konnten Haushalte ihren Eigenverbrauch maximieren und ihre Abhängigkeit vom Netzstrom weiter reduzieren.

Während der Einsatz erneuerbarer Energien vor 2002 hauptsächlich auf Großanlagen und öffentliche Projekte beschränkt war, etablierte sich der private Ausbau von Solar- und Windenergieanlagen ab 2002 flächendeckend. Diese Entwicklung trug maßgeblich zur Dezentralisierung der Energieversorgung und zur schrittweisen Ablösung fossiler Energieträger im Gebäudesektor bei. Heute sind Photovoltaik und Windkraft aus dem modernen Eigenheimbereich nicht mehr wegzudenken und spielen eine zentrale Rolle in der Energiewende.

4.6 Ausblick: Energiewende (2024 bis 2045)

4.6.1 Allgemeine Charakteristika

Die Entwicklung von 2024 bis 2045 in der Bau- und Energiebranche wird stark von den Erfahrungen und technologischen Fortschritten der vorhergehenden Jahrzehnte geprägt werden. Die energiepolitischen Meilensteine wie die Einführung der EnEV, das Pariser Klimaabkommen und das GEG haben eine solide Grundlage für die nächste Phase der Energiewende geschaffen, in der eine signifikante Reduktion der CO_2-Emissionen und die Integration erneuerbarer Energien im Vordergrund stehen.

In dieser Zeit werden hocheffiziente Gebäudehüllen zur Norm. Die durch das GEG verschärften Anforderungen und die technologischen Entwicklungen ermöglichen es, Gebäude so zu gestalten, dass sie minimalen Energiebedarf aufweisen. Durch die serielle Sanierung – ein Konzept, das durch innovative Ansätze wie den Sanierungssprint populär wurde – werden bestehende Gebäude schnell und effizient auf den neuesten energetischen Stand gebracht (siehe Kapitel 5.5).

Die Integration von künstlicher Intelligenz (KI) in die Planung und Ausführung von Bauprojekten führt zu präziseren und effizienteren Bauabläufen. KI-gestützte Prozesse und die Nutzung digitaler Zwillinge (siehe Kapitel 6.4.2) ermöglichen eine genaue Simulation und Analyse von Gebäudeleistungen schon in der Planungsphase, was Fehlplanungen reduziert und die Optimierung von Energieverbrauch und -produktion erleichtert.

Heizungstechnologien entwickeln sich weiter und umfassen ein breiteres Spektrum an erneuerbaren Optionen. Die Sektorenkopplung – die Verbindung von Strom-, Wärme- und Verkehrssektoren – spielt eine zentrale Rolle in der effizienten Nutzung von Energie (siehe Kapitel 5.6). Technologien wie Kraft-Wärme-Kopplung (KWK), Power-to-Heat (PtH), d. h. die Umwandlung von elektrischer Energie (z. B. aus erneuerbaren Quellen) in Wärme etwa zur Raumheizung oder Warmwasserbereitung, und Power-to-Liquid (PtL), d. h. die Umwandlung von Strom in flüssige synthetische Kraftstoffe, ermöglichen eine flexible und bedarfsgerechte Energieversorgung, die sich optimal in die Gesamtstrategie der Energiewende einfügt.

Der Einsatz von Wasserstoff als Energieträger wird ebenfalls zunehmen, unterstützt durch Fortschritte in der Wasserstofftechnologie und eine zunehmende Integration in bestehende und neue Energieinfrastrukturen (siehe Kapitel 9.6.3). Dieser Übergang zu Wasserstoff und anderen erneuerbaren Energien unterstützt das Ziel, die Abhängigkeit von fossilen Brennstoffen zu verringern und die Emissionen drastisch zu senken.

Diese Prognose für Gebäude und deren Technologien zeigt, wie die erlernten Lektionen und entwickelten Technologien der vergangenen Jahre als Katalysator für die Umsetzung ambitionierter klima- und energiepolitischer Ziele von 2024 bis 2045 dienen werden. Der Weg ist geprägt von einer kontinuierlichen Innovation und Anpassung, die notwendig sind, um die Herausforderungen der Energiewende erfolgreich zu meistern.

Mit der Einführung des GEG im November 2020 wurde ein entscheidender Schritt in Richtung einer vereinfachten und einheitlichen Regelung der energetischen Anforderungen an Gebäude vollzogen. Ziel war es, die bisher parallel gültigen Regelwerke – die EnEV, das EnEG und das EEWärmeG – in einem kohärenten Rechtsrahmen zusammenzuführen. Diese Konsolidierung erleichtert die Anwendung und den Vollzug der Vorschriften und führt zu mehr Transparenz in der Bau- und Sanierungspraxis.

Niedrigstenergiegebäude als neuer Standard

Seit 2021 müssen alle neu errichteten Gebäude als Niedrigstenergiegebäude konzipiert werden. Diese Gebäude zeichnen sich durch einen sehr niedrigen Energiebedarf aus, der zu einem wesentlichen Teil durch erneuerbare Energien gedeckt wird. Der Fokus liegt damit auf einer nachhaltigen Bauweise, die sowohl den Energieverbrauch minimiert als auch Ressourcenschonung und Klimaschutz verstärkt.

Ein weiterer innovativer Ansatz, der im Zuge der Energiewende an Bedeutung gewinnt, ist das Plusenergiehaus. Diese Gebäude erzeugen mehr Energie, als sie verbrauchen, und tragen aktiv zur Energieeinspeisung in das Netz bei. Überschüssige Energie kann für weitere Anwendungen genutzt werden, beispielsweise zum Laden von Elektrofahrzeugen. Ein spezielles Konzept hierfür ist Vehicle-to-Grid (V2G). Diese Technologie ermöglicht es, dass Elektrofahrzeuge nicht nur Energie aus dem Stromnetz aufnehmen, sondern bei Bedarf auch zurück ins Netz einspeisen können. Dadurch wird das Elektrofahrzeug zu einem mobilen Speicher, der dazu beiträgt, die Energieversorgung zu stabilisieren und die Nutzung erneuerbarer Energiequellen zu optimieren.

Wirtschaftlichkeit und Förderung energieeffizienter Bauweisen

Obwohl das GEG im Vergleich zur vorherigen EnEV keine verschärften Anforderungen an Neubauten und Altbausanierungen eingeführt hat, trägt das Gesetz dennoch zur Förderung von energieeffizienten Bauweisen bei. Die zentrale Leitlinie des GEG ist die Wirtschaftlichkeit energetischer Maßnahmen, um nachhaltiges Bauen wirtschaftlich attraktiv zu halten und eine breite Akzeptanz für klimafreundliche Baukonzepte zu schaffen.

4.6.2 Transformation des Bauwesens im Zeichen der Energiewende

Die Baualtersklasse der Energiewende markiert eine wegweisende Transformation des Bauwesens:

- Gebäude werden zunehmend als aktive Akteure der Energiewende betrachtet, die nicht nur Energie effizient nutzen, sondern auch Energie erzeugen und speichern.
- Intelligente Gebäudetechnik wie smarte Steuerungssysteme, gekoppelt mit erneuerbaren Energien, ermöglicht eine flexible Anpassung an Energiebedarfe und Netzanforderungen.
- Nachhaltige Baustoffe und Bauweisen gewinnen an Bedeutung, um den CO_2-Fußabdruck von Gebäuden über ihren gesamten Lebenszyklus hinweg zu minimieren.

Die Baualtersklasse der Energiewende steht für einen ganzheitlichen Ansatz in der Energieversorgung von Gebäuden, der Klimaschutz, Innovation und Wirtschaftlichkeit vereint. Die Einführung des GEG stellt dabei einen zentralen Meilenstein dar, der die Weichen für eine nachhaltige, energieeffiziente Bauweise stellt. Zukünftige Entwicklungen werden verstärkt darauf abzielen, Gebäude klimapositiv zu gestalten, indem sie aktiv zur Energiewende beitragen und Ressourcen intelligent nutzen.

Transformationsprozess vom Kalthaus zum Warmhaus

Die Entwicklung vom Kalthaus zum Warmhaus repräsentiert einen der bedeutendsten Fortschritte im Gebäudebestand im Hinblick auf Energieeffizienz und Nachhaltigkeit. Dieser Transformationsprozess war geprägt von der schrittweisen Verbesserung der energetischen Kennwerte und der Anpassung an neue Anforderungen, die durch gesellschaftliche, wirtschaftliche und politische Entwicklungen ausgelöst wurden.

Ein zentrales Merkmal dieser Transformation ist die Reduktion der Wärmeverluste durch Gebäudehüllen. Während ungedämmte Außenwände, Fenster und Dächer früher erheblich zur Energieverschwendung beitrugen, haben fortschrittliche Dämmmaterialien und moderne Fenster mit niedrigeren *U*-Werten die Wärmedämmung entscheidend verbessert (Altbausanierung mit nachwachsenden Rohstoffen, 2020, S. 30). Dies führte zu höheren Oberflächentemperaturen im Innenraum, die den Wohnkomfort signifikant steigerten. Während die Oberflächentemperaturen in ungedämmten Gebäuden oft unter 12 °C lagen, erreichen sie in modernen, energieeffizienten Gebäuden Werte über 18 °C (Zilch, 2022, S. 67).

Ein entscheidender Aspekt im Transformationsprozess hin zu energieeffizienten Gebäuden ist die Verbesserung der Luftdichtheit der Gebäudehülle. In älteren Gebäuden war diese oft unzureichend, was zu unkontrollierten Luftwechseln, erhöhten Heizkosten und thermischen Unbehaglichkeiten führte.

Durch den gezielten Einsatz moderner Materialien und Techniken konnte die Luftdichtheit erheblich verbessert werden. Dazu gehören luftdichte Fenster- und Türsysteme, die sorgfältige Abdichtung von Fugen und Anschlüssen sowie die Verwendung spezieller Dichtfolien und Dichtbänder. Diese Maßnahmen minimieren ungewollte Luftströme, senken den Heizbedarf und verhindern das Eindringen von Feuchtigkeit, das langfristig zu Schimmelbildung führen könnte.

Moderne Luftdichtheitsmessungen (Blower-Door-Tests) gewährleisten, dass die Gebäudehülle heutigen energetischen Standards entspricht. Um Ausführungsfehler frühzeitig zu erkennen und zu korrigieren, sollten bereits während der Bauphase baubegleitende Messungen inklusive Leckageortung durchgeführt werden. Denn je besser ein Gebäude gedämmt ist, desto gravierender wirken sich Fehlstellen in der Luftdichtheit aus.

Bereits in der Planungsphase kann mit einem gezielten Luftdichtheitskonzept sichergestellt werden, dass die Anforderungen an eine energieeffiziente und langlebige Gebäudehülle konsequent umgesetzt werden. Eine sorgfältige Planung und Kontrolle sind daher essenziell, um Bauschäden zu vermeiden und den Wohnkomfort zu maximieren.

Besonders bemerkenswert ist die Reduktion von Wärmebrücken, die in früheren Baualtersklassen häufig auftraten. Ursprünglich galten Wärmebrücken als unvermeidbare Schwachstellen in der Bauweise. Sie verursachten nicht nur erhöhte Wärmeverluste, sondern waren auch für Feuchteprobleme und Schimmelbildung verantwortlich. Durch die Einführung wärmetechnisch optimierter Konstruktionen wie thermischer Trennungen, besserer Detaillösungen und die konsequente Einhaltung von Wärmebrückenfreiheit bei Neubauten konnte dieses Problem weitgehend behoben werden (Willems, 2022, S. 46–48).

Ein weiterer wesentlicher Bestandteil des Wandels war die Integration moderner Heiz- und Lüftungssysteme. Niedertemperaturheizungen und kontrollierte Wohnraumlüftungen trugen maßgeblich zur Senkung des Energieverbrauchs bei. Die ehemals hohen Vorlauftemperaturen von 70 bis 90 °C, die bei älteren Heizsystemen üblich waren, konnten auf 35 bis 55 °C reduziert werden. In Kombination mit technologischen Innovationen und verbesserten gesetzlichen Rahmenbedingungen verdeutlicht dieser Wandel das signifikante Potenzial nachhaltigen Bauens zur Erreichung globaler Klimaziele (Glaesmann, 2022, S. 218–220).

Tabelle 4.7 fasst die wesentlichen Merkmale aller Baualtersklassen zusammen und illustriert die Entwicklung hin zum Warmhaus.

Tabelle 4.7: Transformationsprozess vom Kalthaus zum Warmhaus

Baualtersklasse	Merkmale	energetischer Zustand
Gründerzeit (bis 1918)	• prächtige Fassadengestaltung • massives Ziegelmauerwerk • sanitäre Einrichtungen außerhalb der Wohnung • Einzelöfen	• sehr hoher Wärmeverlust • zahlreiche Wärmebrücken • niedrige Oberflächentemperaturen • Feuchteschäden
Zwischenkriegszeit (1919–1948)	• Einsatz neuer Baumaterialien (z. B. Bims) • einfache Putzfassaden • sanitäre Einrichtungen innerhalb der Wohnung • Einzelöfen	• sehr hoher Wärmeverlust • unzureichender Wärmeschutz • Feuchteschäden
Nachkriegszeit (1949–1977)	• Wohnraummangel • sehr einfache, funktionale Bauweise • Einführung erster Wärmeschutzstandards (DIN 4108) • Einführung zentraler Heizsysteme	• Beginn der Wärmedämmung • weiterhin hohe Wärmeverluste • zahlreiche Wärmebrücken • Feuchteschäden
Zeit nach der Ölkrise (1978–2001)	• systematischer Einsatz von Wärmedämmstoffen • verbesserte Fenster (Isolierverglasung) • verschärfte WärmeschutzV	• Reduktion der Wärmeverluste • erste Ansätze zur Wärmebrückenfreiheit • Energieeffizienz im Fokus
Klimadebatte (2002–2020)	• energetische Vorgaben auch für Sanierungen (EnEV-Standards) • Einführung moderner Niedrigenergie- und Passivhausstandards • technologische Fortschritte in der Gebäudeautomation	• hohe Energieeffizienz • nahezu keine Wärmebrücken • deutliche CO_2-Einsparungen
Energiewende (ab 2021)	• Zusammenführung energetischer Vorgaben (GEG) • Niedrigstenergie- und Plusenergiehäuser • Integration erneuerbarer Energien • ganzheitlicher Ansatz für Energieversorgung und Nachhaltigkeit • CO_2-neutrale Baustoffe	• klimaneutrale Gebäude • Energieüberschüsse • innovative Technologien

5 Handlungs- und lösungsorientierte Sanierungskonzeption

In Kapitel 4 wurden die verschiedenen Bauphasen des Wohngebäudebestands vom Beginn des 20. Jahrhunderts bis zur aktuellen Energiewende detailliert betrachtet und spezifische Herausforderungen sowie geeignete Technologien für jede Epoche identifiziert. Dieses solide Verständnis des bestehenden Wohngebäudebestands bildet die Grundlage für Kapitel 5, das die konkrete Umsetzung von Sanierungskonzepten adressiert. Hierbei stehen handlungs- und lösungsorientierte Ansätze im Vordergrund, die nicht nur die historischen und technischen Gegebenheiten berücksichtigen, sondern auch die neuesten Anforderungen an ökologische und ökonomische Nachhaltigkeit integrieren. Der Fokus liegt auf umfassenden Strategien, die von der einfachen über die serielle bis hin zur kompletten Sanierung reichen und dabei innovative Sektorenkopplung und das Vermeiden von Lock-in-Effekten einschließen. Dieses Kapitel führt die theoretischen Überlegungen und Empfehlungen aus Kapitel 4 fort und zeigt praxisnahe Umsetzungsmöglichkeiten auf, um die Energieeffizienz und Nachhaltigkeit bestehender Wohnbauten signifikant zu verbessern.

Vor einem halben Jahrhundert wies der Club of Rome bereits eindringlich auf die begrenzten Ressourcen der Erde hin. Trotz dieser Warnungen erfolgte weltweit und auch in Deutschland seitdem eine Phase intensiven Neubaus, die historisch beispiellos war. Jedoch haben globale Herausforderungen der jüngsten Vergangenheit, darunter die COVID-19-Pandemie, geopolitische Konflikte und wirtschaftliche Krisen, deutlich die Grenzen der traditionellen Planungs- und Baupraktiken aufgezeigt. Insbesondere die Praxis des Neubaus als Standardlösung steht in krassem Widerspruch zu den Anforderungen einer nachhaltigen Zukunftsgestaltung. Diese Entwicklungen verlangen ein entschiedenes Umdenken hin zu einer Kultur des Umbaus, die den Wert bestehender Bauten anerkennt und prioritär behandelt. Das bedeutet: Die gegenwärtige Baupraxis muss sich zu einem Wertstoffhof der Gegenwart und Zukunft entwickeln.

Daher sollte nach den Prinzipien der Nachhaltigkeit gebaut und konzipiert werden, insbesondere nach dem „Cradle-to-Cradle"-Ansatz. Es gilt, Gebäude zu schaffen, die durch Lowtech-Lösungen, Klimawandelresistenz und Ressourceneffizienz in ihrer Planung, Konstruktion und ihrem Betrieb überzeugen. Diese Gebäude sollten so gestaltet sein, dass sie nicht nur ökologischen, sondern auch sozialen und ökonomischen Kriterien gerecht werden, um eine wirklich nachhaltige Entwicklung zu fördern.

5.1 Bauen im Bestand

Das Bauen im Bestand stellt Architekten und Planer vor grundlegend andere Herausforderungen als der Neubau. Während bei Neubauten auf unbebautem Gelände häufig eine nahezu unbegrenzte gestalterische Freiheit herrscht, wird die Planung im Bestand maßgeblich durch die vorhandene Bausubstanz und deren Zustand bestimmt. Diese Situation erfordert eine eingehende Auseinandersetzung mit einer Vielzahl an technischen, rechtlichen und gestalterischen Randbedingungen.

Besonders herausfordernd ist das Bauen im bewohnten Bestand, insbesondere bei umfangreichen Sanierungsmaßnahmen. Hier ergeben sich spezifische Anforderungen an das Baustellenmanagement, von der Koordination der beteiligten Gewerke bis hin zur Logistik auf der Baustelle. Dies ist besonders im urbanen Umfeld mit begrenzten Grundstücksflächen eine anspruchsvolle Aufgabe. Lagerflächen müssen effizient genutzt und termingerecht koordiniert werden, um den Bauablauf nicht zu verzögern und gleichzeitig die Belastungen für die Bewohner so gering wie möglich zu halten.

Daher ist es entscheidend, dass bei der Planung und Durchführung von Baumaßnahmen im Bestand nicht nur die technischen und rechtlichen Aspekte berücksichtigt werden, sondern auch eine hohe Sensibilität für die Bedürfnisse der Bewohner und die ästhetische Integration in das bestehende Bauumfeld gewährleistet wird. Derartige Projekte erfordern ein hohes Maß an Flexibilität, Voraussicht und interdisziplinärer Zusammenarbeit, um die historische Substanz zu erhalten und gleichzeitig modernen Anforderungen gerecht zu werden.

5.1.1 Planung und Analyse als Grundlage

Eine präzise Bauzustandsanalyse bildet die essenzielle Grundlage für jegliche Erneuerungsmaßnahmen (vgl. Tabelle 5.1 und 5.2). Das Bauen im Bestand, also das kontinuierliche Überarbeiten von Bestehendem, erfordert eine spezifische Methodik, die sich von der des Neubaus unterscheidet. Bereits im Entwurfsprozess ist eine qualitative Analyse erforderlich. Für das Planen im Kontext von Bestandsgebäuden, Ensembles und denkmalgeschützten Objekten sind Methoden zur Analyse historischer Bauten, Bauaufnahme und Bauuntersuchung unerlässlich. Je nach geografischen Gebieten, Bautypen und Bauepochen sind vertiefende Analysen notwendig, die durch Archivarbeit und die detaillierte Untersuchung am Einzelobjekt unterstützt werden. Diese umfassen die Erfassung des baulichen

Tabelle 5.1: Checkliste Bauzustandsanalyse

Prüfbereich	Zustand (1 = sehr schlecht, 5 = sehr gut)	Sanierungsbedarf (ja/nein)	empfohlene Maßnahme	Dringlichkeit (hoch/mittel/niedrig)	Kostenabschätzung (€)	Bemerkungen
Dachkonstruktion						
Fassade						
Fenster						
Außentüren						
Kellerdecke						
Haustechnik – Heizung						
Haustechnik – Lüftung						
Haustechnik – Warmwasser						
Elektrik						
Statik/Tragwerk						
Feuchteschutz						
Brandschutz						
Barrierefreiheit						

Tabelle 5.2: Vereinfachte Checkliste Bauzustandsanalyse

Prüfbereich	zu prüfen	erledigt (✓)
Gebäudehülle – Außenwände	Material, Zustand, Wärmedämmung	
Gebäudehülle – Dach	Aufbau, Abdichtung, Dämmung, Schäden	
Gebäudehülle – Fenster/Türen	Verglasung, Dichtung, *U*-Werte	
Kellerdecke/Bodenplatte	Wärmedämmung, Feuchteschutz	
Dämmstandard	Art und Dicke der Dämmstoffe	
Heizungsanlage	Typ, Alter, Effizienz, Regelung	
Warmwasserspeicher	Isolierung, Legionellengefahr	
Lüftungssysteme	Vorhanden? Art? Effizienz?	
Elektroinstallation	Sicherheitsstandard, Zustand	
Feuchtigkeit/Schimmel	Anzeichen für Feuchte, Ort, Ausmaß	
Risse in Bauteilen	Tragwerksrelevante Schäden?	
Barrierefreiheit	Zugänge, Schwellen, Türbreiten	
Brandschutz	Fluchtwege, Rauchmelder, Materialien	
Schallschutz	Außen-/Innenwand, Fenster, Decken	
Dokumentation (Pläne, Baujahr, Sanierungen)	Vollständigkeit und Aktualität	

Istzustands, die Analyse der Schadensursachen sowie die Bewertung der Tragfähigkeit und Gebrauchstauglichkeit.

Die Untersuchung von Gebäudetypologie, Baustoffen und Konstruktionen liefert essenzielle Informationen für die Entwicklung spezifischer Sanierungs- und Modernisierungskonzepte. Vertiefte Bauuntersuchungen, ähnlich jenen in der Bauforschung für den Denkmalschutz, sind entscheidend, um Risiken zu minimieren und fundierte Entscheidungen über Art und Umfang der baulichen Eingriffe treffen zu können. Im Hinblick auf Instandsetzungs-, Sanierungs- und Umnutzungsmaßnahmen liegt der Fokus auf baustoffspezifischen Schadensbildern, der Kompatibilität von alten und neuen Werkstoffen und deren nachhaltigem und denkmalgerechtem Einsatz in Bestandssituationen.

Ein wichtiger Aspekt ist das Erkennen der oft hohen konstruktiven Qualität der historischen Baustoffe und Baukonstruktionen im Baubestand. Diese Materialien haben nicht selten über Jahrhunderte hinweg Bestand gehabt und wurden bereits in früheren Zeiten immer wieder an neue Nutzungen und Anforderungen angepasst. Ziel dieser Untersuchungen und Analysen ist es, die unterschiedlichen Konstruktionsweisen an der Schnittstelle zwischen Bestand und Neuem zu erfassen und zu analysieren sowie das komplexe Zusammenspiel struktureller und materialtechnischer Bautechniken zu verstehen und deren Auswirkungen auf die architektonische Gestaltung zu begreifen.

Darüber hinaus gilt es, Systematiken des Eingriffs in den Bestand methodisch zu durchdenken und zu optimieren.

5.1.2 Herausforderungen und Einschränkungen

Bestandsgebäude und deren bestehende Grundrisse stellen oft restriktive Rahmenbedingungen für die Wohnflächenoptimierung dar. Aufgrund baulicher Vorgaben, statischer Erfordernisse und der bestehenden Gebäudestruktur sind Anpassungen an moderne Nutzungs- und Komfortanforderungen häufig nur mit erheblichem Planungs- und Kostenaufwand umsetzbar.

Ein wesentlicher Faktor ist der Bestandsschutz, der sicherstellt, dass ältere Gebäude auch dann weiterhin genutzt werden dürfen, wenn sie nicht den aktuellen Bauvorschriften entsprechen. Steht ein Gebäude unter Denkmalschutz, sind darüber hinaus besonders strenge Auflagen zu beachten, die sowohl Materialien als auch bauliche Veränderungen betreffen. Dies kann die Planung erheblich erschweren, da bestimmte Maßnahmen – wie energetische Modernisierungen oder Grundrissanpassungen – nicht ohne Genehmigung umsetzbar sind.

Das Bauen im Bestand unterscheidet sich fundamental vom Neubau durch seine oft unvollständigen Planungsgrundlagen. Viele Details der vorhandenen Substanz werden erst während der Bauarbeiten offensichtlich, was flexible und kreative Lösungsansätze erfordert. Dieser iterative Ansatz erlaubt es, auf unerwartete Herausforderungen während der Bauphase zu reagieren, im Gegensatz zur Planung eines Neubaus, bei der alle Parameter im Vorfeld definiert werden können. Qualifizierte Bauteilöffnungen in der Vorphase der Bauarbeiten helfen, kritische Informationen über die Bausubstanz zu gewinnen und die weiteren Schritte effizient zu planen.

Die Komplexität wird zudem erhöht, wenn Gebäude während der Sanierungsmaßnahmen bewohnt bleiben. Dies stellt besondere Anforderungen an die Planung und Ausführung der Arbeiten. Schon in der Entwurfsphase muss geprüft werden, ob und wie Ersatzwohnraum zur Verfügung gestellt werden kann. Ist dies nicht möglich oder nicht gewünscht, müssen die Maßnahmen so organisiert werden, dass sie den Alltag der Bewohner so wenig wie möglich beeinträchtigen. Dies erfordert eine sorgfältige Planung des Bauablaufs, eine klare Kommunikation mit den betroffenen Bewohnern und den Einsatz von lärm- und staubreduzierenden Bauverfahren.

Der Entwurf und die Konstruktion im Bestand unter Einbezug energetischer und ökologischer Aspekte stellen eine zentrale Kernkompetenz zukünftiger Energieplanung dar. Der Energiebedarf eines Gebäudes wird künftig ebenso bedeutsam für den Wert einer Immobilie sein wie Standortfaktoren oder der bauliche Zustand. Die energetische Überformung bestehender Bauten und deren entwurfliche Konsequenzen sind weitaus komplexer als die energetische Konzeption eines Neubaus. Aspekte wie die sog. Raumphysiologie – die physikalischen und klimatischen Eigenschaften eines Raumes, etwa in Bezug auf Licht, Luftfeuchte, Temperaturverhalten und Raumakustik – bestehender Gebäude, deren künftige Nutzung, der Grad der Umnutzung und die Qualität der Bausubstanz spielen eine wesentliche Rolle. Ebenso relevant sind Überlegungen zur Erhaltung im konservatorischen oder ideellen Maß.

Zudem tangieren Umbauen, Sanieren, Restaurieren, Revitalisieren, Instandsetzen und Ertüchtigen nicht nur das konstruktive Gefüge und die Hülle eines Bauwerks, sondern auch das Zusammenspiel der Belichtung, des gewünschten Raumklimas und der angestrebten Behaglichkeit, was wiederum wesentliche gebäudetechnische Belange beeinflusst. Neben verschiedenen Strategien zur thermischen Ertüchtigung der Gebäudehülle müssen die daraus resultierenden bauphysikalischen Auswirkungen bedacht werden, sodass alle Aspekte der Energiebilanz eines Gebäudes in die Planungsüberlegungen einfließen.

Architektonisch-konstruktive Überlegungen und gebäudetechnische Belange müssen sorgfältig abgewogen und mit der zu erhaltenden Bausubstanz in Einklang gebracht werden. Der architektonische und energetische Entwurf bestimmt, ob ein Gebäude klimatisiert werden muss oder natürlich belüftet und belichtet werden kann. Architektur dient dabei als ein maßgebliches Werkzeug der Klimakontrolle, und intelligente Haustechnik sollte die klimaregulierenden Eigenschaften des Gebäudes unterstützen. Ziel einer integrierten Planung ist es, ein synergetisches Zusammenspiel von Baukörper, Konstruktion, Hülle und Haustechnik zu erreichen. Natürliche, rekuperative Energien sollten auch im Gebäudebestand – soweit möglich – geplant und eingesetzt werden, wobei die Lowtech-Prinzipien (siehe Kapitel 6.4.1) einen Ansatz bieten, den notwendigen Prozess der Änderung zum Nutzen in der Moderne und dem Erhalt des Bestehenden gerecht zu werden.

5.1.3 Energetische Modernisierung und Nachhaltigkeit

Ziel ist es, die energetische Optimierung von Bestandsgebäuden und die maximalen Potenziale zu ermöglichen, auch wenn bauliche Einschränkungen dies erschweren.

Trotz baurechtlicher, gestalterischer und denkmalpflegerischer Restriktionen ermöglichen moderne digitale Planungswerkzeuge signifikante Verbesserungen der energetischen Bilanz von Bestandsgebäuden. Dies ist vor dem Hintergrund der Energiewende, des Klimaschutzes und des zunehmenden Sanierungsbedarfs älterer Gebäude von zentraler Bedeutung.

Laut aktuellen Studien sind über 80 % der Wohngebäude in Deutschland älter als 25 Jahre und entsprechen damit nicht den heutigen energieeffizienten Standards. Ein erheblicher Anteil dieser Gebäude wurde zudem vor der ersten Wärmeschutzverordnung (WärmeschutzV 1977) errichtet, sodass Sanierungsmaßnahmen zur Reduktion des Primärenergieverbrauchs dringend erforderlich sind.

Moderne digitale Werkzeuge wie Building Information Modeling (BIM), energetische Simulationssoftware und dynamische Gebäudemodelle ermöglichen eine präzisere Analyse und Planung von Sanierungsmaßnahmen. Dadurch können bauliche Eingriffe gezielt optimiert, Wärmebrücken und Luftdichtigkeitsprobleme frühzeitig erkannt und die Wirtschaftlichkeit von Sanierungsmaßnahmen besser bewertet werden.

Neben der reinen energetischen Optimierung spielen auch soziodemografische und städtebauliche Aspekte eine wichtige Rolle. Die Anpassung an demografische Entwicklungen, etwa durch barrierefreie Modernisierungen oder flexible Wohnkonzepte, gewinnt zunehmend an Bedeutung. Gleichzeitig bietet die sinnvolle Nachverdichtung in urbanen Gebieten eine Möglichkeit, innerstädtischen Wohnraum effizienter zu nutzen, ohne zusätzliche Flächen zu versiegeln.

Die Kombination aus energieeffizienter Sanierung, digital gestützter Planung und nachhaltiger Stadtentwicklung bildet somit eine zentrale Strategie, um den Gebäudebestand langfristig klimaneutral, sozial angepasst und wirtschaftlich tragfähig zu gestalten.

Die energetische Sanierung sollte nicht isoliert betrachtet werden, sondern idealerweise in eine umfassende Sanierungsstrategie eingebettet sein. Diese Strategie sollte sowohl zukunftsorientierte Nutzungskonzepte als auch den Erhalt der Baukultur und die Minimierung von Emissionen berücksichtigen. Insbesondere müssen die Maßnahmen aufeinander abgestimmt sein und aufeinander aufbauen.

5.2 Suffizienz, Konsistenz und Effizienz im Kontext von Ökonomie und Ökologie

5.2.1 Nachhaltigkeitsprinzipien in der Planung nach HOAI: Suffizienz, Konsistenz und Effizienz

Die Prinzipien Suffizienz, Konsistenz und Effizienz stellen zentrale strategische Ansätze dar, um ökologische und ökonomische Nachhaltigkeit im Bauwesen zu fördern. Im Rahmen der Leistungsphasen 0 bis 10 der Honorarordnung für Architekten und Ingenieure (HOAI) bieten sie eine hilfreiche Orientierung, um bereits in frühen Planungsstadien fundierte Entscheidungen mit Blick auf Umweltverträglichkeit und Ressourcenschonung zu treffen.

Zu analysieren ist, wie diese 3 Prinzipien jeweils in den einzelnen Leistungsphasen Berücksichtigung finden können und welche Rolle sie in der praktischen Projektumsetzung spielen:

- Suffizienz: nicht mehr sanieren als notwendig. Dieser minimalistische Ansatz trägt zur Ressourcenschonung bei und vermeidet Überfluss.
- Konsistenz: Nachhaltigkeit durch die Nutzung regenerativer Ressourcen und die Minimierung negativer Umweltauswirkungen.
- Effizienz: Optimierung der Sanierungsprozesse und Materialien, um mit geringem Energie- und Ressourcenaufwand maximale Qualität und Funktionalität zu erreichen.

5.2.2 Planung eines klimaneutralen Gebäudebestands auf Basis der HOAI-Leistungsphasen

Leistungsphasen der HOAI

Sanierungsmaßnahmen erfordern ebenso wie herkömmliche Neubauprojekte eine sorgfältige Planung, die in einem prozesshaften Vorgehen umgesetzt wird. Die HOAI definiert den Umfang und die Vergütung dieser Leistungen, indem sie den Bauablauf in 9 Leistungsphasen unterteilt. Diese reichen von der Grundlagenermittlung (Leistungsphase 1) bis zur Bauüberwachung und Objektbetreuung (Leistungsphase 9) (vgl. Tabelle 5.3) (Stahr, 2022, S. 68).

Tabelle 5.3: Leistungsphasen nach HOAI

Leistungsphase	Bezeichnung	Kurzbeschreibung
1	Grundlagenermittlung	Klärung der Aufgabenstellung, erste Gespräche, Bestandsaufnahme
2	Vorplanung (Projekt- und Planungsvorbereitung)	Entwicklung von Lösungsvorschlägen, erste Kostenschätzung
3	Entwurfsplanung	Durcharbeitung des Entwurfs, zeichnerische Darstellung, Kostenberechnung
4	Genehmigungsplanung	Erarbeiten und Einreichen der Bauantragsunterlagen
5	Ausführungsplanung	detaillierte Planunterlagen zur Bauausführung
6	Vorbereitung der Vergabe	Ermittlung von Mengen, Aufstellen von Leistungsverzeichnissen
7	Mitwirkung bei der Vergabe	Prüfung und Auswertung von Angeboten, Mitwirkung bei der Auftragsvergabe
8	Objektüberwachung (Bauüberwachung)	Überwachung der Bauausführung, Qualitätssicherung, Abnahme
9	Objektbetreuung und Dokumentation	Überwachung von Mängeln, Wartungsüberwachung, Dokumentation

Vor dem Hintergrund von Bausanierungen erscheint eine Erweiterung dieser etablierten Leistungsphasen um eine Phase 0 und eine Phase 10 besonders sinnvoll. Eine erfolgreiche Planung in der sog. **Phase 0,** die vor der eigentlichen Grundlagenermittlung stattfindet, ist von entscheidender Bedeutung. In dieser Phase werden durch eine umfassende Bestandsuntersuchung, Projektumfeldanalyse und Machbarkeitsstudien die Grundlagen für die spätere Planung, Bau, Betrieb und eventuelle Um- oder Rückbauarbeiten geschaffen. Informations- und Beteiligungsprozesse unterstützen die Bedarfsplanung und Zieldefinition, welche die Weichen für ein erfolgreiches Projekt stellen. (Borchardt, 2024, S. 55)

Bestandssanierung unter Berücksichtigung der HOAI-Leistungsphasen

Bei der Bestandssanierung werden die Leistungsphasen der HOAI im Kontext der Energieberatung und -planung betrachtet. Die Herausforderung besteht darin, nicht nur das einzelne Gebäude, sondern auch die Anbindung an eine integrierte Energieinfrastruktur (Strom, Gas, Wasserstoff) zu planen.

Die Sanierungsmaßnahme erfolgt in 7 Schritten:

- **Anamnese des Gebäudebestands**
  - **HOAI-Phase 1 (Grundlagenermittlung)**
    In dieser Phase werden die Basisdaten des Gebäudes ermittelt. Dazu gehören Baujahr, verwendete Baumaterialien, bisherige Sanierungen, energetischer Zustand und der aktuelle Energieverbrauch. Diese Phase dient dem Verständnis des Status quo und der Identifizierung von Sanierungspotenzialen.
- **Istzustandsanalyse**
  - **HOAI-Phase 2 (Vorplanung)**
    In dieser Phase erfolgt eine detaillierte Analyse des Istzustands, einschließlich der thermischen Hülle des Gebäudes (Wärmedämmung, Fenster, Haustür), der Heizungs- und Lüftungssysteme sowie der aktuellen Energieversorgung. Gebäudehülle und technische Anlagen werden im Hinblick auf Energieeffizienz und Nachhaltigkeit bewertet.
- **Gebäudesimulation**
  - **HOAI-Phase 3 (Entwurfsplanung)**
    Mithilfe von Gebäudesimulationssoftware werden verschiedene Sanierungsszenarien und deren Auswirkungen auf den Energieverbrauch und die CO_2-Emissionen modelliert. Maßnahmen wie zusätzliche Wärmedämmung, Fensteraustausch, Einsatz erneuerbarer Energien und Einbindung in lokale Energieinfrastrukturen werden berücksichtigt.
- **Vorplanung**
  - **HOAI-Phase 4 (Genehmigungsplanung)**
    In dieser Phase erfolgt die Erstellung von Plänen und Unterlagen, die für die Beantragung von Baugenehmigungen und Fördermitteln notwendig sind. Die erarbeiteten Sanierungskonzepte werden in einen umfassenden Bauplan integriert. Erste Entwürfe wie Luftdichtheits- und Wärmebrückenkonzept, Lüftungskonzept und vereinfachte Heiz-/Kühllast werden entwickelt.
- **Detailplanung**
  - **HOAI-Phase 5 (Ausführungsplanung)**
    Die detaillierte technische und konstruktive Ausarbeitung der Sanierungsmaßnahmen wird in dieser Phase vorgenommen. Dies umfasst genaue Spezifikationen für Materialien, Systeme und Ausrüstungen sowie die Planung der Energieinfrastruktur sowie Fachplanungsleistungen wie Heizlastberechnung, hydraulischer Abgleich, detaillierte Wärmebrückenberechnung, detailliertes Luftdichtheitskonzept, detailliertes Lüftungskonzept und Lüftungsplanung, Schallschutz- und Raumakustikplanung, Brandschutzplanung sowie Planung einer dynamischen Heiz- und Kühllast. Zudem wird ein Energiezählerkonzept zum Monitoring und zur Planung der Gebäudeautomation erstellt.
  - **HOAI-Phase 6 (Vorbereitung der Vergabe)**
    In dieser Phase werden die Ausschreibungsunterlagen zusammengestellt und die Kosten ermittelt.
  - **HOAI-Phase 7 (Mitwirkung bei der Vergabe)**
    Die ausführenden Unternehmen und Vergabe der Bauaufträge werden ausgewählt.
- **Umsetzung**
  - **HOAI-Phase 8 (Objektüberwachung – Bauüberwachung und Dokumentation)**:
    Die Baumaßnahmen werden überwacht, um die Einhaltung der Planung, der Qualitätsstandards und der Zeitpläne zu gewährleisten.
- **Nachbetreuung und Monitoring**
  - **HOAI-Phase 9 (Objektbetreuung und Dokumentation)**:
    Nach Abschluss der Sanierung erfolgt die Überprüfung der Gebäudeleistung, um sicherzustellen, dass die erwarteten Energieeinsparungen und CO_2-Reduktionen erreicht werden. Des Weiteren werden ein Monitoring und die Feinabstimmung der Systeme vorgenommen.

Tabelle 5.4 enthält eine Checkliste zur Sanierung im Bestand unter Berücksichtigung der HOAI-Leistungsphasen.

In jeder Phase sollte die Integration in das Gesamtenergiesystem betrachtet werden. Das umfasst die Bewertung der

Tabelle 5.4: Checkliste Bestandssanierung unter Berücksichtigung der HOAI-Leistungsphasen

Schritt	Leistungsphase (HOAI)	Maßnahme	Hinweis zur Energieplanung/Infrastruktur	erledigt
1	Leistungsphase 1 – Grundlagenermittlung	Analyse des Bestands, Zieldefinition	Ermittlung des energetischen Istzustands, Prüfung externer Energieanbindungen	
2	Leistungsphase 2 – Vorplanung	erste Sanierungskonzepte, Grobkosten	Einbindung externer Versorgung (Strom, Gas, Fernwärme, Wasserstoff usw.)	
3	Leistungsphase 3 – Entwurfsplanung	Ausarbeitung der Varianten, Wirtschaftlichkeitsvergleich	Variantenvergleich nach Energiebedarf, Kosten, CO_2-Bilanz	
4	Leistungsphase 4 – Genehmigungsplanung	Einreichung bei Behörden, Abstimmungen	Prüfung auf Förderfähigkeit und regulatorische Vorgaben	
5	Leistungsphase 5 – Ausführungsplanung	detaillierte Planung der Maßnahmen	Planung der Energiekomponenten und Anschlussdetails	
6	Leistungsphase 6 bis 8 – Ausschreibung bis Bauüberwachung	Vergabe, Umsetzung und Qualitätssicherung	Kontrolle der energetischen Qualität, Blower-Door-Test, technische Inbetriebnahme	
7	Leistungsphase 9 – Objektbetreuung	Dokumentation, Monitoring, Nachjustierung	Energiemonitoring, Optimierung des Betriebs, Schulung der Nutzer	

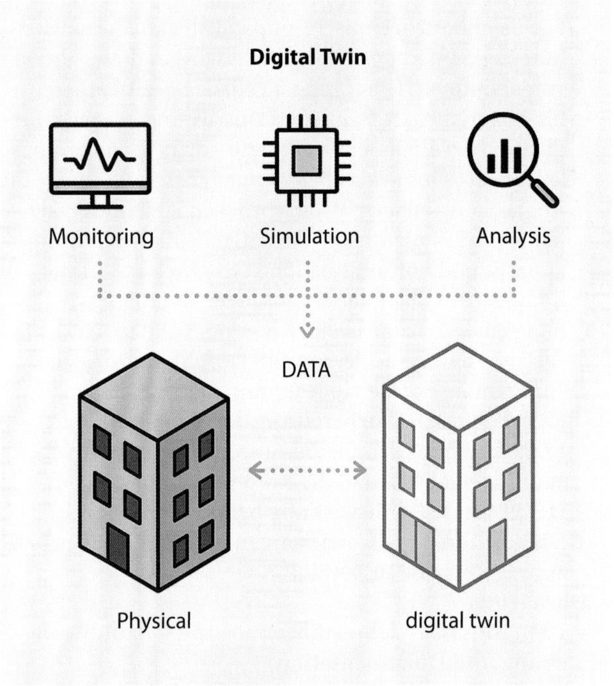

Abb. 5.1: Digitaler Gebäudezwilling

Tabelle 5.5: Dokumentationspflicht TGA

Gewerk/Bereich	typische Dokumentationsinhalte
Heizungstechnik	Anlagenschema, Bedienungsanleitung, hydraulischer Abgleich, Wartungsplan
Lüftungs- und Klimatechnik	Luftmengenprotokolle, Filterwechselintervalle, Steuerungsdokumentation
Sanitärinstallation	Rohrleitungspläne, Armaturenlisten, Pflege- und Entkalkungshinweise
Elektroinstallation	Stromlaufpläne, Schaltbilder, Prüfprotokolle, Sicherheitsnachweise
Fördertechnik (z. B. Aufzüge)	Wartungsverträge, Notfallabläufe, Prüfbescheinigungen
Sicherheits- und Brandschutzsysteme	Feuerwehrlaufkarten, Instandhaltungsnachweise, Zertifikate
Fenster und Türen	Produktdatenblätter, Einbauprotokolle, Pflege- und Wartungsempfehlungen
Fassaden- und Dachsysteme	Materialangaben, Montageanleitungen, Wartungshinweise
Innenausbau (Böden, Trennwände usw.)	Pflegeempfehlungen, Materiallisten, Herstellerangaben

Energieeffizienz, die Einbindung in lokale und überregionale Energieinfrastrukturen (wie Strom- und Gasnetze, potenzielle Wasserstoffnetze) und die Berücksichtigung von erneuerbaren Energien. Insbesondere bei der Planung der Energieversorgung sollte eine mögliche Integration in ein zukünftiges klimaneutrales Gesamtsystem vorausschauend berücksichtigt werden.

Ebenso unerlässlich ist die Implementierung einer **Phase 10**, die sich der kontinuierlichen Pflege, Wartung und Anpassung des Bestands widmet. Diese Phase ist entscheidend, um den Gebäudebestand langfristig in einem guten Zustand zu erhalten und einen vorzeitigen Abriss zu verhindern. Eine systematische Dokumentation, einschließlich Gebäude- und Materialpässen, bildet dabei die Basis für zukünftige Umbauten. Sie erleichtert die Planung und Durchführung von Baumaßnahmen, indem sie Kosten- und Terminunsicherheiten reduziert.

Die Einführung eines **digitalen Gebäudezwillings** (siehe Abb. 5.1) stellt eine fortschrittliche Methode dar, um die Effizienz und Effektivität der Gebäudewartung und -verwaltung zu steigern. Ein solcher digitaler Zwilling ermöglicht es, Gebäudeparameter nicht nur während der Planungs- und Umbauphase, sondern auch während des Betriebs in Echtzeit zu überwachen und zu analysieren. Diese Technologie bietet besondere Vorteile bei der Optimierung des Energiebedarfs, da sie eine präzise Steuerung und Anpassung der Gebäudesysteme basierend auf aktuellen Leistungsdaten erlaubt.

Durch solche innovativen Ansätze können nicht nur die Betriebskosten signifikant gesenkt, sondern auch die Lebensdauer der Bausubstanz verlängert und die Umweltbelastung minimiert werden. Die kontinuierliche Anpassung und Verbesserung der Gebäudeinfrastruktur durch datengestützte Entscheidungen tragen wesentlich zur Nachhaltigkeit und Resilienz im Bauwesen bei.

Laut den Richtlinien des Bundesamts für Bauwesen und Raumordnung (BBR) ist mit Abschluss eines Bauvorhabens ein umfassendes Dokumentationspaket erforderlich. Dieses umfasst Produktunterlagen, Wartungs- und Pflegehinweise sowie Anleitungen für Betrieb und Instandhaltung. Eine solche gründliche Dokumentation sichert nicht nur den Bestand, sondern liefert auch die entscheidenden Informationen für zukünftige Planungen und Umbaumaßnahmen, indem sie den Lerneffekt für die Planung verstärkt (vgl. Tabelle 5.5). So können Entwurfsentscheidungen nachträglich überprüft und an die Zufriedenheit der Nutzenden angepasst werden. (Leitfaden Nachhaltiges Bauen, 2019, S. 18–19).

5.2.3 Energiesparende Sanierung

In einer Ära steigenden Umweltbewusstseins und ambitionierter Klimaziele stehen energiesparende und ressourcenschonende Sanierungen im Fokus. Sie stellen eine zentrale Herausforderung, Notwendigkeit und Chance zugleich dar. Dieser Ansatz fördert nicht nur die Reduktion von Treibhausgasemissionen und Ressourcenverbrauch, sondern schafft auch langfristigen ökonomischen Mehrwert und verbessert die Lebensqualität.

Eine Sanierung, die heute umgesetzt wird, ohne eine signifikante Verbesserung des Wärmeschutzes zu erreichen, ist kaum mehr vorstellbar – Lock-in-Effekte müssen verhindert werden.

Lock-in-Effekte

Lock-in-Effekte bezeichnen eine Pfadabhängigkeit in der energetischen Sanierung, bei der frühe Entscheidungen die zukünftigen Handlungsmöglichkeiten einschränken

und später kostspielige Nachbesserungen erforderlich machen.

Im Gebäudebereich treten Lock-in-Effekte häufig auf, wenn ineffiziente oder veraltete Technologien verbaut werden. Diese können kurzfristig kostengünstiger erscheinen, verhindern jedoch langfristig eine nachhaltige Transformation. Ein typisches Beispiel ist die Installation einer Gasheizung anstelle einer Wärmepumpe. Während die Anschaffungskosten zunächst geringer sind, entstehen langfristig hohe Umrüstkosten, wenn das Gebäude später auf eine klimaneutrale Energieversorgung umgestellt werden soll.

Ein weiteres Beispiel ist eine unzureichende Fassadendämmung bei einer Sanierung. Wird die Dämmschicht nicht ausreichend dimensioniert, sind spätere energetische Verbesserungen unwirtschaftlich oder baulich nur mit großem Aufwand realisierbar.

Um Lock-in-Effekte zu vermeiden, sollten Sanierungsmaßnahmen strategisch, ganzheitlich und zukunftssicher geplant werden. Dies bedeutet, dass bereits in frühen Planungsphasen langfristige Klimaziele, erneuerbare Energien und sektorübergreifende Lösungen (z. B. Wärmenetze, Photovoltaik, Speichertechnologien) berücksichtigt werden. Eine integrative Herangehensweise stellt sicher, dass Gebäude energieeffizient, flexibel und an zukünftige technologische Entwicklungen anpassbar bleiben.

Fundierte Sanierungsfahrpläne (z. B. ein individueller Sanierungsfahrplan) bieten eine methodische Grundlage, um Maßnahmen koordiniert und zukunftssicher zu gestalten. Durch eine detaillierte Analyse des Gebäudezustands, der Wechselwirkungen zwischen Bauteilen und der zukünftigen Anforderungen können Fehlentscheidungen vermieden und Lock-in-Effekte minimiert werden. Die Verwendung von dynamischen Gebäudesimulationen ermöglicht zudem eine präzise Bewertung der Langzeitwirkung einzelner Sanierungsschritte, um eine effiziente und nachhaltige Sanierungsstrategie zu gewährleisten.

Herausforderungen und Lösungen

Die Herausforderung besteht darin, Bauwerksschutz und Wärmeschutz miteinander in Einklang zu bringen und dabei den Einsatz umweltfreundlicher Materialien zu fördern. Der Transformationsprozess in der Energie- und Wärmewende erfordert eine signifikante Reduktion der Energiebedarfe. Dies ist notwendig, um den Einsatz von fluktuierenden erneuerbaren Energien sowohl ökonomisch als auch ökologisch sinnvoll zu gestalten. Das ultimative Ziel muss es sein, eine resiliente Energieversorgung zu ermöglichen, die sich flexibel an sich verändernde Bedingungen anpassen kann und zugleich die ökologische Belastung minimiert.

Durch die Integration von fortschrittlichen Technologien und Praktiken in die Sanierungsprozesse können Gebäude nicht nur energieeffizienter gemacht werden, sondern auch einen Beitrag zum Erreichen nationaler und globaler Klimaziele leisten. Solche Maßnahmen fördern zudem die lokale Wirtschaft, indem sie nachhaltige Arbeitsplätze schaffen und Innovationen in den Bautechnologien und Materialwissenschaften vorantreiben.

5.2.4 Ressourcenschonende Sanierungen

Die Auswahl geeigneter Dämmstoffe ist ein zentraler Hebel zur Reduzierung des Energieverbrauchs von Gebäuden. Traditionelle Materialien wie Glas- und Steinwolle oder Polystyrol werden zunehmend durch nachhaltige Alternativen ersetzt, die sich durch eine geringere graue Energie auszeichnen. Materialien wie Holz, Kork, Hanf, Schilfrohr und Flachs bieten vergleichbare Dämmleistungen, während sie lokal verfügbar und klimafreundlicher herstellbar sind. Diese Naturdämmstoffe tragen nicht nur zur Verringerung der CO_2-Bilanz bei, sondern stärken auch regionale Wirtschaftskreisläufe und schaffen neue Möglichkeiten in der Land- und Forstwirtschaft. (A wie zirkulär. Ein Leitfaden zum Planen und Bauen im Kreislauf, 2024, S. 20)

Die Auswahl umweltfreundlicher Materialien beginnt mit einer nachhaltigen Beschaffung. Baustoffe sollten aus zertifizierten Quellen stammen und recycelbar sein. Labels wie der „Blaue Engel" helfen bei der Identifikation solcher Materialien. Dabei spielt die transparente Dokumentation der Herkunft und Zusammensetzung der Baustoffe eine entscheidende Rolle. Digitale Instrumente wie Gebäuderessourcenpässe und Lebenszyklusanalysen unterstützen eine nachhaltige Planung und Nachverfolgbarkeit. (Zirkuläres Bauen erfolgreich umsetzen, 2024, S. 56)

Ressourcenschonung und Kreislaufwirtschaft

Eine ressourcenschonende Sanierung basiert stark auf den Prinzipien des zirkulären Bauens, das den vollständigen Lebenszyklus eines Gebäudes von der Konstruktion über die Nutzung bis hin zum Rückbau einbezieht. Das Ziel ist, Ressourcen in geschlossenen Kreisläufen zu halten, anstatt sie am Ende ihrer Lebensdauer zu entsorgen. Die Sanierung nach Prinzipien der Kreislaufwirtschaft bietet weitreichende Vorteile. Sie fördert die Wiederverwendung bestehender Bauteile und reduziert den Bedarf an Primärrohstoffen. Dabei wird das Gebäude selbst als Rohstofflager betrachtet, wodurch die Entnahme neuer Ressourcen minimiert und Abfälle deutlich reduziert werden können. Die Integration zirkulärer Prinzipien erfordert jedoch eine frühzeitige Planung. Bereits bei der Demontage sollten Bauteile so entfernt werden, dass sie für zukünftige Bauprojekte wieder nutzbar sind. Dies wird durch recyclinggerechtes Konstruieren und den Einsatz sortenreiner Materialien erleichtert. (Circular Building – Ressourcenschonung im Gebäudebereich: Wege zur Umsetzung einer zirkulären Bauweise, 2023, S. 8)

Flexibilität

Um die Lebensdauer von Gebäuden zu maximieren, spielt Flexibilität eine entscheidende Rolle. Modularität und anpassungsfähige Grundrisse sind wesentlich, um Gebäude an wechselnde Nutzungsanforderungen anzupassen. Diese Bauweise trägt dazu bei, dass Sanierungen seltener und weniger aufwendig notwendig sind. Ein zentrales Ziel sollte es sein, Gebäudestrukturen so zu gestalten, dass Änderungen auch von Nicht-Fachleuten einfach durchgeführt werden können.

Durch intelligente Planung und die Verwendung modularer Bauelemente lässt sich ein Bauwerk leicht an unterschiedliche Bedürfnisse anpassen, ohne dass umfangreiche

Umbauten erforderlich sind. Dieser Ansatz fördert nicht nur die Langlebigkeit und Nachhaltigkeit der Gebäude, sondern unterstützt auch die Reduktion von Abfall und Ressourcenverbrauch während des Gebäudelebenszyklus.

Darüber hinaus eröffnet die Ermöglichung von Anpassungen durch Laien, ohne die Notwendigkeit von spezialisiertem Fachwissen, die Tür zu einer inklusiveren und partizipativeren Art der Gebäudegestaltung und -nutzung. Solche Entwicklungen können die Bindung der Nutzer an das Gebäude stärken und eine tiefere Wertschätzung für die gebaute Umwelt fördern. In der Praxis bedeutet dies, dass Bauprozesse und -systeme sowohl benutzerfreundlich als auch zugänglich gestaltet sein müssen, um eine breite Anwendbarkeit zu gewährleisten.

Energieeffizienz

Eine nachhaltige Sanierung sollte den Energieverbrauch nicht nur durch bessere Dämmung, sondern auch durch effiziente Gebäudetechnik senken. Der Einsatz erneuerbarer Energien – etwa durch PV-Anlagen oder Wärmepumpen – reduziert die Betriebskosten und fördert die Klimaneutralität.

Herausforderungen und Perspektiven

Die Transformation hin zu ressourcenschonenden Sanierungen erfordert den Abbau bestehender Barrieren. Zu diesen Barrieren zählen unzureichende gesetzliche Rahmenbedingungen, das Fehlen von Anreizen und oft auch der Widerstand gegenüber innovativen Ansätzen. Finanzierungsmodelle und Förderprogramme sind essenziell, um zukunftsorientierte Sanierungsprojekte attraktiver zu gestalten. Praxisbeispiele belegen, dass ein ganzheitlicher Ansatz, der alle relevanten Akteure frühzeitig einbindet, nicht nur die Kosten reduziert, sondern auch die Akzeptanz und Qualität der Maßnahmen steigert.

Innovative Ansätze wie der neue Gebäudetyp E, die Nachhaltigkeitsprinzipien Lowtech (siehe Kapitel 6.4.1) und das serielle Sanieren nach dem Energiesprong-Prinzip verdeutlichen die Möglichkeiten moderner Sanierungsstrategien.

Insbesondere ist die Schaffung kleinerer Wohneinheiten von 35 bis 50 m² notwendig, um dem demografischen Wandel gerecht zu werden. Bestehende große Wohnflächen bieten ideale Voraussetzungen, um kleinere, kompaktere Wohnungen zu schaffen. Diese sog. Flächensuffizienz kann im urbanen Raum dazu beitragen, dem Wohnungsmangel entgegenzuwirken.

Darüber hinaus können innovative Wohnkonzepte wie Mehrgenerationenwohnen, Urban Farming sowie die Begrünung von Dächern und Fassaden, kombiniert mit der Integration photovoltaischer Systeme, eine Schlüsselrolle spielen. Diese Konzepte fördern nicht nur eine nachhaltige Nutzung urbaner Räume, sondern tragen auch zur Verbesserung der städtischen Lebensqualität und zur Reduzierung des ökologischen Fußabdrucks bei. Durch diese integrativen Ansätze wird das Potenzial von Sanierungen nicht nur in der Energieeffizienz, sondern auch in der sozialen und ökologischen Nachhaltigkeit voll ausgeschöpft.

Exkurs

Neuer Gebäudetyp E und Energiesprong-Prinzip

Der neue Gebäudetyp E ist eine **energieeffiziente und emissionsarme Bauweise**, die im Zuge verschärfter Klimaschutzvorgaben und der Transformation des Gebäudesektors entwickelt wurde. Die Bezeichnung „E" steht für **„Effizienz"** und/oder **„Emissionsarmut"**, wobei dieser Gebäudetyp speziell auf die Anforderungen einer klimaneutralen Bauweise ausgerichtet ist.

Merkmale des Gebäudetyps E:

- **hocheffiziente Gebäudehülle**
  - sehr niedrige *U*-Werte für Wände, Dächer und Fenster
  - Verwendung von nachhaltigen Dämmstoffen mit geringem ökologischem Fußabdruck
  - Reduktion von Wärmebrücken und luftdichte Bauweise gemäß Passivhausstandards
- **optimierte Gebäudetechnik**
  - Einsatz von **erneuerbaren Energien** wie Photovoltaik, Solarthermie oder Geothermie
  - Nutzung von **hocheffizienten Heiz- und Kühlsystemen** wie Wärmepumpen oder innovativen Lüftungssystemen mit Wärmerückgewinnung
  - **Sektorenkopplung** zur intelligenten Vernetzung mit E-Mobilität und dem Stromnetz
- **digitale Planung und Steuerung**
  - Integration von **BIM** für eine effiziente Planung und Optimierung der Bauprozesse
  - smarte Steuerung von Energieflüssen durch Gebäudeautomation (z. B. KNX, BACnet, MQTT)
- **Nachhaltigkeit und CO_2-Neutralität**
  - Einhaltung oder Unterschreitung der **Minimum Energy Performance Standards (MEPS)**
  - Förderung von **kreislauffähigen Materialien** zur Reduktion der grauen Energie
  - Möglichkeit, Netto-Null-Energie- oder Plusenergiegebäude-Standards zu erreichen

Der **Gebäudetyp E** stellt eine Antwort auf die Anforderungen der EU-Gebäuderichtlinie 2024 und nationale Klimaschutzziele dar. Er wird als Standard für zukünftige Sanierungs- und Neubauprojekte betrachtet und kann insbesondere in seriellem Sanierungsansätzen (z. B. nach dem Energiesprong-Prinzip) umgesetzt werden.

Das **Energiesprong-Prinzip** ist ein innovativer Ansatz zur **serienmäßigen Sanierung von Gebäuden** mit dem Ziel, diese klimaneutral und energieeffizient zu machen. Der Fokus liegt auf einer schnellen, kosteneffizienten und ganzheitlichen Modernisierung durch den Einsatz vorgefertigter Bauelemente und digitaler Planungswerkzeuge.

Ein zentrales Merkmal ist die **serielle Sanierung** (siehe Kapitel 5.5), bei der **passgenaue Fassaden- und Dachelemente** mit integrierter Dämmung und Gebäudetechnik vorgefertigt und innerhalb weniger Tage vor Ort montiert werden. Dieser hohe **Vorfertigungsgrad reduziert die Bauzeit** erheblich, sodass die Bewohner während der Sanierungsarbeiten in ihren Wohnungen bleiben können.

Das Konzept verfolgt einen **ganzheitlichen Ansatz**, indem nicht nur die Gebäudehülle modernisiert, sondern auch die Haustechnik optimiert wird. Dazu gehören **hocheffiziente Wärmepumpensysteme, PV-Anlagen und Lüftungssysteme mit Wärmerückgewinnung**, die für eine nachhaltige Energieversorgung sorgen.

Ein weiterer Vorteil ist das **Finanzierungsmodell**, das darauf basiert, dass die eingesparten Energiekosten zur Refinanzierung der Sanierung verwendet werden. Dadurch entstehen für Eigentümer und Mieter keine zusätzlichen finanziellen Belastungen.

Die Umsetzung erfolgt durch eine **digitale Planung mittels BIM**, wodurch die Bestandsaufnahme präzise digitalisiert und maßgeschneiderte Sanierungslösungen entwickelt werden können.

Das **Energiesprong-Prinzip** eignet sich besonders für **den sozialen Wohnungsbau, Reihenhäuser und Mehrfamilienhäuser**, da sich hier durch standardisierte Gebäudetypen **Skaleneffekte** realisieren lassen. So können große Bestände schnell und effizient auf einen klimaneutralen Standard gebracht werden.

5.3 Sanierung von Gebäudehülle und Anlagentechnik

Die energetische Sanierung von Gebäuden erfordert einen umfassenden Ansatz, der sowohl die thermische Gebäudehülle als auch die Anlagentechnik einbezieht. Ziel ist es, den Energieverbrauch signifikant zu senken und gleichzeitig den Komfort für die Nutzer zu erhöhen. Dabei ist es essenziell, die Wechselwirkungen zwischen Architektur, technischer Gebäudeausrüstung und Nutzungskonzepten zu berücksichtigen, um ein optimales Ergebnis zu erzielen.

5.3.1 Gebäudehülle

Gebäudehülle als thermische Abgrenzung und energetischer Bilanzraum

Die Gebäudehülle bildet mit der thermischen Hüllfläche den energetischen Bilanzraum und dient als physische Abgrenzung des beheizten oder gekühlten Innenraums gegenüber der Außenumgebung. Sie setzt sich in der Regel aus den Außenwänden, Fenstern, dem Dach, Decken sowie der Kellerdecke oder Bodenplatte zusammen. Die genaue Bestimmung der thermischen Hüllfläche ist eine zentrale Aufgabe des Energieplaners und kann nicht allein durch Bilanzierungssoftware erfolgen, da eine ganzheitliche bauphysikalische Analyse notwendig ist.

Die thermische Leistungsfähigkeit der Gebäudehülle wird maßgeblich durch den *U*-Wert bestimmt. Ein niedriger *U*-Wert weist auf eine hohe Wärmedämmleistung hin und sorgt für einen effektiven Schutz vor Wärmeverlusten. Durch die gezielte Erhöhung der Dämmstoffstärken in Außenbauteilen wie Wänden, Dächern und Decken können transmissionsbedingte Wärmeverluste erheblich reduziert werden, denn die Wärmedämmung setzt dem Wärmestrom einen Widerstand entgegen. Zusätzlich minimiert die gezielte Abdichtung von Fugen und Anschlüssen unkontrollierte Lüftungswärmeverluste und verhindert Zugerscheinungen, die das thermische Wohlbefinden der Bewohner beeinträchtigen könnten.

Bilanzraum

Der Bilanzraum bezieht sich in der Bilanzierung auf den Bereich eines Gebäudes, für den die Energiebilanz erstellt wird. Dieser Raum umfasst alle beheizten oder gekühlten Teile des Gebäudes, die durch die thermische Hüllfläche von der äußeren Umgebung abgegrenzt sind. Innerhalb dieses Bilanzraums werden alle Energieflüsse, die für Heizung, Kühlung, Lüftung und andere energieverbrauchende Prozesse benötigt werden, erfasst und analysiert.

Die Definition des Bilanzraums ist entscheidend für die energetische Bewertung eines Gebäudes, da sie die Grundlage für die Berechnung des Heiz- und Kühlbedarfs sowie des gesamten Energieverbrauchs bildet. Durch die präzise Erfassung dieser Daten können Effizienzmaßnahmen gezielt geplant und umgesetzt werden, um den Energieverbrauch und die damit verbundenen Kosten zu minimieren.

Eine integrale Betrachtung der Gebäudehülle ist von zentraler Bedeutung, da die Optimierung einzelner Bauteile ganzheitlich abgestimmt werden muss. Unkoordinierte Maßnahmen können zu bauphysikalischen Problemen wie Wärmebrücken, Feuchtigkeitsschäden und Schimmelbildung führen. Eine erfolgreiche Sanierung oder Optimierung setzt daher eine präzise Planung und interdisziplinäre Zusammenarbeit aller beteiligten Fachdisziplinen voraus, darunter Bauphysiker, Architekten und Energieplaner. Nur durch eine synergetische Abstimmung von Dämmung, Luftdichtheit und Feuchtemanagement kann eine energieeffiziente, komfortable und langfristig nachhaltige Gebäudehülle gewährleistet werden.

5.3.2 Anlagentechnik

Neben der thermischen Optimierung der Gebäudehülle spielt die Anlagentechnik eine zentrale Rolle bei der Reduzierung des Energieverbrauchs. Dabei ist ein technikreduziertes Konzept anzustreben, das dem Planungsprinzip „erst die Gebäudehülle, dann die Technik" folgt. Eine gut gedämmte Gebäudehülle minimiert Wärmeverluste, reduziert den Heizwärmebedarf und ermöglicht eine effizientere Dimensionierung der Haustechnik.

Die Heizanlage muss exakt auf den energetischen Standard der sanierten Gebäudehülle abgestimmt werden, um Unter- oder Überdimensionierung und damit ineffizienten Betrieb zu vermeiden. Insbesondere Niedertemperatur-Heizsysteme wie Wärmepumpen oder Flächenheizungen (z. B. Fußboden- oder Wandheizungen) profitieren von einer gut gedämmten Gebäudehülle, da sie mit niedrigen Vorlauftemperaturen arbeiten und so höhere Effizienzgrade erreichen.

Eine sorgfältige Abstimmung zwischen Gebäudehülle und Anlagentechnik ist essenziell für einen energieeffizienten und kostengünstigen Gebäudebetrieb. Insbesondere die laufenden Betriebskosten sollten bereits in der Planungsphase berücksichtigt und durch optimierte Anlagenauslegung, intelligente Regelungstechnik und hochwertige Planung minimiert werden. Eine präzise Planung ermöglicht nicht nur eine nachhaltige Energieeinsparung, sondern

reduziert auch langfristig die wirtschaftliche Belastung für Eigentümer und Nutzer.

Ganzheitliche Planung und interdisziplinäre Zusammenarbeit sind unerlässlich für die erfolgreiche Durchführung energetischer Sanierungen. Ein integraler Planungsansatz, der alle Phasen des Gebäudelebenszyklus – von der Planung über die Umsetzung bis hin zur späteren Nutzung und Wartung – berücksichtigt, ist dabei zentral. Dies erfordert eine enge Zusammenarbeit zwischen Architekten, Ingenieurwesen, Energieberatung und Bauausführenden, um die Sanierungsmaßnahmen umfassend und effektiv zu gestalten.

Besonders kritisch sind die Schnittstellen zwischen den beteiligten Gewerken, etwa zwischen Fassadenbau, Fenster- und Türeneinbau, Dachdeckerarbeiten, Elektroinstallation, Heizungs- und Lüftungstechnik sowie dem Trockenbau (vgl. Tabelle 5.6).

Tabelle 5.6: Schnittstellenrisiken zwischen Gewerken

Gewerk	Schnittstelle	typisches Risiko
Fensterbau – Fassadenbau	Fenstereinbau in das WDVS	Feuchteeintritt bei mangelhafter Abdichtung
Dachdecker – Lüftungstechnik	Dachdurchführungen für Lüftungsleitungen	Wärmebrücken und Undichtigkeiten
Elektroinstallation – Trockenbau	Verkabelung in leichten Trennwänden	Schallbrücken und Brandschutzmängel
Heizungsinstallation – Dämmgewerk	Leitungsführung durch Dämmebenen	Verlust der Dämmwirkung, Kondensatbildung
Sanitärinstallation – Innenausbau	Installationen in Vorwandkonstruktionen	Eingeschränkte Zugänglichkeit, Wartungserschwernis

Diese Schnittstellen betreffen insbesondere den Übergang zwischen der Gebäudehülle und der TGA, etwa dort, wo Installationen durch die Außenhülle geführt werden oder wo unterschiedliche Dichtungsebenen zusammentreffen.

Eine unzureichende Planung oder Abstimmung an diesen Übergängen kann zu sog. „Sollbruchstellen" führen, die sich z. B. äußern in:

- Wärmebrücken, etwa wenn Heizungsleitungen oder Lüftungskanäle ohne thermische Trennung durch die Dämmebene geführt werden;
- Feuchteeinträgen, etwa an unzureichend abgedichteten Fenstereinbindungen in das WDVS;
- Schallübertragungen, z. B. durch falsch geführte Installationen oder mangelhaften Anschluss an Trennwände;
- Funktionsverlusten technischer Anlagen, wenn etwa Luftdurchlässe falsch positioniert oder verdeckt werden.

Diese „Bruchstellen" gefährden nicht nur die energetische Effizienz, sondern beeinträchtigen auch Komfort, Langlebigkeit und Wartungsfreundlichkeit des Gebäudes.

Dies ist besonders relevant bei der Implementierung der Lowtech-Konzepte, bei denen das Gebäude selbst viele Funktionen übernimmt, die sonst durch technische Anlagen ausgeführt werden. In einem solchen Kontext kann eine überdimensionierte Technik nicht einfach als Notlösung eingesetzt werden, um Planungsfehler zu kompensieren.

Daher sind Fachplanungsebenen wie der hydraulische Abgleich, detaillierte Simulationen und durchdachte Lüftungskonzepte besonders gefragt. Diese Aspekte müssen frühzeitig in die Planung integriert werden, um sicherzustellen, dass das Gebäude seine Funktionen effizient und zuverlässig erfüllt. Eine präzise und umfassende Planung hilft nicht nur, die Energieeffizienz zu maximieren, sondern auch die langfristige Nutzungsfähigkeit und Wartungsfreundlichkeit des Gebäudes sicherzustellen.

Durch solche interdisziplinären Ansätze können Projekte effektiver realisiert werden, was nicht nur die Kosten senkt, sondern auch die Akzeptanz und Zufriedenheit der Nutzer verbessert. Dies fördert eine nachhaltige Baukultur, die die ökologischen, ökonomischen und sozialen Aspekte gleichermaßen berücksichtigt.

5.4 Einzelmaßnahme versus Sanierung in einem Zug

Sanierungen stellen Gebäudeeigentümer vor die grundlegende Entscheidung, ob das Vorhaben schrittweise oder in einem Zug umgesetzt werden soll. Beide Ansätze bieten spezifische Vor- und Nachteile, die eng mit den individuellen Rahmenbedingungen des Gebäudes, den finanziellen Möglichkeiten sowie den Anforderungen an Effizienz und Komfort verbunden sind.

5.4.1 Schrittweise Einzelmaßnahmen

Das zentrale Ziel einer schrittweisen Sanierung ist die maximale Reduktion des Primärenergiebedarfs eines Gebäudes. Dies erfolgt im Einklang mit dem sogenannten Bestmöglich-Prinzip, das sich an den nationalen Klimazielen orientiert. Das Prinzip fordert, dass bei jeder Maßnahme alle verfügbaren Möglichkeiten zur Verbesserung der Energieeffizienz genutzt werden. (Energieberatung für Wohngebäude. Merkblatt für die Erstellung des individuellen Sanierungsfahrplans [iSFP], 2024, S. 5)

Praktisch bedeutet dies, dass Energieberater, Energieplaner und/oder Energiedesigner bei der Planung von Sanierungsmaßnahmen den bestmöglichen Standard für das jeweilige Gebäude und die individuellen Bedürfnisse der Eigentümer vorschlagen sollten. Immer wenn ein Bauteil saniert wird, sollte die Maßnahme auf einem sehr guten energetischen Standard ausgeführt werden, da die Lebensdauer vieler Komponenten 40 Jahre und mehr beträgt. Dies stellt sicher, dass die Klimaziele langfristig erreicht werden können. (Handbuch für Energieberaterinnen und Energieberater. Anleitung zur Erstellung des individuellen Sanierungsfahrplans, 2021, S. 20).

Flexibilität der Etappensanierung

Die schrittweise Sanierung bietet eine hohe Flexibilität, indem sie die Möglichkeit schafft, Maßnahmen priorisiert und angepasst umzusetzen. Dies ermöglicht eine individuell abgestimmte Sanierungsstrategie, die sowohl kurzfristige Anforderungen als auch langfristige Ziele berücksichtigt.

Während des gesamten Prozesses ist sicherzustellen, dass grundlegende Funktionen der Bauteile, wie etwa der Schutz vor Witterung beim Dach, auch in Zwischenzuständen gewährleistet bleiben. Daraus ergeben sich wichtige Hinweise zur zeitlichen Reihenfolge der Sanierungsarbeiten. Es kann erforderlich und sinnvoll sein, ein Bauteil bereits vor Erreichen seiner Lebensdauer zu erneuern. Bei aneinandergrenzenden Bauteilen kann es effizient sein, diese gleichzeitig zu modernisieren, um den Aufwand für Zwischenlösungen oder das wiederholte Aufstellen eines Gerüsts zu minimieren. Jede Baumaßnahme verursacht Belastungen wie Planungsaufwand, Baustelleneinrichtung sowie Lärm und Schmutz. Daher sollten eng aufeinanderfolgende Arbeiten zu größeren Maßnahmenpaketen gebündelt werden, um die Belastung zu reduzieren. Dies ist oft sinnvoller, da die spätere Nachrüstung aufwendiger und teurer sein kann als der frühzeitige Austausch, selbst wenn der Restwert des Bauteils noch nicht vollständig abgenutzt ist. (Maßnahmenvorschläge für einen klimaneutralen Gebäudebestand 2045, S. 101)

5.4.2 Komplettsanierung in einem Zug

Die Sanierung in einem Zug stellt eine alternative Herangehensweise dar, bei der alle geplanten Maßnahmen auf einmal umgesetzt werden. Dieser Ansatz zeichnet sich durch eine umfassende und schnelle Verbesserung der Energieeffizienz des gesamten Gebäudes aus. Anstatt über einen längeren Zeitraum hinweg einzelne Bauteile zu modernisieren, erfolgt die Sanierung hier in einem einheitlichen Arbeitsgang, was sowohl organisatorische als auch wirtschaftliche Vorteile bieten kann.

Vorteile der Sanierung in einem Zug

Ein wesentlicher Vorteil der Sanierung in einem Zug ist die Effizienzsteigerung in der Planung und Ausführung. Da alle Maßnahmen gleichzeitig umgesetzt werden, können Synergien zwischen den einzelnen Gewerken genutzt werden. Beispielsweise lassen sich Gerüstaufbau, Baustellenlogistik und die Koordination der verschiedenen Handwerkerschaften vereinen, was den Aufwand reduziert und Kosten spart. Da keine wiederholte Baustelleneinrichtung erforderlich ist, entstehen weniger Unterbrechungen im Alltag der Bewohner und die Gesamtbelastung durch Lärm und Schmutz wird minimiert. (Auf dem Weg zur Klimaneutralität: Maßnahmenvorschläge für einen klimaneutralen Gebäudebestand 2045, S. 17)

Die simultane Durchführung von Sanierungsmaßnahmen bietet den Vorteil, dass das Gebäude auf einem durchgängig hohen energetischen Niveau modernisiert wird. Anstatt einzelne Bauteile schrittweise auf den neuesten Stand zu bringen, ermöglicht eine komplette Sanierung die sofortige Umsetzung aller Maßnahmen auf das höchste Effizienzniveau.

Ein bedeutender Vorteil einer umfassenden Sanierung ist die Vermeidung von Lock-in-Effekten (siehe Kapitel 5.2.3), die bei einer schrittweisen Umsetzung durch unkoordinierte Maßnahmen an einzelnen Bauteilen entstehen können. Werden stattdessen alle Bauteile gleichzeitig modernisiert, lassen sich Anschlussdetails, Dämmung und Luftdichtheit optimal aufeinander abstimmen. Dadurch entfällt die Notwendigkeit späterer Anpassungen, die entstehen könnten, wenn bereits sanierte Bauteile nicht mit nachfolgenden Maßnahmen kompatibel sind. Besonders im Hinblick auf Wärmebrücken, Luftdichtheit und Feuchtemanagement ist eine ganzheitliche Planung essenziell, um unnötige Korrekturen und ineffiziente Zwischenlösungen zu vermeiden. Dies führt nicht nur zu einer höheren baulichen Qualität, sondern verbessert auch langfristig die Energieeffizienz und den Wohnkomfort.

Herausforderungen

Obwohl eine Sanierung in einem Zug zahlreiche Vorteile bietet, sind damit auch wesentliche Herausforderungen verbunden. Insbesondere die hohen Anfangsinvestitionen sowie die Einschränkungen während der Bauphase stellen zentrale Hürden dar, die bei der Planung berücksichtigt werden müssen. Eine der größten finanziellen Herausforderungen ist die hohe einmalige Kapitalinvestition, die im Gegensatz zur stufenweisen Sanierung keine schrittweise Finanzierung ermöglicht. Viele Eigentümer stehen vor der Problematik, die gesamte Finanzierung bereits vor Beginn der Arbeiten zu sichern, was ohne ausreichendes Eigenkapital oft eine umfangreiche Kreditaufnahme oder die Kombination verschiedener Fördermittel erfordert. Zwar können staatliche Förderprogramme und spezielle Finanzierungsmodelle helfen, die finanzielle Belastung zu reduzieren, doch müssen diese frühzeitig in die Planung integriert werden. Langfristige Finanzierungsstrategien, wie beispielsweise KfW-Kredite oder zinsgünstige Darlehen, sind essenziell, um die wirtschaftliche Tragfähigkeit einer solchen Investition zu gewährleisten.

Neben den finanziellen Aspekten sind auch die Einschränkungen während der Bauphase eine nicht zu unterschätzende Herausforderung. Eine umfassende Sanierung, die sämtliche Maßnahmen gleichzeitig umsetzt, führt häufig dazu, dass das Gebäude vorübergehend unbewohnbar oder nur eingeschränkt nutzbar ist. Eigentümer und Mieter müssen unter Umständen für die Dauer der Arbeiten ausziehen, was mit zusätzlichen Unterbringungskosten und organisatorischem Aufwand verbunden ist. Zudem können Baulärm, Staub und temporäre Versorgungsunterbrechungen, beispielsweise bei Heizung, Wasser oder Strom, den Wohnkomfort erheblich beeinträchtigen – insbesondere wenn die Sanierung im bewohnten Zustand durchgeführt wird. Eine präzise logistische Koordination ist daher unerlässlich, um die beteiligten Gewerke effizient zu organisieren und die Bauzeit so kurz wie möglich zu halten.

Um diese Herausforderungen zu minimieren, können verschiedene Lösungsansätze verfolgt werden. Im finanziellen Bereich bietet sich die Kombination staatlicher Förderprogramme, etwa der KfW oder des BAFA, mit günstigen Finanzierungsmodellen an. Einsparpotenziale können zudem durch Sammelaufträge für Handwerksleistungen oder eine gebündelte Materialbeschaffung realisiert werden. Langfristige Finanzierungsmodelle mit zinsgünstigen Krediten tragen dazu bei, die finanzielle Belastung über einen längeren Zeitraum zu verteilen und so wirtschaftlich tragbar zu gestalten.

Auch die Nutzungseinschränkungen lassen sich durch eine vorausschauende Planung reduzieren. Eine Möglichkeit ist die schrittweise Sanierung in Bauabschnitten, um das Gebäude zumindest teilweise bewohnbar zu halten. Alternativ können temporäre Wohnlösungen durch Kooperationen mit Wohnungsbaugesellschaften oder die kurzfristige Anmietung von Unterkünften für die Bauzeit organisiert werden. Eine detaillierte Zeitplanung der Gewerke ist ebenfalls essenziell, um Verzögerungen zu vermeiden und die Bauzeit effizient zu gestalten, sodass Stillstandskosten minimiert werden.

5.5 Serielle Sanierung

Die serielle Sanierung ist ein wegweisendes Konzept zur energetischen Modernisierung von Bestandsgebäuden. Sie kombiniert die Prinzipien industrieller Vorfertigung mit modularen Bauweisen, um Sanierungsprozesse zu beschleunigen, Kosten zu senken und gleichzeitig eine hohe Qualität sicherzustellen. Angesichts steigender Anforderungen an Energieeffizienz und eines zunehmenden Fachkräftemangels in der Bauwirtschaft bietet sie eine vielversprechende Lösung, um den Gebäudebestand effizient und nachhaltig zu modernisieren.

Prinzipien der seriellen Sanierung: Effizienz durch Vorfertigung und Modularität

Ein zentrales Merkmal der seriellen Sanierung ist die Vorfertigung von Fassaden-, Dach- und Anlagentechnikmodulen – etwa für Photovoltaik und Lüftungssysteme – in Werkhallen von Groß- und Kleinbetrieben, häufig aus dem Holz verarbeitenden Gewerbe. Diese standardisierten Bauelemente werden mit einem Vorfertigungsgrad von etwa 80 % direkt auf der Baustelle montiert, was die Bauzeit erheblich verkürzt und die Belastung für Bewohner minimiert. Ein entscheidender Vorteil ist, dass die Sanierungsarbeiten häufig im bewohnten Zustand durchgeführt werden können. Dadurch bleiben Eingriffe in Mietwohnungen minimal, was die Akzeptanz der Maßnahmen steigert. Zudem entfallen aufwendige und störende Arbeiten wie umfangreiche Kernbohrungen oder langwierige Inneninstallationen weitgehend.

Die **modulare Bauweise** ermöglicht den Einsatz standardisierter Komponenten, die flexibel an unterschiedliche Projekte angepasst werden können. Diese Standardisierung erzeugt Skaleneffekte, die sowohl Kosteneinsparungen als auch eine höhere Qualitätskontrolle ermöglichen. Insbesondere in Bezug auf Anschlussdetails trägt die präzise Vorfertigung zur Vermeidung von Wärmebrücken und zur Sicherstellung der Luft- und Winddichtigkeit bei. Gleichzeitig erlaubt die industrielle Fertigung die Integration moderner Technologien und die Automatisierung arbeitsintensiver Prozesse, was nicht nur präzisere Arbeitsergebnisse, sondern auch eine optimierte Qualitätssicherung gewährleistet.

Ein weiteres Schlüsselkriterium der seriellen Sanierung ist ihre Minimalinvasivität. Vorgefertigte Wand- und Dachelemente werden direkt zur Baustelle geliefert und schnell sowie sauber montiert. Die Verlagerung zentraler Produktionsschritte in kontrollierte Werkumgebungen birgt zusätzlich erhebliche Kosteneinsparungspotenziale und steigert die Sanierungseffizienz deutlich.

Wie optimierte Planungsprozesse und modulare Bauweisen mit integrierten Technikpaketen erfolgreich umgesetzt werden können, demonstriert der **Sanierungssprint** NRW. Dieses Modell beschreibt ein innovatives Konzept zur beschleunigten und standardisierten energetischen Sanierung von Bestandsgebäuden, insbesondere im Wohngebäudesektor. Es kombiniert die industrielle Vorfertigung von Fassaden- und Dachelementen mit digital unterstützter Planung (z. B. durch Building Information Modeling, BIM, minutengetakteter Bauzeitenplan) sowie dem Einsatz vorinstallierter Technikmodule für Heizung, Lüftung, Strom und Warmwasser.

Zentraler Bestandteil des Sanierungssprints ist die zeitlich stark verkürzte Umsetzungsphase vor Ort: Durch die exakte Vorplanung und maßgeschneiderte Fertigung kann die eigentliche Montage innerhalb weniger Tage erfolgen, oftmals, ohne dass die Bewohner ausziehen müssen. Die integrierten Technikpakete umfassen beispielsweise Wärmepumpen, Lüftungsgeräte mit Wärmerückgewinnung und PV-Anlagen, die unmittelbar nach der Montage betriebsbereit sind.

Das Modell belegt, wie sich durch Digitalisierung, Serienfertigung und gewerkeübergreifende Koordination ein standardisierter und gleichzeitig qualitativ hochwertiger Sanierungsprozess realisieren lässt. Der Sanierungssprint gilt daher als Schlüsselansatz zur Erreichung der Klimaziele im Gebäudebestand und zur Bewältigung des Fachkräftemangels im Bauwesen.

Förderung und Entwicklung

Die serielle Sanierung wird durch umfangreiche Förderprogramme der Bundesregierung unterstützt, die sowohl die Entwicklung neuer Technologien als auch deren Erprobung in der Praxis vorantreiben. Diese Förderung ist in verschiedene Module unterteilt, die von Machbarkeitsstudien bis zur konkreten Implementierung reichen. Ein Beispiel ist Modul I, das die technische und wirtschaftliche Machbarkeit serieller Sanierungsprojekte untersucht. Modul II konzentriert sich hingegen auf die praktische Entwicklung und Erprobung innovativer Sanierungskomponenten. Pilotprojekte spielen hierbei eine Schlüsselrolle, da sie als Testfelder für neue Ansätze und Technologien dienen und wertvolle Erkenntnisse für eine breite Umsetzung liefern. (Richtlinie für die Förderung von Pilotprojekten der Seriellen Sanierung und flankierenden Maßnahmen [Bundesförderung Serielle Sanierung], 2021 , S. 4–5)

Die Initiative „Serielles und modulares Bauen 2.0" des Bundesbauministeriums und relevanter Verbände gibt wichtige Impulse für die Weiterentwicklung der seriellen Sanierung. Sie umfasst 25 Konzepte, die eine erfolgreiche Integration modularer Bauweisen in die Praxis fördern und deren Potenziale systematisch erschließen. (Baukultur Report Infrastructure 2024/2025, 2024, S. 11)

Herausforderungen und Perspektiven

Trotz ihrer wirtschaftlichen und praktischen Vorteile steht die serielle Sanierung vor mehreren Herausforderungen. Hohe Anfangsinvestitionen für die Implementierung neuer Technologien und die Notwendigkeit, bestehende Arbeitsprozesse zu adaptieren, stellen signifikante Hürden dar.

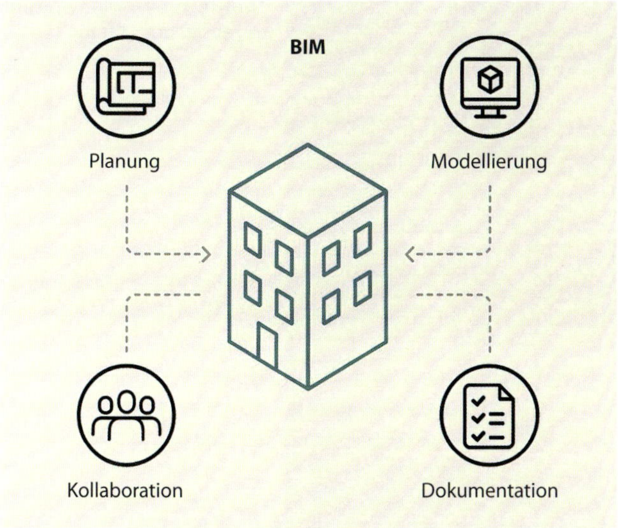

Abb. 5.2: Digitale Transformation

Zusätzlich ist es erforderlich, die Kapazitäten der Bauwirtschaft gezielt auszubauen, um den wachsenden Anforderungen gerecht zu werden.

Ein wesentlicher Baustein für die Zukunft dieser Sanierungsmethode ist die digitale Transformation, insbesondere durch den Einsatz von BIM (siehe Abb. 5.2). Diese Technologie ermöglicht eine präzise Planung und Steuerung von Sanierungsprozessen, verbessert die Datenverwaltung und trägt signifikant zur Effizienzsteigerung bei. BIM erleichtert die Koordination verschiedener Gewerke und die Integration von Bauteilen, was besonders bei der seriellen Vorfertigung von Bedeutung ist.

Building Information Modeling (BIM)

BIM ist eine digitale Planungsmethode, die in der Baubranche verwendet wird, um die Planung, Ausführung und Verwaltung von Gebäuden und Infrastrukturen zu optimieren. BIM basiert auf einem intelligenten 3D-Modell, in dem alle relevanten Gebäudedaten digital erfasst und verarbeitet werden. Es ermöglicht allen Beteiligten (Architekten, Ingenieuren, Bauunternehmern und Betreibern), auf eine konsistente Informationsquelle zuzugreifen, die über den gesamten Lebenszyklus eines Gebäudes, von der ersten Planung über die Bauausführung bis zum Gebäudemanagement und -abriss, aktuell gehalten wird.

Ein zentraler Vorteil von BIM ist die Fähigkeit, visuelle und analytische Modelle zu erstellen, die Kollisionserkennung zwischen den verschiedenen Gewerken erlauben, Arbeitsabläufe simulieren und somit Zeit- und Kostenersparnisse während der Bauphase und darüber hinaus ermöglichen. Des Weiteren trägt BIM dazu bei, Fehlplanungen zu reduzieren und die Kommunikation und Dokumentation im Projekt zu verbessern.

Die serielle Sanierung bietet signifikantes Potenzial, um die energetische Modernisierung von Bestandsgebäuden nachhaltig voranzutreiben. Durch die Kombination aus industrieller Vorfertigung, minimalinvasiven Techniken und die Integration digitaler Prozesse wird sie zu einem Schlüsselinstrument, das die Anforderungen an Energieeffizienz, Kostenreduktion und Qualitätssicherung in der Bauwirtschaft erfüllt (siehe Abb. 5.3 und 5.4).

Abb. 5.3 und 5.4: Serielle Sanierung

Neben der Steigerung der Nachhaltigkeit leistet die serielle Sanierung einen entscheidenden Beitrag zur Bewältigung der aktuellen Herausforderungen im Gebäudesektor, darunter zu der Reduktion des CO_2-Ausstoßes und der Minimierung von Bauabfällen. Indem sie es ermöglicht, bestehende Strukturen effizient zu überarbeiten und zu verbessern, stellt sie eine Antwort auf die dringende Notwendigkeit dar, den Gebäudebestand umweltfreundlich und ressourcenschonend zu gestalten.

Tabelle 5.7 fasst die Kernelemente der seriellen Sanierung zusammen.

Tabelle 5.7: Kernelemente serieller Sanierung

Kernelement	Umsetzung
Vorfertigung	Wand-, Dach- und Fassadenelemente mit integrierter Dämmung, Technikmodulen (z. B. Lüftung, PV, Wärmepumpe) werden industriell vorproduziert und passgenau montiert (siehe Abb. 5.5).
digitale Bestandsaufnahme	Mithilfe von 3D-Laserscanning und BIM werden Gebäude digital erfasst und präzise geplant.
minimale Eingriffszeit	Die Montage erfolgt innerhalb weniger Tage. Bewohnerinnen und Bewohner können oft während der Maßnahme im Gebäude verbleiben.
ganzheitlicher Ansatz	Die Gebäudehülle, Haustechnik und Energieversorgung werden integriert betrachtet, was die Sanierung besonders effizient macht.

Abb. 5.5: Serielle Sanierung – Fenster und Lüftung

5.6 Sektorenkopplung

Der energetische Transformationsprozess von Bestandsgebäuden bildet eine der wesentlichen Säulen im Energie- und Wärmewendeprozess und stellt zugleich eine der größten Herausforderungen dar. Um die Energie- und Wärmewende erfolgreich umzusetzen, muss der Energiebedarf der Gebäude signifikant reduziert werden. Studien zufolge ist eine Reduktion von 40 bis 50 % des derzeitigen Energiebedarfs erforderlich. Abhängig vom jeweiligen Zielpfad und Zieljahr, 2045 oder 2050, verbleiben 21 bis 26 Jahre, um einen klimaneutralen Gebäudebestand zu realisieren. Hierfür müssen neue oder alternative Wege aufgezeigt werden. Der Lowtech- und der Low-Budget-Ansatz beschreiben und präsentieren einen Projektierungsweg für den Transformationsprozess eines Gebäudes aus den 1960er-Jahren.

Die aktuelle Studie „Energetische Modernisierung von Gebäuden sollte durch Mindeststandards und verbindliche Sanierungsziele beschleunigt werden" (Behr et al., 2023) betont die Dringlichkeit der energetischen Sanierung von Gebäuden in Deutschland. Eine Analyse des DIW zeigt, dass die jährliche Sanierungsrate derzeit bei unter 1 % liegt. Um die Klimaschutzziele zu erreichen, müsste die jährliche Sanierungsrate auf 1,5 bis 2 % bis 2030 steigen.

Vor dem Hintergrund der Energie- und Klimakrise ist die Sanierung eine Schlüsselkomponente. Die Langsamkeit in der Sanierung des Wohngebäudebestands wird teilweise durch Unsicherheiten bezüglich staatlicher Förderungen und der daraus resultierenden Zurückhaltung bei Investitionen in die Produktionskapazitäten für Baumaterialien und Baukapazitäten verursacht.

Der Gebäudesektor in der EU ist wesentlich am Energieverbrauch und den Treibhausgasemissionen beteiligt. Energetische Sanierungen können daher erheblich dazu beitragen, den Energiebedarf zu reduzieren und die Abhängigkeit von fossilen Brennstoffen zu verringern. Der Mangel an zusätzlichen Kapazitäten und Investitionen, selbst bei hoher Auslastung der bestehenden Produktionskapazitäten, stellt ein weiteres Hindernis dar. Hier zeigt sich, dass eine klare politische Festlegung auf Sanierungsziele erforderlich ist, um verlässliche Investitionsanreize zu schaffen.

Der Bereich der erneuerbaren Energien, insbesondere Wind- und Solarenergie, zeigt, wie effektiv klar definierte Ziele und politische Richtlinien für die Steigerung der Investitionsraten sein können. Um die Klimaziele zu erreichen und signifikante Energieeinsparungen zu erzielen, ist eine deutliche Erhöhung der Sanierungsrate unerlässlich. Empfohlen wird eine schrittweise Erhöhung auf 4 % pro Jahr, um alle bestehenden Gebäude innerhalb der nächsten 26 Jahre zu sanieren. Die Umsetzung dieser Maßnahmen ist jedoch mit zahlreichen Herausforderungen verbunden wie der heterogenen Gebäude- und Eigentümerstruktur sowie der Komplexität der bereits bestehenden Instrumentenlandschaft.

Die EU diskutiert derzeit neue Mindestenergiestandards und verbindliche Sanierungsziele für Gebäude. Dabei wird vorgeschlagen, dass Gebäude schrittweise höhere Standards erfüllen müssen, wobei Sektorziele festgelegt wurden. Die derzeit diskutierten Maßnahmen könnten jedoch nicht ausreichend sein, um die notwendigen Sanierungsraten zu erreichen. Daher werden 2 Hauptmaßnahmen vorgeschlagen: Erstens sollte sich die Politik klar zu einem Sanierungsziel bekennen und zweitens sollten Mindeststandards für die Energieeffizienz von Gebäuden eingeführt werden. Diese Maßnahmen müssen insbesondere darauf ausgerichtet sein, einkommensschwache Haushalte zu schützen und gleichzeitig hohe Einsparungen bei Gas und CO_2 zu ermöglichen.

Zusammenfassend ist festzustellen, dass die energetische Sanierung von Gebäuden einen entscheidenden Faktor in der Energie- und Klimapolitik darstellt. Eine Kombination aus verbindlichen Sanierungszielen, Mindeststandards und

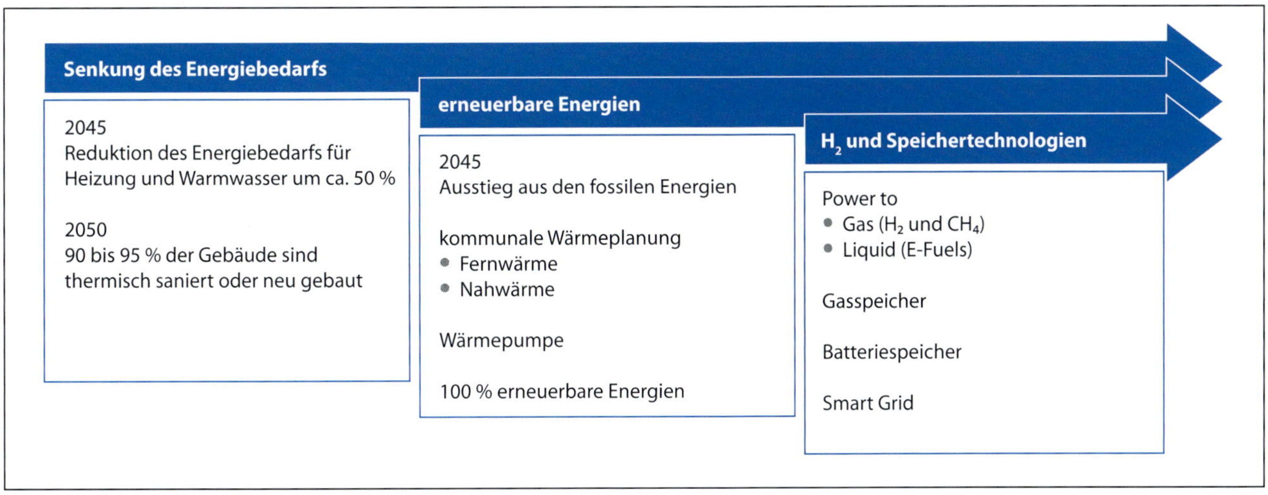

Abb. 5.6: Energiesystem der Zukunft

unterstützenden politischen Maßnahmen ist notwendig, um die Sanierungsrate zu erhöhen und den Übergang zu einem klimaneutralen Gebäudesektor zu erleichtern.

Dabei ist der Dreiklang zwischen Energieerzeugung, Energiespeicherung und Energiereduktion in allen Sektoren zu beachten – Energieberatende werden **Sektorenkoppler.**

Der klimaneutrale Gebäudebestand ist möglich, erfordert jedoch einen interdisziplinären, integralen Planungsansatz.

Abb. 5.6 zeigt, wie sich das Energiesystem der Zukunft darstellen kann.

Die Energieinfrastruktur in Deutschland durchläuft einen tiefgreifenden Wandel, der durch die Notwendigkeit eines Übergangs zu einer klimaneutralen Wirtschaft angetrieben wird. Historisch gesehen waren die Infrastrukturen für Strom, Gas und in jüngerer Zeit auch Wasserstoff weitgehend unabhängig voneinander konzipiert und betrieben worden. Die Herausforderung besteht nun darin, diese getrennten Systeme in ein integriertes Gesamtsystem zu überführen, das die Ziele der Klimaneutralität, Effizienz und Versorgungssicherheit erfüllt. Heutige Gebäude- und Energiekonzepte sollten nicht mehr ausschließlich auf die thermische Hüllfläche als Bilanzierungsgrenze beschränkt werden. Stattdessen müssen sie als aktive Bausteine in den Transformationsprozess der Energie-, Wärme- und Mobilitätswende integriert werden. Es bedarf ganzheitlicher, integraler Planungsansätze, die auch bei Wohngebäuden vielfältige Stromanwendungen berücksichtigen. Dazu gehören der Verbrauch von Haushaltsstrom, die Klimatisierung der Räumlichkeiten zur Schaffung eines angenehmen Raumklimas sowie die Anforderungen an die E-Mobilität, insbesondere das Laden von Elektrofahrzeugen. Wichtig ist hierbei nicht nur die Bilanzierung von Verbrauchern und Erzeugern, sondern auch deren Wechselwirkung mit dem Nutzer und flexiblen Netzinfrastrukturen. Insbesondere bei der Digitalisierung der Energiewende wird die Bedeutung eines gemanagten und automatisierten Energiesystems offensichtlich. Dies stellt erhöhte Anforderungen an die Planungsaufgaben von Energieberatern und -planern. Angesichts rückläufiger Sanierungsraten muss das Bauen und Sanieren vereinfacht und Nachhaltigkeitsstrategien müssen berücksichtigt werden. Der Grundsatz sollte lauten: umbauen statt neu bauen und „einfach machen!“.

6 Energiebilanz

In Kapitel 5 werden umfassende Ansätze und Strategien zur Modernisierung von Bestandsgebäuden dargestellt, die von der grundlegenden Herausforderung des Umbaus statt Neubaus über effiziente und ressourcenschonende Sanierungen bis hin zur Sektorenkopplung und seriellen Sanierung reichen. Diese strategischen Überlegungen bilden eine solide Basis für Kapitel 6, das auf der Gebäudeanamnese und detaillierten diagnostischen Verfahren wie der digitalen Aufmaßerfassung aufbaut.

In Kapitel 6 erfolgen die konsequente Anwendung der in Kapitel 5 entwickelten Sanierungsansätze sowie die anschließende Messung und Analyse ihrer Auswirkungen auf die Energieeffizienz der Gebäude. Die in Kapitel 5 besprochenen Konzepte, wie die ganzheitliche Betrachtung von Gebäudehülle und Anlagentechnik, die Durchführung von Sanierungen in einem Zug sowie die Implementierung von Sektorenkopplungsmaßnahmen, ermöglichen es, die Energiebilanz eines Gebäudes nachhaltig zu verbessern.

Die Erstellung einer Energiebilanz nach DIN V 18599 „Energetische Bewertung von Gebäuden" in Kapitel 6 setzt diese Konzepte um, indem sie eine methodische und systematische Grundlage zur Bewertung des Energiebedarfs und der Energieeffizienz bietet. Die Durchführung einer dynamischen Gebäudesimulation, die in Kapitel 6 ebenfalls thematisiert wird, ermöglicht es weiterhin, die realen Auswirkungen der in Kapitel 5 geplanten Sanierungsmaßnahmen zu prognostizieren und zu visualisieren.

Die Fachplanungsleistungen, die u. a. die Heizlastberechnung, die Wärmepumpenauslegung und die Lüftungsplanung umfassen, bauen direkt auf den Erkenntnissen aus den energetischen Sanierungskonzepten auf. So wird der Rahmen geschaffen, innerhalb dessen technische Lösungen nicht nur spekulativ, sondern basierend auf präzisen, datengetriebenen Analysen entwickelt werden können.

Abschließend führt die Anwendung dieser integrativen und methodischen Ansätze aus Kapitel 5 in Kapitel 6 nicht nur zu einer detaillierten Energiebilanz, sondern auch zu einem fundierten Handlungsplan. Dieser Plan ermöglicht es, Fördermöglichkeiten gezielt zu nutzen und die Wirtschaftlichkeit der Sanierungsmaßnahmen zu sichern. Damit schließt sich der Kreis von der konzeptionellen Planung über die praktische Umsetzung bis zur Bewertung und kontinuierlichen Optimierung, die für die erfolgreiche Durchführung von Gebäudesanierungen in der Energie-/Wärmewende essenziell ist.

Die Durchführung einer energetischen Bestandsaufnahme im Rahmen von Baumaßnahmen im Bestand bildet eine essenzielle Grundlage für die Entwicklung eines innovativen Energiekonzepts. Idealerweise erfolgt diese Analyse im Rahmen einer umfassenden Evaluierung der bestehenden Bausubstanz, um basierend auf dem aktuellen Zustand die notwendigen und erwünschten Maßnahmen präzise festlegen zu können. Bei einer stufenweisen Implementierung dieser Maßnahmen ist die Ausarbeitung einer langfristigen, ganzheitlichen Strategie zu empfehlen. Diese Strategie trägt zur Vermeidung späterer Rückbauten bei und ermöglicht eine logische Sequenzierung der Renovierungsarbeiten.

Eine sorgfältige Erfassung des baulichen Zustandes ermöglicht eine exaktere Planung der notwendigen Eingriffe sowie eine genauere Kalkulation der zu erwartenden Kosten. Hierbei werden konstruktive Merkmale, materialspezifische Eigenschaften, statische Anforderungen und ästhetische Aspekte des Gebäudes umfassend berücksichtigt. Ergänzend zur baulichen Analyse erfolgt eine präzise Vermessung des Gebäudes, die durch historische Daten zur Baugeschichte und früheren Nutzungen ergänzt wird. Der Umfang dieser Untersuchungen ist direkt abhängig von dem Zustand des Gebäudes und der Komplexität der geplanten Interventionen.

Der aktuelle Zustand des Gebäudes wird maßgeblich durch das Alter der Bausubstanz, die Qualität der ursprünglichen Bauausführung, die Nutzungsgewohnheiten der vorherigen Bewohner sowie durchgeführte Instandsetzungen beeinflusst. Wissenschaftliche Studien betonen, dass eine gründliche Bestandsaufnahme und die daraus resultierende Planung nicht nur ökonomische Vorteile mit sich bringen, sondern auch signifikant zur Senkung des Energieverbrauchs und zur Reduktion von CO_2-Emissionen beitragen können. Diese methodische Vorgehensweise sichert eine nachhaltige Nutzung und Modernisierung des Bestandes, die sowohl den kulturellen Wert als auch die Funktionalität des Gebäudes für zukünftige Generationen bewahrt.

6.1 Gebäudeanamnese und Gebäudediagnostik

Die Gebäudeanamnese und Gebäudediagnostik sind essenzielle Bestandteile zur umfassenden Erfassung und detaillierten Beurteilung des baulichen Zustands eines Gebäudes. Sie bilden das Fundament jeder fachgerechten Planung und Umsetzung von Sanierungs- und Instandsetzungsmaßnahmen. Das primäre Ziel dieser Schritte ist es, den Istzustand des Bauwerks akkurat zu dokumentieren, vorhandene Schäden sowie deren Ursachen sorgfältig zu analysieren und auf dieser Grundlage notwendige technische, wirtschaftliche und energetische Maßnahmen abzuleiten. Diese systematische und methodische Herangehensweise ist entscheidend, um eine nachhaltige und effektive Instandsetzung sowie eine zukunftssichere Nutzung des Gebäudes zu gewährleisten.

6.1.1 Prozess der Gebäudeanamnese

Der Ablauf der Gebäudeanamnese beginnt mit einer orientierenden Bauwerksbesichtigung, die dazu dient, den Umfang und die Tiefe der erforderlichen Untersuchungen abzuschätzen. In dieser Phase wird der Zustand der Konstruktion visuell bewertet, wobei erste Indikationen für mögliche Schäden und deren Umfang erfasst werden. Parallel dazu findet die Sammlung relevanter Gebäudedaten statt, die sowohl in alphanumerischer Form (zum Beispiel Listen und Berechnungen) als auch in grafischer Form (beispielsweise Pläne und Fotografien) vorliegen können. Eine strukturierte Erhebung, häufig unterstützt durch Checklisten, minimiert Fehlerquellen und schafft eine robuste Basis für weiterführende detaillierte Analysen.

Ein wesentliches Element in diesem Prozess ist die Zusammenführung bereits existierender Daten. Historische Baupläne, frühere Gutachten und Bauakten liefern unverzichtbare Informationen über die ursprüngliche Bauweise, nachträgliche Veränderungen und die verwendeten Materialien. Ergänzend dazu können Gespräche mit Bewohnern oder Nutzern der Immobilie wichtige Einblicke in die Nutzungsgeschichte des Gebäudes bieten oder Hinweise zu beobachteten Schäden liefern.

Heute werden digitale Werkzeuge vermehrt eingesetzt, sodass die Integration von Technologien wie digitale Bildverarbeitung, 3D-Scanning und BIM in die Gebäudeanamnese und -diagnostik eine noch präzisere Datenerfassung und -analyse ermöglichen kann, die sowohl die Effizienz als auch die Genauigkeit der Sanierungsplanung erheblich verbessern. Diese technologischen Ansätze unterstützen nicht nur bei der Identifizierung von Schadensmustern und strukturellen Schwächen, sondern auch bei der Planung von Maßnahmen, die den energetischen Fußabdruck des Gebäudes minimieren und dessen Lebensdauer verlängern.

Die Methodik der Gebäudediagnostik repräsentiert einen integralen Bestandteil des gesamten Sanierungsprozesses und baut auf den vorläufigen Erkenntnissen der Anamnese auf. Diese Phase kombiniert visuelle Inspektionen, fortschrittliche Messtechniken und spezialisierte Laboruntersuchungen, um eine präzise Bewertung des Zustands von Bauteilen und Konstruktionen zu ermöglichen. Aufgrund der engen Verknüpfung der diagnostischen Arbeitsschritte — von der Schadensaufnahme über die Ursachenermittlung bis hin zur Maßnahmenplanung — erweist sich eine strikte Abgrenzung dieser Phasen oft als herausfordernd. Die bewährte Vorgehensweise umfasst folgende essenzielle Schritte:

- **Erfassung und Dokumentation von Schäden:** Eine systematische Aufnahme sichtbarer Schäden, ergänzt durch detaillierte Fotos und präzise Kartierungen, stellt die Grundlage der Diagnostik dar.
- **Ursachenermittlung:** Gezielte Messungen und weiterführende Untersuchungen ermöglichen es, die Ursachen der Schäden genau zu identifizieren.
- **Bewertung des baulichen Zustands:** Die umfassende Analyse berücksichtigt technische Aspekte wie die Tragfähigkeit und die Gebrauchstauglichkeit des Gebäudes sowie energetische und ökonomische Faktoren.
- **Planung der Maßnahmen:** Basierend auf den diagnostischen Erkenntnissen werden maßgeschneiderte Sanierungsstrategien entwickelt, die sowohl technische als auch rechtliche Anforderungen einhalten.

Umfang der Datenerhebung und Dokumentation

Eine präzise und umfassende Dokumentation ist entscheidend für die Effektivität der Gebäudediagnostik. Es wird zwischen Stammdaten (z. B. Bauweise, Baujahr, Flächendaten) und Bewegungsdaten (z. B. Bewirtschaftungskosten, Wartungsverträge) unterschieden. Zustandsdaten, die Gefahrenpotenziale oder Nutzungseinschränkungen aufzeigen, fließen ebenfalls in die Bewertung ein. Lücken in der Datensammlung werden durch präzise Aufmaße, Einmessungen oder die Digitalisierung vorhandener Dokumente geschlossen.

Die sorgfältige Bauaufnahme ist von kritischer Bedeutung und erfordert die Expertise erfahrener Fachleute, die sowohl das Aufmaß als auch die Planerstellung fachgerecht durchführen.

Besondere Herausforderungen im Denkmalschutz

Bei denkmalgeschützten Gebäuden spielen der Schutzstatus und die Einhaltung denkmalrechtlicher Vorgaben eine zentrale Rolle. Diese Vorgaben beeinflussen die Sanierungsplanung erheblich und erfordern eine sensible Herangehensweise, die die historischen Baustandards und die Denkmalbeschreibung berücksichtigt.

Bedeutung der Bestandsaufnahme für energetische Sanierungen

Die Bestandsaufnahme bildet nicht nur die Grundlage für die Schadensdokumentation, sondern auch für energetische Sanierungen und technische Ertüchtigungen des Gebäudes. Neben den offensichtlichen Schäden werden auch verborgene Mängel berücksichtigt, die durch tiefgreifende Untersuchungen aufgedeckt werden können. Alte Bauunterlagen und Umbaupläne sind dabei unerlässlich, um die Gebäudetypologie und die Struktur der Bauteile zu verstehen, was letztlich die Notwendigkeit für invasive Eingriffe minimieren kann.

Diese methodische und detaillierte Herangehensweise gewährleistet eine fundierte und nachhaltige Sanierung, die nicht nur die historische Integrität des Gebäudes bewahrt, sondern auch seine funktionale und energetische Zukunftsfähigkeit sicherstellt.

6.1.2 Digitales Aufmaß

Die fortschreitende Digitalisierung in Architektur und Ingenieurwesen transformiert grundlegend die Methoden, mit denen Gebäude vermessen und dokumentiert werden. Ein Schlüsselaspekt dieser Innovation ist das digitale Aufmaß, das präzise geometrische Daten erfasst und in digitale Modelle sowie Pläne überführt. Dieser Prozess spielt eine entscheidende Rolle in der Planung, Analyse und Verwaltung von Bauprojekten und ist zentral für die Implementierung moderner Bau- und Sanierungskonzepte.

Systematische Vorgehensweise beim digitalen Aufmaß

Die Methodik des digitalen Aufmaßes beginnt mit einer sorgfältigen Planung und der Auswahl geeigneter Techniken, die speziell auf die Anforderungen des jeweiligen Projekts zugeschnitten sind. Zunächst ist es notwendig, vorhandene Planunterlagen zu beschaffen und auf ihre Aktualität und Übereinstimmung mit dem aktuellen Bauzustand zu prüfen. Die Zugänglichkeit der Baustrukturen und die Notwendigkeit zusätzlicher Hilfsmittel wie Gerüste sind zu klären. Der spezifische Untersuchungszweck, sei es die Vorbereitung auf Umbauten oder die Prüfung der Standsicherheit, bestimmt den erforderlichen Detaillierungsgrad und die Tiefe der Messungen.

Bedeutung von „As-built"-Daten

„As-built"-Daten sind hochpräzise, detaillierte Informationen, die den aktuellen physischen Zustand eines Gebäudes nach Abschluss der Bauarbeiten widerspiegeln. Sie dokumentieren exakte Abmessungen, strukturelle Merkmale und die Anordnung der technischen Systeme und Installationen, wie sie tatsächlich gebaut wurden. Diese Daten sind besonders wichtig, da Gebäude während des Baus oft von den ursprünglichen Bauplänen abweichen können, sei es durch Änderungen im Design oder durch Anpassungen, die während der Bauphase notwendig wurden.

Die Bedeutung von „As-built"-Daten nimmt insbesondere bei der seriellen Sanierung (siehe Kapitel 5.5) zu, in deren Rahmen die Effizienz der Renovierungsprozesse durch den Einsatz von vorgefertigten Modulen und Bauteilen maximiert wird. „As-built"-Daten liefern die genauen Informationen, die benötigt werden, um solche Module und Bauteile passgenau vorzufertigen. Diese Vorfertigung ist besonders wichtig, um eine hohe Qualität und eine schnelle Montage auf der Baustelle zu gewährleisten, was die Gesamtzeiten für Sanierungsprojekte erheblich verkürzen kann. „As-built"-Daten bilden eine wesentliche Grundlage für die Planung und Vorfertigung maßgeschneiderter **Retrofit-Bauteile.** Hierbei handelt es sich um speziell angefertigte Komponenten, die in bestehende Bausubstanzen eingefügt werden, um diese zu verbessern oder zu ergänzen, ohne die gesamte Struktur neu bauen zu müssen. Sie sind maßgeschneidert, um exakt in die vorhandenen Gebäudestrukturen zu passen, und können von einfachen Fensterrahmen bis hin zu kompletten Fassadenelementen oder technischen Systemen reichen. Der Einsatz von Retrofit-Bauteilen ermöglicht eine nahtlose Integration in bestehende Gebäude, was insbesondere bei denkmalgeschützten oder strukturell sensiblen Gebäuden von Vorteil ist. Durch den Einsatz dieser Technologie können Gebäude energetisch modernisiert werden, ohne dass das äußere Erscheinungsbild oder die strukturelle Integrität beeinträchtigt wird.

Moderne Technologien im digitalen Aufmaß

Die Verwendung moderner Technologien wie Laserscanning und Fotogrammetrie ist zentral für die Digitalisierung des Aufmaßes. Laserscanning ermöglicht die präzise Erfassung von Oberflächengeometrien und liefert millimetergenaue Daten, die zur Erstellung eines digitalen Zwillings des Gebäudes beitragen. Dieser digitale Zwilling bietet eine realitätsgetreue Darstellung des Gebäudes. Fotogrammetrie nutzt Fotografien, um dreidimensionale Modelle zu erstellen, und ist besonders nützlich für die Erstellung detaillierter Oberflächenmodelle für die weitere Analyse in CAD-Software. Der Einsatz von Wärmebildkameras kann zudem energetische Schwachstellen sichtbar machen und in das digitale Modell integrieren.

Digitaler Zwilling und BIM

Ein zentraler Vorteil des digitalen Aufmaßes liegt in der Integration der erhobenen Daten in BIM. BIM bietet eine umfassende Plattform zur effizienten Planung und Verwaltung von Bauprojekten. Der digitale Zwilling ermöglicht die exakte realitätsgetreue dreidimensionale Darstellung des Gebäudebestands als Basis für zahlreiche Anwendungen; er ermöglicht fortgeschrittene Simulationen und Visualisierungen, die u. a. für Energieanalysen, Bauplanung und -management verwendet werden können. Mithilfe des digitalen Zwillings können Planer verschiedene Szenarien virtuell testen, Anpassungen simulieren und fundierte Entscheidungen treffen, bevor diese in die Praxis umgesetzt werden. BIM unterstützt zudem Berechnungen zu Energieverbrauch, Heiz- und Kühllasten sowie Nachhaltigkeitsbewertungen, was insbesondere bei Sanierungsprojekten von Vorteil ist, da hier eine hohe energetische Effizienz angestrebt wird. Die durch das digitale Aufmaß gewonnenen Daten erleichtern auch die passgenaue Vorfertigung von Bauteilen und Systemen, die im Rahmen serieller Sanierungen zum Einsatz kommen (siehe Kapitel 5.5). Dieser Ansatz optimiert nicht nur die Fertigungsprozesse, sondern gewährleistet auch eine reibungslose Integration der Bauteile vor Ort. Zudem trägt die Standardisierung von Arbeitsabläufen zu effizienteren und kostengünstigeren Sanierungsmaßnahmen bei.

6.2 Methodik und Systematik der Energiebilanz nach DIN V 18599

Die systematische Erfassung der Gebäudedaten bildet einen kritischen Ausgangspunkt sowohl für die Bewertung des Istzustands als auch für die Planung zukünftiger Maßnahmen. Dieser Schritt ist essenziell, um alle relevanten Informationen eines Gebäudes zu dokumentieren und zu analysieren, wodurch fundierte Entscheidungen ermöglicht werden. Besonders wichtig ist dabei die Einbeziehung der Ziele und Wünsche der Eigentümer, um ein maßgeschneidertes und ganzheitliches Sanierungskonzept zu entwickeln.

6.2.1 Checkliste zur Gebäudedatenerfassung für ein energetisches Sanierungskonzept

Eine präzise und strukturierte Erfassung der Gebäudedaten ist die Grundlage für eine fundierte Planung von energetischen Sanierungsmaßnahmen. Die Checkliste in Tabelle 6.1 dient als zentrales Instrument, um eine systematische Aufnahme und Bewertung aller relevanten Informationen zu ermöglichen. Sie erlaubt eine ganzheitliche Analyse der Gebäudestruktur, der Bausubstanz sowie der technischen Ausstattung und dient gleichzeitig als praktischer Leitfaden für die Erstellung eines individuellen Sanierungskonzepts.

Schwerpunkte der Checkliste

- **Allgemeine Gebäudedaten:**
  - Objektadresse, Baujahr, Bauweise: Diese Grunddaten geben einen Überblick über das Gebäude und seine historischen sowie architektonischen Besonderheiten.
  - Denkmalschutzstatus: Dieser gibt Aufschluss über zusätzliche gesetzliche Anforderungen und Einschränkungen.
  - Details zur Gebäudenutzung und vorhandene Bauunterlagen: Diese Informationen sind wesentliche Einflussfaktoren für die Sanierungsplanung.
- **Bewertung der Bausubstanz:**
  - Analyse von Außenwänden, Fenstern, Dachkonstruktionen und Kellern: Diese Betrachtung hilft, sichtbare Schäden und strukturelle Mängel zu identifizieren sowie energetische Schwachstellen zu erfassen, um gezielte Maßnahmen zur Verbesserung zu planen
- **Technische Ausstattung:**
  - Heizungsanlage, Warmwasserbereitung, Lüftungssysteme: Die Erfassung dieser Daten ermöglicht eine genaue Bewertung der Effizienz und des Modernisierungsbedarfs der technischen Anlagen.
  - Energieausweise, Schornsteinfegerprotokolle oder Baupläne: Diese Dokumente werden systematisch ergänzt und strukturiert.

Die Checkliste dient nicht nur als Werkzeug für die Zustandserfassung, sondern auch als Handlungsleitfaden für die Entwicklung optimierter Sanierungsstrategien. Sie unterstützt eine nachhaltige, wirtschaftliche und zukunftssichere Sanierungsplanung, indem sie die wichtigsten Datenpunkte in einem strukturierten Format zusammenführt. Dies fördert die Kommunikation und Koordination zwischen Eigentümern, Planern und ausführenden Fachkräften, was die Effizienz und Präzision in allen Phasen des Sanierungsprozesses verbessert.

Tabelle 6.1: Checkliste zur Gebäudedatenerfassung

	1. Allgemeine Gebäudedaten	
Kategorie	**detaillierte Erfassung**	**Bemerkungen**
Objektadresse	Straße, Hausnummer, PLZ, Ort	–
Baujahr	Jahr der Errichtung	Relevanz für Baustandard und Energieeffizienz
Bauweise	Massivbau/Fachwerk/Holzbauweise/Stahlbeton	Einfluss auf Wärmedämmung und Sanierungsoptionen
Anzahl der Geschosse	Erdgeschoss, Obergeschoss, Dachgeschoss, Keller	–
Gebäudeart	Einfamilienhaus/Mehrfamilienhaus/Gewerbegebäude	–
Wohnfläche/Nutzfläche	in m^2	Grundlage für energetische Berechnungen
Denkmalschutzstatus	ja/nein	Auswirkungen auf Sanierungsmaßnahmen
vorhandene Bauunterlagen	Pläne/Statik/Baubeschreibung	hilfreich für Detailplanung
Gebäudenutzung	Wohngebäude/Mischgebäude/Gewerbe	–
Anzahl der Wohneinheiten	Anzahl	relevant für Heizlastberechnung
Sanierungshistorie	Wurden bereits Maßnahmen durchgeführt?	Zeitpunkt und Umfang vorhandener Maßnahmen
Angaben zu Eigentumsverhältnissen	privat/Wohneigentümergemeinschaft (WEG)/Unternehmen/Kommune	Relevanz für Fördermöglichkeiten
	2. Bewertung der Bausubstanz	
Bauteil	**detaillierte Erfassung**	**Zustand und Mängel**
Außenwände	Material (Ziegel, Beton, Holz usw.)	Risse, Feuchtigkeit, Dämmstatus
Dämmung der Außenwände	Art und Dicke der Dämmung (falls vorhanden)	Feuchte, Schäden, Wärmeverluste
Fenster und Verglasung	Einfach-/Doppel-/Dreifachverglasung	*U*-Wert, Dichtheit, Alter, Schäden
Fensterrahmen	Holz/Kunststoff/Aluminium	Zustand, Dichtungen, Wärmebrücken
Dachkonstruktion	Art (Satteldach, Flachdach usw.)	Zustand der Dachdeckung
Dämmung des Dachs	Material, Dicke	Feuchte, Wärmeverluste
Kellerdecke/Bodenplatte	Dämmung vorhanden?	Zustand, Feuchtigkeit
Außentüren	Baujahr, Material, Dichtigkeit	Einfluss auf Luftwechsel und Wärmeschutz

Tabelle 6.1: Checkliste zur Gebäudedatenerfassung (Fortsetzung)

3. Technische Ausstattung		
Anlage	**detaillierte Erfassung**	**Bemerkungen**
Heizungsanlage	Gas/Öl/Fernwärme/Wärmepumpe/Holz/Hybrid	Alter, Effizienzklasse, Zustand
Baujahr der Heizung	Jahr der Inbetriebnahme	Austauschpflicht beachten (GEG)
Energieverbrauch der letzten 3 Jahre	in kWh	Monitoring und Optimierungspotenzial
Wärmeverteilung	Heizkörper/Fußbodenheizung/Wandheizung	Einfluss auf Effizienz
Warmwasserbereitung	zentral/dezentral (Durchlauferhitzer, Speicher)	Effizienzbewertung
Lüftungssystem	keins/Fensterlüftung/mechanische Lüftung/ Wohnraumlüftung mit Wärmerückgewinnung	Zustand, Effizienz
Energieausweis	Bedarfsausweis/Verbrauchsausweis	Dokumentation wichtig für Planung
Schornsteinfegerprotokolle	letzte Messung und Ergebnisse	Relevanz für Feuerungsanlagen
Photovoltaik (falls vorhanden)	Leistung (kWp)/Speicher?	Eigenverbrauchsquote, Einspeisung
Solarthermie (falls vorhanden)	ja/nein/Fläche/Speichergröße	Warmwasser- und Heizungsunterstützung
Smarthome-Systeme	Steuerung für Heizung, Lüftung, Strom	Optimierungspotenzial
4. Gebäudehülle und Luftdichtheit		
Kategorie	**detaillierte Erfassung**	**Bemerkungen**
Blower-Door-Test vorhanden?	ja/nein	Luftwechselrate ermitteln
Dachanschlüsse und Dichtigkeit	Prüfung auf Wärmebrücken und Undichtigkeiten	Risiko von Wärmeverlusten
Fensteranschlüsse	Sind Fugen luftdicht?	Undichtigkeiten erkennen
Feuchtigkeitsprobleme	Kondenswasser, Schimmel	Sanierungsbedarf ermitteln
5. Fördermöglichkeiten und Wirtschaftlichkeitsanalyse		
Kategorie	**detaillierte Erfassung**	**Bemerkungen**
Förderfähige Maßnahmen identifiziert?	ja/nein	Bundesförderung für effiziente Gebäude (BEG), KfW, Länderförderungen prüfen
Wirtschaftlichkeit von Sanierungsmaßnahmen	Einsparpotenzial berechnet?	Vergleich von Investitionskosten und Amortisation
Nutzung von erneuerbaren Energien	Möglichkeiten zur Umstellung?	Förderungen für Wärmepumpen, PV usw.
6. Fazit und Handlungsplan		
Basierend auf der **Gebäudedatenerfassung** werden konkrete **Sanierungsmaßnahmen** abgeleitet und priorisiert.		
Kategorie	**detaillierte Erfassung**	**Bemerkungen**
kurzfristige Maßnahmen (1–3 Jahre)	• dringende Reparaturen (z. B. Fensterdichtungen, Dämmung von Leitungen) • Optimierung der Heizungssteuerung • Blower-Door-Test zur Luftdichtigkeit	–
mittelfristige Maßnahmen (3–7 Jahre)	• Austausch ineffizienter Heizungsanlagen • Nachrüstung von Dach- oder Fassadendämmung • Lüftungssystem mit Wärmerückgewinnung prüfen	–
langfristige Maßnahmen (7–15 Jahre)	• Umstellung auf regenerative Energien (Wärmepumpe, Photovoltaik, Solarthermie) • ganzheitliche Sanierung der Gebäudehülle	–
nächste Schritte	• Energieberatung einholen • Förderprogramme prüfen • Maßnahmen planen und umsetzen	–

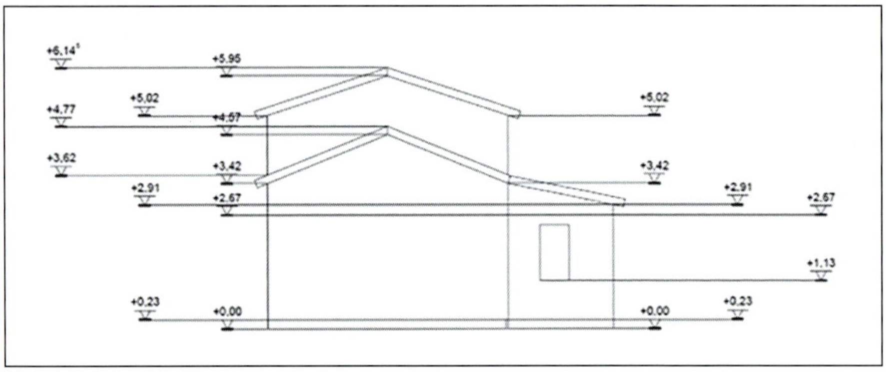

Abb. 6.1: Gebäudeschnitt (Quelle: eigene Darstellung mittels Hottgenroth Software)

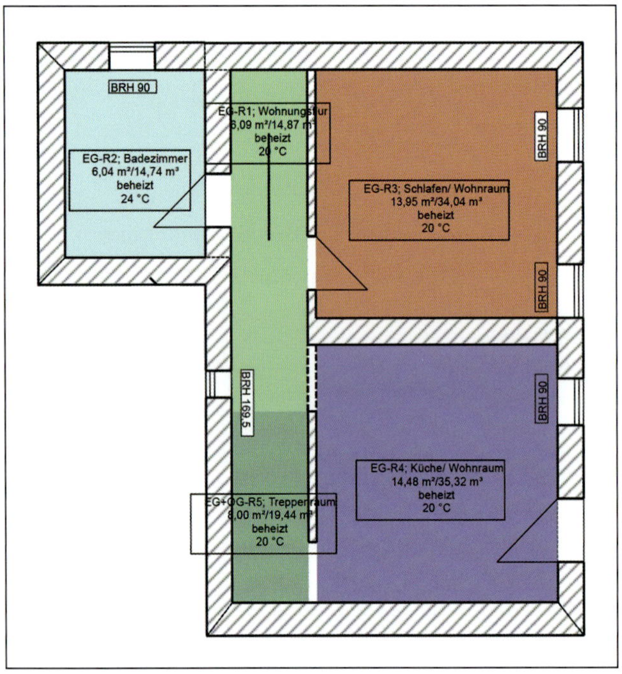

Abb. 6.2: Grundriss Erdgeschoss (Quelle: eigene Darstellung mittels Hottgenroth Software)

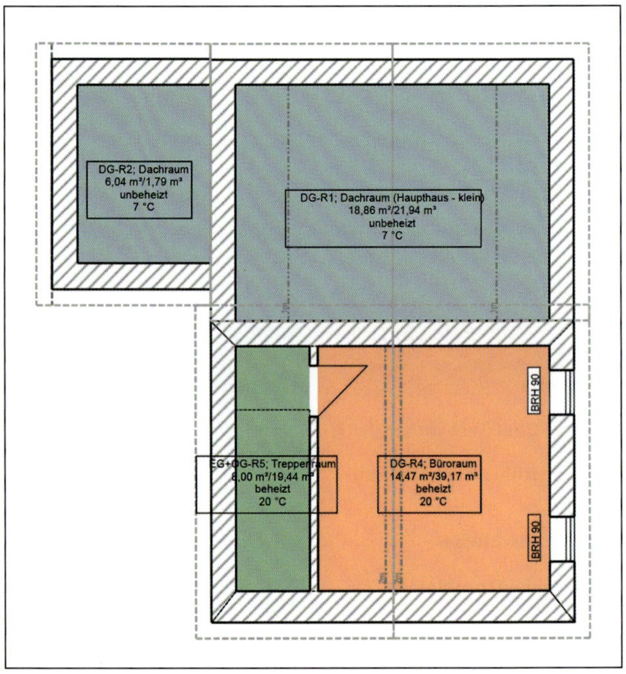

Abb. 6.3: Grundriss Obergeschoss (Quelle: eigene Darstellung mittels Hottgenroth Software)

Anwendung der Checkliste auf ein Beispielgebäude

Das Beispielgebäude (siehe Abb. 6.1 bis 6.3), eine Doppelhaushälfte in Freiburg im Breisgau, erbaut im Jahr 1960, veranschaulicht die Erfassung der Gebäudedaten und der technischen Ausstattung nach der Checkliste in Tabelle 4.1. Es handelt sich um ein Wohngebäude mit einer Wohnfläche von 65 m², verteilt auf 2 Etagen, ohne Keller. Die Immobilie wurde 1990 durch einen Anbau erweitert, in dem sich das Badezimmer befindet. Die Bewohnung durch 3 Personen und die Ausstattung mit einer Flüssiggasheizung sowie einem Gas-Niedertemperatur-Außenwandgerät von 1990, das sowohl die Raumheizung als auch die Warmwasserbereitung übernimmt, sind wichtige Aspekte für die energetische Bewertung und Sanierungsplanung. Die festgestellten Sockelabplatzungen und hohe Luftfeuchte sind ebenfalls zu berücksichtigen und werden in die Gesamtbewertung mit einbezogen.

Die Energiebilanzierung nach DIN V 18599 repräsentiert ein umfassendes und integrales Konzept, das die Bewertung des Bauwerks, dessen Nutzung sowie der Anlagentechnik in einer ganzheitlichen Perspektive umfasst. Diese Methodik berücksichtigt die komplexen Wechselwirkungen zwischen den verschiedenen Elementen eines Gebäudes, um eine detaillierte Analyse des Energieverbrauchs und der Energieeffizienz zu ermöglichen.

Exkurs

Energetische Bilanzierung nach DIN V 18599

Die Energiebilanzierung nach DIN V 18599 stellt ein umfassendes und integrales Konzept dar, das die Bewertung eines Bauwerks, dessen Nutzung sowie der Anlagentechnik in einer ganzheitlichen Perspektive umfasst. Diese Methodik berücksichtigt die komplexen Wechselwirkungen zwischen den verschiedenen Elementen eines Gebäudes, um eine detaillierte Analyse des Energieverbrauchs und der Energieeffizienz zu ermöglichen.

Struktur der DIN V 18599

Diese umfassende Normenreihe ist in mehrere Teile gegliedert, um spezifische Aspekte der Energieeffizienz von Gebäuden abzudecken. Jeder Teil behandelt unterschiedliche, aber miteinander verbundene Themenbereiche, die für die

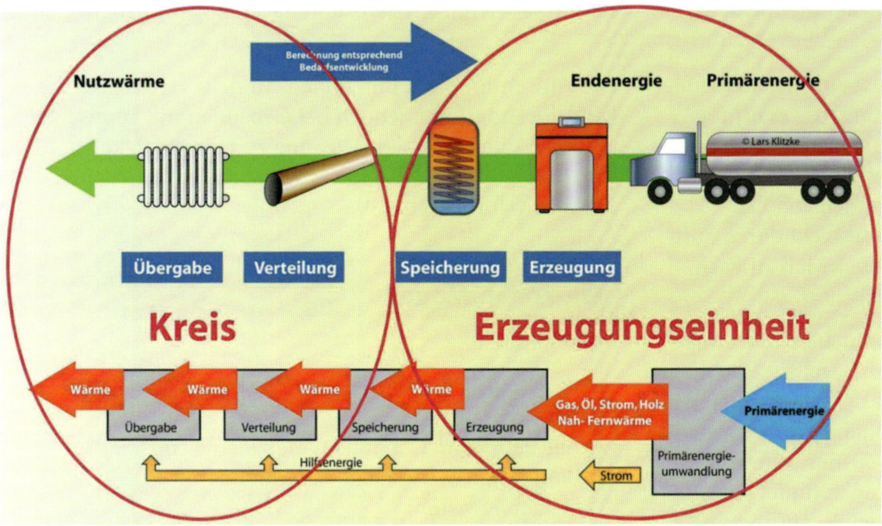

Abb. 6.4: Übersicht Prozesskette Primärenergie bis Nutzenergie nach DIN V 18599

umfassende Bewertung des Energiebedarfs von Gebäuden wesentlich sind. Die Norm besteht aus 13 Hauptteilen und mehreren Beiblättern, die zusätzliche Informationen und Anwendungsrichtlinien bieten:

- **Teil 1: Allgemeine Bilanzierungsverfahren, Begriffe, Zonierung und Bewertung der Energieträger:** legt die Grundlagen für die Energiebilanzierung und definiert wichtige Begriffe.
- **Teil 2: Nutzenergiebedarf für Heizen und Kühlen von Gebäudezonen:** spezifiziert die Berechnung des Energiebedarfs für Heizung und Kühlung in verschiedenen Zonen eines Gebäudes.
- **Teil 3: Nutzenergiebedarf für die energetische Luftaufbereitung:** bezieht sich auf den Energiebedarf für die Behandlung der Raumluft.
- **Teil 4: Nutz- und Endenergiebedarf für Beleuchtung:** behandelt den Energiebedarf für Beleuchtungssysteme innerhalb eines Gebäudes.
- **Teil 5: Endenergiebedarf von Heizsystemen:** fokussiert auf den Energiebedarf verschiedener Heizsysteme.
- **Teil 6: Endenergiebedarf von Lüftungsanlagen, Luftheizungsanlagen und Kühlsystemen für den Wohnungsbau:** detailliert den Energiebedarf für Lüftung und Kühlung im Wohnbereich.
- **Teil 7: Endenergiebedarf von Raumlufttechnik- und Klimakältesystemen für den Nichtwohnungsbau:** erweitert die Diskussion des Energiebedarfs auf nicht wohnbauspezifische Systeme.
- **Teil 8: Nutz- und Endenergiebedarf von Warmwasserbereitungsanlagen:** beschreibt den Energiebedarf für die Warmwasserbereitung.
- **Teil 9: End- und Primärenergiebedarf von Strom produzierenden Anlagen:** beinhaltet die Bewertung von Anlagen zur Stromerzeugung.
- **Teil 10: Nutzungsrandbedingungen, Klimadaten:** stellt Daten zur Verfügung, die für die Energieberechnungen benötigt werden.
- **Teil 11: Gebäudeautomation:** betrachtet den Einfluss von Gebäudeautomationssystemen auf die Energieeffizienz.
- **DIN/TS 18599-12 Tabellenverfahren Wohnbau:** beinhaltet vereinfachte Verfahren für den Wohnbau.
- **DIN/TS 18599-13 Tabellenverfahren für Nichtwohngebäude:** beinhaltet vereinfachte Verfahren für Nichtwohngebäude.

Zusätzlich gibt es Beiblätter, die ergänzende Informationen und Richtlinien bieten:

- **Beiblatt 1: Bedarfs-Verbrauchsabgleich:** hilft bei der Abstimmung von berechnetem Bedarf und tatsächlichem Verbrauch.
- **Beiblatt 2: Beschreibung der Anwendung von Kennwerten aus der DIN V 18599 bei Nachweisen des Gesetzes zur Förderung EEWG:** erklärt, wie die Norm im Kontext spezifischer gesetzlicher Anforderungen angewendet wird.
- **Beiblatt 3: Überführung der Berechnungsergebnisse einer Energiebilanz nach DIN/TS 18599 in ein standardisiertes Ausgabeformat:** standardisiert die Darstellung der Berechnungsergebnisse für eine klare Kommunikation und Dokumentation.

Diese Struktur ermöglicht es Fachleuten, gezielt auf die für ihre spezifischen Anforderungen relevanten Informationen zuzugreifen, und erleichtert die präzise Anwendung der Normen in verschiedenen Phasen der Planung und Ausführung von Gebäuden.

Durch diese strukturierte Herangehensweise ermöglicht die DIN V 18599 insbesondere eine präzise und fundierte Energiebilanzierung, die alle relevanten Aspekte des Gebäudes und dessen Nutzung berücksichtigt. Die Normenreihe leistet somit einen wesentlichen Beitrag zur Planung und Realisierung energieeffizienter Gebäude und unterstützt die Bemühungen um eine nachhaltige Bauweise.

Die energetische Bilanzierung von Gebäuden nach DIN V 18599 ist ein essenzieller, jedoch komplexer Prozess, der eine genaue und umfassende Analyse erfordert. Diese Norm bietet einen strukturierten Rahmen zur Bewertung des Energiebedarfs von Gebäuden, von der Primärenergie bis hin zur Nutzenergie (siehe Abb. 6.4), wodurch sämtliche Stufen der Energieumwandlung berücksichtigt werden.

Während die Norm einen strukturierten Rahmen bietet, gibt es Herausforderungen und Diskrepanzen, insbesondere wenn es um die Übereinstimmung zwischen theoretisch berechneten und tatsächlich gemessenen Energieverbräuchen geht.

6.2.2 Zoneneinteilung und Festlegung der thermischen Hüllfläche

Die Zoneneinteilung eines Gebäudes ist ein entscheidender Schritt in der energetischen Bilanzierung, der es ermöglicht, Bereiche mit ähnlichen Nutzungsmustern und Konditionierungsanforderungen zu identifizieren und zusammenzufassen. Diese Aufgabe muss manuell von der Planung durchgeführt werden und kann nicht durch Software automatisiert werden, was ein hohes Maß an Fachkenntnis und Erfahrung erfordert.

Für die Bilanzierung von Energieverbräuchen in Wohngebäuden nach DIN V 18599 wird in der Regel ein Ein-Zonen-Modell verwendet. Dabei wird das gesamte Gebäude als eine einzige Zone betrachtet, unabhängig von der Anzahl der Räume oder Stockwerke. Es existiert grundsätzlich nur ein solches Ein-Zonen-Modell, jedoch findet es Anwendung in 2 unterschiedlichen Kontexten, insbesondere bei Wohngebäuden mit Kühlungssystemen.

Anwendung des Ein-Zonen-Modells in der DIN V 18599:

- Standardanwendung für Wohngebäude: Nach DIN V 18599-1 „Energetische Bewertung von Gebäuden – Berechnung des Nutz-, End- und Primärenergiebedarfs für Heizung, Kühlung, Lüftung, Trinkwarmwasser und Beleuchtung – Teil 1: Allgemeine Bilanzierungsverfahren, Begriffe, Zonierung und Bewertung der Energieträger" (2018) wird das gesamte Wohngebäude als eine einzige Zone modelliert. Dieses Modell ist besonders relevant für die Standardenergiebilanzierung und wird in den meisten Wohngebäuden angewendet, die nicht aktiv gekühlt werden.
- Erweiterte Anwendung bei gekühlten Wohngebäuden: Für Wohngebäude, die aktive Kühlungssysteme wie reversible Wärmepumpen nutzen, schreibt DIN V 18599-6 „Energetische Bewertung von Gebäuden – Berechnung des Nutz-, End- und Primärenergiebedarfs für Heizung, Kühlung, Lüftung, Trinkwarmwasser und Beleuchtung – Teil 6: Endenergiebedarf von Lüftungsanlagen, Luftheizungsanlagen und Kühlsystemen für den Wohnungsbau" (2018) spezifische Regeln vor. Selbst wenn die Kühlung nicht aktiv genutzt wird, muss ihre potenzielle Nutzung in die Energiebilanzierung einbezogen werden. Die Berechnung des Kühlbedarfs erfolgt dabei flächenanteilig mittels eines Teilkühlfaktors, der in den Gleichungen 122 der Ausgabe 2011 bzw. Gleichung 160 der Ausgabe 2018 der DIN V 18599-6 definiert ist.

Zudem ist es wichtig, weitere interne Wärmequellen und den Nutzwärmebedarf für die Trinkwarmwasserbereitstellung zu berücksichtigen. Diese werden auf Basis der beheizten Nettogrundfläche nach DIN 277 „Grundflächen und Rauminhalte im Hochbau" (2021) berechnet, nicht nach der Gebäudenutzfläche AN, wie sie im GEG definiert ist.

Durch diese spezifischen Richtlinien bietet die DIN V 18599-6 detaillierte Anweisungen für die präzise Energiebilanzierung von Wohngebäuden, sowohl für Standardanwendungen als auch für komplexere Fälle mit Teilkühlung. Dies ermöglicht es, die energetische Performance von Wohngebäuden genauer zu bewerten und zu optimieren, was insbesondere in Hinblick auf die zunehmende Bedeutung von Energieeffizienz und nachhaltigem Bauen wichtig ist.

Die Anwendung des Ein-Zonen-Modells vereinfacht die Modellierung, kann jedoch bei Gebäuden mit gemischter Nutzung oder variabler Belegung zu Ungenauigkeiten führen. Für detailliertere Analysen sind daher Mehrzonen-Modelle erforderlich.

Ein-Zonen-Modell

Charakteristika:

- Wohngebäude werden als eine energetische Bilanzzone betrachtet.
- Alle Räume im Gebäude haben identische Randbedingungen (z. B. gleiche Raumtemperatur, gleiches Nutzerverhalten).
- Es erfolgt eine vereinfachte Berechnung für kleinere Gebäude mit homogener Nutzung.

Randbedingungen in der Bilanzierung:

- Innere Wärmegewinne (Personen, Haushaltsgeräte, Beleuchtung) werden pauschal angesetzt.
- Standardisierte Nutzungsprofile für Heizung, Lüftung und Warmwasserbereitung kommen zum Einsatz.
- Lüftungswärmeverluste basieren auf definierten Luftwechselraten.

Vorteile:

- reduzierter Rechenaufwand und einfache Anwendbarkeit
- geeignet für Wohngebäude mit gleichmäßiger Nutzung
- kohärente Annahmen für Energiebedarf und Effizienzbewertung

Einschränkungen:

- keine Differenzierung nach individuellen Raumtemperaturen
- keine Berücksichtigung lokaler Wärmebrücken oder interner Zonierung
- Einschränkungen bei komplexen Grundrissen oder heterogener Nutzung

6.2.3 Energetische Bilanzierung

Der Prozess der energetischen Bilanzierung beginnt mit der Ermittlung des Nutzenergiebedarfs, der Heizung, Warmwasserversorgung, Kühlung, Lüftung und weitere Faktoren umfasst. Aufgrund der Komplexität dieser Faktoren ist es nicht immer praktikabel, alle detailliert in einer einfachen Übersicht aufzuführen. Stattdessen werden sie in den verschiedenen Teilen der DIN V 18599 normiert und spezifiziert. Zum Beispiel behandelt

- Teil 2 den Nutzenergiebedarf für Heizen und Kühlen von Gebäudezonen,
- Teil 8 den Nutz- und Endenergiebedarf von Warmwasserbereitungsanlagen,
- Teil 11 die Rolle der Gebäudeautomation.

Die genaue Betrachtung jedes dieser Aspekte ermöglicht es, eine präzise energetische Bilanz zu erstellen, die nicht nur den Energiebedarf realistisch abbildet, sondern auch potenzielle Einsparungen und Optimierungen aufzeigt. Durch Analyse und Optimierung jedes einzelnen dieser Faktoren kann die Gesamteffizienz des Gebäudes signifikant verbessert werden.

Bei der energetischen Bilanzierung werden Wärmequellen und -senken gegenübergestellt. Zu diesem Bedarf werden technische Verluste aus Übergabe, Verteilung und Speicherung hinzugefügt, um die Energiemenge zu bestimmen, die von den Energieerzeugern bereitgestellt werden muss. Die Bewertung der Energieerzeuger und die Berücksichtigung von Verlusten bei der Energieerzeugung sind weitere wichtige Schritte. Abschließend werden die Endenergien bestimmt und primärenergetisch bewertet, wobei auch die Aufwendungen für elektrische Hilfsenergien berücksichtigt werden.

Diskrepanzen und Herausforderungen

Eine erhebliche Schwäche des aktuellen Verfahrens nach DIN V 18599 liegt in der Diskrepanz zwischen berechnetem und tatsächlichem Energieverbrauch. Viele gängige Haushaltsgeräte und elektrische Ausstattungen werden oft nicht berücksichtigt, was zu einer erheblichen Unterschätzung des tatsächlichen Stromverbrauchs führen kann. Standardisierte Vorgabewerte für Klima, Innentemperaturen und Nutzungsdauern weichen häufig von der Realität ab und führen zu unrealistischen Energiekostenschätzungen. Dies kann zu Konflikten zwischen Planung und Bauherren führen, da die Ergebnisse der Bilanzierung nicht immer verlässliche Vorhersagen ermöglichen.

Lösungsansätze

Um die Diskrepanz zwischen theoretischen Berechnungen und tatsächlichem Energieverbrauch zu verringern, ist eine zweite, detailliertere Berechnung erforderlich. Diese sollte reale Innenraumtemperaturen, tatsächliche Belegung, Standortklima, Lüftungsverhalten, interne Lasten und individuelle Gebäudecharakteristika berücksichtigen. Durch die Anpassung der Modellparameter an die tatsächlichen Gegebenheiten kann die Genauigkeit der Energiebilanzierung verbessert und somit eine realistischere Grundlage für Energiekostenprognosen und Einsparungsmaßnahmen geschaffen werden.

6.2.4 Nutzungsrandbedingungen für Einfamilienhäuser

Die Nutzungsrandbedingungen und die Berechnung der thermischen Hüllfläche nach DIN V 18599 sind essenzielle Aspekte bei der energetischen Bilanzierung von Einfamilienhäusern, um standardisierte und vergleichbare Ergebnisse zu gewährleisten.

DIN V 18599 legt fest, dass für Einfamilienhäuser standardisierte Betriebs- und Nutzungszeiten angenommen werden, um eine einheitliche Basis für die energetische Bilanzierung zu schaffen. Diese standardisierten Werte ermöglichen eine konsistente Vergleichbarkeit zwischen verschiedenen Gebäuden:

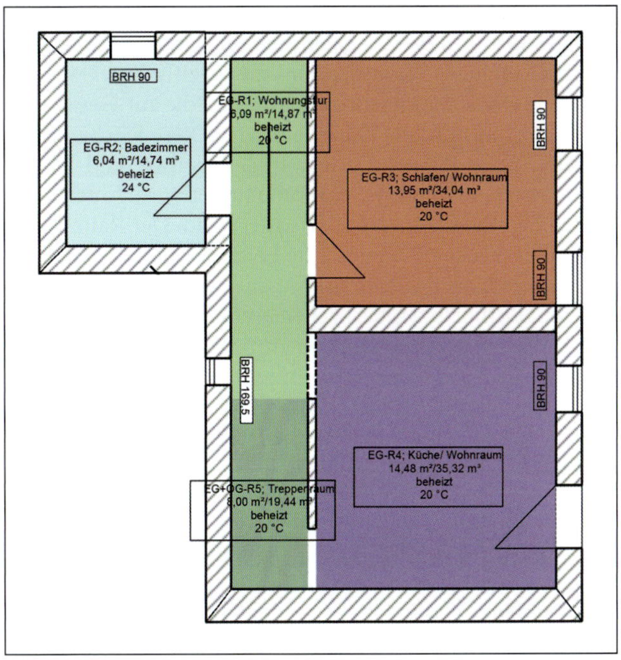

Abb. 6.5: Raumstempel Erdgeschoss (Quelle: eigene Darstellung mittels Hottgenroth Software)

- **Heizbetrieb:** Die Heizung ist mit einer täglichen Gesamtlaufzeit von 6 bis 23 Uhr in Betrieb. Während dieser Betriebszeit wird eine Raumtemperatur von 20 °C angestrebt.
- **Luftwechsel:** Standardmäßig wird ein Luftwechsel von 0,5 pro Stunde angenommen. Bei Einsatz von belüftungsunterstützender Technik kann dieser Wert auf 0,45 pro Stunde reduziert werden, was die Energieeffizienz steigern kann.
- **Interne Wärmequellen:** Diese umfassen alle im Haushalt genutzten Geräte sowie die Wärmeabgabe durch die Bewohner selbst und liefern durchschnittlich 45 bis 90 Wh Wärmeenergie pro m^2 Wohnfläche pro Tag.
- **Elektrischer Energiebedarf:** Der Bedarf für Haushaltsgeräte, abzüglich der Hilfsenergien für technische Systeme wie Heizung, beläuft sich auf etwa 63 Wh pro m^2 Wohnfläche pro Tag.

6.2.5 Berechnung der thermischen Hüllfläche

Die thermische Hüllfläche eines Gebäudes umfasst alle Bauteile, die das beheizte Volumen des Gebäudes von der Außenluft trennen. Die korrekte Berechnung der thermischen Hüllfläche ist entscheidend für die genaue Ermittlung des Energiebedarfs, da sie maßgeblich die Wärmeübertragung zwischen Innen- und Außenbereich beeinflusst.

Für das Beispielgebäude, ein Einfamilienhaus mit einem Anbau (siehe Kapitel 6.2.1), muss die thermische Hüllfläche wie folgt berechnet werden:

- **Erfassung der Gebäudegeometrie:** Die Maße des Haupthauses und des Anbaus werden erfasst, um die Grundfläche, Wandflächen und Dachflächen genau zu bestimmen.
- **Berücksichtigung aller beheizten Räume:** Im Erdgeschoss befinden sich Küche, Schlafzimmer, Wohnungsflur und ein Treppenraum sowie ein Badezimmer im Anbau. Es ist sicherzustellen, dass alle Räume in die Berechnung der thermischen Hüllfläche (siehe Abb. 6.5) einbezogen werden, da sie beheizt sind. Der sog. Raum-

stempel wird typischerweise im Zusammenhang mit der Planung und Bewertung der thermischen Hüllfläche eines Gebäudes verwendet, um die spezifischen Flächenanteile eines Raumes zu identifizieren, die zur Gesamtfläche der thermischen Hülle beitragen. Diese Flächenanteile können Wände, Decken, Böden, Fenster und Türen umfassen, die direkt an die Außenluft grenzen oder zu unbeheizten Räumen hin orientiert sind. Der Raumstempel dient dazu, die thermische Leistung eines Gebäudes genauer zu modellieren und zu analysieren. Er umfasst die maßgeblichen Oberflächen eines Raumes, die für den Wärmeaustausch mit der Außenumgebung oder anderen nicht konditionierten Innenräumen verantwortlich sind. Durch die exakte Definition und Erfassung dieser Flächen können die thermischen Verluste und Gewinne detailliert berechnet werden.

Raumstempel in der thermischen Analyse und in Energieberechnungen

Anwendung in der thermischen Analyse

In der thermischen Analyse hilft der Raumstempel dabei, die spezifischen Beiträge einzelner Räume oder Raumgruppen zur Gesamtheizlast oder zum Kühlbedarf des Gebäudes zu bestimmen. Dies ist besonders wichtig für die Auslegung von Heizungs-, Lüftungs- und Klimaanlagen (HVAC-Systemen [HAVC = Heating, Ventilation, Air Conditioning]), da es es ermöglicht, Systeme so zu dimensionieren und zu regeln, dass sie den tatsächlichen thermischen Anforderungen entsprechen.

Integration in Energieberechnungen

Der Raumstempel wird oft in energetischen Berechnungen genutzt, um die Energieeffizienz von Gebäuden zu verbessern. Durch die Identifizierung der thermisch aktiven Flächenanteile eines Raumes können Maßnahmen zur Energieeinsparung gezielt geplant und umgesetzt werden, wie z. B. die Verbesserung der Dämmung oder der Einbau von energieeffizienteren Fenstern und Türen.

Zusammengefasst ermöglicht der Raumstempel eine präzise und fundierte Bewertung der thermischen Eigenschaften eines Gebäudes, was zur Optimierung des Energieverbrauchs und zur Verbesserung des Raumklimas beiträgt. Er ist ein zentrales Element in der Planung und Bewertung der energetischen Leistung eines Gebäudes und trägt dazu bei, die gesetzlichen Anforderungen an den Wärmeschutz effektiv zu erfüllen.

- **Berechnung der Außenflächen:** Die Summe aller Außenwände, Fenster, Außentüren, Decken unter unbeheizten Dachräumen und Böden über unbeheizten Kellern oder dem Erdreich bildet die thermische Hüllfläche.

Die genaue Berechnung der thermischen Hüllfläche ermöglicht eine präzise Bestimmung des Transmissionswärmeverlusts, der für die energetische Bewertung des Gebäudes entscheidend ist. Durch die Anwendung der DIN V 18599 kann somit sichergestellt werden, dass die Energiebilanzierung auf einer soliden und normgerechten Grundlage erfolgt.

Bei der energetischen Bilanzierung und Berechnung der thermischen Hüllfläche des beschriebenen Einfamilienhauses (siehe Kapitel 6.2.1) sind die spezifische Nutzung und Beheizung der Räume im Obergeschoss von entscheidender Bedeutung. Die unterschiedliche Nutzung und Beheizung dieser Räume führt zu speziellen Anforderungen an die energetische Bewertung und hat direkte Auswirkungen auf die Energieeffizienz des Gebäudes.

Integration der Raumdaten in die energetische Bilanzierung

Beheizte Räume

Der Treppenraum und das Büro im Obergeschoss sind beheizt, was bedeutet, dass diese Räume in die Berechnung der thermischen Hüllfläche und somit in die Berechnung des Transmissionswärmeverlusts einbezogen werden müssen. Es ist wichtig, dass die Wärmeisolation und Dichtigkeit dieser Räume den Standards entsprechen, um Wärmeverluste zu minimieren.

Unbeheizte Räume

Die beiden Dachräume, die unbeheizt bleiben, müssen in der energetischen Bilanzierung anders behandelt werden. Diese Räume tragen potenziell zu erhöhten Wärmeverlusten bei, da sie eine Schnittstelle zwischen den beheizten Bereichen des Gebäudes und der Außenwelt darstellen. Ihre Einbeziehung in die Berechnung der thermischen Hüllfläche hängt davon ab, wie gut sie vom beheizten Volumen isoliert sind.

6.2.6 Anpassung der thermischen Hüllfläche

Die **thermische Hüllfläche** bezieht sich auf alle Bauteile eines Gebäudes (Wände, Fenster, Türen, oberer und unterer Abschluss), die das beheizte oder gekühlte Innere des Gebäudes von der Außenwelt oder unbeheizten Räumen trennen (siehe Abb. 6.6 und 6.7). Die Qualität dieser Hüllfläche, insbesondere ihre Wärmedämmung und Luftdichtheit, ist ausschlaggebend für die Energieeffizienz des Gebäudes. Eine gut gedämmte und dichte Hüllfläche minimiert den Wärmeverlust im Winter und die Wärmegewinne im Sommer, was direkt zu einer Reduzierung des Energiebedarfs für Heizung und Kühlung führt sowie Heiz- oder Kühlkosten minimiert.

In der energetischen Bilanzierung von Gebäuden spielen das A/V-Verhältnis sowie die Beschreibung und Berechnung der thermischen Hüllfläche eine entscheidende Rolle. Diese Faktoren sind zentral, um die Energieeffizienz eines Gebäudes wie beispielsweise eines Einfamilienhauses zu bewerten.

Das **A/V-Verhältnis** (auch Formfaktor genannt) ist das Verhältnis von Außenfläche (A) zu Volumen (V) des Gebäudes:

$$\text{A/V-Verhältnis} = A : V \tag{6.1}$$

mit

A Außenfläche des Gebäudes in m^2, die thermisch relevant ist (inkl. Wände, Dach, Bodenplatte usw.)
V beheiztes Bruttovolumen in m^3

Abb. 6.6: Raumstempel Obergeschoss (Quelle: eigene Darstellung mittels Hottgenroth Software)

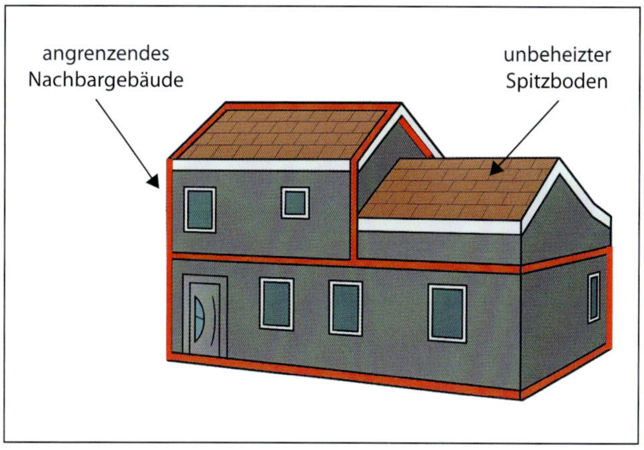

Abb. 6.7: Wärmeübertragende Umfassungsfläche des Gebäudes

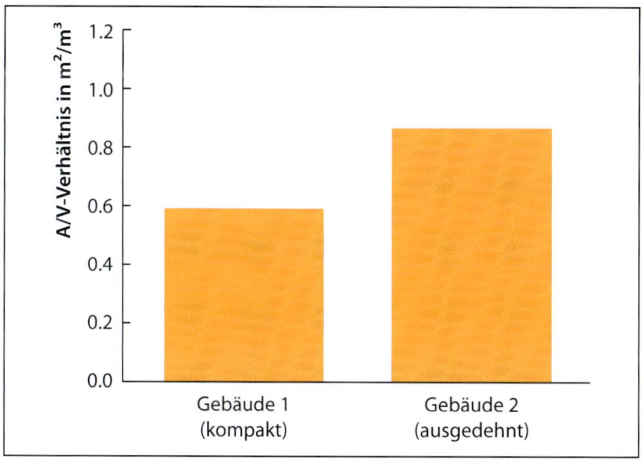

Abb. 6.8: Vergleich des A/V-Verhältnisses zweier Gebäudetypen

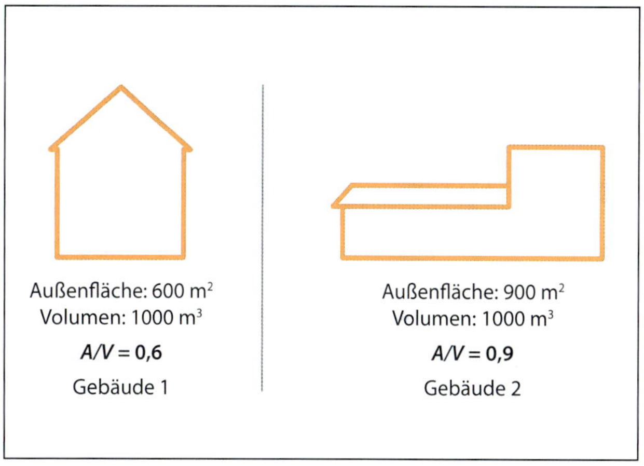

Abb. 6.9: Beispielhafter Vergleich der A/V-Verhältnisse kompakter und ausgedehnter Gebäudeformen

Dieses Verhältnis ist ein wichtiger Indikator für die Effizienz der Gebäudehülle:

- Ein niedriges A/V-Verhältnis bedeutet, dass das Gebäude relativ weniger Außenfläche im Verhältnis zu seinem Volumen hat. Dies ist oft der Fall bei kompakten Gebäudeformen wie Kuben oder Sphären. Weniger Außenfläche reduziert die Flächen, durch die Wärme entweichen oder eindringen kann, was die energetische Effizienz erhöht.
- Ein hohes A/V-Verhältnis weist auf eine ungünstige Geometrie mit viel Außenfläche pro m³ beheizten Raum hin (z. B. frei stehende Einfamilienhäuser), was typisch ist für lang gestreckte oder stark gegliederte Gebäude. Diese Form erhöht die Exposition gegenüber äußeren klimatischen Bedingungen und führt zu einem potenziell höheren Energiebedarf für Heizung und Kühlung.

Die detaillierte Analyse dieser Aspekte ermöglicht es, gezielte Maßnahmen zur Verbesserung der Energieeffizienz zu planen. Beispielsweise kann bei der Planung eines Einfamilienhauses durch die Optimierung des A/V-Verhältnisses und die Auswahl hochwertiger Materialien für die thermische Hüllfläche der Energiebedarf signifikant reduziert werden. Diese Überlegungen sind entscheidend für das Erreichen von Energiestandards und die Minimierung der Betriebskosten sowie die Reduzierung der Umweltauswirkungen des Gebäudes.

Abb. 6.8 visualisiert den Vergleich der A/Verhältnisse der unterschiedlichen Gebäudetypen.

A/V-Verhältnisse kompakter und ausgedehnter Gebäude

Gebäude 1 (kompakte Form): 600 m² Außenfläche, 1000 m³ Volumen → A/V-Verhältnis = 0,6

Gebäude 2 (ausgedehnte Form): 900 m² Außenfläche, 1000 m³ Volumen → A/V-Verhältnis = 0,9

Abb. 6.9 zeigt, dass kompakte Gebäude ein günstigeres (niedrigeres) A/V-Verhältnis besitzen, was energetisch vorteilhafter ist.

Folgende Empfehlungen tragen zu der Optimierung der energetischen Leistung des Gebäudes bei:

- **Optimierung der thermischen Hüllfläche:**
  - **Verbesserung der Wärmedämmung:** Da ein A/V-Verhältnis von 1,02 1/m auf eine mäßige Kompaktheit hinweist, sollte geprüft werden, ob eine Verbesserung der Wärmedämmung der Außenwände, des Daches und der Bodenplatte wirtschaftlich sinnvoll ist. Besonders im Bereich des Dachgeschosses, wo die thermische Hüllfläche zwischen beheizten und unbeheizten Bereichen wechselt, kann eine verbesserte Isolierung helfen, Wärmeverluste signifikant zu reduzieren.
  - **Installation von energieeffizienten Fenstern:** Die Überprüfung und mögliche Erneuerung der Fenster können ebenfalls zu einer erheblichen Reduktion der Energieverluste beitragen. Hochleistungsfenster mit doppelter oder dreifacher Verglasung bieten eine effektive Barriere gegen Wärmeverlust.
  - **Luftdichtigkeit:** Es sollte sichergestellt werden, dass das Gebäude gut abgedichtet ist, um ungewollten Luftaustausch zu minimieren. Dies umfasst das Abdichten von undichten Stellen und das Überprüfen der Dichtigkeit rund um Fenster und Türen.
- **Analyse und Monitoring:**
  - **Thermografische Untersuchungen:** Diese sollten durchgeführt werden, um Wärmebrücken und andere Schwachstellen in der Gebäudehülle zu identifizieren. Solche Untersuchungen können gezielt Bereiche aufzeigen, in denen Wärme entweicht, und somit helfen, gezielte Maßnahmen zur Verbesserung der Energieeffizienz zu planen.
  - **Energetisches Monitoring:** Ein System zum Monitoring der Energieverbrauchsdaten sollte eingeführt werden, um die tatsächliche Energieeffizienz des Gebäudes zu bewerten und die Effektivität der durchgeführten Maßnahmen zu überprüfen.
- **Zusätzliche Maßnahmen:**
  In der Diskussion um zusätzliche Maßnahmen zur Verbesserung der Energieeffizienz von Wohngebäuden ist die Integration spezifischer Technologien und Methoden entscheidend. Folgende strategische Überlegungen können dazu beitragen, den Energiebedarf zu minimieren und die Effizienz von Wohngebäuden zu maximieren:
  - Erneuerbare Energiequellen: Die Einbeziehung von erneuerbaren Energiequellen wie Solarthermie und Photovoltaik ist entscheidend, um den Energiebedarf aus nicht erneuerbaren Quellen zu reduzieren. Diese Technologien ermöglichen es, Sonnenenergie direkt zur Erzeugung von Strom oder zur Warmwasserbereitung zu nutzen, was die Abhängigkeit von externen Energiequellen senkt und die Umweltbelastung minimiert.
  - Regenerative Heizsysteme: Die Installation eines regenerativen Heizsystems, wie beispielsweise einer Wärmepumpe, ist eine überlegene Lösung, die in Kombination mit einer effektiven Wärmedämmung nicht nur effizienter arbeitet, sondern auch zu erheblich niedrigeren Betriebskosten führt. Wärmepumpen nutzen die vorhandene Umweltwärme aus der Luft, dem Grundwasser oder dem Erdreich und wandeln diese effizient in Heizenergie um (siehe Kapitel 6.4.5).

Durch die Umsetzung dieser Maßnahmen kann ein Einfamilienhaus energetisch optimiert und an die aktuellen Standards für Energieeffizienz angepasst werden. Dies führt langfristig zu erheblichen Kosteneinsparungen und einer verbesserten Wohnqualität, während gleichzeitig die Umweltauswirkungen minimiert werden.

Berücksichtigung im Energieausweis

Die Beheizung einzelner Räume und die Wärmedämmung zwischen beheizten und unbeheizten Bereichen müssen im Energieausweis des Gebäudes genau dokumentiert werden. Dies hilft, die Energieeffizienzklasse des Gebäudes korrekt zu bestimmen, und bietet potenziellen Käufern oder Mietern transparente Informationen über die Energieeffizienz.

Die präzise Dokumentation und Analyse der Raumnutzung und -beheizung im Obergeschoss sind entscheidend für eine korrekte energetische Bilanzierung nach DIN V 18599. Durch die genaue Betrachtung und Einbeziehung aller relevanten Räume kann die Energieeffizienz des Gebäudes optimiert und der Energieverbrauch realistisch eingeschätzt werden.

6.3 Dynamische Gebäudesimulation

Die dynamische Gebäudesimulation stellt ein zentrales Element im Bereich der modernen Bauphysik und des Energiemanagements dar. Sie ermöglicht eine detaillierte Analyse und Prognose des Energiebedarfs und des thermischen Verhaltens von Gebäuden unter variablen Umwelt- und Nutzungsbedingungen. Diese Technik spielt eine entscheidende Rolle bei der Entwicklung, Bewertung und Optimierung von energieeffizienten und nachhaltigen Gebäudelösungen.

Im Kern der dynamischen Gebäudesimulation steht die Modellierung der physikalischen Eigenschaften eines Gebäudes sowie seiner technischen Systeme wie Heizung, Lüftung, Klimatisierung (HLK) und Beleuchtung. Diese Modelle berücksichtigen sowohl externe Einflussfaktoren wie Wetterbedingungen und Sonneneinstrahlung als auch interne Faktoren wie die Wärmeabgabe von Personen und elektrischen Geräten. Durch die Simulation dieser Faktoren können Energieflüsse innerhalb des Gebäudes sowie die thermischen Prozesse, die das Innenraumklima beeinflussen, genau analysiert werden.

Ein wesentlicher Vorteil der dynamischen Gebäudesimulation ist ihre Fähigkeit, den Energieverbrauch für Heizung, Kühlung und Beleuchtung präzise zu ermitteln und Optimierungspotenziale aufzuzeigen. Dies ist besonders relevant für die Entwicklung von Strategien zur Steigerung der Energieeffizienz und zur Reduzierung des ökologischen Fußabdrucks von Gebäuden. Darüber hinaus ermöglicht sie eine umfassende Analyse des thermischen Komforts und der Luftqualität in Innenräumen, was für das Wohlbefinden der Nutzer von großer Bedeutung ist.

In der Praxis unterstützt die dynamische Gebäudesimulation Architekten, Ingenieure und Energieberater bei der Planung und beim Design von Gebäuden. Sie ermöglicht es, verschiedene Designvarianten, Materialien und Systemkonfigurationen zu bewerten, um die beste Kombination für spezifische Gebäudeanforderungen zu finden. So können beispielsweise die Auswirkungen von Veränderungen in der Gebäudehülle, der Einsatz von erneuerbaren Energiequellen oder die Effizienz von HLK-Systemen im Vorfeld analysiert und optimiert werden.

Trotz ihrer zahlreichen Vorteile stellt die dynamische Gebäudesimulation auch eine Herausforderung dar. Ihre Genauigkeit und Zuverlässigkeit hängen stark von der Qualität und Vollständigkeit der verwendeten Eingabedaten ab. Zudem erfordert die effektive Nutzung dieser Simulationstechnik ein umfassendes Verständnis in den Bereichen der Architektur, Bauphysik, HLK-Technik und Regelungstechnik. Die Komplexität des Modellierungsprozesses und die Notwendigkeit einer interdisziplinären Zusammenarbeit können die Anwendung dieser Technologie erschweren.

Grundprinzipien der dynamischen Gebäudesimulation

Ziele

Die Hauptziele der dynamischen Gebäudesimulation umfassen die Optimierung des Energieverbrauchs, die Verbesserung der Innenraumklimakontrolle und die Unterstützung bei der Planung und Umsetzung von energieeffizienten und nachhaltigen Gebäudedesigns.

Methodik

Durch die Modellierung der physikalischen Eigenschaften eines Gebäudes und seiner technischen Systeme wie HLK und Beleuchtung simuliert die dynamische Gebäudesimulation die Energieflüsse und thermischen Prozesse im Gebäude.

Wichtige Komponenten der Simulation sind:

- **thermische Lasten:** Berechnung von Heiz- und Kühlbedarf unter Berücksichtigung externer (Wetterdaten) und interner Lasten (Personen, Geräte, Beleuchtung),
- **Energieerzeugung und -verteilung:** Simulation der Energieerzeugungs- und Verteilungssysteme im Gebäude, einschließlich erneuerbarer Energiequellen,
- **Nutzerkomfort und Innenraumklima:** Analyse der Auswirkungen von Gebäudeentwürfen auf den thermischen Komfort und die Luftqualität im Inneren.
- **Nutzen für die Energieeffizienz:** Simulationen spielen eine entscheidende Rolle bei der Identifikation von Einsparpotenzialen im Energieverbrauch. Durch detaillierte Modellierung und Analyse von Gebäudeleistungen unter verschiedenen Bedingungen unterstützen sie die Entwicklung effektiver Strategien zur Verbesserung der Energieeffizienz. Dies ermöglicht es Planern und Ingenieuren, optimale Lösungen zu entwerfen, die sowohl kosteneffizient als auch umweltfreundlich sind.
- **Unterstützung im Designprozess:** Die Simulation bietet detaillierte Einblicke in die Leistungsfähigkeit verschiedener Designoptionen, Materialien und Systemkonfigurationen.
- **Vorhersage und Analyse:** Die Simulation ermöglicht die Vorhersage der Gebäudeleistung unter verschiedenen Betriebsbedingungen und Klimaszenarien.

Herausforderungen und Grenzen:

- **Komplexität und Datenbedarf:** Die Genauigkeit der Simulation hängt stark von der Qualität und Vollständigkeit der verwendeten Eingabedaten ab.
- **Notwendigkeit interdisziplinärer Expertise:** Die Simulation erfordert ein umfassendes Verständnis von Architektur, Bauphysik, HLK-Technik und Regelungstechnik.

Zusammenfassend ist die dynamische Gebäudesimulation ein mächtiges Werkzeug, das entscheidende Einblicke in die Energie- und Klimaperformance von Gebäuden bietet. Sie ist ein Schlüsselinstrument für das Erreichen von Energieeffizienz, Nachhaltigkeit und Komfort in der modernen Gebäudetechnik und Architektur.

6.4 Fachplanungsleistungen

Die Fachplanung spielt eine zentrale Rolle in der energetischen Gebäudesanierung. Sie ist entscheidend für die Sicherstellung einer hohen Ausführungsqualität und die optimale Abstimmung aller technischen Systeme. Besonders im Rahmen des Lowtech-Prinzips, das den Fokus auf das Gebäude selbst legt und die technische Gebäudeausrüstung auf das Notwendige reduziert, sind präzise ausgelegte Anlagenkonfigurationen essenziell. Dabei kommt insbesondere der Wärme- und Kälteübertragung eine wichtige Rolle zu, beispielsweise durch einen hydraulischen Abgleich der Heiz- und Kühlsysteme. In reduzierten Technikansätzen muss dies im Gebäude nach der Sanierung funktionieren.

6.4.1 Sanierung nach dem Lowtech-Prinzip

In einer Zeit, in der Komplexität oft mit Fortschritt gleichgesetzt wird, setzt das Lowtech-Sanieren auf Reduktion, Nachhaltigkeit und Effizienz. Es stellt die grundlegende Frage, wie viel Technik ein Gebäude tatsächlich benötigt, um seinen Zweck zu erfüllen, und wie Architektur im Einklang mit Mensch und Umwelt gestaltet werden kann.

Das Lowtech-Prinzip rückt in der heutigen Zeit, in der Nachhaltigkeit und Energieeffizienz immer größere Bedeutung gewinnen, in der energetischen Sanierung von Wohngebäuden zunehmend in den Fokus. Es basiert auf dem Einsatz einfacher, bewährter Technologien und Materialien, die nicht nur kosteneffizient, sondern auch besonders langlebig und wartungsarm sind. Im Gegensatz zu Hightechlösungen, die oft teure und komplexe Technologien einsetzen, bieten Lowtech-Strategien eine robuste und oft nachhaltigere Alternative zur Verbesserung der Energieeffizienz von Gebäuden. Durch die Minimierung des technischen Aufwands und die Nutzung natürlicher Ressourcen tragen diese Ansätze dazu bei, den Energieverbrauch zu reduzieren, ohne die Umwelt übermäßig zu belasten.

Lowtech-Prinzipien bei der energetischen Sanierung

Lowtech-Prinzipien folgen dem Grundsatz, dass eine sehr gut gedämmte und funktionierende Gebäudehülle aufwendige Technik ersetzt durch

- die Nutzung einfacher, traditioneller Bautechniken und Materialien,

- die Minimierung mechanischer und elektrischer Systeme zugunsten passiver Designstrategien,
- den Fokus auf Langlebigkeit, Reparierbarkeit und einfache Wartung.

Vorteile und Herausforderungen von Lowtech-Prinzipien

Die Anwendung von Lowtech in der Sanierung bietet 4 Vorteile:

- Kosteneffizienz: geringere Anschaffungs- und Wartungskosten im Vergleich zu Hightechsystemen,
- Umweltfreundlichkeit: reduzierte Umweltbelastung durch geringeren Ressourcenverbrauch und minimale Abhängigkeit von elektrischer Energie,
- Einfachheit: leichtere Installations- und Instandhaltungsprozesse, die oft in Eigenleistung durchführbar sind,
- Resilienz: höhere Unabhängigkeit von technologischen Störungen und Stromausfällen.

Den Vorteilen stehen 2 Herausforderungen gegenüber:

- Die Anpassung an moderne Energiestandards kann herausfordernd sein.
- Oftmals sind Kompromisse bei der Raumtemperatur-Regulierung erforderlich.

Beispiele für Lowtech-Strategien

Die Umsetzung von Lowtech-Strategien kann z. B. erfolgen durch

- die Verbesserung der Gebäudehülle durch Dämmung mit natürlichen Materialien wie Holzfaser, Schafwolle oder Lehm,
- natürliche Belüftungssysteme durch den Einsatz von thermischer Zirkulation statt mechanischer Lüftung,
- thermische Masse in Form der Nutzung von Baumaterialien, die Wärme speichern und langsam abgeben, um das Raumklima zu stabilisieren.

Das einfache Sanieren, das häufig im Zusammenhang mit Lowtech-Architektur diskutiert wird, ist nicht nur eine bautechnische Methode, sondern auch eine philosophische und ethische Haltung. Es beruht auf den 3 fundamentalen Prinzipien Suffizienz, Konsistenz und Effizienz (siehe Kapitel 5.2).

Das Lowtech-Konzept ist somit auch eine **bewusste Reaktion auf die zunehmende Technisierung des Bauens und Sanierens**. Während Hightecharchitektur auf Automatisierung, komplexe Gebäudesysteme und oft kostenintensive Technik setzt, basiert die Lowtech-Architektur auf **robusten, bewährten und einfachen Technologien**, die langfristig nachhaltig, wirtschaftlich und nutzerfreundlich sind.

6.4.2 Digitale Werkzeuge für eine optimierte Fachplanung

Die Digitalisierung bietet dem Bauwesen völlig neue Möglichkeiten zur Effizienzsteigerung und Fehlerreduktion. Insbesondere BIM und KI sind Schlüsseltechnologien, die den gesamten Planungs- und Bauprozess revolutionieren. Sie ermöglichen eine präzisere Koordination, eine datenbasierte Entscheidungsfindung und eine Lebenszyklusoptimierung von Gebäuden.

Hierzu nutzen die Hochschule Mainz und Energiedesign Lars Klitzke in Sanierungskonzepten zunehmend KI und den digitalen Gebäudezwilling.

Die Anwendung von KI in der Gebäudeplanung ermöglicht eine automatisierte, datenbasierte Entscheidungsfindung und trägt zur weiteren Optimierung von Energie- und Ressourcenmanagement bei.

Anwendungsbereiche von KI in der Gebäudesanierung

Prädiktive Wartung

KI analysiert große Datenmengen aus Sensoren und erkennt frühzeitig Anomalien oder Defekte, bevor sie zu kostspieligen Schäden führen.

Optimierte Energieeffizienz

Durch maschinelles Lernen kann die KI Verbrauchsmuster identifizieren und intelligente Regelstrategien für Heizungs-, Lüftungs- und Klimaanlagen entwickeln.

Automatisierte Gebäudesteuerung

KI ermöglicht eine dynamische Anpassung der Gebäudetechnik an Nutzerverhalten, Wetterprognosen oder Stromtarife.

Digitaler Zwilling

Ein besonders vielversprechendes Konzept ist der digitale Zwilling, d. h. eine virtuelle Kopie eines Gebäudes, die in Echtzeit mit Sensordaten gespeist wird. Dadurch lassen sich:

- Energieverbräuche analysieren und optimieren,
- Betriebskosten reduzieren,
- strukturelle Schwachstellen frühzeitig erkennen,
- Fachplanungen erstellen.

Diese Technologien müssen gezielt in den Fachplanungsebenen spezifiziert und in die Gesamtplanung integriert werden.

Strategien der Integration in die Fachplanung

Die Implementierung von Gebäudeautomation, Green IT und KI in die Sanierung von Wohngebäuden erfordert eine strukturierte und interdisziplinäre Fachplanung. Dabei sind insbesondere folgende Aspekte entscheidend:

- **Systemauslegung nach DIN-Normen**:
  - Heizlastberechnung nach DIN EN 12831-1 „Energetische Bewertung von Gebäuden – Verfahren zur Berechnung der Norm-Heizlast – Teil 1: Raumheizlast, Modul M3-3; Deutsche Fassung EN 12831-1:2017" (2017) zur optimalen Dimensionierung der Heizungsanlage
  - hydraulischer Abgleich für eine gleichmäßige Wärmeverteilung und Energieeinsparung
  - Wärmepumpenauslegung zur Effizienzsteigerung erneuerbarer Energiesysteme
  - PV-Auslegung zur Eigenstromnutzung und intelligenten Lastverschiebung

- Lüftungsplanung nach DIN 1946-6 „Raumlufttechnik – Teil 6: Lüftung von Wohnungen – Allgemeine Anforderungen, Anforderungen an die Auslegung, Ausführung, Inbetriebnahme und Übergabe sowie Instandhaltung“ (2019), um Mindestluftwechselraten zu gewährleisten.
- Ökobilanzierung zur Bewertung der ökologischen Nachhaltigkeit über den gesamten Lebenszyklus

- **Datenintegration und Schnittstellenmanagement:**
  - Die Wahl interoperabler Systeme (KNX, BACnet, MQTT) gewährleistet langfristige Kompatibilität und Erweiterbarkeit.
  - Die Vernetzung mit Smart-Grid-Technologien ermöglicht Lastverschiebungen und Spitzenlastreduktionen.
- **Wirtschaftlichkeit und Fördermöglichkeiten:**
  - Staatliche Förderprogramme (z. B. KfW-Förderungen für energieeffiziente Sanierungen) sollten frühzeitig in die Fachplanung integriert werden.
  - Kosten-Nutzen-Analysen helfen, die optimale Investitionsstrategie zu entwickeln.

Die Kombination aus Lowtech-Architektur, digitaler Fachplanung und KI-gestützter Gebäudeautomation stellt eine nachhaltige und wirtschaftliche Strategie für die Sanierung von Wohngebäuden dar. Die erfolgreiche Umsetzung erfordert eine ganzheitliche Planung, die sowohl ökologische und ökonomische als auch technische Aspekte berücksichtigt.

Fachplaner stehen vor der Aufgabe, innovative Technologien mit traditionellen Planungsmethoden zu vereinen, um sowohl die Energieeffizienz als auch den Nutzerkomfort langfristig zu optimieren. In Zukunft werden BIM, KI und der digitale Zwilling weiter an Bedeutung gewinnen und das Bauwesen grundlegend verändern.

6.4.3 Heizlastberechnung nach DIN EN 12831-1

Die Berechnung der Norm-Heizlast ist essenziell für die Auslegung von Heizsystemen und basiert auf verschiedenen physikalischen und normativen Grundlagen. Seit der Einführung neuer Normen haben sich viele Berechnungsgrundlagen verändert, wodurch ältere Versionen der DIN EN 12831-1 teilweise nicht mehr gültig sind.

Die Norm-Heizlastberechnung wird sowohl für das gesamte Gebäude als auch für einzelne Räume durchgeführt. Dabei müssen alle relevanten Parameter mit der Bauherrschaft schriftlich vereinbart werden, um spätere Abweichungen zu vermeiden.

Bei der Planung und Ausführung von Heizsystemen nach DIN EN 12831-1 ist es wichtig, dass die Norm-Außen- und Norm-Innentemperaturen als Grundlage für die Heizlastberechnung herangezogen werden. Diese Temperaturen sind entscheidend, da sie die Basis für die Berechnung darstellen und sicherstellen, dass die Heizsysteme effizient und effektiv arbeiten, um die gewünschten Raumtemperaturen zu erreichen. Es wird davon ausgegangen, dass alle Räume gemäß den festgelegten Parametern beheizt werden. Dies bedeutet, dass die vorgegebenen Raumtemperaturen nur dann erreicht werden, wenn eine gleichmäßige Beheizung aller Räume erfolgt. Die gleichmäßige Beheizung ist essenziell, um sicherzustellen, dass jeder Raum innerhalb eines Gebäudes die festgelegten Komfortbedingungen erfüllt und Energieverluste minimiert werden.

Norm-Außentemperatur

Die Norm-Außentemperatur ist als das tiefste Zweitagesmittel definiert, das innerhalb von 20 Jahren mindestens zehnmal erreicht oder unterschritten wurde. Diese Werte sind in DIN EN 12831-1 im nationalen Anhang NA in Tabelle 1 festgelegt. In Abhängigkeit von der Gebäudekonstruktion kann eine Anpassung der Außentemperatur erforderlich sein.

Norm-Innentemperatur

Die Norm-Innentemperatur bestimmt die rechnerisch zugrunde gelegte Raumtemperatur für die Heizlastberechnung und wird festgelegt in DIN EN 12831-1 NA, Tabelle 4. Dabei wird unterschieden zwischen:

- **Raumtemperatur:** der vom Menschen empfundenen Temperatur, beeinflusst durch Strahlung und Luftbewegung,
- **Lufttemperatur:** der physikalischen Temperatur der Raumluft, ohne Berücksichtigung von Wärmestrahlung,
- **Klimasummenmaß:** einer kombinierte Betrachtung aus Lufttemperatur, Luftfeuchte und Luftströmung.

Sollten von der Bauherrschaft abweichende Temperaturen gewünscht werden, müssen diese verbindlich dokumentiert und in die Berechnung einbezogen werden.

Neue Normen und Berechnungsmethoden

Mit der Veröffentlichung der DIN/TS 12831-1 „Verfahren zur Berechnung der Raumheizlast – Teil 1: Nationale Ergänzungen zur DIN EN 12831-1“ (2020) in Kombination mit der DIN EN 12831-1 wurden wesentliche Neuerungen eingeführt, die eine präzisere Berechnung der Heizlast ermöglichen. Hierzu zählen folgende Änderungen:

- Die Einführung von Lüftungszonen verbessert die Erfassung der realen Luftströmungen im Gebäude.
- Die Lüftungswärmeverluste werden nun auf 3 Ebenen differenziert: raumweise, über Lüftungszonen (Gruppierungen von Räumen mit Luftverbindung) und für das gesamte Gebäude.
- Es wird nun auch die Berücksichtigung von mechanischen Lüftungssystemen mit Wärmerückgewinnung einbezogen.

Diese Anpassungen führen zu einer genaueren Bestimmung der benötigten Heizleistung und unterstützen eine effizientere Gestaltung von Heizsystemen.

Praxisrelevanz dieser Änderungen

Für Planer bedeutet dies einen erhöhten Bearbeitungsaufwand, da die Heizlastberechnung detaillierter und differenzierter durchgeführt werden muss. Die genauere Erfassung der Luftströme im Gebäude ermöglicht jedoch eine optimierte Planung der Heizsysteme, was langfristig zu höherer Energieeffizienz und geringeren Betriebskosten führt.

Relevante Grundlagen und Einflussfaktoren der Heizlastberechnung

Die Heizlast eines Gebäudes setzt sich aus 3 Elementen zusammen:

- **Norm-Transmissionswärmeverlusten (*ΦT*)**
  - Wärmeverluste an die äußere Umgebung (ΦT_e mit e = exterior/external, d. h. Verluste bezogen auf Flächen, die direkt an die Außenluft grenzen)
  - Wärmeverluste durch unbeheizte Nachbarräume (ΦT_{iue} mit iue = insufficiently/unheated enclosed spaces, d. h. unbeheizte angrenzende Räume, wie Treppenhäuser, Keller oder Abstellräume)
  - Wärmeverluste an das Erdreich (ΦT_g mit g = ground, d. h. Transmissionswärmeverlust an das Erdreich, z. B. über Bodenplatten oder erdberührte Wände von Kellern)
  - Wärmefluss zwischen beheizten Zonen mit unterschiedlichen Temperaturen
- **Norm-Lüftungswärmeverlusten (*ΦV*)**
  - Wärmeverluste durch natürliche Lüftung (Mindestluftwechsel oder Infiltration durch die Gebäudehülle)
  - Wärmezufuhr durch mechanische Belüftung (z. B. durch Zuluftnacherwärmung oder Abluftanlagen)
- **Aufheizleistung (*ΦRH*)**
  - wird bei unterbrochenem Heizbetrieb relevant (z. B. Nachtabsenkung)
  - muss für Wärmepumpensysteme explizit berücksichtigt werden

Die Gesamtheizlast setzt sich zusammen aus:

$$\Phi HL = \Sigma(\Phi T + \Phi V + \Phi RH) \tag{6.2}$$

mit

ΦHL gesamte Heizlast des Gebäudes
ΦT Norm-Transmissionswärmeverlust
ΦV Norm-Lüftungswärmeverlust
ΦRH Aufheizleistung

Wichtige Randbedingungen zur Bilanzierung der Normheizlast:

- Wärmeflüsse innerhalb der thermischen Hülle werden bei der Gebäudeberechnung nicht berücksichtigt.
- 50 % der Lüftungswärmeverluste werden angesetzt.
- Die Gebäudeheizlast ist in der Regel geringer als die Summe der Einzelraum-Heizlasten.

Thermische Hülle und Gebäudehülle: Unterschiede und Bedeutung

Die Begriffe thermische Hülle und Gebäudehülle werden in der Bauphysik und Energieeffizienzplanung häufig verwendet, unterscheiden sich jedoch in ihrer Funktion und ihren Anforderungen.

Die **thermische Hülle** definiert jene Bauteile, die beheizte Räume von unbeheizten Bereichen trennen. Sie ist ausschlaggebend für die Berechnung des Transmissionswärmeverlusts und die Effizienz des Heizsystems. Dabei umfasst sie nicht zwangsläufig alle Flächen der Gebäudehülle, sondern lediglich jene, die für den Wärmeschutz relevant sind. Durch eine sorgfältige Planung der thermischen Hülle können Energieverluste minimiert und die Heizlast reduziert werden.

Die **Gebäudehülle** hingegen umfasst das gesamte Gebäude, einschließlich aller Außenwände, Fenster, Türen und Dachflächen. Sie erfüllt neben der thermischen Funktion auch Anforderungen an Schallschutz, Luftdichtheit und Klimaschutz. Im GEG nimmt die Gebäudehülle eine zentrale Rolle ein. Hierbei gelten insbesondere folgende Vorschriften:

- **§ 11 GEG:** Mindestwärmeschutz,
- **§ 12 GEG:** Wärmebrücken,
- **§ 13 GEG:** Dichtheit,
- **§ 14 GEG:** sommerlicher Wärmeschutz.

Ein zentraler Unterschied zwischen thermischer Hülle und Gebäudehülle besteht darin, dass die thermische Hülle häufig kleiner als die Gebäudehülle ist, da sie lediglich die beheizten Bereiche berücksichtigt. Dies führt insbesondere bei der Berechnung der Heizlast zu unterschiedlichen Anforderungen.

Gebäudedichtheit

Anforderungen an die Gebäudedichtheit

Ein wesentlicher Faktor für die Effizienz eines Gebäudes ist dessen Luftdichtheit. Eine undichte Gebäudehülle führt zu unerwünschten Wärmeverlusten durch Infiltration (Eintritt kalter Außenluft) oder Exfiltration (Austritt warmer Innenluft). Dies erhöht nicht nur den Heizbedarf, sondern kann auch Feuchteschäden und Schimmelbildung begünstigen.

Blower-Door-Test nach DIN EN ISO 9972 „Wärmetechnisches Verhalten von Gebäuden – Bestimmung der Luftdurchlässigkeit von Gebäuden – Differenzdruckverfahren" (2018)

Um die Luftdichtheit eines Gebäudes zu überprüfen, wird der sog. Blower-Door-Test eingesetzt. Dabei wird mit einem Ventilator ein Druckunterschied erzeugt, um Leckagen in der Gebäudehülle aufzuspüren. Ein gut gedämmtes Gebäude sollte einen niedrigen Luftaustauschwert aufweisen, um unnötige Heizverluste zu vermeiden.

Infiltration und Exfiltration: Einfluss auf die Heizlast

Undichtigkeiten in der Gebäudehülle beeinflussen die Heizlastberechnung erheblich. Kalte Außenluft, die unkontrolliert eindringt, erhöht den Heizwärmebedarf, während warme Raumluft an kalten Flächen kondensieren kann, was langfristig zu Bauschäden und Schimmelbildung führt. Daher werden Lüftungswärmeverluste in der Heizlastberechnung je nach Luftdichtheitsklasse differenziert.

Gebäude mit KWL benötigen eine spezielle Berechnung der Lüftungswärmeverluste, um den Einfluss der Wärmerückgewinnung korrekt zu berücksichtigen.

Fazit und Ausblick

Die Heizlastberechnung nach DIN EN 12831 stellt eine wesentliche Grundlage für die effiziente Planung von Heizsystemen dar. Die Einführung der DIN/TS 12831-1 hat insbesondere die Berechnung der Lüftungswärmeverluste verbessert, wodurch präzisere Heizlastwerte erzielt werden können.

Zentrale Erkenntnisse:

- Die Heizlastberechnung muss individuell auf das Gebäude abgestimmt werden.
- Passivhäuser benötigen spezielle Berechnungsmethoden, da klassische Verfahren oft überhöhte Werte liefern.
- Luftdichtheit und Lüftungssysteme haben einen entscheidenden Einfluss auf die Heizlast.
- Die neuen Normen erfordern eine präzisere Betrachtung von Lüftungszonen und ermöglichen eine realistischere Heizlastermittlung.

Zukünftige Entwicklungen:

- Dynamische Berechnungsmethoden, die nicht nur statische Werte, sondern auch zeitabhängige Temperaturschwankungen berücksichtigen, werden integriert.
- Intelligente Regelungssysteme, die sich an tatsächliche Raumnutzungsprofile anpassen, sind zu berücksichtigen.
- Der Normen für Wärmepumpensysteme werden weiterentwickelt, um deren Effizienz und Einsatzmöglichkeiten weiter zu optimieren.

Für das Fachplaner- und Ingenieurwesen bedeutet die neue Norm eine genauere Dokumentation und Abstimmung mit Bauherren und Handwerkern, um eine optimale Gebäudeperformance zu gewährleisten.

6.4.4 Hydraulischer Abgleich

Notwendigkeit, gesetzliche Regelungen und wissenschaftliche Bewertung

Der hydraulische Abgleich ist ein technisches Verfahren zur Optimierung der Wärmeverteilung in Heizungs- und Kühlsystemen. Ziel ist es, sicherzustellen, dass jeder Heizkörper oder jede Heizfläche genau die Wassermenge erhält, die für eine effiziente Wärmeübertragung erforderlich ist. Dies trägt nicht nur zur Verbesserung des thermischen Komforts bei, sondern reduziert auch Energieverluste und sorgt für eine gleichmäßige Temperaturverteilung im gesamten Gebäude.

Besonders bei modernen Niedertemperatur-Heizsystemen wie Wärmepumpen oder Brennwertkesseln ist der hydraulische Abgleich essenziell, um die Systemeffizienz zu maximieren und unnötige Energieverluste zu vermeiden. Ohne einen hydraulischen Abgleich können insbesondere lange Rohrleitungswege oder ungünstige Strömungsverhältnisse zu ineffizienten Heizsystemen führen.

Technische Umsetzung des hydraulischen Abgleichs

Die technische Umsetzung des hydraulischen Abgleichs erfordert eine präzise Abstimmung der Massenströme auf die spezifischen Anforderungen jedes Raumes im Hinblick auf Heiz- und Kühlbedarf. Dies stellt sicher, dass jede Heizeinheit oder jedes Kühlelement im Gebäude effizient arbeitet und die gewünschten Raumtemperaturen erreicht werden. Die korrekte Auslegung der Heizkörper oder Flächenheizsysteme ist dabei essenziell und basiert auf der DIN EN 12831-1 oder der Kühllastberechnung nach der VDI-Richtlinie 2078 „Berechnung der thermischen Lasten und Raumtemperaturen (Auslegung Kühllast und Jahressimulation)" (Verein Deutscher Ingenieure e. V. [VDI], 2015). Beide bieten umfassende Methoden zur Bestimmung der benötigten Wärmemengen und zur Auslegung der Heiz- und Kühlsysteme.

Die Einhaltung dieser Richtlinien ermöglicht eine optimierte Auslegung und Anpassung der Heizungs- und Kühlungsinfrastruktur, was zu einer verbesserten Energieeffizienz und einem gesteigerten Komfort im Gebäude führt.

Für eine effiziente und gleichmäßige Wärmeverteilung innerhalb eines Heizsystems ist eine hydraulische Optimierung unerlässlich. Ziel ist es, den tatsächlichen Wärmebedarf der einzelnen Räume mit dem bereitgestellten Heizwasser abzugleichen und so den Energieverbrauch zu senken, den Komfort zu erhöhen und Betriebsgeräusche zu minimieren. Die folgenden Maßnahmen tragen wesentlich zur hydraulischen Optimierung bei:

- Die hydraulische Optimierung erfolgt durch Einregulierung der Heizkreise: Die Durchflussmengen für jeden Heizkörper oder jede Heizfläche werden angepasst.
- Die Installation voreinstellbarer Thermostatventile erlaubt die individuelle Regulierung der Durchflussmenge an jedem Heizkörper.
- Der Einsatz von Differenzdruckreglern minimiert Druckschwankungen im System und verhindert Strömungsgeräusche.
- Bei der Durchflussmengenregelung werden Ventile zur Feineinstellung der Heizkreise verwendet.

Technische Voraussetzungen für den hydraulischen Abgleich

Damit ein hydraulischer Abgleich durchgeführt werden kann, müssen folgende Voraussetzungen erfüllt sein:

- **Reinigung der Anlage:** Das System muss gespült und frei von Verunreinigungen sein.
- **Befüllung der Anlagenteile:** Alle Heizkreise müssen vollständig mit Wasser gefüllt sein.
- **Entlüftung der Heizkörper:** Luftblasen können den Wasserkreislauf stören und müssen entfernt werden.
- **Freier Durchfluss in allen Strömungskreisen:** Heizkörper und Heizflächen müssen vollständig durchströmt werden.
- **Reinigung von Schmutzfängern:** Vorhandene Filter und Siebe müssen überprüft und gereinigt werden.

Effizienz und Energieeinsparpotenzial des hydraulischen Abgleichs

Der hydraulische Abgleich wird als eine wichtige Maßnahme zur Energieeinsparung betrachtet. In der Fachwelt existieren jedoch unterschiedliche Einschätzungen zu seinem tatsächlichen Einsparpotenzial:

- Einschätzung der Bundesregierung Bundesministerium für Wohnen, Stadtentwicklung und Bauwesen [BMWSB], 2023: Die Bundesregierung geht bei hydraulisch abgeglichenen Gaszentralheizungen von Gaseinsparungen von bis zu 8 kWh/m^2 oder ca. 5 % des gesamten Gasverbrauchs aus.
- Studie der Deutschen Bundesstiftung Umwelt (2003): Eine Untersuchung der Deutschen Bundesstiftung Umwelt zeigt, dass in Altbauten (vor 1978) durch einen hydraulischen Abgleich kaum messbare Einsparungen erzielt werden. In einigen Fällen wurde sogar ein geringer Mehrverbrauch festgestellt.

- Kombination mit weiteren Optimierungsmaßnahmen: Wenn ein hydraulischer Abgleich zusätzlich zu anderen Heizungsoptimierungsmaßnahmen (z. B. Pumpentausch oder Dämmung) durchgeführt wird, liegt erfahrungsgemäß der zusätzliche Einspareffekt oft nur bei rund 3 %.

Diese Ergebnisse zeigen, dass der hydraulische Abgleich vor allem in modernen, gut gedämmten Gebäuden und in Kombination mit weiteren Optimierungen positive Effekte auf die Energieeffizienz haben kann.

Gesetzliche Anforderungen an den hydraulischen Abgleich

Der hydraulische Abgleich ist nach den allgemein anerkannten Regeln der Technik (aaRdT) eine vorgeschriebene Maßnahme für die Neuinstallation und Sanierung von Heizungsanlagen. Dies umfasst insbesondere den Austausch von Wärmeerzeugern (z. B. Kesseltausch oder Einbau einer Wärmepumpe).

Folgende rechtliche Grundlagen sind in Bezug auf den hydraulischen Abgleich zu berücksichtigen:

- **Bauverträge nach BGB und VOB:** Für allgemeine Bauverträge regelt die §§ 631 ff. BGB die Pflichten von Unternehmern und Bestellern. Speziell für Bauverträge, die nach dem 1. Januar 2018 geschlossen wurden, sind insbesondere die §§ 650a bis 650h BGB relevant. Diese Paragrafen behandeln u. a. die spezifischen Anforderungen an die Ausführung von Bauarbeiten, zu denen auch der hydraulische Abgleich zählen kann, um eine energieeffiziente Heizungsanlage zu gewährleisten. Die VOB/B DIN 1961 „Vergabe- und Vertragsordnung für Bauleistungen – Teil B: Allgemeine Vertragsbedingungen für die Ausführung von Bauleistungen" (2016) legt administrative und rechtliche Bedingungen für die Ausführung von Bauleistungen fest, insbesondere § 13 VOB/B, der Mängelansprüche regelt. Hier wird die Erfüllung technischer Standards und Normen, wie sie für den hydraulischen Abgleich erforderlich sind, im Rahmen der vertraglich vereinbarten Leistung gefordert. Die spezifische Anforderung eines hydraulischen Abgleichs kann sich aus den technischen Vertragsbedingungen der VOB/C ATV DIN 18299 „Vergabe- und Vertragsordnung für Bauleistungen – Teil C: Allgemeine Technische Vertragsbedingungen für Bauleistungen (ATV) – Allgemeine Regelungen für Bauarbeiten jeder Art" (2023) ergeben, die die technischen Ausführungen detailliert beschreiben. Hier wäre beispielsweise die DIN EN 12831 Teil der technischen Spezifikationen, die in den Vertragsunterlagen erwähnt werden müssten.
  Die korrekte Integration des hydraulischen Abgleichs in Bauverträge gewährleistet, dass die Heizungsanlagen gemäß den technischen Anforderungen korrekt installiert und eingestellt werden, um optimale Leistung und Energieeffizienz sicherzustellen. Es ist daher entscheidend, dass sowohl BGB als auch VOB präzise in den Bauverträgen zitiert und deren Anforderungen klar definiert werden.
- **§§ 20 und 50 GEG:** Diese verpflichten zur Durchführung des hydraulischen Abgleichs bei der Sanierung und Neuinstallation von Heizungsanlagen.
- **BEG-Förderprogramme BEG EM Heizungstausch und BEG EM Optimierung der Heizungsanlage sowie Bundesförderung für effiziente Gebäude – Wohngebäude (BEG WG):** Ein hydraulischer Abgleich ist Voraussetzung für den Erhalt von Fördermitteln, wobei eine Bestätigung durch eine Fachfirma über die Fachunternehmererklärung (FUK) erforderlich ist.

Neue gesetzliche Regelungen seit 1. Oktober 2024

Mit der Novelle des GEG vom 16. Oktober 2023 wurde eine gesetzliche Pflicht zum hydraulischen Abgleich für neu installierte Heizsysteme eingeführt. Der neue § 60c GEG, der am 1. Oktober 2024 in Kraft trat, löst die bisherige Pflicht aus der Verordnung zur Sicherung der Energieversorgung über mittelfristig wirksame Maßnahmen (EnSimiMaV) ab.

Mit der Einführung von § 60c GEG reagiert der Gesetzgeber auf praktische Schwierigkeiten bei der Umsetzung des hydraulischen Abgleichs.

Die Änderung betrifft den Anwendungsbereich. Während die bisherige Pflicht nach § 3 EnSimiMaV auch für Bestandsanlagen galt, beschränkt sich § 60c GEG ausschließlich auf neu installierte Heizsysteme (vgl. Tabelle 6.2). Dies soll die begrenzte Verfügbarkeit von Fachkräften berücksichtigen und sicherstellen, dass Neubauten oder Sanierungen effizient und zukunftssicher ausgeführt werden.

Tabelle 6.2: Vergleich zwischen EnSimiMaV und § 60c GEG

Regelung	§ 3 EnSimiMaV (bis 30.09.2024)	GEG § 60c (ab 01.10.2024)
Pflicht zum hydraulischen Abgleich	auch für Bestandsanlagen	nur für neue Heizungsanlagen
Umsetzung	teilweise schwierig in Altbauten	erleichterte Umsetzung für Neubauten
Fachkräfteverfügbarkeit	Engpässe bei Heizungsinstallateuren	bessere Planbarkeit für neue Systeme

Diese neue Regelung soll sicherstellen, dass der hydraulische Abgleich gezielt dort angewendet wird, wo er den größten Nutzen erzielt, ohne unnötige Belastungen für Bestandsanlagen zu verursachen.

Der hydraulische Abgleich ist eine wichtige Maßnahme zur **Optimierung von Heizungsanlagen**, insbesondere bei der Nutzung moderner, energieeffizienter Wärmeerzeuger.

Der hydraulische Abgleich bietet vielfältige Vorteile für die Energieeffizienz und Betriebsoptimierung von Heizsystemen, was besonders bei der Integration moderner Heiztechnologien zur Geltung kommt. Folgende wichtige Aspekte unterstreichen die Bedeutung dieser Maßnahme:

- **Gesetzliche Pflicht:** Mit der GEG-Novelle ist der hydraulische Abgleich seit 1. Oktober 2024 verpflichtend für alle neu installierten Heizungsanlagen.
- **Technische Umsetzung:** Erforderlich sind korrekte Durchflusseinstellungen, Differenzdruckregelung und eine saubere Heizungsanlage.

- **Effizienzfrage:** Während die Bundesregierung Einsparpotenziale von bis zu 5 % sieht, zeigen Studien, dass der Effekt in älteren Gebäuden deutlich geringer oder nicht nachweisbar ist (Energetische Einsparpotentiale und wirtschaftliche Bewertung des hydraulischen Abgleiches für Anlagen der Gebäudeenergietechnik, 2019).
- **Zukunftsperspektiven:** Der hydraulische Abgleich bleibt ein wichtiger Bestandteil der Heizungsoptimierung, sollte jedoch mit weiteren Maßnahmen wie Pumpentausch und Dämmung kombiniert werden, um eine nachhaltige Energieeinsparung zu erzielen.

Für Fachplaner, Installateure und Bauherren ist es essenziell, die gesetzlichen Vorgaben zu beachten und den hydraulischen Abgleich fachgerecht umzusetzen, um sowohl rechtliche Anforderungen als auch Effizienzpotenziale optimal zu nutzen.

6.4.5 Wärmepumpenauslegung

Die effiziente und nachhaltige Nutzung einer Wärmepumpe setzt eine fundierte und schrittweise Planung voraus. Neben der Berechnung des Energiebedarfs sind die korrekte Dimensionierung, die Abstimmung der Hydraulik und die Berücksichtigung betrieblicher Parameter essenziell. Kapitel 6.4.5 gibt einen strukturierten Überblick über die zentralen Planungs- und Auslegungsschritte anhand einer Luft-Wasser-Wärmepumpe.

Wärmepumpen werden durch folgende Aspekte künftig an Relevanz gewinnen:

- Die Nachfrage nach Wärmepumpen wird insbesondere im Bereich der Heizungsmodernisierung weiter steigen, wodurch ihr Marktanteil an Heizsystemen signifikant zunehmen wird.
- Fachplaner, Energieberater und Installateure können von dieser Entwicklung profitieren, indem sie sich spezifisches Know-how zur optimalen Dimensionierung und Integration von Wärmepumpen aneignen.

Grundlagen der Wärmepumpenplanung

Die Planung eines Wärmepumpensystems umfasst 4 zentrale Aspekte: die Berechnung des Energiebedarfs, die Festlegung des Bivalenzpunkts, d. h. der Außentemperatur, bei der die Wärmepumpe allein den Wärmebedarf decken kann, die hydraulische Integration in das Heiz- und Trinkwassersystem sowie die Berücksichtigung technischer Einschränkungen wie Sperrzeiten des Energieversorgers.

Ein systematischer Planungsansatz ermöglicht eine optimale Betriebsweise der Wärmepumpe und reduziert ineffiziente Schaltzyklen, übermäßige Abtauvorgänge und unnötige Betriebsalarme.

Wärmepumpen gelten als eine Schlüsseltechnologie für klimafreundliches und energieeffizientes Heizen und sind auch eine der Erfüllungsoptionen im GEG 2024. In Verbindung mit regenerativ erzeugtem Strom ermöglichen sie nahezu CO_2-neutrales Heizen mit einer Leistungszahl (Coefficient of Performance [COP]) von etwa 3 bis 5, je nach Systemkonfiguration und Betriebsbedingungen. Der COP misst die Effizienz einer Wärmepumpe und wird definiert als das Verhältnis der abgegebenen Heizleistung zur aufgenommenen elektrischen Leistung. Ein COP von 3 bedeutet beispielsweise, dass für jedes eingesetzte kW Strom 3 kW Wärmeenergie erzeugt werden. Die Höhe des COP ist abhängig von den Betriebsbedingungen der Wärmepumpe und der Temperaturdifferenz zwischen Wärmequelle und Wärmesenke. Idealerweise sind COP-Werte von 3 bis 5 typisch, was darauf hindeutet, dass Wärmepumpen drei- bis fünfmal mehr Energie in Form von Wärme liefern können, als sie an elektrischer Energie aufnehmen.

Marktentwicklung und politische Rahmenbedingungen

Die Marktdynamik zeigt eine klare Entwicklung zugunsten der Wärmepumpe: Nach der BDH/BWP-Absatzstatistik (Bundesverband Wärmepumpe [BWP], 2023) wurden im Jahr 2023 in Deutschland etwa 350.000 Wärmepumpen neu installiert und im Jahr 2024 etwa 220.000 Wärmepumpen abgesetzt.

Die Bundesförderung für effiziente Gebäude (BEG) unterstützt die Umstellung auf energieeffiziente Heizsysteme mit attraktiven Zuschüssen, wodurch sich zunehmend mehr Hausbesitzer für moderne Wärmepumpensysteme entscheiden. Zudem verstärkt das GEG, insbesondere mit der Novellierung des GEG 2024, den Anreiz zur Installation dieser Technologie.

Für TGA-Planer und Sanitär-Heizung-Klima(SHK)-Fachbetriebe bedeutet dies, dass Fachwissen zur Integration von Wärmepumpensystemen eine zukunftssichere Investition ist.

Schritt-für-Schritt-Anleitung zur Planung und Auslegung einer Wärmepumpe

Die Planung und Implementierung einer Wärmepumpe erfolgen in mehreren Phasen, wobei folgende Schritte grundlegend sind:

- Sicherstellung des Mindestanlagenvolumens für einen robusten Betrieb,
- Berechnung des Energiebedarfs berechnen (Heizung, Warmwasser, Kühlung),
- Auslegung und Betriebsweise der Wärmepumpe,
- hydraulische Systemintegration.

Schritt 1: Sicherstellung des Mindestanlagenvolumens für einen robusten Betrieb

Für einen robusten Wärmepumpenbetrieb ist ein ausreichendes zirkulierendes Mindestwasservolumen erforderlich. Dies verhindert eine übermäßige Taktung, unvollständige Abtauprozesse und unnötige Störungen. Die gespeicherte Energiemenge verteilt sich auf die Wassermenge im Heizsystem, die Heizkörper bzw. Fußbodenheizflächen sowie auf aktivierte Bauteile wie Betonkernaktivierung und die Massen des Gebäudes.

Hersteller geben spezifische Mindestvolumina vor, abhängig von der Wärmepumpenleistung. Für eine Luft-Wasser-Wärmepumpe (4 bis 10 kW) sollten mindestens 6 m^2 Fußbodenheizfläche, bei größeren Systemen mit 11 bis 14 kW sollten mindestens 22 m^2 vorhanden sein. Um die Effizienz zu maximieren und den Einsatz eines elektrischen Backups zu vermeiden, empfiehlt sich eine noch größere Fläche von mindestens 30 bzw. 100 m^2.

Insbesondere bei Heizsystemen mit Heizkörpern ohne Mischer und Pufferspeicher ist die stetige Durchströmung essenziell. Ein energieeffizientes Regelsystem passt die Heizkurve kontinuierlich an, anstatt einzelne Heizkörperventile abzudrosseln.

Schritt 2: Berechnung des Energiebedarfs (Heizung, Warmwasser, Kühlung)

Eine präzise Ermittlung des Energiebedarfs ist für die korrekte Dimensionierung der Wärmepumpe unerlässlich. Eine Fehldimensionierung kann entweder zu unzureichender Heizleistung oder zu unwirtschaftlichem Betrieb mit unnötig hohen Stromkosten führen.

3 Berechnungen müssen hierzu durchgeführt werden:

- **Heizlastberechnung nach DIN EN 12831:**
  - Die Heizlast eines Gebäudes wird in der Regel nach DIN EN 12831 ermittelt. Alternativ kann bei einer Modernisierung die Heizlast überschlägig über den historischen Brennstoffverbrauch abgeschätzt werden. Im Neubau kann die Heizlast über die spezifische Heizleistung Q_h in W/m^2 und die beheizte Wohnfläche abgeschätzt werden.
- **Berechnung des Warmwasserbedarfs:**
  - Ein typischer Wert für den Warmwasserbedarf beträgt 0,2 kW pro Person, ausgehend von einem Verbrauch von ca. 80 bis 100 l bei 45 °C.
  - Falls die Wärmepumpe das Warmwasser nicht im tiefsten Winter bereitstellen soll, entfällt die Zusatzlast für die Warmwasserbereitung.
  - Zirkulationsleitungen müssen berücksichtigt werden, da sie zusätzliche Wärmeverluste verursachen.
- **Ermittlung der Kühllast (bei reversibler Wärmepumpe):**
  - Wärmepumpen mit Kühlfunktion müssen zusätzlich für den Kühlbedarf dimensioniert werden.
  - Die Berechnung erfolgt nach VDI-Richtlinie 2078 oder über Hersteller-Formblätter.
  - Die Berücksichtigung von internen Wärmelasten (elektrische Geräte, Sonneneinstrahlung, Personen) ist erforderlich.

Schritt 3: Auslegung und Betriebsweise der Wärmepumpe

Die Betriebsweise der Wärmepumpe hängt vom gewählten Konzept ab:

- **Monovalente Betriebsweise:** Die Wärmepumpe deckt den gesamten Heiz- und Warmwasserbedarf (dies ist eher selten bei Luft-Wasser-Wärmepumpen).
- **Monoenergetische Betriebsweise:** Die Wärmepumpe übernimmt den Heizbedarf, Spitzenlasten werden durch einen elektrischen Heizstab gedeckt.
- **Bivalente Betriebsweise:** Die Wärmepumpe wird mit einem zweiten Wärmeerzeuger (z. B. Kamin- oder Pelletofen) kombiniert.

Ein zentraler Parameter für die Auslegung ist der Bivalenzpunkt. Eine sorgfältige Berechnung minimiert den Bedarf an elektrischer Zusatzheizung und reduziert Betriebskosten.

Schritt 4: hydraulische Systemintegration

Je nach Wärmepumpentyp unterscheidet sich die Anlagenhydraulik:

- **mit integrierter Trinkwassererwärmung:** einfache Einbindung, eventuell mit Elektro-Heizeinsatz,
- **ohne integrierte Trinkwassererwärmung:** Möglichkeit zur Kombination mit Solarthermie, Pufferspeichern oder zusätzlichen Wärmeerzeugern.

Eine präzise Planung der Wärmepumpe gewährleistet eine hohe Effizienz, niedrige Betriebskosten und langfristige Nachhaltigkeit. Angesichts steigender gesetzlicher Anforderungen und wachsender Marktnachfrage ist fundiertes Fachwissen in diesem Bereich entscheidend für eine zukunftssichere Wärmeversorgung.

6.4.6 PV-Anlagen-Auslegung

Auslegung der PV-Anlage und Datenerfassung

Die Auslegung einer PV-Anlage erfordert eine sorgfältige Datenerfassung und Analyse, um eine optimale Leistung und Effizienz zu gewährleisten. Die Planung beginnt mit einer umfassenden Standortanalyse, die nicht nur die geografische Lage und die durchschnittliche Sonneneinstrahlung berücksichtigt, sondern auch lokale klimatische Bedingungen und saisonale Schwankungen einbezieht. Diese Daten können aus langjährigen meteorologischen Aufzeichnungen und Satellitenbildern gewonnen werden und sind entscheidend für die Vorhersage der Systemleistung.

Parallel dazu ist eine detaillierte Untersuchung des Energiebedarfs des zu versorgenden Gebäudes notwendig. Dazu gehören die Analyse von Verbrauchsmustern und Spitzenlasten, die sich aus historischen Energieverbrauchsdaten ableiten lassen. Auf Basis dieser Informationen wird die Kapazität der PV-Anlage bestimmt, wobei technische Parameter wie die Anzahl der Solarmodule, deren Ausrichtung, Neigung und der Typ des Wechselrichters festgelegt werden.

Die Schattenanalyse spielt eine weitere kritische Rolle in der Planungsphase. Mittels digitaler Simulationstools werden potenzielle Verschattungen durch umliegende Objekte wie Bäume oder Gebäude untersucht, um sicherzustellen, dass die Solarmodule während der Spitzenzeiten der Sonneneinstrahlung maximal effizient arbeiten.

Ebenso wichtig ist die Durchführung einer Wirtschaftlichkeitsanalyse, die die initialen Investitionskosten, erwartete Energieerträge, mögliche Einspeisevergütungen und staatliche Subventionen berücksichtigt, um die Amortisationszeit der Anlage zu berechnen. Diese Analyse hilft, die finanzielle Rentabilität der Investition sicherzustellen.

Nach der Installation der Anlage ist ein fortlaufendes Monitoring entscheidend. Hierfür werden spezielle Überwachungssysteme eingesetzt, die kontinuierlich Daten über die erzeugte Energie, Systemeffizienz und eventuelle Störungen sammeln. Diese Daten sind essenziell für die laufende Bewertung und Optimierung der Systemleistung.

Tabelle 6.3 gibt eine Übersicht über die wichtigsten Schritte und die zu berücksichtigenden Datenpunkte bei der Installation einer PV-Anlage.

Tabelle 6.3: Schritte und zu berücksichtigende Datenpunkte bei der PV-Anlagen-Installation

Schritt	zu berücksichtigende Datenpunkte
Standortanalyse	• **geografische Lage:** Breiten- und Längengrad für Sonnenstandsberechnungen • **Klimadaten:** historische Wetter- und Sonnenscheindaten, einschließlich Temperatur, Niederschlag und Bewölkung • **Topografie:** Ausrichtung und Neigung des Geländes, mögliche Verschattungen durch Gebäude, Bäume oder andere Hindernisse
Energiebedarf	• **aktueller Energieverbrauch:** Analyse der Stromrechnungen der letzten 12 Monate, um den täglichen und saisonalen Energiebedarf zu verstehen • **zukünftige Änderungen:** Berücksichtigung geplanter Änderungen, die den Energiebedarf beeinflussen könnten (z. B. Erweiterung des Gebäudes, Anschaffung von Elektrofahrzeugen)
Systemauslegung	• **Art der Anlage:** Entscheidung zwischen netzgekoppelten, Insel- oder Hybridsystemen • **Modulwahl:** Art (monokristallin, polykristallin, Dünnschicht), Größe, Wirkungsgrad und Temperaturkoeffizient der PV-Module • **Wechselrichter:** Auswahl passender Wechselrichter, die mit der Modulkapazität und dem Netzsystem kompatibel sind • **Batteriespeicher:** bei Bedarf Größe und Typ des Speichersystems festlegen
Wirtschaftlichkeits-analyse	• **Kosten:** Anschaffungs-, Installations-, Wartungs- und Betriebskosten • **Einspeisevergütung:** falls verfügbar, Tarife für die Einspeisung überschüssiger Energie ins öffentliche Netz heranziehen • **Amortisationszeit:** Berechnung der Zeit, die benötigt wird, um die Investitionskosten durch Einsparungen zu amortisieren
gesetzliche und administrative Aspekte	• **Genehmigungen:** erforderliche Baugenehmigungen und Netzanschlussgenehmigungen • **Netzeinspeisung:** Regelungen und Verträge für die Einspeisung in das öffentliche Netz • **Förderungen und Subventionen:** Informationen über lokale, regionale oder nationale Förderprogramme
Installation und Inbetriebnahme	• **Auswahl der Installateure:** Qualifikationen, Zertifizierungen und Referenzen • **Zeitplan:** Planung der Installationsschritte und Koordination mit lokalen Energieversorgern • **Inbetriebnahme:** Überprüfung der Anlage, um sicherzustellen, dass sie korrekt installiert wurde und effizient arbeitet
Dokumentation	• **technische Dokumentation:** detaillierte Aufzeichnungen über die Systemkomponenten und die Installationskonfiguration • **Betriebshandbuch:** Anleitungen für Betrieb und Wartung der Anlage

Folgende Hinweise sollten bei der Projektierung einer PV-Anlage berücksichtigt werden:

- **Individuelle Beratung:** Jedes Projekt ist einzigartig. Eine individuelle Beratung durch Fachleute ist unerlässlich.
- **Aktuelle Technologien:** Fachleute sollten stets auf dem aktuellen Kenntnisstand in Bezug auf neue PV-Technologien und -Produkte sein.
- **Energieeffizienz:** Maßnahmen zur Steigerung der Energieeffizienz des Gebäudes sind zu berücksichtigen, um den Gesamtenergiebedarf zu reduzieren.

Einsatz von Simulationstools

Zur Analyse der Leistungsfähigkeit von innovativen PV-Modulen, modernen Heimspeichern und V2G-Systemen in Wohngebäuden können Simulationstools zum Einsatz kommen.

Methodik

Die Simulation umfasst die Modellierung von

- **PV-Modulen:** Einsatz von Perowskit- und bifazialen Solarzellen sowie transparenten Solarzellen,
- **Speichersystemen:** Berücksichtigung von Lithium-Ionen-Batterien, Solid-State-Batterien und Redox-Flow-Batterien,
- **V2G-Systemen:** Integration von Elektrofahrzeugen als bidirektionale Speicherlösungen.

Die Simulationssoftware berücksichtigt verschiedene Parameter wie geografische Lage, Wetterbedingungen, Energieverbrauchsmuster des Haushalts und die Netzinfrastruktur.

Vorteile von Simulationen

Der Einsatz von Simulationssoftware in der Energiebranche bietet zahlreiche Vorteile. Diese Software berücksichtigt neben statischen Bilanzierungen auch eine Vielzahl von Parametern wie die geografische Lage, Wetterbedingungen, Energieverbrauchsmuster des Haushalts und die Netzinfrastruktur. Auf diese Weise können Simulationen unterschiedliche Ergebnisse liefern, die zur Diskussion gestellt werden und den Entscheidungsfindungsprozess unterstützen.

Im Bereich der PV-Module ermöglichen Simulationen eine tiefere Bewertung des Energieertrags, indem sie den Energieertrag unter verschiedenen Umweltbedingungen vergleichen. Zudem bieten sie eine Effizienzanalyse, um die Leistungseffizienz von verschiedenen Solarzellentypen wie Perowskit-, bifazialen und transparenten Solarzellen zu bewerten.

Simulationen im Bereich der Speichertechnologie dienen der detaillierten Untersuchung der Kapazitäts- und Langlebigkeitsanalyse verschiedener Batterietechnologien. Sie ermöglichen auch eine Wirtschaftlichkeitsbewertung, indem sie die Kosten-Nutzen-Aspekte im Vergleich zu traditionellen Energiespeichersystemen analysieren.

Simulationen von V2G-Systemen bieten Entscheidungshilfen in Bezug auf die Netzstabilität, indem sie den Beitrag von V2G zur Netzstabilität und zum Lastausgleich bewerten. Sie analysieren auch das Potenzial von V2G, die Energieautarkie von Wohngebäuden zu erhöhen, und untersuchen die finanziellen Vorteile dieser Systeme für Hausbesitzer.

Simulationen sind ein unverzichtbares Werkzeug, um wertvolle Erkenntnisse über die technische Machbarkeit und wirtschaftliche Tragfähigkeit geplanter Technologien zu gewinnen. Durch die Analyse der Simulationsdaten können realistische Einschätzungen zur Anwendbarkeit und zum Potenzial dieser Technologien in spezifischen Optimierungskonzepten formuliert werden. Diese tiefgreifenden Analysen ermöglichen es, fundierte Entscheidungen zu treffen, und tragen dazu bei, die Effizienz und Effektivität der Technologieeinsätze zu maximieren. Die Diskussion der Simulationsergebnisse ist dabei ein kritischer Schritt, um alle relevanten Aspekte zu beleuchten und sicherzustellen, dass die Technologien optimal auf die Bedürfnisse und Rahmenbedingungen abgestimmt sind.

Simulationsergebnisse zeigen, dass die Kombination aus fortschrittlichen PV-Modulen, innovativen Speichertechnologien und V2G-Systemen das Potenzial besitzt, die Energieautarkie von Wohngebäuden erheblich zu verbessern. Die Effizienz und Wirtschaftlichkeit dieser Technologien hängen jedoch stark von lokalen Gegebenheiten und individuellen Verbrauchsmustern ab. Zukünftige Forschungen sollten sich auf die Optimierung der Systemintegration und die Entwicklung von benutzerfreundlichen Simulationswerkzeugen für Endverbraucher konzentrieren.

Zukünftige Forschungsrichtungen

In Anbetracht der stetigen Weiterentwicklung und Anpassung von Technologien im Bereich der Energiegewinnung und -speicherung eröffnen sich vielfältige zukünftige Forschungsrichtungen. Diese zielen darauf ab, die Genauigkeit der Modelle zu verbessern, die Zugänglichkeit und Anwendbarkeit von Simulationstools zu erhöhen und die Langzeitwirkung von Systemen zu verstehen. In den folgenden spezifischen Bereichen erscheinen künftige Forschungen besonders vielversprechend:

- **Erweiterte Modellierung:** Zukünftige Forschungsarbeiten sollten die Integration komplexerer Modelle vorantreiben, die Wettervorhersagen und Verbrauchsprognosen berücksichtigen. Diese Modelle könnten dazu beitragen, die Planung und Steuerung von Energiesystemen präziser zu gestalten und so die Effizienz zu steigern.
- **Benutzerorientierte Simulationswerkzeuge:** Es besteht ein wachsender Bedarf an der Entwicklung von Simulationswerkzeugen, die es Hausbesitzern ermöglichen, individuelle Energieverbrauchs- und Produktionsszenarien zu simulieren. Solche Tools könnten Nutzern helfen, bessere Entscheidungen hinsichtlich ihrer Energieverwendung und Investitionen in Energieeffizienzmaßnahmen zu treffen.
- **Langzeitstudien:** Die Durchführung von Langzeitsimulationen zur Bewertung der Systemleistung über längere Zeiträume hinweg ist entscheidend, um die Lebensdauer und Nachhaltigkeit von Energiesystemen zu verstehen. Solche Studien könnten wertvolle Daten liefern, die zur Verbesserung der Systemdesigns und Betriebsstrategien beitragen.

Diese zukünftigen Forschungsrichtungen sind entscheidend, um die Herausforderungen und Möglichkeiten, die sich aus der dynamischen Entwicklung der Energiesystemtechnologien ergeben, zu adressieren und effektive Lösungen für eine nachhaltigere Energiezukunft zu entwickeln.

Simulationen sind ein unverzichtbares Werkzeug zur Bewertung und Optimierung von Systemen für die energieautarke Versorgung von Wohngebäuden. Die kontinuierliche Verbesserung der Simulationsmodelle und -techniken wird entscheidend sein, um die Effizienz, Wirtschaftlichkeit und Akzeptanz dieser Technologien in der Zukunft zu steigern.

6.4.7 Lüftungsplanung nach DIN 1946-6

Die DIN 1946-6 ist eine wichtige Norm, die sich mit der Lüftung von Wohnungen befasst, um eine angemessene Qualität der Innenraumluft zu gewährleisten. Diese Norm ist besonders relevant in der Planung von Lüftungssystemen, um Schimmelbildung und andere Feuchtigkeitsprobleme zu vermeiden. Die Planung nach DIN 1946-6 umfasst mehrere Schlüsselschritte und berücksichtigt eine Reihe von Faktoren:

- **Ermittlung des Lüftungsbedarfs**: Der erste Schritt in der Lüftungsplanung nach DIN 1946-6 ist die Bestimmung des notwendigen Luftvolumenstroms, der benötigt wird, um die Luftqualität in der Wohnung sicherzustellen. Dies basiert auf der Anzahl der Bewohner, der Wohnfläche und der spezifischen Nutzung der Räume.
- **Kategorisierung der Lüftungskonzepte**: Die Norm unterscheidet zwischen verschiedenen Lüftungskonzepten:
  - **freier Lüftung**: Nutzung von Fenstern, Türen und anderen natürlichen Öffnungen für den Luftaustausch,
  - **mechanischer Lüftung**: Einsatz von Lüftungsanlagen, die kontinuierlich oder bedarfsorientiert Frischluft zuführen und verbrauchte Luft abführen,
  - **Hybridlüftung**: eine Kombination aus freier und mechanischer Lüftung.
- **Detailplanung der Lüftungsanlage**: Für Wohnungen, die eine mechanische Lüftungsanlage benötigen, werden spezifische Anforderungen an die Auslegung der Anlage gestellt, einschließlich der Luftführung, der Dimensionierung der Kanäle, der Auswahl der Ventilatoren und der Filterung der Luft.
- **Gewährleistung des Mindestluftwechsels**: Die Norm gibt vor, dass selbst bei Abwesenheit der Bewohner und geschlossenen Fenstern ein Mindestluftwechsel gewährleistet sein muss, um eine Ansammlung von Schadstoffen und Feuchtigkeit zu vermeiden.
- **Energieeffizienz**: Die Planung muss auch Aspekte der Energieeffizienz berücksichtigen, insbesondere bei mechanischen Lüftungssystemen. Dies umfasst die Installation von Wärmerückgewinnungssystemen und die Sicherstellung, dass die Lüftungsanlage den Energieverbrauch minimiert.

- **Regelung und Steuerung**: Die Lüftungsanlagen sollten mit Sensoren und Steuerungen ausgestattet sein, die auf Basis der tatsächlichen Raumluftqualität (z. B. CO_2-Konzentration) und der Anwesenheit von Personen automatisch reguliert werden.
- **Dokumentation und Inbetriebnahme**: Nach der Installation der Lüftungssysteme sind eine sorgfältige Dokumentation der ausgeführten Arbeiten sowie eine fachgerechte Inbetriebnahme und Abnahme der Anlage notwendig.

Die Einhaltung der DIN 1946-6 ist essenziell für die Gesundheit der Bewohner und die Langlebigkeit des Gebäudes. Sie trägt dazu bei, das Raumklima auf einem optimalen Niveau zu halten und Energieeffizienz zu maximieren.

6.4.8 Ökobilanzierung

Lebenszyklusorientiertes Planen und Bauen erfordert die systematische Betrachtung aller Phasen eines Bauwerks von der Planung über die Errichtung und Nutzung bis hin zum Rückbau. Dieser ganzheitliche Ansatz stützt sich auf 2 zentrale Bewertungsmethoden: Die **Ökobilanzierung** (Life Cycle Assessment [LCA]) analysiert die Umweltwirkungen, während die **Lebenszykluskostenrechnung** (Life Cycle Costs [LCC]) die Kosten bewertet, die während des kompletten Lebenszyklus eines Gebäudes entstehen. Die Betrachtungszeiträume erstrecken sich typischerweise über 50 Jahre bei Nichtwohngebäuden bzw. 80 Jahre bei Wohngebäuden.

Die LCA quantifiziert systematisch die Umweltwirkungen wie Treibhauspotenzial, Ressourcenverbrauch oder Versauerungspotenzial über alle Lebenszyklusphasen. Parallel dazu erfasst die LCC sämtliche Kosten von der Investition über Betriebs- und Instandhaltungsaufwendungen bis hin zu Rückbau und Entsorgung. Die Integration beider Methoden ermöglicht eine ganzheitliche Optimierung, die über reine Investitionskosten hinausgeht und ökologische wie ökonomische Aspekte ausgewogen berücksichtigt. Besondere Bedeutung kommt dabei der frühen Planungsphase zu, in der durch die Zusammenarbeit aller Beteiligten die Weichen für einen nachhaltigen Gebäudelebenszyklus gestellt werden.

In Kapitel 6.4.8.1 bis 6.4.8.3 werden die Methoden der Ökobilanzierung und Wirtschaftlichkeitsanalyse detailliert vorgestellt und ihre praktische Anwendung im Kontext der Gebäudeplanung und -sanierung erläutert.

6.4.8.1 Grundlagen und Methodik der Ökobilanzierung

Definition, Ziele und normative Grundlagen nach DIN EN ISO 14040 und DIN EN ISO 14044

Die Ökobilanzierung ist ein systematisches Verfahren zur Erfassung und Bewertung der Umweltwirkungen von Produkten oder Dienstleistungen über ihren gesamten Lebenszyklus. Im Kontext der Gebäudesanierung dient sie als wichtiges Planungsinstrument, um die ökologischen Auswirkungen verschiedener Sanierungsoptionen zu quantifizieren und zu vergleichen. Die DIN EN ISO 14040 „Umweltmanagement – Ökobilanz - Grundsätze und Rahmenbedingungen“ (2021) und DIN EN ISO 14044 „Umweltmanagement – Ökobilanz - Anforderungen und Anleitungen“ (2021) bilden dabei den methodischen Rahmen und gewährleisten die Vergleichbarkeit und Transparenz der Ergebnisse. Durch die Anwendung dieser standardisierten Methodik können Planer fundierte Entscheidungen treffen, die sowohl ökologische als auch ökonomische Aspekte berücksichtigen.

4 Phasen der Ökobilanzierung

Die Ökobilanzierung gliedert sich in 4 Phasen:

- Festlegung von Ziel und Untersuchungsrahmen,
- Sachbilanz,
- Wirkungsabschätzung und
- Auswertung.

In der Planungsphase einer Gebäudesanierung ist besonders die erste Phase kritisch, da hier die Systemgrenzen und funktionelle Einheit (siehe Kapitel 6.4.8.2) definiert werden, die den Vergleich verschiedener Sanierungsoptionen ermöglichen.

Die Definition der **Systemgrenzen** nach DIN EN 15978 „Nachhaltigkeit von Bauwerken – Umweltproduktdeklarationen – Grundregeln für die Produktkategorie Bauprodukte“ (2022) (siehe Kapitel 6.4.8.2) ist entscheidend für die Aussagekraft der Ökobilanz, vor allem bei Gebäudesanierungen. Systemgrenzen legen fest, welche Prozesse und Materialien in die Analyse einbezogen werden, von der Herstellung der Baumaterialien über die Nutzungsphase bis hin zum Rückbau.

Die **funktionelle Einheit**, beispielsweise 1 m^2 sanierte Wohnfläche über einen definierten Nutzungszeitraum, ermöglicht den fairen Vergleich unterschiedlicher Sanierungskonzepte. Durch sorgfältige Festlegung dieser Parameter können Planer sicherstellen, dass die Ökobilanz als effektives Instrument zur Optimierung des Sanierungskonzepts dient.

Die **Sachbilanz** erfasst alle relevanten Stoff- und Energieflüsse (z. B. nicht erneuerbarer Primärenergie in kWh), während die Wirkungsabschätzung diese in Umweltwirkungen (z. B. Treibhauspotenzial in kg CO_2-Äquivalent) übersetzt. Die abschließende **Auswertung** liefert die Entscheidungsgrundlage für die Auswahl der ökologisch vorteilhaftesten Sanierungsmaßnahmen.

6.4.8.2 Ökobilanzierung im Kontext der Gebäudesanierung

Besonderheiten bei der Bilanzierung von Bestandsgebäuden

Die Ökobilanzierung von Bestandsgebäuden erfordert eine differenzierte Betrachtung, da hier nicht nur neue Materialien und Prozesse, sondern auch der Umgang mit bestehenden Strukturen berücksichtigt werden muss. Planer müssen abwägen, ob der Erhalt und die Sanierung bestehender Bauteile ökologisch vorteilhafter sind als deren Ersatz durch neue, möglicherweise effizientere Komponenten. Die Bilanzierung muss zudem die oft längere Lebensdauer traditioneller Baumaterialien sowie die Energieeinsparungen durch verbesserte Dämmung und Anlagentechnik einbeziehen. Diese komplexe Betrachtung ermöglicht es, Sanierungsstrategien zu entwickeln, die den ökologischen Fußabdruck des Gebäudes über seinen gesamten Lebenszyklus minimieren.

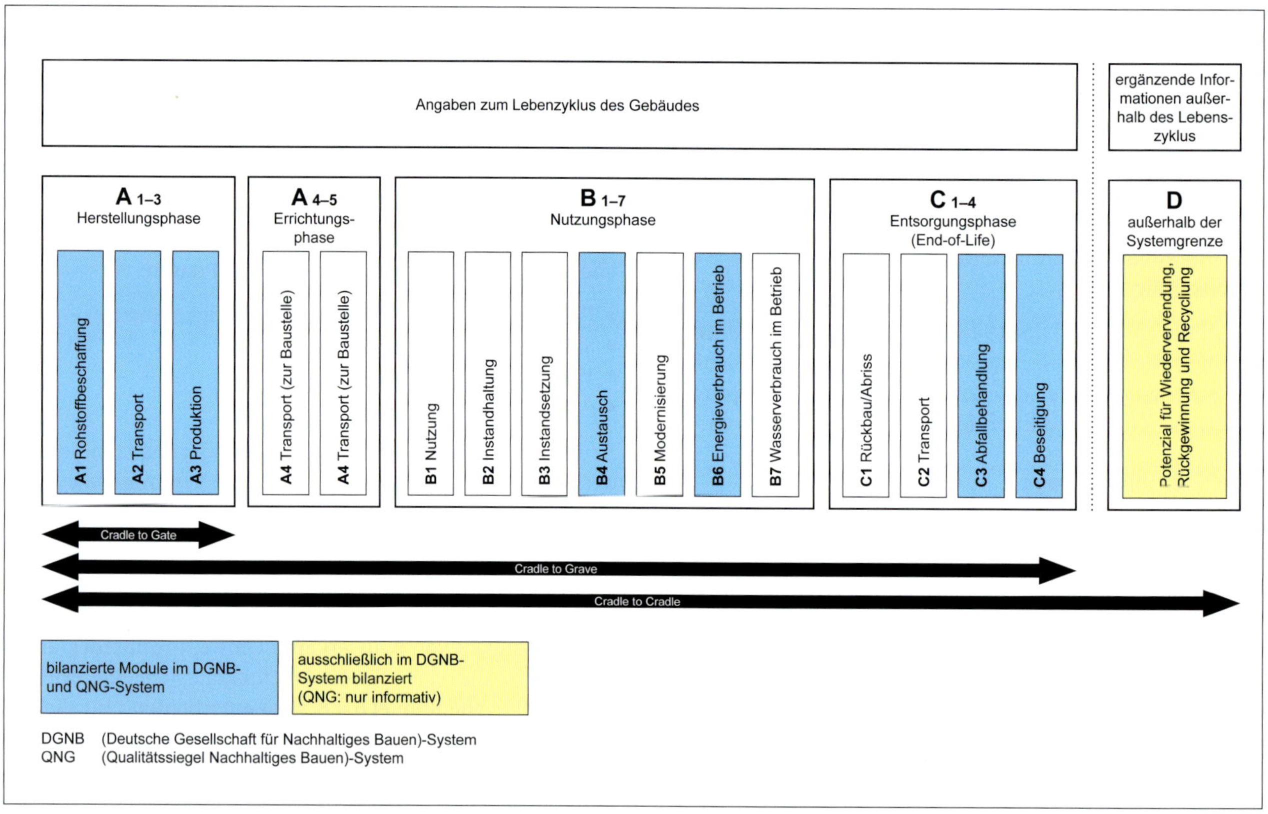

Abb. 6.10: Lebenszyklusphasen nach DIN EN 15978

Berücksichtigung der (Rest-)Nutzungsdauer von Baustoffen und Bauteilen

Die realistische Einschätzung der Nutzungsdauern verschiedener Bauteile ist fundamental für die lebenszyklusorientierte Planung und Bewertung von Bauwerken. Für die praktische Anwendung stellen verschiedene Regelwerke Richtwerte bereit. „Nutzungsdauern von Bauteilen" des Bundesinstituts für Bau-, Stadt- und Raumforschung (BBSR) (2017) gilt als Standardwerk für die Bewertung von Hochbaukonstruktionen. Für gebäudetechnische Anlagen liefert die VDI-Richtlinie 2067 Blatt 1 „Wirtschaftlichkeit gebäudetechnischer Anlagen – Grundlagen und Kostenberechnung" (2012) verbindliche Richtwerte. Ergänzend dazu bieten die österreichische ÖNORM B 2067 „Heizungsanlagen – Planung und Berechnung von Versorgungsanlagen" (2013) sowie die schweizerische SIA 480 „Wirtschaftlichkeitsrechnung für Investitionen im Hochbau" (2016) weitere Orientierungswerte.

Tabelle 6.4 gibt eine Übersicht über die Nutzungsdauer von Bauteilen am Beispiel von Außenwandbekleidungen.

Während die Primärkonstruktion wie tragende Wände oder Decken üblicherweise für die gesamte Gebäudelebensdauer von über 50 Jahren konzipiert wird, weisen andere Bauteile laut den oben genannten Regelwerken deutlich kürzere Nutzungsdauern auf. Diese unterschiedlichen Zyklen müssen sowohl in der Ökobilanzierung als auch in der Wirtschaftlichkeitsberechnung berücksichtigt werden, da sie Austausch- und Erneuerungsmaßnahmen während der Gebäudenutzung bedingen. Durch die Integration dieser standardisierten Nutzungsdauern in die frühe Planungsphase können Bauteilkombinationen gewählt werden, die hinsichtlich ihrer Erneuerungszyklen optimal aufeinander abgestimmt sind.

Tabelle 6.4: Nutzungsdauern von Bauteilen am Beispiel von Außenputzen nach BBSR

Kostengruppen-Nummer 335 nach DIN 276 „Kosten im Bauwesen" (2018): Außenwandbekleidungen, außen – Putz	**Nutzungsdauer in Jahren**
Putz auf monolithischer Tragschicht: hochhydraulischer Kalkmörtel, Mörtel mit Putz- und Mauerbinder, Kalkzementmörtel, Zementmörtel mit Zusatz von Luftkalk, Zementmörtel, Luftkalkmörtel, hydraulischer Kalkmörtel, Wasserkalkmörtel	45
Putz auf monolithischer Tragschicht: Sanierputzsysteme, mineralische Leichtputzsysteme auf porosierter Tragschicht	40
Putz auf monolithischer Tragschicht: Silikatputze, Silikonharzputze, Kunstharzputze	30
Putz auf Wärmedämmung: mineralische Putzsysteme, silikatische Putzsysteme, Kunstharzputzsysteme, Silikonharzputzsysteme	30

Die Systemgrenzen der Lebenszyklusbetrachtung von Bauwerken und Bauteilen können unterschiedlich definiert werden. Im Kontext der Ökobilanzierung und Nachhaltigkeitsbewertung haben sich nach DIN EN 15978 3 zentrale Betrachtungsweisen etabliert (siehe Abb. 6.10):

- **„Cradle to Gate"** („von der Wiege bis zum Werkstor") umfasst ausschließlich die Produktionsphase eines Bauteils oder Baustoffs von der Rohstoffgewinnung über den Transport bis zur Herstellung des fertigen Produkts. Diese Betrachtung findet sich beispielsweise in Umwelt-Produktdeklarationen (Environmental Product Declarations [EPDs]) und dient als Grundlage für erste ökologische Vergleiche verschiedener Bauprodukte.
- **„Cradle to Grave"** („von der Wiege bis zur Bahre") erweitert die Betrachtung auf den gesamten Lebenszyklus eines Produkts oder Bauwerks. Neben der Produktionsphase werden auch die Bau- bzw. Einbauphase, die Nutzungsphase mit Instandhaltung und Erneuerung sowie der finale Rückbau und die Entsorgung einbezogen. Diese umfassende Betrachtung ermöglicht eine ganzheitliche Bewertung der Umweltwirkungen über die gesamte Lebensdauer.
- **„Cradle to Cradle"** („von der Wiege zur Wiege") geht noch einen Schritt weiter und betrachtet Materialien und Produkte als Nährstoffe in geschlossenen Kreisläufen. Nach diesem Konzept werden Bauteile am Ende ihrer Nutzungsdauer nicht entsorgt, sondern vollständig in biologische oder technische Kreisläufe zurückgeführt. Dies erfordert bereits in der Planungsphase die Berücksichtigung von Recyclingfähigkeit und sortenreiner Trennbarkeit der eingesetzten Materialien.

Die Berücksichtigung der Nutzungsdauern von Bestandselementen bei der Ökobilanzierung von Sanierungsvorhaben ist aus mehreren Gründen wesentlich:

- **Graue Energie und gebundene Umweltwirkungen**: Bestehende Bauteile repräsentieren bereits „investierte" Umweltwirkungen aus ihrer Herstellung und bisherigen Nutzung. Wenn diese Bauteile noch eine relevante Restnutzungsdauer aufweisen, ist ihr Erhalt aus ökologischer Sicht oft vorteilhafter als ein Austausch, da die graue Energie (siehe Kapitel 9.7.1) weiter genutzt wird.
- **Bilanzierungsansatz:** Bei der Ökobilanzierung einer Sanierung muss entschieden werden, wie die verbleibende Nutzungsdauer bestehender Bauteile methodisch berücksichtigt wird. DIN EN 15978 bietet hier 2 Möglichkeiten:
  - Die bestehenden Bauteile werden als „lastenfrei" angesetzt, da ihre Herstellung in der Vergangenheit liegt (vereinfachter Ansatz).
  - Die Umweltwirkungen der Bestandsbauteile werden anteilig ihrer verbleibenden Nutzungsdauer zugerechnet.
- **Optimierungspotenzial:** Die Analyse der Restnutzungsdauern ermöglicht es, den Austausch von Bauteilen zeitlich zu optimieren. Bauteile mit geringer Restnutzungsdauer können im Zuge der Sanierung erneuert werden, während solche mit längerer Restnutzungsdauer erhalten bleiben können.

Diese Überlegungen haben direkten Einfluss auf die Gesamtökobilanz der Sanierung und sollten daher sorgfältig in die Sanierungsplanung einbezogen werden.

Wirkungskategorien und Indikatoren (z. B. Treibhauspotenzial, Primärenergiebedarf)

Die Ökobilanz verwendet verschiedene Wirkungskategorien und Indikatoren, um die Umweltauswirkungen von Sanierungsmaßnahmen umfassend zu bewerten. Zentrale Indikatoren sind das Treibhauspotenzial (Global Warming Potential [GWP]) und der Primärenergiebedarf, die besonders für die energetische Gebäudesanierung relevant sind. Weitere wichtige Kategorien umfassen Versauerungspotenzial, Eutrophierungspotenzial und Ozonabbaupotenzial.

Global Warming Potential (GWP)

Das GWP ist ein Maß dafür, wie viel Wärme ein bestimmtes Treibhausgas in der Atmosphäre über einen festgelegten Zeitraum – üblicherweise 100 Jahre – im Vergleich zu Kohlendioxid (CO_2) absorbiert.

Es dient dazu, die Auswirkungen verschiedener Treibhausgase auf die globale Erwärmung zu vergleichen, indem es angibt, wie viel Wärme ein Gas im Verhältnis zu CO_2 einfängt. Dadurch lassen sich die klimatischen Effekte unterschiedlicher Gase quantifizieren und bewerten.

Die GWP-Werte spielen eine entscheidende Rolle bei der Beurteilung der Umweltauswirkungen von Treibhausgasen und sind insbesondere für Klimaschutzstrategien und politische Entscheidungsprozesse von großer Bedeutung. Beispielsweise besitzt Methan (CH_4) ein GWP von etwa 25, was bedeutet, dass es über einen Zeitraum von 100 Jahren 25-mal stärker zur globalen Erwärmung beiträgt als die gleiche Menge an CO_2.

Diese Informationen sind essenziell für die Entwicklung effektiver Maßnahmen zur Reduzierung von Treibhausgasemissionen und zur Bekämpfung des Klimawandels.

Die zu untersuchenden Umweltwirkungskategorien und Indikatoren werden auf verschiedenen Ebenen festgelegt:

- **Normative Grundlagen:**
  - DIN EN 15804 „Nachhaltigkeit von Bauwerken – Umweltproduktdeklarationen – Grundregeln für die Produktkategorie Bauprodukte" (2022) definiert die verbindlichen Umweltwirkungskategorien für Bauprodukte und EPDs.
  - DIN EN 15978 überträgt diese auf die Gebäudeebene.
- **Zertifizierungssysteme:**
  - Die Deutsche Gesellschaft für Nachhaltiges Bauen (DGNB) legt in ihren Kriteriensteckbriefen fest, welche Indikatoren für die Zertifizierung relevant sind (siehe Kapitel 3.1).
  - Das Bewertungssystem Nachhaltiges Bauen (BNB) definiert eigene Anforderungen für öffentliche Gebäude.
  - Building Research Establishment Environmental Assessment Method (BREEAM) aus Großbritannien, Leadership in Energy and Environmental Design (LEED) aus den USA und andere Zertifizierungssysteme haben jeweils eigene Indikatoren-Sets (siehe Kapitel 3.1).

Tabelle 6.5: Vergleich der Kennwerte für Kalksandstein-Mix der Ökobau.dat und der Ökobilanzierungsrechenwerte des QNG

Datensatz	Bezugsgröße	PENRT Herstellungsphase A1–A3	PENRT Entsorgungsphase C3 und C4	PENRT Phase außerhalb des Lebenszyklus D	GWP A1–A3 Herstellungsphase	GWP C3 und C4 Entsorgungsphase	GWP D Phase außerhalb des Lebenszyklus
		in MJ			in kg CO_2-Äquivalenten		
QNG (Materialnummer 1.18), Kalksandstein-Mix	1.000 kg	997	51,6	–21,2	136	2,7	–1,7
Ökobau.dat (Materialnummer 1.3.01), Kalksandstein-Mix	umgerechnet 1.000 kg	1100	107	–20,6	155,5	7,1	-1,6
EPD Kalksandstein (Bundesverband KS; EPD-BKS-20210205-IBE2-DE)	1.000 kg	935	67	–11	126	3,9	-9,3

- **Nationale Vorgaben:**
  - Das BNB gibt für Bundesgebäude verbindliche Indikatoren vor. Die Anforderungen sind für Wohn- und Nichtwohngebäude unterschiedlich.
  - Die ÖKOBAUDAT als deutsche Baustoffdatenbank strukturiert die verfügbaren Indikatoren (Bundesinstitut für Bau-, Stadt- und Raumforschung [BBSR] im Bundesamt für Bauwesen und Raumordnung [BBR], 2024).
  - Bundesförderung für effiziente Gebäude (BEG): Das Bundesministerium für Wirtschaft und Klimaschutz (BMWK) stellt im Rahmen der Bundesförderung für effiziente Gebäude (BEG) eine vereinfachte Excel-basierte Bilanzierungstabelle bereit. Diese Tabelle dient der vereinfachten Ökobilanzierung für Effizienzhausnachweise, insbesondere im Kontext der BEG-Förderprogramme, und konzentriert sich auf die beiden zentralen Umweltindikatoren Treibhauspotenzial GWP und Primärenergiebedarf nicht erneuerbar.
    Sie ist besonders hilfreich für Planer, die eine pragmatische und dennoch förderkonforme Bewertung der Umweltwirkungen eines Gebäudes vornehmen möchten.
    Die Excel-Tabelle ist Teil der BEG-Formularsammlung und wird regelmäßig aktualisiert, um den aktuellen Anforderungen gerecht zu werden. Sie kann auf der offiziellen Website des BMWK oder über die Plattform www.beg-info.de heruntergeladen werden.
    Zu beachten ist, dass die Nutzung dieser vereinfachten Bilanzierungsmethode spezifische Voraussetzungen und Anwendungsbereiche besitzt. Es ist daher ratsam, die aktuellen BEG-Richtlinien sowie die zugehörigen technischen Mindestanforderungen zu konsultieren, um sicherzustellen, dass die Methode für das spezifische Projekt geeignet ist.
- **Projektspezifische Anforderungen:**
  - Die Bauherrschaft kann zusätzliche Indikatoren festlegen.
  - Spezifische Fragestellungen können weitere Indikatoren erforderlich machen.

Vergleich von Kennwerten für Kalksandstein-Mix nach Ökobau.dat, QNG-Ökobilanzrechner und Environmental Product Declaration (EPD)

In Tabelle 6.5 werden Kennwerte für Kalksandstein aus den Quellen Ökobau.dat, QNG-Ökobilanzrechner und EPD einander gegenübergestellt. Eine EPD liefert transparente Hersteller-Umweltinformationen über ein Produkt. Tabelle 6.5 umfasst u. a. folgende Lebenszyklusphasen nach DIN EN 15804:

- A1–A3: Herstellungsphase, Rohstoffgewinnung und Herstellung,
- A4: Herstellungsphase, Transport zur Baustelle,
- B1–B5: Nutzungsphase,
- C1–C4: Entsorgungsphase, Rückbau und Entsorgung,
- D: Verwertungspotenzial über das Lebensende hinaus.

Wichtige Abkürzungen sind z. B. PENRT (Primärenergie, nicht erneuerbar, gesamt) und GWP (angegeben in CO_2-Äquivalenten). Die unterschiedlichen Werte ermöglichen einen Vergleich der ökologischen Auswirkungen während des gesamten Produktlebenszyklus.

Beim Vergleich unter Einbeziehung der EPD-Daten und der umgerechneten Ökobau.dat-Werte zeigt sich, dass die Kennwerte für den Kalksandstein-Mix je nach Datenquelle deutlich variieren. Zwar liegen die QNG-Werte bei primärer Energie (PENRT) und Treibhauspotenzial (GWP) in einigen Fällen zwischen jenen der Ökobau.dat und der EPD, dennoch sind Abweichungen signifikant:

- Die QNG-Daten fallen gegenüber Ökobau.dat im A1- bis A3-Bereich etwas geringer aus, bei der EPD hingegen sind PENRT und GWP nochmals etwas niedriger.
- Unterschiede zeigen sich auch bei der Entsorgungsphase (C3 und C4) und der Recyclingphase. Hier weichen die Gutschriften und Belastungen in teils erheblichem Maße voneinander ab.

Diese Schwankungen lassen darauf schließen, dass unterschiedliche Systemgrenzen, Datenquellen und Berechnungsmethoden zu erheblichen Abweichungen führen. Dies erschwert eine direkte Vergleichbarkeit der Daten und kann – abhängig vom Verwendungszweck – zu Fehlinterpretationen oder einer verzerrten Bewertung der Umweltleistung von Kalksandstein-Mix führen. Eine klare und transparente Dokumentation sowie Vereinheitlichung von Daten- und Modellierungsgrundlagen sind daher zu empfehlen, um die Vergleichbarkeit und Glaubwürdigkeit der Ergebnisse zu erhöhen.

Praktische Implikationen für die Sanierungsplanung

Die Anforderungen von DGNB, BNB und BEG haben weitreichende Auswirkungen auf die Sanierungsplanung. Planer müssen von Beginn an eine umfassende Ökobilanzierung in den Planungsprozess integrieren und verschiedene Sanierungsszenarien hinsichtlich ihrer Umweltwirkungen vergleichen. Dies erfordert eine sorgfältige Auswahl von Materialien und Technologien unter Berücksichtigung ihres gesamten Lebenszyklus. Die Verwendung von zertifizierten Ökobilanz-Tools und die korrekte Anwendung der ÖKOBAUDAT-Daten sind dabei entscheidend. Zudem müssen Planer die spezifischen Bewertungskriterien und Grenzwerte der jeweiligen Zertifizierungssysteme kennen und bei der Entwicklung von Sanierungskonzepten berücksichtigen:

- DGNB: Im DGNB-System werden Ökobilanzen für sanierte Gebäude im Kriterium ENV1.1 „Ökobilanz des Gebäudes" bewertet. Es gibt keine festen absoluten Grenzwerte; stattdessen werden die Ergebnisse mit Referenzwerten verglichen. Je besser die Ökobilanz im Vergleich zum Referenzwert abschneidet, desto mehr Punkte können erzielt werden. Eine Unterschreitung des Referenzwerts um mindestens 50 % kann zusätzliche Punkte einbringen. (DNGB Kriterien Katalog Gebäude Sanierung, 2021).
- BNB: Das BNB-System legt für die Ökobilanzierung von Bestandsgebäuden spezifische Anforderungen fest. Es werden jedoch keine absoluten Grenzwerte definiert. Stattdessen erfolgt eine Bewertung anhand von Referenzwerten und Benchmarks, wobei eine bessere Performance zu einer höheren Bewertung führt (BNB – Bewertungssystem Nachhaltiges Bauen: Bilanzierungsregeln zur Ökobilanzierung von Gebäuden [BN_2015 LCA-Bilanzierungsregeln_II], 2015).
- BEG: Für die BEG-Förderung ist der Nachweis der Nachhaltigkeit über das Qualitätssiegel Nachhaltiges Gebäude (QNG) erforderlich. Die Ökobilanzierung spielt hierbei eine zentrale Rolle. Projekte, die eine DGNB-Zertifizierung anstreben, können die Anforderungen des QNG im Rahmen der DGNB-Zertifizierung erfüllen. Dabei müssen zusätzliche Anforderungen berücksichtigt werden, um die Förderfähigkeit sicherzustellen. (QNG Siegeldokumente, 2025)

Beispiel Ökobilanzierung Außenwand

Der in Abb. 6.11 dargestellte Wandaufbau besteht aus einer innen verputzten Mauerwerkswand, auf der bereits ein altes WDVS vorhanden ist. Darauf wird ein neues WDVS (Aufdopplung) aufgebracht, um die Wärmedämmung weiter zu verbessern.

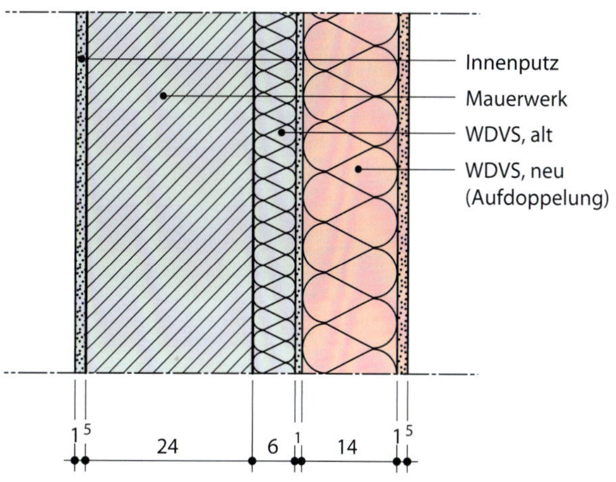

Abb. 6.11: Beispiel einer Außenwand mit Alt-WDVS und WDVS-Aufdopplung

Wie beschrieben, existieren für die Ökobilanzierung verschiedene Ansätze und Bilanzrahmen:

- Die bestehenden Bauteile werden als „lastenfrei" angesetzt, da ihre Herstellung in der Vergangenheit liegt.
- Die Umweltwirkungen der Bestandsbauteile werden anteilig ihrer verbleibenden Nutzungsdauer zugerechnet.

Eine besondere Herausforderung entsteht, wenn Baustoffe mit unterschiedlichen (Rest-)Nutzungsdauern übereinander angeordnet sind. Dies zeigt sich beispielsweise bei einem bestehenden WDVS, das eine geringere (Rest-)Nutzungsdauer aufweist als ein darüber neu anzubringendes WDVS (Nutzungsdauern von Bauteilen, 2017). Solche Konstellationen erfordern eine sorgfältige und nachvollziehbare Planung der zukünftigen Instandhaltungs- und Erneuerungszyklen, da die innen liegenden Schichten nur durch Entfernung der außen liegenden Schichten erreicht werden könnten, was im Einzelfall zu prüfen ist. So trifft im oben genannten Beispiel die „Allgemeine Bauartgenehmigung" (aBaG), die es generell für WDVS geben muss, Aussagen zu der Situation von übereinander angeordneten Dämmstoffen mit unterschiedlichen Lebensdauern:

„Das WDVS (Altsystem) muss insgesamt standsicher sein und hinsichtlich der Befestigung und Eigenschaften der Dämmplatten sowie der Ausführung des WDVS den Anforderungen vergleichbarer zugelassener WDVS mit angeklebtem oder angeklebtem und angedübeltem Wärmedämmstoff entsprechen." (Allgemeine Bauartgenehmigung Nummer Z-33.49-1072, 2022, S. 7)

Tabelle 6.6: Zeitlicher Ablauf und Bilanzrahmen für die Ökobilanzierung einer energetisch ertüchtigten Bestandswand nach Bundesinstitut für Bau-, Stadt- und Raumforschung (BBSR) im Bundesamt für Bauwesen und Raumordnung (BBR), 2017

Schicht	Nutzungsdauer nach BBSR (2017)	Gebäudelebenszyklus 1				Gebäudelebenszyklus 2						
	Jahre	0–10	10–20		20–30	0–10 Sanierung	10–20		20–30	30–40	40–50	
Innenanstrich	15	A	C	A	C	A	C	A	C	A	C	A/C
Innenputz	> 50	A									C	
tragendes Mauerwerk	> 50	A									C	
Alt-WDVS	40	A								C	[1)]	
WDVS-Aufdopplung	40					A				C		
neues WDVS	40										A	C
Außenanstrich	15					A[2)]	C	A	C	A/C	A[2)]	C[2)]

1) Da nach 40 Jahren Alt- und Neu-WDVS rückgebaut werden, ist davon auszugehen, dass dann ein vollständig neues WDVS aufgebracht werden wird. Die Ökobilanz-Kennwerte sind daher (aus heutiger Sicht) andere als für die Aufdopplung.
2) Da bei einem WDVS oft ein eingefärbter Oberputz eingesetzt wird, ist im Einzelfall zu prüfen, ob diese Lebenszyklusphasen tatsächlich auftreten.

Dies bedeutet:

- Das bestehende WDVS muss zunächst auf seine Standsicherheit geprüft werden.
- Der bauliche Zustand muss untersucht und dokumentiert werden.
- Die Gesamtkonstruktion muss für die gesamte geplante Nutzungsdauer standsicher sein.

Randbedingungen des Berechnungsbeispiels:

Das Gebäude wurde ca. 1995 errichtet und soll nun nach 30 Jahren energetisch modernisiert werden.

- Die Ökobilanz soll für den neuen Gebäudelebenszyklus erstellt werden. Eine Ökobilanzierung für den ersten Zyklus ist in der Regel nicht erforderlich.
- Der **Innenanstrich** muss alle 15 Jahre ausgetauscht werden (Nutzungsdauern von Bauteilen, 2017). Für die Ökobilanz bedeutet das, dass die Lebenszyklusphasen A1 bis 3 und C3/4 mit dem Faktor 4 einfließen, da diese Schicht innerhalb des Bilanzierungszeitraums viermal ausgetauscht werden muss.
- Der **Innenputz** weist eine Nutzungsdauer von mehr als 50 Jahren auf. Er wird daher nur am Ende des zweiten Zyklus mit der Lebenszyklusphase C3/4 berücksichtigt. Gleiches gilt für das tragende **Mauerwerk**.
- Das **Alt-WDVS** wird durch die Aufdopplung „genullt" und weist eine Nutzungsdauer von 40 Jahren auf. Es wird daher – zusammen mit dem Neu-WDVS – nach 40 Jahren rückgebaut. Es fließt also mit der Lebenszyklusphase C3/4 ein.
- Die WDVS-Aufdopplung weist eine Nutzungsdauer von 40 Jahren auf und wird mit den Lebenszyklusphasen A1 bis 3 und C3/4 berücksichtigt.
- Der Außenanstrich muss nach alle 15 Jahre ausgetauscht werden (Bundesinstitut für Bau-, Stadt- und Raumforschung [BBSR] im Bundesamt für Bauwesen und Raumordnung [BBR], 2017). Für die Ökobilanz bedeutet das, dass die Lebenszyklusphasen A1 bis 3 und C3/4 zunächst mit dem Faktor 3 einfließen.

Für die Ökobilanzierung ergibt sich der in Tabelle 6.6 dargestellte Bilanzrahmen (für 1 m^2 Außenwand).

6.4.8.3 Checkliste für die Planung der Ökobilanzierung

Die Checkliste in Tabelle 6.7 dient als kompaktes Instrumentarium zur systematischen Vorbereitung und Durchführung einer Ökobilanzierung und Sanierungsbewertung. Sie gliedert den Planungsprozess in mehrere Phasen, von der Vorbereitungsphase über die Bestandserfassung und Planung der Sanierungsmaßnahmen bis hin zu Bilanzierung, Auswertung, Nachweisführung und der Berücksichtigung förderrelevanter Aspekte. Dadurch wird sichergestellt, dass alle wesentlichen Elemente, wie die Festlegung des Bilanzierungsziels, die Definition der funktionellen Einheit, die Erfassung des Bestands sowie die Auswahl geeigneter Bewertungsmethoden, strukturiert und nachvollziehbar abgearbeitet werden.

Tabelle 6.7: Checkliste Ökobilanzierung

Phase	Schritte
Vorbereitungsphase	Festlegung des Bilanzierungssystems und -ziels (BEG-Nachweis, DGNB, BNB oder andere) in Abstimmung mit dem Auftraggeber
	Ermittlung der spezifischen Anforderungen und Randbedingungen des gewählten Systems
	Prüfung der vorhandenen Gebäudedokumentation
	Festlegung der funktionellen Einheit
	Definition des Betrachtungszeitraums
Bestandserfassung	Dokumentation der vorhandenen Baukonstruktion
	Erfassung der Bauteilaufbauten und -flächen
	Ermittlung der Restnutzungsdauern bestehender Bauteile
	Analyse des energetischen Istzustands
	Erfassung der technischen Gebäudeausrüstung (wird in der Regel durch die Fachplanung TGA durchgeführt)
Planung der Sanierungsmaßnahmen	Definition der Systemgrenzen
	Festlegung der zu untersuchenden Varianten
	Erstellung eines Bauteilkatalogs für neue Komponenten
	Zusammenstellung der benötigten ÖKOBAUDAT-Datensätze
Bilanzierung	Auswahl geeigneter Bilanzierungssoftware
	Erfassung der Bestandskonstruktion
	Modellierung der Sanierungsvarianten
	Berücksichtigung von Austauschzyklen
	Berechnung der Nutzungsphase (B6 Energiebedarf)
	Dokumentation der Annahmen und Randbedingungen
Auswertung und Optimierung	Vergleich der Varianten
	Prüfung der Grenzwerte/Benchmarks
	Identifikation von Optimierungspotenzialen
	Durchführung von Sensitivitätsanalysen
	Dokumentation der Ergebnisse
Nachweisführung	Zusammenstellung der erforderlichen Unterlagen
	Erstellung der Dokumentation gemäß Systemanforderungen
	Prüfung der Vollständigkeit
	Qualitätssicherung durch Plausibilitätsprüfung
	Archivierung der Berechnungsgrundlagen
zusätzliche Aspekte für Förderanträge	Prüfung aktueller Förderrichtlinien
	Erfassung zusätzlicher förderrelevanter Nachweise
	Verwendung der korrekten Formulare/Tools
	Einhaltung der Einreichungsfristen
	Dokumentation gemäß Förderanforderungen

7 Sanierungslösungen für Baukonstruktionen

Kapitel 6 legt durch detaillierte Gebäudeanamnese, Gebäudediagnostik und energetische Bewertungen nach DIN 18599 die Basis für eine fundierte Planung von Sanierungsmaßnahmen. Die Ergebnisse der Energiebilanzierung und dynamischen Gebäudesimulation zeigen präzise auf, wo energetische Schwachstellen im Gebäudebestand liegen und welche technischen Systeme optimiert werden müssen. Diese fundierte Analyse ermöglicht es, in Kapitel 7 gezielte und effektive Sanierungsstrategien zu entwickeln. Hier werden die zentralen bauphysikalischen Herausforderungen analysiert sowie innovative konkrete technische Lösungen und Konstruktionsansätze vorgestellt, die darauf abzielen, die Energieeffizienz zu verbessern und die CO_2-Emissionen zu reduzieren. Die Sanierung des Dachs (siehe Kapitel 7.1), der Fassade (siehe Kapitel 7.4) und des Kellers (siehe Kapitel 7.5) sowie die Modernisierung von Fenstern (siehe Kapitel 7.3) und Dachgeschossen (siehe Kapitel 7.2) bilden die Kernpunkte dieses Kapitels, wobei jede Maßnahme direkt auf die vorher identifizierten Schwachstellen und energetischen Anforderungen des Gebäudes abgestimmt ist. Im Fokus der energetischen Sanierung von Bestandsgebäuden stehen daher baukonstruktive Maßnahmen, insbesondere an Dach, Fenstern, Fassade und der Gebäudeunterseite. Ein besonderes Augenmerk wird auf Praxisbeispiele, normative Vorgaben (z. B. DIN 4108-2, -3 und -7 sowie Beiblatt 2, DIN 1946-6, GEG 2024) sowie ökonomische und ökologische Bewertungen gelegt, um eine fundierte Grundlage für die Planung und Umsetzung energetischer Sanierungsmaßnahmen im Gebäudebestand zu bieten.

Die energetische Sanierung von Bestandsgebäuden ist eine der wesentlichen Maßnahmen zur Reduzierung des Energieverbrauchs und zur Erreichung nationaler und internationaler Klimaziele. Insbesondere die Baukonstruktion ist ein entscheidender Faktor für den Energieverlust und die Effizienzpotenziale eines Gebäudes. Unzureichend gedämmte oder beschädigte Baukonstruktionen führen zu erhöhten Transmissionswärmeverlusten, Luftundichtigkeiten und Feuchteproblemen, die nicht nur den Energieverbrauch erhöhen, sondern auch die Bausubstanz und den Wohnkomfort negativ beeinflussen können. Dach, Fenster, Fassade und der untere Gebäudeabschluss sind dabei die wesentlichen thermischen Hüllflächen, die eine entscheidende Rolle für die energetische Gesamtbilanz spielen.

Ein erfolgreicher Sanierungsprozess erfordert fachplanerische Methoden und einen integralen Ansatz, der verschiedene Anforderungen miteinander in Einklang bringt:

- Energieeinsparung und Klimaschutz, um den Gesamtenergieverbrauch zu senken,
- baukonstruktive Machbarkeit, um die Umsetzbarkeit im Bestand sicherzustellen,
- Wirtschaftlichkeit, um eine angemessene Amortisation der Sanierungsmaßnahmen zu gewährleisten,
- Nutzerkomfort, um thermische Behaglichkeit, Schallschutz und Luftqualität zu verbessern,
- Denkmal- und Bestandsschutz, um historisch wertvolle Substanz zu erhalten.

Eine ganzheitliche Sanierung muss zudem die thermischen und bauphysikalischen Wechselwirkungen zwischen den einzelnen Bauteilen berücksichtigen, um Wärmebrücken zu minimieren, Feuchteschäden zu vermeiden und eine dauerhaft hohe Energieeffizienz sicherzustellen. Die Einbindung von erneuerbaren Energien (z. B. Photovoltaik, Wärmepumpensysteme) sowie die Nutzung moderner Gebäudeautomation und Smarthome-Technologien können weitere Optimierungspotenziale erschließen.

Effiziente Wärmedämmung: Minimierung von Wärmeverlusten und nachhaltige Bauweise

Die Reduzierung von Wärmeverlusten ist ein zentraler Bestandteil energieeffizienten Bauens. Eine optimierte Gebäudehülle trägt maßgeblich zur Senkung des Energiebedarfs bei, indem sie Wärmeverluste durch Transmission minimiert und eine hohe Luftdichtheit gewährleistet. Dies wird durch den Einsatz von Bauteilen mit niedrigen *U*-Werten, wärmebrückenoptimierte Anschlüsse und sorgfältig abgedichtete Bauteilübergänge erreicht. Insbesondere in Altbauten, die häufig über unzureichenden Wärmeschutz verfügen, besteht erhebliches Einsparpotenzial, das durch gezielte Modernisierungsmaßnahmen genutzt werden kann.

Eine fachgerecht ausgeführte Wärmedämmung steigert nicht nur die Energieeffizienz, sondern verbessert auch den Wohnkomfort erheblich. Durch höhere Oberflächentemperaturen der Bauteile wird der sog. Kaltluftabfall reduziert und Zugerscheinungen verhindert, wodurch unangenehme Strahlungskälte vermieden wird. Dies hat zur Folge, dass die Raumtemperatur nicht künstlich erhöht werden muss, was wiederum den Energieverbrauch senkt. Auch im Sommer trägt eine optimierte Dämmung zu einem angenehmen Raumklima bei, indem sie das Gebäude vor übermäßiger Aufheizung schützt.

Neben dem Komfortgewinn spielt der Schutz der Bausubstanz eine entscheidende Rolle. Eine gut gedämmte Gebäudehülle verringert Feuchtebelastungen und beugt der Bildung von Wärmebrücken vor, die das Risiko von Kondensation und Schimmelbildung erhöhen. Besonders bei

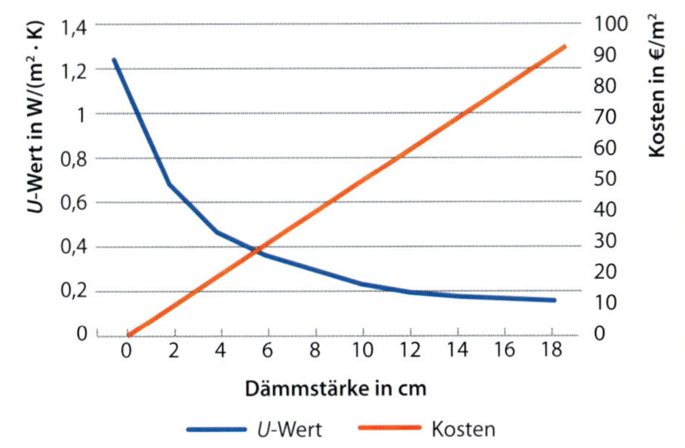

Abb. 7.1: Einfluss der Dämmstärke auf *U*-Wert und Kosten

erdberührten Bauteilen oder denkmalgeschützten Bauwerken trägt eine gezielte Dämmung zur langfristigen Substanzerhaltung und nachhaltigen Nutzung der Gebäude bei.

Ein häufig diskutierter Aspekt der Wärmedämmung ist die Frage, ob der Energieaufwand für die Herstellung und Installation von Dämmmaßnahmen durch die spätere Einsparung gerechtfertigt ist. Wissenschaftliche Studien zeigen jedoch, dass die eingesparte Energie den Herstellungsaufwand bei Weitem übersteigt. Hochwertige Dämmmaßnahmen amortisieren sich in kurzer Zeit und erweisen sich als wirtschaftlich vorteilhafter als eine zusätzliche Beheizung durch fossile Brennstoffe oder elektrische Heizsysteme.

Die oft geäußerte Sorge einer sog. „Überdämmung" lässt sich weitgehend entkräften. Eine weitere Erhöhung der Dämmstoffdicke über das heutige Niveau von Passivhäusern oder KfW-40-Gebäuden hinaus ist energetisch und wirtschaftlich nur bedingt sinnvoll, da die Einsparpotenziale mit zunehmender Dämmstoffstärke abnehmen. Anstelle einer unbegrenzten Erhöhung der Dämmschichtdicke liegt der Fokus zunehmend auf der Entwicklung leistungsfähiger Dämmmaterialien, die bei geringeren Schichtdicken eine gleichwertige Effizienz bieten.

Bereits heute ermöglichen innovative Hochleistungsdämmstoffe wie **Vakuum-Isolationspaneele (VIP)** eine erhebliche Reduktion der Materialstärke bei gleichbleibend hoher Dämmleistung. Dies trägt nicht nur zur Ressourcenschonung bei, sondern eröffnet auch neue gestalterische Möglichkeiten in der Architektur.

Abb. 7.1 illustriert den Zusammenhang zwischen Dämmstoffdicke, *U*-Wert und den damit einhergehenden Kosten. Es zeigt sich, dass eine moderate Erhöhung der Dämmstoffstärke bereits zu einer signifikanten Senkung des *U*-Werts führt, was eine deutliche Verbesserung der Wärmedämmeigenschaften impliziert. Allerdings verringert sich der Effekt mit jeder weiteren Erhöhung der Dämmstoffdicke, sodass zusätzliche Maßnahmen nur noch marginale Verbesserungen beim Wärmedurchgangskoeffizienten erzielen. Parallel dazu steigen die Kosten linear mit der Dämmstoffdicke, was die ökonomischen Grenzen einer weiteren Dämmung verdeutlicht.

Exkurs

Anforderungen an den Wärmeschutz nach DIN 4108

Die Vorschriften zum Wärmeschutz im Hochbau wurden in den vergangenen Jahren kontinuierlich weiterentwickelt und verschärft. Dies ist insbesondere auf die steigenden Anforderungen an die Energieeffizienz von Gebäuden zurückzuführen, die durch gesetzliche Vorgaben und ökologische Notwendigkeiten stetig an Bedeutung gewinnen. Die DIN 4108 ist eine zentrale Norm für den baulichen Wärmeschutz in Deutschland und legt fest, wie Wärmeverluste minimiert, thermischer Komfort gewährleistet und Bauschäden vermieden werden können. Die Norm umfasst verschiedene Aspekte des Wärmeschutzes, darunter den Mindestwärmeschutz, sommerlichen Wärmeschutz, Feuchteschutz und Luftdichtheit.

Mindestwärmeschutz

Ein ausreichender Mindestwärmeschutz ist essenziell, um eine hygienisch angemessene Raumtemperatur sicherzustellen und Bauschäden durch Tauwasserbildung zu vermeiden. In DIN 4108-2 sind Anforderungen definiert, die insbesondere die Begrenzung von Wärmeverlusten über die Gebäudehülle betreffen. Um dies zu gewährleisten, werden Mindestdämmwerte für Außenwände, Dächer und Böden vorgegeben.

Besonders kritisch sind Wärmebrücken, da sie lokal zu reduzierten Oberflächentemperaturen führen, was das Risiko von Tauwasserausfall und Schimmelbildung erhöht. DIN 4108 gibt daher Mindestanforderungen an die thermische Qualität von Bauteilen und Anschlussdetails vor, um Schwachstellen gezielt zu minimieren. Eine sorgfältige Planung und Ausführung sind hierbei entscheidend, um eine gleichmäßige Temperaturverteilung an den Innenflächen sicherzustellen.

Sommerlicher Wärmeschutz

Neben dem Schutz vor Wärmeverlusten im Winter regelt die DIN 4108-2 auch den sommerlichen Wärmeschutz, dessen Ziel es ist, Überhitzung in Innenräumen zu vermeiden und den Energieaufwand für Klimatisierung zu reduzieren.

Der sommerliche Wärmeschutz hängt maßgeblich von folgenden Faktoren ab:

- dem Wärmeeintrag durch Fensterflächen,
- der thermischen Speicherkapazität von Bauteilen,
- Verschattungssystemen (z. B. Jalousien, Markisen, Sonnenschutzverglasung),
- der Nachtlüftung zur gezielten Abkühlung von Innenräumen.

Die Norm definiert einen Sonneneintragskennwert, der unter Berücksichtigung von Fenstergrößen, Orientierung, Verglasungsart und Verschattungselementen berechnet wird. Eine sorgfältige Planung des sommerlichen Wärmeschutzes ist entscheidend, um einen behaglichen Innenraumkomfort ohne übermäßige Kühlenergie zu gewährleisten.

Feuchteschutz

Der Feuchteschutz ist ein wesentlicher Bestandteil der DIN 4108-3 „Wärmeschutz und Energie-Einsparung in Gebäuden – Teil 3: Klimabedingter Feuchteschutz – Anforderungen, Berechnungsverfahren und Hinweise für Planung und Ausführung" (2024) und dient dazu, Feuchtigkeitsschäden und Schimmelbildung innerhalb der Baukonstruktion zu verhindern. Eine fehlerhafte Planung kann zu Durchfeuchtungen, Kondensationsproblemen und Frostschäden führen, die nicht nur die Bausubstanz gefährden, sondern auch die Raumluftqualität negativ beeinflussen.

Die Norm macht klare Vorgaben zur Tauwasservermeidung innerhalb der Konstruktion, wobei insbesondere folgende Maßnahmen relevant sind:

- richtige Anordnung von Dampfsperren und Dampfbremsen,
- Dimensionierung der Diffusionswiderstände von innen nach außen,
- feuchteadaptive Schichtaufbauten zur kontrollierten Feuchteableitung,
- ausreichende Lüftungskonzepte zur Regulierung der Raumfeuchte.

Ein besonderes Augenmerk liegt auf dem Schutz vor Schlagregen und aufsteigender Feuchtigkeit, der durch entsprechende Abdichtungssysteme und wasserableitende Konstruktionen sichergestellt werden muss.

Luftdichtheit

Eine luftdichte Gebäudehülle ist essenziell für den Wärmeschutz und die Energieeffizienz und wird in DIN 4108-7 „Wärmeschutz und Energie-Einsparung in Gebäuden – Teil 7: Luftdichtheit von Gebäuden – Anforderungen, Planungs- und Ausführungsempfehlungen sowie -beispiele" (2011) geregelt. Eine unzureichende Luftdichtheit führt zu unkontrollierten Wärmeverlusten, Zugluft und Feuchteschäden, insbesondere an kritischen Bauteilanschlüssen.

Wichtige Anforderungen an die Luftdichtheit umfassen:

- eine durchgängige Abdichtungsebene auf der warmen Seite der Dämmung,
- die Vermeidung von Leckagen an Bauteilanschlüssen, Fugen und Durchdringungen,
- den Einsatz geeigneter Materialien wie Dampfbremsen, Klebebänder und Dichtstoffe.

Zur Überprüfung der Luftdichtheit wird das Differenzdruck-Messverfahren (Blower-Door-Test) eingesetzt (siehe Kapitel 6.4.3). Insbesondere Niedrigenergie- und Passivhäuser unterliegen strengeren Anforderungen, da hier geringe Energieverluste essenziell für den Betrieb sind.

Mit zunehmenden Anforderungen an den klimafreundlichen Gebäudebestand spielt die DIN 4108 eine entscheidende Rolle bei der nachhaltigen Planung und Sanierung von Wohn- und Nichtwohngebäuden.

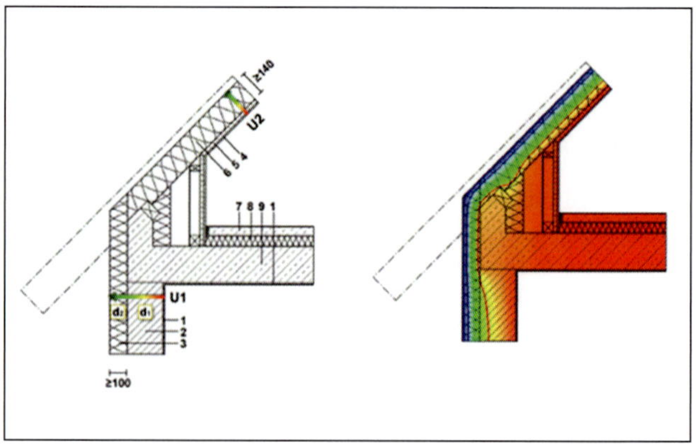

Abb. 7.2: Anschluss Dach und Fassade (Quelle: eigene Darstellung mittels HottTherm)

7.1 (Steil-)Dach

Das Dach ist eine der größten Wärmeverlustquellen eines Gebäudes. Ungedämmte oder schlecht gedämmte Dachkonstruktionen können bis zu 30 % der Heizenergieverluste verursachen. Eine energetische Optimierung kann durch verschiedene Dämmtechniken erfolgen.

In Kapitel 7.1 wird ausschließlich auf Steildächer eingegangen, da sie – im Unterschied zu Flachdächern – bauphysikalisch andere Anforderungen an die Dämmung stellen und im Wohngebäudebestand weitaus häufiger vorkommen. Zudem sind typische energetische Sanierungsmaßnahmen bei Steildächern wie Auf-, Zwischen- oder Untersparrendämmung besonders relevant für die Praxis.

7.1.1 Aufsparrendämmung

Die Aufsparrendämmung gilt als eine der effizientesten und bauphysikalisch vorteilhaftesten Methoden zur energetischen Optimierung von Steildächern. Im Gegensatz zu Zwischen- oder Untersparrendämmungen, die entweder innerhalb der Sparrenfelder oder unterhalb der Tragkonstruktion angebracht werden, wird die Aufsparrendämmung auf der Außenseite der Sparren montiert. Diese Konstruktionsweise ermöglicht eine kontinuierliche, wärmebrückenfreie Dämmschicht, die Transmissionswärmeverluste minimiert und die thermische Effizienz der Dachkonstruktion erheblich steigert.

Abb. 7.2 zeigt den Anschluss einer gedämmten Dachschräge an eine außen gedämmte Fassade. Dieses Detail ist relevant für beheizte Dachräume, in denen die thermische Hülle bis zum Dachfirst reicht. Um Wärmeverluste zu vermeiden, muss die Dämmschicht der Dachschräge nahtlos an die Fassadendämmung anschließen. Eine fortlaufende Dämmung mit ausreichender Überlappung stellt sicher, dass keine Kältebrücken entstehen. Zusätzlich kann der Einsatz von Wärmedämmkeilen an der Traufe helfen, Wärmeverluste weiter zu reduzieren.

Ein wesentlicher Vorteil dieser Dämmtechnik ist die ununterbrochene Wärmedämmschicht, die Wärmebrücken vermeidet und eine gleichmäßige Temperaturverteilung innerhalb des Dachaufbaus gewährleistet. Dies trägt nicht nur zur Verbesserung des winterlichen Wärmeschutzes, sondern auch zum sommerlichen Hitzeschutz bei, da die

Dämmung das Aufheizen der darunterliegenden Räume reduziert. Ein weiterer Vorteil ist der Erhalt der Raumhöhe, da die Dämmung außerhalb des Wohnraums aufgebracht wird und somit keine Wohnflächenreduzierung im Innenraum verursacht.

Darüber hinaus verbessert die externe Lage der Dämmschicht die bauphysikalischen Eigenschaften des gesamten Dachaufbaus. Durch die außen liegende Dämmung werden Temperaturdifferenzen innerhalb der Tragkonstruktion reduziert, wodurch Materialspannungen, Rissbildung und Kondensationsprobleme minimiert werden. Zudem schützt die Dämmschicht die darunterliegenden Sparren und die Dachschalung vor Feuchtigkeit, Frost und Temperaturschwankungen, wodurch die gesamte Dachkonstruktion langlebiger wird.

Ein weiterer Vorteil der Aufsparrendämmung liegt in der Flexibilität der Materialwahl. Es können sowohl konventionelle Dämmstoffe wie Polyurethan (PUR/PIR) oder Mineralwolle als auch ökologische Alternativen wie Holzfaserdämmplatten oder Vakuumdämmplatten eingesetzt werden. Dadurch können individuelle Lösungen entwickelt werden, die den spezifischen Anforderungen hinsichtlich des Wärmeschutzes, Brandschutzes, Schallschutzes und sommerlichen Wärmeschutzes gerecht werden.

Materialauswahl und Eigenschaften verschiedener Dämmstoffe für die Aufsparrendämmung

Polyurethan (PUR/PIR): sehr hohe Dämmleistung (λ-Wert ca. 0,023 W/[m · k]), druckfest und feuchtigkeitsresistent

Holzfaserdämmplatten: ökologische Alternative mit guten sommerlichen Wärmeschutzeigenschaften

Vakuumdämmplatten/Vakuumisolationspanel (VIP): Hochleistungsdämmmaterialien, extrem niedrige Wärmeleitfähigkeit (λ-Wert ca. 0,007 W/[m · k]) durch Nutzung eines Vakuums, um Wärmeübertragung durch Konvektion und Leitung stark zu reduzieren, jedoch kostenintensiv

Mineralwolle (Steinwolle, Glaswolle): brandschutzklassifizierte Dämmstoffe mit guten Schallschutzeigenschaften

Insgesamt stellt die Aufsparrendämmung eine äußerst effiziente und nachhaltige Dämmstrategie dar, insbesondere für energetische Sanierungen mit geplanter Dachneueindeckung, Passivhäuser sowie Niedrigenergiegebäude. Trotz der höheren initialen Investitionskosten im Vergleich zu konventionellen Dämmmethoden bietet sie eine langfristige Verbesserung der Energieeffizienz, eine erhöhte Wohnbehaglichkeit und eine längere Lebensdauer der Dachkonstruktion, was sie zu einer zukunftsfähigen Lösung für die nachhaltige Gebäudesanierung macht.

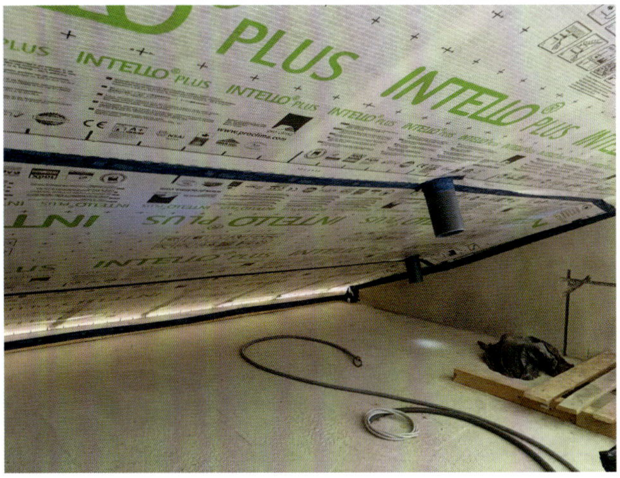

Abb. 7.3: Herstellung der Luftdichtheit in der Steildachfläche mit adaptiver Dampfbremsfolie

Anwendungsbereiche

Die Aufsparrendämmung eignet sich besonders für

- **Dachsanierungen mit geplanter Neueindeckung** oder **Komplettsanierungen**, da die gesamte Dachkonstruktion neu aufgebaut werden muss,
- **Passivhaus- und Niedrigenergiehaus-Sanierungen**, bei denen eine maximale Dämmleistung angestrebt wird,
- **Bestandsgebäude mit unzureichender oder nicht vorhandener Dämmung**, bei denen eine Verbesserung des Wärmeschutzes notwendig ist.

Bauphysikalische Aspekte und Anforderungen bei der Aufsparrendämmung

Die Planung und Umsetzung einer Aufsparrendämmung erfordern eine detaillierte bauphysikalische Analyse, um eine dauerhafte Energieeffizienz, Gebäudestabilität und Feuchtebeständigkeit zu gewährleisten. Insbesondere die Luftdichtheit, der Feuchteschutz, der sommerliche Wärmeschutz sowie die statische Belastung der Dachkonstruktion sind zentrale Aspekte, die berücksichtigt werden müssen. Fehlerhafte Planungen oder eine unzureichende Abstimmung der bauphysikalischen Parameter können zu Wärmeverlusten, Feuchtigkeitsproblemen oder strukturellen Schäden führen, die die langfristige Funktionalität der Dämmung beeinträchtigen.

2 essenzielle Faktoren sind die Luftdichtheit und der Feuchteschutz. Eine Dampfbremse oder eine Luftdichtfolie auf der Innenseite der Konstruktion verhindert das unkontrollierte Eindringen von warmer, feuchter Raumluft in den Dämmstoff (siehe Abb. 7.3). Ohne eine ausreichende Dampfsperre kann es durch Kondensation innerhalb der Dachschichten zu Feuchteansammlungen kommen, die langfristig Schimmelbildung, Holzfäule oder eine Reduktion der Dämmleistung verursachen. Eine korrekte Berechnung des Feuchtetransports mittels hygrothermischer Simulation und die Auswahl geeigneter dampfdiffusionsoffener oder -dichter Materialien sind daher entscheidend, um das Dach langfristig funktionstüchtig zu halten.

Neben dem winterlichen Wärmeschutz spielt auch der sommerliche Wärmeschutz eine bedeutende Rolle. Hoch-

Adaptive Dampfbremsfolien

Adaptive Dampfbremsfolien sind innovative Materialien in der Bauphysik, die dazu beitragen, die Feuchtigkeitsregulierung innerhalb von Gebäuden zu optimieren und das Risiko von Kondensation und Schimmelbildung zu minimieren. Diese Folien passen ihre Dampfdurchlässigkeit an die jeweiligen klimatischen Bedingungen im Innen- und Außenbereich des Gebäudes an.

Funktionsweise

Adaptive Dampfbremsfolien verändern ihre Permeabilität für Wasserdampf basierend auf der relativen Feuchtigkeit der Umgebung. Bei niedriger Feuchtigkeit sind sie weniger durchlässig, um die Wärmedämmung trocken zu halten. Steigt die Feuchtigkeit jedoch an, erhöht sich die Durchlässigkeit der Folie, wodurch überschüssige Feuchtigkeit aus der Dämmung entweichen kann.

Vorteile

Feuchteregulierung: Durch die Anpassung der Dampfdurchlässigkeit helfen adaptive Dampfbremsfolien, die Feuchtigkeit innerhalb der Gebäudestruktur effektiv zu regulieren, was besonders in klimatisch variablen Regionen wichtig ist.

Schimmelprävention: Sie minimieren das Risiko von Kondensation und damit verbundenen Schimmelproblemen, indem sie die Akkumulation von Feuchtigkeit in der Dämmung verhindern.

Energetische Effizienz: Sie tragen zur Energieeffizienz des Gebäudes bei, indem sie die Dämmung trocken halten und somit deren Isolierfähigkeit erhalten.

Flexibilität: Sie eignen sich für den Einsatz in unterschiedlichen klimatischen Bedingungen und bei verschiedenartigen Bauweisen, was sie zu einer vielseitigen Lösung für moderne Bauprojekte macht.

Hygrothermische Simulation

Hygrothermische Simulation ist eine spezialisierte Analysemethodik in der Bauphysik, die verwendet wird, um das Verhalten von Bauteilen und Gebäuden in Bezug auf Wärme- und Feuchtetransport zu untersuchen. Diese Simulationsmethode hilft dabei, die Wechselwirkungen zwischen Wärme, Feuchtigkeit und Luftbewegungen innerhalb von Gebäuden präzise zu modellieren und vorherzusagen.

Funktionsweise der hygrothermischen Simulation

Datenerfassung: Zunächst werden klimatische Daten (Temperatur, Feuchtigkeit, Wind), Materialdaten (thermische und hygrische Eigenschaften) und Gebäudedetails (Geometrie, Orientierung, Konstruktion) gesammelt.

Modellierung: Die gesammelten Daten werden in ein Simulationsprogramm eingegeben, das die physikalischen Gesetze von Wärmeübertragung, Feuchtetransport und Luftströmungen integriert.

Analyse: Das Programm führt Berechnungen durch, um die Temperatur- und Feuchtigkeitsverhältnisse im Inneren des Gebäudes und innerhalb seiner Bauteile über Zeit zu prognostizieren.

Software und Werkzeuge

Zur Durchführung hygrothermischer Simulationen werden spezielle Softwarelösungen wie WUFI (Wärme und Feuchte instationär), HAMT (Heat, Air and Moisture Transfer) oder COMSOL Multiphysics verwendet. Diese Werkzeuge bieten detaillierte Einblicke in die hygrothermischen Bedingungen eines Gebäudes und unterstützen Architekten, Ingenieure und Baufachleute bei der Entwicklung effektiver und nachhaltiger Gebäudelösungen.

Durch den Einsatz hygrothermischer Simulationen können Planer und Architekten fundierte Entscheidungen treffen, die nicht nur die Baukosten optimieren, sondern auch die Schadenfreiheit der Bauteilkonstruktion gewährleisten können.

speicherfähige Dämmstoffe wie Holzfaserplatten oder Zellulose bieten eine hohe Wärmespeicherfähigkeit und reduzieren somit die Aufheizung des Dachgeschosses in den Sommermonaten. Die Phasenverschiebung, also die Zeit, die Wärme benötigt, um von der Außenseite ins Gebäudeinnere zu gelangen, ist ein wichtiger Kennwert für den sommerlichen Wärmeschutz. Dämmstoffe mit einer hohen spezifischen Wärmekapazität und Dichte tragen dazu bei, dass sich das Gebäude im Tagesverlauf langsamer aufheizt und die Innentemperaturen stabil bleiben.

Weitere kritische Aspekte sind die Statik und die zusätzliche Belastung der Dachkonstruktion. Da die Aufsparrendämmung als äußere Schicht auf den Sparren angebracht wird, erhöht sie die Gesamtlast des Dachaufbaus. Die Tragfähigkeit der Sparren, Pfetten und der gesamten Dachkonstruktion muss daher statisch überprüft werden, um eine ausreichende Tragfähigkeit für die zusätzlichen Schichten sicherzustellen. Dies gilt insbesondere bei der Verwendung von schwereren Dämmstoffen (z. B. Holzfaserdämmplatten) oder bei der Kombination mit einer zusätzlichen PV-Anlage oder Dachbegrünung.

Zusammenfassend lässt sich sagen, dass die erfolgreiche Umsetzung einer Aufsparrendämmung eine ganzheitliche bauphysikalische Betrachtung erfordert. Eine fehlerhafte Planung kann nicht nur die Energieeffizienz des Gebäudes beeinträchtigen, sondern auch zu erhöhten Instandhaltungskosten führen. Durch eine fachgerechte Planung unter Berücksichtigung von Luftdichtheit, Feuchteschutz, Wärmeschutz und Statik kann eine langlebige, effiziente und nachhaltige Lösung für die energetische Dachsanierung geschaffen werden.

7.1.2 Checkliste effektive Dachsanierung

Die Checkliste in Tabelle 7.1 dient als Orientierungshilfe für die Planung und Umsetzung einer effektiven Dachsanierung. Sie ermöglicht eine strukturierte und nachvollziehbare Prüfung aller relevanten Aspekte einer Dachsanierung. Die Spalte zum Ankreuzen hilft dabei, den Fortschritt zu dokumentieren und sicherzustellen, dass alle Maßnahmen korrekt umgesetzt wurden.

Tabelle 7.1: Checkliste effektive Dachsanierung

Nr.	Prüfpunkt	Erfüllt?
1. Luftdichtheit – Vermeidung von Wärmeverlusten und Feuchteschäden		
1.1	Dampfbremse oder Dampfsperre fachgerecht geplant und verlegt	☐
1.2	Auswahl der richtigen Dampfbremse/Dampfsperre abhängig von Feuchtebelastung und Konstruktion	☐
1.3	Lückenlose Verlegung ohne Falten oder Beschädigungen	☐
1.4	luftdichte Verklebung der Bahnen an Überlappungen gemäß Herstellervorgaben	☐
1.5	Sicherstellung der luftdichten Anbindung an Wandanschlüsse, Dachfenster und Durchdringungen (z. B. Schornstein, Rohre)	☐
1.6	Verwendung geprüfter, dauerelastischer Dichtmassen oder Butyl-/Spezialklebebänder zur Abdichtung	☐
1.7	Prüfung der Luftdichtheit vor Fertigstellung	☐
1.8	Durchführung eines Blower-Door-Tests zur Identifikation undichter Stellen	☐
1.9	falls notwendig: Nachbesserung von Leckagen und Anschlussstellen	☐
1.10	luftdichte Ausführung der Innenbekleidung zur Vermeidung unkontrollierter Luftströmungen	☐
2. Winddichtheit – Schutz der Dämmung vor Wärmeverlusten durch Windströmungen		
2.1	Witterungsschutz durch eine fachgerechte Unterdeckbahn oder Unterdachkonstruktion	☐
2.2	Wahl der richtigen Unterdeckbahn (diffusionsoffen oder -dicht) abhängig von der Dachkonstruktion	☐
2.3	lückenlose und überlappende Verlegung mit verklebten Stößen zur Vermeidung von Kaltluftströmungen	☐
2.4	Einhaltung der Herstellervorgaben für Verklebung, Überlappungen und Befestigung	☐
2.5	Winddichte Verklebung an Traufen, Firsten, Ortgängen und Wandanschlüssen	☐
2.6	Kontrolle der Nageldichtbänder oder Dichtstreifen an Befestigungspunkten, um Undichtigkeiten zu vermeiden	☐
2.7	Sicherstellung, dass kalte Außenluft nicht durch Spalten oder offene Bereiche in die Dämmung eindringen kann	☐
2.8	Prüfung der Winddichtigkeit durch visuelle Inspektion oder Rauchtests während eines Luftdichtheitstests	☐
3. Feuchteschutz – Vermeidung von Kondensatbildung und Bauschäden		
3.1	Feuchtehaushalt in der Konstruktion bauphysikalisch geprüft	☐
3.2	Berechnung des Feuchtetransports mit Glaser-Verfahren oder hygrothermischen Simulationsmethoden	☐
3.3	Sicherstellung eines funktionierenden Feuchtemanagements mit richtig abgestimmten Schichten (diffusionsoffen versus dampfdicht)	☐
3.4	Einbau einer hinterlüfteten Konstruktion, falls erforderlich (z. B. bei nicht diffusionsoffenen Unterdächern)	☐
3.5	Sicherstellung der richtigen Dampfdiffusionsrichtung der verwendeten Materialien	☐
3.6	Einsatz kapillaraktiver Dämmstoffe, wenn innenseitig gedämmt wird (z. B. Holzfaser oder Kalziumsilikat)	☐
3.7	Planung einer kontrollierten Lüftungsebene zur Ableitung von konstruktiver Feuchte	☐
3.8	Sicherstellung, dass keine ungewollten Taupunktverlagerungen auftreten	☐
4. Statik und Tragfähigkeit – Berücksichtigung der Zusatzlasten		
4.1	Berechnung der Tragfähigkeit der Dachkonstruktion	☐
4.2	statische Prüfung der Sparren, Pfetten und Dachtragkonstruktion durch einen Tragwerksplaner	☐
4.3	Berücksichtigung zusätzlicher Lasten durch Dämmung, Dachhaut und gegebenenfalls PV-Anlagen	☐
4.4	falls erforderlich: Verstärkung der Sparren, Pfetten oder Dachtragwerke zur sicheren Lastaufnahme	☐
4.5	Prüfung der Befestigungssysteme für die zusätzliche Dachlast	☐
5. Kontrolle und Qualitätssicherung		
5.1	visuelle Inspektion der Verklebungen, Anschlüsse und Überlappungen	☐
5.2	Durchführung eines Blower-Door-Tests zur Luftdichtheitsprüfung	☐
5.3	Prüfung der Anschlussdetails an Fenstern, Schornsteinen und Durchdringungen	☐
5.4	Sicherstellung einer fehlerfreien Installation durch Fachkräfte nach geltenden Normen (z. B. DIN 4108-7 für Luftdichtheit und Feuchteschutz)	☐

Die Aufsparrendämmung ist eine besonders effektive Methode zur Dachsanierung, die sich durch **hohe Energieeinsparpotenziale und langfristige Nachhaltigkeit** auszeichnet. Trotz der höheren Investitionskosten im Vergleich zur Zwischen- oder Untersparrendämmung bietet sie **beste bauphysikalische Eigenschaften** und sorgt für eine deutliche Verbesserung des Wohnkomforts durch erhöhte thermische Behaglichkeit und optimierten Feuchteschutz.

7.2 Dachgeschoss

Die thermische Hüllfläche eines Gebäudes spielt eine zentrale Rolle für die Energieeffizienz und die bauphysikalischen Eigenschaften der Gebäudehülle. Bei der Sanierung eines Dachgeschosses muss zunächst festgelegt werden, ob es sich um ein **beheiztes oder unbeheiztes Dachgeschoss** handelt, da dies maßgeblich bestimmt, an welcher Stelle die Wärmedämmung sinnvoll platziert werden sollte:

- **Beheiztes Dachgeschoss:** Die thermische Hüllfläche kann entweder im **Steildachbereich** (Dachflächen) oder in der **Kehlbalkenlage** (horizontal unterhalb des Dachraums) liegen.
- **Unbeheiztes Dachgeschoss:** In diesem Fall bildet die **oberste Geschossdecke** die thermische Hüllfläche und muss entsprechend gedämmt werden, um Wärmeverluste in den darüberliegenden Dachraum zu minimieren.

In Kapitel 7.2.1 bis 7.2.3 werden die unterschiedlichen **Sanierungskonzepte** für diese 3 Szenarien detailliert betrachtet. Hierbei sollten auch zukünftige Nutzungskonzepte wie Wohnraumerweiterung und barrierefreier Zugang mitgeplant werden.

7.2.1 Oberste Geschossdecke

Sanierung der obersten Geschossdecke bei unbeheiztem Dachgeschoss

Die oberste Geschossdecke stellt die thermische Trennfläche zwischen dem beheizten Wohnbereich und dem unbeheizten Dachgeschoss dar. Eine Dämmung dieser Ebene ist eine der effektivsten und wirtschaftlichsten Maßnahmen zur Energieeinsparung, da sie mit vergleichsweise geringem Aufwand Wärmeverluste in den Dachraum reduziert.

Die energetische Sanierung von Bestandsgebäuden erfordert eine detaillierte bauphysikalische Betrachtung, insbesondere im Bereich der obersten Geschossdecke und des unbeheizten Dachgeschosses. Da warme Luft nach oben steigt, stellt die oberste Geschossdecke eine kritische Trennfläche zwischen dem beheizten Wohnraum und dem darüberliegenden, meist unbeheizten Dachraum dar. Unzureichend gedämmte Geschossdecken sind daher eine häufige Ursache für erhebliche Wärmeverluste, die den Energiebedarf eines Gebäudes stark erhöhen. Grundsätzlich stehen für die Sanierung der obersten Geschossdecke 3 Hauptlösungen zur Verfügung: die Auflagedämmung (begehbar oder nicht begehbar), die Hohlraumdämmung innerhalb der Konstruktion sowie die raumseitige Dämmung. Die Wahl der geeigneten Methode hängt von der Nutzung des Dachraums, den baulichen Gegebenheiten sowie den wirtschaftlichen Rahmenbedingungen ab. Des Weiteren müssen die gesetzlichen Mindestanforderungen berücksichtigt werden. Diese adressiert insbesondere § 47 GEG 2024 in Bezug auf zugängliche oberste Geschossdecken.

Nachrüstverpflichtungen für oberste Geschossdecken nach § 47 GEG 2024

Zugängliche oberste Geschossdecken, die einen beheizten Raum von einem unbeheizten Dachraum abtrennen, müssen nachträglich gedämmt werden, wenn sie nicht den Anforderungen an den Mindestwärmeschutz nach DIN 4108-2 entsprechen. Wenn aber das darüberliegende Dach die Anforderungen an den Mindestwärmeschutz nach DIN 4108-2 erfüllt, sind keine Maßnahmen an der obersten Geschossdecke erforderlich. § 47 Abs. 3 und 4 GEG 2024 beinhalten Ausnahmen zur Nachrüstpflicht, die allerdings nur Eigentümer von Wohngebäuden mit nicht mehr als 2 Wohnungen betreffen. Die Frist zur Pflichterfüllung beträgt nach § 47 Abs. 3 2 Jahre ab dem Eigentumsübergang.

Die Dämmpflicht betrifft alle Wohn- und Nichtwohngebäude, die mindestens 4 Monate im Jahr auf eine Temperatur von mindestens 19 °C beheizt werden. Diese Regelung kommt zur Anwendung, wenn das Gebäudedach selbst ungedämmt ist und gleichzeitig die darunterliegende Decke nicht die Mindestanforderungen an den Wärmeschutz nach DIN 4108-2 erfüllt. DIN 4108-2 setzt die Standards, die zur Gewährleistung einer effizienten Energieverwendung und zur Minimierung von Wärmeverlusten in Gebäuden notwendig sind. In diesem Kontext sind die „Auslegungsfragen zur Energieeinsparverordnung – Teil 15" (Achelis, 2011) besonders relevant. Diese enthalten den Hinweis, dass Deckenkonstruktionen, die seit 1969 errichtet wurden, im Regelfall die Anforderungen des Mindestwärmeschutzes nach DIN 4108-2 erfüllen.

Mindestwärmeschutz oberste Geschossdecke nach DIN 4108-2

Wärmedurchlasswiderstand von $R = 0{,}90\ (m^2 \cdot K)/W$ entspricht einem U-Wert von $0{,}91\ W/(m^2 \cdot K)$

Dämmung auf der Geschossdecke

Die einfachste und effektivste Lösung zur Reduzierung von Wärmeverlusten ist die Auflagedämmung auf der obersten Geschossdecke. Hierbei kann zwischen begehbaren und nicht begehbaren Systemen unterschieden werden:

- **Nicht begehbare Dämmung:** Diese Variante eignet sich für Dachräume, die nicht als Abstellfläche genutzt werden. Hierbei kommen lose Dämmstoffe wie Zelluloseeinblasdämmung, Mineralwolle oder Holzfaserschüttungen zum Einsatz. Sie zeichnen sich durch hohe Dämmwerte, schnelle Verarbeitung und niedrige Kosten aus.
- **Begehbare Dämmung:** Falls der Dachraum zugänglich bleiben soll, werden druckfeste Dämmplatten mit einer Holzwerkstoff- oder Estrichauflage verwendet. Diese Lösung erlaubt eine Nutzung der Fläche, bietet aber eine etwas höhere Wärmedurchgangsrate als lose Schüttdämmungen.

Ein kritisches Anschlussdetail betrifft den Übergang zwischen einer gedämmten obersten Geschossdecke und einer außen gedämmten Fassade. Hierbei handelt es sich um eine typische Situation bei unbeheizten Dachräumen, in denen die oberste Geschossdecke die thermische Hülle bildet. Eine durchgehende Dämmung der obersten Geschossdecke sowie eine lückenlose Anbindung an die Fassadendämmung sind essenziell, um Wärmeverluste zu minimieren. Die Dämmung wird über die Außenwand hinweggeführt und bis zur Decke fortgesetzt, wodurch eine kontinuierliche thermische Barriere entsteht und Kältebrücken wirksam vermieden werden (siehe Abb. 7.4). Ein bewährtes Mittel zur Optimierung dieses Anschlusses ist der Einsatz von Dämmkeilen. Diese werden im Übergangsbereich zwischen der Fassadendämmung und der Dämmung der obersten Geschossdecke eingebaut, um eine thermisch optimierte Überleitung zu gewährleisten. Sie reduzieren abrupte Übergänge in der Dämmebene und minimieren punktuelle Wärmeverluste. Zudem schaffen sie eine verbesserte Auflagefläche für die Dämmung der Geschossdecke, wodurch Lücken oder unzureichend gedämmte Bereiche vermieden werden.

Hohlraumdämmung innerhalb der Geschossdecke

Bei Holzbalkendecken oder anderen Konstruktionen mit Hohlräumen kann eine Einblasdämmung aus Zellulose, Perlite oder Mineralwolle zwischen die Balken eingebracht werden. Diese Methode verbessert nicht nur den Wärmeschutz, sondern trägt auch zur Schallreduktion zwischen den Geschossen bei. Sie bietet eine ökonomische Lösung mit hoher Dämmwirkung, jedoch muss die Tragfähigkeit der Deckenkonstruktion geprüft werden, um Setzungen oder Druckbelastungen durch die Dämmstoffe zu vermeiden.

Raumseitige Dämmung unterhalb der Geschossdecke

Falls aus denkmalpflegerischen Gründen oder bautechnischen Gegebenheiten keine Dämmung oberhalb der Geschossdecke erfolgen kann, ist eine Dämmung auf der Rauminnenseite eine alternative Möglichkeit. Diese Methode wird jedoch selten angewandt, da sie die Raumhöhe reduziert und das Risiko von Wärmebrücken erhöht. Eine solche Dämmung kann aus kapillaraktiven Materialien wie Kalziumsilikatplatten oder Holzfaserplatten bestehen, um Feuchtigkeitsprobleme zu minimieren. Tabelle 7.2 stellt Vorteile und Herausforderungen der raumseitigen Dämmung von obersten Geschossdecken gegenüber.

Tabelle 7.2: Vorteile und Herausforderung der raumseitigen Dämmung von obersten Geschossdecken

Vorteile	Herausforderungen
sehr hohe Energieeinsparungen bei geringem Material- und Arbeitsaufwand	keine statischen Zusatzbelastungen für das Dachtragwerk
kostengünstige Maßnahme im Vergleich zur Dachdämmung	
keine statischen Zusatzbelastungen für das Dachtragwerk	bei begehbaren Dämmsystemen ausreichende Druckfestigkeit erforderlich

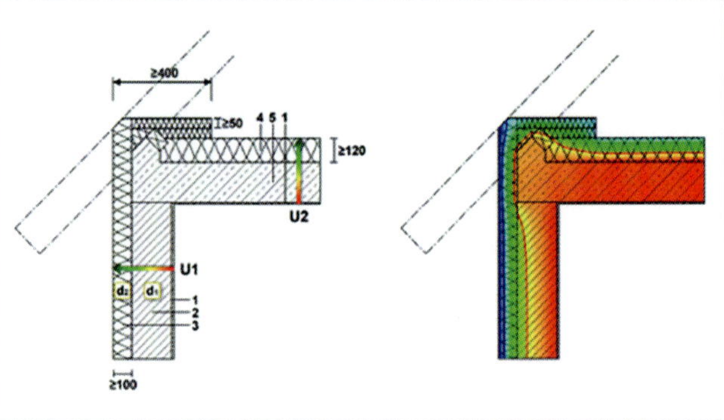

Abb. 7.4: Anschluss oberste Geschossdecke und Fassade (Quelle: eigene Darstellung mittels HottTherm)

Die Wahl der richtigen Sanierungsmethode hängt maßgeblich von der Nutzung des Dachraums und den baulichen Rahmenbedingungen ab:

- Bei einem unbeheizten Dachgeschoss ist die Dämmung der obersten Geschossdecke die wirtschaftlichste und energieeffizienteste Lösung, da sie Wärmeverluste ohne große bauliche Eingriffe reduziert.
- Falls das Dachgeschoss unbeheizt sein, aber klimatisch geschützt werden soll, können Maßnahmen wie eine Dachinnendämmung oder eine optimierte Lüftung zur Verlängerung der Bausubstanz-Lebensdauer beitragen.
- Die raumseitige Dämmung der Geschossdecke ist nur in Ausnahmefällen sinnvoll, z. B. bei denkmalgeschützten Gebäuden, da sie Wärmebrückenrisiken und Nutzraumverluste mit sich bringt.

Jede dieser Maßnahmen sollte unter Berücksichtigung von Wärmebrückenminimierung, Luftdichtheit und Feuchteschutz geplant werden, um langfristige Schäden und Energieverluste zu vermeiden. Eine fachgerechte Umsetzung ist entscheidend für die Effizienz und Dauerhaftigkeit der gewählten Sanierungslösung.

7.2.2 Unbeheiztes Dachgeschoss

Ein unbeheiztes Dachgeschoss ist starken Temperaturschwankungen und Feuchtebelastungen ausgesetzt, die langfristig zu Bauschäden, Schimmelbildung und Materialermüdung führen können. Obwohl das Dachgeschoss nicht zur beheizten thermischen Hülle des Gebäudes gehört, ist es dennoch wichtig, es baulich zu optimieren, um die Langlebigkeit der Konstruktion zu gewährleisten und extreme klimatische Einflüsse zu minimieren.

Zur Verbesserung der bauphysikalischen Eigenschaften eines unbeheizten Dachraums existieren 2 grundlegende Sanierungsmaßnahmen: die Dachinnendämmung zur Reduzierung von Temperaturspitzen und die Optimierung der Lüftung zur Feuchteabfuhr. Beide Maßnahmen tragen dazu bei, die Dachkonstruktion vor Schäden durch Feuchte, Temperaturschwankungen und extreme Witterungseinflüsse zu schützen.

Dachinnendämmung zur Reduzierung von Temperaturspitzen

Unbeheizte Dachräume sind durch ihre exponierte Lage starken jahreszeitlichen Temperaturschwankungen ausgesetzt. Im Sommer können Temperaturen von über 60 °C auftreten, während im Winter starke Abkühlungen unter den Gefrierpunkt erfolgen. Diese Extremwerte können zu Materialspannungen, Rissbildungen und Kondensatbildung führen, insbesondere an der Innenseite der Dachdeckung.

Eine gezielte Dachinnendämmung kann helfen, diese Temperaturspitzen zu reduzieren und dadurch die mechanische Belastung der Dachkonstruktion zu minimieren. Dabei ist jedoch zu beachten, dass die Dämmung nicht als thermische Hüllfläche fungiert, sondern lediglich einen baulichen Schutz gegen Temperaturextreme bietet.

Folgende Dämmmaterialien bieten sich zur Dachinnendämmung an:

- **Diffusionsoffene Unterspannbahn:** Eine solche Schicht sorgt dafür, dass eventuell eindringende Feuchtigkeit nach außen entweichen kann, ohne dass sich schädliches Kondenswasser an der Dachinnenseite bildet.
- **Leichte Zwischensparrendämmung:** Diese kann die Temperaturschwankungen im Dachraum reduzieren, ohne dass eine thermische Abkapselung vom Außenklima erfolgt. Besonders geeignet sind offenporige Dämmstoffe mit hoher Sorptionsfähigkeit, die in der Lage sind, Feuchtigkeit temporär aufzunehmen und kontrolliert wieder abzugeben.

Die Wahl des geeigneten Dämmmaterials hängt von der Dachkonstruktion, den klimatischen Bedingungen und den bauphysikalischen Gegebenheiten ab. Hochspeicherfähige Materialien wie Holzfaser oder Zellulose bieten einen besseren sommerlichen Wärmeschutz als synthetische Dämmstoffe.

Optimierung der Lüftung im Dachraum

Falls auf eine zusätzliche Dämmung verzichtet wird, ist eine effektive Lüftungsstrategie notwendig, um Feuchteprobleme zu verhindern. Unzureichende Luftzirkulation kann zu Feuchteansammlungen, Schimmelbildung und Schäden an der Dachkonstruktion führen.

Folgende Maßnahmen tragen zur Optimierung der Lüftung bei:

- **Lüftungsschlitze an Traufe und First:** Diese gewährleisten eine natürliche Luftzirkulation, die durch den sog. Kamineffekt unterstützt wird. Warme Luft steigt nach oben und kann durch Öffnungen im First entweichen, während kühlere Außenluft an der Traufe nachströmt.
- **Gezielte Anordnung von Lüftungsöffnungen:** Eine unzureichende oder unsachgemäße Belüftung kann zu Feuchtigkeitsstau führen, insbesondere in Dachbereichen mit komplexer Geometrie oder wenn bestimmte Bereiche von der Luftzirkulation abgeschottet sind. Dem kann mit einer gezielten Anordnung von Lüftungsöffnungen entgegengewirkt werden.

Eine gut funktionierende Luftzirkulation im Dachraum sorgt nicht nur für die Abfuhr überschüssiger Feuchtigkeit, sondern hilft auch, Schäden durch Frost, Tauwasserbildung und Hitzeakkumulation zu minimieren.

Die Sanierung eines unbeheizten Dachgeschosses ist eine präventive Maßnahme, die langfristigen Schäden durch Feuchtigkeit, Temperaturschwankungen und Materialermüdung vorbeugen kann. Während eine Dachinnendämmung die mechanische Belastung durch extreme Temperaturen reduziert, ist eine optimierte Lüftung essenziell, um Feuchteprobleme und Schimmelbildung zu verhindern. Da keine direkte Energieeinsparung erzielt wird, muss jede Maßnahme hinsichtlich ihrer Kosten-Nutzen-Balance evaluiert werden. In vielen Fällen kann eine einfache Optimierung der Dachbelüftung bereits ausreichen, um die Bausubstanz vor Schäden zu schützen, während eine zusätzliche Dachinnendämmung nur bei stark klimatisch beanspruchten Dachräumen sinnvoll ist. Die Planung und Umsetzung sollten unter Berücksichtigung der bauphysikalischen Wechselwirkungen erfolgen, um ungewollte Taupunktverlagerungen und Feuchteschäden zu vermeiden. Insbesondere in Kombination mit einer energetischen Sanierung der obersten Geschossdecke kann eine gezielte Dachraumanpassung zur Effizienzsteigerung und Langlebigkeit der Dachkonstruktion beitragen.

7.2.3 Beheiztes Dachgeschoss

Die energetische Sanierung eines beheizten Dachgeschosses stellt eine besondere Herausforderung dar, da die Dachkonstruktion Teil der thermischen Gebäudehülle wird und somit hohen Anforderungen an Wärmedämmung, Luftdichtheit und Feuchteschutz genügen muss. Während bei einem unbeheizten Dachgeschoss die oberste Geschossdecke als thermische Trennschicht fungiert, muss bei einem beheizten Dachgeschoss die Dachfläche selbst als wärmedämmende Hülle ausgeführt werden. Dies erfordert eine sorgfältige Planung und die Wahl einer geeigneten Dämmstrategie, um Wärmeverluste zu minimieren, sommerlichen Wärmeschutz zu gewährleisten und Bauschäden durch Feuchtigkeit zu vermeiden.

Durch eine unzureichende oder fehlerhafte Dämmung entstehen erhöhte Transmissionswärmeverluste, die den Energiebedarf für Heizung und Kühlung steigern. Zudem kann es zu Feuchteschäden durch Kondensation kommen, wenn warme, feuchte Innenraumluft durch undichte Stellen in den Dämmaufbau eindringt und an kalten Oberflächen kondensiert. Eine fachgerechte Sanierung muss daher nicht nur die Dämmleistung optimieren, sondern auch die Luftdichtheit und eine kontrollierte Feuchteableitung sicherstellen.

Grundsätzlich existieren 2 Hauptansätze für die Dämmung eines beheizten Dachgeschosses:

- **Dämmung im Steildachbereich**: Diese Methode umfasst die Zwischensparrendämmung, Untersparrendämmung oder Aufsparrendämmung, wobei eine Kombination aus diesen Systemen eine höhere Dämmleistung und eine Reduktion von Wärmebrücken ermöglicht.
- **Dämmung in der Kehlbalkenlage**: Hier wird eine horizontale Wärmedämmung auf Höhe der Kehlbalkenebene installiert. Diese Variante kann eine wirtschaftliche Alternative sein, wenn nur der untere Teil des Dachraums beheizt wird.

Neben der Wärmedämmung spielt auch der sommerliche Wärmeschutz eine entscheidende Rolle. Hochspeicherfähige Dämmstoffe wie Holzfaserplatten oder Zellulose können die Aufheizung des Dachgeschosses reduzieren und für eine bessere thermische Behaglichkeit sorgen. Ergänzend ist eine effiziente Lüftung erforderlich, um Hitzestaus im Sommer und Feuchteprobleme im Winter zu vermeiden.

Ein weiteres wichtiges Element ist die statische Tragfähigkeit des Dachtragwerks. Die zusätzliche Last durch Dämmstoffe, Luftdichtheits- und Feuchteschutzebenen sowie eine mögliche neue Dacheindeckung muss statisch überprüft werden. Dies gilt insbesondere bei der Verwendung von schweren Dämmmaterialien oder wenn eine zusätzliche PV-Anlage auf dem Dach installiert wird.

Zusammenfassend lässt sich sagen, dass die Sanierung eines beheizten Dachgeschosses eine ganzheitliche Planung erfordert, die energieeffiziente Dämmmaßnahmen, Luftdichtheitskonzepte, sommerlichen Wärmeschutz und statische Gegebenheiten berücksichtigt. Eine fachgerechte Umsetzung nach geltenden Normen (z. B. DIN 4108 für Wärmeschutz und Energieeinsparung, DIN 1946-6 für Lüftungskonzepte) ist essenziell, um eine langfristig wirksame und nachhaltige Lösung zu gewährleisten.

7.3 Fenstererneuerung

Die fachgerechte Fenstermontage ist ein kritischer Punkt in der Bau- und Sanierungsplanung, insbesondere hinsichtlich der Abdichtung nach den anerkannten Regeln der Technik, und ein entscheidender Faktor für die Energieeffizienz, Langlebigkeit und Funktionalität eines Gebäudes. Sie stellt hohe Anforderungen an die Zusammenarbeit und Abstimmung zwischen den beteiligten Gewerken, insbesondere bei den Schnittstellen zwischen Fensterbau, Mauerwerksarbeiten, Abdichtung und Fassadengestaltung. Eine klare Planung, koordinierte Ausführung und eine durchgängige Qualitätskontrolle sind dabei unverzichtbar.

Die Erneuerung von Fenstern sollte stets im Kontext der gesamten Gebäudehülle betrachtet werden. Der *U*-Wert neuer Fenster sollte mit dem *U*-Wert der umgebenden Außenwand harmonieren, um unerwünschte Feuchteprobleme zu vermeiden. Liegt der *U*-Wert der Fenster deutlich unter dem der Wände, besteht die Gefahr, dass sich Kondenswasser unbemerkt an den kälteren Wandbereichen niederschlägt, was zu Schimmelbildung führen kann. In der Vergangenheit war dies weniger problematisch, da sich Kondenswasser primär an den Fensterscheiben bildete und so ein sichtbares Signal für eine notwendige Lüftung darstellte.

Neben der energetischen Betrachtung ist auch die statische Tragfähigkeit der Wandöffnung bei einem Fensterwechsel zu prüfen. Insbesondere bei einer Veränderung der Öffnungsmaße können Spannungsspitzen in den Eckbereichen der Wand auftreten, weshalb die Tragfähigkeit der Konstruktion nachgewiesen werden muss. Darüber hinaus erfordert die Fenstermontage eine sorgfältige Planung der Befestigungselemente, um Wärmebrücken zu vermeiden. Verbindungen aus Metall müssen zudem korrosionsgeschützt sein und alle durch das Gebäude verursachten Bewegungen aufnehmen können.

Die fachgerechte Fenstermontage, d. h. die sorgfältige Planung und Umsetzung der Abdichtung, Dämmung und Befestigung, ist ein entscheidender Faktor für die Energieeffizienz, Langlebigkeit und Funktionalität eines Gebäudes.

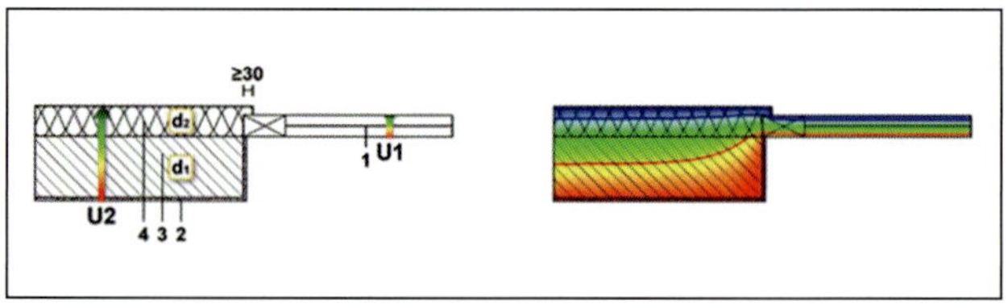

Abb. 7.5: Fensterlaibung Massivbauweise mit Blendrahmen (Quelle: eigene Darstellung mittels HottTherm)

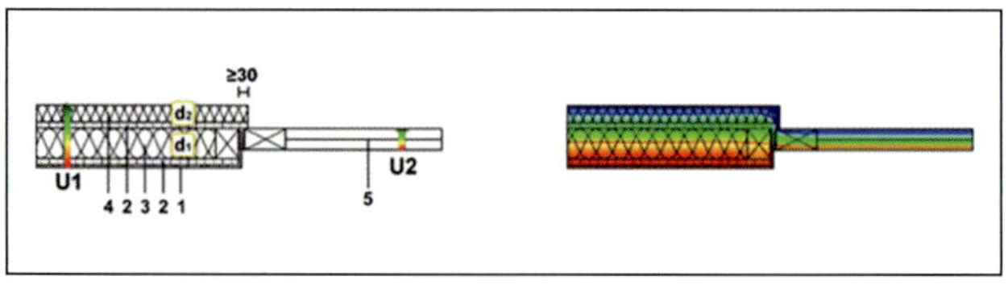

Abb. 7.6: Fensterlaibung Holzbauweise (Quelle: eigene Darstellung mittels HottTherm)

Sie stellt hohe Anforderungen an die Zusammenarbeit und Abstimmung zwischen den beteiligten Gewerken, insbesondere bei den Schnittstellen zwischen Fensterbau, Mauerwerksarbeiten, Abdichtung und Fassadengestaltung. Eine klare Planung, koordinierte Ausführung und eine durchgängige Qualitätskontrolle sind daher unverzichtbar.

Durch eine konsequente Optimierung der Schnittstellenkommunikation und die Berücksichtigung der in Kapitel 7.3.1 bis 7.3.6 dargestellten Empfehlungen lassen sich häufige Fehler vermeiden und die Bauqualität nachhaltig verbessern.

7.3.1 Bedeutung von fachgerecht eingebauten Fenstern für die Gesamtenergieeffizienz eines Gebäudes

Fenster spielen eine Schlüsselrolle in der energetischen Performance eines Gebäudes. Sie beeinflussen maßgeblich den Wärmeverlust, die Behaglichkeit sowie den Energiebedarf für Heizung, Kühlung und Beleuchtung. Ein fachgerechter Einbau der Fenster ist entscheidend, um die gewünschten energetischen Eigenschaften nicht nur zu erreichen, sondern langfristig zu erhalten. Im Folgenden werden die zentralen Aspekte dargestellt, wie Fenster zur Gesamtenergieeffizienz eines Gebäudes beitragen und welche Rolle der fachgerechte Einbau dabei spielt.

Ein kritischer Bereich sind Fensteranschlüsse. Um Wärmeverluste an der Fensterlaibung in massiven Bauweisen zu minimieren, sollte der Blendrahmen innerhalb der Dämmebene positioniert werden. Eine zusätzliche Überdämmung von mindestens 3 cm sorgt für eine signifikante Reduktion des Wärmebrückeneffekts. Diese Maßnahme gewährleistet eine kontinuierliche Wärmedämmung und verringert lokale Wärmeverluste an den Fensteranschlüssen erheblich (siehe Abb. 7.5).

Besondere Anforderungen an den Fenstereinbau ergeben sich in der Holzständerbauweise, da die Konstruktion aus tragenden Holzrahmen mit Zwischendämmung besteht. Um Wärmeverluste an den Anschlussstellen zu minimieren, sollte das Fenster innerhalb der Dämmebene des Holzständerwerks positioniert werden. Eine Überdämmung von mindestens 3 cm ist erforderlich, um eine durchgehende thermische Hülle sicherzustellen und Wärmebrücken weitgehend zu vermeiden (siehe Abb. 7.6).

Fenster stellen aufgrund ihrer höheren *U*-Werte im Vergleich zu opaken Bauteilen wie Wänden oder Dächern eine Schwachstelle in der thermischen Gebäudehülle dar. Um Wärmeverluste zu minimieren und die Energieeffizienz eines Gebäudes zu optimieren, ist ein fachgerechter Einbau essenziell.

Moderne Fenstersysteme bieten ein hohes energetisches Potenzial, das jedoch nur dann vollständig ausgeschöpft werden kann, wenn sie korrekt in die Gebäudehülle integriert werden. Durch eine präzise Planung und Montage lassen sich Wärmebrücken reduzieren, Luftdichtheit gewährleisten und thermische Verluste minimieren, wodurch sowohl der Wohnkomfort als auch die Energieeffizienz erheblich verbessert werden.

Minimierung von Wärmeverlusten

Wärmebrückenvermeidung

Um Wärmebrücken und die damit verbundenen Probleme wie erhöhten Energieverbrauch, Oberflächenkondensation und Schimmelbildung zu vermeiden, sind eine sorgfältige Planung und Ausführung bei der Montage von Bauteilen erforderlich. Folgende Schlüsselstrategien empfehlen sich:

- Detaillierte Planung: Bereits in der Planungsphase sollten alle Anschlüsse und Übergänge zwischen verschiedenen Bauteilen genau analysiert werden. Durch den Einsatz spezialisierter Simulationssoftware können potenzielle Wärmebrücken identifiziert und deren Auswirkungen simuliert werden.
- Materialauswahl: Es ist entscheidend, geeignete Materialien zu wählen, die eine hohe Wärmedämmung bieten. Materialien mit niedriger Wärmeleitfähigkeit können dazu beitragen, Wärmebrücken zu minimieren.
- Präzise Ausführung: Die genaue Umsetzung der Baupläne ist für die Vermeidung von Wärmebrücken essenziell. Dabei müssen alle Beteiligten, von Architekten bis zu Handwerkern, eng zusammenarbeiten, um sicherzustellen, dass die Dämmung lückenlos und ohne Unterbrechungen verlegt wird.
- Thermische Trennung: Bei der Konstruktion von Anschlüssen, wie Fenster- oder Türrahmen, sollten thermisch getrennte Systeme verwendet werden, um die direkte Wärmeübertragung zu reduzieren.
- Kontinuierliche Dämmung: Eine ununterbrochene Dämmebene ist entscheidend, um Wärmebrücken zu vermeiden. Dies bedeutet, dass alle Dämmmaterialien nahtlos aneinander anschließen und keine ungedämmten Lücken entstehen.

Abstimmung der Einbauebene

Die Position des Fensters innerhalb der Wandkonstruktion beeinflusst die thermische Performance. Ein Einbau der Dämmebene minimiert Wärmeverluste und verbessert die Energieeffizienz.

Luftdichtheit

Undichtigkeiten zwischen Fensterrahmen und Baukörper sind häufige Ursache für Zugluft und Energieverluste. Eine fachgerechte Abdichtung nach den Vorgaben des GEG ist daher unerlässlich.

Verbesserung der solaren Energiegewinne

Fenster können als passive Energiequellen fungieren, indem sie solare Wärmegewinne in das Gebäudeinnere leiten. Der fachgerechte Einbau ist essenziell, um diese Vorteile zu maximieren. Eine entsprechende Optimierung ist durch folgende Maßnahmen zu realisieren:

- **Orientierung und Größe:** Die energetische Ausbeute hängt von der Ausrichtung der Fenster und ihrer Dimensionierung ab. Fachgerecht installierte Fenster sorgen dafür, dass die geplanten solaren Gewinne tatsächlich realisiert werden.
- **Reduktion von Wärmeverlusten bei Nacht:** Um die solaren Gewinne zu bewahren, müssen Fenster über entsprechende Systeme wie Rollläden oder wärmedämmende Vorhänge ergänzt werden, deren Funktion durch eine präzise Montage nicht beeinträchtigt wird.

Die thermische Behaglichkeit kann durch 2 Maßnahmen gewährleistet werden:

- **Thermische Trennung:** Ein korrekt eingebautes Fenster vermeidet Kältebrücken und gewährleistet, dass die innere Oberfläche des Rahmens und der Verglasung angenehm temperiert bleibt.
- **Optimierung der Isothermenverläufe:** Fachgerechte Einbaudetails garantieren den homogenen Temperaturverlauf in der Anschlusszone zwischen Fenster und Wand, was für die Behaglichkeit von großer Bedeutung ist.

Die Bedeutung von fachgerecht eingebauten Fenstern für die Gesamtenergieeffizienz eines Gebäudes kann nicht hoch genug eingeschätzt werden. Nur durch präzise Planung, hochwertige Materialien und eine einwandfreie Montage lassen sich die energetischen Potenziale moderner Fenster voll ausschöpfen. Der Einbau beeinflusst nicht nur den Heiz- und Kühlenergiebedarf, sondern auch die thermische Behaglichkeit, die langfristige Bauqualität und die Einhaltung gesetzlicher sowie nachhaltigkeitsbezogener Anforderungen. In einer Zeit steigender Energiepreise und wachsender Ansprüche an den Klimaschutz ist die fachgerechte Fensterinstallation ein unverzichtbarer Beitrag zur Energieoptimierung und Nachhaltigkeit im Bauwesen.

7.3.2 Differenzierung zwischen Neubau und Sanierung bei fachgerechtem Einbau von Fenstern

Der fachgerechte Einbau von Fenstern unterscheidet sich deutlich zwischen Neubauten und Sanierungsprojekten (vgl. Tabelle 7.3). Beide Szenarien stellen spezifische Anforderungen, die sich aus den baulichen Gegebenheiten, energetischen Zielsetzungen und technischen Herausforderungen ergeben. Tabelle 7.4 stellt eine detaillierte Differenzierung dar, die die wesentlichen Unterschiede zwischen Neubau und Sanierung in Bezug auf den Fenstereinbau verdeutlicht.

Tabelle 7.3: Unterschiede zwischen Neubau und Sanierung bei Fenstereinbau

Neubau	Sanierung
Planung und Gestaltung: Im Neubau können Fenster von Beginn an nach modernen Standards und individuellen Anforderungen geplant werden. Dies betrifft sowohl die Positionierung in der Gebäudehülle als auch die Dimensionierung und Auswahl von Rahmen- und Verglasungsmaterialien.	**Bestandsabhängigkeit:** Bei Sanierungen ist die bestehende Bausubstanz ein zentraler Einflussfaktor. Unregelmäßigkeiten in der Gebäudehülle, alte Materialien oder Bauteile erschweren oft den normgerechten Einbau.
Einbausituation: Da der Rohbau ohne vorhandene Bausubstanz ausgeführt wird, stehen optimale bauliche Voraussetzungen zur Verfügung, um Fenster entsprechend aktuellen Normen und Richtlinien (z. B. DIN 4108 für den Wärmeschutz) einzubauen.	**Anpassung an bestehende Bauteile:** Fenster müssen an vorhandene Wandaufbauten, Anschlussdetails und Öffnungen angepasst werden. Dies erfordert häufig individuelle Lösungen, beispielsweise bei historischen Gebäuden oder energetisch minderwertigen Altbauten.
Integration in die Dämmebene: Im Neubau können Fenster gezielt in die Dämmebene integriert werden, wodurch Wärmebrücken effektiv minimiert werden.	**Beschränkte Dämmmöglichkeiten:** Die Integration der Fenster in eine nachträglich angebrachte Dämmebene ist oft komplexer, da die Platzverhältnisse und die bestehende Fassadengestaltung berücksichtigt werden müssen.
Hohe energetische Standards: Neubauten müssen die Anforderungen des GEG oder höherer Standards wie KfW-Effizienzhäuser oder Passivhäuser erfüllen. Der Fenstereinbau erfolgt in der Regel nach den neuesten Erkenntnissen der Bauphysik, um Wärmeverluste zu minimieren und solare Gewinne zu maximieren.	**Energetische Nachbesserung:** Ziel der Sanierung ist es oft, den energetischen Standard zu verbessern, ohne die bestehende Bausubstanz zu beeinträchtigen. Hier kommen spezielle Maßnahmen wie die lüftungstechnischen Maßnahmen oder die Verbesserung der Anschlussdetails zum Einsatz (Optimierung der Wärmebrücken).
Planung von Anfang an: Energetische Vorgaben können bei der Planung vollständig berücksichtigt werden, z. B. durch die Wahl von Dreifachverglasungen und wärmegedämmten Rahmen oder durch optimierte Fensterorientierungen.	**Integration in die Gesamtsanierung:** Der Fenstereinbau muss häufig mit anderen energetischen Maßnahmen wie Fassadendämmung oder Dachsanierung abgestimmt werden, um ein harmonisches Gesamtkonzept zu gewährleisten.

Tabelle 7.4: Vorteile des Fenstereinbaus im Neubau und Herausforderungen bei der Bestandssanierung

Neubau	Sanierung
standardisierte Prozesse: Im Neubau werden Fenster häufig nach standardisierten Einbauprozessen installiert, da die Bauabläufe klar definiert und die Gegebenheiten der Baustelle homogen sind.	**individuelle Lösungen:** Sanierungsprojekte erfordern häufig maßgeschneiderte Einbaulösungen, z. B. bei unregelmäßigen Wandaufbauten, veränderten Fensteröffnungen oder historischen Bauelementen.
moderne Technologien: Innovative Technologien wie vorgefertigte Fassadenelemente mit integriertem Fenstereinbau können problemlos eingesetzt werden.	**Abdichtungsproblematik:** Die Abdichtung der Anschlussfugen ist oft komplexer, da unterschiedliche Materialien (z. B. Mauerwerk, Beton oder Holz) und möglicherweise vorhandene Schäden berücksichtigt werden müssen.
wirksamer Feuchteschutz: In Neubauten besteht ebenfalls das Risiko von Feuchtigkeitsproblemen, jedoch unterscheiden sich die Ursachen und präventiven Maßnahmen von denen in Altbauten. Während in Altbauten oft historische Baumethoden und Materialien Feuchtigkeitsprobleme begünstigen, können bei Neubauten unzureichende Bauausführung, moderne, aber falsch angewendete Bautechniken oder mangelhafte Baustoffqualität zu ähnlichen Problemen führen. Ein wesentlicher Vorteil von Neubauten liegt jedoch darin, dass moderne Normen, technische Standards und präzise Bauplanung grundsätzlich einen wirksamen Feuchteschutz ermöglichen, vorausgesetzt, sie werden fachgerecht umgesetzt.	**Feuchteprobleme:** Alte Gebäude sind anfälliger für Feuchtigkeitsschäden, weshalb die Abdichtungsebene und die Diffusionsfähigkeit besonders sorgfältig geplant werden müssen.

Massivbauweise

hohe thermische Speicherkapazität:

Massivbauteile wie Ziegel, Beton oder Kalksandstein speichern Wärme und gleichen Temperaturunterschiede aus. Fensteranschlüsse müssen so ausgeführt werden, dass diese Eigenschaft nicht beeinträchtigt wird.

geringe Flexibilität:

Die massive Konstruktion bietet wenig Spielraum für nachträgliche Anpassungen oder Änderungen der Fensteröffnungen.

hohe Tragfähigkeit:

Fenster können direkt in die tragende Wandkonstruktion eingebaut werden, was die statische Integration erleichtert.

Leichtbauweise

geringe thermische Masse:

Wände aus Holzrahmen, Ständerwerk oder Trockenbauelementen reagieren empfindlicher auf Temperatur- und Feuchteschwankungen. Fensteranschlüsse müssen sorgfältig abgedichtet werden, um Wärmebrücken und Feuchteschäden zu vermeiden.

Flexibilität:

Fensteröffnungen können leichter angepasst werden, was im Planungsprozess mehr Gestaltungsfreiheit bietet.

begrenzte Tragfähigkeit:

Die Fenster müssen über spezielle Befestigungselemente und Verstärkungen stabil in die Wand integriert werden.

Abb. 7.7: Unterschiede beim Fenstereinbau in Massivbau und Leichtbau

Die wesentlichen Unterschiede zwischen Neubau und Sanierung liegen in den baulichen Gegebenheiten, energetischen Zielsetzungen, technischen Herausforderungen und den Kosten. Während der Fenstereinbau im Neubau durch standardisierte Prozesse, moderne Technologien und planbare Rahmenbedingungen geprägt ist, erfordert die Sanierung eine individuelle, häufig komplexere Herangehensweise. Beide Szenarien verlangen jedoch höchste Präzision und eine fachgerechte Ausführung, um die Energieeffizienz und Funktionalität der Fenster langfristig zu sichern.

7.3.3 Unterschiede zwischen Massiv- und Leichtbauweise

Der Fenstereinbau in Massiv- und Leichtbauweise unterscheidet sich grundlegend aufgrund der baulichen Eigenschaften, Materialbeschaffenheit und statischen Anforderungen dieser Bauweisen. Beide Konstruktionstypen stellen spezifische Herausforderungen und Möglichkeiten dar, die bei Planung und Montage berücksichtigt werden müssen. Abb. 7.7 stellt die wesentlichen Unterschiede beim Fenstereinbau in Massiv- und Leichtbauweise dar.

Der Fenstereinbau unterscheidet sich grundlegend zwischen Massiv- und Leichtbauweise, da beide Bauweisen unterschiedliche bauliche und bauphysikalische Eigenschaften mitbringen. Während die Massivbauweise durch Stabilität und Langlebigkeit überzeugt, bietet die Leichtbauweise größere Flexibilität und modernere Gestaltungsmöglichkeiten. Der Schlüssel zu einem erfolgreichen Fenstereinbau liegt in einer detaillierten Planung, die die spezifischen Anforderungen der jeweiligen Bauweise berücksichtigt. So lassen sich sowohl die energetischen als auch die ästhetischen Ziele optimal erreichen.

7.3.4 Relevante Schnittstellen zwischen Fenster und Außenwand

Der fachgerechte Einbau von Fenstern in die Außenwand erfordert eine sorgfältige Betrachtung und Planung der Schnittstellen zwischen Fenster und Wandkonstruktion. Diese Übergangsbereiche sind entscheidend für die Dichtheit, Energieeffizienz, Statik und Langlebigkeit der Wand-Fenster-Konstruktion. Tabelle 7.5 stellt systematisch die relevanten Schnittstellen dar, um die komplexen Anforderungen an diese Bauanschlüsse zu verdeutlichen.

Die Schnittstellen zwischen Fenster und Außenwand sind komplex und müssen mehrere Funktionen gleichzeitig erfüllen. Eine korrekte Ausführung ist entscheidend für die Dichtheit, Energieeffizienz und Langlebigkeit des gesamten Bauwerks. Eine ganzheitliche Planung, die alle relevanten Schnittstellen berücksichtigt, und der Einsatz hochwertiger Materialien sind unabdingbar, um Mängel und Folgeschäden zu vermeiden.

Tabelle 7.5: Schnittstellen zwischen Fenster und Außenwand sowie Maßnahmen und Bauteile

Schnittstelle	• Maßnahmen und Bauteile
Abdichtungs- und Anschlussfugen Die Abdichtungsfuge ist eine der zentralen Schnittstellen zwischen Fensterrahmen und Außenwand. Sie erfüllt mehrere Funktionen und wird in 3 Ebenen unterteilt.	• **äußere Abdichtungsebene (Schlagregenschutz):** – schützt vor Wind und Schlagregen. – Materialien: witterungsbeständige Fugendichtbänder oder vorkomprimierte Dichtungsbänder – Anforderungen: diffusionsoffen, um Feuchtigkeitsabgabe nach außen zu ermöglichen • **mittlere Ebene (Wärmedämmung):** – verantwortlich für die Wärmedämmung und Schalldämmung – Materialien: elastische Füllstoffe wie Schaumstoffe oder Mineralwolle – Anforderungen: Dämmebene muss durchgehend und wärmebrückenfrei sein • **innere Abdichtungsebene (Luftdichtheit):** – verhindert das Eindringen von warmer, feuchter Raumluft in die Konstruktion – Materialien: luftdichte Folien, Dichtstoffe oder Klebebänder – Anforderungen: diffusionsdichter als die äußere Ebene („innen dichter als außen"-Prinzip)
Befestigungsschnittstelle Die Befestigung des Fensters ist eine weitere wichtige Schnittstelle, da sie die statische Integration in die Außenwand sicherstellt. Sie umfasst Lastabtragung und thermische Trennung.	• **Lastabtragung:** – Die Fensterrahmen müssen die Eigen- und Verkehrslasten (z. B. Winddruck oder Öffnungsbewegungen) sicher in die tragende Wandkonstruktion abtragen. – Materialien: Dübel, Anker, Befestigungsprofile oder Lastabtragungswinkel – Anforderungen: feste Verankerung ohne Verzerrungen des Rahmens • **thermische Trennung:** – Befestigungsmaterialien dürfen keine Wärmebrücken verursachen. – Lösung: thermisch getrennte Befestigungssysteme oder wärmegedämmte Anker
Anschluss an die Dämmung Die Schnittstelle zur Dämmung ist entscheidend für die thermische Hülle des Gebäudes. Fehlerhafte Anschluss- und Einbausituationen können zu erhöhten Wärmeverlusten und Wärmebrücken führen.	• **Integration in die Dämmebene:** – Fenster werden oft in der Dämmebene positioniert, um den Wärmeverlust zu minimieren. – Anforderungen: lückenlose Verbindung zwischen Dämmung und Fensterrahmen • **Laibungsdämmung:** – Die Dämmung der Fensterlaibung reduziert Wärmebrücken an den Fensteranschlüssen. – Materialien: hochdämmende Materialien wie Hartschaumplatten oder spezielle Laibungsprofile
Schnittstelle zur äußeren Fassade Die Verbindung zwischen Fenster und Fassadenkonstruktion muss optisch und funktional stimmig sein.	• **Putzanschluss:** – Bei verputzten Fassaden muss der Anschluss zwischen Fensterrahmen und Putz rissfrei und witterungsbeständig ausgeführt werden. – Materialien: flexible Dichtungsprofile oder spezielle Anschlussleisten • **Verkleidung und Verblendung:** – Bei hinterlüfteten Fassaden ist die Integration des Fensters in die Fassadenverkleidung zu planen. – Anforderungen: Die Anschlussdetails müssen Witterungsschutz und Hinterlüftung gewährleisten.
Schnittstelle zur Innenwand Die Verbindung zur Innenwand beeinflusst die Luftdichtheit und die optische Gestaltung im Innenraum.	• **Anschluss an die Innenbekleidung:** – Innenputz oder Trockenbau muss sauber an den Fensterrahmen anschließen. – Anforderungen: luftdicht und optisch ansprechend • **Fensterbänke (innen):** – Innenfensterbänke müssen luftdicht in die Abdichtungsebene integriert werden, um Feuchteschäden zu vermeiden. – Materialien: Abdichtungsfolien oder spezielle Anschlussprofile
Fensterbankanschluss Die Fensterbank ist eine besonders sensible Schnittstelle, da sie Feuchtigkeit abführen und gleichzeitig eine dichte Verbindung sicherstellen muss.	• **Außenfensterbank:** – leitet Regenwasser sicher von der Fassade ab – Anforderungen: schlagregendicht mit ausreichendem Gefälle und Tropfkante • **Innenfensterbank:** – muss luftdicht in die Abdichtung integriert werden – Anforderungen: keine Wärmebrücken und saubere Anschlussfugen
Bewegungsfugen und Bauwerksbewegungen Gebäude bewegen sich aufgrund von Temperaturänderungen, Setzungen oder Windlasten. Die Schnittstellen müssen darauf ausgelegt sein.	• **elastische Fugen:** – kompensieren Bewegungen zwischen Fenster und Wand – Materialien: Hochleistungsfugendichtstoffe oder flexible Dichtungsbänder • **Setzungsverhalten:** – besonders bei Neubauten oder Leichtbauweisen müssen Bauwerksbewegungen berücksichtigt werden. – Anforderungen: Bewegungsfugen mit ausreichendem Verformungsspielraum
Schnittstelle zur Fensterlüftung Moderne Fenster übernehmen oft auch Lüftungsfunktionen. Diese Systeme müssen in die Schnittstellen integriert werden:	• **Lüftungssysteme:** – Fenster mit integrierten Lüftungseinrichtungen erfordern zusätzliche Anschlüsse, um eine korrekte Funktion sicherzustellen. – Anforderungen: luft- und schalltechnisch optimierte Verbindungen

7.3.5 Koordination der Gewerke durch die Bauleitung

Die Bauleitung spielt eine zentrale Rolle bei der erfolgreichen Koordination der Gewerke Fenster und Außenwand. Eine enge Abstimmung zwischen den beteiligten Parteien wie Planung, Fensterbauer, Fassadenbauer und anderen Gruppen der Handwerkerschaft ist essenziell, um bauliche und energetische Anforderungen zu erfüllen und Schnittstellenprobleme zu vermeiden. Die Checkliste in Tabelle 7.6 bietet eine strukturierte Vorgehensweise, wie die Bauleitung die Zusammenarbeit zwischen den Gewerken optimal organisiert.

Tabelle 7.6: Checkliste zur Gewerkeorganisation

Kategorie	Aufgabe	erledigt
1. Planung und Vorbereitung	detaillierte Ausführungsplanung	
	Erstellung von Detailzeichnungen für Fensteranschlüsse (Abdichtung, Wärmedämmung, Luftdichtheit, Befestigung)	
	Festlegung der Position in der Dämmebene	
	Abstimmung der Anforderungen an Fenster und Außenwand (DIN-Normen, GEG, energetische Standards)	
	Abstimmung der Gewerke	
	Klärung der Zuständigkeiten (z. B. Laibungsdämmung durch Fenster- oder Fassadenbauer)	
	gemeinsame Vorabsprachen (regelmäßige Abstimmungsrunden)	
	Materialauswahl und Bestellung	
	sicherstellen, dass alle Materialien kompatibel sind (Abdichtungsmaterialien, Fugendichtbänder usw..)	
	Terminplanung für Materialanlieferung zur Vermeidung von Verzögerungen	
2. Organisation auf der Baustelle	zeitliche Koordination	
	Erstellung eines Bauzeitenplans (Integration Fenster- und Außenwandarbeiten)	
	Reihenfolge der Arbeiten (Abschluss Rohbau und Öffnungen vor Fenstereinbau)	
	Baustellenlogistik	
	Sicherstellung der Zugänglichkeit (Gerüste, Hebewerkzeuge, Kräne)	
	Schutz der Bauteile (Fensterrahmen, Verglasungen vor Beschädigungen schützen)	
	Qualitätskontrollen	
	Prüfung der Bauanschlüsse (Kontrolle Laibung, Dämmebene, Einbauebenen)	
	Überwachung der Abdichtungsarbeiten (Luftdichtheit, Schlagregendichtheit, Wärmebrückenfreiheit)	
	Schnittstelle Abdichtung	
3. Schnittstellen-management	Abstimmung der Abdichtungsmaterialien (korrekte Verarbeitung von Fugendichtbändern, Folien, Dichtstoffen)	
	Kontrolle der 3-Ebenen-Abdichtung (Witterungsschutz außen, Wärmedämmung mittig, Luftdichtheit innen)	
	Schnittstelle Dämmung	
	Übergang Fensterrahmen–Fassadendämmung (lückenloser Anschluss)	
	Vermeidung von Wärmebrücken (Dämmung in der Laibung und an Befestigungspunkten)	
	Schnittstelle Befestigung	
	Prüfung der statischen Anforderungen (sichere Verankerung, Lastabtragung)	
	Integration von Befestigungssystemen (thermische Trennung der Befestigungselemente)	
	Koordinationsmeetings	
	regelmäßige Besprechungen zwischen den Gewerken (Schnittstellenprobleme, Terminabstimmung, Materialanforderungen)	

Tabelle 7.6: Checkliste zur Gewerkeorganisation (Fortsetzung)

Kategorie	Aufgabe	erledigt
4. Zusammenarbeit und Kommunikation	Dokumentation der Entscheidungen (Protokolle zur Nachverfolgbarkeit)	
	Konfliktmanagement	
	sofortige Klärung bei Problemen (Abweichungen vom Plan, z. B. falsche Fenstermaße)	
	Einbindung externer Experten (Sachverständige für Abdichtung, Wärmeschutz)	
	Kommunikation mit den Bauherren	
	transparente Informationen (Fortschrittsberichte, Verzögerungen, notwendige Änderungen)	
	Einbindung in Entscheidungen (Gestaltungsfragen, Nachträge, zusätzliche Kosten)	
	Prüfung der Arbeiten	
	Endkontrolle der Fensteranschlüsse (Abdichtung, Dämmung, Befestigung)	
	Dokumentation der Ausführung (Fotos, Berichte zur Qualitätssicherung)	
5. Abschluss und Qualitätssicherung	Funktionsprüfung	
	Test der Luft- und Schlagregendichtheit (Blower-Door-Test, Schlagregentest)	
	Überprüfung der Fensterfunktionen (Schließmechanismen, Dichtungen)	
	Übergabe	
	Einweisung der Bauherrschaft (Pflege- und Wartungsanforderungen für Fenster und Fassadenanschlüsse)	
	Übergabe der Dokumentation (Baupläne, verwendete Materialien, Prüfprotokolle)	

Spezifische Anforderungen an Maurer-, Fensterbauer-, Abdichtungs- und Fassadenarbeiten

Der Fenstertausch erfordert eine präzise Koordination und Ausführung der Maurer-, Fensterbauer-, Abdichtungs- und Fassadenarbeiten. Jedes Gewerk hat spezifische Aufgaben, die aufeinander abgestimmt sein müssen, um Dichtheit, Wärmebrückenfreiheit, Energieeffizienz und eine ansprechende Optik sicherzustellen. Nur durch eine sorgfältige Planung und enge Zusammenarbeit kann ein langlebiges und hochwertiges Ergebnis erzielt werden. Abb. 7.8 visualisiert im Detail die spezifischen Anforderungen an die Maurer-, Fensterbauer-, Abdichtungs- und Fassadenarbeiten beim Fenstertausch.

Professionelle Montage von Fenstern: Planung, Ausführung und Schnittstellenmanagement

Eine professionelle Fenstermontage setzt eine präzise Planung der Abdichtung, Dämmung und Befestigung sowie die Auswahl geeigneter Produkte voraus. Entscheidende Grundlage hierfür sind Montagedetails, die an das verwendete Fenstersystem, die baulichen Anforderungen und den spezifischen Außenwandaufbau angepasst sind. Erfahrene Montageexperten sind in der Lage, standardisierte Musterdetails mit den Gegebenheiten vor Ort abzugleichen und bei Bedarf anzupassen. Dies ist insbesondere bei energetisch optimierten Wandaufbauten wie WDVS sowie bei barrierefreien Schwellenbereichen von Haus-, Terrassen- und Balkontüren, in der Altbausanierung oder bei speziellen Anforderungen wie Einbruchhemmung, Absturzsicherheit oder Brandschutz essenziell.

Die optimale Abdichtung und Installation von Fenstern in Gebäuden sind von entscheidender Bedeutung für die Energieeffizienz und den thermischen Komfort. Die Abdichtungsfuge zwischen Fensterrahmen und Außenwand erfüllt mehrere Funktionen und wird in 3 Ebenen unterteilt:

- Die **äußere Abdichtungsebene** bietet Schutz vor Wind und Schlagregen und besteht aus witterungsbeständigen Materialien wie Fugendichtbändern; sie sollte diffusionsoffen sein, um Feuchtigkeit nach außen zu leiten.
- Die **mittlere Abdichtungsebene** sorgt für Wärme- und Schalldämmung, wobei elastische Füllstoffe wie Schaumstoffe verwendet werden.
- Die **innere Abdichtungsebene** verhindert das Eindringen von warmer, feuchter Raumluft und setzt auf luftdichte Materialien wie Folien.

Die **Befestigung des Fensters** ist ebenso kritisch, da sie die statische Integration in die Außenwand gewährleistet und die Lasten sicher abträgt. Hierbei kommen Materialien wie Dübel oder Anker zum Einsatz, die möglichst keine Wärmebrücken verursachen dürfen. Thermisch getrennte Befestigungssysteme sind hier eine ideale Lösung.

Ein weiterer wichtiger Aspekt ist die **Schnittstelle zur Dämmung**. Die Integration des Fensters in die Dämmebene ist entscheidend, um Wärmeverluste zu minimieren. Die Laibungsdämmung hilft beispielsweise dabei, Wärmebrücken an den Fensteranschlüssen zu reduzieren, wobei hochdämmende Materialien wie Hartschaumplatten verwendet werden.

Anforderungen an Maurer-, Fensterbauer-, Abdichtungs- und Fassadenarbeiten

Anforderungen an Maurerarbeiten

Die Maurerarbeiten beim Fenstertausch betreffen die Vorbereitung und Anpassung der vorhandenen Bauöffnung sowie die Wiederherstellung des Mauerwerks nach dem Fenstereinbau.

1.1 Vorbereitung der Fensteröffnung

- **Prüfung und Reparatur des Mauerwerks:**
  - Beseitigung von Beschädigungen durch den Ausbau des alten Fensters
  - Sicherstellung von Stabilität und Ebenheit der Laibungen
- **Herstellung einer ebenen Laibung:** Behebung von Unebenheiten im Mauerwerk durch Putz oder Ausgleichsmörtel
- **Maßkontrolle:** sicherstellen, dass die Öffnung den Anforderungen des neuen Fensters entspricht (Toleranzen für die Fuge beachten)

1.2 Wiederherstellung der Laibungen

- **Nacharbeiten nach dem Fenstereinbau:** Mauerwerksanschlüsse nach Abdichtungs- und Dämmungsarbeiten wiederherstellen
- **Wärmebrückenvermeidung:** Verwendung von Dämmputzen oder spezieller Laibungsdämmung, um Energieverluste zu minimieren.

Anforderungen an Fensterbauerarbeiten

Der Fensterbauer übernimmt die eigentliche Montage der neuen Fenster und ist verantwortlich für die Integration in die bestehende Bauhülle.

2.1 Ausbau des alten Fensters

- **Sorgfältiger Ausbau:** Schäden am Mauerwerk und an der umgebenden Konstruktion vermeiden
- **Entsorgung:** Fachgerechte Entsorgung der alten Fenster und Dichtungsmaterialien

2.2 Einbau des neuen Fensters

- **Positionierung:** optimale Platzierung in der Dämmebene oder an der richtigen Position innerhalb der Laibung
- **Befestigung:**
  - Verwendung von statisch geeigneten Befestigungsmaterialien wie Rahmendübeln oder Ankern
  - Sicherstellen, dass die Lastabtragung korrekt erfolgt und keine Verformungen entstehen
- **Justierung:** Exakte Ausrichtung des Fensters (horizontal, vertikal und in der Flucht)
- **Schallschutz:** Berücksichtigung von Anforderungen an den Schallschutz, z. B. durch spezielle Schallschutzrahmen

Anforderungen an Abdichtungsarbeiten

Die Abdichtungsarbeiten sind entscheidend für die Luftdichtheit, den Feuchtigkeitsschutz und die Energieeffizienz des Fensters.

3.1 Innenabdichtung (Luftdichtheit)

- **Dichtungsmaterialien:** Verwendung von dampfdichten Klebebändern oder Folien
- **Anschluss an das Mauerwerk:** lückenlose Abdichtung zwischen Fensterrahmen und Laibung
- **Regelkonformität:** Ausführung nach DIN 4108-7 (Luftdichtheit von Bauteilen)

3.2 Mittlere Ebene (Wärmedämmung)

- **Dämmebene:**
  - Verwendung von geeigneten Dämmmaterialien (z. B. PU-Schaum, Mineralwolle)
  - Vermeidung von Wärmebrücken
- **durchgehende Dämmung:** sicherstellen, dass keine Lücken oder Hohlräume entstehen

3.3 Außenabdichtung (Schlagregenschutz)

- **Schutz vor Witterungseinflüssen:** Einsatz von diffusionsoffenen Dichtungsbändern oder Flüssigabdichtungen
- **Regel „innen dichter als außen":** Gewährleistung, dass die äußere Abdichtung wasserdicht, aber diffusionsoffen ist.

Anforderungen an Fassadenarbeiten

Die Fassadenarbeiten betreffen die Integration des neuen Fensters in die äußere Gebäudehülle und deren Schutz vor Witterungseinflüssen.

4.1 Anpassung der Außenfassade

- **Wiederherstellung der Fassadenoptik:** Anpassung von Putz, Verblendungen oder Fassadenbekleidungen an die neue Fenstergröße und -position
- **Anschlussarbeiten:** sicherstellen, dass die äußere Abdichtung lückenlos in die Fassade übergeht

4.2 Fensterbankanschluss

- **Außenfensterbank:**
  - Neigung zur Ableitung von Regenwasser sicherstellen (mindestens 5° Gefälle)
  - Integration einer Tropfkante, um Fassade und Mauerwerk zu schützen.
- **Anschluss an die Abdichtung:** Fensterbank in die äußere Abdichtung integrieren, um Schlagregendichtheit zu gewährleisten

4.3 Wärmeschutz

- **Dämmung an der Fassade:** sicherstellen, dass die Fassadendämmung ohne Unterbrechung an den Fensterrahmen anschließt
- **Vermeidung von Wärmebrücken:** Verwendung von Dämmkeilen oder speziellen Profilen an der Laibung

Zusammenarbeit und Koordination

Da die Arbeiten der Gewerke eng miteinander verknüpft sind, ist eine präzise Abstimmung essenziell:

5.1 Bauleitung

- Klärung der Zuständigkeiten für Schnittstellen (z. B. Abdichtung innen durch Fensterbauende, außen durch Fassadenbauende)
- Sicherstellung eines klaren Bauablaufs und Koordination der Gewerke

5.2 Abstimmung der Materialien: sicherstellen, dass alle verwendeten Materialien kompatibel sind (z. B. Dichtstoffe, Dämmstoffe und Befestigungselemente)

5.3 Qualitätskontrolle

- Überprüfung der Arbeiten auf Einhaltung der Normen (z. B. DIN 18533 für Abdichtungen)
- Dokumentation und Prüfung der Abdichtung und Befestigung vor der Weiterbearbeitung durch das nächste Gewerk

Abb. 7.8: Ablauf der Gewerkekoordination beim Fenstertausch

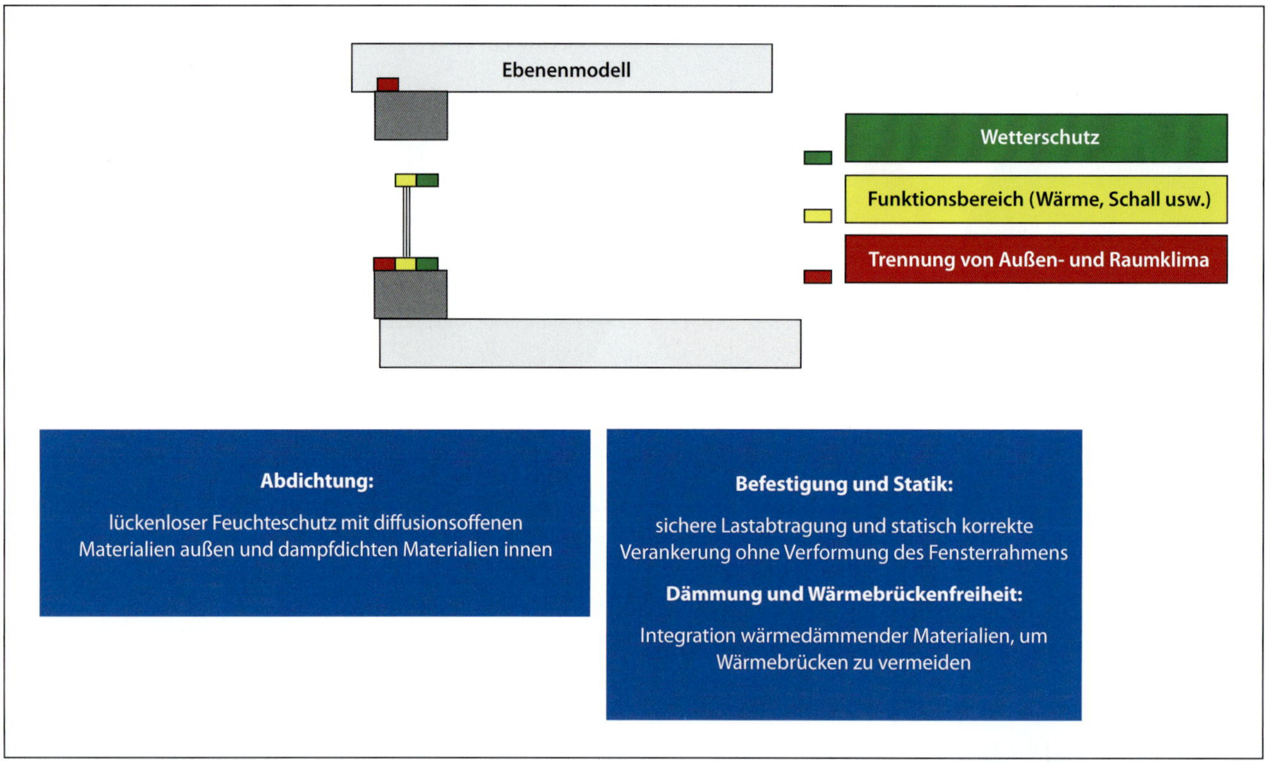

Abb. 7.9: Ebenenmodell Fenster

Die Verbindung zwischen Fenster und äußerer Fassade muss sowohl optisch als auch funktional stimmig sein. Bei verputzten Fassaden ist ein rissfreier Anschluss notwendig; bei hinterlüfteten Fassaden muss die Integration des Fensters die Hinterlüftung gewährleisten. Ebenso wichtig sind die Schnittstelle zur Innenwand, die die Luftdichtheit beeinflusst und optisch ansprechend sein sollte, sowie die Integration der Fensterbänke, um Feuchteschäden zu vermeiden.

Zusätzlich müssen Bewegungsfugen und Bauwerksbewegungen berücksichtigt werden, um eine langfristige Funktionssicherheit zu gewährleisten. Elastische Fugenmaterialien kompensieren die Bewegungen zwischen Fenster und Wand. Das Ebenenmodell in Abb. 7.9 illustriert die Grundanforderungen.

Die zentralen Aspekte der Fenstermontage in der Bauausführung sind die Planung und Ausschreibung von Regeldetails sowie die häufigen Ursachen für Baumängel beim Fenstertausch.

Planung und Ausführung von Regeldetails

Die Planung der Einbausituation, die Gestaltung der Anschlüsse sowie die Koordination der Schnittstellen zwischen den beteiligten Gewerken obliegen der von der Bauherrschaft beauftragten Planung. Neben der technischen Ausführbarkeit müssen auch die Gebrauchstauglichkeit, Langlebigkeit und Wirtschaftlichkeit der Montage berücksichtigt werden. Die sorgfältige Planung der Einbausituation, die fachgerechte Gestaltung der Anschlüsse sowie die effiziente Koordination der Schnittstellen zwischen den beteiligten Gewerken sind unerlässlich, um Montagefehler zu vermeiden und eine hohe Qualität der Bauleistung sicherzustellen. Dazu gehören die Berücksichtigung spezifischer Leistungsanforderungen in der Vertragsgestaltung, die detaillierte Ausführungsplanung durch qualifizierte Fachkräfte sowie die präzise Werkplanung durch die ausführenden Montageunternehmen. Diese systematische Herangehensweise ist entscheidend, um die technischen und baulichen Herausforderungen erfolgreich zu meistern und die langfristige Funktionalität und Ästhetik der Fensterinstallationen zu sichern.

Häufige Ursachen für Baumängel beim Fenstertausch: Analyse und Optimierungsansätze

Die Analyse der aktuellen Gutachterpraxis verdeutlicht, dass ein signifikanter Anteil der Montagefehler auf unzureichend spezifizierte Planvorgaben zurückzuführen ist. Dieser Befund unterstreicht die essenzielle Bedeutung einer klaren und umfassenden Definition der Montageleistungen bereits im Rahmen der Vertragsgestaltung. Hierbei ist insbesondere die Verankerung spezifischer Leistungsanforderungen durch Verweise auf die VOB/C ATV DIN 18299, Abschnitt 0 von zentraler Relevanz, da dies die Grundlage für eine rechtsverbindliche und eindeutige Regelung bildet.

Eine detaillierte und sorgfältige Ausführungsplanung, die von qualifizierten Architekturschaffenden oder der Gebäudeplanung erstellt wird, fungiert als unverzichtbare Basis für die nachfolgende Werkplanung der ausführenden Montageunternehmen. Diese präzise Werkplanung ermöglicht es, die planerischen Vorgaben in die praktische Ausführung zu übertragen und dabei bauliche Anforderungen, technische Details sowie die Komplexität der Schnittstellen zwischen den Gewerken vollständig zu berücksichtigen. Nur durch diese abgestimmte und wissenschaftlich fundierte Vorgehensweise können die Risiken von Ausführungsfehlern minimiert und die Qualität der Bauleistung nachhaltig gewährleistet werden.

Planungsdetails und Anforderungen

Die Anschlussfuge zwischen Fensterrahmen und Baukörper nimmt eine zentrale Rolle ein. Sie muss den unterschiedlichen Anforderungen und Bewegungen der Rahmenkonstruktion sowie der Gebäudeteile gerecht werden. Eine fachgerechte Gestaltung der Anschlussfuge umfasst die folgenden Aspekte:

- **Konstruktion und Fugengeometrie:**
  - ausreichender Raum für Bewegungen und Toleranzen,
  - Berücksichtigung der „3-Ebenen-Abdichtung" (Luftdichtheit innen, Wärmedämmung mittig, Witterungsschutz außen),
- **Befestigung und Statik:**
  - sichere Lastabtragung und statisch korrekte Verankerung ohne Verformung des Fensterrahmens,
- **Dämmung und Wärmebrückenfreiheit:**
  - Integration wärmedämmender Materialien, um Wärmebrücken zu vermeiden,
- **Abdichtung:**
  - lückenloser Feuchteschutz mit diffusionsoffenen Materialien außen und dampfdichten Materialien innen.

Bedeutung der Anschlussfuge und präzise Schnittstellenkoordination

Der Anschlussfuge kommt eine herausragende Bedeutung zu, da sie die zentrale Schnittstelle zwischen Baukörper und Fenster darstellt. Ihre Gestaltung beeinflusst maßgeblich die Energieeffizienz, Dichtheit und Langlebigkeit des Gebäudes. Eine enge Zusammenarbeit zwischen Planern und ausführenden Unternehmen ist essenziell. Die korrekte Gestaltung und präzise Ausführung der Anschlussfuge sind entscheidend für die energetische Effizienz, die Dichtheit und die strukturelle Integrität eines Gebäudes. Als zentrale Schnittstelle zwischen dem Baukörper und den Fensterelementen beeinflusst sie wesentlich die Gesamtperformance der Gebäudehülle. Eine sorgfältige Planung und Koordination sind unerlässlich, um potenzielle Planungsfehler frühzeitig zu erkennen und Fehlertoleranzen während der Bauausführung zu minimieren. Hierbei spielt die Zusammenarbeit aller Beteiligten eine zentrale Rolle. Durch regelmäßige Abstimmungen zwischen den Bauherren, den Planern und den ausführenden Gewerken können Risiken reduziert und die Montagequalität gesichert werden.

Eine professionelle Fenstermontage ist ein interdisziplinärer Prozess, der durch eine präzise Planung, klare Vertragsdefinitionen und eine enge Zusammenarbeit aller Beteiligten geprägt ist. Nur durch eine sorgfältige Abstimmung von Regeldetails, Werkplanung und handwerklicher Ausführung lassen sich langfristige Gebrauchstauglichkeit und Energieeffizienz gewährleisten. Die Verbindung von planerischem Know-how und ausführender Expertise ist dabei der Schlüssel, um häufige Fehlerquellen wie unzureichende Abdichtung, fehlerhafte Dämmung oder mangelhafte Befestigung zu vermeiden.

Tabelle 7.7 enthält eine Checkliste zur Prüfung, ob alle relevanten Schritte bei der Fenstermontage berücksichtigt wurden.

Tabelle 7.7: Checkliste Fenstermontage

Maßnahmen- und Ausführungsstand	Ergebnisse	erledigt
1. Planung und Vorbereitung		
1.1 Maßnahmen vor der Montage	Sind die Fensteröffnungen maßlich geprüft und den geplanten Fenstermaßen angepasst?	
	Liegt eine detaillierte Ausführungsplanung (inkl. Schnittstellen und Anschlussdetails) vor?	
	Sind die Montagedetails auf die Wandkonstruktion (z. B. Massiv- oder Leichtbauweise) abgestimmt?	
	Wurden alle bauphysikalischen Anforderungen (z. B. Wärme-, Schall-, Feuchteschutz) berücksichtigt?	
1.2 Material- und Produktprüfung	Entsprechen Fensterrahmen, Verglasung und Befestigungsmaterialien den Planungsanforderungen?	
	Sind alle notwendigen Abdichtungs- und Dichtungsmaterialien (z. B. Fugendichtbänder, Folien, Klebebänder) vorhanden und kompatibel?	
1.3 Koordination der Gewerke	Sind die Schnittstellen mit anderen Gewerken (z. B. Fassadenbau, Innenausbau) geklärt?	
	Wurden die Montagedetails und Verantwortlichkeiten zwischen Planern, Fensterbauern und ausführenden Firmen abgestimmt?	
2. Vorbereitung der Bauöffnung		
2.1 Überprüfung der Bauöffnung	Ist die Bauöffnung tragfähig, sauber und frei von Beschädigungen?	
	Sind die Laibungen eben und im Lot?	
	Wurden Wärmebrücken durch eine geeignete Laibungsdämmung berücksichtigt?	
2.2 Prüfung der Abdichtungsbasis	Ist die Abdichtungsbasis (z. B. Fensterbankanschluss) für Schlagregenschutz und Feuchteabführung vorbereitet?	
	Ist die Integration von dampfdichten und dampfdiffusionsoffenen Materialien gewährleistet?	

Tabelle 7.7: Checkliste Fenstermontage (Fortsetzung)

Maßnahmen- und Ausführungsstand	Ergebnisse	erledigt
3. Einbau des Fensters		
3.1 Positionierung des Fensters	Ist die Position des Fensters in der Dämmebene oder gemäß den Planvorgaben korrekt?	
	Wurden Abstände für Bewegungsfugen (Dehnungs- und Setzungsverhalten) eingehalten?	
3.2 Befestigung des Fensters	Sind die Fensterrahmen gemäß statischen Anforderungen befestigt?	
	Wurden zugelassene Befestigungsmaterialien (z. B. Rahmendübel, Montageanker) verwendet?	
	Wurde die Lastabtragung überprüft und sind Rahmenverformungen ausgeschlossen?	
3.3 Ausrichtung	Ist das Fenster horizontal, vertikal und in der Flucht korrekt ausgerichtet?	
	Wurden die Maße für die umlaufenden Anschlussfugen kontrolliert?	
4. Abdichtungsarbeiten		
4.1 Innenabdichtung	Ist die innere Abdichtung luftdicht ausgeführt (z. B. mit Folien oder Klebebändern)?	
	Entspricht die Abdichtung den Anforderungen der DIN 4108-7 (Luftdichtheit von Gebäuden)?	
4.2 Mittlere Dämmebene	Ist die Dämmebene wärmebrückenfrei und durchgehend ausgeführt?	
	Wurden geeignete Materialien (z. B. PU-Schaum, Mineralwolle) eingebracht?	
4.3 Außenabdichtung	Ist die äußere Abdichtung schlagregendicht, aber diffusionsoffen (z. B. mit vorkomprimierten Dichtungsbändern)?	
	Wurde die Regel „innen dichter als außen" eingehalten?	
5. Integration in die Fassade		
5.1 Anschluss an Außenfassade	Sind die Fensterbänke korrekt eingebaut (mit ausreichendem Gefälle und Tropfkante)?	
	Wurde der Anschluss zur Fassadendämmung lückenlos hergestellt?	
5.2 Übergang zum Innenraum	Ist die Innenabdichtung sauber in den Putz- oder Trockenbau integriert?	
	Wurde die Laibung abschließend mit Dämmmaterial ausgeführt?	
6. Funktionsprüfung		
6.1 Mechanische Funktion	Lässt sich das Fenster einwandfrei öffnen, schließen und verriegeln?	
	Sind die Fensterbeschläge richtig eingestellt?	
6.2 Dichtheitsprüfung	Wurden die Anschlussfugen auf Luft- und Wasserdichtheit geprüft?	
	Ist die Abdichtung fehlerfrei und ohne Lücken ausgeführt?	
6.3 Optische Kontrolle	Sind keine sichtbaren Beschädigungen am Fensterrahmen oder an der Verglasung vorhanden?	
	Sind alle Anschlussdetails (innen und außen) optisch sauber verarbeitet?	
7. Dokumentation und Übergabe		
7.1 Abnahmeprotokoll	Wurden alle Arbeitsschritte dokumentiert und kontrolliert?	
	Ist die Montageleistung schriftlich abgenommen worden?	
7.2 Pflege- und Wartungshinweise	Wurden der Bauherrschaft Hinweise zur Pflege und Wartung des Fensters übergeben?	
7.3 Nachweis der Luftdichtheit	Wurde bei Bedarf ein Blower-Door-Test oder ein Schlagregentest durchgeführt?	

Die Einhaltung der Checkliste in Tabelle 7.7 gewährleistet eine langlebige und qualitativ hochwertige Fenstermontage. Sie minimiert das Risiko von Baumängeln und stellt sicher, dass die energetischen, bauphysikalischen und funktionalen Anforderungen an die Fensteranschlüsse erfüllt werden.

Die Fenster- und Türanschlüsse gehören zu den sensibelsten Bereichen der Luftdichtheitsschicht. Die Abdichtung erfolgt durch eine Kombination aus Dichtstoffen, vorkomprimierten Dichtbändern und Klebebändern. Wichtig ist die ordnungsgemäße Anbringung eines Glattstrichs vor dem Fenstereinbau. Im Mauerwerksbau wird häufig eine

Verleistung mit vorkomprimierten Dichtbändern (siehe Abb. 7.10) oder eine Versiegelung mit Fugendichtstoffen verwendet. Bei Fenstern im Holzbau kommen Klebebänder in Kombination mit Luftdichtheitsbahnen zum Einsatz (siehe Abb. 7.11).

7.3.6 Bauphysikalische Betrachtung des Lüftungskonzepts nach der Fenstersanierung

Nach der Modernisierung von Fenstern ist es essenziell, ein angemessenes Lüftungskonzept zu implementieren, um eine adäquate Be- und Entlüftung der Wohnräume zu gewährleisten. Moderne Fensterkonstruktionen sind im Vergleich zu älteren Beständen deutlich luftdichter, was den natürlichen Luftaustausch durch Fugeninfiltration erheblich reduziert. Diese erhöhte Dichtigkeit kann ohne geeignete Lüftungsstrategien zu einer Akkumulation von Feuchtigkeit und damit verbundenen Problemen wie Schimmelbildung führen.

Tabelle 7.8: Fensterlüftung

Fensterstellung	Luftwechselrate/ Stunde in 1/h
Fenster/Tür geschlossen (alte Kastenfenster)	0,4–1,5 und mehr
Fenster/Tür geschlossen (Fenster bis ca. 1982)	0,1–0,5
Fenster/Tür geschlossen (neuzeitliche Fenster ab ca. 2002)	**0,0–0,05**
Fenster gekippt	0,8–4,0
Fenster geöffnet	9,0–15,0
Fenster/Tür geöffnet, gegenüberliegende Fenster geöffnet (Querlüftung)	**bis 40,0**

Feuchte- und Schadstofflasten sowie die Anreicherung von CO_2 erfolgen im Laufe des Tages meist kontinuierlich. Nach Tabelle 7.8 reicht das 2- bis 3-malige Querlüften über den Tag verteilt nicht aus, um den notwendigen Luftaustausch zu gewährleisten, besonders nachdem neue, luftdichtere Fenster installiert wurden.

Die Installation von luftdichten Fenstern reduziert zwar die Energieverluste, kann aber auch dazu führen, dass herkömmliche Lüftungsmethoden wie das Stoß- oder Querlüften nicht mehr ausreichen, um eine adäquate Luftqualität sicherzustellen. Infolgedessen kann es zu einer erhöhten Konzentration von CO_2 und Feuchtigkeit kommen, die das Risiko für Schimmelbildung und eine Beeinträchtigung der Gesundheit der Bewohner erhöht.

Aus bauphysikalischer Sicht sollte eine manuelle Stoß- und Querlüftung mindestens zwei- bis zwölfmal täglich durchgeführt werden, um den Feuchtehaushalt im Inneren zu regulieren. Dabei ist es wichtig, dass die Fenster vollständig geöffnet werden, um einen schnellen und effektiven Luftaustausch zu ermöglichen. Dauerhaft gekippte Fenster sind aus energetischer Sicht nicht empfehlenswert. Sie führen zu signifikanten Wärmeverlusten und tragen zur Auskühlung der Wandoberflächen bei, was das Risiko für die Kondensation von Feuchtigkeit und die damit verbundene Schimmelbildung erhöht.

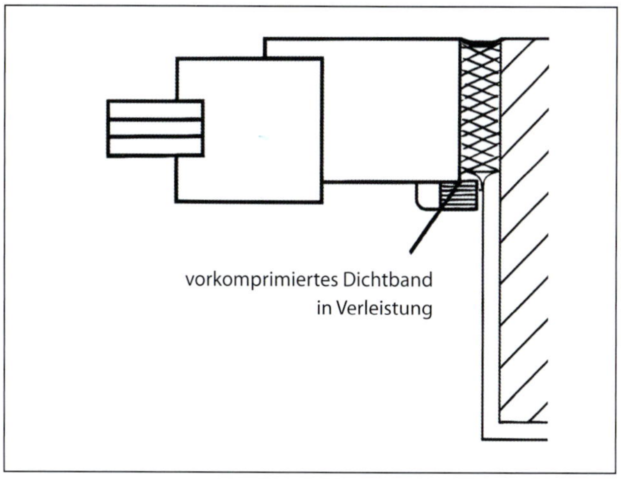

Abb. 7.10: Fugenabdichtung Fenster im Massivbau nach DIN 4108-7, S. 34

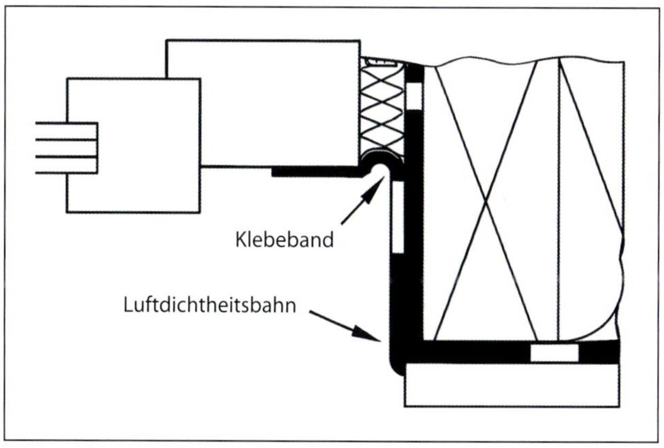

Abb. 7.11: Fensteranschluss in der Leichtbauweise nach DIN 4108-7, S. 36

Abb. 7.12: Feuchtebeschlag als Indikator für die Entfeuchtungsleistung beim Stoß- und Querlüften

Beim Öffnen eines Fensters beschlägt die Außenseite der Glasscheibe; dieser Feuchtebeschlag ist ein sichtbares Anzeichen für die Luftfeuchtigkeit im Raum (siehe Abb. 7.12). Ist der Beschlag auf der Außenseite abgetrocknet, ist der größte Teil der Feuchte abgeführt. Der Lüftungsvorgang gilt als wirksam abgeschlossen, die Raumluft ist weitgehend entfeuchtet und das Fenster kann wieder geschlossen werden.

Ein mehr als zwei- bis dreimaliges Stoß- und Querlüften ist ganztägig arbeitenden Menschen nicht mehr zumutbar, daher sind mechanische, feuchtegeregelte Lüftungsanlagen einzusetzen.

In hochgedämmten Gebäuden bietet sich die Installation einer kontrollierten mechanischen Lüftungsanlage mit Wärmerückgewinnung an. Diese Systeme sind nicht nur in der Lage, eine kontinuierliche und energieeffiziente Lüftung zu gewährleisten, sondern verbessern durch die Rückgewinnung von Wärme aus der Abluft auch die Gesamtenergieeffizienz des Gebäudes. Der Einsatz solcher Anlagen trägt erheblich dazu bei, die Luftqualität dauerhaft auf einem hohen Niveau zu halten und Energieverluste zu minimieren.

Zusammenfassend lässt sich sagen, dass die Planung eines effektiven Lüftungskonzepts nach der Fenstersanierung eine Schlüsselkomponente darstellt, um die langfristige Bausubstanz zu schützen und ein gesundes Raumklima zu fördern. Die Wahl der richtigen Lüftungsmethode sollte daher auf einer detaillierten Analyse der bauphysikalischen Eigenschaften des Gebäudes basieren.

7.4 Fassade

Die energetische Sanierung von Fassaden spielt eine zentrale Rolle bei der Modernisierung von Gebäuden und zielt darauf ab, deren Energieeffizienz signifikant zu steigern. Eine effektiv gedämmte Fassade trägt wesentlich zur Reduktion des Energieverbrauchs und der Heizkosten bei und leistet somit einen bedeutenden Beitrag zum Klimaschutz, indem sie die CO_2-Emissionen des Gebäudes senkt. Um diese Ziele zu erreichen, müssen bei der energetischen Sanierung von Fassaden verschiedene grundlegende Überlegungen und Methoden berücksichtigt werden.

Bestandsaufnahme und Planung

Eine sorgfältige Untersuchung der bestehenden Fassade ist unerlässlich, um den Zustand des Mauerwerks zu beurteilen, vorhandene Feuchtigkeitsprobleme zu identifizieren und die ästhetische Integration der Sanierungsmaßnahmen zu planen. Besonders wichtig ist es, architektonische Merkmale und den Denkmalschutzstatus zu berücksichtigen, was die Auswahl der geeignetsten Dämmmaterialien und -techniken beeinflusst.

Dämmmaterialien

Die Auswahl des Dämmmaterials basiert auf thermischen Anforderungen, Umweltverträglichkeit und Kosten. Häufig verwendete Materialien umfassen Mineralwolle, die feuerfest und schalldämmend ist, Polystyrol und Polyurethan, die beide eine hohe Wärmedämmleistung bieten, sowie ökologisch vorteilhafte natürliche Dämmstoffe wie Holzfaser, Kork oder Zellulose.

Dämmtechniken

Die Wahl der Dämmtechnik wird durch den Gebäudetyp und spezifische Anforderungen bestimmt. Außendämmung mittels eines WDVS ist weitverbreitet, da es die Gebäudehülle effizient von außen umschließt und Wärmebrücken minimiert. Innendämmung bietet sich an, wenn äußere Maßnahmen nicht möglich sind, wie bei denkmalgeschützten Gebäuden. Kerndämmung wird bei zweischaligem Mauerwerk eingesetzt, um den Zwischenraum effektiv zu füllen.

Fenster und Türen

Der Austausch alter Fenster durch moderne, energieeffiziente Fenster ist oft entscheidend für die Gesamteffizienz der Fassadendämmung und sollte bei der Sanierung berücksichtigt werden.

Förderungen und Vorschriften

Es ist ratsam, sich über lokale Fördermöglichkeiten und gesetzliche Anforderungen zu informieren, da viele Landes- und Kommunalregierungen finanzielle Unterstützung für energetische Sanierungsmaßnahmen anbieten.

Ausführung und Qualitätssicherung

Die fachgerechte Planung und Installation der Dämmmaßnahmen durch qualifizierte Fachkräfte sind entscheidend für den Erfolg der Sanierung. Regelmäßige Wartung und Überprüfung der Fassade nach der Sanierung sind notwendig, um die Dämmleistung langfristig zu gewährleisten und das Gebäude dauerhaft von den Verbesserungen profitieren zu lassen.

Durch diese umfassenden Maßnahmen kann die Energiebilanz eines Gebäudes erheblich verbessert werden, was nicht nur zu dauerhaften Kosteneinsparungen führt, sondern auch den Wohnkomfort erhöht und einen positiven Beitrag zum Umweltschutz leistet.

7.4.1 Historische Fassaden

Die energetische Sanierung historischer Fassaden ist komplex, da sie sowohl die Wahrung des kulturellen Erbes als auch die Steigerung der Energieeffizienz zum Ziel hat. In diesem Kontext müssen sowohl denkmalpflegerische Aspekte als auch energetische Effizienzansprüche sorgfältig gegeneinander abgewogen werden. Ziel ist es, den Energieverbrauch zu senken, ohne dabei den architektonischen Wert und die historische Integrität des Gebäudes zu beeinträchtigen. Die nachfolgenden zentralen Überlegungen sind die bei der Planung und Durchführung der Sanierung historischer Fassaden von Bedeutung.

Denkmalschutzrichtlinien

Der Erhalt der historischen Authentizität steht oft im Vordergrund. Vor Beginn jeglicher Sanierungsmaßnahmen muss eine enge Abstimmung mit den lokalen Denkmalschutzbehörden erfolgen. Diese Behörden regulieren, welche Sanierungsarbeiten durchgeführt werden dürfen, um die historischen Merkmale des Gebäudes zu erhalten. Häufig existieren strikte Richtlinien, die den Einsatz bestimmter Materialien und Techniken vorschreiben oder einschränken.

Bestandsaufnahme und Zustandsanalyse

Eine eingehende Untersuchung der Fassade ist unabdingbar, um den Zustand des Mauerwerks, Schäden, Materialzusammensetzungen und die spezifische historische Bauweise zu erfassen. Diese Analyse sollte visuelle Inspektionen sowie technische Untersuchungen wie Thermografie umfassen, um energetische Schwachstellen wie Wärmebrücken und Feuchtigkeitsprobleme zu identifizieren.

Auswahl geeigneter Dämmmaterialien

Bei historischen Gebäuden ist der Einsatz natürlicher und diffusionsoffener Dämmstoffe oft bevorzugt, da diese Materialien in der Lage sind, Feuchtigkeit aufzunehmen und wieder abzugeben, was entscheidend zur Regulierung des Raumklimas beiträgt und Schäden an der Bausubstanz verhindert. Materialien wie Holzfaser, Kork oder Zellulose sind hierbei oft die erste Wahl.

Dämmtechniken

Da das Erscheinungsbild historischer Fassaden durch Außendämmungen stark verändert werden kann, sind diese häufig nicht gestattet. Innendämmung oder Kerndämmung sind mögliche Alternativen, wobei besonders auf die Vermeidung von Wärmebrücken und Feuchtigkeitsproblemen geachtet werden muss.

Fensterrestaurierung

Der Austausch historischer Fenster ist oft nicht möglich oder wünschenswert. Eine fachgerechte Restaurierung, bei der die Fenster abgedichtet und ggf. mit Vorfenstern oder spezieller Isolierverglasung ausgestattet werden, kann die thermische Isolation signifikant verbessern.

Nutzung moderner Technologie

Der Einsatz moderner Technologien wie Wärmerückgewinnungsventilatoren und intelligenter Gebäudesteuerungssysteme kann helfen, den Energieverbrauch zu optimieren, ohne die historische Bausubstanz zu beeinträchtigen.

Dokumentation und Monitoring

Eine umfassende Dokumentation aller Sanierungsschritte ist für den Denkmalschutz von großer Bedeutung. Ein fortlaufendes Monitoring der Gebäudeperformance ermöglicht es, die Effektivität der Sanierungsmaßnahmen zu bewerten und bei Bedarf Anpassungen vorzunehmen.

Fördermöglichkeiten

Spezielle Förderprogramme für die Sanierung denkmalgeschützter Gebäude können finanzielle Unterstützung bieten und damit die Umsetzung von Maßnahmen erleichtern, die sowohl denkmalpflegerischen als auch energetischen Anforderungen entsprechen.

Die erfolgreiche energetische Sanierung historischer Fassaden erfordert eine sorgfältige Planung und Umsetzung, um sowohl den historischen Wert des Gebäudes zu wahren als auch dessen Energieverbrauch effektiv zu reduzieren. Dies erfordert eine enge Zusammenarbeit zwischen Denkmalpflegern, Architekten, Ingenieuren und Bauherren, um optimale Lösungen zu entwickeln, die den spezifischen Anforderungen des jeweiligen Gebäudes gerecht werden.

7.4.2 Lochfassade und WDVS

Die Lochfassade ist eine Bauweise, bei der die Fenster- und Türelemente als separate „Löcher" oder Öffnungen in der sonst geschlossenen Fassadenfläche eines Gebäudes erscheinen. Diese traditionelle Fassadenform ist typisch für viele ältere und auch einige moderne Gebäude, bei denen die Fassade durch klar definierte, einzelne Öffnungen charakterisiert ist, im Gegensatz zu großflächig verglasten oder vollständig offenen Strukturen. Lochfassaden sind besonders relevant in der Diskussion um thermische Effizienz und Wärmeschutz, da jede Öffnung potenziell eine Schwachstelle für Wärmebrücken und Energieverlust darstellt. Im Kontext energetischer Sanierungen oder Neugestaltungen ist es daher wichtig, die Dämmung und Abdichtung dieser Öffnungen sorgfältig zu planen und auszuführen, um die Energieeffizienz des Gebäudes zu verbessern.

Die Planung und Ausführung von luft- und winddichten Wärmedämmungen an Außenwänden stellen eine zentrale Herausforderung in der modernen Bau- und Sanierungspraxis dar. Die Schnittstellen zwischen den beteiligten Gewerken spielen dabei eine Schlüsselrolle, da hier potenzielle Schwachstellen entstehen können, die die Funktionalität und Langlebigkeit der Wärmedämmung beeinträchtigen. In Kapitel 7.4.2 werden die relevanten Schnittstellen analysiert, ihre Bedeutung für die Baupraxis herausgearbeitet und wissenschaftlich fundierte sowie praxisnahe Handlungsempfehlungen gegeben.

Relevanz der Schnittstellen für den Wärmeschutz

Die Schnittstellenproblematik ist vor allem deshalb kritisch, weil hier Fehler nicht nur die Energieeffizienz, sondern auch die bauphysikalische Integrität der Gebäudehülle gefährden können. Grundlegende Maßnahmen, die an diesen Schnittstellen sicherzustellen sind, sind in Tabelle 7.9 dargestellt.

Tabelle 7.9: Maßnahmen zur Vermeidung von Schnittstellenproblematiken bei WDVS und deren Effekte

Maßnahmen zur Vermeidung von Schnittstellenproblemen	Effekte
Wärmedämmung zur Vermeidung kritischer Oberflächentemperaturen (innen)	Minimierung des Risikos von Wärmebrücken und damit von Schimmelbildung durch lückenlose Dämmung
Herstellung der Luftdichtheit zur Tauwasservermeidung	Vermeidung von Tauwasserbildung durch das Eindringen kalter Außenluft, wodurch Schäden wie Schimmel und Materialzerfall verhindert werden
diffusionstechnisch korrekter Aufbau der Bauteilschichten	Gewährleistung einer feuchteangepassten Schichtung, um Tauwasserbildung im Bauteilinneren und damit langfristige Schäden an der Bausubstanz zu verhindern
Sicherstellung des Mindestluftwechsels	optimale Luftwechselrate zur kontrollierten Abführung von Feuchtigkeit und zur Vermeidung von Schimmelbildung
Sonnenschutzmaßnahmen gegen Überhitzung	Reduktion thermischer Belastungen der Bauhülle durch effektiven Sonnenschutz, insbesondere in den Sommermonaten

Besondere Herausforderungen bei historischen Fassaden

Bei denkmalgeschützten oder historisch wertvollen Fassaden sind zusätzliche Herausforderungen zu berücksichtigen. Eine außenseitig angebrachte Wärmedämmung ist

hier in der Regel keine Option, da sie den Charakter des Gebäudes erheblich verändern und wertvolle gestalterische Details wie Gesimse, Lisenen oder Eingangsportale verdecken kann. Weiterhin führen solche Maßnahmen oft zu tiefen Eingriffen in die historische Bausubstanz, was aus konservatorischer Sicht problematisch ist.

Problematiken bei WDVS

Nachträglich aufgebrachte WDVS können aufgrund ihrer Eigenschaften und der Materialübergänge Schwachstellen aufweisen (vgl. Tabelle 7.10).

Handlungsempfehlungen für die nachträgliche Anbringung von WDVS

Um die Herausforderungen im Zusammenhang mit nachträglich anzubringenden WDVS zu bewältigen, sollten die in Tabelle 7.11 beschriebenen Maßnahmen ergriffen werden.

Die fachgerechte Planung und Ausführung von Wärmedämmungen unter Berücksichtigung der Schnittstellen zwischen verschiedenen Gewerken ist ein zentrales Element nachhaltigen Bauens. Insbesondere bei denkmalgeschützten Fassaden sind innovative Lösungen gefragt, um die Energieeffizienz zu verbessern, ohne den historischen Charakter des Gebäudes zu beeinträchtigen. Eine Kombination aus interdisziplinärer Planung, hochwertiger Materialwahl und präziser Ausführung bietet das größte Potenzial, die Herausforderungen in diesem Bereich erfolgreich zu meistern.

Luftdichtheit als zentraler Baustein für optimale Dämmwirkung und langfristige Bauschadensfreiheit

Grundlagen der Wärmedämmung

Die Effizienz von Wärmedämmstoffen beruht primär auf den sich im Material befindlichen Lufteinschlüssen. Diese luftgefüllten Poren oder Kammern minimieren die Wärmeleitung durch die Verhinderung von Konvektionsströmen. Das eigentliche Dämmmaterial – sei es Mineralwolle, Zellulose, Kork oder ein anderer Stoff – wirkt weniger durch seine Substanz selbst als durch die strukturelle Fähigkeit, Luft in ruhenden Zuständen einzuschließen. Entscheidend für die Effektivität der Wärmedämmung ist daher der Schutz vor Luftbewegungen innerhalb und entlang des Dämmmaterials.

Eine anschauliche Analogie bietet der Wärmeschutz eines Wollpullovers. Die dämmende Wirkung der Fasern beruht auf der in den Zwischenräumen eingeschlossenen Luft. Wird die ruhende Luftschicht durch Windbewegungen gestört, verliert der Pullover an isolierender Wirkung. Erst das Hinzufügen einer dünnen, winddichten Schicht – vergleichbar mit einer Windjacke – stellt den Wärmeschutz vollständig wieder her.

Dieses physikalische Prinzip findet direkte Anwendung im Bauwesen. Ein Gebäude benötigt nach dem Prinzip der „Windjacke“ eine doppelte Schutzschicht: Auf der dem Innenraum zugewandten Seite der Dämmung wird eine Luftdichtung angebracht, während die dem Außenraum zugewandte Schicht als Windrichtung fungiert. Beide Dichtungsebenen müssen durchgängig und ohne Unterbrechung installiert werden, um optimale Ergebnisse zu erzielen. Insbesondere bei Durchdringungen wie beispielsweise Toilettenentlüftungen, Kaminen, Solaranlagenrohren, Decken- und Kehlbalken sowie Fenster- und Türanschlüssen ist ein präziser und sorgfältiger Einbau essenziell. Die Planung dieser Maßnahmen obliegt den Architekten, während ihre akkurate Umsetzung in der Verantwortung der Handwerker liegt.

Tabelle 7.10: Schwachstellen von WDVS und zugrunde liegende Bauteil- und Ausführungsfehler

Schwachstellen	Bauteil- und Ausführungsfehler
Materialkompatibilität	Spezielle Putzmaterialien, die nach der Europäischen Richtlinie ETAG 004 (Europäische Organisation für Technische Zulassungen [EOTA], 2013) geprüft sind, weisen zwar eine Lebensdauer von ca. 25 Jahren auf, stellen jedoch einen Bruch in der Materialität der Bestandsstruktur dar.
Anschlüsse und Stoßkanten	An Gebäudeteilen wie Fensterlaibungen oder Gesimsen besteht ein erhöhtes Risiko für Putzrisse und vorzeitige Schäden. Dies liegt insbesondere an fehlenden bauaufsichtlichen Regelungen für die Anschlussausbildung.
Schadensphänomene	Unsachgemäße Ausführung kann zu Rissen, Ablösungen und weiteren Schadensbildern führen, die nicht nur optisch, sondern auch funktional problematisch sind.

Tabelle 7.11: Maßnahmen bei der nachträglichen Anbringung von WDVS

Maßnahmen	Beschreibung
interdisziplinäre Planung	Bereits in der Planungsphase ist eine enge Zusammenarbeit zwischen den beteiligten Gewerken (Architekten, Bauphysikern, Bauingenieuren, Handwerkern) erforderlich. Schnittstellen müssen detailliert geplant und abgestimmt werden, um potenzielle Schwachstellen zu vermeiden.
Qualitätskontrolle und Bauüberwachung	Eine fachgerechte Ausführung ist entscheidend. Regelmäßige Kontrollen während der Bauphase, insbesondere an kritischen Anschlusspunkten, sind unerlässlich.
Verwendung geeigneter Materialien	Diffusionsoffene, kapillaraktive Materialien können die Tauwasserproblematik entschärfen. Gleichzeitig sollte die Materialwahl kompatibel zur bestehenden Bausubstanz sein.
detailgenaue Ausführung	Insbesondere bei historisch wertvollen Fassaden sind innovative Dämmkonzepte wie Innenwanddämmung mit kapillaraktiven Dämmstoffen oder Vakuumdämmpaneelen eine vielversprechende Alternative zu WDVS.
nachhaltige Planung und Instandhaltung	Die Langzeitwirkung von Dämmmaßnahmen sollte durch regelmäßige Wartung und Inspektion sichergestellt werden, um die Funktionalität der Bauhülle zu erhalten.

Luftdichtheit als Basis für präzise *U*-Wert-Berechnungen

Der *U*-Wert eines Bauteils wird unter standardisierten Bedingungen bestimmt. Diese berücksichtigen ausschließlich die Wärmeleitung und schließen jegliche Luftströmungen

aus. Eine Bauweise, die diesen Laborbedingungen entspricht, erfordert daher eine durchgängig luftdichte Konstruktion. Bereits geringfügige Luftbewegungen innerhalb oder entlang der Dämmung können die theoretischen Wärmeschutzwerte erheblich reduzieren, was sowohl energetische Effizienzverluste als auch bauliche Schäden nach sich zieht.

Aufbau der Luft- und Windrichtung

Die beiden Dichtungsebenen – innen (Luftdichtung) und außen (Windrichtung) – sind essenzielle Bestandteile einer funktionierenden Wärmedämmung. Sie müssen durchgängig und ohne Unterbrechung verlegt werden. Besondere Sorgfalt ist an den in Abb. 7.13 dargestellten kritischen Durchdringungen und Anschlusspunkten erforderlich.

Die sorgfältige Planung der Luftdichtungsarbeiten durch die Architekturschaffenden sowie deren präzise Ausführung durch die Handwerkerschaft sind unverzichtbar, um Wärmeverluste und Schäden zu vermeiden.

Luftdichtheit als Grundlage für die *U*-Wert-Berechnung

Die wärmetechnischen Kennwerte von Dämmstoffen wie der *U*-Wert werden unter Laborbedingungen ermittelt – also in Abwesenheit jeglicher Luftströmung durch die Materialien. Diese theoretischen Werte lassen sich nur in der Praxis erreichen, wenn die Baukonstruktion luftdicht ausgeführt ist. Bereits kleine Leckagen können die Dämmleistung erheblich verringern, da warme Luft entweicht und kalte Luft eindringt, was zu Energieverlusten und Bauschäden führt.

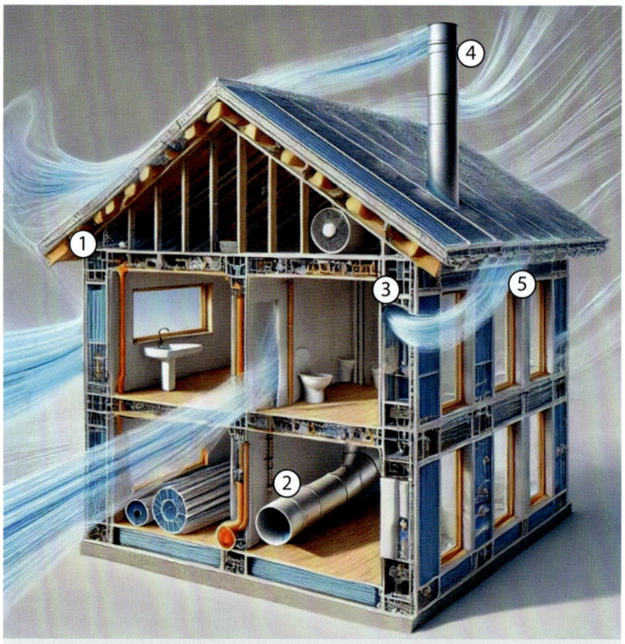

(1) Durchdringungen von Deckenbalken und Kehlbalken
(2) Toilettenentlüftung
(3) Rohrleitungen (z.B. für Solaranlagen)
(4) Kaminanschlüsse
(5) Fenster- und Außentüranschlüsse

Abb. 7.13: Kritische Durchdringungen, die Luft- und Winddichtheit beeinträchtigen (Quelle: KI-generiert mit ChatGPT)

Notwendigkeit des luftdichten Bauens

Luftdichtheit ist eine fundamentale Anforderung an moderne Gebäudehüllen, da sie sowohl für den Energiehaushalt als auch für die bauphysikalische Sicherheit unverzichtbar ist. Tabelle 7.12 stellt die wesentlichen Gründe für die luftdichte Bauweise dar.

Tabelle 7.12: Ziele luftdichter Bauweise und ihre Gründe

Ziele luftdichter Bauweise	Gründe
Vermeidung von Wärmeverlusten durch Luftströmung	Fugen und undichte Stellen in der Konstruktion ermöglichen Luftbewegungen zwischen Innen- und Außenraum. Diese Strömungen transportieren Wärmeenergie aus dem beheizten Gebäudeinneren ab. Die antreibenden Faktoren sind Druckunterschiede, die durch äußere Einflüsse wie Wind sowie durch den thermischen Auftrieb innerhalb des Gebäudes entstehen.
Schutz vor Feuchtigkeit und Tauwasserschäden	Luftströmungen transportieren nicht nur Wärme, sondern auch Feuchtigkeit in die Konstruktion. Kondensiert diese Feuchtigkeit an kalten Bauteiloberflächen, entsteht Tauwasser, das zu Schimmelbildung, Materialschäden und langfristig zu statischen Problemen führen kann.
Sicherstellung der Dämmwirkung	Selbst hochwertige Dämmstoffe können ihre isolierenden Eigenschaften nicht entfalten, wenn durch Leckagen Luftströmungen auftreten. Die luftdichte Ausführung der Gebäudehülle ist daher eine Grundvoraussetzung für die Erreichung der angestrebten Energieeffizienz.

Die Luftdichtheit eines Gebäudes ist nicht nur ein technischer Standard, sondern eine wesentliche Voraussetzung für energieeffizientes und schadensfreies Bauen und Sanieren. Sie gewährleistet, dass die thermischen Kennwerte der verwendeten Materialien vollständig genutzt werden können, und schützt die Konstruktion vor Feuchtigkeitsschäden. Eine erfolgreiche Umsetzung erfordert präzise Planung, fachgerechte Ausführung und regelmäßige Kontrolle. Vor dem Hintergrund steigender Anforderungen an Nachhaltigkeit und Energieeffizienz ist die luftdichte Bauweise ein unverzichtbarer Bestandteil moderner Architektur und Bauphysik.

Luftdichtheit von WDVS: Differenzierung zwischen Neubau und Sanierung

Die Anforderungen und Herausforderungen an die Luftdichtheit im Kontext von WDVS unterscheiden sich signifikant zwischen Neubauprojekten und Sanierungen. Diese Differenzierung ist entscheidend, da sowohl bauliche Gegebenheiten als auch technologische und ökonomische Aspekte variieren. Im Folgenden werden die wesentlichen Unterschiede erläutert, ergänzt durch wissenschaftlich fundierte Handlungsempfehlungen.

Integration der Luftdichtheit in den Planungsprozess beim Neubau

Im Neubau besteht der Vorteil, dass die Planung und Umsetzung der Luftdichtheit von Anfang an systematisch integriert werden können. Die Gebäudehülle wird hier als Gesamtsystem betrachtet, sodass WDVS und Luftdichtheitsebene von Beginn an koordiniert werden. Tabelle 7.13 gibt einen Überblick über Besonderheiten, Herausforderungen und Handlungsempfehlungen beim Neubau.

Tabelle 7.13: Luftdichtheit im Neubau: Besonderheiten, Herausforderungen und Handlungsempfehlungen

Ausführungs-/ Planungsdetails	Erklärung
Besonderheiten beim Neubau	
Durchgängigkeit der Luftdichtung	Im Neubau ist es einfacher, eine durchgängige Luftdichtheit zu gewährleisten, da alle Bauteile von Grund auf neu errichtet werden. Es gibt keine bereits existierenden Schwachstellen oder unregelmäßigen Anschlussbereiche.
Planung der Schnittstellen	Anschlusspunkte wie Fenster, Türen, Deckenbalken oder technische Installationen können bereits in der Entwurfsphase so konzipiert werden, dass sie die Luftdichtheit nicht beeinträchtigen.
moderne Baumaterialien	Im Neubau stehen innovative Materialien zur Verfügung, die sowohl in die Konstruktion als auch in das WDVS integriert werden können, wie luftdichte Membranen, Klebebänder oder Abdichtsysteme.
Kontrolle und Validierung	Luftdichtheitstests wie der Blower-Door-Test können während der Bauphase durchgeführt werden, um mögliche Schwachstellen frühzeitig zu identifizieren und zu beheben.
Herausforderungen im Neubau	
hohe Anforderungen an Präzision	Eine fehlerhafte Ausführung, insbesondere bei komplexen Gebäudestrukturen, kann die Luftdichtheit gefährden.
Kostenoptimierung	Die Integration einer hochwertigen Luftdichtheitsebene kann höhere Anfangsinvestitionen erfordern, die jedoch durch Energieeinsparungen über die Lebensdauer des Gebäudes amortisiert werden.
Handlungsempfehlungen für den Neubau	
frühzeitige Integration der Luftdichtheitsebene in die Planung	Die Luftdichtheitsebene sollte von Beginn an als integraler Bestandteil der Planung betrachtet werden.
Verwendung abgestimmter Systemlösungen	Es sollten Systemlösungen verwendet werden, die WDVS und Luftdichtung kombinieren, um Schnittstellenprobleme zu minimieren.
Qualitätssicherung während der Bauausführung	Um Planungsfehler und Ausführungsmängel frühzeitig zu erkennen, sind begleitende Qualitätssicherungsmaßnahmen wie Sichtprüfungen, Baubegleitungen oder Luftdichtheitstests während der Bauphase durchzuführen.

Nachträgliche Integration der Luftdichtheit im Rahmen der Sanierung

Im Bestand ist die Gewährleistung der Luftdichtheit bei der Installation eines WDVS deutlich anspruchsvoller. Häufig bestehen bereits Schwachstellen, die durch die vorhandene Bausubstanz oder frühere Bautätigkeiten bedingt sind. Tabelle 7.14 gibt einen Überblick über Besonderheiten, Herausforderungen und Handlungsempfehlungen bei der Sanierung.

Tabelle 7.14: Luftdichtheit bei der Sanierung: Besonderheiten, Herausforderungen und Handlungsempfehlungen

Ausführungs-/ Planungsdetails	Erklärung
Besonderheiten bei der Sanierung	
heterogene Baubedingungen	Sanierungsobjekte weisen häufig unregelmäßige Oberflächen, Fugen oder Risse auf, die die Luftdichtheit beeinträchtigen können.
begrenzte Eingriffsmöglichkeiten	Insbesondere bei denkmalgeschützten Gebäuden oder historisch wertvollen Fassaden sind Eingriffe oft eingeschränkt. Die Integration einer inneren Luftdichtheitsebene ist hier komplex.
Kombination von alten und neuen Materialien	Die Verbindung zwischen bestehenden Bauteilen und neuen Komponenten des WDVS erfordert spezielle Lösungen, um Materialübergänge dauerhaft luftdicht zu gestalten.
Herausforderungen bei der Sanierung	
Durchdringungen und Anschlüsse	Fenster- und Türanschlüsse, Anschlüsse an Dach- oder Sockelbereiche sowie Durchdringungen für Haustechnik sind besonders kritische Punkte.
Feuchtigkeitsprobleme	Vorhandene Luftundichtheiten können zu Feuchtigkeitseintrag in die Konstruktion führen, was insbesondere bei der nachträglichen Dämmung problematisch ist.
Wirtschaftlichkeit	Die nachträgliche Herstellung der Luftdichtheit ist oft mit erhöhtem Aufwand und Kosten verbunden.
Handlungsempfehlungen für die Sanierung	
Bestandsaufnahme und Analyse	Vor Beginn der Sanierung muss der Zustand der Gebäudehülle gründlich untersucht werden, um Schwachstellen zu identifizieren.
Einsatz flexibler Abdichtungsmaterialien	Produkte wie sprühbare Abdichtungsmassen, flexible Membranen und Dichtbänder können an unregelmäßige Strukturen angepasst werden.
innovative Lösungen bei schwierigen Anschlussbereichen	Beispielsweise können vorgefertigte Dichtungsmodule an Fensterlaibungen oder Dachsparren eingesetzt werden.
Blower-Door-Test nach der Sanierung	Dieser Test sollte obligatorisch sein, um die Luftdichtheit der sanierten Gebäudehülle zu prüfen und eventuelle Leckagen gezielt zu beheben.

Vergleichende Analyse zwischen Neubau und Sanierung

Tabelle 7.15 stellt die spezifischen Merkmale und Herausforderungen von Neubauten und Sanierungen, insbesondere im Kontext von WDVS, detailliert gegenüber. Sie bietet eine vergleichende Analyse, die Planungsintegration, Materialeinsatz, kritische Bereiche, Kosten und Qualitätssicherung für beide Bauarten umfasst und aufzeigt, wie diese Aspekte in Neubau- und Sanierungsprojekten unterschiedlich gehandhabt werden.

Tabelle 7.15: Vergleichende Analyse Neubau und Bestand

Aspekt	Neubau	Sanierung
Planungsintegration	von Beginn an möglich, systematischer Ansatz	nachträglich, oft mit Einschränkungen durch Bestand
Materialeinsatz	moderne Systemlösungen, optimale Integration	Kombination alter und neuer Materialien notwendig
kritische Bereiche	primär Anschlüsse und Durchdringungen	vielfältige Schwachstellen in der Bestandsstruktur
Kosten	in der Regel planbar und langfristig amortisierbar	oftmals höhere Kosten durch zusätzlichen Aufwand
Qualitätssicherung	umfassende Tests während der Bauphase möglich	nachträgliche Tests oft unumgänglich

Die Anforderungen an die Luftdichtheit bei WDVS unterscheiden sich grundlegend zwischen Neubau und Sanierung. Während im Neubau eine ganzheitliche Planung und Integration der Luftdichtheitsebene möglich ist, stellt die Sanierung eine größere technische und wirtschaftliche Herausforderung dar. Beide Szenarien erfordern jedoch eine sorgfältige Planung, hochwertige Materialien und eine präzise Ausführung, um die Energieeffizienz zu maximieren und Bauschäden zu vermeiden. Der Einsatz moderner Technologien und regelmäßiger Kontrollmaßnahmen wie Blower-Door-Tests ist in beiden Fällen unverzichtbar, um die langfristige Funktionalität der Gebäudehülle zu gewährleisten.

7.4.3 Innendämmung

Unterschiede zwischen verschiedenen Fassadensystemen: Außen-, Kern- und Innendämmung

Die Auswahl des richtigen Fassadensystems für die Wärmedämmung hängt von zahlreichen Faktoren ab, darunter die energetischen Anforderungen, die baulichen Gegebenheiten, der Denkmalschutz und wirtschaftliche Aspekte. Die 3 gängigen Systeme – Außendämmung, Kerndämmung und Innendämmung – weisen unterschiedliche Eigenschaften, Vorteile und Herausforderungen auf (vgl. Tabelle 7.16).

Um die erforderliche Dauerhaftigkeit der Funktionsschicht sicherzustellen, ist der Einsatz von Systemlösungen ratsam, die speziell von den Produktherstellern für die jeweiligen Untergründe empfohlen werden. Dadurch wird gewährleistet, dass die Materialien optimal aufeinander abgestimmt sind und langfristig die geforderten Leistungsmerkmale erfüllen.

Tabelle 7.16: Vergleich Fassadensysteme

Kriterium	Außendämmung	Kerndämmung	Innendämmung
Dämmwirkung	sehr gut, da Wärmebrücken minimiert werden	gut, abhängig von Hohlraumdicke	mittel, Wärmebrücken oft problematisch
Wärmebrücken	gering	mittel	hoch
Luftdichtigkeitsebene	Innenputz	Innenputz	raumseitig der Dämmschicht, luftdicht und dampfdicht
Winddichtheitsebene/ Schlagregenschutz	Außenputz	Mauerwerk/Vorsatzschale (verfugen, hydrophobieren) Hohlraum (vollflächig mit Dämmstoff verfüllen)	Außenputz mit Putzträger Holzständer, ggf. Folien
Raumverlust	kein Verlust	kein Verlust	Reduktion der Wohnfläche
Schutz der Bausubstanz	hoch (Schutz vor Witterungseinflüssen)	hoch (geschützt durch Vorsatzschale)	gering, da Außenwand kälter bleibt
Eingriff in die Fassade	ja	nein	nein
Kosten	hoch	mittel	mittel bis hoch
Einsatzgebiet	Neubau, Sanierung	Neubau, zweischalige Sanierungen	denkmalgeschützte Gebäude, Innensanierung

Tabelle 7.16: Vergleich Fassadensysteme (Fortsetzung)

Kriterium	Außendämmung	Kerndämmung	Innendämmung
Besonderheiten	Mauerwerkskronen sind zu verputzen	Die Fuge wird stets vollständig mit Dämmstoff ausgefüllt, was zugleich die maximale Dämmdicke bestimmt.	Wand in der Fläche in der Regel unproblematisch; besondere Aufmerksamkeit beim Anschluss Boden, Decke oder Durchdringungen, Rissüberbrückung erfolgt stets durch ein bewegungstolerantes Verfahren. Hierfür stehen 3 effektive Methoden zur Verfügung: • die Abklebung mit qualifiziertem Klebeband, • die Verfugung, bei der besonders auf eine „Zweiflanken-Haftung" geachtet werden muss, • die Anwendung einer Dichtlippe. Diese Verfahren gewährleisten eine zuverlässige und dauerhafte Rissüberbrückung bei beweglichen Anschlüssen.
Material	alle glatt gestrichenen Putze	Für die Kerndämmung oder Einblasdämmung in Außenwänden eignen sich ausschließlich hydrophobe (wasserabweisende) und setzungsfreie Kerndämmstoffe, die entweder nach DIN 4108-10 „Wärmeschutz und Energie-Einsparung in Gebäuden – Teil 10: Anwendungsbezogene Anforderungen an Wärmedämmstoffe" (2021) zertifiziert sind (beispielsweise Glas- oder Steinwolle) oder über eine bauaufsichtliche Zulassung verfügen.	Innenputz und qualifiziert ausgewiesene Bahnen sowie Platten wie OSB (orientated strand board), Glas, Metall usw. Materialien, die **nicht** luftdicht in der Fläche sind, umfassen: • Holzverschalungen (z. B. Nut und Feder), • Schindel-Verkleidungen aller Materialien, • Vertäfelungen, • Stoffbezüge, • unverputzte Vormauern. Diese Materialien bieten aufgrund ihrer Struktur und Beschaffenheit keine ausreichende Luftdichtigkeit.

Die Winddichtheitsschicht wird auf der Außenseite der Dämmschichten angeordnet und verhindert die Hinterströmung der Dämmebene mit kalter Außenluft. Dadurch bleibt die Wirksamkeit der Dämmung erhalten und es kommt zu keiner lokalen Abkühlung der raumseitigen Oberflächen.

Die Wahl des geeigneten Fassadensystems hängt stark von den baulichen Rahmenbedingungen und den Nutzungsanforderungen ab:

- Außendämmung ist ideal für Neubauten und umfassende Sanierungen, bietet aber bei historischen Fassaden Einschränkungen.
- Kerndämmung eignet sich für zweischalige Bauweisen und bietet eine elegante Lösung, wenn die äußere Fassadenstruktur erhalten bleiben soll.

Für eine systematische und effektive Planung der Anschlussdetails in der Gebäudedämmung, die eine hohe Qualität und Langlebigkeit der Bauausführung gewährleisten, stellt Tabelle 7.17 spezifische Planungsaspekte und Anforderungen dar. Sie umfasst zentrale Schnittstellen wie Abdichtungs- und Anschlussfugen, Fenster- und Türanschlüsse sowie Dach- und Sockelanschlüsse. Dabei wird jeweils auf Beschreibung, Herausforderungen, Lösungen und beteiligte Gewerke eingegangen, um eine ganzheitliche Übersicht zu bieten.

- Innendämmung ist die bevorzugte Lösung für denkmalgeschützte Gebäude, erfordert jedoch eine besonders sorgfältige Planung, um Feuchtigkeitsprobleme zu vermeiden.

Eine fundierte Analyse der Baukonstruktion, Nutzung und gesetzlichen Anforderungen ist unerlässlich, um die beste Lösung für Energieeffizienz und bauliche Integrität zu finden.

Tabelle 7.17: Planungs- und Ausführungsaspekte von Anschlussdetails in der Gebäudedämmung

Bauteile	Beschreibung	Herausforderungen	Lösungen	Gewerke
Übergänge zwischen Dämmung und tragender Wand	Der Anschluss der Dämmschicht an die tragende Wand muss sicherstellen, dass die Dämmung mechanisch stabil verankert ist und keine Hohlräume entstehen, die Luftströmungen oder Feuchtigkeitsansammlungen ermöglichen.	**mechanische** Belastungen durch Eigengewicht und Witterung **Sicherstellung** der Luft- und Winddichtheit **Übergang** zur tragenden Wand muss wärmebrückenfrei erfolgen	**Verwendung** von geeigneten Befestigungssystemen wie Dämmstoffdübeln oder Schienen **Abdichtungsmaterialien**, die Bewegungen zwischen den Schichten aufnehmen können (z. B. elastische Kleber)	**Maurergewerbe, Dachdecker, Verputzer, Maler**
Fenster- und Türanschlüsse	Diese Schnittstellen erfordern präzise Abdichtungen, um Energieverluste zu minimieren und Feuchteeintrag zu vermeiden. Fenster und Türen bilden durch ihre geringere Dämmwirkung potenzielle Schwachstellen in der Gebäudehülle.	**Ausbildung** eines luftdichten Übergangs zwischen Fensterrahmen, Türzargen und Dämmung **Schutz** vor Kondensatbildung an Laibungen **ästhetische** Integration der Dämmung bei gleichzeitiger Funktionalität	**Verwendung** von vorkomprimierten Dichtbändern oder multifunktionalen Dichtsystemen **zusätzliche** Dämmung der Laibungen **planungsorientierte** Berücksichtigung von Fensterbankanschlüssen und Tropfkanten	**Maurer, Verputzer, Fensterbauer und Dachdecker** **innere Anschlussfuge** muss in erster Anforderung luftdicht sein **äußere Anschlussfuge** muss wind- und schlagregendicht sowie witterungsbeständig sein
Dachanschlüsse	Der Übergang zwischen der Außenwanddämmung und dem Dach erfordert eine wärmebrückenfreie und dichte Integration, da hier erhebliche Energieverluste auftreten können.	**unterschiedliche** Bauteilbewegungen durch Temperaturwechsel **Sicherstellung** der Luft- und Winddichtheit **Integration** von Dachrinnen oder anderen Entwässerungselementen	**Anschlussdetails** mit flexiblen Abdichtungsmaterialien (z. B. Ethylen-Propylen-Dien-Monomer-Folien) **zusätzliche** Dämmung im Traufbereich **exakte** Planung der Übergänge bei Steil- oder Flachdachkonstruktionen	**Maurer, Verputzer und Dachdecker** **funktionierende Lösung wie die Z-Putzleiste** • **Verputzer** **Übergang Wand/Dach** • **Spengler**
Sockelanschlüsse	Der Sockelbereich ist stark belastet durch Feuchtigkeit aus dem Boden, mechanische Einflüsse und Temperaturschwankungen.	**Schutz** vor aufsteigender Feuchtigkeit **mechanische** Beanspruchung durch Spritzwasser und Frost-Tau-Zyklen **Übergang** zur Fundamentdämmung oder Perimeterdämmung	**Verwendung** wasserresistenter Dämmmaterialien (z. B. XPS) **Abdichtung** mit Sperrschichten und wasserabweisenden Putzen **Detailplanung** des Übergangs zur Horizontalabdichtung	**Maurer, Verputzer, Maler**
Übergänge zu anderen Gewerken	Bei der Installation von Elektro- und Sanitärleitungen, Lüftungsöffnungen oder anderen technischen Einrichtungen entstehen Durchdringungen, die die Luft- und Winddichtheit der Dämmung beeinträchtigen können.	**Abdichtung** von Durchdringungen, die oft unterschiedliche Materialien betreffen **Koordination** zwischen den Gewerken **Sicherstellung** der Funktionalität von technischen Installationen ohne Beeinträchtigung der Dämmleistung	**Verwendung** von speziellen Dichtungsmanschetten und Membranen **sorgfältige** Planung und Abstimmung zwischen den Gewerken **regelmäßige** Kontrolle und Nacharbeit während der Bauphase	**Maurergewerbe, Verputzer, Heizung und Sanitär, Elektrofachkräfte**

Relevante Schnittstellen bei Dämmmaßnahmen

Eine durchdachte und präzise Planung der Schnittstellen ist entscheidend, um die Funktionalität und Langzeitbeständigkeit der Wärmedämmung sicherzustellen. Schnittstellen sind jene Bereiche, an denen verschiedene Bauteile oder Gewerke aufeinandertreffen und deren unsachgemäße Ausführung potenziell Schwachstellen wie Wärmebrücken, Feuchteschäden oder Undichtheiten verursacht.

Die folgenden Aspekte sind bei Dämmmaßnahmen als kritische Schnittstellen zu betrachten, da sie sowohl baulich als auch funktional besondere Anforderungen an die Planung und Ausführung stellen.

Detaillierte Planung und Ausführung

Eine erfolgreiche Umsetzung der Dämmmaßnahmen an den Schnittstellen erfordert

- interdisziplinäre Zusammenarbeit: frühzeitige und kontinuierliche Kommunikation von Architekten, Bauphysikern und Handwerkern zur Fehlervermeidung,
- präzise Planung: exakte Detailzeichnungen für alle Schnittstellen, insbesondere bei komplexen Baukonstruktionen.

Die Qualitätskontrolle erfordert die

- Durchführung von Luftdichtheitstests (z. B. Blower-Door-Tests) während und nach der Bauphase,
- Verwendung geeigneter Materialien: Hochwertige und langlebige Abdichtungs- und Befestigungsmaterialien sollten zum Einsatz kommen.

Die Schnittstellen zwischen Dämmung und Bauteilen sowie zu angrenzenden Gewerken sind entscheidend für die Energieeffizienz, Feuchtefreiheit und Langlebigkeit einer Gebäudehülle. Eine sorgfältige Planung, hochwertige Materialien und präzise Ausführung sind unerlässlich, um potenzielle Schwachstellen zu minimieren und die volle Funktionalität der Dämmung zu gewährleisten. Mit einer interdisziplinären Herangehensweise und der Einbindung moderner Technologien können auch komplexe Anforderungen erfolgreich gemeistert werden.

Praktische Empfehlungen zur Sicherstellung einer lückenlosen Luft- und Winddichtheit sowie der fachgerechten Sockelausbildung bei Fassadendämmsystemen

Die Sicherstellung einer lückenlosen Luft- und Winddichtheit ist ein zentraler Faktor für die Energieeffizienz und Langlebigkeit von Fassadendämmsystemen. Fehler in der Planung oder Ausführung können zu Wärmeverlusten, Feuchtigkeitsproblemen und langfristigen Bauschäden führen. Um diese Risiken zu minimieren, sind präzise Schnittstellendetails, die Auswahl geeigneter Materialien und eine sorgfältige Koordination zwischen den Gewerken unerlässlich. Dieser Abschnitt bietet praktische Empfehlungen, um typische Fehler zu vermeiden und den aktuellen technischen Standards gerecht zu werden.

Tabelle 7.18 gibt einen Überblick über die Best Practices zur Sicherstellung der Luft- und Winddichtheit, Tabelle 7.19 zeigt Beispiele für häufige Fehler und deren Vermeidung.

Tabelle 7.18: Best Practices zur Sicherstellung der Luft- und Winddichtheit

Planung und Ausführung	
Schritte	**Umsetzungsdetails**
frühzeitige Planung der Schnittstellen	• Schnittstellen wie Fensteranschlüsse, Sockelübergänge oder Dachanschlüsse müssen detailliert geplant werden. • Eine klare Zuweisung der Zuständigkeiten zwischen den Gewerken ist unverzichtbar.
Kontrolle der Dichtheit während der Bauphase	• Blower-Door-Tests zur Überprüfung der Luftdichtheit sollten vor und nach dem Abschluss der Arbeiten durchgeführt werden.
nahtlose Übergänge	• Materialien für die Luft- und Winddichtung müssen kompatibel sein, um ununterbrochene Dichtungsebenen zu gewährleisten. • Bewegungen zwischen unterschiedlichen Bauteilen sind durch flexible Materialien wie Fugendichtbänder (z. B. BG1) oder elastische Folien auszugleichen.
Verwendung geeigneter Materialien und Techniken	
Schritte	**Umsetzungsdetails**
Luftdichtung (Innenseite)	• Dampfsperrfolien oder Membranen in Kombination mit luftdichten Klebebändern und Dichtungsmanschetten kommen zum Einsatz.
Windrichtung (Außenseite)	• Diffusionsoffene Membranen oder beschichtete Holzfaserdämmplatten schützen die Dämmung vor Witterungseinflüssen.
Befestigung und Abdichtung	• Zur Führung von Wasser und zum Schutz vor Spritzwasser kommen Sockelschienen mit Tropfkante zum Einsatz. • Für bündige oder zurückspringende Sockeldämmungen werden spezielle Profile genutzt.

Tabelle 7.19: Häufige Fehler bei der Sicherstellung der Luft- und Winddichtheit und deren Vermeidung

Fehler	**Folge**	**Lösung**
unzureichende Abdichtung der Fenster- und Türanschlüsse	Wärmeverluste und Kondensatbildung	Einsatz von vorkomprimierten Dichtbändern und sorgfältige Detailausbildung
Vernachlässigung von Bewegungsfugen	Risse und Undichtheiten durch Bauteilbewegungen	Integration elastischer Abdichtungen, die Bauteilbewegungen ausgleichen
mangelhafte Planung der Geländehöhen im Sockelbereich	Feuchtigkeitsschäden durch Spritzwasser	klare Festlegung und Einhaltung der Geländehöhen, Verwendung wasserabweisender Materialien

Tabelle 7.20: Herausforderungen und Lösungsempfehlungen bei unterschiedlichen Sockelausbildungen

Sockelausbildung	Beschreibung	Herausforderung	Empfehlung/Vorteile
nicht gedämmter Sockel	häufig bei älteren Gebäuden, bei denen lediglich die Fassade energetisch aufgewertet wird, während der Sockelbereich unverändert bleibt	Wärmebrücken und ggf. Hinterströmung des WDVS	• **Im Massivbau** sollte das WDVS möglichst bis unter das Höhenniveau der Kellerdecke geführt werden. • **Im Holzbau** endet die Dämmung üblicherweise an der Unterkante der Holzkonstruktion, wobei die Sockelschiene entsprechend abschließt.
zurückspringend gedämmter Sockel	Die Perimeterdämmung ist dünner als das WDVS und tritt gegenüber der Fassadenfläche zurück. Eine überstehende Sockelschiene dient als Tropfkante.	bei nicht fachgerechter Ausführung Hinterströmung des WDVS	• Verwendung einputzbarer Aufsteckprofile zur Erhöhung der Funktionalität und Optik • **effektiver** Schutz vor Spritzwasser • **klar** definierte Übergänge zwischen Sockel- und Fassadenbereich
bündig gedämmter Sockel	Sockeldämmung und WDVS sind flächenbündig ausgeführt, was optisch ansprechend wirkt, jedoch technisch anspruchsvoll ist.	Im Holzbau können durch Setzungen Quetschfalten oder Risse in der Putzfläche entstehen.	Einsatz von Sockelschienen oder Gleitlagerprofilen, um Setzbewegungen auszugleichen. Aus funktionellen Gründen sollte eine Trennung von Fassaden- und Sockelbereich in Betracht gezogen werden.

Fachgerechte Ausführung von Fassadendämmsystemen: Schutz vor Feuchte und mechanischen Belastungen im Sockel- und Perimeterbereich

Fassadendämmsysteme müssen in besonders sensiblen Bereichen – etwa im Sockel- und Perimeterbereich – effektiv gegen Hinterwanderung durch Spritzwasser, aufsteigende Feuchtigkeit aus dem Erdreich und andere mechanische sowie witterungsbedingte Belastungen geschützt werden. Dabei ist die Wahl geeigneter Materialien von ebenso zentraler Bedeutung wie die Kenntnis der einschlägigen Normen und der Einhaltung bautechnisch qualifizierter Vorgehensweisen, um sowohl den aktuellen als auch künftigen Anforderungen des Standes der Technik gerecht zu werden.

Zuständigkeiten und Schnittstellenkoordination

Die Planung des Sockelbereichs obliegt primär den Architekten oder der Planung, wobei vor Baubeginn die endgültige Geländeoberkante präzise festzulegen ist. Änderungen der Geländehöhe – beispielsweise durch später angelegte Terrassen oder Zuwege – können die Belastung des Sockelbereichs erheblich beeinflussen.

Baurechtlich ist die Zuständigkeit für die Abdichtung des Sockelbereichs nicht explizit geregelt. Die Verantwortung liegt jedoch bei demjenigen, der beauftragt wurde. Dies können sowohl die Betonbauer, die Keller und Fundament erstellen, als auch Landschaftsbauer sein, die später die Perimeter- und Sockeldämmung ausführen.

Systemübergänge im Sockelbereich

Die Anbindung des Sockels an das WDVS unterscheidet sich je nach Bauweise und den Anforderungen an die energetische Optimierung der Gebäudehülle (vgl. Tabelle 7.20).

Die fachgerechte Abdichtung und Ausführung des Sockel- und Perimeterbereichs sind entscheidende Faktoren für die Langlebigkeit und Funktionalität von Fassadendämmsystemen. Präzise Planungen, die Einhaltung normativer Vorgaben und die interdisziplinäre Abstimmung zwischen den beteiligten Gewerken sind unerlässlich, um Feuchteschäden, mechanische Belastungen und langfristige Bauschäden zu vermeiden. Eine nachhaltige Materialwahl und flexible Ausführungsmethoden ermöglichen es, diesen besonders beanspruchten Bereich dauerhaft und normgerecht zu sichern.

Checkliste für den luftdichten Einbau bei WDVS

Eine sorgfältige Planung und Durchführung sind essenziell, um die Luftdichtheit eines WDVS sicherzustellen. Die Checkliste in Tabelle 7.21 bietet eine strukturierte Übersicht zu den wesentlichen Schritten und Anforderungen während der Planungs- und Bauphase.

Die erfolgreiche Umsetzung einer lückenlosen Luftdichtheit bei WDVS erfordert eine interdisziplinäre Zusammenarbeit, den Einsatz hochwertiger Materialien und eine präzise Ausführung. Mit dieser Checkliste können potenzielle Schwachstellen vermieden und die Anforderungen an ein energieeffizientes und langlebiges Gebäudesystem erfüllt werden.

Tabelle 7.21: Checkliste Fassadendämmung

Planungsphase	Schritte und Anforderungen	erledigt
1. Planungsphase 1.1 Allgemeine Anforderungen	**Prüfung von Normen und Vorschriften:** Einhaltung der relevanten DIN-Normen, z. B. DIN 4108 (Wärmeschutz und Energieeinsparung)	
	Berücksichtigung spezifischer Regelwerke, z. B. für den Holzbau (DIN 68800-2 „Holzschutz – Teil 2: Vorbeugende bauliche Maßnahmen im Hochbau" [2022]) oder Abdichtungen (DIN 18195 „Abdichtung von Bauwerken – Begriffe" [2017])	
	Bestimmung der Geländehöhe: Festlegung der endgültigen Geländeoberkante vor Beginn der Bauarbeiten	
	Koordination der Gewerke: Klärung der Verantwortlichkeiten für Anschlusspunkte (z. B. Fenster, Türen, Sockel)	
	Absprachen zwischen Planung, Bauleitung und ausführenden Fachkräften	
1.2 Detaillierte Planung der Luftdichtheit	**Festlegung der Luftdichtheitsebene:** Integration der luftdichten Schicht in die Konstruktion (innenseitig bei Massivbau oder Holzbau)	
	Planung der Schnittstellen: Fenster- und Türanschlüsse	
	Sockelanschlüsse (Spritzwasserbereich berücksichtigen)	
	Übergänge zu Dach, Decken und Haustechnik (z. B. Durchdringungen)	
	Materialauswahl: diffusionsoffene Materialien für die Außenseite (z. B. Holzfaserdämmplatten)	
	Dampfbremsen oder Dampfsperren für die Innenseite	
2. Vorbereitungsphase 2.1 Baustellenorganisation	**Baustellenkontrolle:** Sicherstellung, dass das Bauwerk frei von Verschmutzungen, Rissen und Unebenheiten ist	
	Materialbereitstellung: Dichtungsbänder (z. B. BG1), Klebebänder und Folien	
	Spezielle Profile für Sockel, Fensterlaibungen und Anschlüsse	
	Prüfung Werkzeuge: geeignete Schneide- und Befestigungswerkzeuge für Dämmstoffe und Abdichtungsmaterialien	
2.2 Kontrolle der Untergründe	**Untergrundprüfung:** Tragfähigkeit und Ebenheit der Wandoberflächen	
	Sauberkeit und Trocknung der Untergründe	
	Reparaturarbeiten: Ausbesserung von Rissen, Löchern oder Unebenheiten im Untergrund	
	Grundierung: Aufbringen einer Grundierung für besseren Haftverbund, wenn erforderlich	
3. Bauphase 3.1 Ausführung der Luftdichtheitsebene	**Anschlüsse an Fenster und Türen:** Dichtungsbänder oder vorkomprimierte Fugendichtbänder sauber und ohne Unterbrechungen anbringen	
	sicherstellen, dass Dichtungsbänder die Bewegungen des Bauteils aufnehmen können	
	Sockelanschluss: Verwendung einer Sockelschiene mit Tropfkante	
	Integration wasserresistenter Materialien wie XPS	
	Durchdringungen: Verwendung geeigneter Dichtungsmanschetten bei Leitungen, Rohren und Schächten	
	Abdichtung der Durchdringungen mit flexiblen Klebebändern oder speziellen Abdichtungsmassen	
	Dach- und Deckenanschlüsse: Anbringen von elastischen Übergangsprofilen oder Folien, die Bewegungen zwischen Bauteilen ausgleichen	

Tabelle 7.21: Checkliste Fassadendämmung (Fortsetzung)

Planungsphase	Schritte und Anforderungen	erledigt
3.2 Montage des WDVS	**Befestigung der Dämmplatten:** Vermeidung von Hohlräumen zwischen Dämmstoff und Wand	
	sorgfältiges Verschließen von Plattenstößen	
	Fugenabdichtung: sicherstellen, dass alle Fugen dicht sind und keine Luftströmung zulassen	
	Armierung und Putzaufbau: diffusionsoffene Materialien verwenden, um Feuchtigkeitsprobleme zu vermeiden	
4. Kontroll- und Abschlussphase 4.1 Zwischenkontrollen	**Blower-Door-Test durchführen:** Überprüfung der Luftdichtheit nach der Installation der Abdichtungsebene und vor Abschluss der Arbeiten	
	baubegleitende Kontrollen: Überprüfung der Dichtheit an kritischen Schnittstellen (z. B. Fensteranschlüsse)	
4.2 Abschlussarbeiten	**Endkontrolle der Fassade:** sicherstellen, dass alle Anschlüsse korrekt und dicht ausgeführt wurden	
	Kontrolle auf mechanische Schäden oder Schwachstellen	
	Dokumentation: Festhalten aller verwendeten Materialien und Arbeitsschritte	
	Übergabe der Wartungs- und Pflegehinweise an die Bauherrschaft	
5. Vermeidung häufiger Fehler	**Fehlerhafte Fensteranschlüsse:** Lösung: Verwendung von vorkomprimierten Dichtbändern und Nachkontrolle vor dem Einbau der Dämmung	
	Lücken bei der Dämmstoffmontage: Lösung: eng anliegendes Verlegen der Dämmplatten und sorgfältiges Verschließen der Fugen	
	nicht berücksichtigte Durchdringungen: Lösung: Einplanung aller haustechnischen Installationen vor Beginn der Arbeiten	
	unsachgemäße Ausführung des Sockels: Lösung: Einsatz von wasserfesten Sockelmaterialien und Abdichtung gemäß DIN 68800-2	

7.4.4 Vorgehängte hinterlüftete Fassade

Eine effektive Methode zur Dämmung von Außenwänden stellt die vorgehängte hinterlüftete Fassade (VHF) dar. Diese Konstruktion bietet neben verbesserter Wärmedämmung auch Vorteile im Schall-, Brand- und Witterungsschutz. Im Vergleich zu WDVS bietet die VHF mehr gestalterische Flexibilität und eine längere Lebensdauer, was sie besonders für Sanierungen an Bestandsgebäuden geeignet macht, die hohe Anforderungen an Dämmung und Ästhetik stellen.

Aufbau und Funktionsweise einer VHF

Die VHF besteht aus 5 Schichten:

- **Tragende Außenwand**: Die bestehende Wand bleibt erhalten und trägt die Fassadenunterkonstruktion.
- **Unterkonstruktion**: Aluminium- oder Holzprofile ermöglichen eine präzise Ausrichtung der Fassadenplatten.
- **Dämmschicht**: Nicht brennbare Materialien wie Mineralwolle, Steinwolle oder Resol-Hartschaum sorgen für Wärmeisolierung.
- **Hinterlüftungsebene**: Ein Lüftungsspalt zwischen Dämmung und äußerer Verkleidung ermöglicht Feuchtigkeitsabtransport und verbessert die Temperaturregulierung.
- **Fassadenbekleidung**: Materialien wie Aluminium, Holz, Faserzement, Glas, Naturstein oder Keramik bieten Schutz vor Witterungseinflüssen.

Die VHF bietet gegenüber anderen Dämmsystemen zahlreiche Vorteile, die sie zu einer bevorzugten Wahl für die energetische Sanierung von Gebäuden machen. Einer der Vorteile der VHF ist ihre Fähigkeit, den *U*-Wert signifikant zu senken. Dies wird durch den Einsatz hochwertiger Dämmstoffe erreicht, die nicht nur die Heiz- und Kühlkosten erheblich reduzieren, sondern auch einen wesentlichen Beitrag zur Energieeffizienz des Gebäudes leisten.

Ein weiterer wichtiger Aspekt der VHF ist der Feuchteschutz. Die konstruktive Integration einer Hinterlüftungsebene ermöglicht es, Feuchtigkeit effektiv abzuführen, was die Bildung von Schimmel verhindert und die Lebensdauer der gesamten Fassadenkonstruktion verlängert. Dieser Feuchteschutz trägt dazu bei, dass die Fassade auch unter variablen klimatischen Bedingungen beständig bleibt.

Die Langlebigkeit der VHF ist ebenfalls bemerkenswert. Die verwendeten Materialien wie beispielsweise Aluminium, Holz oder Keramik sind extrem wetterbeständig und können eine Lebensdauer von bis zu 50 Jahren erreichen. Diese Dauerhaftigkeit macht die VHF zu einer kosteneffektiven Lösung, da die Notwendigkeit für regelmäßige Sanierungs- oder Wartungsarbeiten minimiert wird.

In Bezug auf die architektonische Gestaltung bietet die VHF eine gute Flexibilität. Die Vielfalt der verfügbaren Materialien und Designs ermöglicht es Architekten und Planern, individuelle und ästhetisch ansprechende Lösungen zu entwickeln, die sowohl modern als auch funktional sind. Diese Gestaltungsfreiheit ist besonders wertvoll in städtischen Umgebungen oder bei der Sanierung historischer Gebäude, bei denen das Erscheinungsbild eine wichtige Rolle spielt.

Der Schallschutz ist ein weiterer Vorteil der mehrschichtigen Bauweise der VHF. Die Kombination aus Dämmschicht und Hinterlüftung reduziert die Übertragung von Außenlärm erheblich, was den Wohn- oder Arbeitskomfort in lauten städtischen oder industriellen Gebieten verbessert.

Nachhaltigkeit ist ein zentrales Element der VHF-Systeme. Viele der verwendeten Materialien sind recycelbar, was die Ökobilanz des Gebäudes verbessert und zur Reduktion von Bauschutt und Abfall beiträgt. Dies ist besonders relevant in Zeiten, in denen ökologische Nachhaltigkeit und Ressourcenschonung immer mehr in den Fokus rücken.

Zuletzt bietet die VHF effektiven sommerlichen Wärmeschutz. Die Hinterlüftung hilft, die Überhitzung der Fassade in den Sommermonaten zu reduzieren, was angesichts des Klimawandels und steigender Temperaturen zunehmend wichtig wird. Dies trägt dazu bei, die Klimatisierungskosten zu senken und den thermischen Komfort innerhalb des Gebäudes zu erhöhen.

Zusammengefasst überzeugt die VHF durch eine Kombination aus energetischer Effizienz, Langlebigkeit, gestalterischer Flexibilität, verbessertem Schallschutz, nachhaltigen Bauweisen und effektivem Wärmeschutz. Diese Eigenschaften machen sie zu einer ausgezeichneten Wahl für die Sanierung und das Design zukunftsfähiger Gebäude.

Um eine fundierte Entscheidung zwischen verschiedenen Fassadendämmsystemen zu treffen, bietet Tabelle 7.22 einen detaillierten Vergleich zwischen VHF und WDVS der Unterschiede in Bezug auf Dämmwirkung, Feuchteschutz, Langlebigkeit und weiterer relevanter Aspekte, um die Vor- und Nachteile beider Systeme klar herauszuarbeiten.

Tabelle 7.22: Vergleich zwischen VHF und WDVS

Kriterium	VHF	WDVS
Dämmwirkung	flexibel, sehr hohe Dämmstärken möglich	abhängig von Dämmstoffdicke
Feuchteschutz	hervorragend durch Hinterlüftung	kann bei mangelhafter Ausführung problematisch sein
Langlebigkeit	40–50 Jahre	20–30 Jahre
Materialvielfalt	hoch (Metall, Keramik, Holz, Glas, Stein)	eingeschränkt (meist Putz oder Klinker)
Wartungsaufwand	gering	höher (Rissbildung, Algenbefall)
Schallschutz	ausgezeichnet	geringer
Brandschutz	ausgezeichnet (nicht brennbare Materialien)	problematisch bei EPS-Dämmungen
Kosten	anfangs höher, langfristig wirtschaftlicher	anfangs günstiger, aber häufigere Sanierungen nötig

Energetische Einsparpotenziale durch VHF-Sanierung

Die energetische Sanierung durch VHF kann den Energieverbrauch eines Gebäudes signifikant senken. Der Heizwärmebedarf lässt sich um bis zu 60 % reduzieren, was zu jährlichen Heizkosteneinsparungen von 500 bis 1.000 € führen kann. Zudem wird die CO_2-Emission um bis zu 3 t jährlich reduziert. Fördermöglichkeiten unterstützen die Investition in diese Sanierungsart.

Sanierungsablauf einer Fassade mit VHF

Die Sanierung einer Fassade mit einer VHF erfolgt in 5 Schritten:

- **Bestandsaufnahme und Planung:** Analyse des Wandaufbaus und der Struktur, Berechnung des Einsparpotenzials, Auswahl der Materialien,
- **Demontage und Vorbereitung:** Entfernung alter Elemente, Überprüfung des Mauerwerks,
- **Montage der Unterkonstruktion und Dämmung:** Installation der Tragstruktur und Einbringung der Dämmung,
- **Montage der Fassadenverkleidung:** Anbringen der Verkleidungen, Integration von Fensterbänken und Lüftungselementen,
- **Qualitätsprüfung:** Kontrolle der Luftzirkulation und Überprüfung der Dämmwerte.

Tabelle 7.23 enthält eine Checkliste für die strukturierte Ausführung einer VHF.

Diese Checkliste bietet eine umfassende Grundlage für die fachgerechte Ausführung einer VHF, die sowohl den ästhetischen Ansprüchen als auch den energetischen Anforderungen gerecht wird.

Tabelle 7.23: Checkliste für die Ausführung einer VHF

Planungsphase	Schritte	erledigt
1. Planung und Vorbereitung	Überprüfung der Unterkonstruktion auf ausreichenden Platz für die empfohlene Dämmdicke (12–14 cm im Bestand, mindestens 20 cm im Neubau)	
	Sicherstellung, dass die Unterkonstruktion thermisch von der Gebäudewand entkoppelt ist, um Wärmebrücken zu minimieren	
2. Wahl des Dämmmaterials	Auswahl geeigneter Dämmstoffe wie Mineralwolle (Glas- oder Steinwolle), Hartschaumplatten, Polyurethan oder Kork	
	Berücksichtigung der Empfehlungen zur Dämmstoffdicke nach modernen Energiestandards	
3. Luftdichte Ausführung der Dämmung	zweilagige Verlegung des Dämmstoffs zur Gewährleistung einer luftdichten Ausführung	
	Nutzung von Dämmstoffen, die Unebenheiten auf dem Untergrund ausgleichen	
	sorgfältige Ausführung der Plattenstöße und dichter Anschluss des Dämmmaterials an die Unterkonstruktion	
4. Implementierung der Hinterlüftung	Sicherstellung einer ausreichenden Hinterlüftung zur Feuchtigkeitsabführung und Trockenhaltung des Dämmstoffs	
	Konstruktion eines zweischaligen Aufbaus mit thermischer Entkopplung zwischen Dämmung und Außenverkleidung	
5. Auswahl der Außenverkleidung	Entscheidung für eine optisch ansprechende und funktionale Verkleidung wie Holzschalung, Holzschindeln, Schieferplatten, Steinplatten, asbestfreie Faserzementplatten, Kupfer oder keramische Platten	
	Berücksichtigung der Kosten und der spezifischen Eigenschaften des gewählten Materials	
6. Ausführung der Unterkonstruktion	Abstimmung der Tragfähigkeit der Unterkonstruktion auf das gewählte Vorhangmaterial	
	Einhaltung bauaufsichtlicher Zulassungen und Beachtung der regionalen Windstärken	
	ggf. Anwendung eines ausreichenden Holzschutzes bei Verwendung einer Holzunterkonstruktion	
	Entkopplung der Unterkonstruktion von der Ebene „Wand und Dämmung" durch Mauerwerksanker für die Traglattung und Konterlattung	
7. Montage der Dämmung und Verkleidung	vollflächige Anbringung der ersten Dämmschicht direkt auf dem Mauerwerk, Durchdringung nur durch Halter	
	Befestigung der Traglattung in den Haltern und Füllen der Zwischenräume zwischen den Latten mit Dämmstoff zur Vorbeugung gegen Wärmebrücken	
8. Überprüfung und Qualitätssicherung	regelmäßige Überprüfung der Montagearbeiten auf korrekte Ausführung und Einhaltung der technischen Spezifikationen	
	Abschlusskontrolle zur Sicherstellung der Funktionalität und Ästhetik der Fassade	

Wirtschaftlichkeit einer VHF-Sanierung

Die energetische Sanierung mit VHF bietet sehr gute Dämmwerte und langfristige Kosteneinsparungen. Die höheren Initialkosten amortisieren sich meist nach 10 bis 15 Jahren durch reduzierte Heizkosten und geringen Wartungsaufwand. Die VHF ist ideal für nachhaltige Sanierungen und langfristige Gebäudeplanungen.

7.5 Keller- und Sockeldämmung

Die energetische Sanierung durch die Dämmung von Keller- und Sockelbereichen ist ein zentraler Bestandteil der Gebäudemodernisierung, der darauf abzielt, die Energieeffizienz zu verbessern und Wärmebrücken zu reduzieren. Diese Maßnahmen sind entscheidend, um Wärmeverluste zu minimieren, das Raumklima zu optimieren und langfristig Heizkosten zu senken.

7.5.1 Bedeutung der Keller- und Sockeldämmung

Der Keller- und Sockelbereich eines Gebäudes ist aufgrund seiner direkten Exposition gegenüber dem Erdreich besonders anfällig für Wärmeverluste. Unzureichende Dämmung in diesen Bereichen kann zu signifikanten energetischen Defiziten führen, darunter Wärmebrücken, Kondenswasserbildung und Schimmelentstehung.

Vorteile der Keller- und Sockeldämmung

Die Keller- und Sockeldämmung besitzt folgende Vorteile:

- **Reduzierung der Wärmeverluste:** Erhöhung der Energieeffizienz durch Minimierung thermischer Brücken,
- **Feuchtigkeitsschutz:** Verminderung von Kondensationsrisiken und Schimmelbildung,
- **Verbesserung des Wohnkomforts:** Erhöhung der Bodentemperatur und Stabilisierung des Raumklimas,
- **Wertsteigerung der Immobilie:** energetische Sanierungen steigern nachweislich den Marktwert.
- **Fördermöglichkeiten:** Zugriff auf Subventionen wie KfW-Zuschüsse oder BAFA-Förderungen.

Die Methoden der Keller- und Sockeldämmung sind vielfältig und sollten sorgfältig entsprechend der Gebäudestruktur, dem Konstruktionsprinzip und den spezifischen Anforderungen ausgewählt werden.

7.5.2 Arten der Keller- und Sockeldämmung

Innendämmung des Kellers (Kellerdeckendämmung)

Diese Art der Dämmung wird vor allem bei der Sanierung bestehender Gebäude eingesetzt. Sie verwendet Materialien wie EPS, XPS, PUR-Platten und Mineralwolle. Die Vorteile dieser Methode liegen in ihrer Kosteneffizienz und der schnellen Umsetzbarkeit, da keine baulichen Eingriffe in die äußere Struktur des Gebäudes notwendig sind. Dies macht sie besonders geeignet für unbeheizte Kellerräume. Allerdings kann diese Dämmform zu kühleren Räumen im Keller führen und bei unsachgemäßer Installation das Risiko von Wärmebrücken erhöhen.

Außendämmung des Kellers (Perimeterdämmung)

Bei dieser Methode werden Materialien wie XPS-Platten, Schaumglas oder spezialisierte Perimeterdämmplatten verwendet, die außen am Keller angebracht werden. Diese Technik bietet eine maximale Dämmwirkung und schützt effektiv vor Feuchtigkeit durch ihre hydrophoben Eigenschaften. Zudem verbessert sie die thermischen Speicherkapazitäten des Gebäudes. Die Nachteile dieser Methode sind jedoch die Notwendigkeit umfangreicher Erdarbeiten und die höheren Kosten im Vergleich zur Innendämmung.

Sockeldämmung

Für die Sockeldämmung kommen Materialien wie XPS, EPS und mineralische Dämmplatten zum Einsatz. Diese Dämmart ist besonders wichtig, um Wärmebrücken an den kritischen Übergängen zwischen Keller und oberen Geschossen zu verhindern. Sie bietet Schutz gegen mechanische Beschädigungen und Feuchtigkeit und wertet das äußere Erscheinungsbild des Gebäudes durch angepasste Putzsysteme ästhetisch auf. Die Herausforderungen bei der Sockeldämmung liegen in der Notwendigkeit, spezifische Putz- und Abdichtungstechniken anzuwenden sowie im Risiko von Feuchtigkeitsschäden bei fehlerhafter Ausführung.

Der Sockelbereich eines Gebäudes stellt eine besonders sensible Zone dar, da hier die thermische Hülle des Gebäudes mit dem erdberührten Bereich in Verbindung steht. Eine fachgerechte Dämmung dieses Bereichs ist essenziell, um Wärmebrücken zu vermeiden und Energieverluste zu minimieren. Dabei kommt eine Kombination aus Perimeterdämmung an den Kelleraußenwänden und einer Kellerdeckendämmung zum Einsatz, um eine optimale thermische Trennung sicherzustellen.

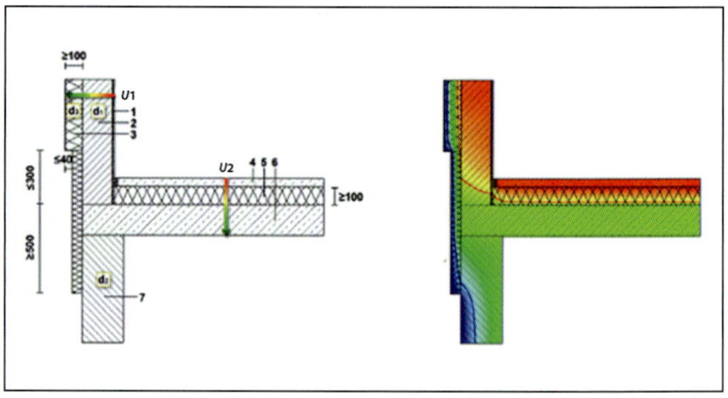

Abb. 7.14: Perimeter- und Kellerdeckendämmung (Quelle: eigene Darstellung mittels HottTherm)

In Abbildung 7.14 wird die Perimeterdämmung dargestellt, die sich um den Sockelbereich des Gebäudes, also die Außenwände des Erdgeschosses und des Kellers, herum erstreckt. Diese Art der Dämmung ist entscheidend, um Wärmeverluste über den Sockelbereich zu minimieren. Zusätzlich wird die Dämmung der Kellerdecke (oberseitig) gezeigt, was darauf hinweist, dass sowohl die horizontalen als auch die vertikalen Bauteile berücksichtigt wurden, um eine umfassende thermische Barriere zu schaffen.

Die Nummerierungen und Beschriftungen in der Abbildung, wie *U*1 und *U*2 oder *d*1 und *d*2, beziehen sich typischerweise auf unterschiedliche Dämmschichtdicken *(d)* oder *U*-Werte *U*1 (hier *U*-Wert der Außenwand) und *U*2 (hier *U*-Wert der Kellerdecke), die die Wärmedurchgangskoeffizienten der jeweiligen Bauteile angeben.

Zusammengefasst zeigt die Abbildung eine Kombination aus Perimeterdämmung an den Erdgeschoss-/Kellerwänden und einer Dämmung der Kellerdecke, um eine ganzheitliche thermische Effizienz des Gebäudes zu gewährleisten.

Insgesamt erfordert die Wahl der passenden Dämmmethode eine gründliche Bewertung der spezifischen Gegebenheiten jedes einzelnen Bauvorhabens, um die bestmöglichen energetischen Ergebnisse zu erzielen und langfristig die Struktur des Gebäudes zu schützen.

Dämmstoffe und Kosten für Keller- und Sockeldämmung

Die Auswahl geeigneter Dämmmaterialien ist entscheidend für die Effizienz und Dauerhaftigkeit der Sanierungsmaßnahmen. Tabelle 7.24 gibt einen Überblick über die Wärmeleitfähigkeit und Feuchtigkeitsresistenz verschiedener Dämmstoffe, die im unteren Gebäudeabschluss eingesetzt werden. Dies ermöglicht eine fundierte Entscheidung basierend auf spezifischen Anforderungen der jeweiligen Sanierungsbereiche.

Tabelle 7.24: Dämmstoffauswahl unterer Gebäudeabschluss

Dämmstoff	Wärmeleitfähigkeit in W/(m · K)	Feuchtigkeitsresistenz	empfohlener Einsatzbereich
XPS	0,035–0,040	hoch	Perimeter- und Sockeldämmung
EPS	0,030–0,040	mittel	Kellerdecken, Sockel
Mineralwolle	0,035–0,045	niedrig	Innendämmung, hinterlüftete Fassaden
Schaumglas	0,038–0,045	sehr hoch	Perimeterdämmung, Feuchtbereiche

Die Kosten variieren stark abhängig von der Gebäudegröße, den gewählten Materialien und der spezifischen Bauweise:

- **Kellerdeckendämmung:** ca. 20–50 €/m²,
- **Perimeterdämmung:** ca. 80–150 €/m²,
- **Sockeldämmung:** ca. 50–120 €/m².

Die energetische Sanierung mittels Keller- und Sockeldämmung ist eine effiziente Strategie zur Reduktion von Energieverlusten und zur Senkung der Betriebskosten. Angesichts verfügbarer Fördermittel ist eine individuelle Planung durch die Fachplanung/Energieplanung ratsam, um die bestmögliche Lösung für das jeweilige Gebäude zu ermitteln.

8 Sanierungslösungen Gebäudetechnik

8.1 Überblick

Sanierungslösungen für die Gebäudetechnik sollte dem Planungsansatz „Wege zum klimaneutralen Gebäudebestand" verfolgen. Eine These lautet dabei: Der klimaneutrale Gebäudebestand ist möglich, erfordert jedoch einen interdisziplinären, integralen Planungsansatz.

Die Energieinfrastruktur in Deutschland durchläuft einen tiefgreifenden Wandel, der durch die Notwendigkeit eines Übergangs zu einer klimaneutralen Wirtschaft angetrieben wird. Historisch gesehen waren die Infrastrukturen für Strom, Gas und in jüngerer Zeit auch Wasserstoff weitgehend unabhängig voneinander konzipiert und betrieben worden. Die Herausforderung besteht nun darin, diese getrennten Systeme in ein integriertes Gesamtsystem zu überführen, das die Ziele der Klimaneutralität, Effizienz und Versorgungssicherheit erfüllt.

Die energetische Sanierung von Gebäudetechnik in älteren oder historischen Gebäuden erfordert eine umfassende Planung, die sowohl die Energieeffizienz als auch den Erhalt kultureller und architektonischer Werte berücksichtigt. Moderne Technologien und Ansätze spielen dabei eine entscheidende Rolle, um die energetische Effizienz zu steigern, ohne die Ästhetik oder die strukturelle Integrität des Gebäudes zu beeinträchtigen. Die Integration solcher Systeme muss sorgfältig geplant und auf die spezifischen Bedingungen und Anforderungen jedes einzelnen Gebäudes abgestimmt werden.

Optimierung der Gebäudehülle: ein integraler Planungsansatz

Der zentrale planerische Ansatz energieeffizienter und nachhaltiger Architektur besteht darin, die Anforderungen an den thermischen Komfort vorrangig durch Maßnahmen an der Gebäudehülle zu erfüllen und technische Systeme so weit wie möglich zu minimieren – ein Prinzip, das unter dem Begriff Lowtech zunehmend an Bedeutung gewinnt (siehe Kapitel 6.4.1). Dieses Konzept verfolgt das Ziel, durch passive Strategien wie Dämmung, Wärmespeicherung, natürliche Belüftung und Verschattung (siehe Abb. 8.1) einen hohen energetischen Standard zu erreichen, bevor aktive technische Systeme zum Einsatz kommen.

Ein prägnantes Beispiel für die Anwendung dieses Ansatzes ist der sommerliche Wärmeschutz. Anstatt auf energieintensive Kühlsysteme wie Klimaanlagen (siehe Abb. 8.2) zu setzen, sollten zunächst bauliche und gestalterische Maßnahmen zur Begrenzung der Wärmeaufnahme berücksichtigt werden. Dazu zählen u. a.

- **außen liegende Verschattungselemente** wie Klappläden, Rollläden oder Lamellen (siehe Abb. 8.3),
- **Fassadenbegrünungen**, die durch Verdunstungskühlung und Beschattung zur Reduktion der Oberflächentemperaturen beitragen,
- **optimierte Fensterflächen** hinsichtlich Orientierung, Größe und Verglasungsart,
- **thermisch wirksame Baukonstruktionen** mit hoher Wärmespeicherfähigkeit.

Abb. 8.1: Fassade mit integriertem Sonnenschutz

Abb. 8.2: Klimaanlagen auf der Gebäudefassade

Abb. 8.3: Außen liegender Sonnenschutz

Abb. 8.4 und 8.5: Innen liegender Sonnenschutz

Diese Maßnahmen folgen dem bewährten Grundsatz der energieeffizienten Planung:
„erst konstruktiv, dann Kilowattstunde (kWh)" – also erst passive bauliche Lösungen umsetzen, bevor aktive technische Systeme dimensioniert und eingesetzt werden.

Wissenschaftlich fundiert lässt sich dieses Prinzip durch thermische Gebäudesimulationen nachweisen, bei denen Gebäudehüllen mit unterschiedlichen Wärmeschutzstrategien gegenüber Szenarien mit technischer Klimatisierung verglichen werden. Simulationen zeigen, dass eine gut konzipierte Gebäudehülle den Bedarf an aktiver Kühlung signifikant reduzieren oder sogar vollständig vermeiden kann, was sowohl die Betriebskosten als auch den Primärenergiebedarf langfristig senkt.

Diese Simulationen zeigen beispielsweise deutlich, dass sich der Innenraumkomfort durch eine hochwirksame Gebäudehülle deutlich verbessern lässt, insbesondere wenn Verschattungselemente außen liegend angebracht sind. Der Vergleich von innen liegender und außen liegender Verschattung (vgl. Tabelle 8.1) belegt, dass nur außen liegende Systeme in der Lage sind, den solaren Eintrag wirksam zu begrenzen, da sie die Strahlung bereits vor der Fensterfläche abfangen und so eine Wärmeaufnahme im Inneren verhindern. Innen liegende Verschattung hingegen wirkt primär als Blendschutz und kann den Wärmeeintrag durch die Fenster nur sehr begrenzt reduzieren.

Für einen effektiven sommerlichen Wärmeschutz sollte immer eine außen liegende Verschattung bevorzugt werden. Innen liegende Systeme eignen sich lediglich als ergänzender Sicht- oder Blendschutz (siehe Abb. 8.4 und 8.5).

In der integralen Planung bedeutet dies, dass Architekten, Bauphysiker und TGA-Planer bereits in den frühen Leistungsphasen gemeinsam Lösungen entwickeln, die auf ein robustes, wartungsarmes und ressourcenschonendes Gebäudekonzept abzielen. Lowtech ist somit nicht als technikfrei, sondern als **technikorientiert auf das Wesentliche** zu verstehen, d. h. effizient, nachhaltig und resilient gegenüber zukünftigen Energie- und Klimaherausforderungen.

Tabelle 8.1: Vergleich außen liegende und innen liegende Verschattung

Kriterium	außen liegende Verschattung	innen liegende Verschattung
Wirkungsweise	reflektiert Sonnenstrahlung bereits vor der Fensterscheibe	hält nur Licht ab, Wärmeeintrag erfolgt dennoch ins Rauminnere
Reduktion des solaren Eintrags	hoch (bis zu 90 %)	gering (20–40 %, abhängig vom Material)
Temperaturentwicklung im Raum	signifikant gesenkt	nur geringe Senkung
Beitrag zum sommerlichen Wärmeschutz	sehr wirksam (entscheidend bei Passivstrategien)	kaum geeignet als alleinige Maßnahme
Wartung und Witterungsschutz	höherer Wartungsaufwand, mechanisch anfälliger	wartungsarm, geschützt im Innenraum
gestalterische Integration	sichtbar im Fassadenbild (Gestaltungselement)	unsichtbar von außen
Kombinierbarkeit mit automatisierter Steuerung	sehr gut geeignet (z. B. wettergesteuerte Raffstores)	ebenfalls möglich, aber weniger effektiv
bauphysikalische Bewertung	schützt Verglasung und Innenraum vor Überhitzung	kann Wärmestau verursachen

Heizungs- und Kühlsysteme

Die Modernisierung der Heizungsanlagen in Bestandsgebäuden kann durch den Einsatz von energieeffizienten Lösungen wie kollektiven Lösungen (Gebäude- und Wärmenetze) mittels zentraler oder wohnungsdezentraler Wärmeübergabestationen oder Einzellösungen wie Wärmepumpen oder Biomasseheizsystemen erfolgen. Diese Technologien bieten verbesserte Effizienz und reduzierte Emissionen im Vergleich zu älteren Systemen. Insbesondere Wärmepumpen sind in der Lage, Energie aus der Umgebung effizient zu nutzen, was sie zu einer nachhaltigen Option für denkmalgeschützte Strukturen macht, bei denen äußere Eingriffe minimal gehalten werden müssen.

Zonierungssysteme ermöglichen es, verschiedene Bereiche eines Gebäudes unabhängig voneinander zu heizen oder zu kühlen. Dieser Ansatz spart Energie, indem nur die tatsächlich genutzten Bereiche konditioniert werden, und vermeidet Überheizung oder Überkühlung ungenutzter Räume.

Lüftungssysteme

Die Installation von Lüftungssystemen mit WRG ist eine effektive Maßnahme zur Energieeinsparung. Diese Systeme nutzen die thermische Energie der abgezogenen Luft, um die einströmende frische Luft vorzuwärmen, was insbesondere in klimatisch herausfordernden Regionen den Energieaufwand für die Heizung signifikant reduziert.

Die Verbesserung der Luftdichtheit spielt eine ebenso wichtige Rolle, da sie den ungewollten Luftaustausch zwischen Innen- und Außenbereich minimiert und somit die Energieeffizienz des Gebäudes verbessert. In historischen Gebäuden sollte dies behutsam umgesetzt werden, um die Bausubstanz nicht zu beschädigen.

Elektrische Systeme und Beleuchtung

Die Umstellung auf LED-Beleuchtung (siehe Abb. 8.6) bietet eine drastische Reduzierung des Energieverbrauchs für Beleuchtung und sollte überall dort, wo möglich, implementiert werden. Intelligente Gebäudesteuerungssysteme tragen dazu bei, den Betrieb von Heizung, Lüftung, Klimatisierung und Beleuchtung effizient zu gestalten, indem sie auf Basis von Nutzungsdaten automatisch angepasst werden.

Erneuerbare Energietechnologien

Die Integration von Solartechnik oder die Nutzung geothermischer Energiequellen kann die Abhängigkeit von externen Energiequellen verringern und die CO_2-Bilanz des Gebäudes verbessern. Diese Systeme sollten sorgfältig geplant werden, um die historische Ästhetik nicht zu stören.

Wasser- und Abwassermanagement

Systeme zur Nutzung von Regenwasser sowie die Installation von Wasser sparenden Sanitärarmaturen können den Wasserbedarf signifikant reduzieren und die Umweltauswirkungen des Gebäudes minimieren.

Abb. 8.6: LED-Technik

Überwachung und Wartung

Eine regelmäßige Wartung und Überwachung der neuen Systeme sind entscheidend, um ihre Effizienz und Funktionalität langfristig sicherzustellen. Fortlaufende Überprüfungen helfen dabei, Probleme frühzeitig zu erkennen und zu beheben.

Die Implementierung dieser Technologien erfordert eine enge Zusammenarbeit zwischen Ingenieuren, Architekten, Denkmalpflege und dem Gebäudemanagement, um sicherzustellen, dass die modernen Systeme effektiv integriert werden und gleichzeitig die bauhistorischen Merkmale des Gebäudes respektiert werden. Nur durch eine solch integrierte Planung und Ausführung kann die energetische Sanierung von Bestandsgebäude erfolgreich realisiert werden, ohne deren bebauten und kulturellen historischen Wert zu beeinträchtigen.

8.2 Fossile Energieträger und grüne Quote

Die energetische Sanierung von Gebäuden im Kontext des GEG 2024 konzentriert sich verstärkt auf die Reduzierung der Abhängigkeit von fossilen Energieträgern und die Förderung des Einsatzes erneuerbarer Energien. Das GEG 2024 zielt darauf ab, die Energieeffizienz von Gebäuden zu steigern und einen signifikanten Beitrag zum Klimaschutz zu leisten. Hierbei spielen die grüne Quote und der vermehrte Einsatz von erneuerbaren Energien eine zentrale Rolle.

Energetische Sanierung nach GEG 2024

Die energetische Sanierung beinhaltet Maßnahmen, die darauf ausgerichtet sind, den Energiebedarf von Gebäuden zu reduzieren. Dazu gehören die Verbesserung der Gebäudehülle durch Dämmmaßnahmen, der Einbau von energieeffizienten Fenstern und Türen sowie die Modernisierung oder der Austausch von Heizungs- und Lüftungssystemen. Ziel dieser Sanierungen ist es, den Energieverbrauch und somit auch die CO_2-Emissionen zu senken.

Reduktion fossiler Energieträger

Das GEG 2024 setzt verstärkt auf die Reduzierung der Nutzung fossiler Brennstoffe wie Erdgas und Heizöl in der Gebäudetechnik. Diese Maßnahme ist entscheidend, um die Umweltauswirkungen und die Betriebskosten der Gebäude zu verringern. Stattdessen wird der Einsatz von alternativen, nachhaltigeren Energiequellen gefördert.

Grüne Quote nach GEG 2024

Die grüne Quote bezieht sich auf den Anteil erneuerbarer Energien, der in die Energieversorgung von Gebäuden integriert werden muss. Seit 2024 müssen 65 % des für Heizung und Warmwasser benötigten Energiebedarfs durch erneuerbare Quellen gedeckt werden. Dies kann durch Solarenergie, Biomasse, Geothermie oder Luft- und Erdwärmepumpen realisiert werden.

Implementierung in der Praxis

Die Umsetzung dieser Anforderungen erfordert eine sorgfältige Planung und oft auch technologische Innovationen. Bauherren und Fachleute der Sanierung müssen sich mit den neuesten Technologien und Fördermöglichkeiten auseinandersetzen, um die Vorgaben des GEG 2024 effizient umzusetzen. Zudem kann eine frühzeitige Integration dieser Aspekte in die Planungsphase dazu beitragen, zukünftige Kosten zu senken und den Wert der Immobilie zu steigern.

Zusammenfassend erfordert die Einhaltung des GEG 2024 im Bereich der energetischen Sanierung eine umfassende Überarbeitung bestehender Systeme und Strukturen sowie eine verstärkte Hinwendung zu erneuerbaren Energiequellen. Diese Entwicklung eröffnet nicht nur das Potenzial, den ökologischen Fußabdruck von Gebäuden zu minimieren, sondern auch langfristige wirtschaftliche Vorteile für Eigentümer und Nutzer zu schaffen.

8.3 Integration erneuerbarer Energien in die Gebäudetechnik

Die Integration erneuerbarer Energien in die Gebäudetechnik im Rahmen energetischer Sanierungsmaßnahmen stellt die Fachplanung vor komplexe Herausforderungen, die technische Innovationen und neue Ansätze in der Energieversorgung und -speicherung erfordern. Diese Bestrebungen sind zentral für das Erreichen von Energiesouveränität, Resilienz und Versorgungssicherheit. Kapitel 8.3.1 bis 8.3.4 geben einen Überblick über die relevanten Herausforderungen, angewandten Techniken und die sich daraus ergebenden Potenziale dargestellt.

8.3.1 Herausforderungen bei der Erzeugung erneuerbarer Energien und ihre Lösung

Fluktuierende Energieerzeugung

Problem: Die Abhängigkeit von erneuerbaren Energien, insbesondere Solar- und Windenergie, führt zu Schwankungen in der Verfügbarkeit. Diese Volatilität erfordert fortschrittliche Lösungen in den Bereichen Energiespeicherung und intelligentes Energiemanagement, um eine konstante Versorgung sicherzustellen.

Abb. 8.7: Heizkörper mit Verkleidung

Lösung: Die Implementierung von Energiespeichersystemen wie Batteriespeichern oder thermischen Speichern sorgt dafür, Energieüberschüsse zeitversetzt nutzen zu können. Intelligente Energiemanagementsysteme können dabei helfen, Energiebedarf und -angebot effizient zu steuern.

Integration erneuerbarer Energien in bestehende Systeme

Problem: Die Modernisierung älterer Gebäudestrukturen mit neuer, energieeffizienter Technologie ist oft mit hohen Kosten und technischen Schwierigkeiten verbunden, da sie nicht für die Integration moderner erneuerbarer Energietechnologien wie Solaranlagen oder Wärmepumpen ausgelegt sind. Strukturelle Einschränkungen oder Denkmalschutzbestimmungen können die Installation erschweren. Dies erfordert spezialisiertes Wissen in der Systemintegration und innovative Planungsansätze.

Lösung: Zum Einsatz kommen kann bauwerksintegrierte Photovoltaik (BIPV), die sich nahtlos in die Gebäudeästhetik einfügen, oder dünnfilmige Solarpaneele, die flexibler und leichter sind. Bei Wärmepumpen können eine sorgfältige Planung und Auswahl speziell für Sanierungen entwickelter Systeme erforderlich sein.

Optimierung der Heizflächen zur Wirkungsgradsteigerung

Problem: Hohe Vorlauftemperaturen führen bei nahezu allen Heizsystemen – insbesondere bei Brennwertkesseln und Wärmepumpen – zu einer Verschlechterung des Wirkungsgrads. In vielen Bestandsgebäuden sind noch alte Schwerkraftheizungen ohne hydraulischen Abgleich im Einsatz oder Heizkörper durch Verkleidungen (siehe Abb. 8.7) in ihrer Leistung beeinträchtigt. Solche Verkleidungen behindern die freie Konvektion und reduzieren den Anteil der Wärmestrahlung, was zu einer ineffizienten Wärmeverteilung im Raum führt.

Lösung: Ein zentrales Ziel moderner Sanierungskonzepte ist daher die Senkung der notwendigen Vorlauftemperatur.

Abb. 8.8: Niedertemperaturheizkörper

Abb. 8.9: Alte und neue Heizungssysteme: Wärmeverteilung

Tabelle 8.2: Vergleich zwischen traditionellen und modernen Heizkörpern

Kriterium	traditionelle Heizkörper (Schwerkraft-/ Konvektionsheizkörper)	Niedertemperaturheizkörper/ Gebläsekonvektoren
typischer Einsatz	Altbau, Bestand mit hoher Vorlauftemperatur	sanierte Gebäude, NT-Systeme
Vorlauftemperatur	70–90 °C	35–55 °C
Wärmeübertragung	Konvektion, geringe Strahlung	Konvektion und aktive Luftbewegung
Wirkungsgrad bei Niedertemperatursystemen	niedrig	hoch
Regelbarkeit	eingeschränkt	sehr gut
Integration in Sanierung	eingeschränkt, großer Aufwand	einfach, flexibel
Platzbedarf	hoch	gering
Geräuschentwicklung	keine	leicht hörbar (Ventilator)
Eignung für Wärmepumpensysteme	ungeeignet	geeignet
Energieeffizienz	gering	hoch

Diese ist eine wesentliche Voraussetzung für den Einsatz effizienter Heiztechnologien wie Wärmepumpen oder Fernwärme. Um dies zu erreichen, kann der Austausch überdimensionierter oder schlecht positionierter Heizkörper durch Niedertemperaturheizkörper, wie z. B. Gebläsekonvektoren (siehe Abb. 8.8), eine effektive Lösung darstellen. Diese Geräte ermöglichen eine höhere Wärmeübertragung bei niedrigen Systemtemperaturen durch die aktive Luftumwälzung.

Zusätzlich können bauliche Maßnahmen wie die Entfernung von Heizkörperverkleidungen, die Verbesserung der Wärmeabgabe durch optimierte Platzierung sowie hydraulischer Abgleich und bedarfsgerechte Regelung dazu beitragen, den Heizbetrieb effizienter und wirtschaftlicher zu gestalten. Die Kombination solcher Maßnahmen ist insbesondere in Sanierungsprojekten ein wichtiger Baustein zur Reduzierung des Energiebedarfs und zur Einhaltung aktueller Effizienzstandards.

Tabelle 8.2 stellt traditionelle Heizkörper (z. B. Schwerkraftheizung) und moderne, optimierte Heizkörper (z. B. Niedertemperaturheizkörper) vergleichend gegenüber. Sie zeigt, wie sich die Systemwahl auf Vorlauftemperatur, Wirkungsgrad und Energieeffizienz auswirken kann.

Energieeffizienz alter Bausubstanz

Problem: Alte Gebäude haben oft unzureichende Isolation, undichte Fenster und veraltete Heizsysteme, was zu hohen Energieverlusten führt (siehe Abb. 8.9).

Lösung: Umfassende Dämmmaßnahmen sind durchzuführen, alte Fenster durch hochisolierende Verglasung auszutauschen und alte Heizsysteme durch effizientere Lösungen wie zentrale oder dezentrale Wärmepumpensysteme zu modernisieren oder auszutauschen.

Kosten und Wirtschaftlichkeit

Problem: Trotz langfristiger Einsparpotenziale durch verringerte Betriebskosten sind die anfänglichen Investitionskosten für Systeme wie PV-Anlagen, Wärmepumpen und Wasserstofferzeugungsanlagen signifikant und beeinträchtigen die Wirtschaftlichkeit. Die Amortisation dieser Technologien bedarf einer genauen Kosten-Nutzen-Analyse.

Lösung: Die Nutzung staatlicher Förderprogramme und Subventionen unterstützt die Investitionen in energieeffiziente Technologien. Langfristige Finanzierungsmodelle und Contracting-Angebote können ebenfalls eine Option sein.

Regulatorische und technische Standards

Problem: Gesetzliche Anforderungen und Standards für Energieeffizienz ändern sich regelmäßig und können eine Herausforderung für die Planung und Umsetzung darstellen.

Lösung: Ständige Weiterbildung der Fachplanung und des Ingenieurwesens sind erforderlich, um auf dem neuesten Stand der Technik und Gesetzgebung zu bleiben. Die Zusammenarbeit mit Behörden und Fachverbänden ist notwendig, um rechtliche Unsicherheiten zu minimieren.

Indem diese Herausforderungen systematisch angegangen und durch geeignete technologische sowie planerische Lösungen bewältigt werden, kann die energetische Sanierung von Wohngebäuden maßgeblich zur Erreichung von Klimazielen und zur Steigerung der Lebensqualität der Bewohner beitragen.

8.3.2 Technische Lösungen zur Integration erneuerbarer Energien in die energetische Sanierung

Techniken und innovative Lösungen in der energetischen Sanierung von Gebäuden mit Schwerpunkt auf der Integration erneuerbarer Energien umfassen eine Reihe von fortschrittlichen Systemen und Ansätzen, die darauf abzielen, Energieeffizienz, Versorgungssicherheit und ökologische Nachhaltigkeit zu verbessern. Diese Technologien müssen nicht nur energieeffizient, sondern auch intelligent und adaptiv im Hinblick auf ihre Nutzung und Integration in bestehende Infrastrukturen sein.

Wärmepumpentechnologien

Wärmepumpen spielen eine zentrale Rolle in der modernen Gebäudetechnik. Sie nutzen die vorhandene Energie aus Luft, Wasser oder dem Erdreich, um Gebäude zu heizen oder zu kühlen. Niedertemperatur-Wärmepumpen sind besonders effizient, da sie auch bei geringen Außentemperaturen effektiv arbeiten und sich ideal für die Kombination mit Fußbodenheizsystemen eignen, die bei niedrigeren Temperaturen betrieben werden können. Die neueste Generation von Wärmepumpen kann durch variable Frequenzantriebe und fortschrittliche Regeltechnik sogar Energie aus der Umgebungsluft bei Frostbedingungen effizient nutzen.

PV-Systeme

Photovoltaik ist weiterhin eine Säule der erneuerbaren Energieerzeugung. Die neuesten Entwicklungen in der Photovoltaik umfassen nicht nur die Installation von Solarmodulen auf Dächern, sondern auch die Integration in Gebäudefassaden und Fenstergläser, sog. BIPV. Diese Technologien ermöglichen es, fast jede Oberfläche eines Gebäudes zur Energiegewinnung zu nutzen, wodurch die architektonische Ästhetik erhalten bleibt und gleichzeitig die Energieeffizienz maximiert wird. Neuere Module können auch bei diffusem Licht effektiv arbeiten, was sie auch in weniger sonnenreichen Regionen effizient macht.

Solarthermische Anlagen

Diese wichtige Technik nutzt ebenfalls die Sonnenenergie, um Wärme zu erzeugen. Durch die Kombination von solarthermischen Kollektoren mit modernen Wärmespeichersystemen können diese Anlagen nicht nur zur Raumheizung und Warmwasserbereitung beitragen, sondern auch überschüssige Wärme speichern, die zu einem späteren Zeitpunkt verwendet werden kann. Fortschritte in der Materialwissenschaft haben zu effizienteren Wärmeübertragungsflüssigkeiten und besseren Isolationsmaterialien geführt, die die Gesamteffizienz der Systeme erhöhen.

Biomasseheizsysteme

Biomassenheizsysteme nutzen erneuerbare organische Materialien wie Holzpellets oder Biogas. Die neuesten Entwicklungen in dieser Technologie umfassen automatisierte Zufuhrsysteme und verbesserte Verbrennungstechnologien, die eine sauberere und effizientere Energieerzeugung ermöglichen. Diese Systeme können in ländlichen Gebieten besonders nützlich sein, wo andere erneuerbare Energiequellen möglicherweise weniger praktikabel sind.

Wasserstofftechnologien

Wasserstofftechnologien bieten eine vielversprechende Lösung für die Speicherung und Nutzung von überschüssiger Energie aus erneuerbaren Quellen. Durch die Elektrolyse, bei der Wasser in Wasserstoff und Sauerstoff zerlegt wird, kann überschüssiger Strom genutzt werden, um Wasserstoff zu erzeugen, der dann gespeichert oder in Brennstoffzellen genutzt werden kann. Innovative Ansätze wie die Nutzung von metallorganischen Frameworks (MOFs) zur Speicherung von Wasserstoff könnten die Effizienz und Sicherheit dieser Technologie erheblich verbessern.

8.3.3 Energiesouveränität, Resilienz, Versorgungssicherheit und Innovationen

Strategien für Energiesouveränität und Resilienz

Die lokale Erzeugung und Nutzung erneuerbarer Energien stärken die Unabhängigkeit von überregionalen Netzwerken und tragen zur ökonomischen sowie ökologischen Stabilität bei. Dies verbessert die Resilienz gegenüber externen Schocks wie Energiepreisschwankungen oder Versorgungsengpässen.

Zusammenspiel verschiedener Technologien zur Sicherung der Versorgungssicherheit

Der Einsatz fortschrittlicher Technologien wie effizienter Wärmepumpen, die auch bei niedrigen Außentemperaturen zuverlässig funktionieren, ist ebenso zentral wie die Nutzung von Smarthome-Systemen. Diese intelligenten Systeme optimieren den Energieverbrauch, indem sie Heizung, Beleuchtung und andere Haustechnik automatisch steuern. Die Integration nachhaltiger Energiequellen spielt ebenfalls eine entscheidende Rolle. Solarthermische Anlagen zur Warmwasserbereitung und zur Unterstützung der Heizungssysteme, PV-Anlagen zur Stromerzeugung und ggf. kleine Windkraftanlagen (siehe Abb. 8.10), sofern die geografischen und klimatischen Bedingungen dies zulassen, sind Beispiele für solche Energiequellen. Diese Technologien nutzen erneuerbare Ressourcen und reduzieren die Abhängigkeit von fossilen Brennstoffen. Zudem gewinnen hybride Energiesysteme an Bedeutung. Diese Systeme kombinieren verschiedene Energiequellen und -technologien, um die Versorgungssicherheit zu erhöhen und die Energieeffizienz zu maximieren. Durch die intelligente Vernetzung von Solaranlagen, Wärmepumpen und anderen Energieerzeugern lässt sich eine kontinuierliche Energieversorgung sicherstellen, die den Bedarf effektiv deckt und dabei umweltfreundlich ist. Diese Lösungsansätze zeigen, wie durch eine Kombination aus technologischen Innovationen und bewährten Methoden die Energieeffizienz und Nachhaltigkeit von Wohngebäuden wesentlich verbessert werden können. Durch die gezielte Anwendung dieser Strategien lassen sich nicht nur die Energiekosten senken, sondern auch ein Beitrag zum Umweltschutz leisten.

Ausblick auf Versorgungssicherheit und innovative Entwicklungen

Die Diversifikation der Energiequellen durch erneuerbare Energien verbessert nicht nur die Versorgungssicherheit, sondern minimiert auch die Abhängigkeit von geopolitischen Unsicherheiten, die mit fossilen Brennstoffen verbunden sind. Die fortlaufende Forschung in der Entwicklung effizienterer PV-Systeme, Wärmepumpentechnologien und Wasserstofftechnologien ist entscheidend, um die Herausforderungen der Zukunft zu bewältigen.

Insgesamt erfordert die energetische Sanierung mit einem Fokus auf erneuerbare Energien in der Gebäudetechnik eine umfassende, multidisziplinäre Planung und die Zusammenarbeit verschiedener Fachdisziplinen, um innovative Lösungen zu implementieren und eine nachhaltige, resiliente sowie sichere Energiezukunft zu gewährleisten.

Indem diese Herausforderungen systematisch angegangen und durch geeignete technologische sowie planerische Lösungen bewältigt werden, kann die energetische Sanierung von Wohngebäuden maßgeblich zur Erreichung von Klimazielen und zur Steigerung der Lebensqualität der Bewohner beitragen.

8.3.4 Energiespeicherung

Neben der verbesserten Wärmedämmung und der Modernisierung der Heizungsanlagen gewinnt die Integration von Energiespeichersystemen an Bedeutung. Der verstärkte

Abb. 8.10: Kleinwindkraftanlage

Einsatz erneuerbarer Energien erfordert intelligente Konzepte zur Speicherung und Steuerung der Energieflüsse, um Effizienz, Nachhaltigkeit und Versorgungssicherheit zu gewährleisten. Kapitel 8.3.4 thematisiert die aktuellen und zukünftigen Technologien der Energiespeicherung und ihre Integration in Sanierungskonzepte, wobei insbesondere die Anforderungen an die Fachplanung und die Einbindung in Smart-Grid-Architekturen im Fokus stehen.

Aktuelle Energiespeichertechnologien und deren Anwendungen

Moderne Energiespeicher in Wohngebäuden sind ein essenzieller Bestandteil dezentraler Energieversorgungssysteme. Sie ermöglichen eine optimierte Nutzung erneuerbarer Energien, indem sie überschüssigen Strom speichern und bedarfsgerecht zur Verfügung stellen.

Lithium-Ionen-Batterien stellen derzeit die führende Technologie im Bereich der stationären Energiespeicherung dar. Ihre Vorteile umfassen

- hohe Energiedichte und Effizienz (> 90 % Lade-/Entladezyklus),
- lange Lebensdauer von bis zu 15 Jahren,
- Skalierbarkeit für verschiedene Anwendungsbereiche.

Neben Lithium-Ionen-Batterien kommen zunehmend **Redox-Flow-Batterien** für stationäre Anwendungen infrage. Redox-Flow-Batterien sind eine Art wiederaufladbare Batterie, die Energie speichert, indem sie Elektrolytlösungen in externen Tanks zirkulieren lässt. Diese Lösungen enthalten Redox-aktive Materialien (meist organische oder anorganische Verbindungen), die durch Elektroden fließen und dort eine Redox-Reaktion erfahren. Diese Reaktion ermöglicht es der Batterie, Energie zu speichern oder freizusetzen. Ein wesentlicher Vorteil dieser Batterietechnologie ist, dass ihre Speicherkapazität einfach durch die Vergrößerung der Elektrolyttanks erweitert werden kann, was sie besonders geeignet für stationäre Anwendungen wie die Energiespeicherung aus erneuerbaren Quellen macht. Diese Technologie bietet eine hohe Zyklenstabilität, ist leicht skalierbar und ermöglicht eine flexible Anpassung von Leistung und Kapazität.

Abb. 8.11: Gebäudeautomation: Schaltschrank

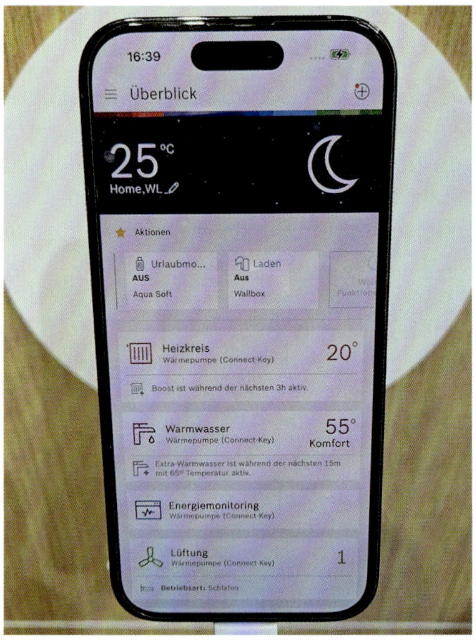

Abb. 8.12: Gebäudeautomation: Smarthome

Zukünftige Entwicklungen

Die Forschung konzentriert sich auf die Weiterentwicklung bestehender Technologien sowie die Implementierung neuer Speicheransätze:

- **Festkörperbatterien** versprechen höhere Energiedichten, schnellere Ladezeiten und eine verbesserte Sicherheit durch den Einsatz fester Elektrolyte.
- **Wasserstoffspeicher** ermöglichen eine langfristige Energiespeicherung, indem überschüssige elektrische Energie in Wasserstoff umgewandelt wird. Dieser kann in Brennstoffzellen rückverstromt oder direkt für Heizungszwecke genutzt werden.
- **Superkondensatoren** könnten als Ergänzung für kurzzeitige Energiespeicherung eingesetzt werden, um Netzschwankungen effizient auszugleichen.

Die Integration dieser neuen Technologien in die Gebäudeenergietechnik erfordert eine präzise Auslegung und Koordination mit bestehenden Energiemanagementsystemen.

Fachplanung und Integration in Sanierungskonzepte

Die Integration von Energiespeichern in Sanierungskonzepte stellt besondere Anforderungen an die Fachplanung. Die wichtigsten Aspekte werden im Folgenden dargestellt.

Technische Gebäudeausrüstung und Energiemanagement

Die Sanierung von Wohngebäuden erfordert eine umfassende Analyse der vorhandenen TGA und deren Anpassung an moderne Energiespeichersysteme. Hierbei sind insbesondere folgende Punkte zu beachten:

- **Kapazitätsplanung**: Die Größe des Speichers muss auf die Energieproduktion und den Verbrauch des Gebäudes abgestimmt sein.
- **Schnittstellenmanagement**: Eine reibungslose Integration in bestehende PV-Anlagen, Wärmepumpen und Ladeinfrastrukturen für Elektrofahrzeuge ist notwendig.
- **Lastmanagement und Steuerung**: Moderne Energiemanagementsysteme (EMS) optimieren die Nutzung des Speichers und priorisieren Verbraucher in Abhängigkeit von Preis- und Verbrauchsprofilen.

Ein durchdachtes Energiemanagement kann helfen, Lastspitzen zu vermeiden, Eigenverbrauch zu maximieren und eine netzdienliche Betriebsweise zu realisieren.

Sektorenkopplung als ganzheitlicher Ansatz

Die Integration von Energiespeichern sollte im Rahmen eines umfassenden Sektorenkopplungskonzepts erfolgen. Durch die Kombination von Strom-, Wärme- und Mobilitätssektoren können Synergien genutzt und Effizienzpotenziale ausgeschöpft werden. Beispiele hierfür sind:

- **Wärmespeicher in Kombination mit Wärmepumpen**: Überschüssige elektrische Energie kann zur Erzeugung von Warmwasser genutzt werden.
- **Bidirektionale Ladeinfrastrukturen**: Elektrofahrzeuge können als mobile Energiespeicher dienen und zur Netzstabilisierung beitragen.
- **Mikro- und Quartiersnetze**: Durch die intelligente Vernetzung mehrerer Gebäude lassen sich Energiespeicherung und -verbrauch effizient koordinieren.

Smart-Grid-Integration und intelligente Steuerung

Ein wesentlicher Faktor für die erfolgreiche Implementierung von Energiespeichern in Sanierungsprojekte ist die Anbindung an das intelligente Stromnetz (Smart Grid) (siehe Abb. 8.11 Schaltschrank). Dabei spielen die nachfolgenden Elemente eine zentrale Rolle:

- **Smarthome-Technologien und automatisierte Energiesteuerung**
  Moderne Smarthome-Systeme (siehe Abb. 8.12) ermöglichen eine optimierte Steuerung der Energieflüsse innerhalb eines Gebäudes. Hierzu zählen:
  - Echtzeitüberwachung und Analyse des Energieverbrauchs,

- automatische Anpassung von Lasten basierend auf Verfügbarkeit und Preisentwicklung,
- Einbindung von KI-gestützten Algorithmen zur Vorhersage des Energiebedarfs.

- **Demand Side Management und Netzinteraktion**
Durch die aktive Einbindung von Gebäuden in das Smart Grid mithilfe der folgenden Optionen können Verbraucher flexibel auf Netzanforderungen reagieren:
  - **Lastverschiebung**: Intelligente Steuerungen können energieintensive Prozesse (z. B. das Laden von Batterien) in Zeiten niedriger Netzbelastung verlegen.
  - **Virtuelle Kraftwerke**: Zusammengeschaltete Batteriespeicher können als Netzstützung dienen und zur Frequenzstabilisierung beitragen.
  - **Dynamische Stromtarife**: Durch Preissignale gesteuerte Speicherlösungen helfen, die Wirtschaftlichkeit für Gebäudeeigentümer zu maximieren.

Wirtschaftlichkeit und Nachhaltigkeit

Die Integration von Energiespeichern und Smart-Grid-Technologien in Sanierungsprojekte muss wirtschaftlich und ökologisch nachhaltig sein. Die wichtigsten Faktoren zur Bewertung der Wirtschaftlichkeit sind:

- **Investitionskosten versus Einsparpotenziale**: Speicherlösungen müssen eine angemessene Amortisationszeit aufweisen.
- **Fördermöglichkeiten**: Staatliche Programme können die Wirtschaftlichkeit von Energiespeichern erheblich verbessern.
- **Lebensdauer und Recyclingfähigkeit**: Die Umweltbilanz von Speichertechnologien wird zunehmend wichtiger, insbesondere hinsichtlich der Wiederverwertbarkeit von Batterien.

Insgesamt zeigen verschiedene Studien, dass die Integration von Energiespeichern in Sanierungskonzepte langfristig sowohl wirtschaftliche als auch ökologische Vorteile bietet.

Die Kombination aus innovativen Energiespeichertechnologien, intelligenter Gebäudeautomation und smarter Netzinteraktion stellt einen wesentlichen Baustein für nachhaltige Wohngebäude dar. Während Lithium-Ionen-Batterien aktuell dominieren, könnten Wasserstoffspeicher, Festkörperbatterien und fortschrittliche Netzlösungen zukünftig eine noch wichtigere Rolle spielen.

Für die Fachplanung ergeben sich folgende zentrale Herausforderungen:

- eine ganzheitliche Systembetrachtung, die sowohl Speicher- als auch Verbraucherseite optimiert,
- die Schaffung kompatibler Schnittstellen zwischen Energiespeichern, Gebäudeautomation und Stromnetzen,
- die Umsetzung wirtschaftlicher und nachhaltiger Konzepte unter Berücksichtigung regulatorischer Vorgaben.

Die Zukunft der Gebäudeenergieversorgung liegt in einer vernetzten, flexiblen und dezentralen Energiearchitektur. Energiespeicher und Smart-Grid-Integration sind dabei unverzichtbare Elemente für eine klimafreundliche und ressourcenschonende Energieversorgung in sanierten Wohngebäuden.

8.4 Lüftungstechnik

Integration der Lüftungstechnik in intelligente Energiekonzepte bei der Sanierung von Wohngebäuden

Neben der Verbesserung der Gebäudehülle (siehe Kapitel 7) und der Modernisierung der Heizungssysteme (siehe Kapitel 8.3) nimmt die Lüftungstechnik eine Schlüsselrolle ein. Eine unzureichende Belüftung kann nicht nur die Energieeffizienz reduzieren, sondern auch gesundheitliche Probleme sowie Feuchteschäden und Schimmelbildung verursachen. Gleichzeitig ermöglichen moderne Lüftungssysteme mit Wärmerückgewinnung erhebliche Einsparungen im Heizenergieverbrauch.

Kapitel 8.4 untersucht innovative Lüftungstechnologien, deren optimale Systemauslegung sowie die Fachplanung und Integration in intelligente Energiekonzepte. Besonderes Augenmerk liegt auf der Wahl zwischen zentralen und dezentralen Lüftungssystemen, der Balance zwischen Luftdichtheit und Mindestluftwechsel sowie der Nutzung von Wärmerückgewinnung und Wärmepumpentechnologien.

8.4.1 Lüftung mit Wärmerückgewinnung

Moderne Lüftungssysteme sind essenziell, um die steigenden Anforderungen an Energieeffizienz und Raumluftqualität in Wohngebäuden zu erfüllen. Sie gewährleisten einen kontrollierten Luftaustausch, reduzieren Wärmeverluste und können durch **WRG** einen Großteil der sonst verlorenen Heizenergie zurückführen. Durch die Kopplung mit **intelligenten Steuerungssystemen** kann der Luftwechsel bedarfsgerecht gesteuert werden, wodurch sich der Energieverbrauch weiter minimieren lässt.

Mechanische Lüftungssysteme mit WRG stellen eine zentrale Technologie dar, um die Energieeffizienz in sanierten Wohngebäuden erheblich zu verbessern. Diese Systeme nutzen effektiv die Wärme der Abluft aus dem Gebäude, um die einströmende kühle Außenluft vorzuwärmen. Durch diesen Prozess können Rückgewinnungsgrade von bis zu 90 % erreicht werden, was eine signifikante Reduktion des Heizbedarfs zur Folge hat.

Der Einsatz von WRG-Systemen ist besonders vorteilhaft in klimatisch herausfordernden Regionen, wo die Beheizung der Räumlichkeiten einen großen Teil des Energieverbrauchs ausmacht. Indem die Wärme aus der Abluft wiederverwendet wird, anstatt sie ungenutzt nach außen abzugeben, lässt sich der Energieverbrauch für die Heizung drastisch senken. Dies führt nicht nur zu geringeren Betriebskosten, sondern auch zu einer reduzierten Umweltbelastung durch niedrigere CO_2-Emissionen.

Darüber hinaus bieten WRG-Systeme eine kontinuierliche Frischluftzufuhr, die für ein gesundes Raumklima und eine verbesserte Luftqualität sorgt. Diese kontrollierte Lüftung verhindert zudem Feuchtigkeitsprobleme und damit verbundene Schimmelbildung, die insbesondere in dicht isolierten Gebäuden ein häufiges Problem darstellen kann.

In der Planungsphase ist es wichtig, dass die Fachplanung die spezifischen Anforderungen des Gebäudes berücksichtigt und ein WRG-System auswählt, das optimal auf die bestehenden Bedingungen abgestimmt ist. Die Integration solcher Systeme in die Sanierung von Wohngebäuden trägt wesentlich zur Nachhaltigkeit und Energieeffizienz bei und sollte als integraler Bestandteil moderner Gebäudetechnik betrachtet werden.

Je nach **Gebäudeart, Nutzungskonzept und baulichen Gegebenheiten** kommen zentrale (siehe Abb. 8.13) oder dezentrale Lüftungssysteme der KWL zum Einsatz.

Abb. 8.13: Zentrale KWL mit WRG

Zentrale Lüftungssysteme mit WRG

Funktionsweise

Die Frischluft wird über ein zentrales Lüftungsgerät angesaugt, gefiltert und temperiert.

Die Abluft aus Feuchträumen (Küche, Bad, WC) wird abgesaugt, wobei die Wärme der Abluft zur Vorwärmung der Zuluft genutzt wird (Wärmerückgewinnung).

Möglich sind Wärmerückgewinnungsgrade von bis zu 90 %.

Vor- und Nachteile

Vorteile zentraler Lüftungssysteme mit WRG sind die

- hohe Energieeffizienz durch WRG,
- gleichmäßige Luftverteilung in allen Wohnräumen,
- optimale Steuerung und Luftfilterung (z. B. gegen Feinstaub oder Pollen),
- Steuerung über ein zentrales Gerät, d. h. ein niedriger Wartungsaufwand.

Nachteile zentraler Lüftungssysteme mit WRG bestehen in

- einem höheren Planungsaufwand und größeren baulichen Eingriffen,
- der Notwendigkeit eines umfangreichen Kanalsystems, das nachträglich schwer zu integrieren ist,
- einem höheren Installationsaufwand, daher sind sie besonders für Neubauten geeignet.

Dezentrale Lüftungssysteme mit WRG

Im Gegensatz zu **zentralen Lüftungssystemen** erfordert eine **dezentrale KWL** (siehe Abb. 8.14) keine aufwendigen Luftkanäle und kann raumweise installiert werden, wodurch sie sich ideal für Bestandsgebäude und Nachrüstlösungen eignet. Durch die integrierte WRG nutzen diese Systeme die in der Abluft enthaltene Wärme, um die einströmende Frischluft vorzuwärmen, wodurch der Heizenergiebedarf erheblich reduziert wird.

Insbesondere bei Sanierungen oder Wohngebäuden ohne zentrale Lüftungstechnik stellt die dezentrale KWL mit WRG eine effiziente, wirtschaftliche und einfach zu realisierende Lösung dar, um sowohl den Luftaustausch zu optimieren als auch Energieverluste zu minimieren.

Funktionsweise

- Einzelgeräte werden raumweise in die Außenwände integriert.
- Abluft und Zuluft wechseln zyklisch im Wärmetauschermodul.
- Eine zentrale Lüftungsleitung ist nicht erforderlich.

Abb. 8.14: Dezentrale KWL mit WRG

Vor- und Nachteile

Vorteile dezentraler Lüftungssysteme mit WRG bestehen in

- der Möglichkeit einer einfachen Nachrüstung in Bestandsgebäuden,
- der individuellen Steuerung je Raum,
- dem geringen Platzbedarf, Kanalsysteme sind nicht nötig.

Die Nachteile bestehen darin, dass

- kein übergreifendes Luftmanagement für das gesamte Gebäude existiert,
- Geräuschemissionen bei ungünstiger Platzierung auftreten,
- eine geringere Effizienz der Wärmerückgewinnung pro Einheit erzielt wird,
- ein erhöhter Wartungsaufwand durch mehrere Einheiten im Gebäude existiert.

Die Entscheidung zwischen zentraler und dezentraler Lüftung hängt somit stark von den baulichen Gegebenheiten,

Kosten, Energieeffizienzanforderungen und Nutzerpräferenzen ab.

Integration von Abluftwärmepumpen in KWL

Die Integration von Abluftwärmepumpen (AWP) in KWL stellt eine effiziente Möglichkeit dar, die Energie der Abluft nicht ungenutzt entweichen zu lassen, sondern sie gezielt für die Warmwasserbereitung und Heizungsunterstützung einzusetzen. Diese Technologie kann sowohl mit zentralen als auch mit dezentralen Lüftungssystemen kombiniert werden und ermöglicht eine Doppelnutzung der Abluftwärme, was die Gesamtenergieeffizienz eines Gebäudes erheblich steigert.

Insbesondere in Passivhäusern oder hochgedämmten Gebäuden entfaltet diese Technik ihr volles Potenzial, da dort durch die luftdichte Bauweise nur geringe Heizlasten bestehen und die Wärmeenergie der Abluft optimal genutzt werden kann. Dennoch erfordert die Integration einer Abluftwärmepumpe eine sorgfältige Planung, da die Effizienz von der Luftwechselrate und dem Warmwasserbedarf abhängig ist. Zudem sind die Investitionskosten im Vergleich zu klassischen Lüftungssystemen mit Wärmerückgewinnung höher.

Fachplanerische Aspekte bei der Auswahl eines KWL-Systems

Bei der Planung einer KWL mit WRG müssen verschiedene Aspekte berücksichtigt werden, um eine optimale Funktionalität zu gewährleisten.

Nutzerkomfort

Eine **durchdachte Strömungsführung** verhindert **Zugerscheinungen** und sorgt für eine gleichmäßige Verteilung der Frischluft.

Schalldämmmaßnahmen müssen in die Planung einbezogen werden, insbesondere bei **dezentralen Lüftungsanlagen**.

Filtertechnik

Der Einsatz von **Feinstaub- und Pollenfiltern** verbessert die Raumluftqualität, insbesondere für Allergiker.

Eine regelmäßige **Wartung und der Austausch der Filter** sind notwendig, um die Effizienz der Lüftungsanlage langfristig zu erhalten.

Energetische Optimierung

Die Kombination von KWL mit **PV-Anlagen oder Wärmepumpensystemen** kann den Gesamtenergiebedarf weiter reduzieren.

Der **Wärmerückgewinnungsgrad** muss genau berechnet werden, um das System optimal auf die Gebäudenutzung abzustimmen.

Luftdichtigkeit und Gebäudedynamik

Ein **Luftdichtheitskonzept** sollte nach den Anforderungen des **Blower-Door-Tests** umgesetzt werden, um unkontrollierte Luftströmungen und Wärmeverluste zu vermeiden.

Feuchtekonzentrationen in **kritischen Bauteilzonen** müssen durch geeignete Lüftungskonzepte minimiert werden.

KWL als Schlüsseltechnologie für energieeffiziente Gebäude

Seit **2002** hat sich die **KWL mit WRG** als Standard in der modernen Gebäudetechnik etabliert. Sie trägt nicht nur maßgeblich zur Steigerung der Energieeffizienz bei, sondern verbessert auch den Wohnkomfort und die Raumluftqualität erheblich.

Während im Neubau zentrale Lüftungssysteme mit WRG mittlerweile Standard sind, bieten sich bei Bestandsgebäuden dezentrale Lösungen oder Hybridmodelle als praktikable Alternativen an. Insbesondere in Kombination mit Wärmepumpentechnologien und Smart-Home-Steuerungen wird die Wohnraumlüftung zu einem wesentlichen Element nachhaltiger und energieeffizienter Gebäude.

Luft-Luft-Wärmepumpen

Luft-Luft-Wärmepumpen stellen eine innovative Ergänzung zu Systemen mit WRG dar. Während die WRG primär darauf ausgelegt ist, passiv Wärme aus der Abluft zurückzugewinnen, ermöglichen Luft-Luft-Wärmepumpen eine aktive Entnahme zusätzlicher Energie aus der Abluft. Diese gewonnene Energie wird effektiv genutzt, um die Zuluft zu erwärmen oder direkt für die Raumheizung einzusetzen. Diese Technologie ist besonders vorteilhaft für den Einsatz in Niedrigenergie- und Passivhäusern, bei denen hohe Anforderungen an die Energieeffizienz bestehen. Durch die Nutzung einer Luft-Luft-Wärmepumpe kann die Effizienz des Lüftungssystems signifikant gesteigert werden, da nicht nur die Wärme der Abluft genutzt, sondern zusätzlich Energie aus dieser gewonnen wird. Dies führt zu einer weiteren Reduzierung des Heizbedarfs und damit zu einer Senkung der Betriebskosten. Die Integration einer Luft-Luft-Wärmepumpe in ein Lüftungssystem mit Wärmerückgewinnung bietet somit eine doppelte Effizienz: Sie erhöht nicht nur die Rückgewinnungsrate der Wärmeenergie aus der Abluft, sondern nutzt auch die thermodynamischen Eigenschaften der Wärmepumpentechnologie, um die Gesamtenergieeffizienz des Gebäudes zu verbessern. Dadurch wird ein optimales Gleichgewicht zwischen Energieeinsparung und thermischem Komfort erreicht, was diese Technologie zu einer idealen Lösung für umweltbewusstes und kostenoptimiertes Bauen macht.

Abluftwärmepumpen

Abluftwärmepumpen stellen eine effiziente Technologie dar, die die Wärme aus der Abluft von Gebäuden entzieht und diese zur Erwärmung von Brauchwasser oder zur Unterstützung des Heizsystems nutzt. Diese Systeme sind besonders wertvoll, da sie 2 Funktionen in einem kombinieren: Sie verbessern die Luftqualität durch die Lüftung und tragen gleichzeitig zur Energiegewinnung bei. Der Hauptvorteil von Abluftwärmepumpen liegt in ihrer hohen Effizienz. Indem sie die sonst verlorene Wärme der Abluft nutzen, reduzieren sie den Gesamtenergieverbrauch des Gebäudes erheblich. Dies ist insbesondere in energieeffizienten Bauweisen wie Passivhäusern von Bedeutung, bei denen jede Möglichkeit zur Energieeinsparung genutzt werden muss, um den strengen Anforderungen gerecht zu werden. Darüber hinaus ermöglicht die Verwendung von Abluftwärmepumpen eine Reduktion der Betriebskosten, da diese die Notwendigkeit für separate Systeme zur Warmwasserbereitung und Heizung minimieren. Dies führt nicht nur zu einer Verringerung der Installationskosten, sondern auch zu einer effizienteren Nutzung des verfügbaren Raums, was in städtischen oder kompakt gebauten Umgebungen besonders vorteilhaft sein kann. Insgesamt bieten Abluftwärmepumpen eine praktische und wirtschaftliche Lösung zur Steigerung der Energieeffizienz von Gebäuden. Durch die Kombination von Lüftung und Wärmerückgewinnung unterstützen sie das Ziel, umweltfreundlichere und kosteneffizientere Wohn- und Arbeitsumgebungen zu schaffen.

8.4.2 Fachplanung und Integration in Sanierungskonzepte

Die Integration von Lüftungssystemen in die Sanierung eines Gebäudes erfordert eine detaillierte Analyse und Planung. Wichtige Aspekte werden im Folgenden dargestellt.

Mindestluftwechsel und Luftdichtheit in der Sanierung von Wohngebäuden

Eine der zentralen Herausforderungen bei der energetischen Sanierung von Wohngebäuden ist das Spannungsfeld zwischen Luftdichtheit und Mindestluftwechsel. Während eine hohe Luftdichtheit erforderlich ist, um ungewollte Energieverluste durch unkontrollierte Infiltration zu minimieren, muss dennoch ein ausreichender kontrollierter Luftaustausch sichergestellt werden. Dies ist notwendig, um Feuchtigkeit, CO_2, flüchtige organische Verbindungen (Volatile Organic Compounds [VOC]) sowie andere Schadstoffe abzuführen und eine gute Raumluftqualität zu gewährleisten.

Luftdichtheit als Maß für die Gebäudequalität

Die Luftdichtheit eines Gebäudes wird in der Regel durch den n_{50}-Wert bestimmt, der die Luftwechselrate bei einer Druckdifferenz von 50 Pascal beschreibt. Dieser Wert ist ein wichtiger Parameter in der energetischen Gebäudeplanung und wird bei Luftdichtheitstests gemessen:

- Hohe Luftdichtheit (niedriger n_{50}-Wert) reduziert die Wärmeverluste durch unkontrollierte Leckagen und verbessert die Effizienz von Lüftungsanlagen.
- Unzureichende Luftdichtheit führt zu unkontrollierter Infiltration, die zu Wärmeverlusten und potenziellen Bauschäden (z. B. Kondensation in Hohlräumen) führen kann.

Nach GEG und Passivhausstandard gelten folgende Anforderungen an die Luftdichtheit:

- Wohngebäude mit Lüftungsanlage: $n_{50} \leq 1{,}5\ h^{-1}$,
- Wohngebäude ohne Lüftungsanlage: $n_{50} \leq 3{,}0\ h^{-1}$,
- Passivhäuser: $n_{50} \leq 0{,}6\ h^{-1}$.

Mindestluftwechsel nach DIN 1946-6

Um eine ausreichende Frischluftversorgung zu gewährleisten, definiert DIN 1946-6 den Mindestluftwechsel, der von 2 verschiedenen Faktoren abhängt:

- **Personenlast (CO_2-Abfuhr)**: Sicherstellung einer ausreichenden Luftqualität für die Bewohner,
- **Feuchtelast (Schutz der Bausubstanz)**: Vermeidung von Kondensation und Schimmelbildung durch kontrollierte Feuchteabfuhr.

Nach DIN 1946-6 muss der Luftwechsel für 5 verschiedene Lüftungsstufen geplant werden:

- **Infiltrationslüftung:** Grundlüftung durch unkontrollierte Fugenlüftung (bei energetischer Sanierung oft unzureichend),
- **nutzerunabhängige Lüftung (Feuchteschutzlüftung):** Mindestanforderung für den Bautenschutz, um Feuchteprobleme zu vermeiden,
- **reduzierte Lüftung:** Sicherstellung der Mindestluftqualität bei Abwesenheit der Bewohner,
- **Nennlüftung:** empfohlene Luftwechselrate für eine normale Wohnnutzung,
- **Intensivlüftung:** erhöhter Luftwechsel für besondere Anforderungen (z. B. bei hoher Feuchtebelastung oder Schadstoffkonzentration).

Die Berechnung erfolgt anhand des Volumenstroms pro Fläche oder Person. Typische Werte liegen bei 30 bis 50 m^3/h pro Person oder einem Luftwechsel von 0,3 bis 0,6 h^{-1}, abhängig von der Nutzung und der Dichtheit des Gebäudes.

8.4.3 Lösungsansätze für die Sanierung

Balance zwischen Luftdichtheit und Luftwechsel

Da moderne Sanierungsmaßnahmen häufig eine Verbesserung der Gebäudehülle (z. B. durch neue Fenster, Fassadendämmung) umfassen, wird die unkontrollierte Infiltration verringert. Dadurch kann der natürliche Luftwechsel nicht mehr ausreichend sein, sodass alternative Lüftungskonzepte erforderlich sind.

Eine gut geplante Lüftungstechnik trägt maßgeblich zur Energieeinsparung, zum Wohngesundheitsschutz und zur Vermeidung von Feuchteschäden bei und ist damit ein essenzieller Bestandteil intelligenter Energiekonzepte in der Gebäudesanierung.

Integration in intelligente Energiekonzepte

Die moderne Lüftungstechnik kann in intelligente Energiekonzepte eingebunden werden, indem sie mit

- **PV-Anlagen** gekoppelt wird, um die Stromversorgung für Lüftungssysteme und Wärmepumpen zu optimieren,
- **Smarthome-Technologien** verbunden wird, um den Betrieb an Belegungszeiten und Luftqualität anzupassen,
- **Wärmespeichern** zusammenarbeitet, um Energieüberschüsse optimal zu nutzen.

Energiemanagement und Regelungstechnik

Moderne Lüftungssysteme lassen sich durch CO_2- und Feuchtesensoren bedarfsgerecht regeln. Dies führt zu:

- **Energieeinsparungen durch reduzierte Laufzeiten**, wenn keine hohe Luftwechselrate benötigt wird,
- **Verbesserung der Luftqualität**, da Sensoren eine bedarfsgerechte Steuerung ermöglichen,
- **Integration mit der Heiztechnik**, sodass Wärmegewinne effizient genutzt werden.

8.4.4 Zukunft der Lüftungstechnik

Die Zukunft der Lüftungstechnik wird verstärkt durch automatisierte Systeme mit KI-gestützter Optimierung, eine bessere Integration in smarte Energienetze und eine noch effizientere Wärmerückgewinnungstechnologie geprägt sein. Die Fachplanung sollte daher vorausschauend erfolgen und neben der aktuellen Gebäudesituation auch zukünftige Entwicklungen im Bereich der Energieversorgung und Gebäudetechnik berücksichtigen.

8.5 Gebäudeautomation, Green IT und künstliche Intelligenz

Neben klassischen Sanierungsmaßnahmen wie der Wärmedämmung oder dem Austausch von Heizsystemen gewinnen Gebäudeautomation, Green IT und KI zunehmend an Bedeutung. Diese Technologien bieten eine dynamische Steuerung von Energieflüssen, eine Optimierung des Gebäudebetriebs und eine bedarfsgerechte Energieversorgung, wodurch sowohl der Energieverbrauch als auch die Betriebskosten gesenkt werden können.

Die Integration dieser intelligenten Technologien stellt die Fachplanung vor neue Herausforderungen:

- Welche Systeme sind kompatibel mit bestehenden Gebäudestrukturen?
- Wie lassen sich Daten effizient verwalten und nutzen?
- Welche technischen und regulatorischen Anforderungen müssen beachtet werden?

Kapitel 8.5.1 bis 8.5.4 stellen innovative Technologien, Systemauslegungen und die fachplanerische Integration von Gebäudeautomation, Green IT und KI in intelligente Energiekonzepte vor.

8.5.1 Gebäudeautomation als Schlüssel zur effizienten Gebäudesteuerung

Die Gebäudeautomation umfasst alle technischen Systeme zur Überwachung, Steuerung und Regelung von Heizungs-, Lüftungs-, Klima-, Beleuchtungs- und Sicherheitssystemen. Ihre Ziele sind die Optimierung des Energieverbrauchs, die Verbesserung des Wohnkomforts und die Reduktion von Betriebskosten.

Moderne Gebäudeautomationssysteme setzen auf dezentrale Sensoren und Aktoren, die miteinander vernetzt sind und in Echtzeit Daten austauschen. Durch die Verbindung mit Cloud-Diensten und KI-Systemen können sie auf Basis historischer und aktueller Daten optimale Betriebsstrategien entwickeln.

Vorteile und Herausforderungen bei der Sanierung

Die Integration der Gebäudeautomation in Bestandsgebäude stellt Fachplaner vor besondere Herausforderungen:

- **Bestandsgebäude sind oft nicht für eine zentrale Gebäudeautomation ausgelegt.** Eine drahtlose Vernetzung (z. B. mittels Zigbee, Z-Wave oder LoRaWAN) kann hier eine Lösung sein.
- **Es besteht eine erhöhte Komplexität bei der Integration in bestehende TGA-Systeme.** Eine modulare und nachrüstbare Automationsstruktur ist notwendig.
- **Die Gewährleistung von Datensicherheit und Datenschutz ist erforderlich.** Verschlüsselte Kommunikation und sicherer Zugriff auf Gebäudedaten sind essenziell.

Beispiele für drahtlose Vernetzung

Zigbee, Z-Wave und LoRaWAN sind drahtlose Kommunikationstechnologien, die häufig in Smarthome-Systemen und für Internet-der-Dinge(IoT)-Anwendungen verwendet werden.

Zigbee

Zigbee ist eine Spezifikation für drahtlose Netzwerke mit geringem Stromverbrauch und geringer Datenrate, die für die Kommunikation zwischen Geräten in automatisierten Häusern ideal ist. Es ist bekannt für seine Fähigkeit, komplexe Netzwerke mit vielen Geräten zu bilden, und unterstützt Voll-Mesh-Netzwerke, was eine hohe Zuverlässigkeit und gute Abdeckung im ganzen Haus ermöglicht.

Z-Wave

Z-Wave ist eine drahtlose Kommunikationstechnologie, die speziell für die Heimautomation entwickelt wurde. Ähnlich wie Zigbee verwendet es eine niedrige Frequenz und geringe Energie und ist besonders gut für Anwendungen geeignet, die eine sichere und zuverlässige Kommunikation erfordern. Z-Wave baut ebenfalls Mesh-Netzwerke auf, allerdings ist das Ökosystem nicht so offen wie das von Zigbee.

LoRaWAN

LoRaWAN steht für „Long Range Wide Area Network" und ist eine Technologie für drahtlose batteriebetriebene Netzwerke über lange Distanzen. Sie wird hauptsächlich für IoT-Anwendungen genutzt, die nicht viel Daten übertragen, aber eine lange Reichweite erfordern, wie z. B. in der städtischen und industriellen Automatisierung. LoRaWAN ist bekannt für seine hohe Durchdringungsfähigkeit und Energieeffizienz, was es ideal für Anwendungen macht, bei denen Geräte in schwierigen oder weit entfernten Umgebungen vernetzt werden müssen.

Nachhaltige Digitalisierung von Wohngebäuden mit Green IT

Green IT beschreibt umweltfreundliche und energieeffiziente IT-Lösungen. In der Gebäudesanierung kann Green IT in mehreren Bereichen Anwendung finden.

Die Digitalisierung von Wohngebäuden spielt eine zentrale Rolle bei der energetischen Sanierung und der Umsetzung nachhaltiger Energiekonzepte. Green IT trägt maßgeblich dazu bei, den Energieverbrauch zu reduzieren und gleichzeitig die Funktionalität und Effizienz von Gebäudeautomationssystemen zu verbessern.

Ein wesentlicher Bereich der Green IT in der Gebäudesanierung ist die **Energieeffizienz von IT-Infrastrukturen**. Dazu gehören stromsparende Server und Speicherlösungen, die für das Gebäudemanagement und die Steuerung von Energieflüssen benötigt werden. Moderne Building Energy Management Systems (BEMS) nutzen cloudbasierte Technologien zur kontinuierlichen Überwachung und Optimierung des Energieverbrauchs. Diese Systeme ermöglichen eine intelligente Steuerung der technischen Gebäudeausrüstung und passen den Energiebedarf dynamisch an die tatsächliche Nutzung an. Darüber hinaus kann Green IT durch die Integration erneuerbarer Energien in das Energiemanagement von Gebäuden zu weiteren Einsparungen führen. **Smarte Steuerungen** für PV-Anlagen, Batteriespeicher und Ladeinfrastrukturen für Elektrofahrzeuge sorgen dafür, dass die vor Ort erzeugte Energie effizient genutzt wird.

Die Energieeinsparpotenziale durch Green IT sind erheblich. Durch den gezielten Einsatz von **optimierten Steuerungsalgorithmen** lassen sich unnötige Lasten vermeiden, indem beispielsweise Geräte in Zeiten niedriger Auslastung in einen Energiesparmodus versetzt oder abgeschaltet werden. Ein weiteres Einsparpotenzial ergibt sich durch die Nutzung von Abwärme aus Serverräumen, die in die Gebäudebeheizung integriert werden kann. Auf diese Weise wird die überschüssige Wärme effizient genutzt, anstatt sie ungenutzt an die Umgebung abzugeben. Ein weiteres wichtiges Instrument der Green IT sind dynamische Lastmanagementsysteme, die den IT-Energieverbrauch flexibel anpassen und an schwankende Strompreise sowie Netzkapazitäten koppeln können.

Anwendungsbereiche von Green IT

Anwendungsbereiche von Green IT sind

- eine energieeffiziente IT-Infrastruktur, d. h. die Nutzung stromsparender Server und Speicherlösungen für das Gebäudemanagement,
- ein optimiertes Energiemanagement durch Einsatz von cloudbasierten BEMS zur Analyse und Optimierung des Energieverbrauchs,
- die Integration erneuerbarer Energien durch smarte Steuerung von PV-Anlagen, Batteriespeichern und Ladestationen für Elektrofahrzeuge.

Durch diese Maßnahmen kann der Energieverbrauch von IT-gestützten Systemen in Gebäuden um 30 bis 50 % gesenkt werden. Die Implementierung von Green IT in Wohngebäuden trägt somit nicht nur zur Reduzierung der Betriebskosten bei, sondern leistet auch einen wesentlichen Beitrag zur Nachhaltigkeit und zur Ressourcenschonung in der modernen Gebäudetechnik. In Kombination mit intelligenter Gebäudeautomation und künstlicher Intelligenz wird Green-IT in Zukunft eine Schlüsselrolle bei der energieeffizienten und klimafreundlichen Sanierung von Wohngebäuden spielen.

8.5.2 Künstliche Intelligenz als Basis intelligenter Energiekonzepte

Die Integration von KI in die Gebäudesanierung eröffnet neue Möglichkeiten zur Optimierung des Energieverbrauchs und zur nachhaltigen Nutzung von Ressourcen. Die KI fungiert dabei als intelligente Steuerzentrale, die Daten analysiert, Muster erkennt und selbstlernende Optimierungsstrategien entwickelt. Besonders in der Gebäudeautomation und im Energiemanagement entfaltet die KI ihr volles Potenzial, indem sie Systeme vorausschauend steuert und an wechselnde Bedingungen anpasst.

Einsatzgebiete und Vorteile von KI

Ein zentrales Einsatzgebiet ist die prädiktive Steuerung von HLK-Systemen. KI-gestützte Algorithmen analysieren historische Verbrauchsdaten, Wetterprognosen und Nutzerverhalten, um den Energieeinsatz vorausschauend zu optimieren. Dadurch wird eine bedarfsgerechte Beheizung und Kühlung ermöglicht, die sowohl den Wohnkomfort erhöht als auch den Energieverbrauch senkt. Zudem kann die KI Energieverbrauchsmuster erkennen und ungenutzte Einsparpotenziale identifizieren, indem sie ineffiziente Betriebsweisen automatisch anpasst oder Handlungsempfehlungen für Bewohner und Gebäudebetreiber gibt.

Ein weiteres Anwendungsfeld sind die automatisierte Fehlererkennung und Wartungsoptimierung. KI kann durch die kontinuierliche Analyse von Sensordaten frühzeitig auf technische Störungen oder ineffiziente Systemzustände hinweisen. Beispielsweise lassen sich durch Predictive Maintenance drohende Ausfälle in der Heizungsanlage oder Lüftung frühzeitig erkennen und beheben, bevor hohe Reparaturkosten oder Energieverluste entstehen.

Darüber hinaus trägt KI wesentlich zur Optimierung der Energienutzung aus erneuerbaren Quellen bei. In Kombination mit PV-Anlagen, Batteriespeichern und bidirektionalen Ladestationen für Elektrofahrzeuge kann sie die Energieverteilung innerhalb eines Gebäudes oder eines Quartiers intelligent steuern. Durch dynamisches Lastmanagement passt die KI den Stromverbrauch an die aktuelle Netzsituation an, indem sie günstige Zeitfenster für den Eigenverbrauch identifiziert und überschüssige Energie gezielt in Speicher- oder Verbrauchssysteme einspeist.

Herausforderungen des KI-Einsatzes

Trotz dieser Vorteile bringt die Integration von KI auch Herausforderungen mit sich. Die Datenverfügbarkeit und -qualität spielen eine entscheidende Rolle, da KI-Systeme auf eine kontinuierliche und zuverlässige Datenerfassung angewiesen sind. Ebenso müssen Fachplaner sicherstellen, dass die KI-gestützten Steuerungssysteme kompatibel mit bestehenden Gebäudeleitsystemen sind und nutzerfreundliche Schnittstellen bieten. Zudem gewinnt das Thema Datensicherheit und Datenschutz an Bedeutung, da intelligente Gebäudesteuerungen sensible Nutzungs- und Verbrauchsdaten verarbeiten. Die KI muss zudem so gestaltet sein, dass sie intuitiv und nachvollziehbar agiert und damit die Nutzerakzeptanz gewährleistet wird.

Insgesamt bildet die KI den Kern intelligenter Energiekonzepte und ist ein Schlüsselbaustein für die Zukunft der nachhaltigen Gebäudetechnik. Durch ihre Fähigkeit zur Selbstoptimierung und vorausschauenden Steuerung trägt sie maßgeblich zur Energieeinsparung, Betriebskostenreduktion und einer klimafreundlichen Gebäudenutzung bei. Die erfolgreiche Integration erfordert jedoch eine vorausschauende Fachplanung, die sowohl technische als auch regulatorische Anforderungen berücksichtigt und die Akzeptanz der Nutzer in den Mittelpunkt stellt. In Verbindung mit Gebäudeautomation und Green IT wird KI somit zur treibenden Kraft für die intelligente und nachhaltige Sanierung von Wohngebäuden.

KI als Treiber der Energieeffizienz

Durch die Integration von KI kann das Energie- und Gebäudemanagement auf ein neues Niveau gehoben werden. KI-Systeme analysieren Daten aus verschiedenen Quellen (Wetterdaten, Nutzerverhalten, Energiepreise) und optimieren den Betrieb in Echtzeit.

3 Anwendungen von KI sind typisch in der Gebäudesanierung:

- **Prädiktive Heizungssteuerung**: KI erkennt Muster im Energieverbrauch und passt die Heizungsregelung vorausschauend an.
- **Automatisierte Fehlererkennung**: KI-gestützte Analyse ermöglicht die frühzeitige Erkennung von Leckagen oder ineffizienten Systemen.
- **Dynamisches Lastmanagement**: Die Lastverteilung innerhalb eines Gebäudes oder Quartiers wird zur Reduktion von Spitzenlasten optimiert.

8.5.3 Fachplanung und Integrationsstrategien

Die erfolgreiche Integration von Gebäudeautomation, Green IT und KI in intelligente Energiekonzepte bei der Sanierung von Wohngebäuden erfordert eine strukturierte und interdisziplinäre Fachplanung. Dabei müssen sowohl technische und wirtschaftliche als auch regulatorische Aspekte berücksichtigt werden, um eine nachhaltige, energieeffiziente und nutzerfreundliche Lösung zu gewährleisten. Ein zentrales Ziel der Fachplanung ist die kompatible und skalierbare Systemarchitektur. Da viele Bestandsgebäude nicht über einheitliche Gebäudeleitsysteme verfügen, müssen neue Technologien modular und interoperabel ausgelegt sein.

Die Wahl standardisierter Protokolle wie KNX, BACnet oder MQTT gewährleistet, dass verschiedene Automations- und Energiemanagementsysteme miteinander kommunizieren können. Besondere Bedeutung kommt auch der drahtlosen Vernetzung (z. B. Zigbee, Z-Wave oder LoRaWAN) zu, die eine nachträgliche Integration ohne aufwendige bauliche Maßnahmen ermöglicht. Ein weiterer Schwerpunkt liegt auf der Einbindung von Gebäudeautomation und KI in übergeordnete Energiekonzepte. Moderne Wohngebäude und Quartiere nutzen zunehmend erneuerbare Energien wie PV-Anlagen, Batteriespeicher und Wärmepumpensysteme, die mit dem Smart Grid kommunizieren können. Die Fachplanung muss dabei sicherstellen, dass die Gebäudeautomation den Energiefluss optimal steuert – beispielsweise durch eine dynamische Lastverschiebung, die den Verbrauch in Zeiten niedriger Netzbelastung optimiert, oder durch die intelligente Speicherung von Solarstrom zur •Eigenverbrauchsmaximierung. Ein wesentlicher Vorteil von KI-gestützten Energiesystemen ist die Möglichkeit der vorausschauenden Steuerung (Prädiktion). Die Fachplanung sollte daher Algorithmen einsetzen, die Energieverbräuche auf Basis von Wetterprognosen, Nutzungsverhalten und Sensordaten vorhersagen und entsprechend steuern. Beispielsweise kann eine Heizungsanlage bei vorhergesagtem Temperaturanstieg frühzeitig gedrosselt oder eine Lüftungssteuerung automatisch angepasst werden, um Energieverluste zu minimieren. Neben der technischen Effizienz spielt auch die Benutzerfreundlichkeit eine entscheidende Rolle. Die Fachplanung sollte sicherstellen, dass intelligente Steuerungssysteme intuitiv bedienbar sind und mit vorhandenen Smarthome-Technologien (z. B. Sprachassistenten oder Smartphone-Apps) kompatibel bleiben. Eine zu komplexe Steuerung kann dazu führen, dass die Nutzer das System nicht optimal einsetzen, wodurch Effizienzpotenziale verloren gehen.

Beispiele für standardisierte Protokolle

KNX, BACnet und MQTT sind wichtige Kommunikationstechnologien, die häufig in der Gebäudeautomation und bei IoT-Anwendungen verwendet werden:

- KNX ist ein weltweiter Standard für die Heim- und Gebäudesystemtechnik. Dieser ermöglicht die Vernetzung und Steuerung verschiedener Systeme im Gebäude, wie Beleuchtung, Heizung, Klimaanlagen, Alarmanlagen, Energiemanagement und mehr, über ein gemeinsames System. KNX bietet eine hohe Integrationsfähigkeit und wird durch eine Vielzahl von Geräteherstellern unterstützt, was es zu einer flexiblen und robusten Wahl für Gebäudeautomationsprojekte macht.
- BACnet (Building Automation and Control Networks) ist ein Kommunikationsprotokoll speziell für Gebäudemanagementsysteme, das die Zusammenarbeit zwischen verschiedenen Systemen und Geräten in einem Gebäude vereinfacht. Es ermöglicht es den Systemen, Informationen über Zustände und Steuerbefehle auszutauschen, und ist international genormt, was die Interoperabilität zwischen Geräten unterschiedlicher Hersteller fördert.
- MQTT (Message Queuing Telemetry Transport) ist ein leichtgewichtiges Messaging-Protokoll, das speziell für die Anforderungen von IoT entwickelt wurde, wo Bandbreite und Batterielebensdauer begrenzt sein können. MQTT verwendet das Publish-Subscribe-Modell, um Nachrichten zwischen Geräten zu übermitteln, was es ideal für die einfache und effiziente Übertragung von Daten über unsichere Netzwerke wie das Internet macht. Es wird häufig für Fernüberwachungs- und Steueranwendungen verwendet.

Diese Protokolle erleichtern die Integration und Kommunikation in komplexen Systemen und tragen wesentlich zur Effizienz und Funktionalität moderner Gebäude und IoT-Plattformen bei.

Mit der zunehmenden Vernetzung und Digitalisierung von Gebäuden gewinnt auch das Thema Datensicherheit und Datenschutz an Bedeutung. Gebäudeautomation und KI-Systeme generieren und verarbeiten eine große Menge an Sensordaten, die oft Rückschlüsse auf das Nutzerverhalten zulassen. Die Fachplanung muss daher sicherstellen, dass verschlüsselte Kommunikationswege, dezentrale Datenverarbeitung und klare Zugriffskontrollen implementiert werden, um Missbrauch und Cyberangriffe zu verhindern.

Die Implementierung intelligenter Technologien erfordert oft hohe Anfangsinvestitionen. Fachplaner sollten daher die Wirtschaftlichkeit der Maßnahmen genau analysieren und gezielt staatliche Förderprogramme oder steuerliche Anreize für energieeffiziente Sanierungen nutzen. Gleichzeitig müssen sie Amortisationszeiten berechnen und sicherstellen, dass die gewählte Technologie langfristig Einsparungen ermöglicht.

Die folgenden Aspekte sind bei der Systemauslegung zu berücksichtigen:

- Auswahl eines offenen **Gebäudeautomationsstandards** (z. B. KNX, BACnet, MQTT), um langfristige **Interoperabilität** zu gewährleisten,
- Priorisierung **drahtloser und modularer Systeme**, die eine nachträgliche Erweiterung ermöglichen,
- Planung von **intelligenten Sensor- und Aktornetzwerken**, um ein vollautomatisiertes Energiemanagement zu ermöglichen.

Vernetzung mit Energiekonzepten

Die Integration der Technologien in ein gesamtheitliches Energiekonzept sollte

- erneuerbare Energien (PV, Wärmepumpen, Speicher) direkt in das Gebäudemanagement einbinden,
- dynamische Tarife nutzen, indem Energieverbrauch gezielt in Zeiten niedriger Netzlast verlagert wird,
- virtuelle Kraftwerke und Quartierslösungen fördern, indem KI und Gebäudeautomation die Energieverteilung über mehrere Gebäude optimieren.

Datensicherheit und Datenschutz

Da Gebäudesteuerungen zunehmend über Cloud-Systeme betrieben werden, müssen:

- Ende-zu-Ende-Verschlüsselung und lokale Backups sichergestellt werden,
- regelmäßige Software-Updates erfolgen, um Cyberangriffe zu verhindern,
- nutzerfreundliche Datenschutzmechanismen integriert werden, um Transparenz und Kontrolle für Bewohner zu gewährleisten.

Für die Fachplanung ergeben sich zentrale Aufgaben:

- Auswahl kompatibler, skalierbarer und energieeffizienter Systeme,
- Sicherstellung der Interoperabilität und Datenintegrität in intelligenten Energiekonzepten,
- Integration von KI-gestützten Vorhersagemodellen, um den Energieverbrauch kontinuierlich zu optimieren.

8.5.4 Künftige Entwicklungen

Die Kombination aus Gebäudeautomation, Green IT und KI ist der Schlüssel zur nachhaltigen und intelligenten Gebäudesanierung. Diese Technologien ermöglichen eine bedarfsgerechte Energieverteilung, hohe Energieeinsparungen und eine verbesserte Nutzererfahrung.

Die Zukunft der Wohngebäudesanierung wird zunehmend von **selbstlernenden, vernetzten und nachhaltigen Technologien geprägt** sein. Fachplaner müssen daher frühzeitig Strategien entwickeln, um **effiziente, anpassungsfähige und nachhaltige Energiesysteme** zu realisieren.

9 Ganzheitliche Sanierungslösungen zur Erreichung eines klimaneutralen Gebäudebestands

Kapitel 9 stellt dar, wie die technischen und konstruktiven Maßnahmen aus Kapitel 7 und 8 in ganzheitliche Sanierungsstrategien eingebettet werden, deren Ziel die Entwicklung des gesamten Gebäudebestands in Richtung Klimaneutralität ist.

Kapitel 7 legt den Fokus auf die baulichen Aspekte der Sanierung, darunter die Erneuerung und Dämmung von Dächern, Dachgeschossen und Fassaden sowie spezifische Herausforderungen bei der Fenstererneuerung und der Keller- und Sockeldämmung. Diese Maßnahmen sind entscheidend, um die thermische Hülle der Gebäude zu verbessern und somit den Heiz- und Kühlbedarf erheblich zu reduzieren.

Kapitel 8 adressiert die Gebäudetechnik, mit dem Schwerpunkt auf der Implementierung von Systemen zur Nutzung erneuerbarer Energien, der Energieerzeugung, Speicherung und effizienten Lüftungstechniken. Zudem wird die Relevanz von Gebäudeautomation und Green IT für die Steigerung der Betriebseffizienz und die intelligente Steuerung des Energieverbrauchs verdeutlicht.

Kapitel 9 verknüpft diese technischen und konstruktiven Optimierungen mit einem ganzheitlichen Ansatz, der die Gebäude als aktive Elemente im Energiemanagement betrachtet. Die in Kapitel 7 und 8 beschriebenen Maßnahmen bilden die Grundlage, auf der weiterführende Strategien aufbauen, um die Energieeffizienz, die Nutzung regenerativer Energien und die Integration in lokale und überregionale Energieinfrastrukturen zu optimieren. Diese Ansätze sind essenziell, um die in Kapitel 4 beschriebenen historischen, zwischenkriegszeitlichen, nachkriegszeitlichen sowie durch die Ölkrise und die Klimadebatte geprägten Gebäudebestände in die Ära der Energiewende zu überführen.

Kapitel 9 beschreibt detailliert, wie die Erfahrungen und Techniken aus Kapitel 7 und 8 in umfassende Sanierungsprojekte einfließen, die darauf abzielen, die Gebäude nicht nur technisch auf den neuesten Stand zu bringen, sondern sie auch nachhaltig in das zukünftige Energiekonzept zu integrieren.

Die Dekarbonisierung des Gebäudesektors ist eine der zentralen Herausforderungen im Zuge der globalen Energiewende. Ziel der energetischen Sanierung ist es, den Gebäudebestand klimaneutral zu gestalten und eine 100%ige Nutzung erneuerbarer Energien zu ermöglichen. Eine ganzheitliche Sanierungsstrategie muss nicht nur technologische Innovationen integrieren, sondern auch ökonomische, ökologische und soziale Faktoren berücksichtigen.

9.1 Voraussetzungen für die klimaneutrale Transformation des Gebäudebestands

Um diese Transformation zu realisieren, sind über verschiedene Bauepochen hinweg 4 Meilensteine erforderlich, die schrittweise zur Erreichung einer klimaneutralen und zukunftsfähigen Bauweise führen. Diese Meilensteine setzen an den wesentlichen Aspekten der Energieeffizienz, der Nutzung erneuerbarer Energien und der baulichen Anpassungsfähigkeit an.

Meilenstein 1: Lowtech-Prinzipien – Effizienz durch Gebäudeoptimierung

Ein wesentlicher Grundsatz der nachhaltigen Gebäudesanierung ist das Lowtech-Prinzip (siehe Kapitel 6.4.1), das auf die Reduktion technischer Systeme und die Optimierung der Gebäudehülle setzt. Dabei wird das Gebäude als ganzheitlicher Organismus betrachtet, dessen energetische Leistungsfähigkeit primär durch eine hochwertige Gebäudehülle gesteigert werden soll. Dies reduziert den technischen Aufwand erheblich, ohne dabei den Wohnkomfort zu beeinträchtigen.

Kernprinzipien der Lowtech-Sanierung

Der Lowtech-Sanierung liegen 4 Kernprinzipien zugrunde:

- Die Gebäudehülle wird durch hochdämmende, langlebige und ökologische Baustoffe optimiert.
- Der Technikaufwand wird reduziert, gleichzeitig werden jedoch effiziente Technologien (z. B. Lüftungsanlagen mit Wärmerückgewinnung, Duschwärmetauscher, Tageslichtoptimierung) eingesetzt.
- Erneuerbare Energien werden integriert: PV-Anlagen auf Dach-, Fassaden- und Sekundärflächen in Verbindung mit modernen Speichertechnologien.
- Eine Gebäudeleittechnik (GLT) zur intelligenten Steuerung von Energieflüssen und Lastmanagement wird installiert.

Das Lowtech-Prinzip bedeutet somit nicht Technikverzicht, sondern eine bedarfsgerechte und nachhaltige Technikintegration, die den Energieverbrauch minimiert und die Resilienz der Gebäude gegenüber künftigen klimatischen Herausforderungen erhöht.

Meilenstein 2: Flächensuffizienz – zukunftsgerichtete Raumnutzungskonzepte

Ein weiterer Schlüsselaspekt nachhaltiger Sanierung ist die optimierte Nutzung der vorhandenen Wohn- und Nutzfläche. Flächensuffizienz beschreibt Strategien zur effizienteren Nutzung von Wohnraum, um den Flächenbedarf pro Person zu reduzieren und damit den Energie- und Ressourcenverbrauch zu senken.

Ansätze hierfür sind:

- flexible Grundrissgestaltung zur Mehrfachnutzung von Räumen,
- geteilte Wohn- und Arbeitskonzepte für eine effizientere Raumnutzung,
- modular erweiterbare Wohnlösungen, die an die Lebensumstände der Bewohner angepasst werden können.

Durch diese Konzepte kann der Neubaubedarf reduziert und bestehende Strukturen nachhaltiger genutzt werden, was erhebliche ökologische Vorteile mit sich bringt.

Meilenstein 3: Vorbereitung für den Niedertemperaturbetrieb (NT-ready)

Ein klimaneutraler Gebäudebestand erfordert einen Übergang zu Heizungssystemen auf Basis erneuerbarer Energien, insbesondere Wärmepumpen, Solarthermie und Wärmenetzen wie Anergienetzen. Diese Systeme arbeiten jedoch nur effizient, wenn die Gebäude für einen Niedertemperaturbetrieb (NT-ready) optimiert sind.

Ein Gebäude gilt als NT-ready, wenn:

- die Gebäudehülle so optimiert wurde, dass der Heizwärmebedarf minimiert ist,
- das Heizungssystem mit einer maximalen Vorlauftemperatur von 55 °C effizient betrieben werden kann,
- bestehende Heizkörper durch größere Modelle oder Flächenheizungen ersetzt wurden, um eine effiziente Wärmeabgabe zu ermöglichen,
- eine hygienische Warmwasserbereitung unabhängig von hohen Vorlauftemperaturen sichergestellt ist (z. B. durch dezentrale Frischwassermodule).

Die NT-Readiness eines Gebäudes ist entscheidend für die Integration von Wärmepumpensystemen, Solarthermie und weiteren erneuerbaren Heiztechnologien und somit für eine langfristig effiziente Betriebsweise.

> **Anergienetze**
>
> Anergienetze, auch als kalte Nahwärmenetze bezeichnet, zielen darauf ab, ungenutzte Energie oder „kalte" Energie aus verschiedenen Quellen effizient zu nutzen und zu verteilen. Diese Netzwerke erfassen und transportieren typischerweise niedriggradige Wärmeenergie oder überschüssige Kälte, die sonst ungenutzt bleiben würde, um sie für Heiz- oder Kühlzwecke in Gebäuden zu verwenden.

Auslegung der Wärmepumpe für maximale Effizienz

Die Effizienz einer Wärmepumpe hängt maßgeblich von der Differenz zwischen Quellentemperatur und Vorlauftemperatur ab. Je geringer diese Differenz, desto effizienter arbeitet das System. Daher müssen

- Gebäudehülle und Heizflächen optimiert werden, um die Vorlauftemperatur zu senken (siehe Abb. 9.1),

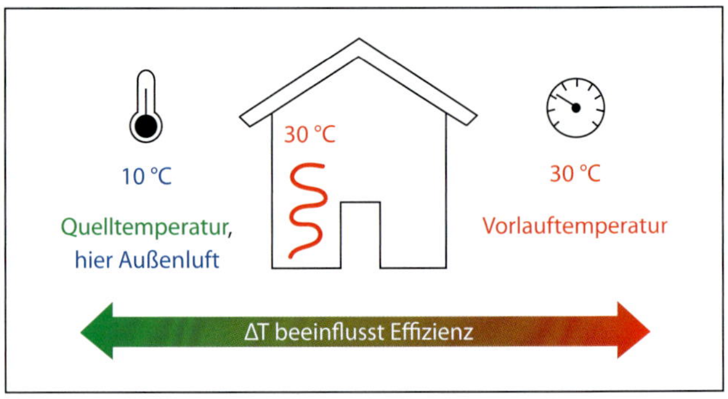

Abb. 9.1: Einfluss der Vorlauftemperatur auf die Wärmepumpe

- leistungsmodulierende Wärmepumpen eingesetzt werden, um den Energieverbrauch und Verschleiß durch übermäßiges Takten zu vermeiden,
- bivalente Systeme mit Spitzenlastkesseln nur als Ausnahme und nicht als Standardlösung betrachtet werden.

Durch diese Maßnahmen wird nicht nur die Effizienz gesteigert, sondern auch die Lebensdauer der Wärmepumpe verlängert und die Gesamtbetriebskosten gesenkt.

Meilenstein 4: Sektorenkopplung – Gebäude als Teil des Energiesystems

Ein integraler Bestandteil klimaneutraler Sanierungsstrategien ist die Sektorenkopplung, d. h. die intelligente Verknüpfung von Wärme-, Strom- und Mobilitätssektor. Gebäude werden zu aktiven Energieakteuren, indem sie:

- eigene Energie erzeugen (Photovoltaik, Solarthermie, Windkraft auf Gebäudeelementen),
- Energie speichern (Batteriespeicher, Wärmespeicher, intelligente Netze),
- Energie flexibel nutzen (Lastverschiebung, bidirektionales Laden von E-Fahrzeugen).

Durch die Einbindung in Smart Grids und die Nutzung dynamischer Tarife kann der Eigenverbrauch optimiert und das öffentliche Netz entlastet werden.

Meilenstein 5: Wiederbelebung des ländlichen Raums und regionale Wertschöpfung

Neben urbanen Verdichtungsstrategien gewinnt die Revitalisierung ländlicher Regionen zunehmend an Bedeutung. Viele ländliche Gebiete haben mit Abwanderung und Infrastrukturverfall zu kämpfen, obwohl sie wertvolle Potenziale für nachhaltiges Wohnen und Arbeiten bieten.

Strategien zur Wiederbelebung des ländlichen Raums sind

- Renovierung und Umnutzung leer stehender Gebäude für moderne Wohnformen,
- Einsatz regionaler, nachhaltiger Baustoffe zur Förderung der lokalen Wirtschaft,
- Integration erneuerbarer Energien und dezentraler Versorgungskonzepte, um autarke, resiliente Wohnsiedlungen zu schaffen.

Die ganzheitliche Sanierung von Gebäuden ist eine entscheidende Maßnahme zur Erreichung der Klimaneutralität im Gebäudesektor. Die hier beschriebenen Meilensteine bieten eine systematische Vorgehensweise, um Bestandsgebäude Schritt für Schritt auf eine 100 % erneuerbare Energieversorgung umzustellen. Die Kombination aus Lowtech-Prinzipien, Flächensuffizienz, NT-Readiness, Sektorenkopplung und regionaler Wertschöpfung bildet die Grundlage für eine zukunftsfähige, nachhaltige und energieeffiziente Bauweise. Nur durch einen integralen und interdisziplinären Ansatz kann der Wandel zu einem klimaneutralen Gebäudebestand erfolgreich gestaltet werden. In den Kapiteln 9.2 bis 9.6 werden Lösungsansätze für die einzelnen Bauepochen vorgestellt.

9.2 Gründerzeit (1900 bis 1918)

Kapitel 9.2 fokussiert sich darauf, auf die Gebäude der Gründerzeit mit ihrer spezifischen Bauweise und historischen Bedeutung sowie den damit einhergehenden Herausforderungen in der Sanierung die in Kapitel 9.1 vorgestellten Prinzipien bzw. Meilensteine anzuwenden, die die grundlegenden Voraussetzungen für die klimaneutrale Transformation des Gebäudebestands darstellen.

Die Gebäude dieser Epoche, oft gekennzeichnet durch dekorative Fassaden und robuste Baustrukturen, erfordern maßgeschneiderte Sanierungsansätze, um den heutigen energetischen Anforderungen gerecht zu werden, ohne ihren kulturellen Wert zu mindern. Kapitel 9.2 stellt Lösungen vor, die die architektonischen Merkmale erhalten, gleichzeitig aber innovative Technologien und Materialien integrieren, um die Energieeffizienz signifikant zu verbessern. Besondere Aufmerksamkeit wird auf die Integration von Dämmtechniken gelegt (siehe Kapitel 9.2.1), die sich harmonisch in die bestehende Bausubstanz einfügen, sowie auf die Modernisierung der Haustechniksysteme (siehe Kapitel 9.2.3), um eine ganzheitliche energetische Optimierung zu erreichen.

Diese spezifischen Sanierungslösungen demonstrieren, wie die in Kapitel 9.1 diskutierten Voraussetzungen in konkrete Projekte umgesetzt werden können, mit dem Ziel, historisch wertvolle Gebäude nicht nur zu erhalten, sondern sie als aktive Komponenten in einem nachhaltigen und klimaneutralen Energiekonzept zu etablieren.

9.2.1 Herausforderungen bei der Sanierung von Gründerzeitbauten

Gebäude aus der Gründerzeit (siehe Abb. 9.2) zeichnen sich durch die in Kapitel 4.1 beschriebenen Charakteristika aus. Eine Sanierung dieser Gebäude muss daher verschiedene Anforderungen berücksichtigen.

Strukturerhaltung und Denkmalschutz

Bei der Sanierung ist besonders darauf zu achten, dass die historischen Strukturen und Fassadenelemente erhalten bleiben. Dies erfordert oft eine enge Zusammenarbeit mit Denkmalschutzbehörden, um sicherzustellen, dass alle Maßnahmen den lokalen Vorschriften entsprechen.

Innendämmung

Aufgrund von Denkmalschutzauflagen ist es oft nicht möglich, die Außenfassade zu verändern. Innendämmungen bieten eine Möglichkeit, die thermische Hülle des Gebäu-

Abb. 9.2: Gründerzeitgebäude

des zu verbessern, ohne das äußere Erscheinungsbild zu beeinträchtigen. Dabei muss besonders auf die Vermeidung von Feuchteproblemen und die Wahrung der Atmungsaktivität der Wände geachtet werden.

Sanfte Modernisierung der Haustechnik

Die Installation moderner Heiz- und Lüftungssysteme sollte so erfolgen, dass die historische Substanz so wenig wie möglich beeinträchtigt wird. Versteckte Installationen oder die Nutzung bestehender Schächte können hier sinnvoll sein.

Empfohlene Kombination von Maßnahmen

Folgende Maßnahmen und Maßnahmenkombinationen tragen zur energetischen Optimierung bei:

- **Maßnahme Hülle (Installation von Isolierglasfenstern):** Der Austausch alter Fenster durch hochwertige Wärmeschutzglasfenster, die dem Stil der Gründerzeit entsprechen, kann erheblich zur Verbesserung der Energieeffizienz beitragen, ohne das ästhetische Erscheinungsbild zu stören.
- **Maßnahme TGA (Einsatz von Wärmepumpentechnologie):** ie Integration einer Wärmepumpe, insbesondere in Verbindung mit einer gut geplanten Innendämmung, bietet eine energieeffiziente Lösung zur Beheizung und Warmwasserversorgung, die die Umweltbelastung reduziert und gleichzeitig den historischen Charakter des Gebäudes respektiert.

Durch die Kombination dieser Maßnahmen wird nicht nur der Energieverbrauch signifikant reduziert, sondern es wird auch ein Beitrag zum Schutz und zur nachhaltigen Nutzung historischer Bausubstanz geleistet.

Abb. 9.3 und 9.4: Einfach verglastes Fenster

Abb. 9.5: Undichte Fenster

Abb. 9.6 und 9.7: Energetische Sanierung eines Teilfachwerkhauses zum Plus-Energie-Haus

Insbesondere einfach verglaste und undichte Fenster (siehe Abb. 9.3 bis 9.5) stellen eine erhebliche Schwachstelle in der Gebäudehülle dar. Sie führen nicht nur zu erhöhten Lüftungswärmeverlusten, sondern beeinträchtigen auch maßgeblich die thermische Behaglichkeit im Innenraum. Aufgrund ihrer geringen Wärmedämmfähigkeit weisen solche Fenster einen hohen *U*-Wert auf, was zu einem verstärkten Wärmeabfluss in der Heizperiode führt.

Zudem kommt es bei niedrigen Außentemperaturen häufig zu unangenehmen Kaltluftabfällen entlang der Fensterflächen, die als Zugluft empfunden werden. Diese Temperaturunterschiede zwischen der kalten Fensteroberfläche und dem beheizten Raum können zu einem ungleichmäßigen Wärmeempfinden und somit zu einem erhöhten Heizbedarf führen. Weiterhin steigt durch Kondensationsbildung an den kalten Fensterscheiben das Risiko für Feuchte- und Schimmelprobleme, insbesondere in schlecht belüfteten Räumen.

9.2.2 Fensteraustausch in Gründerzeitgebäuden

Bauphysikalische Wechselwirkungen beim Fensteraustausch in Gründerzeitgebäuden

Insbesondere einfach verglaste und undichte Fenster (siehe Kapitel 4.1.6) stellen eine erhebliche Schwachstelle in der Gebäudehülle dar. Der Austausch von Fenstern in Gründerzeitgebäuden ist eine anspruchsvolle Sanierungsmaßnahme, die unter bauphysikalischen Gesichtspunkten sorgfältig geplant werden muss. Unkoordinierte Eingriffe in das Fenster-Wand-System können zu Feuchteakkumulationen und Schimmelbildung führen, insbesondere wenn die neuen Fenster eine höhere Luftdichtheit aufweisen als die ursprünglichen, oft undichten Kastenfenster.

Ein wesentlicher Aspekt ist die Betrachtung der Wärmebrücken an der Fensterlaibung. In unsanierten Gründerzeitgebäuden besteht die Fassade häufig aus massivem Ziegelmauerwerk ohne Wärmedämmung, wodurch sich Temperaturunterschiede zwischen Fensterrahmen und Außenwand ergeben können. Wird ein hochdämmendes Fenster in eine ungedämmte Außenwand eingesetzt, kann es an den Fensterlaibungen zu kalten Oberflächen kommen, die das Risiko für Tauwasserbildung und Schimmelwachstum erhöhen.

Ganzheitliche Sanierungsstrategie: Betrachtung von Fenster und Fassade als Einheit

Um diese Probleme zu vermeiden, sollte der Fenstertausch nicht isoliert, sondern als Teil einer umfassenden Gebäudesanierung geplant werden. Ideal ist es, die Fenstererneuerung und die Fassadendämmung gemeinsam durchzuführen (siehe Abb. 9.6 und 9.7).

Abb. 9.8: Prinzipskizzen Fensteranschluss bei Innendämmung

Herausforderungen durch Denkmalschutz und alternative Lösungen

In vielen Fällen erschweren denkmalschutzrechtliche Vorgaben eine Außendämmung der Fassade. In solchen Situationen kann eine Innendämmung eine geeignete Alternative sein, um die energetische Qualität der Gebäudehülle zu verbessern. Allerdings muss die Innendämmung sorgfältig geplant und fachgerecht ausgeführt werden, um Feuchteprobleme und Bauschäden zu vermeiden. Abb. 9.8 visualisiert schematisch die Integration des Fensteranschlusses bei der Innendämmung.

Hierzu sind hygrothermische Simulationen erforderlich, die das Feuchteverhalten der Bauteile analysieren. Dabei werden unterschiedliche Einflussfaktoren wie Temperatur, Luftfeuchtigkeit, Dampfdiffusion und Kapillartransport berücksichtigt. Mit diesen Berechnungen können die geeignete Materialwahl und Schichtdicke der Innendämmung optimiert werden, um Bauschäden zu verhindern.

Empfohlene Maßnahmen zur Schadensvermeidung

Folgende Maßnahmen sollten bei dem Fensteraustausch berücksichtigt werden:

- Die Fensterlaibungen sind zu dämmen, um Wärmebrücken an den Anschlüssen zu reduzieren.
- Die Fenster sind außenseitig bündig zu setzen, um die thermische Hülle durchgängig zu gestalten, sodass Wärmebrücken an den Laibungen minimiert werden und der Anschluss an die Dämmebene optimiert wird.
- Kapillaraktive Innendämmstoffe (z. B. Kalziumsilikatplatten oder Holzfaserdämmung) sind zu verwenden, um Feuchtepufferung und Diffusionsoffenheit sicherzustellen.
- Luftdichte und dampfdiffusionsoffene Anschlüsse der Fenster sind sicherzustellen, um unkontrollierte Feuchtigkeitswanderung zu vermeiden.

Der Fensteraustausch in historischen Gebäuden der Gründerzeit erfordert eine ganzheitliche Betrachtung des gesamten Gebäudehüllsystems, um Feuchteprobleme, Schimmelbildung und Wärmebrücken zu vermeiden. Durch eine fachgerechte Planung auf Basis bauphysikalischer Berechnungen, insbesondere durch hygrothermische Simulationen, kann eine nachhaltige und energieeffiziente Sanierungslösung entwickelt werden, die sowohl den Komfort verbessert als auch den Erhalt der historischen Bausubstanz gewährleistet.

9.2.3 Effektive Energiekonzepte für die technische Gebäudeausrüstung in Gründerzeitgebäuden

Die energetische Sanierung von Gründerzeitgebäuden aus der Perspektive der TGA stellt eine besondere Herausforderung dar, da die technischen Anforderungen an moderne, energieeffiziente Systeme mit dem Erhalt der historischen Bausubstanz in Einklang gebracht werden müssen. Der Ansatz einer ganzheitlichen TGA erfordert daher eine sorgfältige Planung, die sowohl den denkmalpflegerischen Schutz als auch die Erhöhung der Energieeffizienz berücksichtigt. Grundlegend sollten 6 Ansätze berücksichtigt werden.

Heizsystem: effiziente Wärmeversorgung bei begrenztem Raumangebot

Gründerzeitgebäude zeichnen sich oft durch begrenzte Platzverhältnisse aus, beispielsweise durch das Fehlen von Vorgärten oder geeigneten Flächen für Außeneinheiten. Daher bieten sich alternative Wärmeversorgungsstrategien an.

Ein vielversprechender Ansatz ist der Anschluss an ein Wärmenetz, sofern ein solches in unmittelbarer Nähe verfügbar ist. Gebäudenetze oder gemeinschaftlich genutzte Erdsondenlösungen in angrenzenden Bürgersteigen können ebenfalls eine effiziente Möglichkeit darstellen, um eine nachhaltige und platzsparende Energieversorgung zu gewährleisten.

Darüber hinaus eignet sich die Sole-Wasser-Wärmepumpe besonders gut für Gründerzeitgebäude. Dieses System arbeitet effizient mit niedrigen Vorlauftemperaturen und erfordert minimale Eingriffe in die Gebäudestruktur. Aufgrund der hohen Decken und großzügigen Raumvolumina dieser Gebäude kann eine Flächenheizung (z. B. Wand-/ Decken- oder Fußbodenheizung) in Kombination mit optimierten Heizkörpern eine gleichmäßige Wärmeverteilung gewährleisten. Bestehende Heizkörper können dabei weitergenutzt und an Niedertemperatursysteme angepasst werden.

Lüftungssystem: Verbesserung der Raumluftqualität bei minimalem Eingriff

Um eine effiziente Luftzirkulation und Wärmerückgewinnung zu ermöglichen, sind dezentrale Lüftungssysteme mit WRG eine geeignete Lösung. Diese Systeme benötigen keine aufwendigen Lüftungskanäle und können direkt in die Außenwände integriert werden, um den historischen Charakter der Innenräume zu bewahren.

Eine weitere Möglichkeit besteht in der Nutzung vorhandener Schächte für eine zentrale Lüftungsanlage. In vielen Gründerzeitgebäuden existieren ehemalige Abluftkanäle oder ungenutzte Versorgungsschächte, die sich für eine moderne Lüftungslösung umnutzen lassen, wodurch bauliche Eingriffe reduziert werden können.

Klimatisierung: flexible Kühlstrategien für hohe Räume

Aufgrund der hohen Räume in Gründerzeitgebäuden kann sich warme Luft im oberen Bereich sammeln, was zu thermischem Unbehagen führt. Ein hybrides Klimatisierungssystem, das eine Wärmepumpe mit zusätzlichen Kühloptionen kombiniert, kann hier Abhilfe schaffen. Split-Klimageräte (siehe Kapitel 9.4.3) oder Deckenkühlungssysteme bieten eine sinnvolle Lösung, um eine angenehme Temperaturregelung zu gewährleisten, ohne das historische Erscheinungsbild der Räume zu beeinträchtigen.

Energieerzeugung: Nutzung erneuerbarer Energien mit Rücksicht auf die Bausubstanz

Die Integration von erneuerbaren Energien in die Energieversorgung ist ein zentraler Bestandteil eines nachhaltigen Energiekonzepts. Bei denkmalgeschützten Gebäuden müssen jedoch Lösungen gefunden werden, die den historischen Charakter des Gebäudes nicht beeinträchtigen.

Eine Möglichkeit besteht darin, PV-Anlagen auf weniger sichtbaren Dachflächen oder Solarziegel zu verwenden, die sich optisch in die bestehende Dachstruktur einfügen. Ergänzend kann Solarthermie zur Unterstützung der Warmwasserbereitung eingesetzt werden, idealerweise auf Nebengebäuden oder Dachflächen, die nicht direkt sichtbar sind.

Energiemanagement und Automation: intelligente Steuerung für maximale Effizienz

Die Implementierung eines intelligenten Gebäudemanagementsystems (Smarthome) ermöglicht eine bedarfsgerechte Steuerung von Heizung, Lüftung, Beleuchtung und Energieverbrauchern. Dabei können automatische Steuerungsalgorithmen auf Grundlage von Nutzerverhalten und Wetterprognosen eine optimale Energieeinsparung erzielen.

Eine zentrale Herausforderung in historischen Gebäuden ist die **unsichtbare Integration** dieser Technologien. Moderne Sensoren, Thermostate und Steuerungseinheiten können jedoch so installiert werden, dass sie keine optische Beeinträchtigung der historischen Innenräume verursachen.

Wasser- und Wärmedämmung: Minimierung von Energieverlusten

Um Wärmeverluste zu reduzieren, müssen insbesondere sichtbare und versteckte Rohrleitungen gedämmt werden. Eine nachträgliche Dämmung der Heiz- und Warmwasserleitungen trägt maßgeblich zur Energieeinsparung bei.

Ein weiterer wichtiger Aspekt ist die Wärmeschutzverglasung. Da der Erhalt der historischen Fenster oft gewünscht oder durch den Denkmalschutz vorgeschrieben ist, sollten spezielle Isolierglasfenster mit historischen Profilen eingesetzt werden. Diese ermöglichen eine deutliche Reduktion der Wärmeverluste, ohne das äußere Erscheinungsbild des Gebäudes zu verändern.

Die energetische Optimierung eines Gründerzeitgebäudes erfordert eine maßgeschneiderte Strategie, die den Erhalt der historischen Substanz mit den Anforderungen an eine moderne, energieeffiziente Gebäudetechnik vereint. Durch den gezielten Einsatz von erneuerbaren Energien, intelligenter Gebäudetechnik und effizienten Heiz- und Lüftungssystemen kann eine nachhaltige Sanierung erfolgen, ohne den architektonischen Charakter des Gebäudes zu beeinträchtigen.

9.3 Zwischenkriegszeit (1919 bis 1945)

Kapitel 9.3 richtet das Augenmerk auf die spezifischen Herausforderungen und Lösungen für die Sanierung von Gebäuden der Zwischenkriegszeit. In dieser Ära kam es gegenüber der Gründerzeit zu signifikanten technologischen Fortschritten sowie zu einer Veränderung der Baustandards, die neue Materialien und Konstruktionsmethoden mit sich brachten (siehe Kapitel 4.2).

In Deutschland entfallen rund 30 % des Gebäudebestands auf Gebäude, die zwischen 1919 und 1945 errichtet wurden. Die Sanierung dieser Gebäude mit den in Kapitel 4.2.1 beschriebenen Charakteristika stellt besondere Anforderungen an die Bauphysik. Eine umfassende energetische Ertüchtigung ist daher notwendig, um die Gebäudehülle zu optimieren, die Heizlast zu reduzieren und den Gebäudebestand schrittweise klimaneutral zu gestalten.

In Kapitel 9.3 werden daher die Fortschritte in der Bautechnik und im Baumanagement, die während der Zwischenkriegszeit eingeführt wurden, untersucht und analysiert, wie diese die Grundlagen für nachhaltige Sanierungslösungen bildeten. Das Kapitel zeigt auf, wie diese Entwicklungen genutzt werden können, um die heutigen Anforderungen an einen klimaneutralen Gebäudebestand zu erfüllen und gleichzeitig den historischen Wert und die architektonische Integrität der Bausubstanz zu bewahren.

Durch den Übergang von den soliden, aber energetisch oft ineffizienten Bauten der Gründerzeit zu den innovativeren und experimentelleren Ansätzen der Zwischenkriegszeit wird deutlich, wie wichtig die kontinuierliche Anpassung und Verbesserung von Sanierungstechniken in Bezug auf veränderte Rahmenbedingungen und Fortschritte in der Bautechnologie ist. Dieser evolutionäre Prozess bildet die Basis, auf der die modernen Anforderungen an Nachhaltigkeit und Energieeffizienz effektiv adressiert werden können.

Für Gebäude aus den Zwischenkriegsjahren, die oft durch eine Mischung aus traditionellen und modernen Bauweisen charakterisiert sind, ist eine sorgfältig abgestimmte Herangehensweise bei der Sanierung entscheidend. Diese Gebäude stellen eine einzigartige Herausforderung dar, da sie Elemente der Massenproduktion und des experimentellen Bauens der Moderne aufweisen.

Folgende Punkte sollten bei der Sanierung dieser Gebäude besonders beachtet werden:

- **Bewahrung der strukturellen Integrität:** Deren Erhalt durch gezielte Verstärkungen ist wichtig, besonders bei Gebäuden, die frühe Formen von Stahlbeton oder andere damals innovative Materialien verwenden.
- **Modernisierung der Energieeffizienz:** Trotz der damaligen Neuerungen in der Bauweise entsprechen viele dieser Gebäude nicht modernen Standards der Energieeffizienz. Eine umfassende Dämmung von Wänden, Dächern und Bodenplatten sowie der Austausch alter Fenster mit Isolierverglasung sind essenziell, um den Energieverbrauch zu senken und den Wohnkomfort zu erhöhen.
- **Installation moderner Technik:** Die Haustechnik in diesen Gebäuden ist häufig veraltet. Die Installation moderner HLK-Systeme, die weniger Energie verbrauchen und besser regulierbar sind, ist empfehlenswert.

Empfohlene Kombination von Maßnahmen der TGA und der Optimierung der Gebäudehülle

Folgende Maßnahmen und Maßnahmenkombinationen tragen zur energetischen Optimierung bei:

- **Maßnahme TGA (Installation von Zentralheizungssystemen):** Viele Gebäude der Zwischenkriegszeit wurden ursprünglich mit Einzelöfen oder rudimentären Heizsystemen ausgestattet (siehe Kapitel 4.2.7). Die Installation eines zentralen Heizsystems, idealerweise basierend auf erneuerbaren Energien wie einer Wärmepumpe, kann die Heizkosten drastisch senken und die Energieeffizienz verbessern.
- **Maßnahme Gebäudehülle (Wand, Dach):** Die Optimierung der Gebäudehülle durch Fassaden-, Dach- und Kellerdämmung ist ein entscheidender erster Schritt zur Reduzierung des Heizwärmebedarfs und zur Steigerung der Energieeffizienz eines Gebäudes. Die Fassadendämmung spielt dabei eine zentrale Rolle. WDVS bieten eine effiziente Methode, die Außenwanddämmung zu verbessern (siehe Kapitel 4.3.4). Diese Systeme sind nicht nur kosteneffektiv, sondern auch in der Lage, die Wärmedämmung signifikant zu erhöhen und dadurch die Energiekosten zu senken. Alternativ dazu können VHF (siehe Kapitel 7.4.4) eingesetzt werden, die mit nachhaltigen Dämmmaterialien wie Holzfaser oder Mineralwolle ausgekleidet sind. Diese Konstruktionen bieten neben der Wärmedämmung auch Vorteile hinsichtlich des Feuchtigkeitsmanagements und der Langlebigkeit der Fassade. Zusätzlich sollte das Dach energetisch optimiert werden und der Übergang Wand–Dach berücksichtigt werden.
- Für denkmalgeschützte Gebäude, bei denen äußere Eingriffe oft nicht möglich oder erwünscht sind, bietet sich die Verwendung von **kapillaraktiven Innendämmungen** an. Diese Materialien sind speziell dafür entwickelt, Feuchtigkeitsprobleme zu vermeiden, indem sie überschüssige Feuchtigkeit aus dem Mauerwerk aufnehmen und diese sicher nach außen transportieren. Durch solche gezielten Maßnahmen kann die thermische Effizienz eines historischen Gebäudes verbessert werden, ohne dessen ästhetischen oder historischen Wert zu beeinträchtigen.

Durch die Kombination dieser Maßnahmen kann ein Gebäude der Zwischenkriegszeit effektiv saniert und an die Anforderungen moderner Energieeffizienzstandards angepasst werden, ohne dass sein historischer Charakter verloren geht.

9.3.1 Herausforderungen und bauphysikalische Besonderheiten der Zwischenkriegsarchitektur

Gebäude aus der Zwischenkriegszeit weisen bauliche und konstruktive Unterschiede auf, die bei der Sanierungsplanung beachtet werden müssen.

Außenwände

Herausforderungen und bauphysikalische Besonderheiten

Meist handelt es sich um massive Ziegelwände oder erstmals eingesetzte Hochlochziegel, oft ohne zusätzliche Dämmung.

Eine Außendämmung ist oft möglich, jedoch sind bei historischen Fassaden denkmalpflegerische Vorgaben zu berücksichtigen.

Sanierungslösung

Eine Innendämmung bei erhaltenswerter Fassadengestaltung erfordert kapillaraktive Baustoffe zur Vermeidung von Feuchteschäden.

Dach- und Geschossdecken

Herausforderungen und bauphysikalische Besonderheiten

Häufig handelt es sich um nicht oder nur unzureichend gedämmte Dachgeschosse, die erhebliche Wärmeverluste verursachen (siehe Kapitel 4.2.5).

In dieser Epoche wurden die ersten Stahlbetondecken eingeführt, die eine hohe Wärmeleitfähigkeit besitzen und Wärmebrücken bilden können.

Sanierungslösung

Eine Ertüchtigung kann durch Aufsparrendämmung oder Dämmung der obersten Geschossdecke zur Reduzierung von Transmissionswärmeverlusten erfolgen.

Fenster

Herausforderungen und bauphysikalische Besonderheiten

Meist sind einfach verglaste oder ungedämmte Kastenfenster vorhanden, die hohe Lüftungsverluste verursachen (siehe Kapitel 4.2.6).

Sanierungslösung

Die vorhandenen Fenster sollten gegen denkmalgerechte Holz- oder moderne Kunststofffenster mit Dreifachverglasung zur Optimierung der Energieeffizienz ausgetauscht werden.

Heizsysteme

Herausforderungen und bauphysikalische Besonderheiten

Ursprünglich waren häufig Einzelöfen oder Kohlekachelöfen vorhanden, später erfolgte eine Umstellung auf Zentralheizungen mit Kohle oder Öl (siehe Kapitel 4.2.7).

Sanierungslösung

Es ist ein Ersatz durch erneuerbare Wärmeerzeugung wie Wärmepumpen, Solarthermie oder Nahwärmekonzepte erforderlich.

Diese strukturellen und bauphysikalischen Besonderheiten müssen bei der Sanierungsstrategie berücksichtigt werden, um eine energieeffiziente und zugleich langfristig schadensfreie Lösung zu gewährleisten.

9.3.2 Sanierungsstrategien zur Erreichung der Klimaneutralität von Wohngebäuden der Zwischenkriegszeit

Die Komplettsanierung eines Gebäudes aus der Zwischenkriegszeit (siehe Abb. 9.9) umfasst eine Reihe von Maßnahmen, die darauf abzielen, die Energieeffizienz des Gebäudes erheblich zu verbessern und es an moderne Standards anzupassen.

Abb. 9.9: Komplettsanierung eines Gebäudes aus der Zwischenkriegszeit mit WDVS, Fensteraustausch und Anschluss an das Fernwärmenetz

Optimierung der Gebäudehülle durch Fassaden-, Dach- und Kellerdämmung

Die Verbesserung der thermischen Gebäudehülle ist der erste Schritt zur Senkung des Heizwärmebedarfs.

Fassadendämmung

WDVS bieten eine effiziente Möglichkeit zur Verbesserung der Außenwanddämmung.

Eine Alternative sind VHF mit nachhaltigen Dämmmaterialien (z. B. Holzfaser oder Mineralwolle).

Bei denkmalgeschützten Fassaden ist eine kapillaraktive Innendämmung vorzunehmen, um Feuchtigkeitsprobleme zu vermeiden.

Dachdämmung

Der Einsatz einer Aufsparrendämmung ist die effizienteste Lösung. Alternativ kommt eine Zwischensparrendämmung mit Holzfaserdämmplatten infrage.

Eine nachträgliche Dämmung der obersten Geschossdecke kann erfolgen, falls das Dachgeschoss unbeheizt bleibt.

Dämmung oberste Geschossdecke, Keller und Bodenplatte

Die Dämmung der obersten Geschossdecke zielt darauf ab, den Wärmeverlust nach oben zu verhindern, was besonders in den Wintermonaten relevant ist.

Eine Kellerdeckendämmung sorgt für die Minimierung des Wärmeverlusts zum unbeheizten Untergeschoss.

Falls möglich sollte eine Perimeterdämmung der Bodenplatte vorgenommen werden, um thermische Verluste im Erdgeschossbereich zu reduzieren.

Diese Maßnahmen sind entscheidend, um eine durchgängige Hülle rund um das Gebäude zu schaffen und so den Energieverbrauch für Heizung und Kühlung zu minimieren.

Fensteraustausch

Der Fensteraustausch ist ein kritischer Schritt zur Verringerung von Energieverlusten und zur Verbesserung des thermischen Komforts im Gebäude. Der Ersatz alter Fenster durch moderne, hochdämmende Fenster mit verbesserter Wärmeschutzverglasung minimiert nicht nur den Wärmedurchgang, sondern trägt auch zur Reduzierung von Lärm und verbesserten Sicherheitsmerkmalen bei.

Heizungssysteme für den Niedertemperaturbetrieb (NT-ready)

Um Gebäude dieser Epoche für erneuerbare Heizsysteme (z. B. Wärmepumpen) vorzubereiten, müssen die Vorlauftemperaturen gesenkt werden:

- Flächentemperiersysteme (Fußboden- oder Wandheizung) ermöglichen eine gleichmäßige Wärmeverteilung bei niedrigen Vorlauftemperaturen.
- Niedertemperatur-Heizkörper sind eine Alternative, falls eine Fußbodenheizung nicht realisierbar ist.
- Die Optimierung der Heizlast erfolgt durch hydraulischen Abgleich der Heizungsanlage.

Integration erneuerbarer Energien und Sektorenkopplung

Die Umstellung auf erneuerbare Energien ist ein zentraler Bestandteil der Klimaneutralität (siehe Kapitel 4.4.7):

- Wärmepumpensysteme (Luft-Wasser oder Sole-Wasser) dienen als nachhaltige Alternative zu fossilen Brennstoffen (siehe Abb. 9.10).
- PV- und Solarthermieanlagen dienen zur Nutzung von Sonnenenergie für Wärme- und Stromversorgung (siehe Abb. 9.11).
- Intelligente Energiemanagementsysteme (Smart Grid) tragen zur Optimierung des Eigenverbrauchs und Lastmanagements bei.
- Die bidirektionale E-Mobilität dient zur Einbindung von Elektrofahrzeugen in das Gebäudeenergiesystem.
- Der Anschluss an das Fernwärmenetz reduziert die Abhängigkeit von fossilen Brennstoffen und minimiert die CO_2-Emissionen. Fernwärme ist eine effiziente und umweltfreundliche Lösung zur Wärmeversorgung, da sie häufig durch die Nutzung von Abwärme aus industriellen Prozessen oder erneuerbaren Energiequellen erzeugt wird.

Verbesserung der Raumluftqualität durch moderne Lüftungssysteme

Die folgenden Maßnahmen dienen der Verbesserung der Raumluftqualität:

- Eine kontrollierte Wohnraumlüftung mit Wärmerückgewinnung minimiert Wärmeverluste durch manuelles Lüften.
- Dezentrale Lüftungssysteme dienen der einfacheren Nachrüstung bei Bestandsbauten.

Eine ganzheitliche Sanierungskonzeption für Wohngebäude der Zwischenkriegszeit (1919–1945) muss sowohl bauphysikalische Wechselwirkungen als auch den langfristigen Erhalt der Bausubstanz berücksichtigen.

Die Kombination aus effizienter Gebäudehülle, Niedertemperaturheizung, erneuerbaren Energien und intelligenter Lüftungstechnik kann diese Gebäude klimaneutral und zukunftssicher gestalten, ohne dabei den historischen Charakter und die architektonische Qualität zu beeinträchtigen.

Abb. 9.10: Kaskadierte Luft-Wasser-Wärmepumpe

Abb. 9.11: Solarthermiepanel

Durch eine integrale Planung und den Einsatz nachhaltiger Baustoffe kann der Gebäudebestand aus der Zwischenkriegszeit langfristig erhalten, energetisch optimiert und an die Klimaziele des 21. Jahrhunderts angepasst werden.

9.4 Gebäude der Nachkriegszeit (1945 bis 1978)

Nachdem die Architektur der Zwischenkriegszeit durch eine Mischung aus Innovation und traditionellen Techniken charakterisiert wurde, erlebte die Nachkriegszeit durch den erheblichen Bedarf an Wohnraum und den technologischen Fortschritt einen Bauboom (siehe Kapitel 4.3). Dieser Abschnitt der Baugeschichte brachte nicht nur eine große Anzahl an Neubauten mit sich, sondern auch die Einführung neuer Materialien und Konstruktionsmethoden, die das Potenzial besaßen, die Energieeffizienz der Gebäude signifikant zu verbessern.

Kapitel 9.4 beschreibt detailliert die Herausforderungen und Lösungen für die Sanierung von Gebäuden der Nachkriegszeit. Diese Gebäude, oft in Massenbauweise errichtet, spiegeln die damaligen wirtschaftlichen und sozialen Bedingungen wider und stellen heute besondere Anforderungen an die energetische Sanierung. Die Erfahrungen und technologischen Entwicklungen der Zwischenkriegszeit beeinflussten die Bauweisen dieser Zeit stark, was zu verbesserter Bausubstanz führte, die jedoch oft nicht den heutigen Standards der Energieeffizienz entspricht.

Kapitel 9.4 greift auf Kapitel 4.3 zurück, in dem dargestellt wird, wie die technologischen Fortschritte und die Veränderungen in den Lebensstandards nach dem Zweiten Weltkrieg zu neuen Bautechniken und Materialien führten, die heute im Rahmen klimaneutraler Sanierungskonzepte weiterentwickelt und optimiert werden. Die Nachkriegsgebäude bieten aufgrund ihrer strukturellen Eigenschaften und ihres umfangreichen Bestands ein erhebliches Potenzial für umfassende energetische Verbesserungen, die sowohl den Energieverbrauch reduzieren als auch den Wohnkomfort erhöhen.

Die Verknüpfung der historischen Entwicklungen mit modernen Sanierungstechniken in Kapitel 9.4 zeigt, wie aus den baulichen Herausforderungen der Nachkriegszeit innovative und nachhaltige Lösungen für den heutigen

Abb. 9.12: Zweifamilienhaus aus den 1970er-Jahren

Abb. 9.13: Zweifamilienhaus mit Wärmeverlusten im Dach, erkennbar an den geschmolzenen Schneeflächen

klimaneutralen Gebäudebestand entwickelt werden können.

Gebäude der Nachkriegszeit zeichnen sich häufig durch spezifische bauliche Merkmale und verwendete Materialien aus, die heutigen energetischen Standards nicht entsprechen.

Folgende Punkte sollten bei der Sanierung dieser Gebäude besonders beachtet werden:

- **Verbesserung der Wärmedämmung:** Viele Gebäude dieser Epoche wurden schnell und kostengünstig errichtet und weisen oft unzureichende Isolierungen auf. Eine Verbesserung der Wärmedämmung an Fassaden, Dächern und in Kellern kann den Energieverbrauch erheblich senken.
- **Fenstererneuerung:** Die ursprünglichen Fenster dieser Zeit sind häufig einfach verglast und führen zu hohen Wärmeverlusten. Der Austausch alter Fenster durch moderne, energieeffiziente Fenster mit Mehrfachverglasung kann die thermische Effizienz des Gebäudes deutlich verbessern.
- **Heizungssystem-Upgrade:** Viele dieser Gebäude sind mit veralteten Heizsystemen ausgestattet, die ineffizient sind und einen hohen Energieverbrauch haben. Ein Upgrade auf moderne Heiztechnologien wie Wärmepumpen oder zentral gesteuerte Heizsysteme kann die Energieeffizienz steigern und die Betriebskosten senken.

Empfohlene Kombination von TGA-Maßnahmen

Folgende Maßnahmen und Maßnahmenkombinationen tragen zur energetischen Optimierung bei:

- **Maßnahme TGA: Installation moderner Heiztechnologien:** Der Einbau moderner, effizienter Heizsysteme, wie z. B. Wärmepumpen, die sowohl heizen als auch kühlen können, trägt zur Reduktion des Energieverbrauchs und zur Steigerung des Wohnkomforts bei.
- **Maßnahme TGA: Erneuerung der Gebäudeautomation:** Die Implementierung einer fortschrittlichen Gebäudeautomation kann dazu beitragen, den Energieverbrauch zu optimieren, indem Heizung, Lüftung und Beleuchtung intelligent gesteuert werden. Dies führt zu einer weiteren Senkung der Energiekosten und erhöht die Anpassungsfähigkeit des Gebäudes an die Bedürfnisse der Bewohner.

Durch die Kombination dieser Maßnahmen kann ein Gebäude der Nachkriegszeit effektiv saniert und an die Anforderungen moderner Energieeffizienzstandards angepasst werden, was langfristig zu Kosteneinsparungen und einer verbesserten Wohnqualität führt.

Die Wohngebäude der Nachkriegsjahre (1945 bis 1978) stellen eine zentrale Herausforderung für die Erreichung eines klimaneutralen Gebäudebestands dar (siehe Kapitel 4.3.1). Nach dem Zweiten Weltkrieg führten der schnelle Wiederaufbau und die zunehmende Urbanisierung zu einer massenhaften Errichtung neuer Wohnbauten, die meist unter ökonomischem und materialtechnischem Druck entstanden. Diese Gebäude weisen aufgrund mangelnder Dämmstandards und veralteter Heiztechnik sehr hohe Energiebedarfe auf und sind für einen signifikanten Anteil der CO_2-Emissionen im Gebäudesektor verantwortlich.

Besonders prägend für diese Epoche sind:

- der Gebäudetyp E (Einfachstbauweise der frühen Nachkriegszeit), oft mit dünnwandigen Mauerwerkskonstruktionen und geringer thermischer Qualität (siehe Kapitel 4.3.1),
- Massenwohnungsbau und Großwohnsiedlungen der 1950er- bis 1970er-Jahre, errichtet aus Betonfertigteilen oder standardisierten Plattenbaukonstruktionen mit schlechten Dämmeigenschaften (siehe Kapitel 4.3.1),
- Ein- und Zweifamilienhäuser in urbanen und suburbanen Gebieten, die heute besonders häufig von individuellen Sanierungsmaßnahmen betroffen sind (siehe Abb. 9.12 und 9.13).

Häufig wurden diese Gebäude schon teilsaniert, jedoch ohne die Funktionsschichten wie Luft- und Winddichtheitsebene.

Um diese Gebäude klimaneutral umzurüsten, sind ganzheitliche Sanierungsstrategien erforderlich, die sowohl die Optimierung der Gebäudehülle als auch den Einsatz erneuerbarer Energien und effizienter Heizsysteme umfassen.

9.4.1 Herausforderungen bei der energetischen Sanierung von Nachkriegsbauten

Wohngebäude aus der Nachkriegszeit haben spezifische bautechnische und energetische Defizite, die bei der Sanierung berücksichtigt werden müssen.

Mangelhafte Wärmedämmung

Die Außenwände bestehen meist aus Hochlochziegeln, Kalksandstein oder Beton, ohne jegliche Dämmung.

Über Fassaden, Dächer und Kellerdecken treten sehr hohe Transmissionswärmeverluste auf.

Die Fenster sind mit einfacher oder älterer Isolierverglasung ausgestattet und weisen oft undichte Fugen und Wärmebrücken auf.

Hohe Energieverbräuche und ineffiziente Heizsysteme

Ursprünglich kamen oft Einzelöfen mit Kohle oder Holz zum Einsatz (siehe Kapitel 4.1). Später erfolgte die Umrüstung auf Öl- oder Gasheizungen, die heute nicht mehr zeitgemäß sind.

Die Heizsysteme weisen hohe Vorlauftemperaturen auf, die eine direkte Umstellung auf Wärmepumpentechnologie erschweren.

In Mehrfamilienhäusern und Großwohnsiedlungen liegt häufig eine unzureichende hydraulische Abstimmung der Heiznetze vor.

Baukonstruktive Besonderheiten

Häufig besteht eine fehlende Luftdichtheit der Gebäudehülle, was zu hohen Lüftungswärmeverlusten führt.

Feuchteschutzprobleme treten bei Bauwerken dieser Epoche auf, insbesondere bei Plattenbauten und Stahlbetonkonstruktionen aufgrund ungenügender bauphysikalischer Eigenschaften.

In älteren Gebäuden liegen Asbestbelastungen und Schadstoffe vor, die eine fachgerechte Sanierung erfordern.

9.4.2 Ganzheitliche Sanierungsstrategien für klimaneutrale Nachkriegsbauten

Verbesserung der Gebäudehülle durch Fassaden-, Dach- und Kellerdämmung

Eine effiziente Dämmung der Gebäudehülle ist der erste Schritt zur Reduzierung des Heizwärmebedarfs und damit zur Ermöglichung eines klimaneutralen Betriebs.

Fassadendämmung

WDVS sind die effektivste Lösung zur Reduktion von Wärmeverlusten.

VHF bieten Vorteile hinsichtlich Feuchteschutz und Langlebigkeit.

Bei denkmalgeschützten Fassaden oder ästhetischen Vorgaben ist eine kapillaraktive Innendämmung die Alternative.

Dachdämmung

Flachdächer aus der Nachkriegszeit sollten nachträglich mit Hochleistungsdämmstoffen (PUR, PIR, Vakuumdämmung) versehen werden.

Steildächer können durch Aufsparren- oder Zwischensparrendämmung energetisch ertüchtigt werden.

Abb. 9.14: Optimierung der Wärmeverteilung: Installation von Hocheffizienzpumpen im Zuge des hydraulischen Abgleichs

Abb. 9.15: Pelletheizung als moderne Biomasseanlage

Bodensanierung und Kellerdämmung

Eine Kellerdeckendämmung sollte zur Minimierung der Wärmeverluste in Erdgeschosswohnungen vorgenommen werden.

Eine Perimeterdämmung dient der Verbesserung der thermischen Qualität von Bodenplatten in Einfamilienhäusern.

Heizungsmodernisierung und NT-ready-Konzepte

Die Umstellung auf erneuerbare Heizsysteme erfordert eine Optimierung der Heizlast und die Vorbereitung auf Niedertemperaturbetrieb (NT-ready). Dies erfolgt durch

- einen hydraulischen Abgleich der Heizsysteme, um eine gleichmäßige Wärmeverteilung zu gewährleisten (siehe Abb. 9.14),
- die Erhöhung der Heizflächen durch den Einbau von Flächenheizungen (Fußboden- oder Wandheizung) oder größere Niedertemperatur-Heizkörper,
- die Umstellung auf Wärmepumpensysteme, die bei optimierten Gebäuden mit geringer Vorlauftemperatur effizient betrieben werden können,
- Umstellung auf eine Biomasseheizung, z. B. auf eine Pelletheizung (siehe Abb. 9.15), die auch mit höheren Vorlauftemperaturen betrieben werden kann,
- Hybridheizsysteme, bei denen Wärmepumpen mit Solarthermie oder Biomasse ergänzt werden.

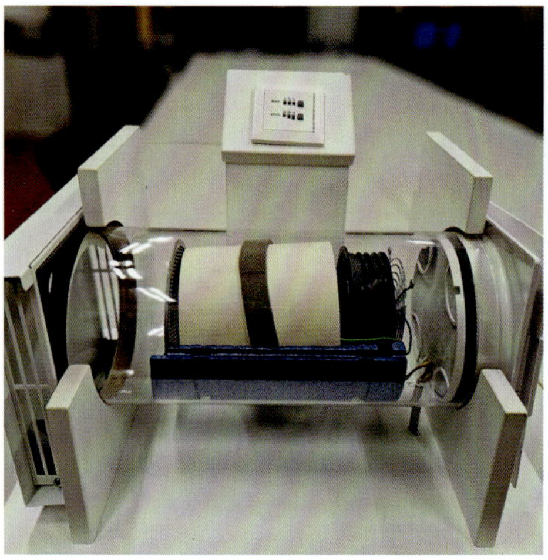

Abb. 9.16: Dezentrale KWL mit WRG

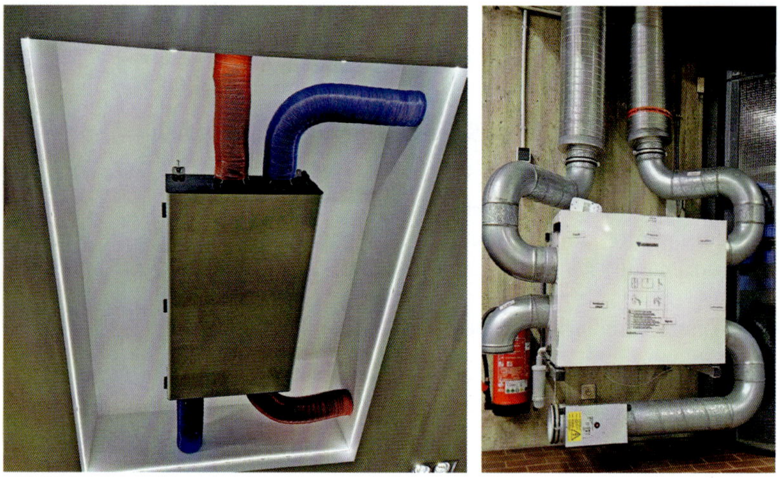

Abb. 9.17 und 9.18: Zentrale KWL mit WRG

Integration erneuerbarer Energien und Sektorenkopplung

Um den CO_2-Fußabdruck der Gebäude zu minimieren, ist die Nutzung erneuerbarer Energien unerlässlich:

- PV-Anlagen auf Dach- und Fassadenflächen dienen der Eigenstromnutzung.
- Batteriespeicherlösungen ermöglichen eine autarke Stromversorgung.
- Die Kombination von PV-Anlagen mit Wärmepumpen steigert die Effizienz des Gesamtsystems.
- Bidirektionale E-Mobilität ermöglicht es, Elektrofahrzeuge als Energiespeicher für das Gebäude zu nutzen.

Lüftungskonzepte zur Sicherstellung der Luftqualität

Durch die Sanierung der Gebäudehülle wird die Luftdichtheit erhöht, wodurch ein kontrolliertes Lüftungssystem erforderlich wird. Hierzu zählen

- dezentrale KWL-Anlagen mit WRG für Nachrüstlösungen in Bestandsbauten (siehe Abb. 9.16),
- zentrale Lüftungssysteme mit hocheffizienter Wärmerückgewinnung für größere Mehrfamilienhäuser (siehe Abb. 9.17 und 9.18),
- CO_2- und Feuchtesensoren zur intelligenten Steuerung der Lüftung.

Die energetische Sanierung von Wohngebäuden der Nachkriegsjahre (1945 bis 1978) ist essenziell, um die Klimaziele im Gebäudesektor zu erreichen. Diese Gebäude weisen hohe Energiebedarfe, mangelhafte Dämmung und ineffiziente Heizsysteme auf und müssen durch eine Kombination aus hocheffizienter Gebäudehülle, erneuerbaren Energien und intelligenter Heiztechnik klimaneutral gestaltet werden.

Durch die Anwendung moderner Dämmkonzepte, die Umstellung auf Niedertemperaturheizungen, die Integration erneuerbarer Energien und optimierte Lüftungssysteme kann eine langfristig nachhaltige und wirtschaftliche Sanierung erreicht werden.

Somit wird dieser Gebäudebestand nicht nur energetisch optimiert, sondern auch komfortabler, wirtschaftlicher und fit für die Zukunft gemacht.

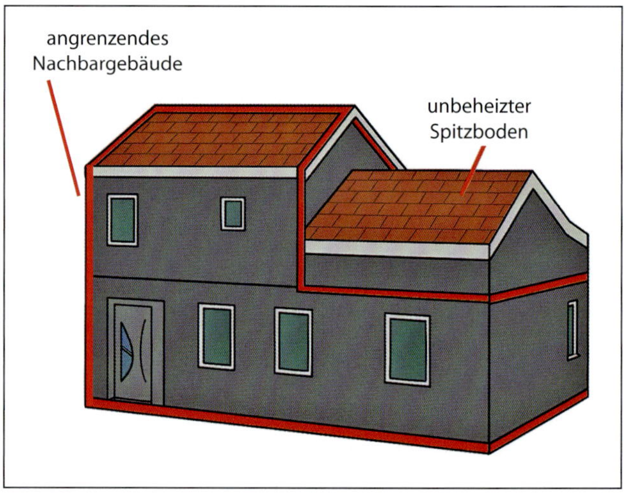

Abb. 9.19: CAD-Zeichnung eines Einfamilienhauses aus den 1960er-Jahren

9.4.3 Sanierungsbeispiel: Einfamilienhaus aus den 1960er-Jahren

In diesem Projekt wird der Weg zu einem klimaneutralen Gebäudebestand am Beispiel der Transformation eines Gebäudes aus den 1960er-Jahren aufgezeigt (siehe Abb. 9.19). Ziel ist es, den energetischen Transformationsprozess unter den Gesichtspunkten der Nachhaltigkeit, der autarken Energieversorgung und der Nutzung erneuerbarer Energien umzusetzen. Dabei sollen Strategien, die auf Lowtech- und Low-Budget-Ansätzen basieren, berücksichtigt werden.

Das Ziel besteht darin, ein 1960 erbautes und mit Flüssiggas beheiztes Haus mit einem Budget von 15.000 € für TGA in ein Plus-Energie-Haus zu verwandeln. Der Fokus liegt auf der Optimierung der Gebäudehülle, der Nutzung von Solarenergie sowie der Reduktion von grauer Energie und CO_2-Emissionen.

Eine vergleichende Berechnung des Gebäudes nach DIN 18599 gemäß den Anforderungen des GEG 2023, GEG 2024 und den MEPS (Europäische Kommission, 2020) illustriert die Schritte zum klimaneutralen Gebäudebestand. Der Schwerpunkt liegt auf der Bewertung und Optimierung der Bauteile und Konstruktionen der Gebäudehülle, mit dem Hauptziel, eine optimale Balance zwischen effizienter Tageslichtversorgung und der Vermeidung übermäßiger solarthermischer Belastung zu erreichen.

Die Sanierung des Bestandsgebäudes zielt darauf ab, die *U*-Wert-Anforderungen des GEG zu erfüllen. Hierbei werden handelsübliche Dämmstoffdicken und eine optimale Auswahl von Dämmstoffen eingesetzt. Die Sanierungsmaßnahmen umfassen das Anbringen zusätzlicher Dämmschichten an verschiedenen Bauteilen wie Außenwänden, Bodenplatten, Decken und Fenstern, um die Wärmeverluste zu minimieren. Durch diese Maßnahmen wird der Endenergiebedarf des Gebäudes signifikant gesenkt, obwohl es in der Energieeffizienzklasse H (vgl. Tabelle 9.1) verbleibt. Der Heizwärmebedarf und die Anlagenverluste werden erheblich reduziert, während der Warmwasserbedarf konstant bleibt. Die Einsparung bei der Endenergie liegt bei etwa 23 %, was auch zu einer proportionalen Reduzierung der Primärenergie und CO_2-Emissionen führt.

Im Rahmen der MEPS-Anforderungen werden ebenfalls Sanierungsmaßnahmen analysiert, wobei hochwertige Dämmmaterialien mit verbesserter Wärmeleitfähigkeit eingesetzt werden. Trotz der überdurchschnittlichen *U*-Werte und der erheblichen Verbesserung der Dämmung verbleibt das Gebäude jedoch in der Energieeffizienzklasse G (vgl. Tabelle 9.1), sodass die MEPS-Anforderungen nicht erfüllt werden. Langfristig strebt die EU an, den gesamten Gebäudebestand bis 2045 auf die Energieeffizienzklasse A anzuheben (vgl. Tabelle 9.2).

Ein weiterer zentraler Aspekt der Konzeption ist die Tageslichtplanung (siehe Abb. 9.20). Diese hebt die Bedeutung der optimalen Nutzung des natürlichen Lichts im Entwurfsprozess hervor. Dabei müssen verschiedene Faktoren wie Raumproportionen, Fassadengestaltung, Sonnenschutzsysteme und Innenausbau berücksichtigt werden. Das Ziel ist es, im Winter den Einfall von Tageslicht zu maximieren und im Sommer einen effektiven Sonnenschutz zu gewährleisten. Die Planung des Tageslichteinfalls in den Räumen erfolgt unter Berücksichtigung der Bedürfnisse der Nutzer, um ein optimales Lichtklima zu schaffen. Dies wirkt sich positiv auf Gesundheit und Wohlbefinden aus und trägt gleichzeitig dazu bei, den Energieverbrauch für Beleuchtung und Kühlung zu senken.

Der sommerliche Wärmeschutz ist ebenfalls ein wichtiger Bestandteil des Konzepts. Es werden Maßnahmen ergriffen, um die sommerliche Aufheizung der Gebäude zu minimieren. Dies dient der Schaffung eines angenehmen Raumklimas und der Reduzierung des Energieaufwands für die Kühlung. Die Erfüllung der Anforderungen an den sommerlichen Wärmeschutz wird durch eine thermische Gebäudesimulation nachgewiesen.

Die Planungsphase beginnt mit der Erstellung des Lastprofils für den Haushaltsstrom und einer Analyse der Stromlastprofile im Winter und Sommer, um den Gesamtstrombedarf des Gebäudes einschließlich Mobilität, Heizung und Kühlung zu ermitteln (vgl. Tabelle 9.3).

Es werden Unterschiede in den Lastprofilen an Werktagen und Wochenenden identifiziert.

Abb. 9.20: Sanierung des Dachstuhls unter Berücksichtigung einer optimierten Tageslichtnutzung

Tabelle 9.1: Energieeffizienzklassen[1)] für Wohngebäude nach GEG, Anlage 10

Energieeffizienzklasse	Endenergieverbrauch in kWh/m^2 pro Jahr	Bewertung
A+	≤ 30	sehr energieeffizient (Passivhaus-Standard, Nullenergiehaus)
A	≤ 50	hohe Energieeffizienz (Effizienzhaus 40/55)
B	≤ 75	gute Energieeffizienz (modernisierte Neubauten)
C	≤ 100	durchschnittlicher Energieverbrauch (Effizienzhaus 85)
D	≤ 130	ältere, teils sanierte Gebäude
E	≤ 160	erhöhter Energieverbrauch (unsanierte Gebäude mit schlechter Dämmung)
F	≤ 200	hoher Energieverbrauch (typische unsanierte Altbauten)
G	≤ 250	sehr hoher Energieverbrauch (Altbauten ohne energetische Sanierung)
H	> 250	extrem hoher Energieverbrauch, **Worst-Performance-Building**

1) Diese Energieeffizienzklassen dienen der Einordnung von Wohngebäuden anhand ihres jährlichen Endenergiebedarfs. Gebäude in den Klassen A+ bis B gelten als energieeffizient, während Gebäude der Klassen F bis H einen hohen bis sehr hohen Energiebedarf aufweisen und als Sanierungsfälle gelten.

Tabelle 9.2: Entwicklung der MEPS-Anforderungen bis 2045

MEPS-Anforderungen	Jahr			
	2030	2033	2040	2045
Energieeffizienzklasse	E	D	B	A
Endenergie in $kWh/(m^2 \cdot a)$	≤ 160	≤ 130	≤ 75	≤ 50

Tabelle 9.3: Ermittlung Lastprofil Haushaltsstrom

Räume	Fläche in m²	Verbraucher	Anzahl in Stück	Leistung: Anschluss in W	Leistung: Betrieb in W	Nutzungsdauer in Stunden	Nutzungsdauer in Minuten	Verbrauch: Betrieb in Wh/h	Verbrauch: Standby in Wh/h	Verbrauch: täglicher Verbrauch in Wh	Gleichzeitigkeitsfaktor
Küche	5	Energiesparleuchte(n)	1	10	10	1,5	90	7,5	0	15	0,1
		Herdplatte	1	2.000	2.000	0,33	20	666,7	0	1.333	0,9
		Backofen	1	4.000	4.000	0,33	20	1.333,30	0	1.334	0,3
		Spülmaschine	1	2.500	270	2	120	270	0,3	547	0,3
		Kühl-Gefrier-Kombination	1	200	29	24	0	685	0,2	685	0,2
		Dunstabzug Umluft	1	150	150	0,33	19,8	49,5	0,3	49	0,3
		Kafeemaschine	1	1.000	1.000	0,1	6	100	0	311	0,1
		Toaster	1	1.000	1.000	0,067	4	66,7	0	67	0,1
		Mixer	1	600	600	0,033	2	20	0	20	0,1
		Mikrowelle	1	900	900	0,05	3	45	2,5	145	0,1
Bad	5	Energiesparleuchte(n)	1	10	10	3	180	30	0	30	0,1
		Föhn	1	2.200	1.200	0,067	4	80	0	80	0,2
Flur	5	Energiesparleuchte(n)	1	10	10	3	180	30	0	30	0,1
Wohnen/Essen	13	Energiesparleuchte(n)	1	26	26	3	180	78	0,5	78	0,1
		Fernseher	1	70	70	1	60	70	0,5	221	0,1
		Stereoanlage	1	1.000	1.000	0,5	30	500	0,5	1.011	0,1
		Router	1	12	8	24	0	1.440	0,8	192	0,1
Hauswirtschaft	5	Energiesparleuchte(n)	1	10	10	0,5	30	5	0	5	0,1
		Bügeleisen	1	2.200	1.800	0,167	10	300	0	300	0,3
		Waschmaschine	1	3.000	1.250	1,25	150	1.041,70	0,3	3.125	0,3
		Staubsauger	1	900	900	0,2	12	180	0	180	0,2
		Trockner	1	1.500	1.200	1,5	90	900	0	1.800	0,2
Schlafen	12	Energiesparleuchte(n)	1	24	24	1	60	24	0	24	0,1
		Smartphone	2	5	5	5	300	5	0	50	0,1
		Tablet	1	7	7	7	5	7	0	35	0,1
Kind	15	Energiesparleuchte(n)	1	30	30	5	300	30	0	150	0,1
		Fernseher	1	70	70	1	60	70	0,5	151	0,2
		Smartphone	1	5	5	5	300	5	0	30	0,1
		Tablet	1	7	7	7	5	7	0	35	0,1
		Radio	1	45	30	1	60	30	1,7	69	0,1
		Spielekonsole	1	310	150	0,5	30	75	1,4	107	0,1
Gesamt	**60**				**17771**					**12029**	

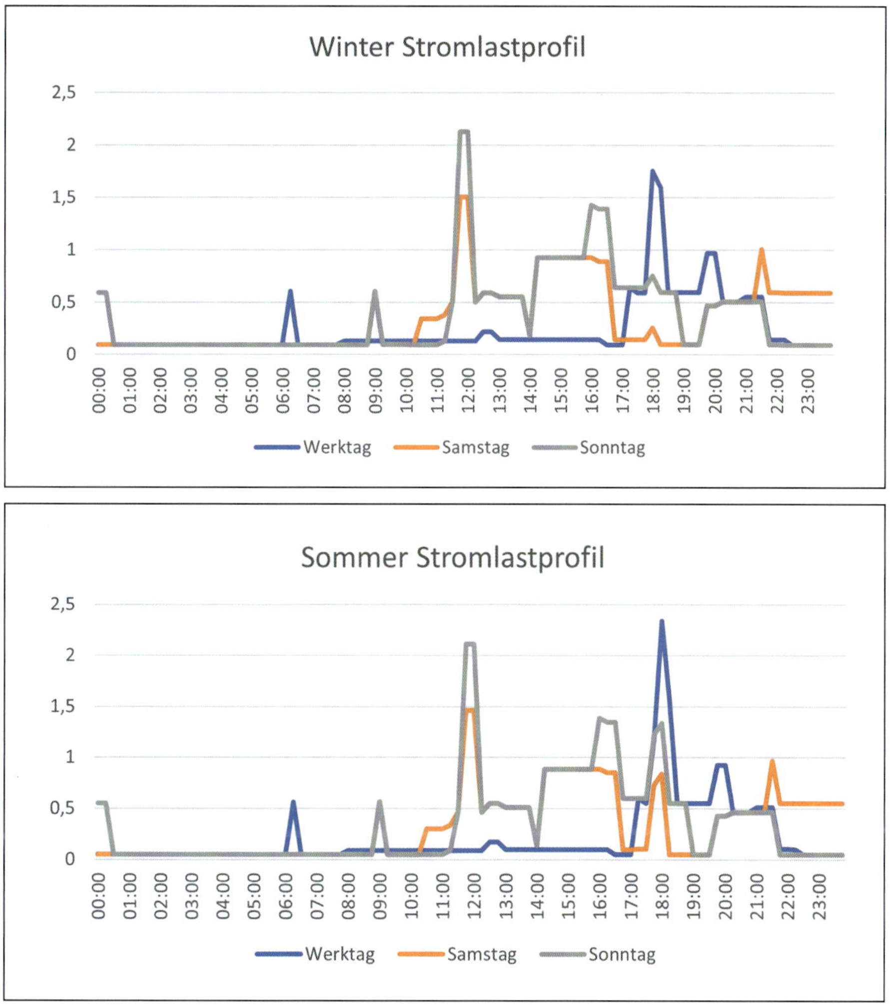

Abb. 9.21: Stromlastprofil Sommer und Winter

Bei der Betrachtung der Stromlastprofile für Winter und Sommer fällt auf, dass zwischen den Jahreszeiten in den Kurvenverläufen keine signifikanten Unterschiede bestehen, da der Alltag keine grundlegenden Veränderungen erfährt (siehe Abb. 9.21). Unterschiede treten lediglich in der Grundlast durch Heizung bzw. Kühlung und der Nutzung von Lampen auf, die aufgrund der LED-Technologie in den Graphen nicht deutlich hervorstechen. Die Unterschiede zwischen Werktagen und Wochenenden manifestieren sich darin, dass die Spitzenlasten an Werktagen hauptsächlich am Abend nach der Arbeit auftreten, insbesondere durch den Einsatz des Herdes sowie das Laden des E-Autos. Am Wochenende hingegen fallen die Spitzenlasten eher zur Mittagszeit an. Der Gesamtstrombedarf des Gebäudes inklusive Mobilität sowie Heizung und Kühlung beträgt ungefähr 9.800 kWh pro Jahr.

Es folgt ein detaillierter Vergleich der *U*-Werte im Ist- und Sollzustand der Außenwände, des Daches und der Bodenplatte. Das Ziel ist eine Optimierung der *U*-Werte, um die Gebäudehülle energetisch zu sanieren und einen Null-Emissions- bzw. Plus-Energie-Standard zu erreichen. Besonders wird auf die Herausforderungen und Möglichkeiten der Sanierung von erdreichberührten Bauteilen wie der Bodenplatte eingegangen.

Die Projektierung beinhaltet detaillierte Untersuchungen und Vorschläge zur Optimierung der Gebäudehülle und der Anlagentechnik.

2 Hauptvarianten werden betrachtet:

- Variante 1, die eine umfassende Sanierung der Gebäudehülle und eine Optimierung der technischen Anlagen vorsieht,
- Variante 2, die sich auf die Optimierung der Anlagentechnik ohne Änderungen an der Gebäudehülle konzentriert.

Die Maßnahmen zur energetischen Sanierung zielen darauf ab, durch einen bewusst gewählten Lowtech- und Low-Budget-Ansatz maximale Effizienzsteigerungen zu erreichen, ohne auf kostspielige Hightechlösungen angewiesen zu sein. Durch den gezielten Einsatz einfacher, bewährter Technologien und kosteneffizienter Materialien wird eine erhebliche Reduktion des Energieverbrauchs ermöglicht. Gleichzeitig bleiben die Investitionskosten auf einem wirtschaftlich vertretbaren Niveau. Dieser Ansatz betont die einfache Umsetzbarkeit, Langlebigkeit und die Möglichkeit zur Eigenleistung, sodass auch private Bauherren von den Maßnahmen profitieren können, ohne auf externe Fachkräfte angewiesen zu sein.

Wesentliche Maßnahmen in Variante 1 beinhalten die Verbesserung der *U*-Werte von Fenstern, Außenwänden und Bodenplatten sowie den Einsatz von PV-Anlagen, moderner Dämmmaterialien und einer solarbetriebenen Split-Klimaanlage. Diese Maßnahmen zielen darauf ab, den Wärmeverlust zu reduzieren, den Einsatz von Solarenergie zu maximieren und die CO_2-Emissionen zu minimieren.

Split-Klimanlagen

Eine Split-Klimaanlage besteht aus 2 räumlich getrennten Hauptkomponenten: einem Außengerät, das Wärme aus dem Inneren abführt, und einem oder mehreren Innengeräten, die die gekühlte Luft im Gebäude verteilen. Ist eine solche Anlage solarbetrieben, nutzt sie Solarenergie, um den Energieverbrauch zu minimieren und die Umweltbelastung zu reduzieren. Dies macht sie zu einer nachhaltigen Option für Klimatisierung.

9.4.3.1 Maßnahmen an der Gebäudehülle

Dach

Um die energetische Qualität des Daches zu verbessern, wird eine Kombination aus Zwischensparren- und Untersparrendämmung mittels Holzfaserdämmplatten durchgeführt. Zunächst wird das Dämmmaterial zwischen die bestehenden Sparren geklemmt, um eine effektive Wärmedämmung zu erreichen. Zusätzlich wird auf der Raumseite eine Untersparrendämmung angebracht, die den Wärmeschutz weiter optimiert. Diese kombinierten Maßnahmen ermöglichen eine Reduktion des *U*-Wertes des Daches auf 0,14 W/(m² · K). Dadurch werden sowohl die Anforderungen des GEG als auch die Kriterien der Bundesförderung für effiziente Gebäude (BEG EM) erfüllt (vgl. Tabelle 9.4).

Ein wesentlicher Vorteil dieser Dämmstrategie liegt in der Möglichkeit der weitgehenden Eigenleistung, was erhebliche Kosteneinsparungen ermöglicht. Trotzdem müssen bei der Umsetzung entscheidende Aspekte berücksichtigt werden. Zunächst ist sicherzustellen, dass die Dachkonstruktion vor Beginn der Dämmarbeiten vollständig trocken ist, um Feuchtigkeitsansammlungen und damit verbundene Schimmelbildung zu vermeiden. Darüber hinaus ist eine sorgfältige Verarbeitung des Dämmmaterials essenziell, um Wärmebrücken zu verhindern und eine durchgehende Dämmwirkung zu gewährleisten. Die fachgerechte Installation der Dampfsperre, die luftdicht angebracht werden muss, ist ein weiterer zentraler Punkt, um Feuchtigkeitsschäden innerhalb der Konstruktion auszuschließen. Insbesondere alle Überlappungen und Anschlüsse sind präzise zu verkleben, um eine langfristige Funktionsfähigkeit der Dämmung sicherzustellen.

Der Einsatz von Holzfaserdämmung bietet zahlreiche bauphysikalische und ökologische Vorteile, die sie zu einer besonders effizienten und nachhaltigen Wahl für die Gebäudedämmung machen. Aufgrund ihrer geringen Wärmeleitfähigkeit gewährleistet sie eine hohe Dämmleistung, wodurch Wärmeverluste reduziert werden und die Energieeffizienz des Gebäudes erheblich verbessert wird. Ihre diffusionsoffene Struktur ermöglicht eine natürliche Feuchteregulierung, indem sie Wasserdampf aufnimmt und wieder abgibt, wodurch das Risiko von Kondensationsschäden und Schimmelbildung minimiert wird. Darüber hinaus zeichnet sich Holzfaserdämmung durch ihre hohe Wärmespeicherfähigkeit aus, was insbesondere im Sommer von Vorteil ist. Sie verzögert den Wärmeeintrag in das Gebäude und sorgt so für effektiven Hitzeschutz. Ein weiterer bedeutender Vorteil liegt in der hervorragenden Schallabsorption, die durch die hohe Rohdichte des Materials erzielt wird und den Wohnkomfort durch eine spürbare Reduzierung von Lärmbelastungen verbessert. Zusätzlich handelt es sich bei Holzfaserdämmung um ein ökologisch nachhaltiges Produkt, da sie aus nachwachsenden Rohstoffen besteht und recycelbar ist.

Oberste Geschossdecke (Anbau)

Zur weiteren Verbesserung des Wärmeschutzes wird die oberste Geschossdecke von oben gedämmt. Diese Maßnahme reduziert den *U*-Wert der Decke auf 0,14 W/(m² · K), was den Anforderungen des GEG und der BEG EM entspricht (vgl. Tabelle 9.5).

Durch die vergleichsweise einfache Umsetzung besteht die Möglichkeit, diese Maßnahme in Eigenleistung durchzuführen, was zu einer deutlichen Reduzierung der Gesamtkosten führt. Für eine effektive Dämmung sind jedoch mehrere wichtige Aspekte zu berücksichtigen:

- **Lückenlose Verlegung des Dämmmaterials:** Es ist entscheidend, dass das Dämmmaterial ohne Unterbrechungen verlegt wird, da bereits kleinste Fugen zu Wärmeverlusten führen können und die Dämmwirkung erheblich beeinträchtigen (siehe Abb. 9.22).
- **Vermeidung von Kompression:** Die Dämmung darf nicht durch unkontrollierte Druckbelastungen komprimiert werden, da dies die Isolierfähigkeit verringern kann.

Tabelle 9.4: Bauteilaufbau Dach, Variante 1 – Low Budget

Aufbau		Baustoffe (warm nach kalt)	Dicke in cm	Lambda in W/(m · K)	*U*-Wert neu in W/(m² · K)	*U*-Wert nach GEG in W/(m² · K)	U-Wert nach BEG in W/(m² · K)
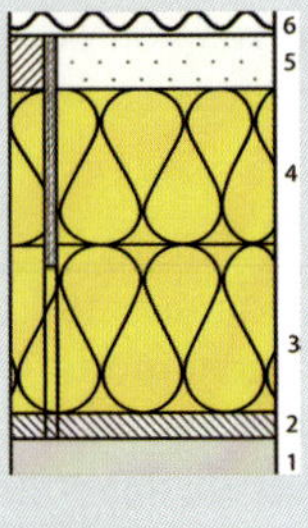	1	Verkleidung	2,00	0,250			
	2	Dampfsperre/Luftdichtheit	0,02	0,330			
	3	Holzfaserdämmplatte	14,00	0,036			
	4	Holzfaserdämmplatte Sparren	12,00	0,036 0,140	0,14	0,20	0,14
	5	Luftschicht	4,00	0,140			
		Dachlatten					
	6	Dachziegel	2,50	1,000			

- **Begehbarkeit:** Falls die oberste Geschossdecke begehbar bleiben soll, muss entweder ein druckfestes Dämmmaterial verwendet oder eine zusätzliche tragfähige Abdeckung, beispielsweise durch Verlegeplatten, installiert werden.
- **Dampfsperre:** Auf eine Dampfsperre kann in diesem Fall verzichtet werden, da die oberste Geschossdecke aus massivem Beton besteht und dieser selbst eine ausreichende Dampfbremse darstellt.

Fassade

Zur Verbesserung der Wärmedämmung und des äußeren Erscheinungsbildes wird die Fassade mit einem 4 cm starken Wärmedämmputz versehen. Dies resultiert in einer Reduzierung des *U*-Werts auf 0,71 W/(m² · K) im Altbau und 0,48 W/(m² · K) im Anbau. Trotz dieser Verbesserungen werden die Mindestanforderungen des GEG, die bei 0,24 W/(m² · K) liegen, nicht erreicht (vgl. Tabelle 9.6).

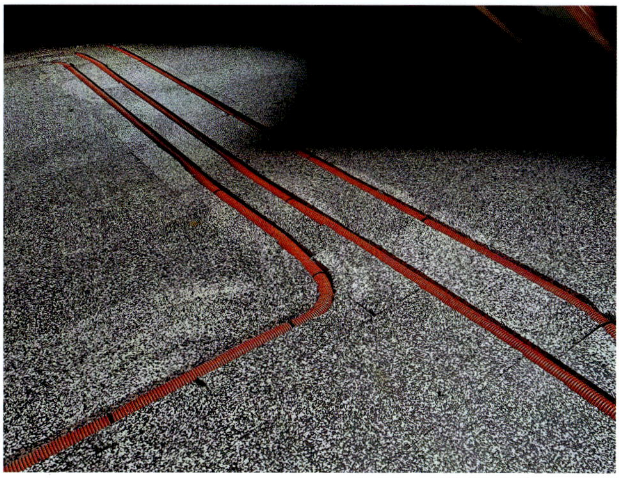

Abb. 9.22: Dämmung der obersten Geschossdecke

Tabelle 9.5: Bauteilaufbau oberstes Dachgeschoss, Variante 1 – Low Budge

Aufbau		Baustoffe (warm nach kalt)	Dicke in cm	Lambda in W/(m · K)	*U*-Wert neu in W/(m²·K)	*U*-Wert nach GEG in W/(m²·K)	*U*-Wert nach BEG in W/(m²·K)
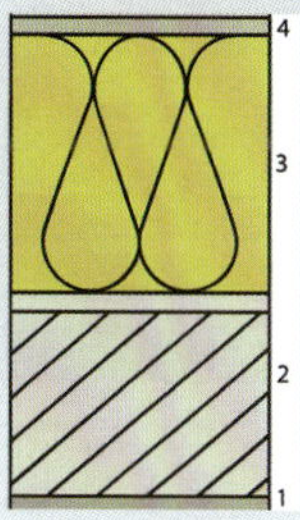	1	Kalkputz	1,00	1,000	0,14	0,20	0,14
	2	Betonplatte (Anbau)	15,00	2,500			
	3	Holzfaserdämmplatte	24,00	0,036			
	4	OSB-Platte	2,00	0,130			

Tabelle 9.6: Bauteilaufbau Fassade, Variante 1 – Low Budget

Bauteil	Aufbau		Baustoffe (warm nach kalt)	Dicke in cm	Lambda in W/(m · K)	*U*-Wert neu in W/(m²·K)	*U*-Wert nach GEG in W/(m²·K)	*U*-Wert nach BEG in W/(m²·K)
Außenwand Altbau	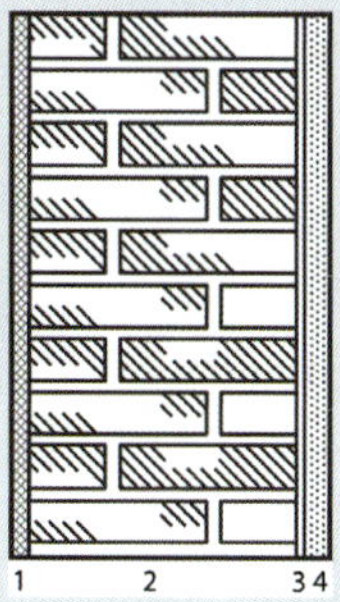	1	Innenputz	2,00	1,000	0,71	0,24	0,20
		2	Mauerwerk	36,50	0,680			
		3	Außenputz	1,50	1,000			
		4	Wärmedämmputz	4,00	0,060			
Außenwand Anbau		1	Innenputz	2,00	1,000	0,48	0,24	0,20
		2	Mauerwerk	20,00	0,680			
		3	Dämmschicht	2,00	0,035			
		4	Luftschicht	4,00				
		5	Mauerwerk	11,50	0,680			
		6	Außenputz	1,50	1,000			
		7	Wärmedämmputz	4,00	0,060			

Da das Auftragen von Wärmedämmputz spezielle Fachkenntnisse und eine präzise Verarbeitung erfordert, ist diese Maßnahme nur bedingt für die Eigenleistung geeignet.

Um die Tageslichtversorgung in den Innenräumen zu optimieren und den Energieverbrauch für künstliche Beleuchtung zu senken, wird im Zuge des Fenstertauschs die Fensterfläche vergrößert (siehe Abb. 9.23). Gleichzeitig erfolgt eine Absenkung der Brüstungshöhe auf 60 cm, wodurch nicht nur die natürliche Belichtung verbessert, sondern auch eine barrierefreie Nutzung der Fenster ermöglicht wird. Ergänzend hierzu wird die bestehende Hauseingangstür durch ein schwellenloses, energetisch optimiertes Modell ersetzt. Dies trägt nicht nur zur Energieeinsparung, sondern ebenfalls zur Verbesserung der Barrierefreiheit des Gebäudes bei.

Zur Optimierung der natürlichen Lüftung wird im Obergeschoss an der Nordwestseite des Gebäudes ein zusätzliches Fenster installiert. Im Erdgeschoss wird das vorhandene Fenster an derselben Seite durch eine Terrassentür ersetzt (siehe Abb. 9.24). Diese baulichen Anpassungen fördern eine effizientere Querlüftung, die den Luftaustausch innerhalb des Gebäudes verbessert und ein angenehmes Raumklima schafft (siehe Abb. 9.25).

9.4.3.2 Maßnahmen an der technischen Gebäudeausrüstung

Variante 2 hingegen fokussiert sich auf die Nutzung effizienter technischer Anlagen, wie Luft-Wärme-Pumpen und PV-Wasserboiler, um den Energiebedarf zu decken. Diese Variante sieht jedoch keine Änderungen an der Gebäudehülle vor, was zu einer weniger effektiven Energieeinsparung führt.

Diese passive Lüftungsstrategie ermöglicht den Verzicht auf ein mechanisches Lüftungssystem, was im Einklang mit dem Lowtech-Ansatz steht. Dadurch werden nicht nur der technische Aufwand, sondern auch die Investitions- und Betriebskosten reduziert. Diese Maßnahmen vereinen energetische Effizienz mit ökonomischer Nachhaltigkeit und barrierefreier Nutzung, was das Gebäude langfristig in Komfort und Funktionalität aufwertet.

Neben den Maßnahmen zur energetischen Sanierung und der Verbesserung der Barrierefreiheit ist ein effektiver sommerlicher Wärmeschutz essenziell, um ein angenehmes Innenraumklima zu gewährleisten und eine Überhitzung der Wohnräume zu vermeiden. Insbesondere während der Sommermonate kann die direkte Sonneneinstrahlung zu hohen thermischen Belastungen führen, die den Wohnkomfort beeinträchtigen und den Energiebedarf für aktive Kühlungssysteme erhöhen.

Ein zentraler Bestandteil des sommerlichen Wärmeschutzes ist der erhöhte Nachtluftwechsel. Durch diesen wird in den kühleren Nachtstunden kalte Außenluft in das Gebäude geleitet, was die Innenraumtemperaturen effektiv senkt. Dies verbessert nicht nur das Raumklima, sondern ermöglicht auch die effiziente Abfuhr von tagsüber in den Bauteilen gespeicherter Wärme. Die baulichen Anpassungen im Rahmen des Fenstertauschs, insbesondere die verbesserte Querlüftung durch das zusätzliche Fenster im Obergeschoss und die Terrassentür im Erdgeschoss, fördern diesen

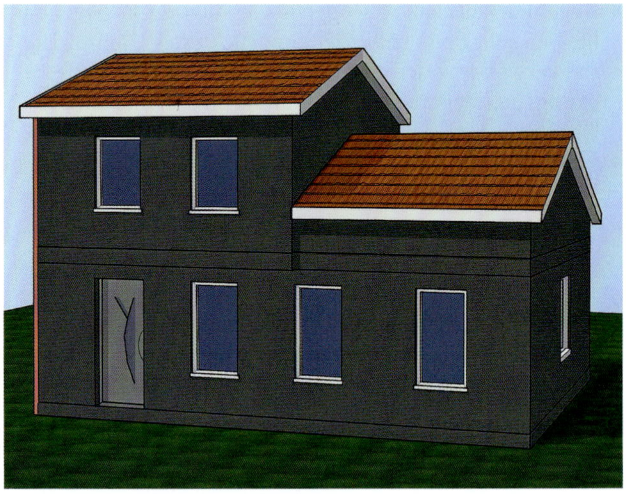

Abb. 9.23: Vergrößerte Fensterflächen

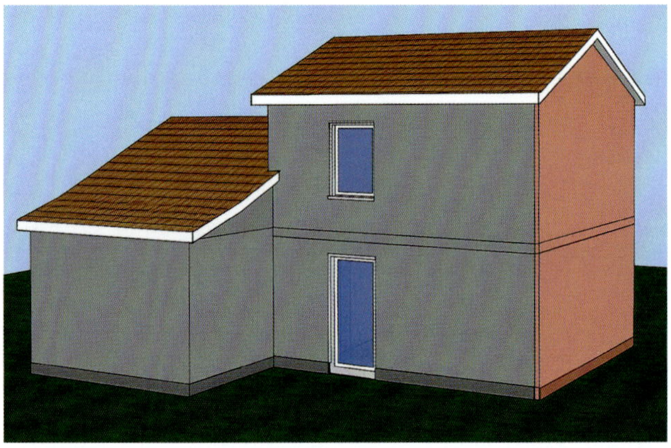

Abb. 9.24: Fenster zur Querlüftung im Obergeschoss

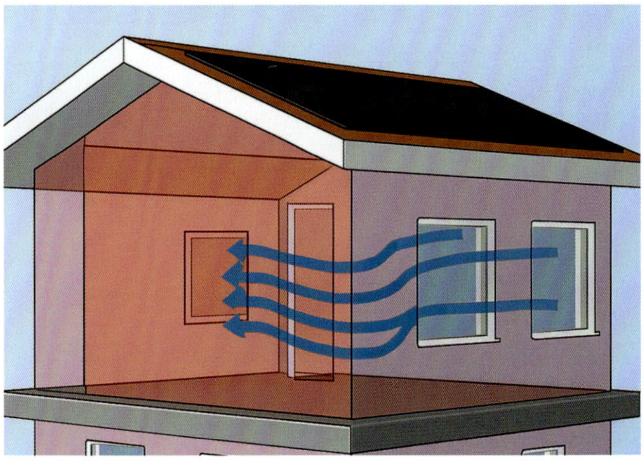

Abb. 9.25: Neue Luftströmungen nach zusätzlicher Fensteröffnung

natürlichen Kühleffekt und reduzieren damit den Bedarf an energieintensiven Klimatisierungslösungen.

Um den Wärmeeintrag zu minimieren und den thermischen Komfort zu optimieren, werden an den nach Südosten ausgerichteten Fenstern innen liegende, lichtreflektierende Jalousien installiert. Diese weißen Jalousien reduzieren die direkte Sonneneinstrahlung und mindern so die Aufheizung der Innenräume. Durch die Kombination aus intensiver Nachtlüftung und innen liegendem Sonnenschutz wird ein dauerhaft angenehmes Raumklima sichergestellt.

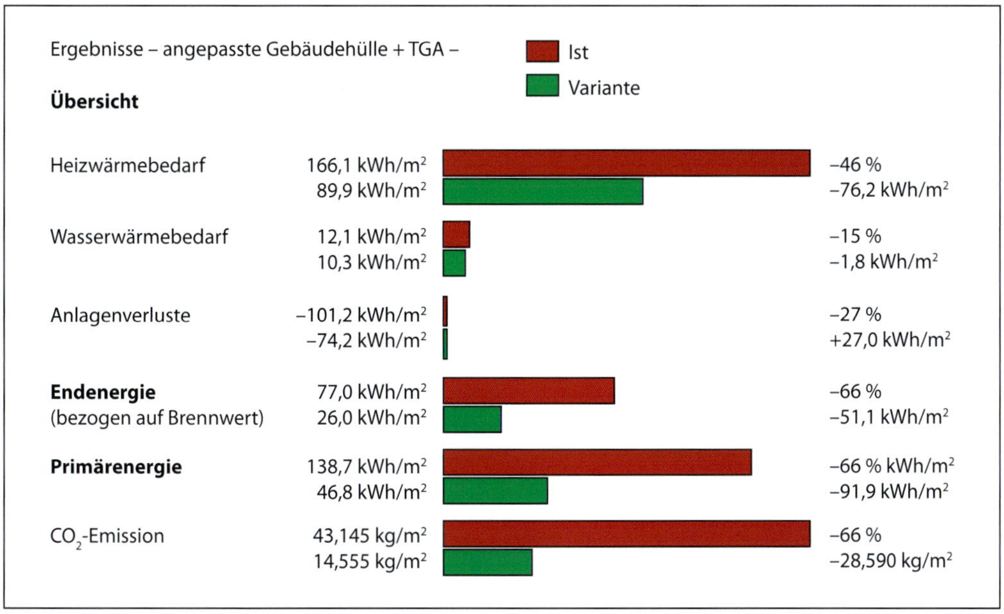

Abb. 9.26: Vergleich der Variante gegenüber Istzustand zur Optimierung der Gebäudehülle

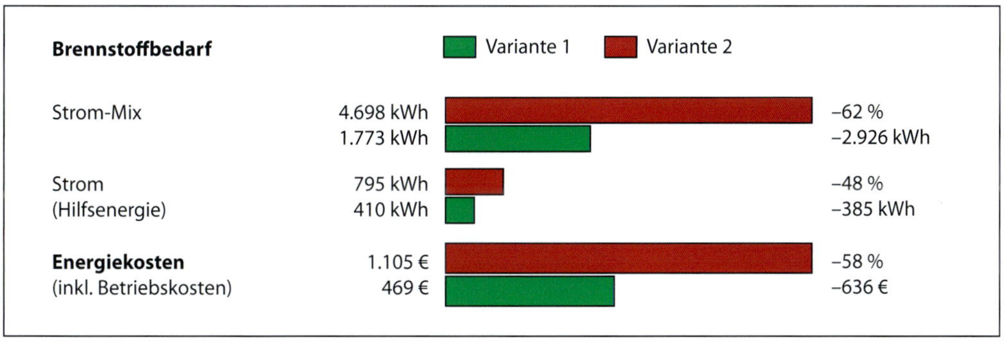

Abb. 9.27: Brennstoffbedarf

Die Wirksamkeit dieser Maßnahmen wird anhand der sog. Übergradstunden bewertet: Dieser Begriff beschreibt die Zeit-Temperatur-Überschreitung über einem definierten Grenzwert (z. B. 26 °C) im Innenraum. Je höher die Übergradstundenzahl, desto länger und stärker wurde dieser Komfortgrenzwert überschritten – ein Indikator für sommerliche Überwärmung.

Tabelle 9.7 zeigt die Ergebnisse einer thermischen Gebäudesimulation zur Ermittlung der Übergradstunden unter verschiedenen Szenarien der passiven Kühlung.

Tabelle 9.7: Simulation der Übergradstunden, Variante 1 – Low Budget

Raum	Geschoss	Zone	Übergradstunden mit Sonnenschutz/ Nachtlüftung	Bewertung
Büro	DG	beheizt	**374**	erfüllt
Schlafen	EG	beheizt	**1,1**	erfüllt
Küche	EG	beheizt	**0,4**	erfüllt

Die Verbesserung der Gebäudehülle hat einen signifikanten Einfluss auf den Heizungs- und Wasserwärmebedarf, die Anlagenverluste sowie die CO_2-Emissionen des Gebäudes. Wie der Variantenvergleich in Abb. 9.26 zeigt, reduziert sich der Heizwärmebedarf im Vergleich zu Variante 2 um 46 % auf 89,9 kWh/m². Der Wasserwärmebedarf beträgt bei Variante 2 12,1 kWh/m² und sinkt im Vergleich zu Variante 1 um 1,8 kWh/m², was einem Wert von 10,3 kWh/m² entspricht. Der Anlagenverlust, d. h. die Energieverluste, die in technischen Systemen oder Anlagen während des Betriebs auftreten, von Variante 2 liegt bei –101,2 kWh/m², während er bei Variante 1 nur –74,2 kWh/m² beträgt. Der CO_2-Ausstoß des Gebäudes konnte durch die Maßnahmen der Variante 1 um 66 % auf 14,55 kg/m² gesenkt werden.

Die Projektierung zeigt, dass Variante 1, die eine Kombination aus Sanierung der Gebäudehülle und Optimierung der technischen Anlagen beinhaltet, effektiver ist. Diese Variante führt zu einer deutlichen Reduzierung des Energiebedarfs und der CO_2-Emissionen im Vergleich zu Variante 2. Mithilfe der Gebäudesimulation durch die Hottgenroth-Energieberater-Software wurde festgestellt, dass der Heizenergiebedarf in Variante 1 signifikant geringer ist als in Variante 2 (siehe Abb. 9.27 und 9.28). Die verbesserte Gebäudehülle spielt eine entscheidende Rolle bei der Senkung des Energieverbrauchs und trägt erheblich zur Reduzierung der Heizkosten bei.

Heizenergiebedarf:	58,7 kWh	max. abgegebene Heizleistung:	0,27 kW (8. Dezember, 10–11 Uhr)
Heizenergieabgabe:	71,6 kWh	abgegebene Auslegungsheizleistung:	0,16 kW (23. Januar, 20–21 Uhr)
Kühlenergiebedarf:	59,9 kWh	max. abgegebene Kühlleistung:	0 kWh
Kühlenergieabgabe:	0 kWh	abgegebene Auslegungskühlleistung:	0 kWh
Wärmeabgabe Geräte und Beleuchtung:	1386 kWh	Betriebsstunden:	1268 h (Heizung), 0 h (Kühlung)
gesamte Energieabgabe:	1457,6 kWh (84,3 kWh/m²)		

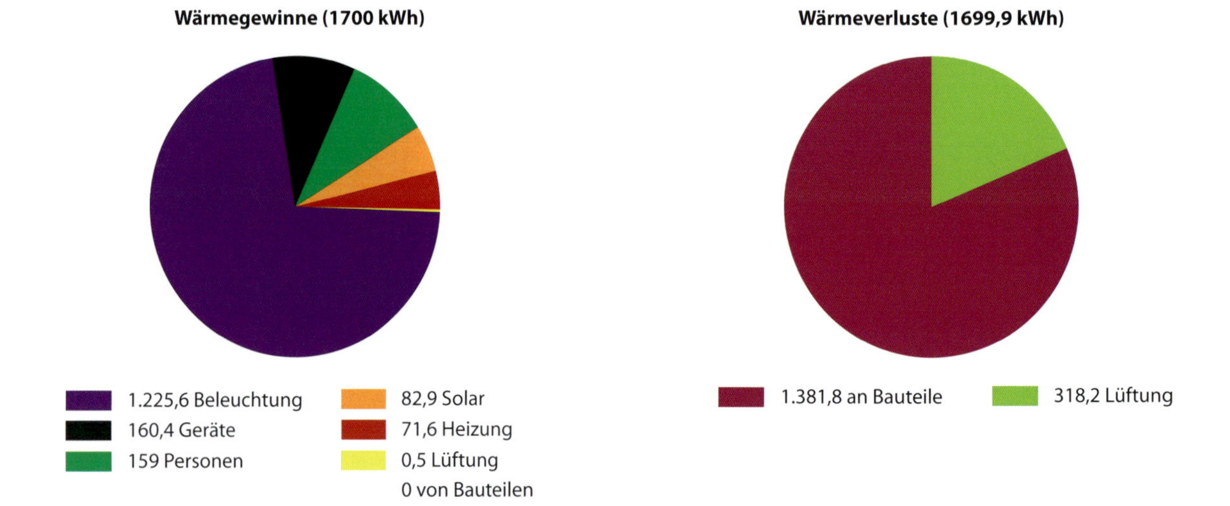

Abb. 9.28: Simulation der Heizlast im Obergeschoss

Diese Projektierung zeigt, dass die Kombination einer optimierten Gebäudehülle mit effizienten technischen Anlagen eine entscheidende Rolle bei der Reduzierung von Wärmeverlusten spielt und maßgeblich dazu beiträgt, den Energiebedarf des Gebäudes zu verringern. Dadurch wird die effektivere Nutzung erneuerbarer Energien ermöglicht. Ein solch ganzheitlicher Ansatz kann zu einem Nullemissionshaus führen, das nicht nur umweltfreundlich, sondern auch wirtschaftlich und komfortabel ist.

Im Zuge der Untersuchung wurden die Flächen analysiert und als Energieertragsflächen erweitert. Dazu gehören die Dach- und Fassadenflächen (siehe Abb. 9.29 und 9.30) sowie die Installation einer Zaun-PV-Anlage und eines Batteriespeichers.

Bei diesem Projekt handelt es sich um ein rein strombasiertes Konzept, das auf eine maximale photovoltaische Erzeugung und Optimierung des Eigenverbrauchs durch den Einsatz eines entsprechend dimensionierten Batteriespeichers abzielt. Ziel war es, technische Anlagen auszuwählen, die möglichst einfach (Lowtech) sind und gleichzeitig die Investitionskosten von 15.000 € (netto) für die eingesetzte Anlagentechnik nicht überschreiten (siehe Abb. 9.31). Dies wird durch ein Sanierungskonzept ermöglicht, das die gleichzeitige Optimierung der Gebäudehülle mit dem Ziel anstrebt, den Passivhausstandard weitestgehend zu erreichen.

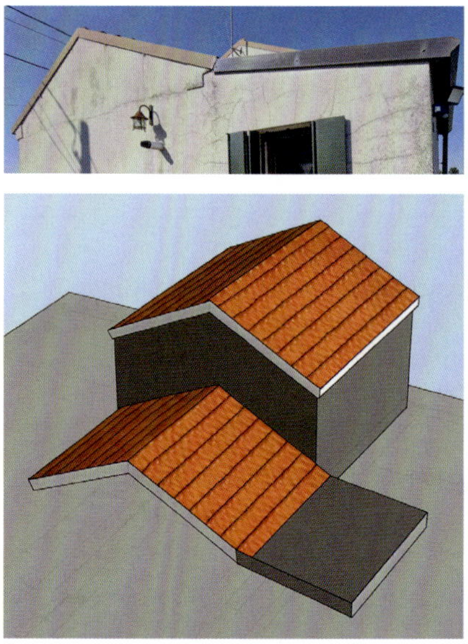

Abb. 9.29 und 9.30: Istzustand und CAD-Visualisierung der Dächer mithilfe der Software Hottgenroth HottCAD

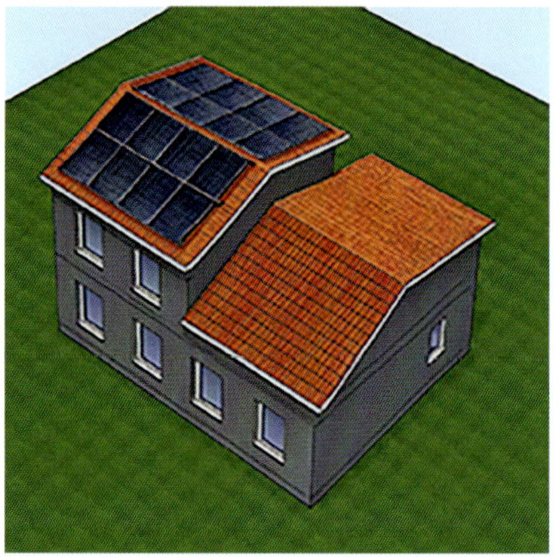

Abb. 9.31: PV-Anlage, Variante 1 – Low Budget

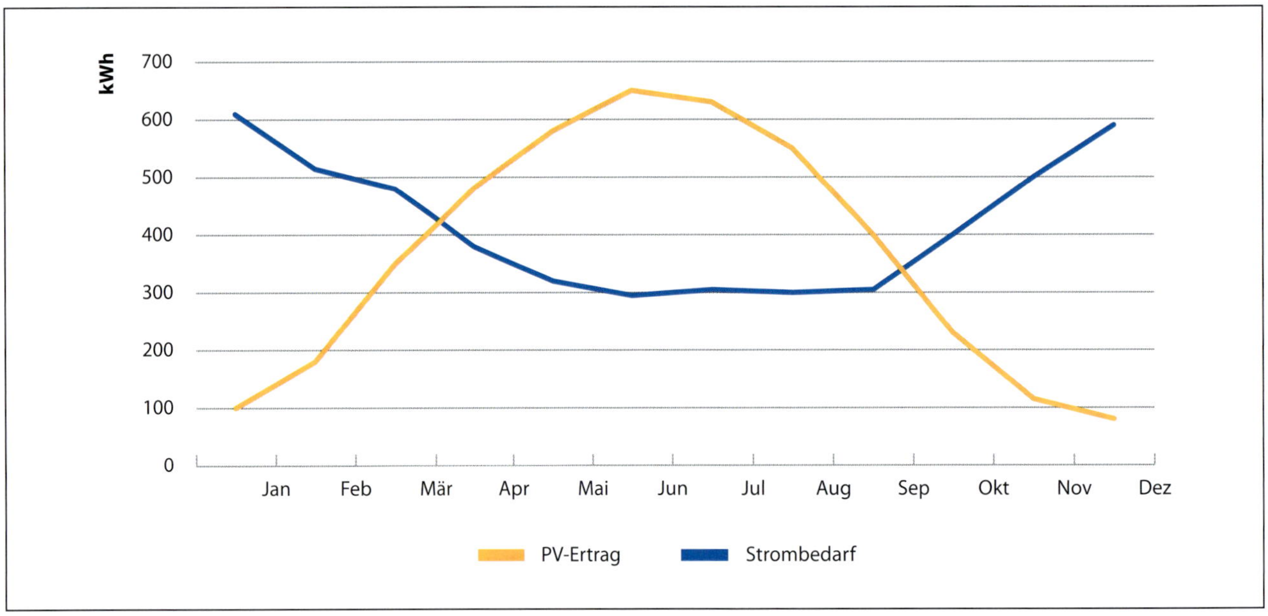

Abb. 9.32: PV-Ertrag und Strombedarf in Monatssummenwerten, Variante 1 – Low Budget

Luft-Luft-Wärmepumpe zur Beheizung und Kühlung

Für die Beheizung der Wohnräume wird eine Luft-Luft-Wärmepumpe installiert. Diese setzt sich aus einem Außengerät und mehreren Innengeräten zusammen, die in Küche, Schlafzimmer und Büro installiert werden. Neben der Heizfunktion verfügt die Wärmepumpe über eine integrierte Kühlfunktion für die Sommermonate. Im Heizmodus nimmt die Wärmepumpe Wärme aus der Außenluft auf und gibt sie an die Innenräume ab, während sie im Kühlmodus die Wärme aus den Innenräumen entzieht und nach außen abführt.

Infrarotheizung im Badezimmer

Im Badezimmer wird eine Infrarotheizung installiert, die auf dem Prinzip der Wärmestrahlung basiert und sofortige Wärmeabgabe nach dem Einschalten bietet. Dies ist besonders vorteilhaft im Badezimmer, wo oft nur kurzzeitig Wärme benötigt wird. Die gezielte Nutzung während der Bade- und Duschzeiten minimiert den Stromverbrauch und steigert die Energieeffizienz. Die Installation der Infrarotheizung ist einfach und kostengünstig, da sie keine aufwendigen Anschlüsse oder Rohrleitungen erfordert. Sie kann als Wand- oder Deckenheizung montiert werden und sogar in einen Spiegel integriert werden, um die Ästhetik des Raums zu bewahren.

Dezentrale Trinkwarmwasserbereitung

Für die Bereitstellung von Trinkwarmwasser werden dezentrale elektrische Warmwasserboiler in Küche und Badezimmer eingesetzt. Diese direkt am Verbrauchsort installierten Boiler vermeiden Leitungsverluste und führen zu einem geringeren Energieverbrauch. Ein besonderer Vorteil ist die Integration eines photovoltaischen Boilers, der den Energiebedarf für die Warmwasserbereitung direkt mit Solarstrom deckt. Der Gleichstrom aus der PV-Anlage erwärmt das Wasser direkt, ohne dass Wechselrichter oder Batteriespeicher benötigt werden. Diese direkte Nutzung erhöht die Eigenverbrauchsquote und optimiert den Gesamtenergieverbrauch. Bei unzureichender Sonneneinstrahlung sorgt eine automatische Nachheizung für eine kontinuierliche Warmwasserversorgung.

Für die Küche ist ein kleinerer Boiler mit geringerer Speicherkapazität vorgesehen, da hier üblicherweise nur begrenzte Mengen an Warmwasser benötigt werden.

Abb. 9.32 veranschaulicht den monatlichen Verlauf des Strombedarfs im Haushalt sowie den Ertrag der PV-Anlage, jeweils als Monatssummenwerte dargestellt. Es wird deutlich, dass beide Größen stark saisonabhängig sind. In den Wintermonaten steigt der Strombedarf an, während die Erträge der PV-Anlage aufgrund der geringeren Sonneneinstrahlung zurückgehen. In dieser Zeit ist der Haushalt verstärkt auf die Zufuhr von Netzstrom angewiesen. Im Gegensatz dazu erzeugt die PV-Anlage in den Sommermonaten mehr Strom, als der Haushalt verbraucht, was zu einem Überschuss an PV-Strom führt.

Das in Abb. 9.33 dargestellte Konzept illustriert die Integration der PV-Module als Erzeugerseite in Verbindung mit den Verbrauchern des Gebäudes. Alle erforderlichen Energieflüsse sind durch rote Pfeile dargestellt.

Die Trinkwassererwärmung wird ebenfalls in das Ziel einbezogen, sich von fossilen Brennstoffen zu entfernen. Dies erfolgt durch den Einsatz elektrifizierter Kleinspeichersysteme, die den Bedarf an Trinkwarmwasser vorwiegend solarelektrisch decken. Dabei werden Heizelemente genutzt, um das Wasser zu erwärmen und eventuelle Überschüsse zunächst ins Hausnetz einzuspeisen. Zu diesem Zweck wurden jeweils ein vorzugsweise photovoltaisch versorgtes Trinkwassererwärmungssystem mit Mikrowechselrichter in Bad und Küche installiert (siehe Abb. 9.34). Diese Systeme sind mit einem 80-l- bzw. einem 10-l-Pufferspeicher ausgestattet, die ihren Gleichstrom jeweils über 3 bzw. 1 PV-Modul auf dem Dach beziehen. Die in PV-Anlagen eingesetzte Technologie des Maximum Power Point Tracking (MPPT) gewährleistet die maximale Leistungsfähigkeit von Solar-

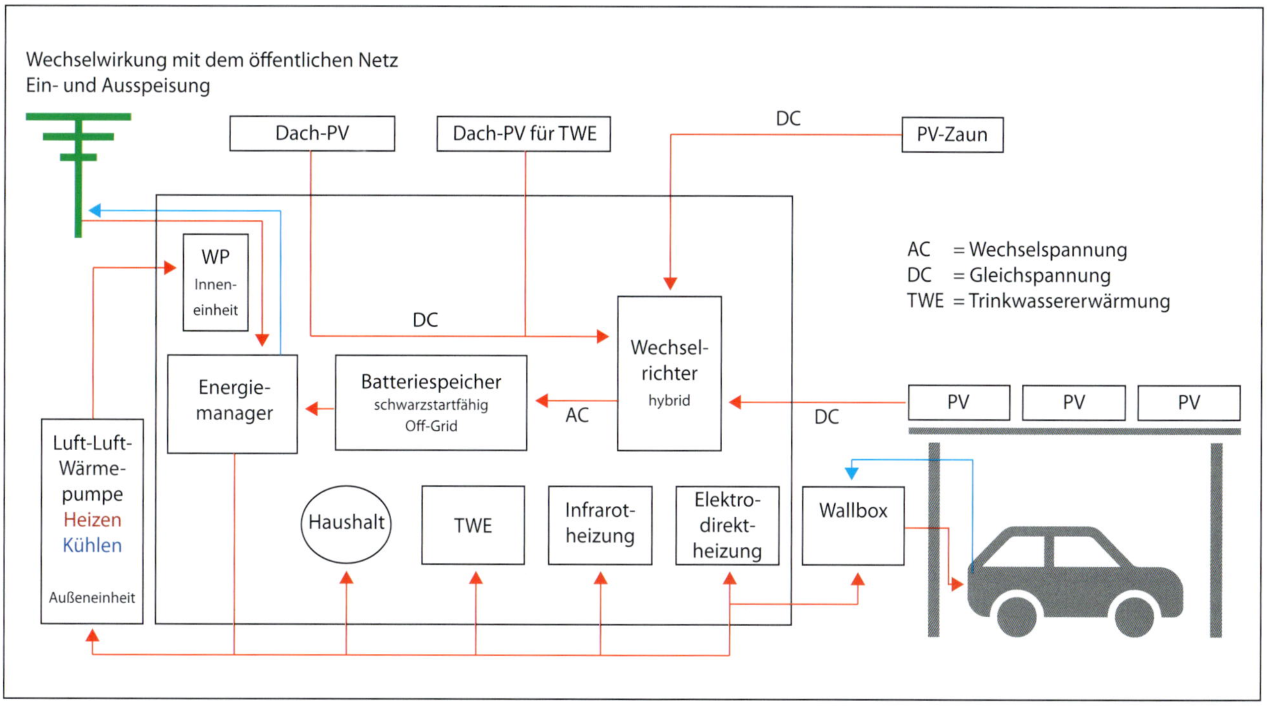

Abb. 9.33: Schema Energiekonzept, Teil 1: Heizen, Kühlen, Haushalt und Elektromobilität

Hauptmerkmale des eingesetzten Fothermo-PV-Boilers:

- **Energieeffizienz:** Durch die direkte Nutzung von Solarstrom können bis zu 95 % der jährlichen Warmwasserkosten eingespart werden. Ein 80-l-Hybridboiler in Kombination mit 2 Solarmodulen deckt hier einen 3-Personen-Haushalt ab.
- **Einfache Installation:** Die Plug-and-Play-Technologie ermöglicht eine unkomplizierte und sichere Installation ohne Eingriffe in die bestehende technische Infrastruktur.

Der Strom wird direkt zum Erhitzen des Wassers verwendet (siehe Abb. 9.35). Der eingebaute Mikrowechselrichter, in Kombination mit dem Energiemanager, übernimmt dabei die zeitliche Koordination des Lastenmanagements zwischen eigenproduziertem Strom und Netzbezug.

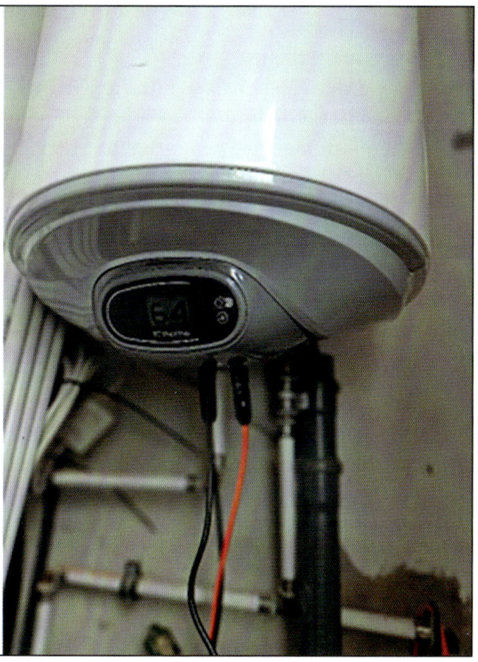

Abb. 9.34: Trinkwarmwasserversorgung mit integriertem MPPT

modulen. Der Maximum Power Point (MPP) ist der Punkt, an dem die Kombination aus Spannung und Stromstärke eines Solarpanels die höchste Leistung oder Energieerzeugung erreicht. MPPT-Technologien sind besonders wichtig, da die Effizienz von Solarmodulen durch verschiedene Faktoren wie Temperatur und Sonneneinstrahlung beeinflusst werden kann.

Abb. 9.36 zeigt die Auswahl und Anordnung der photovoltaischen Systeme in dem Projekt.

Die Felder sind wie folgt zugeordnet:

- Feld 1 (F1): PV-Module Fothermo-80-l-Trinkwarmwasserspeicher mit Überschusseinspeisung,
- Feld 2 (F2): PV-Module Fothermo-10-l-Trinkwarmwasserspeicher mit Überschusseinspeisung,
- Feld 3 (F3) und Feld 4 (F4): PV-Module Heizen, Kühlen, Haushalt und Elektromobilität.

Zur Ermittlung der Anteile des Haushaltsstroms am Gesamtstromverbrauch wurde in einer separaten Berechnung die Haushaltsverbraucher aufgelistet und mittels 24-Stunden-Matrix ein Stromlastgang erstellt (siehe Abb. 9.37).

Zur Ermittlung der Stundenmittelwerte der Haushaltsstromlast wurde die in Tabelle 9.8 dargestellte Matrix aufgestellt.

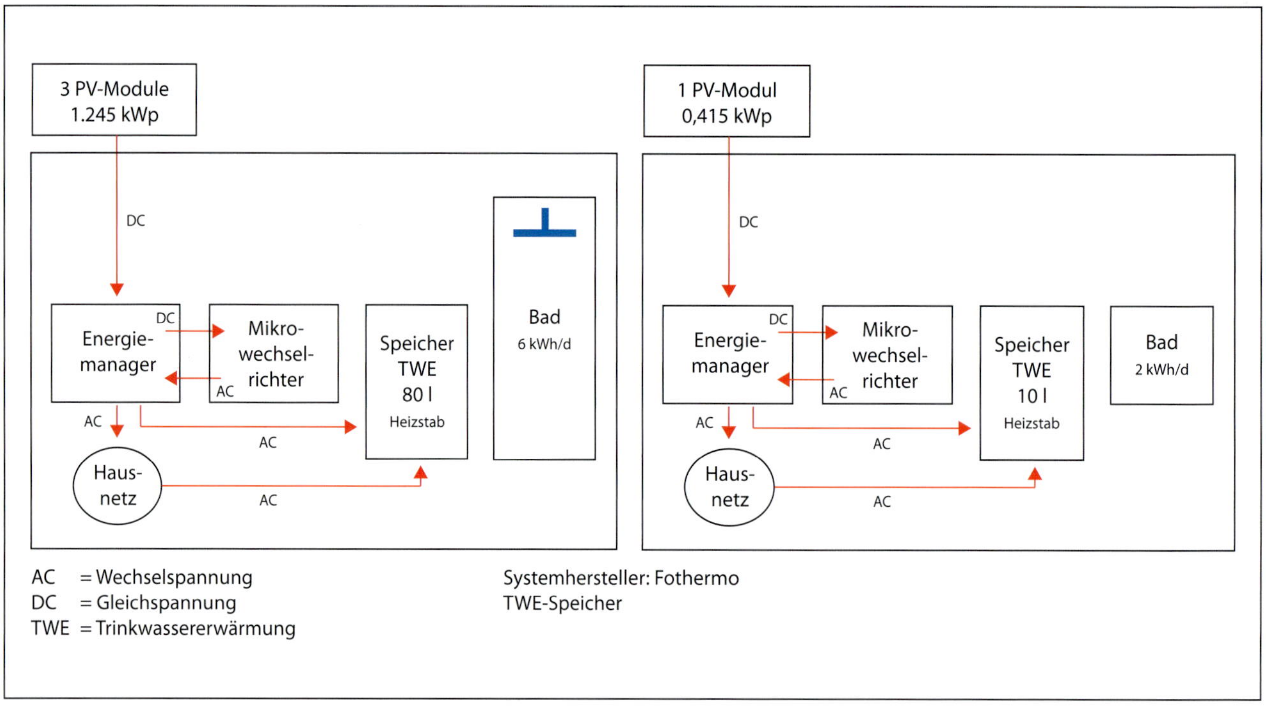

Abb. 9.35: Schema Energiekonzept, Teil 2: Trinkwassererwärmung (TWE)

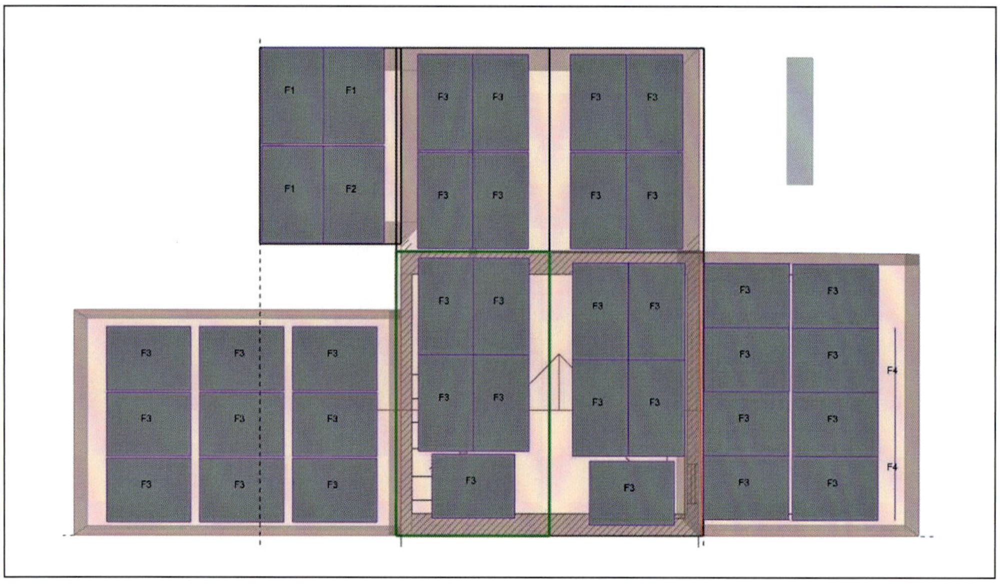

Abb. 9.36: Aufteilung der Dachflächen zur PV-Nutzung

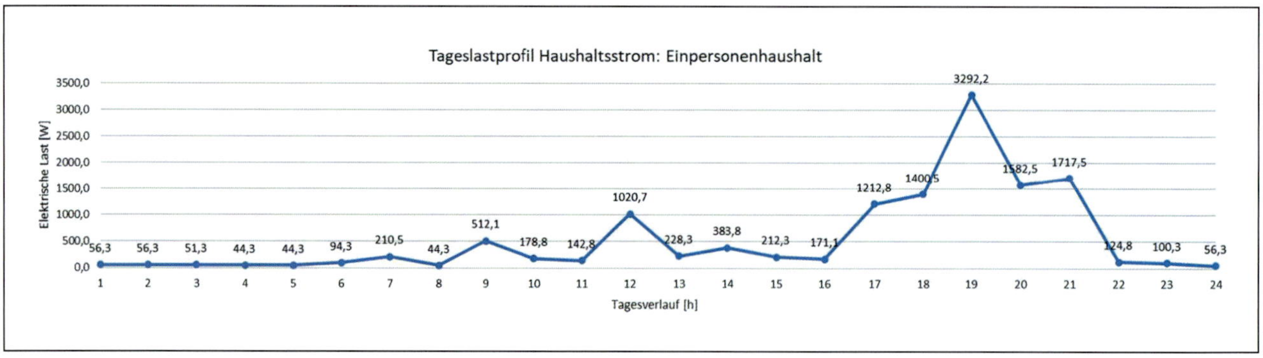

Abb. 9.37: Tagesprofil der elektrischen Lasten im Tagesverlauf (Haushalt)

Tabelle 9.8: Tagesprofil der elektrischen Lasten im Tagesverlauf (Haushalt)

Raum	Gerät	An-zahl	Leistung	Nutzungsdauer	stündlicher Verbrauch im Tagesablauf in Wh/h							
			in W	in Stunden/Tag	0:00	1:00	2:00	3:00	4:00	5:00	6:00	7:00
Küche	Herd	1	1.000	0,5	1	1	1	1	1	1	1	1
	Ofen	1	1.000	0,5	1	1	1	1	1	1	1	1
	Dunstabzug	1	150	0,5	1	1	1	1	1	1	1	1
	Kühlschrank mit Gefrierfach	1	30	24	30	30	30	30	30	30	30	30
	Spülmaschine	1	500	2	1	1	1	1	1	1	1	1
	Mikrowelle	1	700	0,1	1	1	1	1	1	1	1	1
	Kaffeemaschine	1	1.000	0,1	1	1	1	1	1	1	1	50
	Wasserkocher	1	2.000	0,1	0	0	0	0	0	0	0	100
	Toaster	1	1.000	0,1	0	0	0	0	0	0	0	100
	Beleuchtung	1	30	3	0	0	0	0	0	0	0	15
Wohnen/Essen	Fernseher	1	100	3	1	1	1	1	1	1	1	1
	Computer	1	200	2	0	0	0	0	0	0	0	0
	Stereoanlage	1	50	2	1	1	1	1	1	1	1	1
	Beleuchtung	2	30	5	0	0	0	0	0	0	0	60
Bad	Föhn	1	1.200	0,2	0	0	0	0	0	0	0	0
	Waschmaschine	1	1.000	0,5	0	0	0	0	0	0	0	0
	Beleuchtung	2	30	3	0	0	0	0	0	0	0	30
Schlafzimmer	Beleuchtung	1	30	1	0	0	0	0	0	0	0	15
Flur	Beleuchtung	1	30	1	0	0	0	0	0	0	0	7,5
Sonstiges	Handy laden	2	12	6	24	24	24	24	0	0	0	0
	Kopfhörer laden	2	12	2	0	0	0	0	0	0	0	0
	Tablet laden	1	30	6	30	30	30	30	0	0	0	0
	WLAN-Router	1	10	24	10	10	10	10	10	10	10	10
	Staubsauger	1	900	0,2	0	0	0	0	0	0	0	0
	Bügeleisen	1	1.000	0,2	0	0	0	0	0	0	0	0
Gesamt					**102**	**102**	**102**	**102**	**48**	**48**	**48**	**424,5**

8:00	9:00	10:00	11:00	12:00	13:00	14:00	15:00	16:00	17:00	18:00	19:00	20:00	21:00	22:00	23:00	Verbrauch in Wh/Tag
1	1	1	1	250	1	1	1	1	1	250	1	1	1	1	1	522
1	1	1	1	250	1	1	1	1	1	250	1	1	1	1	1	522
1	1	1	1	37,5	1	1	1	1	1	37,5	1	1	1	1	1	97
30	30	30	30	30	30	30	30	30	30	30	30	30	30	30	30	720
1	1	1	1	1	1	1	1	1	1	1	500	500	1	1	1	1.022
1	1	1	1	35	1	1	1	1	1	35	1	1	1	1	1	92
1	1	1	1	1	1	1	50	1	1	1	1	1	1	1	1	122
0	0	0	0	0	0	0	0	0	0	100	0	0	0	0	0	200
0	0	0	0	0	0	0	0	0	0	0	0	0	0	0	0	100
0	0	0	0	30	0	0	15	0	0	30	0	0	0	0	0	90
1	1	1	1	1	1	1	1	1	1	1	1	100	100	100	1	321
0	0	0	0	0	0	0	0	0	0	0	0	200	200	0	0	400
1	1	1	1	1	1	1	1	1	1	50	50	1	1	1	1	122
0	0	0	0	60	0	0	0	0	0	60	60	60	0	0	0	300
0	0	0	0	0	0	0	0	0	0	0	240	0	0	0	0	240
0	0	0	0	0	0	0	0	0	0	0	500	0	0	0	0	500
0	0	0	0	0	0	0	0	0	30	0	30	0	0	0	0	90
0	0	0	0	0	0	0	0	0	0	0	0	0	0	15	0	30
0	0	0	0	7,5	0	0	0	0	7,5	7,5	0	0	0	0	0	30
0	0	0	0	0	0	0	0	0	0	0	0	0	0	24	24	144
0	0	0	0	0	0	0	0	0	0	0	0	24	24	0	0	48
0	0	0	0	0	0	0	0	0	0	0	0	0	0	30	30	180
10	10	10	10	10	10	10	10	10	10	10	10	10	10	10	10	240
0	0	0	0	0	0	0	0	0	0	0	180	0	0	0	0	180
0	0	0	0	0	0	0	0	0	0	0	200	0	0	0	0	200
48	**48**	**48**	**48**	**714**	**48**	**48**	**112**	**48**	**85,5**	**863**	**1806**	**930**	**371**	**216**	**102**	**6.512**

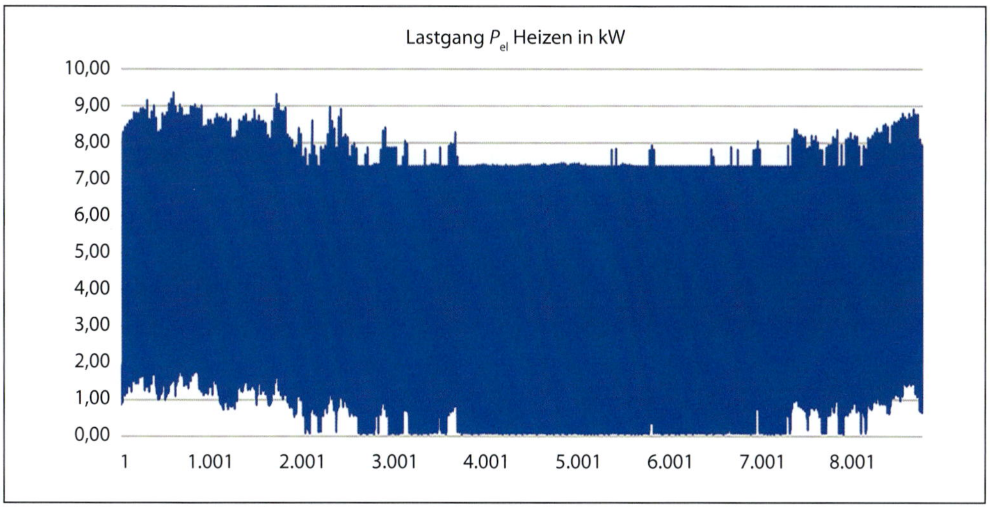

Abb. 9.38: Jahreslastgang

Das Energiekonzept sieht eine vollständige Elektrifizierung aller Verbrauchsbereiche vor – einschließlich Raumwärme, Warmwasser, Haushaltsstrom sowie Lüftung und ggf. Kühlung. Der daraus resultierende jährliche Strombedarf beläuft sich auf rund 15 MWh.

Die Berechnung dieses Werts erfolgte auf Basis eines detaillierten Excel-Modells, in dem die energiebezogenen Kennwerte der jeweiligen Verbraucher, Betriebszeiten und Systemwirkungsgrade zusammengeführt wurden.

Die genaue Zusammensetzung des Strombedarfs ist in Tabelle 9.9 dargestellt.

Tabelle 9.9: Endenergiebedarfe aus der Excel-basierten Simulationsrechnung

Bereich	**Endenergie Strom in kWh/a**
Heizen	4.943
Trinkwassererwärmung	445
Kühlen	108
Mobilität	4.380
Haushalt	4.982
gesamt	**14.857**

Der Jahreslastgang (siehe Abb. 9.38) zeigt auf, dass es sich bei dem in seiner Gebäudehülle energetisch optimierten Gebäudes um ein über das Jahr betrachtet konstanten Abnehmer handelt. So liegen lediglich Schwankungen in den Stromspitzen von wenigen Kilowatt vor.

Da die Verwendung eines Batteriespeichers zu hohen Netzeinspeisungsanteilen führt und der Eigenverbrauch des erzeugten Nettophotovoltaikertrags lediglich bei etwa 40 % liegt, wird gemäß den Vorgaben der Projektierung ein entsprechender Speicher ausgewählt. Abb. 9.39 illustriert die asymptotische Annäherung an den optimalen Autarkiegrad bei einer Akkukapazität von 10 kWh, was das simulierte Betriebsoptimum repräsentiert und somit die benötigte Speicherkapazität aufzeigt. Hierbei wird deutlich, dass der

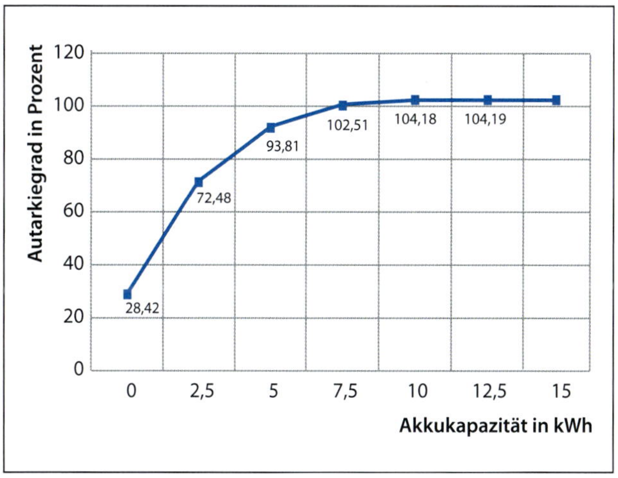

Abb. 9.39: Mit Hottgenroth Simulation simulierte Energiebedarfe

Nutzen des Batteriespeichers durch das Verhältnis des Ertrags zum jeweiligen Verbrauch des Objektes begrenzt ist.

Abschließend werden die PV-Erträge den Bedarfen respektive Verbräuchen an elektrischer Energie gegenübergestellt. Es zeigt sich, dass nur ein geringer Anteil von rund 500 KWh aus dem Netz bezogen wird, was maximal 4 % des Gesamtstrombedarfes entspricht. Das Ziel „Null-Energie" ist somit nahezu erreicht (vgl. Tabelle 9.10).

Tabelle 9.10: Energie- bzw. Strombilanz

PV-Erträge und -Verbräuche	**Strombedarf in kWh**
PV-Ertrag	13.399
Eigenverbrauch	13.894
Netzbezug	–495,4

Es zeigt sich, dass die Berechnung eines Gebäudes mit mehreren speziellen Anlagenkonfigurationen mithilfe der Hottgenroth-Software nicht einfach per Knopfdruck möglich ist. Vielmehr erfordert sie fundiertes Fachwissen und Erfahrung in der rechnerischen Darstellung der einzelnen

Energiesysteme. Bei der Simulation mussten beispielsweise Räume zusammengefasst werden, was zur Erstellung mehrerer Lastgänge führte. Diese mussten später in einer Excel-Tabelle zusammengeführt werden. Die dabei gewonnenen Erfahrungen aus der Excel-Simulation ermöglichten eine vertiefte Simulation des einzusetzenden Batteriespeichers. Bei der Ermittlung der optimalen Batteriekapazität von 10 kWh stellte sich heraus, dass diese an den spezifischen Bedarf und Verbrauch angepasst werden muss.

Basierend auf den Ergebnissen der Simulation lässt sich schlussfolgern, dass das vorgeschlagene Konzept – bestehend aus einer hochgedämmten Gebäudehülle, Lowtech-Energiesystemen sowie einer hohen Deckung des Energiebedarfs durch Photovoltaik – grundsätzlich geeignet ist, das Ziel eines Null-Energie-Gebäudes zu erreichen. Geringfügige Abweichungen durch Reststrombezug aus dem öffentlichen Netz sind dabei realistisch und systembedingt.

Abbildung 9.40 zeigt das verwendete Datenmodell für die PV-Simulation, das die rechnerische Grundlage für die Bewertung der Eigenstromversorgung bildet. In diesem Modell wurden u. a. folgende Parameter berücksichtigt:

- Ausrichtung und Neigungswinkel der PV-Module,
- spezifische Erträge basierend auf lokalen Strahlungsdaten,
- Größe und Wirkungsgrad des Batteriespeichers,
- zeitlich aufgelöste Lastprofile für Haushalts- und Gebäudetechnikstrom sowie
- die Eigenverbrauchsquote und Autarkiegrade.

Diese Parameter ermöglichen eine realitätsnahe Abbildung der Stromerzeugung und -nutzung im Gebäudebetrieb und liefern damit eine belastbare Grundlage für die energetische Bilanzierung.

Abb. 9.40: Datenmodell für die PV-Simulation

PV-Zaun als Alternative zur klassischen Dach-PV-Anlage

Ein PV-Zaun stellt eine innovative Lösung dar, um Solarstrom zur Eigenversorgung zu gewinnen. Insbesondere wenn die Installation von PV-Anlagen auf dem Dach aus statischen, gestalterischen oder kapazitativen Gründen nicht möglich oder ausreichend ist, gewinnen innovative Lösungen zur Stromerzeugung auf sonst ungenutzten Flächen zunehmend an Bedeutung. Diese Systeme nutzen senkrecht montierte PV-Module, die als funktionale Zaunelemente dienen (siehe Abb. 9.41 und 9.42). Neben der Einfriedung des Grundstücks liefern sie emissionsfreien Strom zur Eigenversorgung.

Vorteile eines PV-Zauns

Die Vorteile eines PV-Zauns bestehen in

- der Nutzung bislang unerschlossener Flächen für die Stromproduktion,
- einer geringen Flächenversiegelung durch Kombination von Zaun und Energiegewinnung,
- der ästhetischen Integrierbarkeit in Garten- oder Grundstücksgestaltung,
- der besonderen Vorteilhaftigkeit in landwirtschaftlichen oder ländlichen Bereichen, aber auch einer zunehmenden Einsetzbarkeit im Wohnumfeld,
- einem einfachen Zugang für Wartung und Reinigung im Vergleich zur Dachanlage.

Abb. 9.41 und 9.42: PV-Zaun als Einfriedung und Energieertragsfläche

Abb. 9.43: PV-Zaun zur Eigenenergieversorgung

Abb. 9.44: PVT-Anlage

Abb. 9.45: Rückseite PVT-Anlage

Ausrichtungsoptionen und Ertragspotenzial eines PV-Zauns

Der **Ertrag** ist abhängig von Modultyp, Ausrichtung und Standort. Ein PV-Zaun erzielt durchschnittlich 60 bis 80 % der Leistung einer Dachanlage.

Ein PV-Zaun kann einseitig oder zweiseitig (bifazial) ausgeführt werden (siehe Abb. 9.43). Die Erträge sind abhängig von der geografischen Lage, der Ausrichtung (Ost-West oder Süd) und der Verschattungssituation. Bei Ost-West-Ausrichtung können morgens und abends Erträge erzielt werden, was zu einem flacheren Ertragsprofil führt, dies ist ideal für den Eigenverbrauch.

Ein bifazialer PV-Zaun kann auf beiden Seiten Solarenergie einfangen und so den Ertrag im Vergleich zu herkömmlichen Modulen um 10 bis 30 % steigern. Zwar liegt der Energieertrag eines PV-Zauns pro m^2 unter dem einer optimal geneigten Dachanlage, doch kann dies durch die lineare Erweiterbarkeit und die kombinierte Funktionalität kompensiert werden.

PV-Zäune bieten eine intelligente Ergänzung zur klassischen PV-Dachanlage und eröffnen neue Möglichkeiten zur Steigerung des Eigenverbrauchsanteils. Sie sind besonders für Haushalte mit begrenztem Dachpotenzial, aber freier Grundstücksfläche eine wirtschaftlich und ökologisch interessante Lösung.

Die Preise pro kWp sind vergleichbar mit einer Dach-PV-Anlage, es entstehen allerdings zusätzliche Kosten für Zaunstrukturen.

Einsparungen bei Netzstrombezug und die Einspeisung ins Netz können die Wirtschaftlichkeit verbessern.

Photovoltaik-Thermie-Anlagen

Eine weitere Möglichkeit ist ein Photovoltaik-Thermie-(PVT)-System. Diese Anlagen kombinieren die Stromerzeugung durch Photovoltaik mit der Wärmegewinnung durch Solarthermie in einem Modul (siehe Abb. 9.44). Dabei handelt es sich um sogenannte Hybridkollektoren, die auf der Vorderseite elektrische Energie und auf der Rückseite thermische Energie gewinnen (siehe Abb. 9.45). Das System besteht aus einem klassischen PV-Modul, das Sonnenlicht in Strom umwandelt, kombiniert mit einem thermischen Kollektor, der direkt dahinter oder darunter angeordnet ist. Dieser nutzt die Abwärme des PV-Moduls sowie direkte Solarstrahlung zur Erwärmung eines Wärmeträgers (z. B. Wasser oder Glykolgemisch).

Funktionsweise einer PVT-Anlage

Die PV-Schicht oben erzeugt Strom wie ein normales PV-Modul; der Wirkungsgrad sinkt mit steigender Temperatur.

Der thermische Absorber unten nimmt die vom PV-Modul erzeugte Wärme auf. Er kühlt gleichzeitig das Modul und steigert dadurch den PV-Wirkungsgrad. Die Wärme wird zur Brauchwassererwärmung oder Heizungsunterstützung genutzt.

Vorteile von PVT-Anlagen

Die Vorteile von PVT-Anlagen bestehen in

- doppelter Energieausbeute auf derselben Fläche durch die Erzeugung von Strom und Wärme,
- kompakterer Bauweise für begrenzte Flächen (z. B. Dach),
- höherer PV-Leistung, da das Modul durch die Wärmeabfuhr gekühlt wird,
- ganzjährige Nutzung, da sie je nach System auch in Übergangszeiten und im Winter einsetzbar sind,
- CO_2-Einsparungspotenzial durch direkte Integration in Gebäudeenergiesysteme.

PVT-Anlagen bieten ein breites Einsatzspektrum und lassen sich flexibel in unterschiedliche Gebäudetypen und Versorgungskonzepte integrieren. Im Bereich von Einfamilienhäusern eignen sie sich besonders gut bei niedrigem Heizwärmebedarf und in Kombination mit einem geeigneten Wärmespeicher. Hier können sowohl elektrische als auch thermische Energie gleichzeitig erzeugt und direkt genutzt oder gespeichert werden, was die Autarkie des

Haushalts deutlich erhöht. In Mehrfamilienhäusern entfalten PVT-Systeme ihr Potenzial in Verbindung mit Wärmepumpen oder Pufferanlagen, wodurch die Energieeffizienz des gesamten Systems gesteigert wird. Die erzeugte Wärme kann zur Unterstützung der Warmwasserbereitung oder als Vorwärmestufe für Heizsysteme genutzt werden, während der Stromertrag die Betriebskosten senkt. Der Montageort ist häufig auf den vorhandenen Dachflächen der Gebäude (siehe Abb. 9.46). Auf Quartiersebene lassen sich PVT-Anlagen als Bestandteil ganzheitlicher Energiekonzepte einsetzen, etwa in Kombination mit Nahwärmenetzen oder als Teil einer sektorgekoppelten Versorgung. So tragen sie aktiv zur lokalen Dekarbonisierung bei und ermöglichen innovative Lösungen zur klimaneutralen Energieversorgung.

Abb. 9.46: PVT-Dachmontage

Abb. 9.47: Eine Luft-Luft-Wärmepumpe versorgt das Gebäude mit Wärme und Kälte.

Herausforderungen und Einschränkungen von PVT-Anlagen

Die Herausforderungen bzw. Einschränkungen von PVT-Anlagen bestehen in

- einem höheren Beschaffungspreis als dem reiner Photovoltaik oder Solarthermie,
- einer komplexeren Systemintegration (z. B. hydraulische Einbindung, Regelungstechnik),
- der Notwendigkeit eines vorhandenen Wärmebedarfs, da ansonsten thermische Energie verloren geht,
- einer noch geringen Marktdurchdringung, daher existiert lediglich eine begrenzte Produktauswahl.

Tabelle 9.11 stellt beispielhaft die Erträge verschiedener solarbasierter Energieerzeuger gegenüber.

Tabelle 9.11: Beispielhafte jährliche Erträge pro m² Modulfläche

Ertragsart	PV-Modul	PVT-Modul	Solarthermie
Strom in kWh/(m² · a)	ca. 150–180	ca. 170–190	–
Wärme in kWh/(m²·a)	–	ca. 200–400	ca. 300–500

Optimierung des sommerlichen Wärmeschutzes und Einsatz effizienter Haustechnik

Es wird empfohlen, in sämtlichen Räumen zusätzlichen Sonnenschutz zu installieren, um den sommerlichen Wärmeschutz zu optimieren (siehe Kapitel 8.1). Besonders hervorzuheben ist, dass durch die Installation einer Luft-Luft-Wärmepumpe (siehe Abb. 9.47) in Kombination mit einer optimierten Gebäudehülle – wie sie in Variante 1 beschrieben wurde – der Primärenergiebedarf signifikant reduziert werden kann. Auf diese Weise wird das Gebäude energetisch sehr effizient gestaltet und gleichzeitig ein hoher thermischer Komfort auch in den Sommermonaten gewährleistet.

Der Einsatz von Infrarotheizungen ermöglicht es zudem, temporär lokale Temperaturerhöhungen zu erzeugen und das Gesamtsystem dadurch zu entlasten. Eine der zentralen Erkenntnisse besteht in der signifikanten Auswirkung auf die Energieeinsparung, die sich aus dem Zusammenspiel von Gebäude, Anlagentechnik und Nutzerverhalten ergibt.

Dies wird ergänzt durch den intelligenten Netzbetrieb mittels KI-gesteuerter Sensoren und Aktoren sowie einer Automatisierungsebene für das Energiemanagement. Solche Maßnahmen ermöglichen langfristige Einsparungen bei den Energiekosten und tragen positiv zum Umweltschutz bei.

9.4.3.3 Wirtschaftlichkeit

Tabelle 9.12 bietet eine detaillierte Aufschlüsselung der Investitionskosten, der Ersatzkosten (auch als Sowieso-Kosten bezeichnet) und der Mehrkosten für verschiedene bauliche Maßnahmen, die in die 2 Hauptkategorien Gebäudehülle und Anlagentechnik unterteilt sind. Die Investitionskosten umfassen die Gesamtausgaben für die jeweiligen Maßnahmen. Die Ersatzkosten beziehen sich auf Ausgaben, die auch ohne die Verbesserungsmaßnahmen angefallen wären, wie z. B. der Austausch bestehender Bauteile oder Anlagen. Die Mehrkosten repräsentieren den zusätzlichen finanziellen Aufwand, der durch die Wahl spezifischer energetischer Verbesserungen entsteht und ergeben sich aus der Differenz zwischen den Investitionskosten und den Ersatzkosten. Insgesamt belaufen sich die Investitionskosten auf 29.350 €, die Sowieso-Kosten auf 12.500 € und die daraus resultierenden Mehrkosten für energetische Maßnahmen auf 16.850 €.

Tabelle 9.12: Kostenübersicht Variante 1 – Low Budget

Maßnahme	**Investitionskosten in €**	**Ersatzkosten in €**	**Mehrkosten in €**
Dachdämmung	860	–	860
Dämmung obere Geschossdecke	875	–	875
Wärmedämmputz	9.480	4.400	5.080
Fenster	8.050	4.600	3.450
innen liegender Sonnenschutz	75	–	75
Zwischensumme Gebäudehülle	**19.340**	**9.000**	**10.340**
Luft-Luft-Wärmepumpe	1.600	3.500	–1.900
Infrarotheizung	350	–	350
Trinkwarmwasserbereitung	1.300	–	1.300
PV-Module	760	–	760
Speicher	6.000	–	6.000
Zwischensumme Anlagentechnik	**10.010**	**3.500**	**6.510**
Gesamt	**29.350**	**12.500**	**16.850**

Durch die Optimierung der Gebäudehülle sowie der Anlagentechnik wird eine jährliche Einsparung der Energiekosten in Höhe von 3.316 € erreicht. Die statische Amortisationszeit ohne Berücksichtigung von Preissteigerungen errechnet sich aus dem Verhältnis der Mehrkosten zur jährlichen Ersparnis.

$$\text{Amortisationszeit} = \frac{\text{Investitionskosten}}{\text{jährliche Einsparung}} \tag{9.1}$$

$$= \frac{29.350\ €}{3.316\ €} = 8{,}85\ \text{Jahre}$$

Die Investition amortisiert sich also innerhalb von gut 9 Jahren.

Unter Berücksichtigung einer Energiepreissteigerung von 3 % pro Jahr ergibt sich die kumulierte Ersparnis über die Nutzungsdauer von 20 Jahren aus der Formel:

$$\sum_{t=1}^{19} (3.316\ € \cdot 1{,}03^t) + 3.316\ € = 89.102\ € \tag{9.2}$$

mit
t Jahr

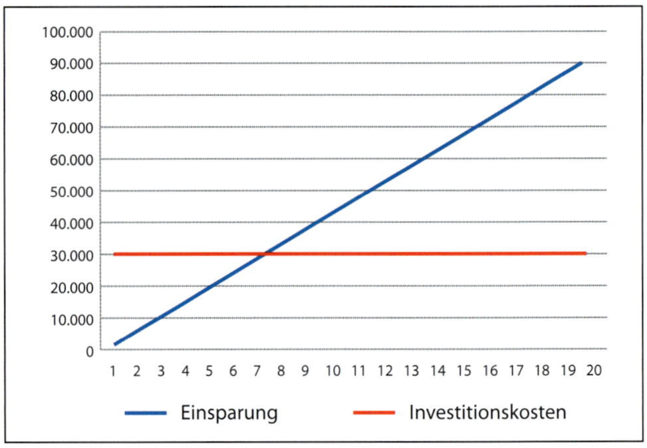

Abb. 9.48: Amortisationszeit der Investitionskosten ohne Förderung, Variante 1 – Low Budget

Unter dieser Annahme steigt die jährliche Einsparung kontinuierlich, sodass die Gesamtersparnis am Ende der 20 Jahre bei 89.102 Euro liegt. Die effektive Amortisationszeit würde sich so auf etwa 8 Jahre verkürzen (siehe Abb. 9.48), da die Einsparungen durch steigende Energiekosten höher ausfallen. Unter Berücksichtigung von Fördermitteln verkürzt sich dieser Zeitraum weiter.

9.4.3.4 Ökobilanzierung

Die Ökobilanzierung ist eine etablierte Methode zur systematischen Bewertung der umweltbezogenen Auswirkungen eines Gebäudes über dessen gesamten Lebenszyklus. Sie umfasst die Herstellung der Baustoffe, die Nutzungsphase sowie den Rückbau und die Entsorgung. In Sanierungsprojekten ermöglicht die Ökobilanz eine fundierte Bewertung der ökologischen Sinnhaftigkeit verschiedener Maßnahmen, insbesondere beim Abwägen zwischen Energieeinsparungen und den Umweltbelastungen durch die Materialherstellung und -entsorgung.

Bisher lag der Fokus bauphysikalischer Bewertungen primär auf energetischen Aspekten nach dem GEG, während Emissionen aus der Herstellung und Entsorgung von Baumaterialien oft unberücksichtigt blieben. Die Ökobilanzierung schließt diese Lücke, indem sie den gesamten Lebenszyklus des Gebäudes berücksichtigt. Dies ist besonders bei Sanierungen relevant, bei denen häufig zwischen dem Erhalt der bestehenden Bausubstanz und dem Einsatz neuer Materialien entschieden werden muss. Für die Bewertung der ökologischen Auswirkungen unterschiedlicher Materialien und Konstruktionsweisen stehen standardisierte Datenbanken wie ÖKOBAUDAT zur Verfügung (siehe Kapitel 6.4.8.2).

Abb. 9.49 zeigt die Verteilung des GWP in den verschiedenen Phasen des Lebenszyklus eines Gebäudes. Die Gesamtbilanz ergibt ein GWP von 5,19 kg CO_2-Äquivalent pro m^2 Nutzfläche pro Jahr ($m^2 \cdot$ NRF $\cdot$ a). Hierbei tragen vor allem die Herstellung der Baumaterialien sowie der Austausch von Bauteilen erheblich zur Umweltbelastung bei. Auch die Entsorgung der Baumaterialien am Ende der Lebensdauer ist signifikant. Dem steht ein negativer Wert für den Energieverbrauch im Betrieb gegenüber, der die durch die energetische Sanierung erzielten Einsparungen reflektiert und die Bedeutung der Reduktion des Betriebsenergiebedarfs als wesentlichen Beitrag zur Senkung der gesamten Klimabelastung unterstreicht. Nicht berücksichtigt in dieser Bilanz wird die exportierte Energie, die bei Einbeziehung zu einer weiteren Reduktion des Gesamtergebnisses in den negativen Bereich führen würde und –11,29 kg CO_2-Äquivalent pro m² · NRF · a beträgt.

Das sanierte Gebäude bleibt hinsichtlich des GWP deutlich unter dem Anforderungswert des QNG von 20 kg CO_2-Äquivalent pro m² · NRF · a und erreicht somit die Premiumkategorie (siehe Abb. 9.47). Diese Einstufung unterstreicht die hohe ökologische Qualität der durchgeführten Sanierungsmaßnahmen und bestätigt, dass die gewählten Materialien und Technologien zu einer signifikanten Reduktion der Treibhausgasemissionen beitragen.

Ergänzend zur Bewertung des Treibhauspotenzials ist die Analyse des Primärenergiebedarfs nicht erneuerbarer Ressourcen ein zentraler Bestandteil der Ökobilanzierung. Abb. 9.51 zeigt die Verteilung des Aufwands an nicht erneuerbarer Primärenergie über die verschiedenen Lebenszyklusphasen. Der Gesamtwert beläuft sich auf 21,58 kWh pro m² Nutzfläche pro Jahr (kWh/[m² · NRF · a]). Besonders ins Gewicht fallen die Herstellung der Baumaterialien sowie der Energieaufwand für den Austausch von Bauteilen. Die Entsorgung verursacht hingegen eine vergleichsweise geringe Umweltbelastung.

Von besonderer Bedeutung ist die signifikante Reduktion des Gesamtenergiebedarfs durch die im Zuge der Sanierung implementierten energetischen Maßnahmen, die eine deutliche Effizienzsteigerung bewirken. Es ist zu berücksichtigen, dass die exportierte Energie nicht in die Berechnung eingeflossen ist. Diese beläuft sich auf –36,49 kWh/(m² · NRF · a) und würde, falls berücksichtigt, den Gesamtbedarf an nicht erneuerbarer Primärenergie sogar in den negativen Bereich senken.

Das sanierte Gebäude übertrifft die Anforderungen des QNG deutlich, indem es einen Primärenergiebedarf von weniger als 64 kWh/(m² · NRF · a) aufweist und damit die Premiumkategorie erreicht (siehe Abb. 9.52). Dies unterstreicht, dass das Sanierungskonzept nicht nur zu einer erheblichen Reduktion der CO_2-Emissionen führt, sondern auch den nicht erneuerbaren Primärenergiebedarf signifikant verringert.

Die Ökobilanz belegt, dass die durchgeführte Sanierung auf einem nachhaltigen und ressourcenschonenden Ansatz basiert. Die erhebliche Reduktion des Energieverbrauchs im Betrieb verdeutlicht, dass durch den Einsatz effizienter Gebäudetechnik und die Nutzung erneuerbarer Energiequellen langfristig Umweltbelastungen signifikant minimiert werden können.

9.5 Ölkrise (1978 bis 2002)

Die Gebäude der Nachkriegszeit, die vor allem auf schnelle Verfügbarkeit und kostengünstige Bauweisen ausgerichtet waren, standen nach der Ölkrise 1978 vor neuen Herausforderungen. Die Energiekrise führte zu einem Umdenken in der Baubranche und setzte einen verstärkten Fokus auf Energieeffizienz und die Nutzung erneuerbarer Energien. Kapitel 9.5 thematisiert, wie die Erfahrungen und technischen Entwicklungen der Nachkriegszeit die Grundlage für innovative Sanierungskonzepte bildeten, die in den Jahren nach der Ölkrise entwickelt wurden.

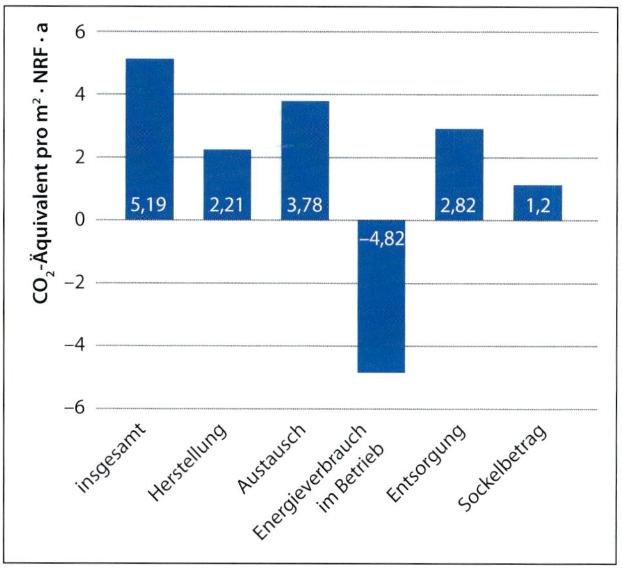

Abb. 9.49: Treibhauspotenzial, Variante 1 – Low Budget

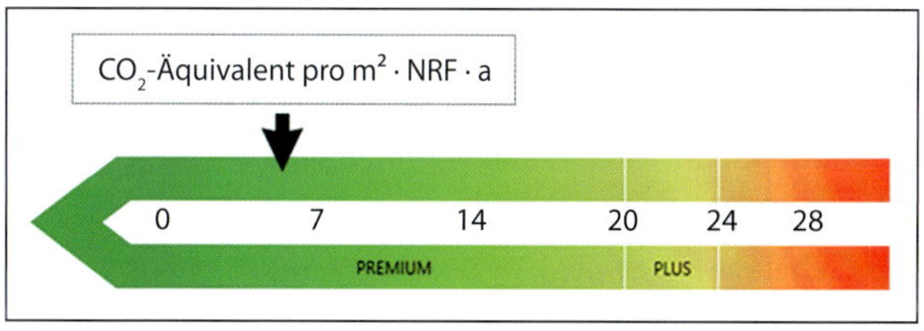

Abb. 9.50: QNG-Klassifizierung Treibhauspotenzial, Variante 1 – Low Budget

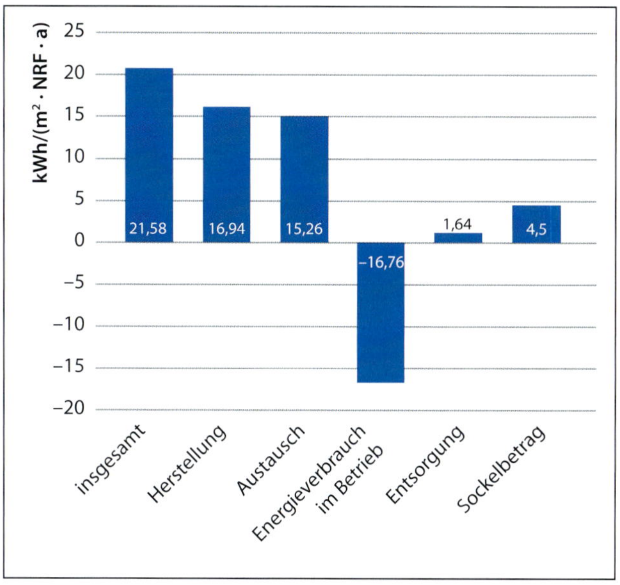

Abb. 9.51: Primärenergieaufwand, Variante 1 – Low Budget

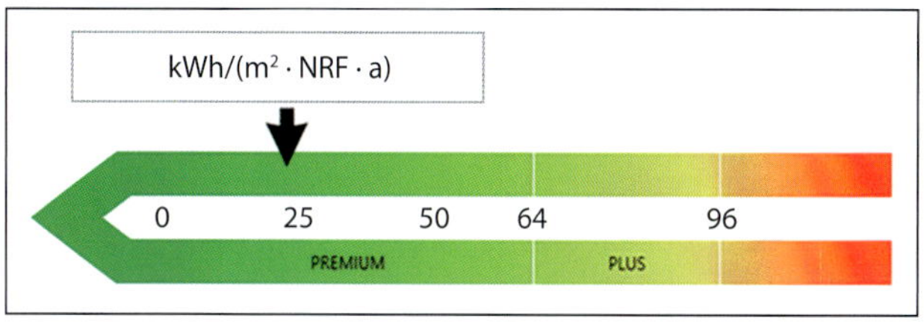

Abb. 9.52: QNG-Klassifizierung Primärenergieaufwand, Variante 1 – Low Budget

In dieser Zeit wurden erste energieeffiziente Standards eingeführt, die eine Antwort auf die steigenden Energiepreise und das wachsende Umweltbewusstsein waren. Die Gebäude dieser Epoche mussten sich nicht nur den ökonomischen, sondern auch den ökologischen Realitäten stellen. Dies führte zur Implementierung der ersten WärmeschutzV sowie der Heizungsanlagenverordnung (HeizAnlV) und zum Beginn des Einsatzes von Technologien wie der Wärmepumpe und verbesserten Isolationsmaterialien, die die Basis für die modernen Anforderungen eines klimaneutralen Gebäudebestands legten. Dennoch verfügen Gebäude dieser Epoche noch nicht über die heutigen Passivhaus- oder Niedrigenergiestandards. Da diese Bauten oft mit Niedertemperaturheizungen (NT-Heizungen) oder Nachtspeicheröfen ausgestattet wurden und baulich bereits eine gewisse Grunddämmung aufweisen, bieten sie gute Sanierungsmöglichkeiten mit vergleichsweise geringem Aufwand und hoher Energieeinsparung.

Kapitel 9.5 stellt somit zukunftsfähige Baupraktiken dar, die sich aus den Lehren der früheren Epochen ableiten und zu einer umfassenden und nachhaltigen Sanierungsstrategie für Gebäude nach der Ölkrise führten. Dies bildet die Grundlage für die fortlaufende Transformation hin zu einem klimaneutralen Gebäudebestand, der die heutigen Anforderungen an Nachhaltigkeit und Energieeffizienz erfüllt.

Für Gebäude, die in der Zeit nach der Ölkrise errichtet wurden, ist es wichtig, spezifische Aspekte bei der Sanierung zu berücksichtigen, um deren Energieeffizienz zu verbessern und sie an heutige Umweltstandards anzupassen. Die folgenden Punkte sollten dabei besonders beachtet werden:

- **Verbesserung der Gebäudedämmung:** Viele dieser Gebäude wurden bereits mit einem gewissen Grad an Wärmedämmung errichtet, die jedoch oft nicht den aktuellen Energieeffizienzstandards entspricht. Eine Aufwertung der Dämmung in Dach, Wänden und Boden ist daher empfehlenswert.
- **Modernisierung der Heizungssysteme:** In dieser Epoche installierte Heizungssysteme sind häufig veraltet und ineffizient. Ein Austausch oder eine Modernisierung dieser Systeme, insbesondere der Einsatz von erneuerbaren Heiztechnologien wie Wärmepumpen, kann die Energieeffizienz erheblich steigern.
- **Erneuerung der Fenster:** Fenster, die zwischen den späten 1970er- und den frühen 2000er-Jahren eingebaut wurden, erfüllen oft nicht die heutigen Anforderungen an den Wärmeschutz. Ein Austausch durch hochwärmedämmende Fenster kann die Wärmedämmung verbessern und Energieverluste reduzieren.

Empfohlene Maßnahmenkombinationen der TGA

Folgende Maßnahmen und Maßnahmenkombinationen tragen zur energetischen Optimierung bei:

- **Maßnahme TGA (Einbau von erneuerbaren Energiesystemen):** Die Installation von Solarenergieanlagen oder die Integration von Wärmepumpen kann dazu beitragen, den Verbrauch fossiler Brennstoffe zu reduzieren und die CO_2-Emissionen des Gebäudes zu senken.
- **Maßnahme TGA (Gebäudeautomation und intelligente Steuerungssysteme):** Die Implementierung moderner Gebäudeautomationssysteme, die eine effiziente Regulierung von Heizung, Lüftung und Beleuchtung ermöglichen, optimiert den Energieverbrauch und erhöht den Wohnkomfort.

Durch die Kombination dieser Maßnahmen können Gebäude aus der Zeit nach der Ölkrise nicht nur energetisch optimiert, sondern auch an die aktuellen Anforderungen für nachhaltiges und effizientes Wohnen angepasst werden.

Energiepolitische und bautechnische Entwicklungen in der Ölkrisen-Zeit (1978 bis 2002)

Die Energiekrise der 1970er-Jahre führte zu einer verstärkten politischen und gesetzlichen Regulierung des Wärmeschutzes und der Heiztechnik. Folgende Meilensteine haben die Bauweise in dieser Zeit maßgeblich beeinflusst.

Einführung der WärmeschutzV 1977, 1982, 1995

Die WärmeschutzV sahen die Reduktion der zulässigen *U*-Werte für Außenbauteile vor.

Erstmals gab es verpflichtende Dämmstandards für Neubauten, die zu einer durchschnittlichen Verbesserung der Gebäudehülle führten.

Der Primärenergieverbrauch wurde durch bessere Dämmung und optimierte Fenstertechnik reduziert.

Heizungsanlagenverordnung (HeizAnlV) (1978, 1989, 1998)

Die HeizAnlV sah die Einführung von Mindestanforderungen an Heizungsanlagen zur Effizienzsteigerung und Maßnahmen zur hydraulischen Optimierung von Heizsystemen sowie die Förderung der Niedertemperatur- und Brennwerttechnik zur Reduktion von Energieverlusten vor.

Niedertemperatur- und Brennwertheizungen (NT-ready-Bauten ab den 1980er-Jahren)

Viele Gebäude wurden bereits für Niedertemperaturbetrieb ausgelegt, wodurch die spätere Umstellung auf erneuerbare Heiztechnologien (Wärmepumpen, Solarthermie, Nahwärme) erleichtert wird.

Effizientere Heizkörper- und Flächenheizsysteme reduzierten die notwendige Vorlauftemperatur und steigerten die Systemeffizienz.

9.5.1 Herausforderungen und Potenziale bei der Sanierung von zwischen 1978 und 2002 errichteten Wohngebäuden

Obwohl diese Gebäude durch die ersten gesetzlichen Vorgaben energetisch optimierter sind als ältere Bauten, gibt es noch erhebliche Sanierungspotenziale, um sie an heutige Klimaschutzziele und Effizienzstandards anzupassen.

Gebäudehülle

Die Außenwände weisen häufig mittlere Dämmstandards auf, jedoch sind viele Fassaden sanierungsbedürftig.

Fenster mit Doppelverglasung bieten eine gewisse Wärmedämmung, jedoch liegt der *U*-Wert meist noch über heutigen Anforderungen.

Abb. 9.53: Vorbereitung des Fenstertauschs bei der Bestandssanierung

Abb. 9.54: Vierfachverglasung mit integriertem Sonnenschutz

Die Dach- und Kellerdämmung sind oft unzureichend oder fehlen vollständig.

Heizsysteme

Obwohl NT-Heizungen effizienter sind als ältere Systeme, basiert der Großteil der Anlagen immer noch auf fossilen Brennstoffen (Öl und Gas).

Die Umstellung auf erneuerbare Heizsysteme (Wärmepumpe, Solarthermie, Nahwärme) ist vergleichsweise einfach realisierbar.

Luftdichtheit und Lüftungskonzepte

Die Gebäude weisen eine moderate Luftdichtheit auf, sind jedoch oft noch nicht vollständig winddicht, was zu unbemerkten Wärmeverlusten führt.

Eine kontrollierte Wohnraumlüftung mit Wärmerückgewinnung kann zur Reduktion der Heizlast beitragen.

9.5.2 Sanierungsstrategien zur Erreichung der Klimaneutralität

Die Sanierung dieser Gebäude kann mit vergleichsweise geringem Aufwand hohe Energieeinsparungen erzielen. Die nachfolgend beschriebenen zentralen Maßnahmen tragen zur Erreichung dieses Ziels bei.

Verbesserung der Gebäudehülle

Eine Verbesserung der Gebäudehülle kann durch 4 Maßnahmen erzielt werden:

- **Fassadendämmung**: Eine ergänzende Wärmedämmung durch z. B. WDVS oder VHF mit Mineralwolle oder Holzfaser kann den Wärmeverlust signifikant reduzieren.
- **Fensteraustausch:** Der Umstieg auf moderne Dreifachverglasung mit einem *U*-Wert < 0,8 W/(m² · K) reduziert Transmissionsverluste und erhöht den Wohnkomfort (siehe Abb. 9.53 und 9.54).
- **Dachdämmung:** Eine nachträgliche Zwischensparren- oder Aufsparrendämmung senkt Wärmeverluste im Dachbereich (siehe Abb. 9.55 und 9.56).
- Kellerdeckendämmung: Diese einfache Maßnahme sorgt für die Minimierung von Wärmeverlusten ins Erdgeschoss.

Abb. 9.55 und 9.56: Dachsanierung: Herstellung des Dachüberstandes und der Dämmebene

Umstellung auf erneuerbare Heizsysteme (NT-ready) und hydraulische Optimierung

Wärmepumpensysteme (Luft-Wasser oder Sole-Wasser) können durch die bereits niedrige Vorlauftemperatur effizient eingesetzt werden.

Ein hydraulischer Abgleich der Heizungsanlage trägt zur Verbesserung der Wärmeverteilung bei.

Eine Erweiterung der Heizflächen mithilfe größerer Heizkörper oder einer Flächenheizung ermöglicht eine niedrigere Vorlauftemperatur.

Exkurs

NT-Ready

Die Umstellung auf erneuerbare Wärmeerzeugung setzt voraus, dass das Gebäude für den Niedertemperaturbetrieb (NT-ready) vorbereitet ist. Dies erfordert

- die Optimierung der Vorlauftemperaturen durch den Einsatz von Flächenheizungen oder vergrößerten Heizkörpern,
- einen hydraulischen Abgleich, um eine gleichmäßige Wärmeverteilung sicherzustellen,
- Energiespeichertechnologien, um Lastspitzen aus erneuerbaren Quellen besser zu managen.

Die Ermittlung der Vorlauftemperatur bei Bestandsheizungsanlagen ist ein wesentlicher Bestandteil zur Planung von Sanierungsmaßnahmen, insbesondere beim Einsatz moderner Wärmeerzeuger wie Wärmepumpen. Sie lässt sich anhand der Checkliste in Tabelle 9.13 systematisch bestimmen.

Auswertung vorhandener Heizungsunterlagen

Die Auswertung existierender Heizungsunterlagen beinhaltet die

- Prüfung von Heizungsplan oder Hydraulikschema, falls vorhanden,
- Heranziehung von Herstellerdaten der Heizkörper oder Flächenheizungssysteme,
- die Nutzung dokumentierter Vorlauftemperaturen bei Norm-Außentemperatur (z. B. –12 °C).

Heizkurvenanalyse

Die Heizkurvenanalyse umfasst 2 Schritte:

- Die Heizkurve der bestehenden Anlage wird am Heizungsregler oder durch Fachpersonal ausgelesen. Typische Standardwerte sind bei
  - Altbauten häufig: 70/55 °C oder 75/60 °C (Vorlauf/Rücklauf),
  - Niedertemperaturanlagen: 55/45 °C.
- Beobachtung des Systems im Betrieb: Ermittlung der Vorlauftemperatur bei unterschiedlichen Außentemperaturen.

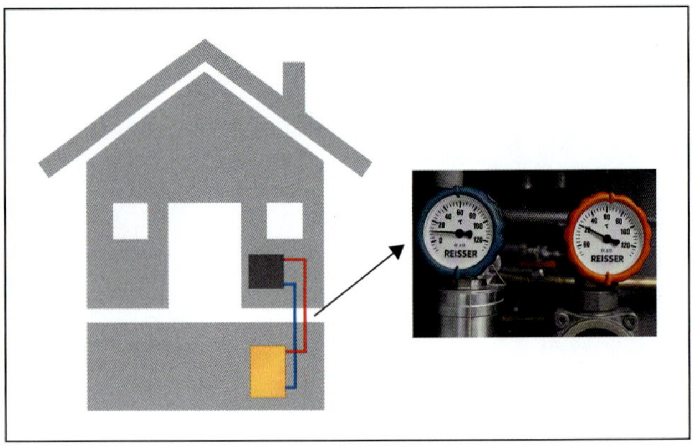

Abb. 9.57: Vorlauftemperatur

Abb. 9.57 zeigt exemplarisch, wie im praktischen Betrieb die Vorlauftemperatur eines Heizsystems über analoge Thermometer in Abhängigkeit von den jeweiligen Außentemperaturen erfasst wird. Dies dient der Beobachtung der Heizkennlinie und liefert wichtige Informationen für eine mögliche Absenkung der Systemtemperaturen im Rahmen einer Sanierung oder bei der Umstellung auf Niedertemperatursysteme (z. B. Wärmepumpen).

Typische Darstellungselemente in Abb. 9.57 sind:

- Heizkreisverteiler oder Heizkessel mit deutlich sichtbaren Vorlauf- und Rücklauffernthermometern,
- Vergleich der Temperaturwerte bei Außentemperatur x °C (z. B. +10 °C, 0 °C, –5 °C),
- Markierungen am Thermometer (z. B. 55 °C Vorlauf bei 0 °C Außentemperatur),
- Hinweise auf typische Soll-Vorlauftemperaturen je nach Systemtyp (z. B. Heizkörper versus Flächenheizung).

Tabelle 9.13: Checkliste Vorlauftemperaturen

Prüfpunkt	erledigt	Bemerkungen
Gebäudetyp ermitteln (z. B. Einfamilienhaus/Mehrfamilienhaus, Baujahr, Bauweise)		
Art der Heizflächen (z. B. Radiatoren, Flächenheizung) identifizieren		
Vorlauf-/Rücklauftemperatur messen oder abschätzen		
Heizkörpergrößen aufnehmen und Heizlast abschätzen		
Wärmebedarf pro Raum berechnen (z. B. nach DIN EN 12831)		
Außentemperatur für Bemessung wählen (Regionalklima berücksichtigen)		
Systemtemperatur aus Heizlast und Heizkörperleistung ableiten		
Dämmstandard der Gebäudehülle erfassen		
Anpassungsbedarf bei Einsatz von Wärmepumpen prüfen		
hydraulischen Abgleich durchführen/planen		

Diese einfache Methode der Systemdiagnostik (siehe Abb. 9.58) erlaubt auch im Bestand eine erste Einschätzung, ob eine Heizung z. B. wärmepumpenkompatibel ist, d. h., ob das Haus schon heute mit abgesenkten Vorlauftemperaturen betrieben werden kann.

Berechnung anhand der Heizkörperauslegung

Die Berechnung anhand der Heizkörperauslegung erfolgt durch

- **Berechnung der Heizlast der Räume** (z. B. nach DIN EN 12831),
- die Aufnahme von **Größe, Bauart und Standort der Heizkörper,**
- die Bestimmung der notwendigen Vorlauftemperatur mithilfe von Heizkörperkennlinien, um den Raum bei Normaußentemperatur zu beheizen.

Messung im Istzustand

Die Messung im Istzustand umfasst 2 Schritte:

- Temperaturfühler oder Infrarotthermometer werden zur Messung der Vorlauf- und Rücklauftemperatur am Heizkessel oder an Verteilleitungen eingesetzt.
- Die Messungen werden bei unterschiedlichen Außentemperaturen durchgeführt.

Abschätzung durch Energieberater oder Heizungsfachkraft

Liegen keine Pläne oder belastbaren Daten vor, kann ein erfahrener Fachplaner oder Energieberater die Vorlauftemperatur anhand der Gebäudeeigenschaften, Heizflächen und des Nutzerverhaltens schätzen. Tabelle 9.14 enthält eine exemplarische Berechnung benötigter Vorlauftemperaturen.

Hinweis zur Wärmepumpenplanung

Für eine effiziente Nutzung von Wärmepumpen wird eine Vorlauftemperatur **unter 55 °C** empfohlen – idealerweise **unter 45 °C**. Ist die ermittelte Vorlauftemperatur deutlich höher, sind entweder **hydraulische Optimierungen** (z. B. größere Heizflächen, bessere Dämmung) oder eine andere Wärmeerzeugungstechnologie in Betracht zu ziehen.

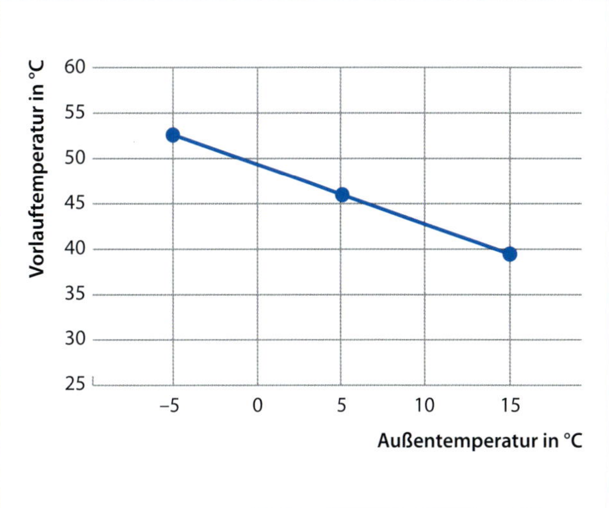

Abb. 9.58: Ermittlung der Vorlauftemperatur

Exemplarischer Einfluss von Gebäudehülle und Heizflächen auf den NT-ready-Standard

Die Vorlauftemperatur eines Heizsystems lässt sich wesentlich durch 2 Faktoren beeinflussen: die energetische Qualität der Gebäudehülle sowie die Dimensionierung der Wärmeübertragungsflächen (z. B. Heizkörper). Eine Reduktion der Vorlauftemperatur ist ein entscheidender Schritt zur Erreichung des sogenannten NT-ready-Standards, der die Voraussetzung für den effizienten Betrieb von Wärmepumpensystemen bildet.

Zum einen kann die Vorlauftemperatur durch bauliche Maßnahmen gesenkt werden, etwa durch die Dämmung der obersten Geschossdecke, der Kellerdecke oder der Außenwände. Diese Maßnahmen verringern den spezifischen Heizwärmebedarf und reduzieren die notwendige Systemtemperatur zur Beheizung des Gebäudes.

Zum anderen spielt die Größe der Heizflächen eine zentrale Rolle. Der Austausch temperaturkritischer Heizkörper – insbesondere in Räumen mit dem höchsten Wärmebedarf – kann signifikante Auswirkungen auf die Vorlauftemperatur haben. So kann beispielsweise durch den Ersatz eines Heizkörpers vom Typ 10 (einlagig, ohne Konvektion) durch einen Typ 33 (dreilagig, mit Konvektion) eine deutliche Verbesserung der Wärmeübertragung erzielt werden.

Tabelle 9.14: Rechentabelle Vorlauftemperaturen

Raum	Raumfläche in m²	spezifische Heizlast in W/m²	Gesamt-Heizlast in W	Heizkörperleistung bei 75/65/20 °C in W	benötigte Vorlauftemperatur bei 20 °C Raumtemperatur
Wohnzimmer	25	70	1.750	2.000	ca. 65 °C
Schlafzimmer	15	60	900	1.200	ca. 60 °C
Bad	10	100	1.000	1.500	ca. 70 °C
Küche	12	65	780	1.300	ca. 62 °C

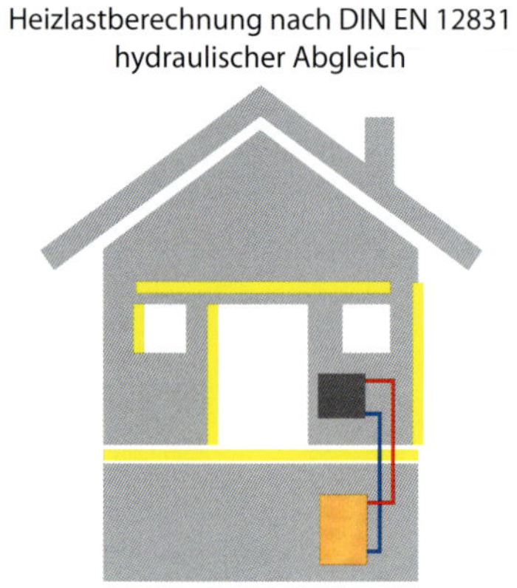

oberste Geschossdecke	Kellergeschoss/ Kellerdecke	Fenster/ Türen	Außenwand	temperaturkritischste Heizkörper	4 temperaturkritischste Heizkörper
Vorlauftemperatur in °C					
69				64	56
	69			64	56
		68		63	55
			67	61	53
66	66			61	55
62	62	62		59	54
55	55	55	55	51	47

Abb. 9.59: Exemplarischer Einfluss der Gebäudehülle und der Übertragungsflächen

Abb. 9.59 zeigt den Einfluss einzelner Maßnahmen sowie deren kombinierte Wirkung anhand eines typischen Beispielgebäudes. In der Ausgangssituation lag die erforderliche Vorlauftemperatur bei 75 °C. Durch die schrittweise Optimierung der Gebäudehülle und den Austausch der 4 temperaturkritischsten Heizkörper konnte dieser Wert auf 47 °C gesenkt werden. Damit wurde ein signifikanter Beitrag zur Dekarbonisierung der Wärmeversorgung und zur Vorbereitung auf den Einsatz von Niedertemperaturtechnologien wie Wärmepumpen geleistet.

Gebäudehülle: Wärmedämmung und Luftdichtheit

Der Einfluss der Gebäudehülle und der Heizkörperflächen auf die erforderliche Vorlauftemperatur eines Heizsystems ist zentral für die energetische Bewertung und Sanierungsplanung.

Je besser die Gebäudehülle gedämmt ist (Außenwände, Dach, Fenster, Bodenplatte), desto geringer ist der Wärmeverlust (Transmissionswärmeverlust); und damit sinkt auch die benötigte Vorlauftemperatur (vgl. Tabelle 9.15).

Ein gut gedämmtes Gebäude benötigt weniger Heizleistung zur Aufrechterhaltung der Raumtemperatur. Dadurch kann mit niedrigeren Temperaturen gearbeitet werden; dies ist wichtig für den Einsatz von Wärmepumpen, die effizient bei niedriger Vorlauftemperatur arbeiten.

Heizkörperflächen (Wärmeübergabeflächen)

Je größer die vorhandene Heizfläche (z. B. Heizkörper oder Flächenheizung), desto niedriger kann die Vorlauftemperatur sein, um dieselbe Raumtemperatur zu erreichen (vgl. Tabelle 9.16).

Größere Heizflächen geben mehr Wärme bei gleicher Vorlauftemperatur ab. Kleinere Heizkörper benötigen dafür eine höhere Temperaturdifferenz zur Raumluft, d. h. eine höhere Vorlauftemperatur.

Tabelle 9.15: Einfluss der Gebäudehülle auf die Vorlauftemperatur

Zustand der Gebäudehülle	typische Vorlauftemperatur in °C
ungedämmt (Altbau)	70–80
teilgedämmt (z. B. nur Dach)	60–70
gut gedämmt (KfW 100)	50–60
sehr gut gedämmt (KfW 55/40)	35–45

Tabelle 9.16: Einfluss der Heizkörperflächen auf die Vorlauftemperatur

Art der Heizfläche	typische Vorlauftemperatur in °C
alte Rippenheizkörper	70–80
Konvektoren/Stahlradiatoren	60–70
großflächige Heizkörper	50–60
Fußbodenheizung	30–40
Wand-/Deckenheizung	25–35

Bei der Umstellung auf niedertemperaturgeeignete Systeme wie Wärmepumpen ist es entscheidend, beide Aspekte zu berücksichtigen:

- Verbesserung der Gebäudehülle über Dämmung, Luftdichtheit und Fenster,
- Optimierung der Heizflächen über größere Heizkörper und/oder ggf. Ergänzung von Flächenheizungen.

Dies ermöglicht eine Reduktion der Vorlauftemperatur auf ≤ 55 °C, was die Voraussetzung für Wärmepumpenförderung nach GEG/BEG ist.

Abb. 9.60 und 9.61: Dachsanierung und Aktivierung der Flächen mittels PV-Anlagen

Abb. 9.62 und 9.63: Reihenendhaus aus dem Jahr 1979

Integration erneuerbarer Energien und Sektorenkopplung

Die folgenden Maßnahmen tragen zur Integration erneuerbarer Energien und zur Sektorenkopplung bei:

- PV-Anlagen auf Dachflächen und Fassaden dienen der Eigenstromproduktion (siehe Abb. 9.60 und 9.61).
- Batteriespeicher sorgen für eine bessere Eigenverbrauchsoptimierung.
- Mithilfe bidirektionaler Elektromobilität kann das Gebäude als Teil eines intelligenten Energienetzes genutzt werden.
- Eine Sektorenkopplung mit Nahwärme oder Wärmenetzen empfiehlt sich insbesondere für Mehrfamilienhäuser.

Verbesserung der Luftdichtheit und Lüftungskonzepte

Die Luftdichtheit wird durch Abdichtung von Fugen und Wärmebrücken optimiert.

Der Einbau von dezentralen oder zentralen Lüftungsanlagen mit Wärmerückgewinnung minimiert Heizwärmeverluste.

Wohngebäude aus der Zeit zwischen 1978 und 2002 bieten eine gute Ausgangslage für energetische Sanierungen, da sie bereits grundlegende Dämmstandards und Niedertemperaturheizsysteme aufweisen (siehe Abb. 9.62 und 9.63). Dennoch besteht ein hohes Optimierungspotenzial, insbesondere durch eine Verbesserung der Gebäudehülle, die Umstellung auf erneuerbare Heiztechnologien und die Nutzung regenerativer Energien.

Durch die beschriebenen Maßnahmen kann dieser Gebäudebestand langfristig klimaneutral gestaltet und zukunftssicher modernisiert werden.

Neben der energetischen Sanierung eröffnen diese Bestandsgebäude auch städtebauliche Chancen: Angesichts wachsender Wohnraumnachfrage, insbesondere in urbanen Gebieten, rückt der Bestand zunehmend in den Fokus der Nachverdichtung. Wohnraumerweiterungen – etwa durch den Ausbau bislang ungenutzter Dachgeschosse – ermöglichen eine flächensparende und sozialverträgliche Innenentwicklung. Dies leistet nicht nur einen Beitrag zur Ressourcenschonung und Vermeidung neuer Flächenversiegelung, sondern kann

Abb. 9.64: Unbeheiztes Dachgeschoss

Abb. 9.65 und 9.66: Dachgeschossausbau

auch zur sozialen Durchmischung beitragen, indem neue, bezahlbare Wohnungen im Bestand entstehen.

Wohnraumerweiterungen lassen sich einfach realisieren durch den Ausbau des Dachgeschosses (siehe Abb. 9.64 bis 9.66).

Der Ausbau des Dachgeschosses bietet eine Vielzahl an Möglichkeiten, den Wohnraum zu erweitern und zugleich verschiedene Aspekte des Wohnkomforts und der Sicherheit zu verbessern. Die folgenden zentralen Vorteile und Überlegungen sollten bei der Planung und Umsetzung berücksichtigt werden:

- Wohnflächenerweiterung,
- Barrierefreiheit,
- Zugänglichkeit,
- Brandschutz,
- Schallschutz,
- sommerlicher und winterlicher Wärmeschutz,
- Luft- und Winddichtheit.

Die Sanierung dieser Gebäude ist daher nicht nur ökologisch sinnvoll, sondern auch wirtschaftlich attraktiv, da sich hohe Energieeinsparungen mit vergleichsweise geringem Sanierungsaufwand realisieren lassen.

9.6 Klimadebatte (2002 bis 2015, 2024)

Die in der Post-Ölkrise-Ära begonnenen Initiativen zur Erzielung von Energieeffizienz und der verstärkte Einsatz erneuerbarer Technologien wurden in den Jahren der Klimadebatte weiter ausgebaut und vertieft. Infolge globaler Umweltkrisen und der verstärkten politischen Fokussierung auf Klimaziele entwickelten sich neue Standards und Technologien, die darauf abzielten, den Energieverbrauch weiter zu minimieren und die CO_2-Emissionen signifikant zu reduzieren. Die Wohngebäude, die nach 2002 errichtet wurden, sind daher bereits stark durch die gesetzlichen Energieeffizienzvorgaben der EnEV sowie durch die zunehmende gesellschaftliche Debatte um Klimaschutz und nachhaltiges Bauen geprägt. Im Gegensatz zu älteren Gebäudebeständen weisen diese Bauten bereits eine gute bis sehr gute thermische Qualität der Gebäudehülle auf, wodurch die erreichbaren Einsparpotenziale durch Dämmmaßnahmen begrenzter sind.

Trotz dieser Fortschritte ist die Sanierung dieser Gebäude dennoch entscheidend, um das langfristige Ziel der Klimaneutralität im Gebäudesektor zu erreichen. Der Fokus der Sanierungsmaßnahmen liegt weniger auf der Optimierung der Gebäudehülle, sondern vielmehr auf der Anpassung der TGA an erneuerbare Energien sowie auf der Optimierung der Betriebseffizienz durch intelligente Steuerungssysteme und Sektorenkopplung.

Kapitel 9.6 stellt dar, wie die Erkenntnisse und Technologien aus der vorhergehenden Epoche als Basis dienten, um innovative und nachhaltige Baupraktiken zu etablieren, die den neuen gesetzlichen Anforderungen gerecht werden. Die Diskussion wird speziell auf die Implementierung von ganzheitlichen Sanierungslösungen fokussiert, die das Ziel verfolgen, einen klimaneutralen Gebäudebestand zu erreichen.

Dabei wird aufgezeigt, wie die früheren Maßnahmen zur Energieeffizienz durch die Integration fortschrittlicher Technologien wie intelligente Gebäudesteuerungssysteme, fortgeschrittene Materialien und Konzepte für grüne Gebäude erweitert wurden. Diese Phase markiert einen entscheidenden Punkt, an dem ökologische Baustandards und Energieeffizienz nicht nur erweitert, sondern tief in das Bewusstsein von Bauherren, Planern und der Öffentlichkeit eingegangen sind.

In Kapitel 9.6 wird daher untersucht, wie durch die kombinierte Anwendung dieser fortschrittlichen Techniken und Methoden die Gebäude nicht nur energieeffizienter, sondern auch teilweise energieautark und erheblich umweltfreundlicher gestaltet wurden. Dies umfasst eine detaillierte Betrachtung der Maßnahmen, die in der Klimadebatte als Reaktion auf die steigenden Anforderungen an die Umweltleistung von Gebäuden entwickelt wurden.

Für Gebäude, die in der Zeit der Klimadebatte errichtet wurden, ist eine spezifische Herangehensweise bei der Sanierung erforderlich, um sowohl den ökologischen Fußabdruck zu minimieren als auch die aktuellen Energiestandards zu erfüllen. Die folgenden zentralen Aspekte sollten beachtet werden:

- **Verbesserung der Energieeffizienz:** Diese Gebäude wurden oft schon unter umweltfreundlicheren Vorschriften gebaut, es existiert jedoch noch Raum für Verbesse-

rungen, insbesondere in Bezug auf die Wärmedämmung und die Effizienz der Heiz- und Kühlsysteme.
- **Integration erneuerbarer Energiequellen:** Der Einsatz von Solarpaneelen, Wärmepumpen und anderen erneuerbaren Technologien kann weiter ausgebaut werden, um die Abhängigkeit von fossilen Brennstoffen zu reduzieren und die Energiekosten zu senken.
- **Modernisierung der Gebäudeautomation:** Die Optimierung bestehender Gebäudeautomationssysteme zur besseren Steuerung von Heizung, Lüftung, Klima und Beleuchtung kann den Energieverbrauch weiter reduzieren und die Gebäudeeffizienz erhöhen.

Empfohlene Kombination von Maßnahmen an der Gebäudehülle und der TGA

Folgende Maßnahmen und Maßnahmenkombinationen tragen zur energetischen Optimierung bei:

- **Maßnahme Hülle (Verbesserung der Dämmung und Fenstererneuerung):** Eine Überarbeitung der Wärmedämmung und der Austausch alter Fenster mit moderneren, energieeffizienteren Modellen helfen, Wärmeverluste zu minimieren und die Heizkosten zu senken.
- **Maßnahme TGA (Erweiterung der erneuerbaren Energiesysteme):** Die verstärkte Integration von PV-Systemen und die Installation von Wärmepumpen oder geothermischen Heizsystemen tragen dazu bei, den Energiebedarf aus erneuerbaren Quellen zu decken und die Emissionen zu reduzieren.

Durch die Implementierung dieser Maßnahmen können Gebäude aus der Zeit der Klimadebatte energieeffizienter und umweltfreundlicher gestaltet werden, was nicht nur zu Kosteneinsparungen führt, sondern auch die Nachhaltigkeit der Gebäude erhöht.

9.6.1 Energetische Ausgangslage von Wohngebäuden nach 2002

Mit der Einführung der EnEV 2002 wurden erstmals Mindestanforderungen an den Primärenergiebedarf von Neubauten festgelegt, wodurch sich die Energieeffizienz der Gebäude im Vergleich zu früheren Bauperioden deutlich verbesserte. Die darauffolgenden Verschärfungen der EnEV 2009, EnEV 2014 und schließlich das GEG 2020 führten zu weiteren Effizienzsteigerungen, insbesondere durch

- bessere Dämmstandards für Außenwände, Dächer und Kellerdecken,
- hochwertige Fenster mit Dreifachverglasung und optimierten *U*-Werten,
- Reduzierung der Luftwechselverluste durch verbesserte Gebäudeabdichtungen,
- primärenergetische Bewertung von Heizsystemen, wodurch erneuerbare Energien stärker berücksichtigt wurden.

Trotz dieser Fortschritte verbleiben in vielen dieser Gebäude noch fossile Heizsysteme (Gas-Brennwerttechnik, Ölheizungen oder Fernwärme mit fossilen Energieträgern). Zudem sind viele TGA nicht vollständig für den Betrieb mit erneuerbaren Energien optimiert, was die Umstellung auf eine klimaneutrale Energieversorgung erschwert.

9.6.2 Sanierungsschwerpunkte zur Erreichung der Klimaneutralität von ab 2002 errichteten Gebäuden

Die nachfolgenden Sanierungsmaßnahmen tragen zu dem Ziel bei, ab 2002 errichtete Gebäude klimaneutral zu gestalten.

Umstellung auf erneuerbare Heizsysteme und NT-ready-Konzepte

Viele Gebäude ab 2002 wurden mit Gas-Brennwerttechnik oder Fernwärme aus fossilen Energieträgern ausgestattet. Der wichtigste Schritt zur Klimaneutralität ist daher die Umstellung auf erneuerbare Heiztechnologien durch

- Austausch von Gas-Brennwertheizungen durch Wärmepumpensysteme (Luft-Wasser, Sole-Wasser oder Fernwärme auf Basis erneuerbarer Energien),
- Integration von Solarthermie zur Unterstützung der Warmwasserbereitung,
- Hybridlösungen mit Wärmepumpe und solarer Direktheizung zur Deckung des Wärmebedarfs an sonnenreichen Tagen.

Die Umstellung auf erneuerbare Wärmeerzeugung setzt voraus, dass das Gebäude für den Niedertemperaturbetrieb (NT-ready) vorbereitet ist (siehe Kapitel 9.5.2).

Integration erneuerbarer Energien und Sektorenkopplung

Neben der Heizungssanierung ist die Nutzung von erneuerbaren Stromquellen entscheidend für eine klimaneutrale Betriebsweise. Hierzu zählen

- PV-Anlagen auf Dächern und Fassaden zur Eigenstromproduktion,
- Batteriespeicherlösungen, um den Eigenverbrauch zu optimieren,
- bidirektionale Ladesysteme für Elektrofahrzeuge, die den PV-Strom als flexiblen Speicher nutzen,
- intelligente Energiemanagementsysteme, um die Energieflüsse zwischen PV-Anlage, Wärmepumpe, Speicher und Netz zu optimieren.

Durch die Kombination dieser Maßnahmen kann der Autarkiegrad erheblich gesteigert und die Abhängigkeit vom öffentlichen Netz reduziert werden.

Verbesserung der Betriebsführung durch intelligente Steuerung und Gebäudeautomation

Gebäude ab 2002 bieten oft bereits eine gute bauliche Grundstruktur, aber die Optimierung der Betriebsweise der technischen Anlagen ist oft noch nicht ausgeschöpft. Wichtige Maßnahmen sind:

- Einsatz smarter Heizungssteuerungen mit lernenden Algorithmen, die sich an Nutzerverhalten und Wetterprognosen anpassen (siehe Abb. 9.67),
- Gebäudeautomation mit Smarthome-Technologien, um Energieverbräuche dynamisch zu regulieren (siehe Abb. 9.66),
- Integration von Lastmanagementsystemen, die Stromerzeugung und -verbrauch im Haushalt aufeinander abstimmen,

Abb. 9.67: Systemregelung

Abb. 9.68: Gebäudeautomation

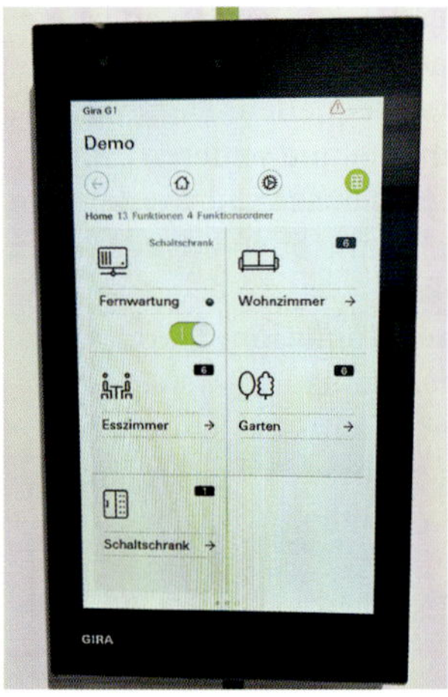

Abb. 9.69: Gebäudeautomation: Interface

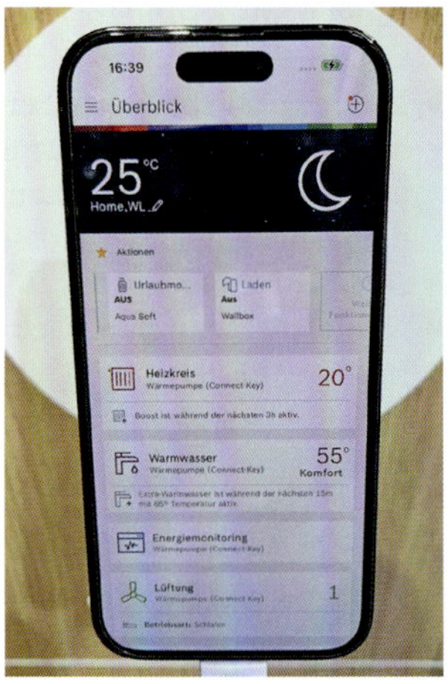

Abb. 9.70: Gebäudeautomation: App

Abb. 9.71 und 9.72: Gebäudeautomation: E-Bike-Station

- digitale Zähler und Monitoring-Systeme, die die Energieeffizienz in Echtzeit überwachen und Optimierungspotenziale aufzeigen (siehe Abb. 9.69 und 9.70).

Durch den Einsatz von KI-gestützten Energiemanagementsystemen kann die Betriebseffizienz erheblich gesteigert werden, indem Lastverschiebungen automatisiert erfolgen und erneuerbare Energien maximal genutzt werden.

Die Gebäude aus der Bauepoche der Klimadebatte (2002 bis 2024) sind bereits energetisch effizienter als frühere Bauperioden, doch für die vollständige Klimaneutralität sind weitere technologische Anpassungen notwendig. Während bauliche Dämmmaßnahmen nur noch in Einzelfällen wirtschaftlich sinnvoll sind, liegt der Fokus auf der

- Umstellung auf erneuerbare Wärmeerzeugung (Wärmepumpen, Solarthermie, regenerative Fernwärme),
- Integration von Photovoltaik, Batteriespeichern und bidirektionaler Elektromobilität (siehe Abb. 9.71 und 9.72),
- Optimierung der Betriebsführung durch intelligente Steuerungssysteme, Lastmanagement und Gebäudeautomation (siehe Abb. 9.73 und 9.74).

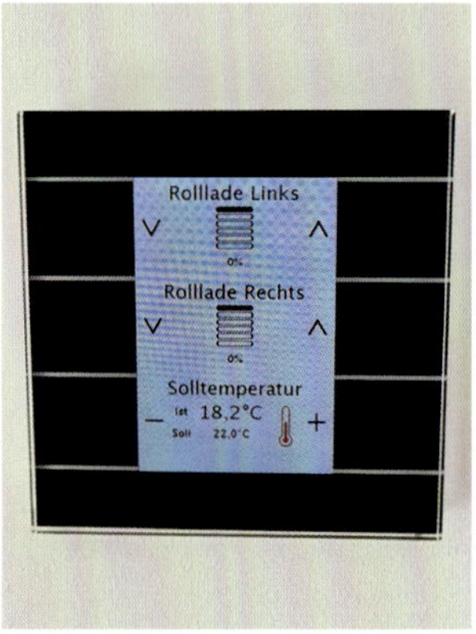

Abb. 9.73: Gebäudeautomation: Systemsteuerung

Abb. 9.74: Gebäudeautomation: Verschattung

Durch diese Maßnahmen kann der Primärenergiebedarf weiter reduziert, der Autarkiegrad erhöht und die Gebäude vollständig auf erneuerbare Energien umgestellt werden.

Mit einer gezielten Modernisierung der technischen Gebäudeausrüstung können Wohngebäude aus dieser Epoche effizient an die Klimaschutzziele 2045 angepasst und langfristig wirtschaftlich und ökologisch optimiert werden.

9.6.3 Wasserstoff als Baustein der Energiewende – Chancen und Herausforderungen für den Gebäudesektor

Eine erfolgreiche Energiewende bedeutet, Versorgungssicherheit, Bezahlbarkeit und Umweltverträglichkeit mit innovativem Klimaschutz zu vereinen. Dazu bedarf es Alternativen zu fossilen Energieträgern, insbesondere für gasförmige und flüssige Brennstoffe, die derzeit noch häufig im Gebäudesektor zum Heizen eingesetzt werden. In einem Industrieland wie Deutschland wird Wasserstoff als integraler Bestandteil des Energiesystems betrachtet, insbesondere zur Sektorenkopplung und Langzeitspeicherung erneuerbarer Energien.

Vor diesem Hintergrund entstehen intelligente Energiekonzepte, die darauf abzielen, ein technisch realisierbares, wirtschaftlich tragfähiges und nachhaltiges Versorgungssystem zu entwickeln. Ein zentraler Ansatz ist die dezentrale Erzeugung von grünem Wasserstoff vor Ort, der als Speichermedium für überschüssigen Strom aus erneuerbaren Energien dient. Durch die Nutzung eines Elektrolyseurs kann überschüssige elektrische Energie in Wasserstoff umgewandelt, gespeichert und bei Bedarf in einem Kraft-Wärme-Kopplungs-Prozess (Brennstoffzelle oder Wasserstoffmotor) wieder in nutzbare Energie zurückgeführt werden.

Die Simulation von Bedarfsprofilen für Strom- und Trinkwarmwasser ist entscheidend, um das Versorgungssystem optimal auszulegen. Mithilfe ganzjähriger Gebäudesimulationen wird der thermische Bedarf für Heizung und Kühlung berechnet, um die Dimensionierung von Energieerzeugung, Speicherkapazitäten und Systemintegration so genau wie möglich zu gestalten. Ziel ist es, eine möglichst hohe Energieautarkie zu erreichen, ohne dabei die wirtschaftlichen Rahmenbedingungen und Fördermöglichkeiten außer Acht zu lassen.

Exkurs

Wasserstoff versus Wärmepumpe – Technologievergleich im Gebäudebereich

Obwohl Wasserstoff aufgrund seiner hohen Energiedichte und geringen CO_2-Emissionen als wichtige Lösung zur Dekarbonisierung des Energiesektors gilt, ist seine Rolle im Gebäudesektor umstritten. Während sein Einsatzpotenzial im Verkehrs- und Industriesektor als hoch eingeschätzt wird, ist die direkte Elektrifizierung von Gebäuden mittels Wärmepumpen aus Effizienzgründen oft die bevorzugte Lösung.

Vorteile von Wärmepumpe und Wasserstoff

Vorteile der Wärmepumpe liegen in der

- direkten Nutzung von Strom ohne Umwandlungsverluste,
- hohen Effizienz, da 75 % der Energie werden aus der Umgebung bezogen werden,
- Kombinationsmöglichkeit mit PV-Anlagen für hohe Eigenverbrauchsquoten.

Wasserstoff besitzt 3 Vorteile:

- Er ermöglicht langfristige Energiespeicherung zur Überbrückung saisonaler Schwankungen.
- Er erlaubt die Sektorenkopplung durch Nutzung in Strom-, Wärme- und Mobilitätssektor.
- Er kann als Back-up-Energiequelle in autarken Systemen dienen.

Ein wesentlicher **Nachteil der Wasserstoffnutzung** liegt in den hohen Umwandlungs- und Speicherverlusten. Während Wärmepumpen Strom direkt nutzen, wird bei der Elektrolyse, Speicherung und Rückverstromung Energie in mehreren Stufen umgewandelt, was Wirkungsgradverluste mit sich bringt. Dennoch kann Wasserstoff in Systemen mit hohem saisonalem Speicherbedarf eine zentrale Rolle spielen.

Stellenwert von Wasserstoff als Baustein der Energiewende

Die Nutzung von Wasserstoff im Gebäudesektor bleibt eine Abwägungsfrage, die stark von den lokalen Rahmenbedingungen, technischen Anforderungen und wirtschaftlichen Aspekten abhängt. Während die Elektrifizierung durch Wärmepumpen oft die effizientere Lösung darstellt, bietet Wasserstoff klare Vorteile im Langzeitspeicherbereich und zur Überbrückung saisonaler Schwankungen.

Letztlich gibt es kein universell richtiges oder falsches Konzept. Vielmehr müssen maßgeschneiderte Energielösungen entwickelt werden, die sowohl technische Machbarkeit als auch wirtschaftliche Tragfähigkeit berücksichtigen. Die Kombination aus erneuerbaren Energien, intelligenter Speichertechnologie und sektorübergreifender Nutzung wird die Grundlage für eine nachhaltige und klimaneutrale Energieversorgung der Zukunft sein.

9.6.4 Technische Machbarkeit und Wirtschaftlichkeit von autarken Energiesystemen

Technisch machbare Konzepte zur autarken Energieversorgung – mit oder ohne Wasserstoff – existieren bereits seit Jahren. Eine Kombination aus Wärmepumpe, Brennstoffzelle und Speichersystemen kann dazu beitragen, den Eigenverbrauch zu maximieren und Netzabhängigkeiten zu reduzieren:

- Die **Brennstoffzelle** kann bei **Strommangel** als Back-up-System dienen, indem sie **elektrische Energie für die Wärmepumpe bereitstellt** und dabei **nutzbare Abwärme** erzeugt.
- Ein **intelligentes Energiemanagement** optimiert die Nutzung von **PV-Strom, Batteriespeichern, Wasserstoff und thermischen Speichern**.
- Die Wirtschaftlichkeit solcher Systeme hängt stark von **Förderprogrammen, Investitionskosten und langfristigen Energiepreisentwicklungen** ab.

Trotz technologischer Fortschritte fehlt es in der Praxis häufig an wirtschaftlichen Anreizen oder Investitionsbereitschaft, um diese Lösungen flächendeckend zu implementieren. Zudem sind geeignete Modellierungs- und Simulationsprogramme für individuelle Bedarfsprofile und Energiesysteme noch begrenzt verfügbar.

9.7 Ausblick: Energiewende (2024 bis 2045)

Nach der Untersuchung der architektonischen und energetischen Entwicklungen während der Klimadebatte (2002 bis 2015, 2024) in Kapitel 9.6 leitet Kapitel 9.7 über zu einer neuen Ära, die durch die Energiewende und die zunehmenden Anforderungen an klimaneutrale Gebäude zwischen 2024 und 2045 charakterisiert ist. Diese zukunftsorientierte Periode setzt die in der vorherigen Dekade begonnenen Bemühungen fort und erweitert sie um ambitioniertere Maßnahmen zur Erreichung einer vollständigen Klimaneutralität in der gebauten Umwelt.

Die Klimadebatte legte den Grundstein für eine verstärkte Integration von nachhaltigen Bauweisen und energieeffizienten Technologien, die sich nicht nur auf die Reduzierung der CO_2-Emissionen, sondern auch auf die Verbesserung der Lebensqualität und der ökonomischen Effizienz konzentrierten. Diese Entwicklungen haben entscheidend dazu beigetragen, dass die Ziele der Energiewende zwischen 2024 und 2045 nicht nur visionäre Konzepte, sondern realisierbare Ziele darstellen.

Kapitel 9.7 führt diese Entwicklungen weiter aus und stellt dar, wie durch innovative technologische Fortschritte und politische Rahmenbedingungen ein umfassender Wandel hin zu einem vollständig klimaneutralen Gebäudebestand gefördert wird. Dabei wird die Notwendigkeit einer ganzheitlichen Betrachtung von Sanierungsmaßnahmen betont, die sowohl die Reduktion des Energiebedarfs als auch die Integration erneuerbarer Energiequellen einschließt.

Der Fokus liegt auf fortgeschrittenen Technologien und Methoden, wie der digitalen Gebäudemodellierung, dem Einsatz von künstlicher Intelligenz in der Gebäudesteuerung und der Entwicklung von multifunktionalen Fassadensystemen, die sowohl Energie erzeugen als auch speichern können. Diese Technologien bilden die Grundlage für die Schaffung adaptiver und selbstregulierender Gebäude, die aktiv zur Energieerzeugung beitragen und so die Abhängigkeit von externen Energiequellen weiter reduzieren.

In diesem Kapitel wird auch die Rolle der gesellschaftlichen Akzeptanz und der politischen Unterstützung beleuchtet, die für die erfolgreiche Umsetzung der Energiewende unerlässlich sind. Es zeigt auf, wie durch die Zusammenarbeit verschiedener Stakeholder Barrieren überwunden und Synergien geschaffen werden können, um die ambitionierten Ziele der Energiewende zu erreichen.

Für Gebäude, die in der Zeit der Energiewende (2024 bis 2045) errichtet oder saniert werden, gilt es, spezifische Richtlinien und Technologien zu beachten, die auf höchste Energieeffizienz und minimale Umweltauswirkungen abzielen. Folgende wesentlichen Punkte sollten in Betracht gezogen werden:

- Implementierung hochmoderner Energieerzeugungssysteme: Der Einsatz von fortschrittlichen PV-Anlagen, Windenergie und anderen erneuerbaren Technologien sollte maximiert werden, um eine unabhängige und nachhaltige Energieversorgung zu gewährleisten.
- Umfassende Gebäudeautomation und Smarthome-Systeme: Diese Systeme ermöglichen eine effiziente Verwaltung von Energieverbrauch und -erzeugung, optimieren Heizungs-, Lüftungs- und Kühlsysteme und tragen zur Verbesserung des allgemeinen Wohnkomforts bei.
- Verwendung nachhaltiger Baustoffe: Der Einsatz umweltfreundlicher Materialien, die sowohl eine geringe CO_2-Bilanz haben als auch zur Gesundheit der Bewohner beitragen, ist essenziell für die Nachhaltigkeit des Gebäudes.

Empfohlene Kombination von Maßnahmen der TGA und an der Gebäudehülle

Maßnahme TGA (integrierte Energielösungen): Die Integration von Lösungen wie solaren Wärme- oder Kühlsystemen, die direkt in die Architektur des Gebäudes eingebettet sind, bietet eine optimale Nutzung von Sonnenenergie und minimiert den Energiebedarf für herkömmliche Heiz- und Kühlsysteme.

Maßnahme Hülle (fortgeschrittene Multifunktionsbauteile und serielle Sanierungen): Der Einsatz von hoch entwickelten Dämmmaterialien und innovativen Wärmedämmungsmethoden, die über traditionelle Ansätze hinausgehen, hilft, den Heiz- und Kühlbedarf drastisch zu reduzieren und somit Energie zu sparen. Insbesondere multifunktionale und modulare Bauteile sind wegweisend wie z. B. aktivierte Fassaden inkl. Begrünungen.

Durch die Berücksichtigung dieser Maßnahmen können Gebäude aus der Ära der Energiewende nicht nur den Anforderungen an Nachhaltigkeit und Energieeffizienz gerecht werden, sondern auch eine Vorreiterrolle in der klimafreundlichen Architektur einnehmen.

Die kommenden Jahrzehnte bis 2045 werden den Bausektor grundlegend transformieren, da der Gebäudebestand nicht nur klimaneutral, sondern auch ressourcenschonend, energieautark und sozial gerecht gestaltet werden muss. Während frühere Bauepochen primär auf die Verbesserung der Energieeffizienz durch Dämmmaßnahmen und Heizungsoptimierung fokussiert waren, erfordert die nächste Phase der Energiewende einen systemischen Ansatz, der Bauweise, Gebäudetechnik, Energieinfrastruktur und digitale Vernetzung integriert.

Die Wohngebäude der Zukunft müssen nicht nur den Anforderungen an eine emissionsfreie Betriebsweise entsprechen, sondern auch kreislauffähig gebaut werden, um den Ressourcenverbrauch drastisch zu reduzieren. Die Integration von Lowtech-Prinzipien, intelligenter Gebäudeautomation, dezentraler Energieerzeugung und einer ökologischen Materialwahl sind entscheidende Schritte, um Gebäude zu aktiven Teilnehmern im Energiemanagement zu machen. Durch die Umsetzung dieser Elemente wird ein Gebäude nicht nur zu einem Verbraucher, sondern auch zu einem Produzenten und Speicher von Energie. Ziel ist es, ein dynamisches System zu schaffen, in dem Gebäude Energie effizient nutzen, erzeugen und flexibel reagieren können.

Ein Beispiel für solche Innovationen sind Fassaden, die mehrere Funktionen kombinieren:

- **Multifunktionale Fassaden:** Diese Fassaden integrieren verschiedene Technologien und Designansätze, um die Leistung des Gebäudes zu optimieren. Beispielsweise können sie durch die Kombination von Fassadenbegrünung und photovoltaischen Elementen sowohl zur Energieerzeugung als auch zur Verbesserung des Mikroklimas beitragen.

- **Fassadenbegrünung:** Pflanzen auf Fassaden verbessern die Wärmedämmung, helfen, das Gebäude im Sommer kühl und im Winter warm zu halten und tragen zur Luftreinigung bei.
- **PV-Elemente:** Die Integration von Solarzellen in die Fassade trägt zur Gewinnung von Solarenergie bei, die direkt für den Gebrauch im Gebäude genutzt oder ins Netz eingespeist werden kann.

Durch diese Ansätze können Gebäude über ihren eigenen Bedarf hinaus Energie liefern und so zu einer Reduzierung der Netzlast und einer Erhöhung der Energieeffizienz beitragen. Solche Systeme unterstützen nicht nur eine nachhaltige Architektur, sondern bieten auch finanzielle Vorteile durch Energieeinsparungen und mögliche Einkünfte aus der Energieproduktion. Die Implementierung dieser Technologien fördert ein holistisches Verständnis von Gebäuden als lebenswichtige, interaktive Komponenten im urbanen Ökosystem.

Kombination von Fassadenbegrünung und Photovoltaik

> Diese hybride Lösung (siehe Abb. 9.75) vereint ökologische, energetische und gestalterische Vorteile. Während die Begrünung das Gebäude vor Überhitzung schützt, steigert die PV-Fassade die Energieeffizienz und trägt zur nachhaltigen Stromerzeugung bei.

Abb. 9.75: Fassadengestaltung mit PV-Elementen und Begrünung

9.7.1 Zukünftige Ansprüche an Bau und Sanierung von Gebäuden

Klimaneutralität als Mindeststandard

Die Klimaneutralität wird erreicht durch den emissionsfreien Betrieb mithilfe vollständig fossilfreier Wärme- und Stromversorgung (Wärmepumpen, Solarthermie, Photovoltaik, geothermische Systeme).

Eine energieeffiziente Gebäudehülle mit dynamischen, anpassungsfähigen Dämmkonzepten maximiert sowohl sommerlichen Wärmeschutz als auch winterliche Wärmespeicherung.

Die Berücksichtigung des gesamten Lebenszyklus eines Gebäudes, einschließlich der damit verbundenen „grauen Energie" und der CO_2-Bilanz, ist für eine umfassende Bewertung der Umweltauswirkungen unerlässlich.

Graue Energie bezeichnet die vollständige Energiemenge, die während des gesamten Lebenszyklus eines Produkts oder Gebäudes verbraucht wird, einschließlich der Gewinnung von Rohstoffen, Herstellung, Transport, Installation, Nutzung, Instandhaltung sowie der Demontage und Entsorgung. Bei Gebäuden umfasst die graue Energie beispielsweise die Energie, die für die Herstellung von Baumaterialien wie Zement oder Stahl aufgewendet wird, sowie die Energie, die für den Abriss und die Abfallverarbeitung benötigt wird.

Die **CO_2-Bilanz** beschreibt die Gesamtheit der Treibhausgasemissionen, die direkt und indirekt mit dem Bau, der Nutzung und dem Abriss eines Gebäudes verbunden sind. Sie wird oft als CO_2-Fußabdruck ausgedrückt und umfasst Emissionen, die bei der Herstellung von Baumaterialien entstehen, sowie Emissionen, die durch den Energieverbrauch während der Nutzung des Gebäudes verursacht werden.

Die Berücksichtigung dieser Aspekte ist entscheidend, um die tatsächlichen Umweltauswirkungen eines Gebäudes zu verstehen und zu minimieren. Ziel ist es, Gebäude zu entwickeln, die nicht nur in ihrer Nutzung, sondern über ihren gesamten Lebenszyklus hinweg energieeffizient und klimafreundlich sind. Dazu gehören die Auswahl von Materialien mit niedriger grauer Energie, die Optimierung der Gebäudekonstruktion zur Minimierung des Energiebedarfs und die Planung für eine einfache Demontage und Recyclingfähigkeit am Ende der Lebensdauer. Solche Ansätze unterstützen das Ziel der Nachhaltigkeit im Bauwesen, indem sie helfen, den Energieverbrauch und die CO_2-Emissionen über die Lebensdauer eines Gebäudes hinweg zu reduzieren.

Energieautarkie durch dezentrale Energieerzeugung und -speicherung

Gebäude fungieren als Energieproduzenten: Jedes Gebäude muss über PV- und Solarthermieanlagen sowie intelligente Batteriespeicherlösungen verfügen, um den Eigenverbrauch zu maximieren.

Netzinteraktive Gebäude speisen überschüssige Energie ins Smart Grid ein oder nutzen sie für E-Mobilität und Wärmepumpenbetrieb.

Über bidirektionale Ladetechnologien dienen Elektrofahrzeuge als mobile Energiespeicher für Gebäude und das Stromnetz.

Die saisonale Wärmespeicherung erfolgt über die Integration von Langzeitspeichern (Erdwärme, Phasenwechselmaterialien, Wasserstofftechnologien), um erneuerbare Energien optimal zu nutzen.

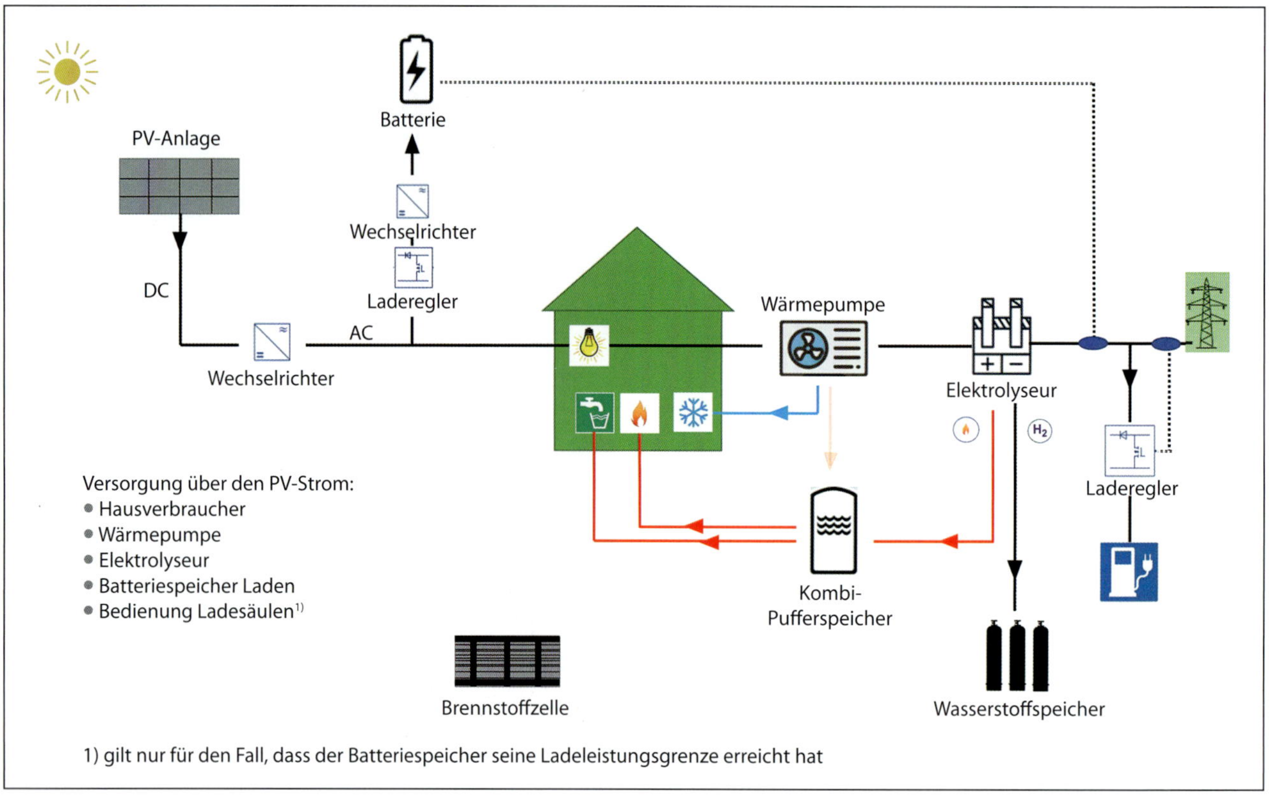

Abb. 9.76: Plusenergiehaus mit Wasserstoffversorgung

Energiemanagement einer PV-Anlage mit Verbrauchern, Batteriespeicher und Ladesäule

Die PV-Anlage dient primär der Versorgung der angeschlossenen Verbraucher, zu denen der Haushalt, eine Wärmepumpe und ein Elektrolyseur gehören. Der überschüssige Strom, der nicht unmittelbar verbraucht wird, wird in den Batteriespeicher geladen, um eine optimale Nutzung der selbst erzeugten Energie zu gewährleisten.

Lastmanagement und Überschussregelung

In Zeiten mit geringem Stromverbrauch und hoher PV-Erzeugung kann es vorkommen, dass der Batteriespeicher seine Kapazitätsgrenze erreicht. Ist der Speicher bereits vollständig geladen und sind alle angeschlossenen Verbraucher versorgt, kann der verbleibende Stromüberschuss teilweise noch an eine Ladesäule für Elektrofahrzeuge weitergegeben werden (siehe Abb. 9.76).

Sollte der PV-Ertrag kurzfristig nicht ausreichen, um den aktuellen Energiebedarf zu decken, wird der Batteriespeicher als kurzfristige Energiequelle genutzt und übernimmt die Stromversorgung für Verbraucher.

3 weitere Aspekte sind bei dem Energiemanagement zu berücksichtigen:

- Im Regelfall wird im Sommerbetrieb eine Kühlung aktiv, die überschüssige PV-Energie nutzt.
- Besteht jedoch kein Kühlbedarf, könnte der Pufferspeicher weiter beladen werden, um überschüssige Energie zu speichern.
- Dieser variable Energiefluss wird in Abb. 9.76 durch den transparenten Pfeil von der Wärmepumpe zum Kombi-Pufferspeicher symbolisiert, da er von der jeweiligen Gebäudenutzung und den tatsächlichen Energiebedarfen abhängt.

In Abb. 9.76 ist neben der PV-Anlage auch ein Wasserstoffspeicher als zentrales Element des Energiesystems integriert. Dieser Speicher ergänzt das hybride Versorgungskonzept durch die Möglichkeit, überschüssigen Solarstrom – insbesondere in Zeiten geringer elektrischer oder thermischer Last – über Elektrolyse in Wasserstoff umzuwandeln. Der erzeugte Wasserstoff kann anschließend in einer Brennstoffzelle rückverstromt oder in Kombination mit Wärmeerzeugung genutzt werden. Dadurch entsteht ein saisonales Speichersystem, das nicht nur zur Netzstabilität beiträgt, sondern auch eine langfristige Nutzung erneuerbarer Energieüberschüsse ermöglicht. Der Wasserstoffspeicher dient somit als Schlüsselelement zur Entkopplung von Energieerzeugung und -nutzung im Sinne einer sektorgekoppelten, klimaneutralen Versorgung.

Fazit: Durch ein intelligentes Energiemanagement wird der PV-Strom optimal genutzt, die Eigenverbrauchsquote erhöht und eine Netzrückspeisung möglichst vermieden. Die flexible Einbindung von Batteriespeichern, Wärmepumpen und Ladesäulen sorgt für eine effiziente und nachhaltige Nutzung erneuerbarer Energie.

Abb. 9.77 und 9.78 zeigen ein Wasserstoffhaus mit in die Fassade integrierter PV-Anlage.

Abb. 9.77 und 9.78: Wasserstoffhaus mit fassadenintegrierter PV-Anlage

9.7.2 Künftige Ansätze zur Erreichung der Klimaneutralität

Energieresilienz und adaptive Gebäudekonzepte

Gebäude müssen klimaresilient sein, d. h., sowohl extremen Hitzeperioden als auch Starkregenereignissen und Energieversorgungsengpässen standhalten.

Autarke Versorgungskonzepte mit eigener Wasserspeicherung, Regenwassernutzung und grünen Klimafassaden steuern mikroklimatische Effekte.

Gebäude müssen mit flexiblen Nutzungskonzepten ausgestattet sein, die sich an veränderte Anforderungen anpassen können (z. B. Umwandlung von Wohn- in Arbeitsräume durch modulare Bauweise).

Lowtech-Prinzipien

Der Einsatz von Lowtech-Prinzipien basiert auf einem technikreduzierten, nicht aber technikfeindlichen Ansatz. Hierzu zählen die folgenden Maßnahmen:

- Die Nutzung passiver Energiestrategien erzielt die Maximierung der natürlichen Belichtung, Verschattung und Lüftung zur Reduzierung des technischen Energiebedarfs.
- Die Auswahl von Materialien mit Wärmespeicherfähigkeit (z. B. Holz, Lehm, Naturstein) ermöglicht passive Heiz- und Kühlkonzepte.
- Einfache, wartungsarme Technologien sorgen für die Minimierung von hochkomplexen Gebäudetechniksystemen, die hohen Wartungsaufwand und Ressourcenverbrauch verursachen.
- Mechanische statt digitaler Lösungen ermöglichen die Nutzung von manuell steuerbaren Lüftungselementen, Sonnenschutzsystemen und Heizstrategien, um die Abhängigkeit von Elektronik zu reduzieren.

Sozial gerechtes und ressourcenschonendes Bauen

Im Kontext des sozial gerechten und ressourcenschonenden Bauens müssen bezahlbare Sanierungskonzepte entwickelt werden, um sozialen Wohnraum klimaneutral umzurüsten.

Partizipative Planungsansätze binden die Bewohner in die Gestaltung nachhaltiger Quartiere ein.

Flexible Wohnkonzepte (Co-Living, Mehrgenerationenhäuser, geteilte Wohnflächen) tragen zur Reduktion des Flächenverbrauchs pro Person bei.

Regionale Wertschöpfungsketten werden gefördert durch die Nutzung lokaler, nachhaltiger Baustoffe.

Einführung eines Ressourcenpasses für Gebäude

Ein Ressourcenpass für Gebäude dokumentiert die Erfüllung der folgenden Vorgaben:

- Gebäude müssen nicht nur energieeffizient, sondern auch ressourceneffizient sein.
- Alle verbauten Materialien werden im Ressourcenpass dokumentiert, um eine spätere Wiederverwendbarkeit und Recyclingfähigkeit sicherzustellen.
- Design for Disassembly (DfD): Gebäude müssen so konstruiert sein, dass sie modular rückbaubar und wiederverwertbar sind.
- Kreislauffähige Baustoffe, die ohne Qualitätseinbußen recycelt werden können, kommen zum Einsatz.

Digitale Gebäudeintelligenz und KI-gestützte Steuerungssysteme

Die Digitalisierung einen Beitrag zur klimaneutralen Gestaltung von Gebäuden leisten mit

- Echtzeit-Energiemanagementsystemen, die Gebäude dynamisch an Wetterprognosen, Verbrauchsverhalten und Netzanforderungen anpassen,
- KI-gestützter Steuerung, um Energieflüsse im Gebäude automatisiert zu optimieren,
- blockchainbasierten Energiegemeinschaften, die den lokalen Austausch erneuerbarer Energie zwischen Nachbargebäuden ermöglichen,
- virtuellen Kraftwerken, die dezentrale Gebäudeenergiesysteme vernetzen und netzdienlich steuern.

9.7.3 Zukunftsorientierte Bauweise als Schlüssel zur Klimaneutralität

Die Wohngebäude der Zukunft (2025 bis 2045) müssen eine ganzheitliche Symbiose aus Energieeffizienz, Autarkie, Ressourcenschonung und sozialer Gerechtigkeit darstellen. Während frühere Sanierungsansätze primär auf die Verbesserung der Gebäudehülle und die Optimierung von Heizsystemen abzielten, erfordert die nächste Entwicklungsphase der Energiewende ein integriertes Konzept aus emissionsfreiem Betrieb, Energieunabhängigkeit und Kreislauffähigkeit.

Dazu müssen Gebäude

- Null-Emissionen-Bauten mit regenerativer Energieversorgung sein,
- adaptive Nutzungskonzepte und klimaresiliente Bauweisen aufweisen,
- mit einem Ressourcenpass ausgestattet sein, um Kreislaufwirtschaft zu ermöglichen,
- sektorübergreifende Synergien zwischen Strom, Wärme, Mobilität und Wasser schaffen,
- niedrige Betriebskosten durch Lowtech-Strategien gewährleisten,
- sozial gerecht, erschwinglich und für alle zugänglich sein.

Durch diese strategische Transformation werden das Bauen und Sanieren nicht nur zum Instrument der CO_2-Reduktion, sondern auch zu einem Schlüssel für soziale, wirtschaftliche und ökologische Zukunftsfähigkeit. Gebäude werden sich von Energieverbrauchern zu Energieproduzenten und zu einem aktiven Bestandteil einer nachhaltigen, resilienten und gerechten Gesellschaft entwickeln.

Nachhaltigkeit

Nachhaltigkeit bezieht sich auf die Fähigkeit, die Bedürfnisse der Gegenwart zu befriedigen, ohne die Möglichkeiten der Zukunft zu gefährden. Es geht darum, Ressourcen zu schonen, die Umwelt zu schützen und soziale Gerechtigkeit sicherzustellen. In Bezug auf die Energieversorgung und Mobilität bedeutet Nachhaltigkeit die Verwendung von erneuerbaren Energien, die Reduzierung von CO_2-Emissionen, die Förderung von Energieeffizienz und die Verlagerung von fossilen Brennstoffen hin zu sauberen und emissionsfreien Energiequellen. Es geht darum, die Umweltbelastungen der menschlichen Aktivitäten zu minimieren und gleichzeitig die Lebensqualität der Menschen zu verbessern. Nachhaltigkeit ist ein Konzept, das sowohl für Regierungen und Unternehmen als auch für jeden Einzelnen von großer Bedeutung ist.

Hieraus lässt sich die Notwendigkeit einer gemeinsamen Zielsetzung in allen Sektoren ablesen, die nur gemeinsam gelöst werden kann – für den planerischen Prozess bedeutet dies einen ganzheitlichen, integralen Planungsprozess aller Prozessbeteiligten in der frühen Planungsphase.

So können alle Bereiche gleichwertig berücksichtigt werden und die größtmögliche Hebelwirkung für die Prozessoptimierung und -qualität bleibt erhalten. Da nicht nur eine Verknappung der Baustoffe derzeitig und zukünftig zu größeren Problemen sowie Verteuerungen führt, sondern auch der Fachkräftemangel im Bausektor zunehmend problematisch wird, müssen neue Prozesse gestartet werden, d. h., dass eine Bauwende umgehend erfolgen muss. Das bedeutet nicht nur bewussten Umgang mit nachwachsenden Rohstoffen, sondern auch der Bauprozess als solcher darf bzw. muss reformiert werden. Ein hoher Vorfertigungsgrad, wie beispielsweise bei der seriellen Sanierung (siehe Kapitel 5.5), reduziert Bauzeiten und erhöht die Akzeptanz bei allen Beteiligten bis hin zu den Immobiliennutzern, wie Mietern, da Modernisierungen häufig im bewohnten Bestand realisiert werden können.

Zusammenfassend stellt insbesondere der Transformationsprozess der Wärmewende von derzeit rund 84 % fossiler Energie hin zu fossilfreier Energie Bauschaffende vor besondere Aufgaben, da die Entwicklung von der molekularen Energieversorgung mit Öl und Gas hin zu (elektro-) chemischen Prozessen mit Wärmepumpe und Brennstoffzellen verläuft. Dies stellt die Planung vor zusätzliche Aufgaben in ihrem Bereich. Molekulare Energieformen wie Öl und Gas konnten gelagert und leitungsgebunden mit einer hohen Energiedichte transportiert und jederzeit verwendet werden, wohingegen bei elektrischen Prozessen die Speicherung begrenzt und verlustbehaftet ist. Der Stromerzeugungsprozess bis hin zur Wandlung und Nutzung muss ganzheitlich geplant und berücksichtigt werden. Da diese Stromerzeugnisse aus erneuerbaren Energien begrenzt sind und der antizyklische Bedarf/Ertrag zu großen Speicheroptionen zwingen würde, muss der Bedarf drastisch reduziert und verschiedene Speicheroptionen (Power-to-Gas, Power-to-Heat, Vehicle-to-Grid usw.) realisiert werden. Dies kann nur gelingen, wenn sich die Energienutzer auf allen Sektoren aufeinander zu bewegen und Effizienz, Konsistenz und Suffizienz berücksichtigen. Es sind nicht nur effiziente Einzellösungen erforderlich, bei denen wie bisher verfahren wird, sondern gemeinschaftliche Lösungsansätze, die sich in Wärmeleitplänen und in der kommunalen Wärmeplanung finden. Die Sanierungsanstrengungen müssen sich zunächst auf die energetisch schlechtesten Gebäude konzentrieren und hier bereits das Bestmöglich-Prinzip verfolgen sowie Lock-in-Effekte vermeiden, indem ganzheitliche, konsistente Sanierungsansätze berücksichtigt werden. Hier bedarf es auch in der Lehre fachbereichsübergreifender Lehransätze, beginnend in der Baustoffkunde (z. B. in Bezug auf nachwachsende Rohstoffe und GWP) über Stadtbauentwicklung hin zum zirkulären Bauen und Sanieren, gepaart mit den Nachhaltigkeitsanforderungen und einer kontinuierlichen Prozessoptimierung. Hierzu muss systemisches Denken erlernt und praktiziert werden. Die Frage lautet, was tatsächlich gebraucht wird und was genügt. Die einfachste Lösung liegt darin, nichts zu brauchen, nichts zu verbrauchen, nichts zu bauen. Flächensuffizienz bedeutet nicht nur Grundrissflexibilität, sondern auch die Fragestellung, ob überhaupt die Fläche pro Person benötigt wird. So werden die Aufgaben der Energieplanung sukzessive erweitert in der Wahrnehmung und Wahrung des Gebäudebestandes sowie dessen Umwidmung: vom Bürogebäude zum Wohngebäude, von der Einzelversorgungslösung hin zur gemeinschaftlichen Energie- und Wärmeversorgung, von der Beratung zur Fachplanung und zum Netzwerk und vielleicht sogar zur Kybernetik, indem übergeordnet Sanierungsprozesse gesteuert und in die kommunale Wärmeplanung integriert werden.

10 Kosten und Kostenrichtwerte

Die Wirtschaftlichkeitsbetrachtung spielt bei Gebäudesanierungen eine zentrale Rolle für Investitionsentscheidungen. Anders als bei konventionellen Investitionsrechnungen erfordert die nachhaltige Gebäudesanierung jedoch einen ganzheitlichen Ansatz, der über die reine Betrachtung von Investitionskosten und kurzfristigen Renditen hinausgeht. Dabei müssen nicht nur die unmittelbaren Baukosten, sondern alle über den gesamten Lebenszyklus anfallenden Kosten und Einsparungen berücksichtigt werden.

Die besondere Herausforderung liegt in der zeitlichen Verschiebung zwischen den anfänglichen Investitionen und den späteren Erträgen bzw. Einsparungen – also einer langfristigen Planung. Während zu Beginn hohe Ausgaben für Planungs- und Baukosten anfallen, erstrecken sich die wirtschaftlichen Vorteile durch reduzierte Betriebskosten, geringeren Energieverbrauch und wertsteigernde Maßnahmen über einen langen Zeitraum. Diese komplexen Zusammenhänge erfordern differenzierte Methoden der Wirtschaftlichkeitsberechnung, die sowohl ökonomische als auch ökologische Aspekte einbeziehen.

In diesem Kapitel werden die verschiedenen Methoden und Instrumente zur Wirtschaftlichkeitsbetrachtung von Sanierungsprojekten vorgestellt. Der Fokus liegt dabei auf der Lebenszykluskostenanalyse (LCC-Analyse) als zentralem Werkzeug für eine ganzheitliche wirtschaftliche Bewertung. Darüber hinaus werden die Zusammenhänge zwischen Investitionskosten, Betriebskosten und möglichen Fördermitteln beleuchtet sowie Methoden zur Integration von Nachhaltigkeitsaspekten in die wirtschaftliche Bewertung aufgezeigt.

10.1 Grundlagen und Grundbegriffe der Lebenszykluskostenanalyse

10.1.1 Investitionen – Ausgaben – Auszahlungen

Investitionen beschreiben das langfristige Anlegen von Finanzmitteln, die typischerweise einen hohen Kapitalbedarf erfordern. Es handelt sich um einmalige, meist zu Beginn des Lebenszyklus anfallende Kosten für die Herstellung oder Anschaffung eines Objekts. Dazu zählen z. B. Planungs-, Bau- oder Erwerbskosten. Sie bilden die Grundlage für spätere Kosten (z. B. Betrieb, Rückbau). Grundsätzlich wird zwischen 2 Arten unterschieden:

- **Sachinvestitionen** umfassen materielle Anlagegüter wie Immobilien oder Maschinen. Diese können entweder als Neuinvestition (erstmalige Anschaffung) oder als Ersatzinvestition (Austausch bestehender Anlagen) erfolgen. Bei Ersatzinvestitionen kann neben dem reinen Austausch auch eine Modernisierung zur Effizienzsteigerung das Ziel sein.
- **Finanzinvestitionen** beziehen sich auf das Anlegen von Kapital in Wertpapiere oder andere Finanzprodukte. Finanzinvestitionen sind häufig nicht Bestandteil einer LCC-Analyse bei Gebäudesanierungen.

Ausgaben sind die buchhalterisch erfassten Werte für den Erwerb von Gütern oder Dienstleistungen, die zu einer Minderung des Geldvermögens führen, unabhängig davon, wann die tatsächliche Zahlung erfolgt. Beispiel: Ein Wartungsvertrag wird abgeschlossen (Ausgabe), bezahlt wird aber in Raten über mehrere Jahre.

Auszahlungen sind der tatsächliche Abfluss liquider Mittel (Bargeld oder Bankguthaben), d- h. der reale Geldfluss zum Zeitpunkt der Zahlung. Beispiel: Wird eine Rechnung über Wartung in 5 Raten gezahlt, entstehen 5 Auszahlungen, verteilt über die Laufzeit.

10.1.2 Finanzierung

Eigen- und Fremdfinanzierung

Die Bereitstellung von Kapital für Investitionen erfolgt durch 2 grundlegende Finanzierungsarten:

- **Eigenfinanzierung:** Verwendung eigener Mittel wie Bargeld oder Bankguthaben. Bei dieser Variante verzichtet der Investor zunächst auf mögliche Zinserträge seiner eingesetzten Mittel, kann aber später die erwirtschafteten Erträge frei anlegen.
- **Fremdfinanzierung:** Aufnahme von Krediten bei externen Geldgebern. Hierbei müssen die erwirtschafteten Erträge vorrangig für Zinszahlungen und die Tilgung des Kredits verwendet werden. Erst darüber hinaus gehende Beträge stehen zur freien Verfügung.

In der Praxis werden Gebäudesanierungen meist durch eine Kombination beider Finanzierungsarten realisiert.

Integration von Fördermitteln

Die Berücksichtigung von Fördermitteln und steuerlichen Aspekten ist entscheidend für eine realistische LCC-Analyse. In Deutschland gibt es zahlreiche Förderprogramme für energetische Sanierungen, insbesondere die Bundesförderung für effiziente Gebäude (BEG).

Fördermittel können als direkte Zuschüsse oder vergünstigte Kredite in die LCC-Berechnung einfließen und die Wirtschaftlichkeit von Sanierungsmaßnahmen erheblich verbessern. Dabei ist zu beachten, dass Förderprogramme oft an bestimmte energetische Standards oder technische Anforderungen geknüpft sind. Wichtig für eine „korrekte" LCC-Analyse bzw. einen Wirtschaftlichkeitsvergleich verschiedener Varianten ist, dass die jeweiligen Finanzierungskombinationen mit ihren entsprechenden Konditionen einfließen. Ein direkter Zuschuss bei einer geförderten Maßnahme wird daher in der Regel nicht verzinst, da der Zuschuss nicht direkt angelegt werden kann. Dieser reduziert jedoch den Anteil der Eigen- und/oder Fremdfinanzierung.

Berücksichtigung von Steuern bei Investitionsentscheidungen

Steuerliche Aspekte wie die Möglichkeit zur erhöhten Abschreibung energetischer Sanierungsmaßnahmen sollten ebenfalls berücksichtigt werden. Diese können die Amortisationszeit verkürzen und die Gesamtwirtschaftlichkeit verbessern.

Bei der Bewertung von Sanierungsinvestitionen spielt die steuerliche Betrachtung eine wichtige Rolle, wobei grundsätzlich zwischen selbstnutzenden Eigentümern und Investoren unterschieden werden muss.

Für **selbstnutzende private Eigentümer** stehen meist die direkten Kosteneinsparungen, etwa durch reduzierte Energiekosten, im Vordergrund. Die steuerlichen Aspekte beschränken sich hier hauptsächlich auf mögliche Steuervergünstigungen für energetische Sanierungsmaßnahmen nach § 35c Einkommensteuergesetz (EStG) oder die Absetzbarkeit von Handwerkerleistungen. Eine Versteuerung von Erträgen entfällt, wenn keine Mieteinnahmen generiert werden.

Anders stellt sich die Situation für **Investoren** dar, die die Immobilie zur Vermietung nutzen. Hier müssen verschiedene steuerliche Aspekte in die Wirtschaftlichkeitsberechnung einbezogen werden. Die Investitionskosten können durch die Abschreibung steuermindernd geltend gemacht werden, während die Mieteinnahmen der Besteuerung unterliegen. Auch Zinserträge aus der Anlage von Überschüssen sind zu versteuern.

Die Berechnung der steuerbereinigten Wirtschaftlichkeit erfolgt für Investoren in einem dreistufigen Prozess:

- Zunächst wird die ursprüngliche Zahlungsreihe um Steuereffekte bereinigt.
- Anschließend erfolgt die Anpassung des Kalkulationszinssatzes (siehe Kapitel 10.2.6) unter Berücksichtigung der Zinsbesteuerung.
- Abschließend wird der Barwert nach Steuern ermittelt, der als Entscheidungsgrundlage dient.

In der Regel führt die Einbeziehung von Steuern bei vermieteten Objekten zu einer Verringerung der rechnerischen Vorteilhaftigkeit einer Investition. Es kann jedoch in bestimmten Konstellationen auch zu einem „Steuerparadox" kommen, bei dem sich durch geschickte Nutzung steuerlicher Vorteile die Wirtschaftlichkeit sogar verbessert. Dies ist insbesondere dann der Fall, wenn hohe anfängliche Steuerersparnisse spätere Steuerzahlungen überwiegen.

Für Selbstnutzer wie Investoren ist die Berücksichtigung der jeweils relevanten steuerlichen Aspekte bei der Sanierungsentscheidung wichtig. Während bei Selbstnutzern vor allem die Fördermöglichkeiten und Steuervergünstigungen zu beachten sind, müssen Investoren eine umfassendere steuerliche Betrachtung vornehmen, die sowohl die Abschreibung der Investitionskosten als auch die Besteuerung der Erträge einbezieht.

Die Integration der jeweils relevanten steuerlichen Aspekte in die Investitionsrechnung ermöglicht eine realitätsnähere Bewertung von Sanierungsalternativen und unterstützt fundierte Entscheidungen. Auch wenn die Berechnungen dadurch komplexer werden, ist dieser Mehraufwand angesichts der besseren Entscheidungsgrundlage gerechtfertigt.

Varianten und Annahmen für Zahlungsreihen

Zur vereinfachten Betrachtung von Investitionen werden die damit verbundenen Ausgaben und Erträge in einer Zahlungsreihe dargestellt. Dabei gelten folgende grundlegende Annahmen:

- Eine Periode entspricht einem Jahr, wobei der Zeitpunkt $n = 0$ den Beginn des ersten Jahres markiert.
- Alle unterjährigen Zahlungen (z. B. monatliche Mieten) werden zu einem Jahresbetrag zusammengefasst.
- Zahlungen erfolgen entweder am Anfang (vorschüssig) oder am Ende (nachschüssig) einer Periode. In der Regel werden nachschüssige Betrachtungen durchgeführt.
- Alle zukünftigen Zahlungen werden als sicher angenommen.

Es werden 2 Arten von Zahlungsreihen unterschieden:

- individuelle Zahlungsreihen mit unterschiedlichen Zahlungsbeträgen, die üblich bei einer Gebäude-LCC-Analyse sind,
- Renten mit gleichbleibenden Zahlungsbeträgen

Arten von Investitionsuntersuchungen

Bei der wirtschaftlichen Bewertung von Investitionen werden 2 grundlegende Entscheidungssituationen unterschieden:

- **Einzelprojektentscheidung:** Der Investor prüft, ob ein einzelnes Projekt durchgeführt werden soll. Als Alternative steht die Unterlassung (auch als Unterlassensalternative bezeichnet) der Investition zur Verfügung, bei der vorhandene Eigenmittel anderweitig angelegt werden können und keine Kredite aufgenommen werden müssen.
- **Auswahlentscheidung**: Der Investor wählt zwischen mindestens 2 verschiedenen Investitionsmöglichkeiten. Zusätzlich kann auch hier die Option bestehen, gar nicht zu investieren (Unterlassensalternative).

10.2 Verfahren der Investitionsrechnung

Die Bewertung von Investitionen erfolgt anhand festgelegter Kriterien, die einen systematischen Vergleich verschiedener Optionen ermöglichen. Dafür stehen 2 grundlegende Arten von Bewertungsverfahren zur Verfügung (siehe Abb. 10.1):

- statische Verfahren,
- dynamische Verfahren.

Diese Methoden der Investitionsrechnung unterstützen den Entscheidungsprozess, indem sie die wirtschaftliche Vorteilhaftigkeit der verschiedenen Alternativen quantifizierbar und vergleichbar machen.

10.2.1 Statische Verfahren der Investitionsrechnung

Statische Verfahren vereinfachen die Investitionsbewertung, indem sie sich auf eine einzelne, repräsentative Periode konzentrieren. Dabei wird entweder eine besonders wichtige Periode oder ein Durchschnittsjahr betrachtet. Eine wesentliche Vereinfachung ist, dass Zins- und Zinseszinseffekte nicht berücksichtigt werden.

Vorteile statischer Verfahren bestehen in

- geringem Aufwand bei der Datenbeschaffung,
- einfacher Anwendung,
- leicht verständlichen Ergebnissen.

Die vereinfachende Betrachtung kann zu ungenauen Ergebnissen führen, weshalb statische Verfahren nur für erste Einschätzungen oder einfache Investitionsentscheidungen geeignet sind, bei denen der Zeitpunkt der Investitionen keine entscheidende Rolle spielt.

10.2.2 Dynamische Investitionsrechnung

Im Gegensatz zu statischen Verfahren berücksichtigt die dynamische Investitionsrechnung den zeitlichen Verlauf aller Zahlungen („Cashflow"). Dies ist wichtig, da der Wert einer Zahlung stark von ihrem Zeitpunkt abhängen kann.

Zur Vereinfachung kann in einem ersten Schritt von einem idealen (vollkommenen) Finanzmarkt mit folgenden Annahmen ausgegangen werden:

- einem einheitlichen Zinssatz für Preissteigerungen, Kredite und Geldanlagen,
- unbegrenzten Möglichkeiten zur Kreditaufnahme und Geldanlage,
- einem über die Zeit konstanten Zinssatz.

Diese Vereinfachungen scheiden bei Bau- und Sanierungsvorhaben in der Regel aus, da oft auch unterschiedliche Entwicklungsfunktionen (mit/ohne Fördermittel, unterschiedliche Nutzungsdauern, unterschiedliche Preissteigerungen usw.) berücksichtigt werden sollen/müssen.

Vorteile dynamischer Verfahren bestehen in der

- realistischeren Abbildung der zeitlich verteilten Kosten und Einsparungen über den gesamten Sanierungszeitraum,
- präziseren Bewertung langfristiger energetischer Einsparungen durch Berücksichtigung von Zinseffekten,
- Möglichkeit zur Integration verschiedener Szenarien (z. B. steigender Energiepreise),
- Vergleichbarkeit unterschiedlicher Sanierungsmaßnahmen mit verschiedenen Investitionszeitpunkten.

Nachteile dynamischer Verfahren bestehen in

- einem hohen Aufwand bei der Datenermittlung für lange Betrachtungszeiträume,
- einer komplexen Berechnung, die spezielle Software oder Expertenwissen erfordert,

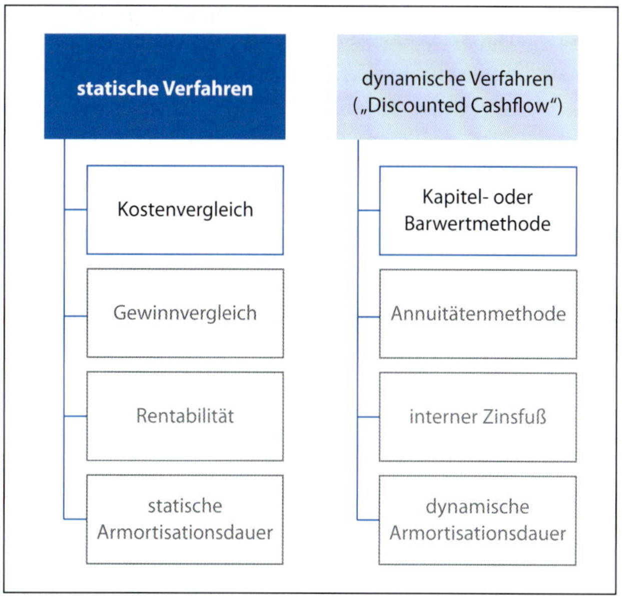

Abb. 10.1: Vereinfachte Übersicht über Verfahren zur Wirtschaftlichkeitsbetrachtung von Gebäudesanierungen

- der Unsicherheit bei langfristigen Annahmen (z. B. Energiepreisentwicklung, Zinssätze),
- der schwierigen Berücksichtigung nicht monetärer Aspekte wie Nutzerkomfort oder Ästhetik.

Typische Anwendungsfälle dynamischer Verfahren sind

- der Vergleich verschiedener energetischer Sanierungskonzepte,
- die Bewertung unterschiedlicher Heizungssysteme unter Berücksichtigung von Wartungs- und Betriebskosten,
- die Gegenüberstellung von Teil- und Komplettsanierung,
- die Wirtschaftlichkeitsberechnung für Förderanträge,
- die Entscheidung zwischen Sanierung und Neubau bei umfangreichen Maßnahmen.

Für umfangreiche Gebäudesanierungen sind in der Regel dynamische Verfahren zu empfehlen, da hier die zeitliche Komponente der Investition eine wesentliche Rolle spielt.

10.2.3 Zinsrechnung

Das zentrale Element einer dynamischen Investitionsrechnung ist die Berücksichtigung des Zeitwerts von Geld. Dies erfolgt durch die Zinsrechnung, d. h. die Auf- oder Abzinsung aller Zahlungen auf einen gemeinsamen Vergleichszeitpunkt. Dabei werden Zins- und Zinseszinseffekte mittels eines oder mehrerer unterschiedlicher Kalkulationszinssätze einbezogen, wodurch Zahlungen nicht nur nach ihrer Höhe, sondern auch nach ihrem zeitlichen Auftreten im Cashflow bewertet werden.

Allgemeine Grundlagen der Auf- und Abzinsung

Die Aufzinsung beschreibt die Wertsteigerung eines Geldbetrags (K_0) im Zeitpunkt 0 über die Zeit (n) durch Zinsen und Zinseszinsen. Der ursprüngliche Betrag wächst dabei durch die Verzinsung des eingesetzten Kapitals, wobei auch die erwirtschafteten Zinsen selbst wieder verzinst werden. Die Höhe dieser Wertsteigerung wird durch 3 Faktoren bestimmt: den Zinssatz p, der den Preis für die Kapitalüberlassung darstellt, die Höhe des eingesetzten Kapitals sowie die Dauer der Anlage. Dabei wird zwischen jährlicher und unterjähriger Verzinsung unterschieden, je nachdem, wie häufig die Zinsen dem Kapital zugeschlagen werden.

Die Aufzinsung ermöglicht es, den zukünftigen Wert eines heute angelegten Geldbetrags zu berechnen. Diese Berechnung ist besonders relevant für die Bewertung langfristiger Investitionen, da sie aufzeigt, wie sich heute eingesetztes Kapital über die Zeit entwickelt.

Abb. 10.2 stellt das Auf- und Abzinsen schematisch dar.

Der zukünftige Wert kann mit einer einfachen Formel berechnet werden:

$$K_n = K_0 \cdot (1 + p)^n \qquad (10.1)$$

mit
K_n zukünftiger Wert eines Geldbetrags im Zeitpunkt n
K_0 Wert eines Geldbetrags im Zeitpunkt 0
p Zinssatz
n Zeit

Zu beachten ist, dass bei einer jährlichen Verzinsung p die Dauer/Zeit n ebenfalls in Jahren angesetzt werden muss. Der Wert $(1 + p)^n$ wird als **Aufzinsungsfaktor** bezeichnet und kann finanzmathematischen Tabellen entnommen oder berechnet werden.

Durch die Abzinsung wird ermittelt, wie viel ein Geldbetrag unter Berücksichtigung von Zinsen und Zinseszinsen zu einem früheren Zeitpunkt wert ist. Die Aufzinsungsformel (1.10) kann hierzu nach K_0 umgestellt werden:

$$K_0 = \frac{K_n}{(1 + p)^n} = K_n \cdot (1 + p)^{-n} \qquad (10.2)$$

Der Wert $(1 + p)^{-n}$ wird hierbei als **Abzinsungsfaktor** bezeichnet.

Wichtig: Die Zinssätze zum Aufzinsen (p_1 in Abb. 10.2) und Abzinsen (p_2 in Abb. 10.2) sind in der Regel nicht identisch und werden in Kapitel 10.2.5 näher erläutert. Daher sollten das Auf- und Abzinsen in getrennten Schritten erfolgen, damit die Berechnung übersichtlich bleibt.

10.2.4 Kostenermittlung

Die Methodik der LCC-Analyse basiert auf der Erfassung und Bewertung aller relevanten Kosten über den definierten Untersuchungszeitraum. Dabei werden folgende Kostenarten berücksichtigt:

- (einmalige) Investitionskosten: Planungs-, Material- und Ausführungskosten der Sanierungsmaßnahmen,
- (laufende/zukünftige) Betriebskosten: Energie-, Wasser- und sonstige laufende Kosten,
- (laufende/zukünftige) Instandhaltungskosten: Wartung, Reparaturen und Erneuerungen/Austausch,
- (laufende) Kapitalkosten (Kosten für Eigen- und Fremdkapital),
- (zukünftige) Entsorgungskosten: Rückbau und Entsorgung am Ende der Nutzungsdauer.

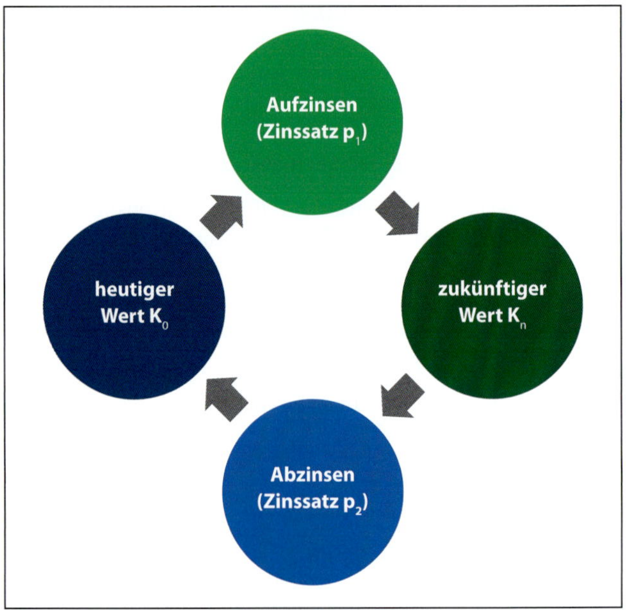

Abb. 10.2: Vereinfachte Darstellung des Auf- und Abzinsens

Abb. 10.3: Lebenszyklusphasen eines Gebäudes bzw. einer Maßnahme

Bei einer dynamischen Investitionsuntersuchung sind alle Punkte bis auf die (einmaligen) Investitionskosten zeitabhängig und müssen „dynamisiert" werden (siehe Abb. 10.3). Entscheidend ist der Bilanzrahmen bzw. Betrachtungszeitraum.

Die Vorgehensweise entspricht hierbei grundsätzlich der bei einer Ökobilanzierung (siehe Kapitel 6.4.7).

10.2.5 Preissteigerungsraten und der Einfluss geopolitischer Krisen

Alle Zahlungsflüsse, die in der Zukunft liegen (z. B. Wartung und Instandhaltung, Austausch und Erneuerung), werden in der Regel auf der Basis einer aktuellen Kostenschätzung und unter Ansatz einer Preissteigerung (p_1) zunächst aufgezinst. Um hieraus den Barwert zu bestimmen, müssen diese anschließend mit dem Kalkulationszins (p_2) abgezinst werden (siehe Abb. 10.2).

Während für die Kostenschätzung zahlreiche Datenbanken (z. B. BKI Baukosten Gebäude + Bauelemente Neubau, 2024; Baupreislexikon, o. J.) oder projektbezogene Angebote vorliegen, stehen zur Bestimmung der Preissteigerung verschiedene Quellen zur Verfügung:

- Baupreisindizes (Destatis, 2025a),
- Preissteigerungsraten für Energie (Destatis, 2025b),
- Vorgaben von Nachhaltigkeitszertifizierungssystemen (2.1.1 Gebäudebezogene Kosten im Lebenszyklus, o. J.; ECO1.1 Gebäudebezogene Kosten im Lebenszyklus, 2023 usw.),
- projektspezifische Vorgaben des Investors.

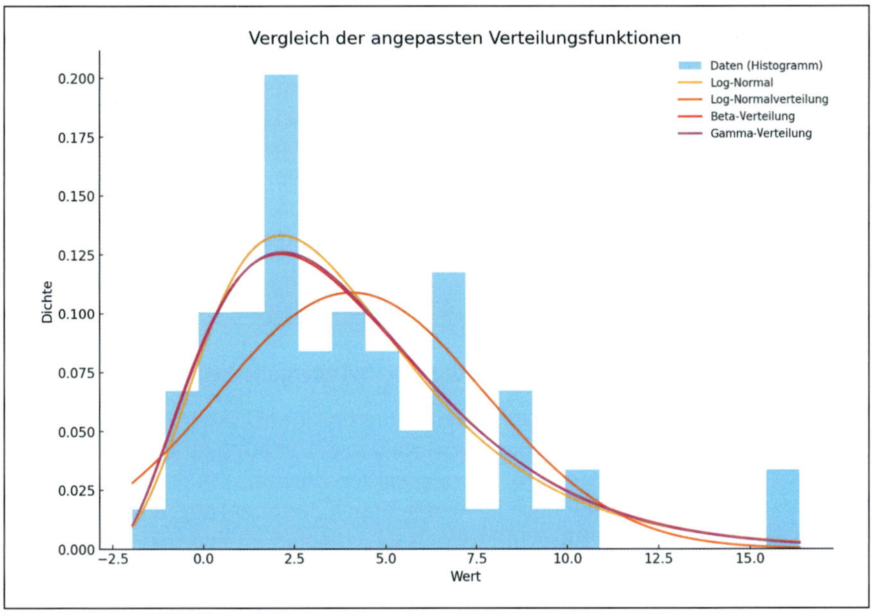

Abb. 10.4: Häufigkeitsverteilung bei Wohngebäuden und Log-Normalanpassung

Während die Vorgaben von Nachhaltigkeitszertifizierungssystemen und die projektspezifischen Vorgaben des Investors direkt angewendet werden können, stehen die Baupreisindizes und die Preissteigerungsraten für Energie nur als historische Daten der Vergangenheit zur Verfügung. Durch eine eigene statistische Auswertung (z. B. langjähriges Mittel, Median) und in Abstimmung mit dem Investor können daraus jedoch gute Prognosewerte abgeleitet werden. Tabelle 10.1 stellt eine Auswertung der jährlichen Baupreissteigerungsraten seit 1958 für „Bauleistungen am Bauwerk" dar (Destatis, 2025c).

Tabelle 10.1: Statistische Auswertung der jährlichen Baupreissteigerungsraten seit 1958 nach Destatis, 2025c

Gebäudeart	kleinste Steigerung	größte Steigerung	Mittelwert	Median[1)]
	in % pro Jahr			
Wohngebäude	−1,96	+16,36	+4,07	+2,96
Bürogebäude	−2,03	+17,20	+4,08	+3,13
gewerbliche Betriebsgebäude	−4,79	+18,24	+4,05	+3,28

1) Der Median ist ein statistisches Maß der zentralen Tendenz. Er teilt eine nach Größe geordnete Datenreihe genau in der Mitte, sodass 50 % der Werte über und 50 % der Werte unter dem Median liegen.

Exkurs

Statistik

Statistische Verteilungen beschreiben, wie Datenpunkte über einen Wertebereich verteilt sind. Zu den häufig verwendeten Verteilungen gehören Normal-, Log-Normal-, Gamma-, Beta- und Exponentialverteilungen. Jede Verteilung besitzt spezifische Eigenschaften und Anwendungsbereiche.

Die Anpassung einer Verteilung an einen Datensatz dient dazu, die zugrunde liegende Struktur der Daten zu modellieren – hier am Beispiel der Baupreissteigerung. Dies erfolgt durch Schätzen der Verteilungsparameter (z. B. Mittelwert, Standardabweichung, Formparameter), um die theoretische Verteilung möglichst gut an die beobachteten Daten anzupassen.

Zur Bewertung der Güte der Anpassung werden statistische Tests wie der Kolmogorov-Smirnov- oder der Shapiro-Wilk-Test eingesetzt. Diese prüfen, ob die Daten mit einer bestimmten Verteilung übereinstimmen. Ein hoher p-Wert zeigt an, dass die Verteilung gut zu den Daten passt, während ein niedriger Wert auf eine schlechte Anpassung hinweist.

Die am besten passenden Verteilungen der Werte aus Tabelle 10.1 basierend auf dem Kolmogorov-Smirnov-Test sind:

- Log-normalverteilt (p-Wert: 0,9448),
- Beta-verteilt (p-Wert: 0,9109),
- Gamma-verteilt (p-Wert: 0,8976),
- Normalverteilt (p-Wert: 0,226).

Nach dem Kolmogorov-Smirnov-Test ist die Normalverteilung nicht geeignet.

In Abb. 10.4 sind die Baupreissteigerung bei Wohngebäuden seit 1958 als Histogramm (blaue Blöcke) und die angepassten Verteilungsfunktionen dargestellt.

Exkurs

Geopolitische Ereignisse und ihre Auswirkungen

Ölkrisen 1973 und 1979

Während der waren signifikante Preisanstiege aufgrund steigender Energiekosten zu verzeichnen. Besonders bei Bürogebäuden und Wohngebäuden könnten solche Ereignisse Investitionskosten erhöht haben.

Deutsche Wiedervereinigung 1990

Nach 1990 zeigte sich eine starke Dynamik im Bauwesen. Besonders in Ostdeutschland könnten Bauprojekte für Bürogebäude und Wohngebäude die Indizes beeinflusst haben.

Finanzkrise 2008/2009)

Moderate Schwankungen in den Baupreisindizes deuteten auf eine geringere Sensitivität des Bausektors im Vergleich zu anderen Branchen hin.

COVID-19-Pandemie 2020/2021

Materialknappheit und eine gestiegene Nachfrage führten zu Preisanstiegen, insbesondere bei Wohngebäuden (+16 % im Jahr 2021).

Ukrainekrieg 2022

Stark steigende Energie- und Materialkosten beeinflussten alle Gebäudetypen massiv. Bürogebäude und gewerbliche Betriebsgebäude stiegen um bis zu 18 %, was die höchste Schwankung in den letzten Jahrzehnten markiert.

Repräsentative Jahre (bereinigt um Ausreißer)

Nach Entfernung extremer Schwankungen zeigen die Baupreisänderungen ein stabileres Bild mit einer durchschnittlichen Steigerung von ca. 4 % pro Jahr. Die Standardabweichung nimmt ab, was eine konsistentere Entwicklung in den verbleibenden Daten zeigt.

Gesamtbewertung

Langfristiger Trend

Die Baupreisindizes zeigen eine kontinuierlich steigende Entwicklung, die durch Inflationsdruck, steigende Baukosten und geopolitische Einflüsse geprägt ist.

Geopolitische Einflüsse

Ereignisse wie die Ölkrisen, die Wiedervereinigung, die Finanzkrise und der Ukrainekrieg haben zeitweise starke, aber nicht immer langfristige Auswirkungen auf die Bauwirtschaft.

Stabilität

Die bereinigten Daten weisen auf eine robuste Bauindustrie hin, die trotz externer Einflüsse eine moderate Wachstumsrate beibehält.

Krisen zeigen klare Muster (meist kurzfristige Schocks mit langfristiger Erholung). Eine LCC-Analyse sollte diese potenziellen Einflüsse durch Szenarioanalysen, Sicherheitsreserven und die Bewertung resilienzstarker Strategien integrieren. Dies erhöht die Robustheit der Kostenprognose und mindert finanzielle Risiken.

Eine Kombination aus lokal verfügbaren Materialien, energieeffizienten Bauweisen und flexiblen Nutzungskonzepten minimiert Krisenrisiken. Modulare, nachhaltige und autonome Ansätze bieten zusätzliche Sicherheit gegenüber Preisschocks und Materialengpässen. Diese Strategien sind besonders wertvoll für langfristige Stabilität und geringere Lebenszykluskosten.

10.2.6 Kalkulationszins bei energetischen Sanierungen

Die Begriffe Kalkulationszins und Diskontsatz bzw. Diskontierungszins werden in der Praxis häufig synonym verwendet. Sie bezeichnen den Zinssatz, mit dem zukünftige Zahlungen auf den heutigen Zeitpunkt abgezinst werden. Der Begriff Diskontsatz wird eher im finanzwirtschaftlichen Kontext verwendet, während der Begriff Kalkulationszins in der Investitionsrechnung gebräuchlicher ist. Inhaltlich besteht zwischen beiden kein Unterschied. Der Kalkulationszins spielt bei der wirtschaftlichen Bewertung von energetischen Sanierungsmaßnahmen eine zentrale Rolle. Er dient als Vergleichsmaßstab für die Vorteilhaftigkeit von Investitionen und drückt die Mindestrendite aus, die ein Investor von seiner Investition erwartet. Die Wahl des richtigen Kalkulationszinssatzes ist entscheidend, da er maßgeblichen Einfluss auf die Wirtschaftlichkeitsberechnung und damit auf die Investitionsentscheidung hat.

Abzinsung und Barwertberechnung

Der Kalkulationszins wird verwendet, um zukünftige Zahlungen auf den heutigen Zeitpunkt abzuzinsen (zu diskontieren). Diese Abzinsung ist notwendig, da ein Euro heute mehr wert ist als ein Euro in der Zukunft, sowohl aufgrund von Inflationseffekten als auch aufgrund entgangener alternativer Anlagemöglichkeiten. Bei der Barwertberechnung werden alle zukünftigen Ein- und Auszahlungen mit dem Kalkulationszins auf den Investitionszeitpunkt 0 abgezinst.

Einflussfaktoren auf den Kalkulationszins

Bei energetischen Sanierungen wird der Kalkulationszins von verschiedenen Faktoren beeinflusst:

- **Finanzierungsstruktur:**
  - Bei Eigenfinanzierung orientiert sich der Zinssatz an alternativen Kapitalanlagemöglichkeiten zuzüglich eines Risikozuschlags.
  - Bei Fremdfinanzierung bildet der Kreditzins die Untergrenze.
  - Bei Mischfinanzierung wird häufig der gewichtete Kapitalkostensatz (Weighted Average Cost of Capital [WACC]) verwendet. Der WACC berücksichtigt sowohl die Kosten für das Eigenkapital als auch für das Fremdkapital entsprechend ihren jeweiligen Anteilen an der Gesamtfinanzierung.
- **Fördermittel und steuerliche Aspekte (siehe Kapitel 10.1):**
  - zinsvergünstigte KfW-Kredite
  - Investitionszuschüsse
  - steuerliche Abschreibungsmöglichkeiten

Orientierungswerte zur Höhe des Kalkulationszinses

Bei energetischen Sanierungen haben sich in der Praxis folgende Orientierungswerte bewährt:

- für öffentliche Gebäude: 2 bis 3 % (real),
- für private Wohngebäude: 3 bis 5 % (real),
- für gewerbliche Immobilien: 4 bis 7 % (real),
- Vorgaben nach „2.1.1 Gebäudebezogene Kosten im Lebenszyklus“ (o. J.), „BNB – Bewertungssystem Nachhaltiges Bauen: Bilanzierungsregeln zur Ökobilanzierung von Gebäuden“ (2015) oder „ECO1.1 Gebäudebezogene Kosten im Lebenszyklus“ (2023) sind zu berücksichtigen.

Diese Werte sollten als grobe Richtwerte verstanden und im Einzelfall angepasst werden.

Dabei sind insbesondere zu berücksichtigen:

- die individuelle Finanzierungsstruktur (WACC),
- die aktuelle Kapitalmarktsituation,
- das spezifische Risikoprofil des Sanierungsprojekts,
- die Nutzungsart und der Sanierungsumfang,
- verfügbare Fördermittel.

Umgang mit Inflation

Bei der Festlegung des Kalkulationszinses ist die Behandlung der Inflation von entscheidender Bedeutung. Dabei wird zwischen nominalen und realen Zinssätzen unterschieden. Der nominale Kalkulationszins enthält die Inflation, während der reale Kalkulationszins inflationsbereinigt ist.

Konsistenzprinzip

Bei der Wirtschaftlichkeitsberechnung muss das Konsistenzprinzip beachtet werden:

- bei nominaler Rechnung: Verwendung nominaler Zahlungsströme mit nominalem Kalkulationszins,
- bei realer Rechnung: Verwendung inflationsbereinigter Zahlungsströme mit realem Kalkulationszins.

Beide Methoden führen zum gleichen Ergebnis, wenn die Inflation über den Betrachtungszeitraum konstant bleibt. Die reale Rechnung hat den Vorteil, dass die Zahlungsströme besser interpretierbar sind, da sie in heutiger Kaufkraft ausgedrückt werden.

Empfehlung für energetische Sanierungen

Für energetische Sanierungen wird die reale Rechnung empfohlen, da

- Baupreissteigerungen detailliert berücksichtigt werden (vgl. Tabelle 10.1),
- Energiepreissteigerungen separat von der allgemeinen Inflation betrachtet werden sollten,
- die Wirtschaftlichkeit in heutigen Preisen besser beurteilbar ist,
- Prognosen über sehr lange Zeiträume realistischer eingeschätzt werden können.

10.2.7 Sensitivitätsanalyse bei energetischen Sanierungen

Die Sensitivitätsanalyse (oder auch Robustheitsanalyse) ist ein wesentliches Instrument zur Beurteilung von Investitionsentscheidungen bei energetischen Sanierungen. Sie hilft dabei, die Robustheit der Wirtschaftlichkeitsberechnung zu überprüfen und die wichtigsten Einflussfaktoren zu identifizieren. Gerade bei den langen Betrachtungszeiträumen energetischer Sanierungen ist dies von besonderer Bedeutung, da viele Eingangsparameter über einen Zeitraum von 20 oder mehr Jahren mit erheblichen Unsicherheiten behaftet sind.

Im Kern untersucht die Sensitivitätsanalyse, wie empfindlich das Berechnungsergebnis – beispielsweise der Kapitalwert oder die Amortisationszeit – auf Veränderungen der Eingangsdaten reagiert. Dies ermöglicht es, kritische Parameter zu identifizieren und deren Einfluss auf die Wirtschaftlichkeit quantitativ zu bewerten.

Relevante Parameter und ihre Bedeutung

Bei energetischen Sanierungen sind verschiedene Parametergruppen zu berücksichtigen, die jeweils spezifische Unsicherheiten aufweisen. Die Investitionskosten als wichtiger Ausgangspunkt sollten in einer Bandbreite von etwa 20 % nach oben und unten variiert werden. Dies entspricht der anerkannten Toleranz einer „Kostenschätzung“ in Leistungsphase 3 der HOAI. Diese relativ große Spanne ergibt sich aus Erfahrungswerten und berücksichtigt sowohl mögliche Kostenüberschreitungen als auch Einsparpotenziale durch geschickte Ausschreibung und Vergabe.

Die energiebezogenen Parameter erfordern eine besondere Aufmerksamkeit. Die künftige Energiepreisentwicklung ist dabei einer der unsichersten Faktoren. Es empfiehlt sich, hier mit verschiedenen Szenarien zu arbeiten, die von moderaten Steigerungen um 2 % pro Jahr bis hin zu deutlichen Preissteigerungen von 7 % oder mehr reichen. Auch die tatsächlich erreichbare Energieeinsparung sollte kritisch hinterfragt werden. Die Praxis zeigt, dass Abweichungen von bis zu 15 % gegenüber der Planung keine Seltenheit sind.

Der Kalkulationszins als zentraler finanzieller Parameter sollte in der oben genannten Bandbreite von mindestens ±2 % untersucht werden. Dabei ist zu beachten, dass es sich um einen Realzins handelt, wenn mit inflationsbereinigten Werten gerechnet wird. Die Variation des Kalkulationszinses hat oft einen überraschend starken Einfluss auf das Gesamtergebnis.

Methodik der Sensitivitätsanalyse

Die einfachste und in der Praxis häufig verwendete Form ist die einparametrische Variation. Hierbei wird ein Parameter verändert, während alle anderen konstant gehalten werden. Diese Methode liefert klare Ursache-Wirkungs-Beziehungen und ist gut kommunizierbar. Sie vernachlässigt allerdings mögliche Wechselwirkungen zwischen den Parametern.

Anspruchsvoller, aber auch aussagekräftiger ist die mehrparametrische Variation. Dabei werden verschiedene Parameter gleichzeitig verändert, um beispielsweise Best-Case- und Worst-Case-Szenarien zu entwickeln. Diese Methode gibt einen besseren Eindruck von den möglichen Ergebnisbandbreiten unter realistischen Bedingungen.

Die Monte-Carlo-Simulation (siehe S. 217) als fortgeschrittene Methode ermöglicht es, Wahrscheinlichkeitsverteilungen für die einzelnen Parameter zu berücksichtigen. Durch viele Tausend Simulationsläufe mit zufällig variierten Parametern entsteht ein differenziertes Bild der möglichen Ergebnisse und ihrer Eintrittswahrscheinlichkeiten.

Handlungsempfehlungen für die Praxis

Aus den Erfahrungen mit Sensitivitätsanalysen bei energetischen Sanierungen lassen sich wichtige Handlungsempfehlungen ableiten. Zunächst sollten die tatsächlich relevanten Parameter identifiziert werden. Nicht jeder Parameter muss aufwendig variiert werden; der Fokus sollte auf den erfahrungsgemäß kritischen Größen liegen.

Die gewählten Bandbreiten für die Variation sollten realistisch und nachvollziehbar sein. Sie sollten sich an Erfahrungswerten orientieren und die spezifischen Projektrisiken berücksichtigen. Dabei ist es wichtig, auch extreme, aber noch plausible Szenarien zu betrachten.

Die Ergebnisse der Sensitivitätsanalyse sollten sorgfältig dokumentiert und anschaulich aufbereitet werden. Dies erleichtert die Kommunikation mit Entscheidungsträgern und hilft bei der Entwicklung von Strategien zum Umgang mit den identifizierten Risiken.

10.2.8 Checkliste für die Planung

Tabelle 10.2 enthält eine Checkliste für die Umsetzung der LCC-Analyse.

Tabelle 10.2: Checkliste LCC-Analyse

Planungsschritte	Detailmaßnahmen
1. Vorbereitungsphase	Definition des Ziels der LCC-Analyse
	Festlegung des Betrachtungszeitraums
	Bestimmung der Entscheidungssituation: • Einzelprojektentscheidung • Auswahlentscheidung mit Vergleich mehrerer Alternativen
2. Finanzierung	
2.1 Prüfung Finanzierungsart	• Eigenfinanzierung • Fremdfinanzierung • Mischfinanzierung
2.2 Identifikation Fördermöglichkeiten	• Bundesförderung für effiziente Gebäude (BEG) • KfW-Kredite • Investitionszuschüsse
2.3 Berücksichtigung steuerlicher Aspekte	• für Selbstnutzer • für Investoren/Vermieter
3. Kostenermittlung	• einmalige Investitionskosten • laufende Betriebskosten • Instandhaltungskosten • Kapitalkosten • Entsorgungskosten
4. Wahl der Berechnungsmethode	• Prüfung statischer Verfahren • Vorbereitung dynamischer Verfahren (empfohlen) • Festlegung des Kalkulationszinses: - für öffentliche Gebäude: 2–3 % (real) - für private Wohngebäude: 3–5 % (real) - für gewerbliche Immobilien: 4–7 % (real)
5. Berücksichtigung von Preissteigerungen	• Prüfung der Datenquellen für Preissteigerungen: - Baupreisindizes - Energiepreissteigerungsraten - Vorgaben von Zertifizierungssystemen - geopolitische Ereignisse und deren mögliche Auswirkungen analysieren
6. Vorbereitung von Sensitivitätsanalysen	• Investitionskosten • Energiepreise • Kalkulationszins • Wahl der Analysemethoden: - einparametrische Variation - mehrparametrische Variation - optional: Monte-Carlo-Simulation - abgestimmte individuelle Szenarien
7. Dokumentation und Auswertung	• Dokumentation der Berechnungsmethode • Festhalten der Annahmen und Randbedingungen • Visualisierung der Ergebnisse • Bewertung der Risiken und Unsicherheiten • transparente und verständliche Erläuterung
8. Zusätzliche Empfehlungen	• Beachtung des Konsistenzprinzips (nominale vs. reale Rechnung) • Berücksichtigung von Komplexität und Langfristigkeit der Investition • Entwicklung flexibler und resilienter Sanierungsstrategien

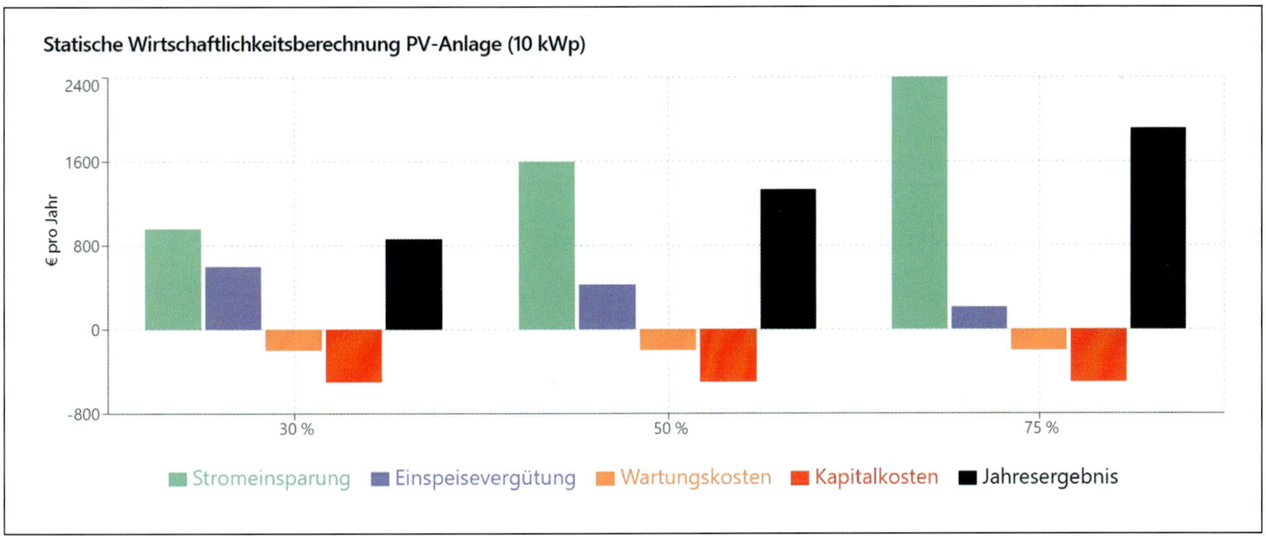

Abb. 10.5: Durchschnittliche jährliche Geldflüsse bei statischer Betrachtung

10.2.9 Berechnung der Wirtschaftlichkeit am Beispiel einer PV-Anlage

Die Wirtschaftlichkeit einer PV-Anlage eignet sich besonders gut als Beispiel für Wirtschaftlichkeitsbetrachtungen, da hier typische Elemente wie Investitionskosten, laufende Einnahmen und Ausgaben sowie verschiedene Szenarien gut dargestellt werden können.

Wirtschaftlichkeitsberechnung PV-Anlage bei statischer Betrachtung

Investition und Grunddaten

- Investitionskosten: 20.000 €
- Jahresproduktion: 10.000 kWh
- Einspeisevergütung: 0,086 €/kWh
- Strompreis: 0,32 €/kWh

jährliche Kosten

- Wartungskosten (1 % der Investition): 200 €/Jahr
- Kapitalkosten (2,5 % Eigenfinanzierung = entgangene Verzinsung): 500 €/Jahr
- Wechselrichter (2.000 €/15 Jahre): ~ 67 €/Jahr
- gesamte jährliche Kosten: ~ 767 €/Jahr

jährliche Erträge (je nach Eigenverbrauchsquote)

- bei 30 % Eigenverbrauch:
  - Eigenverbrauchsersparnis: 3.000 kWh · 0,32 € = 960 €/Jahr
  - Einspeisevergütung: 7.000 kWh · 0,086 € = 602 €/Jahr
  - Gesamtertrag: 1.562 €/Jahr
  - durchschnittliche Rendite: 4,0 % p. a.
- bei 50 % Eigenverbrauch (z. B. durch Unterstützung einer Wärmepumpe):
  - Eigenverbrauchsersparnis: 5.000 kWh · 0,32 € = 1.600 €/Jahr
  - Einspeisevergütung: 5.000 kWh · 0,086 € = 430 €/Jahr
  - Gesamtertrag: 2.030 €/Jahr
  - durchschnittliche Rendite: 6,3 % p. a.
- bei 75 % Eigenverbrauch (z. B. durch Unterstützung E-Mobilität):
  - Eigenverbrauchsersparnis: 7.500 kWh · 0,32 € = 2.400 €/Jahr
  - Einspeisevergütung: 2.500 kWh · 0,086 € = 215 €/Jahr
  - Gesamtertrag: 2.615 €/Jahr
  - durchschnittliche Rendite: 9,2 % p. a.

Abb. 10.5 stellt die beispielhafte Berechnung mit 30, 50 und 75 % Eigenverbrauch dar.

Investition und Grunddaten für die dynamische Betrachtung (Kapitalwertmethode)

Seit Februar 2025 sinkt nach §§ 21 Abs. 1 und 53 Abs. 1 EEG die Einspeisevergütung für PV-Anlagen in Deutschland. Derzeit (Stand 08-2025) beträgt sie für Anlagen bis 10 kWp bei Teileinspeisung 7,86 ct pro kWh (vormals 7,94 ct pro kWh) und bei Volleinspeisung 12,47 ct pro kWh (vormals 12,60 ct pro kWh). Seit Februar 2025 wird die Vergütung alle 6 Monate um 1 % reduziert, was zu einer weiteren Senkung führt.

Betreiber neuer PV-Anlagen, die ab dem 1. August 2025 in Betrieb genommen werden, erhalten bei negativen Strompreisen keine Einspeisevergütung mehr, was die Wirtschaftlichkeit der Anlagen beeinflussen kann.

Randbedingungen für die Berechnung:

- Preissteigerung Wartung und Tausch: 4 % p. a.
- Kalkulationszins: 4 % p. a.
- Preissteigerung Strom: 5 % p. a.
- Absenken der Einspeisevergütung:
  - 30 % des Überschusses werden nicht vergütet
  - 1 % p. a. für den Rest

Wirtschaftlichkeitskennzahlen (siehe Abb. 10.6):

- Eigenverbrauchsanteil 30 %, Barwert nach 30 Jahren: 9.003 €
- Eigenverbrauchsanteil 50 %, Barwert nach 30 Jahren: 27.890 €

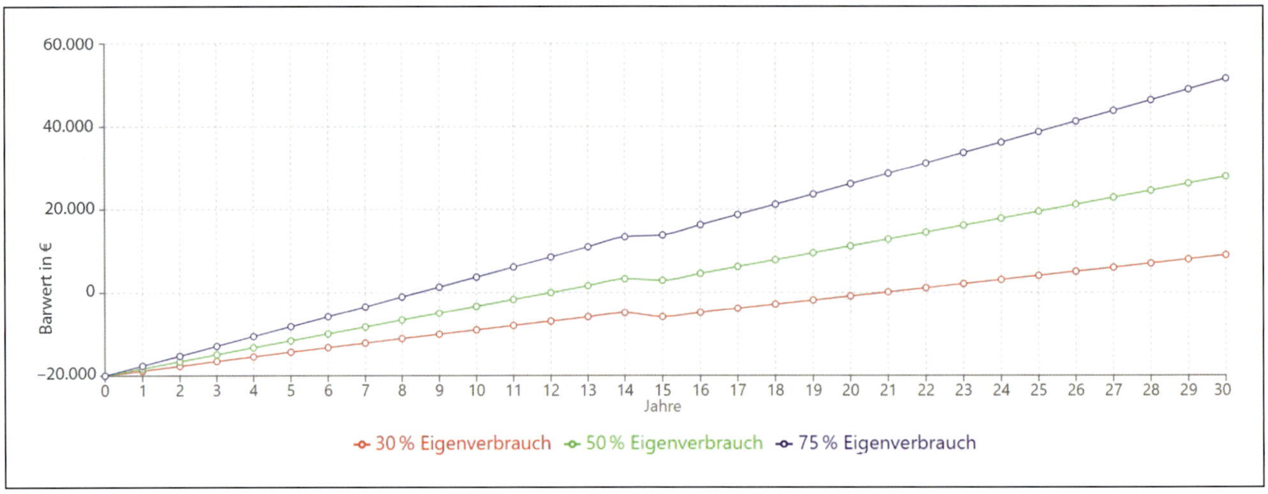

Abb. 10.6: Barwertentwicklung nach Eigenstromanteil

- Eigenverbrauchsanteil 75 %, Barwert nach 30 Jahren: 51.498 €
- durchschnittlicher Stromgestehungspreis (d. h. die durchschnittlichen Kosten für die Erzeugung einer kWh Strom über die gesamte Lebensdauer einer PV-Anlage) über 30 Jahre: 0,1232 €/kWh

Der steigende Strompreis (5 % p. a.) kompensiert die negativen Effekte aus

- Degradation, d. h. dem jährlichen Leistungsverlust (0,5 % p. a.),
- sinkender Einspeisevergütung (−1 % p. a.).
- nicht vergütetem Überschussanteil (30 %).

Die Stromgestehungskosten über 30 Jahre liegen in allen Szenarien für den Eigenverbrauch deutlich unter dem aktuellen Strompreis (0,32 €/kWh).

Dynamische Analyse mit Wahrscheinlichkeitsvariation mithilfe einer Monte-Carlo-Simulation

fixe Parameter:

- Investitionskosten: 20.000 €
- Wartungskostensatz: 1 % der Investition p. a.
- Anlagenlebensdauer: 30 Jahre
- Anfangsstrompreis: 0,32 €/kWh
- initiale Einspeisevergütung: 0,086 €/kWh
- jährliche Reduktion Einspeisevergütung: 1 % p. a.

variable Parameter (normalverteilt):

- technische Parameter:
  - Wechselrichterkosten (Jahr 15): 2.000 € ± 20 % (1.600–2.400 €)
  - jährliche Degradation: 0,5 % ± 10 % (0,45–0,55 %)
  - Anlagenertrag: 10.000 kWh/a ± 30 % (7.000–13.000 kWh/a)
- wirtschaftliche Parameter:
  - Preissteigerung Wartung: 4 % ± 1 % p. a. (3–5 %)
  - Kalkulationszins: 4 % ± 1 % p. a. (3–5 %)
  - Strompreissteigerung: 5 % ± 1,5 % p. a. (3,5–6,5 %)
  - nicht vergüteter Überschussanteil: 30 % ± 10 % (20–40 %)
  - Eigenverbrauchsquoten: jeweils ± 10 % um Basiswerte

Abb. 10.7 visualisiert das Ergebnis der Monte-Carlo-Simulation.

Erläuterung/Analyse:

Die Robustheit lässt sich an mehreren Indikatoren festmachen:

- **Statistische Robustheit:**
  - 500.000 Simulationsläufe bieten eine hohe statistische Sicherheit.
  - Die Konfidenzintervalle sind gut abgesichert.
  - Die Verteilungsformen sind stabil.
- **Praktische Robustheit – die Simulation berücksichtigt:**
  - technische Unsicherheiten (Ertrag, Degradation),
  - wirtschaftliche Unsicherheiten (Zinsen, Preissteigerungen),
  - Verhaltensunsicherheiten (Schwankungen im Eigenverbrauch).
- **Gesamtfazit zur Robustheit:**
  - Die Aussagekraft steigt mit dem Eigenverbrauchsanteil.
  - Ab 50 % Eigenverbrauch sind die Ergebnisse sehr robust (bzgl. positiver Renditeerwartung).
  - Die wichtigste Steuerungsgröße ist der Eigenverbrauchsanteil (auch erkennbar an der Breite der Verteilung).
  - Selbst bei ungünstiger Parameterentwicklung ist ab 50 % Eigenverbrauch eine positive Rendite wahrscheinlich.

Diese umfassende Analyse zeigt, dass die Beispiel-PV-Anlage bei mittlerem und hohem Eigenverbrauch eine sehr robuste Investition darstellt, während bei niedrigem Eigenverbrauch deutlich höhere Unsicherheiten bestehen.

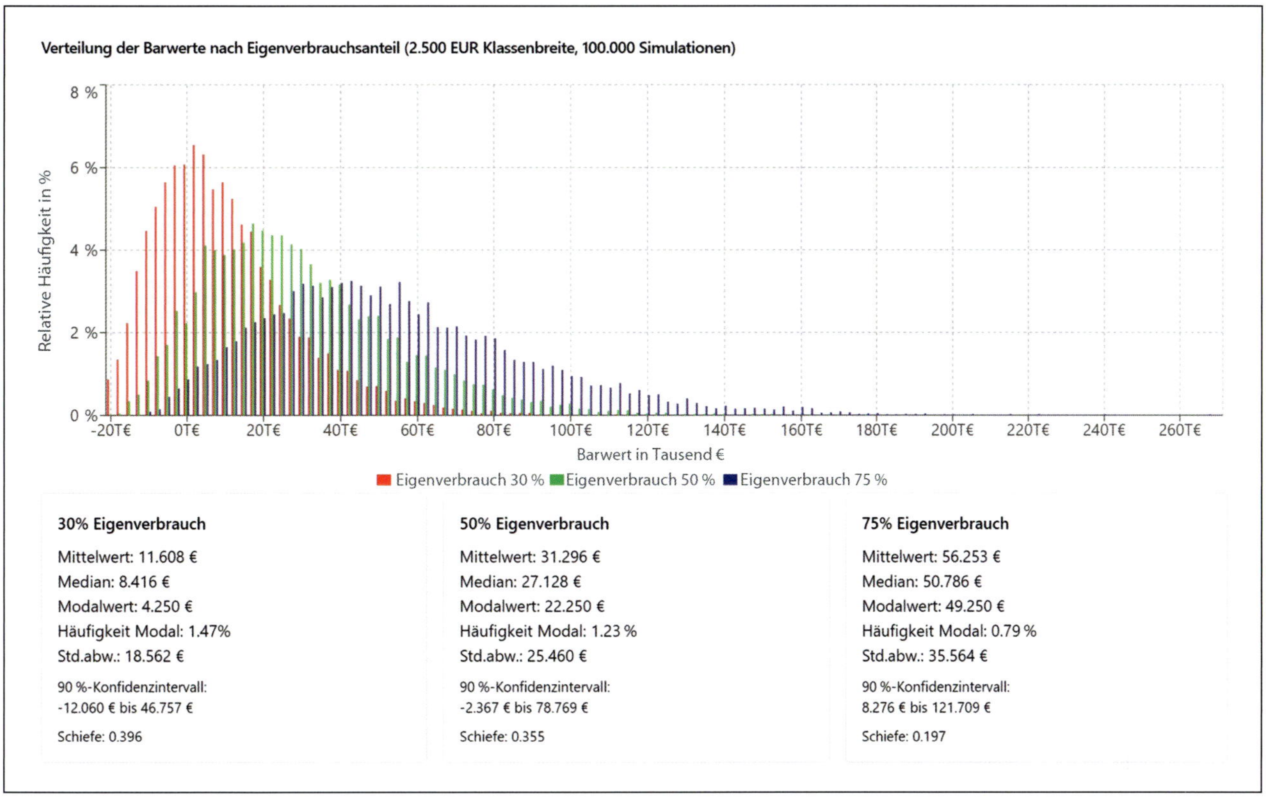

Abb. 10.7: Monte-Carlo-Simulation der Barwerte nach Eigenverbrauchsanteil (Klassenbreite 500 €, 500.000 Simulationen)

Klassenbreite Monte-Carlo-Simulation

In einer Monte-Carlo-Simulation wird ein statistisches Modell genutzt, um die Unsicherheit und die Verteilung möglicher Ergebnisse – hier: Barwerte (also abgezinste Kapitalwerte) in Abhängigkeit vom Eigenverbrauchsanteil – durch wiederholte Zufallsstichproben zu simulieren.

Die „Klassenbreite von 500 €" bezieht sich auf die Größe der Intervalle, in denen die Simulationsergebnisse für die Barwerte gruppiert bzw. aggregiert werden. Das bedeutet:

- Die 500.000 simulierten Barwerte werden in Häufigkeitsklassen (auch „Bins" genannt) eingeteilt.
- Jede Klasse umfasst einen Bereich von 500 € (z. B. 0 bis 500, 500 bis 1.000, 1.000–1.500 € usw.).
- Dies dient der Darstellung als Histogramm oder der Wahrscheinlichkeitsverteilung der Barwerte.

Eine solche Klasseneinteilung hilft dabei, die Ergebnisse übersichtlich darzustellen und statistisch auszuwerten – etwa:

- Wie häufig liegen die Barwerte in einem bestimmten Bereich?
- Wie verändert sich die Verteilung, wenn sich der Eigenverbrauchsanteil ändert?
- Wo liegt der wahrscheinlichste Bereich (Modus)?

11 Ausblick: Zukunft des Bauens und Sanierens im Bestand – Gebäudeeffizienz versus Emissionseffizienz

Die Zukunft des Bauens und Sanierens im Gebäudebestand wird zunehmend von der Notwendigkeit geprägt, 2 zentrale Ziele miteinander in Einklang zu bringen: die **Gebäudeeffizienz** und die **Emissionseffizienz**. Während sich der traditionelle Fokus bislang stark auf die Senkung des Energieverbrauchs durch bauliche Maßnahmen wie Dämmung, luftdichte Hüllen und effiziente Anlagentechnik richtete (Gebäudeeffizienz), rückt heute die Frage in den Vordergrund, **wie viel CO_2 bei der Herstellung, Nutzung und Entsorgung des Gebäudes insgesamt entsteht** – also die Emissionseffizienz über den gesamten Lebenszyklus.

Dieser Perspektivwechsel wird durch neue Bewertungsmaßstäbe wie die **Ökobilanzierung**, das **GWP** und die Einführung von **CO_2-Budgets** vorangetrieben. Zunehmend gerät nicht nur der Betriebsenergiebedarf, sondern auch die **graue Energie** in Baumaterialien, Transporte und Bauprozesse in den Blick. Der Sanierungsfall stellt hier eine besondere Herausforderung dar, da Eingriffe in die bestehende Substanz mit hohen Emissionen verbunden sein können, wenn sie nicht sorgfältig geplant sind.

Künftige Lösungsansätze setzen daher auf eine Kombination aus

- **maßvoller Suffizienz**, also der Reduktion von Material- und Energieeinsatz,
- **konsistenter Nutzung erneuerbarer Energien**,
- **zirkulären Baustoffströmen** (Re-Use, Recycling, cradle-to-cradle)
- sowie **digitaler Steuerung** von Energieflüssen und Gebäudeprozessen (Smart Building, BIM, Digital Twin).

Die Abwägung zwischen **maximaler Effizienz** (z. B. Passivhausstandard) und **minimalem Emissionsaufwand** (z. B. Erhalt statt Abriss, Lowtech statt Hightech) wird dabei zum neuen Leitprinzip einer nachhaltigen Bestandsentwicklung. Die Transformation des Gebäudesektors erfordert also einen Paradigmenwechsel: **Nicht mehr allein der niedrigste *U*-Wert ist das Ziel, sondern der intelligenteste Weg zur Emissionsminderung bei gleichzeitig funktionaler und sozialer Qualität.**

Abb. 11.1: Abriss eines Gebäudes

Abb. 11.2: Bauen im Bestand

11.1 Umbau statt Abriss: Neubewertung der Nachhaltigkeit im Gebäudebestand

Der Grundsatz „Umbau statt Abriss" gewinnt in Zeiten knapper Ressourcen, steigender CO_2-Emissionen und wachsender Flächenversiegelung zunehmend an Bedeutung (siehe Abb. 11.1). Während jahrzehntelang der Abriss alter Gebäude als Voraussetzung für modernen Wohnraum oder energetische Standards galt, zeigt sich heute: **Der Weiterbau mit vorhandener Substanz ist oft der nachhaltigere Weg** – ökologisch, ökonomisch und kulturell (siehe Abb. 11.2).

Vorteile des Umbaus

Umbau statt Abriss bietet 4 Vorteile:

- **Erhalt der grauen Energie**: In bestehenden Gebäuden sind große Mengen an Energie und CO_2 gespeichert, die beim Abriss verloren gehen würden.
- **Reduktion von Abfall und Baustoffverbrauch**: Abriss verursacht erhebliche Mengen an Bauschutt. Umbau minimiert diese Lasten.

- **Schonung von Flächen und Infrastruktur**: Umbauten nutzen bestehende Gebäudehüllen und -standorte weiter ohne zusätzliche Versiegelung.
- **Bewahrung kultureller und historischer Identität**: Gerade in urbanen Kontexten tragen Bestandsgebäude zur Prägung des Stadtbilds bei.

Herausforderungen und Lösungsansätze

Umbauten erfordern eine sorgfältige **Bestandsanalyse**, eine **präzise Planung** und eine **kreative Anpassung** an heutige Anforderungen von Statik und Brandschutz bis zur Haustechnik. Digitale Methoden wie **BIM**, **3D-Scan** oder **Gebäudezwillinge** erleichtern zunehmend die Umsetzung komplexer Sanierungsprojekte.

Politische und rechtliche Perspektive

Mit dem Fokus auf **Klimaneutralität bis 2045** wird der Gebäudebestand zum Schlüssel. Politische Instrumente wie das **GEG 2024**, Förderprogramme für **serielle Sanierung** und die stärkere Berücksichtigung von **Ökobilanzen** fördern Umbaukonzepte gezielt.

Abb. 11.3: Gemeinsame serielle Sanierung von Gebäudehülle und TGA

Der Umbau wird zur neuen Baukultur: Statt vermeintlicher Perfektion durch Neubau steht nun die intelligente Weiterentwicklung bestehender Strukturen im Vordergrund. Dies erfordert interdisziplinäres Denken – zwischen Architektur, Bauphysik, Technik und Gesellschaft – und eröffnet zugleich signifikantes Potenzial für kreative, ressourcenschonende und lebenswerte Lösungen.

Abb. 11.4: Abbruchmaterial

11.2 Serielle Sanierung als ein Lösungsweg in der neuen Umbaukultur

Die serielle Sanierung (siehe Kapitel 5.6) steht exemplarisch für einen zukunftsweisenden Wandel in der Baukultur: weg vom energieintensiven Neubau hin zur systematischen, standardisierten und industriell vorgefertigten Erneuerung des Gebäudebestands. Sie verbindet **hohe energetische Effizienz**, **kürzere Bauzeiten** und **kostensichere Planbarkeit** mit dem Grundgedanken des ressourcenschonenden Weiterbauens.

Bedeutung für die Umbaukultur

Die serielle Sanierung steht nicht im Widerspruch zu gestalterischer Qualität oder individueller Anpassung. Vielmehr eröffnet sie neue **architektonische Spielräume** durch modulare Konzepte und intelligente Details. Besonders bei gleichartigen Gebäudetypen – wie Nachkriegsbauten oder Großsiedlungen – kann sie als **skalierbares Transformationsmodell** dienen.

Darüber hinaus ermöglicht die serielle Sanierung eine stärkere **Beteiligung der Industrie** an der Energiewende im Gebäudesektor, senkt **Handwerkerkapazitäten pro Wohneinheit** und fördert die **Beschleunigung der Transformation** im Sinne der Klimaziele 2045.

Serielle Sanierung ist nicht nur eine technische Methode, sondern Ausdruck einer **neuen Umbaukultur**: effizient, bezahlbar, zukunftsfähig – und ein Schlüsselbaustein für die klimaneutrale Erneuerung des Wohnungsbestands in großem Maßstab und der erneuerbaren Energieversorgung (siehe Abb. 11.3).

11.3 CO_2-neutrale Baustoffe als Schlüssel zur Klimafreundlichkeit

Die Bau- und Immobilienbranche steht vor einer grundlegenden Transformation, da sie weltweit für einen erheblichen Anteil der CO_2-Emissionen verantwortlich ist. Um die Klimaziele zu erreichen und den Gebäudesektor nachhaltiger zu gestalten, liegt die Zukunft des Bauens und Sanierens in der Verwendung von CO_2-neutralen Baustoffen. Der Fokus richtet sich zunehmend auf klimafreundliche Materialien wie recycelten Beton, Holz, Hanffasern, Lehm oder innovative Dämmstoffe aus nachwachsenden Rohstoffen. Traditionelle Baustoffe wie Zement, Stahl und konventioneller Beton verursachen hohe CO_2-Emissionen während der Herstellung und Verarbeitung (siehe Abb. 11.4).

Um diesem Problem entgegenzuwirken, setzen moderne Bauweisen verstärkt auf ressourcenschonende Alternativen, die entweder bereits CO_2 speichern oder eine deutlich geringere Umweltbelastung haben.

Ausgewählte klimafreundliche Baustoffe im Überblick

Recycelter Beton (RC-Beton)

Beton gehört zu den emissionsintensivsten Baustoffen, doch durch die Wiederverwendung von **Abbruchmaterial** kann sog. **Recycling-Beton** (RC-Beton) die Umweltbelastung erheblich reduzieren. Der Einsatz von recyceltem Beton spart Primärrohstoffe ein und verringert die energieintensive Zementproduktion.

Holz als nachwachsender Rohstoff

Holz ist ein **nachwachsender Rohstoff**, der während seines Wachstums **CO_2 bindet** und somit eine negative CO_2-Bilanz aufweisen kann. Moderne Holzbauweisen, wie **Massivholzbau, Brettsperrholz oder Holzhybridbau**, ermöglichen nachhaltiges Bauen mit hoher Energieeffizienz.

Hanf, Lehm und Naturdämmstoffe

Hanf, Lehm und Schafwolle werden zunehmend als **ökologische Baustoffe** eingesetzt. Hanffasern bieten hervorragende Dämmwerte, sind langlebig und vollständig biologisch abbaubar. Lehm reguliert das Raumklima, indem er Feuchtigkeit speichert und abgibt, während Schafwolle als natürlicher Wärmedämmstoff überzeugt.

Carbon- und Graphenbeton

Innovative Hochleistungsbetone mit **Graphen- oder Carbonbeimischungen** sind extrem stabil und benötigen weniger Zement, wodurch die CO2-Emissionen deutlich gesenkt werden können. Diese neuen Werkstoffe können künftig eine nachhaltige Alternative zu Stahlbeton darstellen.

Nachhaltige Modernisierung durch Sanierung mit CO_2-neutralen Baustoffen

Auch in der Bestandsmodernisierung spielen CO_2-neutrale Baustoffe eine entscheidende Rolle, insbesondere bei der energetischen Sanierung von Altbauten. Der Einsatz nachhaltiger Materialien trägt nicht nur zur Reduktion von Emissionen, sondern auch zur Verbesserung der Energieeffizienz und des Raumklimas bei. Insbesondere natürliche Dämmstoffe wie Zellulose, Holzfaser oder Hanf bieten eine umweltfreundliche Alternative zu synthetischen Dämmmaterialien, da sie frei von schädlichen Chemikalien sind und eine hohe Wärmedämmleistung aufweisen.

Neben Dämmstoffen gewinnen auch Recyclingmaterialien für Fassaden und Bodenbeläge an Bedeutung. Durch ihre Wiederverwendung wird der Rohstoffverbrauch minimiert, und der Lebenszyklus von Baustoffen verlängert sich erheblich. Gleichzeitig tragen natürliche Materialien wie Kalkputze und Lehmbaustoffe zur Feuchteregulierung bei und verbessern das Raumklima, indem sie überschüssige Luftfeuchtigkeit aufnehmen und bei Bedarf wieder abgeben. Diese Kombination aus klimafreundlichen Baustoffen und energieeffizienten Sanierungsmaßnahmen kann den CO_2-Ausstoß von Gebäuden erheblich reduzieren und deren Nachhaltigkeit maximieren.

11.4 Zukunft: Kreislaufwirtschaft und klimaneutrales Bauen

Die Zukunft des Bauwesens geht über die bloße Verwendung nachhaltiger Baustoffe hinaus – sie wird zunehmend von einer Kreislaufwirtschaft geprägt sein. Ziel ist es, Baustoffe nicht nur emissionsarm herzustellen, sondern auch deren Wiederverwendbarkeit und Recyclingfähigkeit zu gewährleisten.

Eine echte **Kreislaufwirtschaft im Bauwesen** bedeutet:

- die **Wiederverwendung von Abbruchmaterialien** für neue Bauprojekte, um Rohstoffe effizient zu nutzen,
- den **Einsatz modularer Bauweisen**, die eine flexible Umgestaltung und Erweiterung von Gebäuden ermöglichen,
- die **Entwicklung biologisch abbaubarer Baustoffe**, die nach ihrer Nutzungsdauer vollständig in den natürlichen Kreislauf zurückgeführt werden können.

Langfristig könnten Gebäude so konzipiert werden, dass ihre Materialien am Ende des Lebenszyklus vollständig getrennt und wiederverwendet werden können, anstatt als Bauschutt zu enden. Dieses Prinzip der Sortenreinheit sorgt dafür, dass Baustoffe nicht mehr als Abfall betrachtet werden, sondern als wertvolle Ressourcen für neue Bauprojekte.

Klimafreundliches Bauen als Standard der Zukunft

Die Bau- und Sanierungsbranche befindet sich in einem grundlegenden Wandel. CO_2-neutrale Baustoffe gewinnen zunehmend an Bedeutung und werden zu einem zentralen Baustein für eine nachhaltige Zukunft. Materialien wie recycelter Beton, Holz, Hanf, Lehm und Naturdämmstoffe bieten ein signifikantes Potenzial zur Reduzierung der Umweltbelastung und zur Verbesserung der Energieeffizienz von Gebäuden.

Durch die Kombination aus klimafreundlichen Materialien, ressourcenschonenden Bauweisen und einer funktionierenden Kreislaufwirtschaft kann der Bau- und Sanierungssektor langfristig CO_2-neutral gestaltet werden. Neben gesetzlichen Vorgaben und Klimazielen wächst auch das Bewusstsein von Bauherren, Architekten und Investoren für nachhaltige Baupraktiken. Die Zukunft des Bauens erfordert somit einen ganzheitlichen Ansatz, der ökologische, wirtschaftliche und soziale Aspekte miteinander verbindet. Nur so kann eine lebenswerte Umwelt für kommende Generationen geschaffen werden.

Abb. 11.5: Modularer Bau in der Sanierung

Abb. 11.6: Neubau – Modulbauweise des Mainzer Energiesparhauses

Abb. 11.7: Modulbauweise – kaskadierte Wärmepumpenanlage

11.5 Modularer Bau in der Sanierung

Der modulare Bau (siehe Abb. 11.5) gewinnt nicht nur im Neubausektor (siehe Abb. 11.6), sondern auch in der Sanierung zunehmend an Bedeutung. Durch den Einsatz vorgefertigter, nachhaltiger Module lassen sich Bauzeiten erheblich verkürzen und Sanierungskosten senken, ohne dabei Kompromisse bei der Qualität oder Nachhaltigkeit einzugehen. Insbesondere in der energetischen Modernisierung bietet die modulare Bauweise eine effiziente Lösung, um bestehende Gebäude wirtschaftlich und ressourcenschonend zu optimieren.

Ein wesentlicher Vorteil modularer Sanierungslösungen liegt in der **industriellen Vorfertigung von Bauelementen**, die dann vor Ort lediglich montiert werden müssen. Dies reduziert den Aufwand auf der Baustelle erheblich, sodass Gebäude während der Sanierung weiterhin nutzbar bleiben.

Beispiele für vorgefertigte Module in der Sanierung:

- **Fassadenmodule mit integrierter Wärmedämmung** ermöglichen eine schnelle energetische Ertüchtigung ohne aufwendige Gerüstbauarbeiten.
- **Dachmodule mit Photovoltaik oder Solarthermie** können komplette Dachsanierungen effizient und nachhaltig umsetzen.
- **Sanitär- und Technikmodule** erlauben eine rasche Modernisierung von Bädern oder Gebäudetechnik ohne umfangreiche Eingriffe in die Bausubstanz (siehe Abb. 11.7).

Durch die modulare Vorfertigung lassen sich Sanierungszeiten um bis zu 50 % reduzieren, was insbesondere für die Modernisierung von belegten Wohngebäuden, Schulen oder Bürogebäuden von Vorteil ist. Die modulare Bauweise bietet nicht nur eine effiziente, sondern auch eine besonders nachhaltige Lösung für die Sanierung bestehender Gebäude. Durch die industrielle Vorfertigung der Module wird der Materialverbrauch optimiert, was eine präzisere Verarbeitung ermöglicht und gleichzeitig Bauabfälle und Verschnitt um bis zu 30 % reduziert. Dies trägt erheblich zur Ressourcenschonung bei und senkt den ökologischen Fußabdruck von Sanierungsprojekten.

Ein wesentlicher Aspekt der modularen Bauweise ist die Verwendung von nachhaltigen Materialien, darunter recycelter Beton, Holz und Naturdämmstoffe, die eine umweltfreundliche Alternative zu konventionellen Baustoffen darstellen. Zudem ermöglichen optimierte Dämmmodule eine deutliche Steigerung der Energieeffizienz, indem sie Wärmeverluste minimieren und den Energieverbrauch senken. Darüber hinaus sind wiederverwendbare und anpassbare Module ein wesentlicher Bestandteil dieser Bauweise. Sie können flexibel erweitert oder für zukünftige Sanierungsprojekte erneut genutzt werden, wodurch ein Beitrag zur Kreislaufwirtschaft im Bauwesen geleistet wird.

Kosteneinsparungen durch standardisierte Module

Neben den ökologischen Vorteilen führt die Nutzung vorgefertigter Module auch zu deutlichen Kosteneinsparungen. Da viele Arbeitsschritte bereits in der Fertigung erfolgen, lassen sich Lohnkosten reduzieren und Bauabläufe effizienter gestalten. Zudem wird durch die verkürzte Bauzeit der finanzielle Aufwand für Baustelleninfrastruktur und Zwischenfinanzierungen erheblich gesenkt.

Im Zuge der energetischen Transformation des Gebäudebestands gewinnen gemeinschaftliche Energieversorgungslösungen zunehmend an Bedeutung (siehe Abb. 11.8).

Insbesondere für bislang dezentral versorgte Gebäude – wie etwa solche mit Etagenheizungen – eröffnen sich neue Möglichkeiten durch die Anbindung an zentrale Gebäudenetze oder übergeordnete Wärmenetze. Ein zentraler Bestandteil solcher Versorgungskonzepte ist die Wohnungsübergabestation, die als kompaktes Bindeglied zwischen dem zentralen Wärmenetz und der jeweiligen Wohnung fungiert. Sie übernimmt die Wärmeverteilung innerhalb der Einheit, etwa für Heizkörper oder Flächenheizsysteme, und kann bei Bedarf auch die Trinkwarmwasserbereitung integrieren. Durch den Einsatz solcher Stationen lassen sich

Abb. 11.8: Gemeinschaftlich genutzte Power-to-Heat Anlage

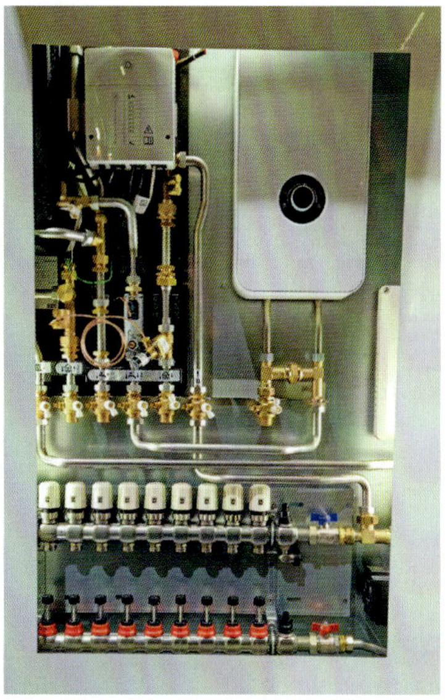

Abb. 11.9: Modulbauweise – Wohnungsübergabestation

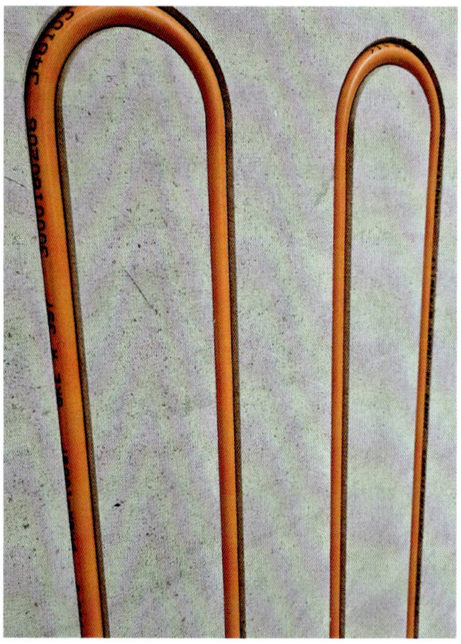

Abb. 11.10: Modulbauweise – Flächenheizung

bestehende Einzelheizungen einfach und effizient ersetzen, ohne dass umfangreiche Eingriffe in die bauliche Struktur erforderlich sind. Die Regelungstechnik erfolgt individuell pro Wohneinheit, was sowohl den Nutzerkomfort als auch die Abrechnungsgenauigkeit verbessert (siehe Abb. 11.9).

Die Wärmeübertragung in seriellen Sanierungskonzepten kann effizient über vorgefertigte modulare Wärmeübertragungsflächen realisiert werden. Diese Elemente – etwa Wand- oder Deckenmodule mit integrierter Flächenheizung – werden passgenau im Werk gefertigt und vor Ort schnell montiert. Sie ermöglichen eine gleichmäßige, niedertemperaturfähige Wärmeabgabe, die ideal mit Wärmepumpensystemen kombinierbar ist.

Die Modulbauweise gewährleistet dabei eine hohe Ausführungsqualität, kurze Montagezeiten und minimale Eingriffe in die bestehende Bausubstanz. Durch die Kombination mit integrierter Dämmung und optional sensorisch oder digital gesteuerter Temperaturregelung leisten solche Flächenheizungssysteme einen wesentlichen Beitrag zur Energieeffizienz und zum thermischen Komfort im modernisierten Gebäude (siehe Abb. 11.10).

Ein weiterer wirtschaftlicher Vorteil liegt in der geringeren Materialverschwendung, da durch die präzise industrielle Fertigung unnötiger Materialverlust minimiert wird. Zudem bieten standardisierte Module eine hohe Planungssicherheit und lassen sich einfach in bestehende Gebäude integrieren, wodurch aufwendige Anpassungsarbeiten entfallen. Insbesondere für die energetische Gebäudesanierung oder den sozialen Wohnungsbau ist die modulare Bauweise eine attraktive Option, da sie eine kosteneffiziente Modernisierung großer Bestände ermöglicht.

Flexibilität und Skalierbarkeit für unterschiedliche Sanierungsprojekte

Weitere bedeutende Vorteile modularer Sanierungslösungen sind ihre Flexibilität und Anpassungsfähigkeit. Die Module können in verschiedenen Größen und Varianten vorgefertigt werden, sodass sie für unterschiedliche Gebäudetypen geeignet sind – von denkmalgeschützten Altbauten bis hin zu modernen Wohn- und Gewerbeimmobilien.

Durch diese Vielseitigkeit lassen sich verschiedenste Sanierungsmaßnahmen mit modularen Lösungen umsetzen, darunter Fassadendämmungen, Fenster- und Dachmodernisierungen sowie komplette Gebäudetechnikerneuerungen. Gerade bei bestehenden Büro- und Gewerbegebäuden ermöglicht die modulare Bauweise eine schnellere Sanierung, ohne dass langwierige Betriebsunterbrechungen notwendig sind. Auch im Bereich der öffentlichen Gebäude, wie Schulen oder Verwaltungsgebäude, lassen sich energetische Modernisierungen mit minimalem Eingriff in den laufenden Betrieb realisieren.

Ein weiterer Vorteil besteht darin, dass Sanierungen schrittweise durchgeführt werden können, sodass nicht das gesamte Gebäude auf einmal modernisiert werden muss. Dies erhöht die wirtschaftliche Planbarkeit und ermöglicht es Eigentümern, Modernisierungen flexibel und bedarfsgerecht zu gestalten.

Zukunftsfähige Sanierung mit modularen Lösungen

Die Verwendung vorgefertigter, nachhaltiger Module stellt eine effiziente, ressourcenschonende und wirtschaftliche Lösung für die Sanierung bestehender Gebäude dar. Neben der Beschleunigung der Bauzeiten bietet diese Bauweise erhebliche ökologische und ökonomische Vorteile, indem sie Materialeinsparungen, eine verbesserte Energieeffizienz und geringere Baukosten ermöglicht.

Mit dem steigenden Bedarf an klimaneutralen und nachhaltigen Sanierungsstrategien wird die modulare Bauweise zunehmend als Schlüsseltechnologie für die Modernisierung des Gebäudebestands betrachtet. Die Kombination aus schneller Umsetzung, nachhaltigen Materialien und wirtschaftlicher Effizienz macht den modularen Bau zu einem richtungsweisenden Ansatz für die Sanierung der Zukunft.

11.6 Begrünte Dach- und Fassadenflächen: nachhaltige Lösungen für ein besseres Stadtklima

Begrünte Dächer und Fassaden tragen wesentlich zur Verbesserung des städtischen Mikroklimas bei und bieten gleichzeitig eine effektive Wärmedämmung (siehe Abb. 11.11). Durch die zusätzliche Vegetationsschicht wird die Oberflächentemperatur reguliert, wodurch sich Gebäude im Sommer weniger stark aufheizen und im Winter besser isoliert sind. Dies reduziert den Energieverbrauch für Heizung und Kühlung und trägt zur Senkung der CO_2-Emissionen bei.

Darüber hinaus bieten begrünte Flächen zahlreiche ökologische Vorteile. Sie verbessern die Luftqualität, indem sie Feinstaub und Schadstoffe filtern, erhöhen die Biodiversität in urbanen Räumen und reduzieren die Lärmbelastung. Insbesondere in dicht bebauten Städten können Dach- und Fassadenbegrünungen dazu beitragen, die Überhitzungseffekte zu minimieren, Regenwasser besser zu speichern und damit die Kanalisation zu entlasten.

Neben diesen funktionalen Aspekten werten begrünte Dächer und Fassaden auch das Stadtbild auf und schaffen zusätzliche Aufenthalts- und Erholungsräume für die Bewohner (siehe Abb. 11.12). Durch gezielte Förderprogramme und innovative Baukonzepte wird die Integration von Begrünungselementen zunehmend gefördert und zu einem zentralen Bestandteil nachhaltiger Stadtentwicklung.

Abb. 11.11: Fassadenpflanzen

Abb. 11.12: Fassadenbegrünung

11.7 Zukunft des Bauens: Umbaukultur als Leitprinzip

Die Herausforderungen des Klimawandels und der Ressourcenknappheit erfordern ein Umdenken im Bauwesen: weg vom Abriss, hin zum intelligenten Umbau im Bestand. Diese neue Umbaukultur rückt die Weiterverwendung vorhandener Strukturen in den Mittelpunkt und stellt damit den Erhalt der gebauten Umwelt über energieintensive Neubauten. Ressourcenschonung, Materialeffizienz und zirkuläres Bauen werden zu Leitmotiven der Planung und Umsetzung.

Ein zentraler Lösungsansatz liegt in der seriellen Sanierung: Durch industriell vorgefertigte Bauteile wie Dachelemente oder Fassadenmodule lassen sich Sanierungsprojekte schnell, präzise und wirtschaftlich umsetzen, bei gleichzeitig hoher energetischer Qualität. Dies ist besonders für den Geschosswohnungsbau oder Gebäudetypen mit ähnlicher Struktur attraktiv und kann skaliert zu einem echten Treiber der Klimawende im Baubestand werden.

Gleichzeitig gewinnen Gebäudeautomation und Digitalisierung an Bedeutung. Intelligente Steuerungssysteme erhöhen nicht nur den Komfort, sondern tragen durch bedarfsgerechte Regelung zur Energieeinsparung bei. Vernetzte Sensorik, Smart-Metering und Predictive Control ermöglichen eine präzise Abstimmung von Erzeugung, Verbrauch und Speicherung.

Im Sinne der Sektorenkopplung werden Gebäude nicht nur als Verbraucher, sondern als aktive Bestandteile des Energiesystems verstanden. Die Kombination aus Photovoltaik, Wärmepumpen, Batteriespeichern und E-Mobilität eröffnet neue Wege zur Eigenversorgung und Lastflexibilität. Insbesondere durch bidirektionale Systeme und netzdienliche Steuerung wird das Gebäude zum integralen Baustein der Energiewende.

Die Zukunft des Bauens liegt somit in einer ganzheitlichen, zukunftsfähigen Sanierungskultur, die technologische Innovation, architektonische Qualität und ökologische Verantwortung vereint – mit dem Ziel eines klimaneutralen, lebendigen und resilienten Gebäudebestands.

12 Anhang

12.1 Normen, Rechtsvorschriften und Literatur

Normen

DIN 276:2018-12 Kosten im Bauwesen

DIN 277:2021-08 Grundflächen und Rauminhalte im Hochbau

DIN 1946-6:2019-12 Raumlufttechnik – Teil 6: Lüftung von Wohnungen – Allgemeine Anforderungen, Anforderungen an die Auslegung, Ausführung, Inbetriebnahme und Übergabe sowie Instandhaltung

DIN 4108:1952-07 Wärmeschutz im Hochbau

DIN 4108-2:2013-02 Wärmeschutz und Energie-Einsparung in Gebäuden – Teil 2: Mindestanforderungen an den Wärmeschutz

DIN 4108-3:2024-03 Wärmeschutz und Energie-Einsparung in Gebäuden – Teil 3: Klimabedingter Feuchteschutz – Anforderungen, Berechnungsverfahren und Hinweise für Planung und Ausführung

DIN 4108-7:2011-01 Wärmeschutz und Energie-Einsparung in Gebäuden – Teil 7: Luftdichtheit von Gebäuden – Anforderungen, Planungs- und Ausführungsempfehlungen sowie -beispiele

DIN 4108-10:2021-11 Wärmeschutz und Energie-Einsparung in Gebäuden – Teil 10: Anwendungsbezogene Anforderungen an Wärmedämmstoffe

DIN 4108 Beiblatt 2:2019-06 Wärmeschutz und Energie-Einsparung in Gebäuden; Beiblatt 2: Wärmebrücken – Planungs- und Ausführungsbeispiele, mit CD-ROM

DIN 18195:2017-07 Abdichtung von Bauwerken – Begriffe

DIN 55699:2011-12 Wärmedämm-Verbundsysteme (WDVS) – Allgemeine Planungsgrundlagen

DIN 68800-2:2022-02 Holzschutz – Teil 2: Vorbeugende bauliche Maßnahmen im Hochbau

DIN EN 12831-1:2017-09 Energetische Bewertung von Gebäuden – Verfahren zur Berechnung der Norm-Heizlast – Teil 1: Raumheizlast; Deutsche Fassung EN 12831-1:2017, inkl. Nationaler Anhang (NA)

DIN EN 15804:2022-03 Nachhaltigkeit von Bauwerken – Umweltproduktdeklarationen – Grundregeln für die Produktkategorie Bauprodukte; Deutsche Fassung EN 15804:2012+A2:2019 + AC:2021

DIN EN 15978:2012-10 Nachhaltigkeit von Bauwerken – Bewertung der umweltbezogenen Qualität von Gebäuden – Berechnungsmethode; Deutsche Fassung EN 15978:2011

DIN EN ISO 9972:2018-12 Wärmetechnisches Verhalten von Gebäuden – Bestimmung der Luftdurchlässigkeit von Gebäuden – Differenzdruckverfahren (ISO 9972:2015); Deutsche Fassung EN ISO 9972:2015

DIN EN ISO 14040:2021-02 Umweltmanagement – Ökobilanz – Grundsätze und Rahmenbedingungen (ISO 14040:2006 + Amd 1:2020); Deutsche Fassung EN ISO 14040:2006 + A1:2020

DIN EN ISO 14044:2021-02 Umweltmanagement – Ökobilanz – Anforderungen und Anleitungen (ISO 14044:2006 + Amd 1:2017 + Amd 2:2020); Deutsche Fassung EN ISO 14044:2006 + A1:2018 + A2:2020

DIN/TS 12831-1:2020-04 Verfahren zur Berechnung der Raumheizlast – Teil 1: Nationale Ergänzungen zur DIN EN 12831-1

DIN/TS 18599-12:2021-04 Energetische Bewertung von Gebäuden – Berechnung des Nutz-, End- und Primärenergiebedarfs für Heizung, Kühlung, Lüftung, Trinkwarmwasser und Beleuchtung – Teil 12: Tabellenverfahren für Wohngebäude

DIN/TS 18599-13:2020-10 Energetische Bewertung von Gebäuden – Berechnung des Nutz-, End- und Primärenergiebedarfs für Heizung, Kühlung, Lüftung, Trinkwarmwasser und Beleuchtung – Teil 13: Tabellenverfahren für Nichtwohngebäude

DIN/TS 18599 Beiblatt 3:2021-09 Energetische Bewertung von Gebäuden – Berechnung des Nutz-, End- und Primärenergiebedarfs für Heizung, Kühlung, Lüftung, Trinkwarmwasser und Beleuchtung – Beiblatt 3: Überführung der Berechnungsergebnisse einer Energiebilanz nach DIN/TS 18599 in ein standardisiertes Ausgabeformat

DIN V 18599-1:2018-09 Energetische Bewertung von Gebäuden – Berechnung des Nutz-, End- und Primärenergiebedarfs für Heizung, Kühlung, Lüftung, Trinkwarmwasser und Beleuchtung – Teil 1: Allgemeine Bilanzierungsverfahren, Begriffe, Zonierung und Bewertung der Energieträger

DIN V 18599-2:2018-09 Energetische Bewertung von Gebäuden – Berechnung des Nutz-, End- und Primärenergiebedarfs für Heizung, Kühlung, Lüftung, Trinkwarmwasser und Beleuchtung – Teil 2: Nutzenergiebedarf für Heizen und Kühlen von Gebäudezonen

DIN V 18599-3:2018-09 Energetische Bewertung von Gebäuden – Berechnung des Nutz-, End- und Primärenergiebedarfs für Heizung, Kühlung, Lüftung, Trinkwarmwasser und Beleuchtung – Teil 3: Nutzenergiebedarf für die energetische Luftaufbereitung

DIN V 18599-4:2018-09 Energetische Bewertung von Gebäuden – Berechnung des Nutz-, End- und Primärenergiebedarfs für Heizung, Kühlung, Lüftung, Trinkwarmwasser und Beleuchtung – Teil 4: Nutz- und Endenergiebedarf für Beleuchtung

DIN V 18599-5:2018-09 Energetische Bewertung von Gebäuden – Berechnung des Nutz-, End- und Primärenergiebedarfs für Heizung, Kühlung, Lüftung, Trinkwarmwasser und Beleuchtung – Teil 5: Endenergiebedarf von Heizsystemen

DIN V 18599-6:2018-09 Energetische Bewertung von Gebäuden – Berechnung des Nutz-, End- und Primärenergiebedarfs für Heizung, Kühlung, Lüftung, Trinkwarmwasser und Beleuchtung – Teil 6: Endenergiebedarf von Lüftungsanlagen, Luftheizungsanlagen und Kühlsystemen für den Wohnungsbau

DIN V 18599-7:2018-09 Energetische Bewertung von Gebäuden – Berechnung des Nutz-, End- und Primärenergiebedarfs für Heizung, Kühlung, Lüftung, Trinkwarmwasser und Beleuchtung – Teil 7: Endenergiebedarf von Raumlufttechnik- und Klimakältesystemen für den Nichtwohnungsbau

DIN V 18599-8:2018-09 Energetische Bewertung von Gebäuden – Berechnung des Nutz-, End- und Primärenergiebedarfs für Heizung, Kühlung, Lüftung, Trinkwarmwasser und Beleuchtung – Teil 8: Nutz- und Endenergiebedarf von Warmwasserbereitungssystemen

DIN V 18599-9:2018-09 Energetische Bewertung von Gebäuden – Berechnung des Nutz-, End- und Primärenergiebedarfs für Heizung, Kühlung, Lüftung, Trinkwarmwasser und Beleuchtung – Teil 9: End- und Primärenergiebedarf von stromproduzierenden Anlagen

DIN V 18599-10:2018-09 Energetische Bewertung von Gebäuden – Berechnung des Nutz-, End- und Primärenergiebedarfs für Heizung, Kühlung, Lüftung, Trinkwarmwasser und Beleuchtung – Teil 10: Nutzungsrandbedingungen, Klimadaten

DIN V 18599-11:2018-09 Energetische Bewertung von Gebäuden – Berechnung des Nutz-, End- und Primärenergiebedarfs für Heizung, Kühlung, Lüftung, Trinkwarmwasser und Beleuchtung – Teil 11: Gebäudeautomation

DIN V 18599 Beiblatt 1:2010-01 Energetische Bewertung von Gebäuden – Berechnung des Nutz-, End- und Primärenergiebedarfs für Heizung, Kühlung, Lüftung, Trinkwarmwasser und Beleuchtung – Beiblatt 1: Bedarfs-/Verbrauchsabgleich

DIN V 18599 Beiblatt 2:2012-06 Energetische Bewertung von Gebäuden – Berechnung des Nutz-, End- und Primärenergiebedarfs für Heizung, Kühlung, Lüftung, Trinkwarmwasser und Beleuchtung – Beiblatt 2: Beschreibung der Anwendung von Kennwerten aus der DIN V 18599 bei Nachweisen des Gesetzes zur Förderung Erneuerbarer Energien im Wärmebereich (EEWärmeG)

ÖNORM B 2067:2013-07-01 – Heizungsanlagen – Planung und Berechnung von Wärmeversorgungsanlagen

SIA 480:2016 – Wirtschaftlichkeitsrechnung für Investitionen im Hochbau

VOB/B DIN 1961:2016-09 VOB Vergabe- und Vertragsordnung für Bauleistungen – Teil B: Allgemeine Vertragsbedingungen für die Ausführung von Bauleistungen

VOB/C DIN 18299:2023-09 VOB Vergabe- und Vertragsordnung für Bauleistungen – Teil C: Allgemeine Technische Vertragsbedingungen für Bauleistungen (ATV) – Allgemeine Regelungen für Bauarbeiten jeder Art

Rechtsvorschriften

[BGB]: Bürgerliches Gesetzbuch in der Fassung der Bekanntmachung vom 2. Januar 2002 (BGBl. I S. 42, 2909; 2003 I S. 738), das zuletzt durch Artikel 4 des Gesetzes vom 7. April 2025 (BGBl. 2025 I Nr. 109) geändert worden ist

[BioStoffV]: Verordnung über Sicherheit und Gesundheitsschutz bei Tätigkeiten mit Biologischen Arbeitsstoffen (Biostoffverordnung – BioStoffV) vom 15. Juli 2013 (BGBl. I S. 2514), die zuletzt durch Artikel 3 der Verordnung vom 2. Dezember 2024 (BGBl. 2024 I Nr. 384) geändert worden ist

[EEG]: Erneuerbare-Energien-Gesetz vom 21. Juli 2014 (BGBl. I S. 1066), das zuletzt durch Artikel 1 des Gesetzes vom 21. Februar 2025 (BGBl. 2025 I Nr. 52) geändert worden ist

[EEWärmeG]: Gesetz zur Förderung Erneuerbarer Energien im Wärmebereich (Erneuerbare-Energien-Wärmegesetz – EEWärmeG] vom 7. August 2008 (BGBl. I S. 1658), in Kraft getreten am 1. Januar 2009, außer Kraft getreten aufgrund Gesetzes vom 8. August 2020 (BGBl. I S. 1728) mit Wirkung vom 1. November 2020

[EnEG]: Gesetz zur Einsparung von Energie in Gebäuden (Energieeinsparungsgesetz – EnEG) vom 22. Juli 1976 (BGBl. I S. 1873), außer Kraft getreten am 1. November 2020

[EnEV]: Verordnung über energiesparenden Wärmeschutz und energiesparende Anlagentechnik bei Gebäuden (Energieeinsparverordnung – EnEV) vom 16. November 2001 (BGBl. I S. 3085), außer Kraft getreten am 1. November 2020

[EnSimiMaV]: Verordnung zur Sicherung der Energieversorgung über mittelfristig wirksame Maßnahmen (Mittelfristenergieversorgungssicherungsmaßnahmenverordnung – EnSimiMaV) vom 23. September 2022 (BGBl. I S. 1530)

[EstG]: Einkommensteuergesetz in der Fassung der Bekanntmachung vom 8. Oktober 2009 (BGBl. I S. 3366, 3862), das zuletzt durch Artikel 2 des Gesetzes vom 23. Dezember 2024 (BGBl. 2024 I Nr. 449) geändert worden ist

[GEG]: Gesetz zur Einsparung von Energie und zur Nutzung erneuerbarer Energien zur Wärme- und Kälteerzeugung in Gebäuden (Gebäudeenergiegesetz – GEG) vom 8. August 2020 (BGBl. I S. 1728), das zuletzt durch Artikel 1 des Gesetzes vom 16. Oktober 2023 (BGBl. 2023 I Nr. 280) geändert worden ist

[GefStoffV]: Verordnung zum Schutz vor Gefahrstoffen (Gefahrstoffverordnung – GefStoffV) vom 26. November 2010 (BGBl. I S. 1643, 1644), die zuletzt durch Artikel 1 der Verordnung vom 2. Dezember 2024 (BGBl. 2024 I Nr. 384) geändert worden ist

Gesetzentwurf der Bundesregierung: Entwurf eines Gesetzes zur Änderung des Gebäudeenergiegesetzes, 2023 [online]. Berlin: Bundesministerium für Wohnen, Stadtentwicklung und Bauwesen (BMWSB), 2023. Internet: https://www.bmwsb.bund.de/SharedDocs/gesetzgebungsverfahren/DE/Downloads/kabinettsfassung/geg-20230419.pdf?__blob=publicationFile&v=1

[HeizAnlV]: Verordnung über energiesparende Anforderungen an heizungstechnische Anlagen und Brauchwasseranlagen (Heizungsanlagen-Verordnung – HeizAnlV) Vom 22. September 1978 (BGBl I S. 1581)

[HOAI]: Verordnung über die Honorare für Architekten- und Ingenieurleistungen (Honorarordnung für Architekten und Ingenieure – HOAI) vom 10. Juli 2013 (BGBl. I S. 2276), die zuletzt durch Artikel 3 des Gesetzes vom 22. März 2023 (BGBl. 2023 I Nr. 88) geändert worden ist

[PSA-BV]: Verordnung über Sicherheit und Gesundheitsschutz bei der Benutzung persönlicher Schutzausrüstungen bei der Arbeit (PSA-Benutzungsverordnung – PSA-BV) vom 4. Dezember 1996 (BGBl. I S. 1841), die durch Artikel 2 der Verordnung vom 2. Dezember 2024 (BGBl. 2024 I Nr. 384) geändert worden ist

Richtlinie (EU) 2024/1275 des Europäischen Parlaments und des Rates vom 24. April 2024 über die Gesamtenergieeffizienz von Gebäuden

Richtlinie für die Förderung von Pilotprojekten der Seriellen Sanierung und flankierenden Maßnahmen (Bundesförderung Serielle Sanierung) vom: 23.04.2021. Bundesministerium für Wirtschaft und Energie (BWMK). BAnz AT 07.05.2021 B1 [online]. Internet: https://www.bundesanzeiger.de/pub/publication/dNj218qV5wWBhzl35wk/content/dNj218qV5wWBhzl35wk/BAnz%20AT%2007.05.2021%20B1.pdf

[StromEinspG]: Gesetz über die Einspeisung von Strom aus erneuerbaren Energien in das öffentliche Netz (Stromeinspeisungsgesetz) vom 7. Dezember 1990, außer Kraft getreten am 1. April 2000

[WPG]: Wärmeplanungsgesetz vom 20. Dezember 2023 (BGBl. 2023 I Nr. 394)

Literatur

Absatzzahlen für Wärmepumpen in Deutschland 2023. Berlin: Bundesverband Wärmepumpe (BWP) e. V., 2023 [online]. Internet: https://www.waermepumpe.de/

fileadmin/user_upload/Tabelle_AbsatzzahlenWP_2023-01.jpg [Zugriff: 07.05.2025]

Achelis, Justus: Fachkommission Bautechnik der Bauministerkonferenz Auslegungsfragen zur Energieeinsparverordnung – Teil 15 [online]. Berlin: Deutsches Institut für Bautechnik (DIBt), 2011. Internet: https://www.is-argebau.de/Dokumente/42314356.pdf [Zugriff: 08.05.2025]

Allgemeine Bauartengenehmigung Nummer Z-33.49-1072. Stand: 19.10.2022. Berlin: Deutsches Institut für Bautechnik [DIBt], 2022 [online]. Internet: https://www.dibt.de/pdf_storage/2022/Z-33.49-1072(1.33.49-1072!7).pdf [Zugriff: 17.03.2025]

Altbausanierung mit nachwachsenden Rohstoffen. 5. aktualisierte Aufl. Gülzow-Prüzen: Fachagentur Nachwachsende Rohstoffe e. V. (FNR), 2020 [online]. Internet: https://www.fnr.de/fileadmin/allgemein/pdf/broschueren/Broschuere_Altbausanierung_Nachdruck_2020_web.pdf [Zugriff: 11.06.2025]

A wie zirkulär. Ein Leitfaden zum Planen und Bauen im Kreislauf. Berlin: Architektenkammer Berlin, 2024 [online]. Internet: https://www.ak-berlin.de/fileadmin/user_upload/Fachthemen_Nachhaltiges_Planen_und_Bauen/20241028_A_WIE_ZIRKULAER_EIN_LEITFADEN_ZUM_PLANEN_UND_BAUEN_IM_KREISLAUF.pdf [Zugriff: 11.06.2025]

Baukulturbericht 2022/23 Neue Umbaukultur. Stand: Februar 2023. Potsdam: Bundesstiftung Baukultur, 2023 [online]. Internet: https://www.bundesstiftung-baukultur.de/fileadmin/files/content/publikationen/BBK_BKB-22-23-D.pdf [Zugriff: 29.05.2025]

Baukultur Bericht 2024/25 Infrastrukturen. Stand: Januar 2025, 3. Auflage. Potsdam: Bundesstiftung Baukultur, 2024

Baupreislexikon. o. J. [online]. Weimar: f:data GmbH, o. J. Internet: https://www.baupreislexikon.de/ [Zugriff: 17.03.2025]

Baupreisindizes: Deutschland, Jahre, Messzahlen mit/ohne Umsatzsteuer, Gebäudearten, Bauarbeiten (Hochbau) [online]. Stand: 06.02.2025. Wiesbaden: Statistisches Bundesamt (Destatis), 2025c. Internet: https://www-genesis.destatis.de/datenbank/online/statistic/61261/table/61261-0001/table-toolbar/search/s/YmF1[...]RA== [Zugriff: 17.03.2025]

Bau- und Immobilienpreisindex [online]. Wiesbaden: Statistisches Bundesamt (Destatis), 2025a. Internet: https://www.destatis.de/DE/Themen/Wirtschaft/Preise/Baupreise-Immobilienpreisindex/_inhalt.html [Zugriff: 17.03.2025]

Behr, Sophie M.; Küçük, Merve; Neuhoff, Karsten: Energetische Modernisierung von Gebäuden sollte durch Mindeststandards und verbindliche Sanierungsziele beschleunigt werden [online]. Stand: 13. März 2023. Berlin: DIW Berlin – Deutsches Institut für Wirtschaftsforschung, 2023. Internet: https://www.diw.de/documents/publikationen/73/diw_01.c.868217.de/diw_aktuell_87.pdf [Zugriff: 10.05.2025]

BKI Baukosten Gebäude + Bauelemente Neubau 2024. Stuttgart: Baukosteninformationszentrum Deutscher Architektenkammern GmbH (BKI), 2024

BNB – Bewertungssystem Nachhaltiges Bauen: Bilanzierungsregeln zur Ökobilanzierung von Gebäuden (BN_2015 LCA-Bilanzierungsregeln_II), 2015 [online]. Berlin: Bundesministerium für Umwelt, Naturschutz, Bau und Reaktorsicherheit (BMUB), 2015. Internet: https://www.bnb-nachhaltigesbauen.de/fileadmin/publikationen/BBSR_LFNB_D_190125.pdf

Borchardt, Fabien: Implementierung von Nachhaltigkeit in den einzelnen Leistungsphasen der HOAI. Entwicklung neuer Ansätze zum nachhaltigen Planen und Bauen. Wiesbaden: Springer Vieweg, 2024

DGNB Kriterienkatalog Gebäude Sanierung, Version 2021. 3. Aufl. Stuttgart: Deutsche Gesellschaft für Nachhaltiges Bauen (DNGB), 2021

DENA-GEBÄUDEREPORT 2023. Zahlen, Daten, Fakten zum Klimaschutz im Gebäudebestand. Stand: Oktober 2022. Berlin: Deutsche Energie-Agentur GmbH (dena), 2022 [online]. Internet: https://www.dena.de/fileadmin/dena/Publikationen/PDFs/2022/dena_Gebaeudereport_2023.pdf [Zugriff: 29.05.2025]

ECO1.1 Gebäudebezogene Kosten im Lebenszyklus [online]. Version 2023. Stuttgart: Deutsche Gesellschaft für Nachhaltiges Bauen (DNGB), 2023. Internet: https://www.dgnb.de/filestorages/Downloads_unprotected/dokumente/kriterien/dgnb-kriterium-eco-1-1-gebaeude-neubau-version-2023.pdf [Zugriff: 17.03.2025]

Energetische Altbausanierung. Die Düsseldorfer Gebäudetypologie. Düsseldorf: Umweltamt Landeshauptstadt Düsseldorf, o. D. [online]. Internet: https://www.duesseldorf.de/fileadmin/Amt19/umweltamt/publikationen/gebaeudetypologie_flyer.pdf [Zugriff: 11.06.2025]

Energetische Einsparpotentiale und wirtschaftliche Bewertung des hydraulischen Abgleiches für Anlagen der Gebäudeenergietechnik. Stand: Februar 2019. Dresden: ITG Dresden, 2019 [online]. Internet: https://www.hydraulischer-abgleich.de/fileadmin/user_upload/file/Einsparpotenzial_und_Wirtschaftlichkeit_hydraulischer_Abgleich_2019-02-04.pdf [Zugriff: 11.06.2025]

Energetische Sanierung von Altbauten – Handlungsempfehlungen für Hauseigentümerinnen und Hauseigentümer. Wiesbaden: Umweltamt der Landeshauptstadt Wiesbaden, 2019

Energetische Sanierung von erhaltenswerten Altbauten in Freiburg. Stand: 2011. Freiburg im Breisgau: Stadt Freiburg im Breisgau, Dezernat für Umwelt, Jugend, Schule und Bildung, Umweltschutzamt, 2011 [online]. Internet: http://www.energie-sparen-freiburg.de/wp-content/media/broschuere_altbausanierung.pdf [Zugriff: 11.06.2025]

Energieberatung für Wohngebäude. Merkblatt für die Erstellung des individuellen Sanierungsfahrplans (iSFP). Stand: Januar 2024. Eschborn: Bundesamt für Wirtschaft und Ausfuhrkontrolle (BAFA), 2024 [online]. Internet: https://www.bafa.de/SharedDocs/Downloads/DE/Energie/ebw_merkblatt_isfp_2023.pdf?__blob=publicationFile&v=4 [Zugriff: 11.06.2025]

Energieeffizienzklassen A+ bis H für Gebäude. Energiebedarf verschiedener Gebäudestandards für die energetische Bewertung [online]. Hamburg: DAA GmbH, 2024. Internet: https://www.effizienzhaus-online.de/energieeffizienzklasse/ [Zugriff: 11.06.2025]

Erdgas- und Stromdurchschnittspreise [online]. Wiesbaden: Statistisches Bundesamt (Destatis), 2025b. Internet: https://www.destatis.de/DE/Themen/Wirtschaft/Preise/Erdgas-Strom-DurchschnittsPreise/_inhalt.html [Zugriff: 17.03.2025]

Eine Renovierungswelle für Europa – umweltfreundlichere Gebäude, mehr Arbeitsplätze und bessere Lebensbedingungen. Mitteilung der Kommission an das Europäische Parlament, den Rat, den Europäischen Wirtschafts- und Sozialausschuss und die den Ausschuss der Regionen [online]. Stand: 14.10.2020. Brüssel: Europäische Kommission, 2020. Internet: https://eur-lex.europa.eu/resource.html?uri=cellar:0638aa1d-0f02-11eb-bc07-01aa75ed71a1.0002.02/DOC_1&format=PDF [Zugriff: 17.03.2025]

ETAG 004. Guideline for European Technical Approval of external thermal insulation composite systems (Etics) with rendering [online]. Stand: Februar 2013. Brüssel: European Organisation for Technical Approvals (EOTA), 2013. Internet: https://www.google.com/url?sa=t&source=web&rct=

j&opi=89978449&url=https://www.eota.eu/sites/default/files/uploads/ETAGs/etag-004-february-2013.pdf&ved=2ahUKEwjln5TWgZKMAxVs-QIHHa65B-sQFnoECBwQAQ&usg=AOvVaw1_aCGk9kkC-vqlUSghfmKw [Zugriff: 17.03.2025]

Evaluation des Förderprogramms zur Altbausanierung in der Stadt Münster – Anhang zum Endbericht. Stand: März 2003. Tübingen: Energieberatung, Haustechnik und ökologische Konzepte GbR, 2003 [online]. Internet: https://www.stadt-muenster.de/fileadmin/user_upload/stadt-muenster/67_klima/pdf/EB_Anhang2Gebaeudetypologie.pdf [Zugriff: 11.06.2025]

Gebäudebezogene Kosten im Lebenszyklus. Berlin: Bundesministerium für Wohnen, Stadtentwicklung und Bauwesen, o. J. [online]. Internet: https://www.bnb-nachhaltigesbauen.de/fileadmin/steckbriefe/verwaltungsgebaeude/neubau/v_2009_4/BNB_gebaeudebezogene_kosten_im_lebenszyklus_2.1.1.pdf [Zugriff: 24.05.2025]

Gebäudetypologie der Stadt Wuppertal. Stand: Februar 2016. Wuppertal: Stadt Wuppertal, 2016 [online]. https://www.wuppertal.de/microsite/klimaschutz/dokumente_downloads/Gebaeudetypologie_mit_Unterschrift_web_Ausrichtung.pdf [Zugriff: 11.06.2025]

Geschäftsmodelle für zirkuläres Bauen und Sanieren. Stand: November 2023. Berlin: Deutsche Energie-Agentur GmbH (dena), 2023 [online]. Internet: https://www.gebaeudeforum.de/fileadmin/gebaeudeforum/Downloads/Studie-Bericht/Studie_Geschaeftsmodelle_Kreislaufwirtschaft_Bauwesen.pdf [Zugriff: 11.06.2025]

Glaesmann, Nicolas: Wärmepumpenheizungen. Planungshilfe und Ratgeber für Neubauten und Bestandsgebäude. Wiesbaden: Springer Vieweg, 2022

Gründerzeitgebäude – Leitfaden für energetische Sanierungen in Frankfurt. Stand: August 2023. Frankfurt am Main: Klimareferat Stadt Frankfurt am Main, 2023 [online]. Internet: https://frankfurt.de/-/media/frankfurtde/service-und-rathaus/verwaltung/aemter-und-institutionen/klimareferat/pdf/160504_broschure_grunderzeit_druck_2016_bf_pdfua.ashx [Zugriff: 11.06.2025]

Handbuch für Energieberaterinnen und Energieberater. Anleitung zur Erstellung des individuellen Sanierungsfahrplans. Stand: Oktober 2021. Berlin: Deutsche Energie-Agentur GmbH (dena), 2021 [online]. Internet: https://www.gebaeudeforum.de/fileadmin/gebaeudeforum/Downloads/iSFP-Publikation/iSFP-Handbuch-21-12.pdf [Zugriff: 11.06.2025]

Leitfaden Energieausweis. Teil 1 – Energiebedarfsausweis: Datenaufnahme Wohngebäude. 3. Aufl. Berlin: Deutsche Energie-Agentur GmbH (dena), 2015 [online]. Internet: https://www.dena.de/fileadmin/dena/Dokumente/Pdf/2055_Leitfaden_Energieausweis_Teil_1_-_Gebaeudeaufnahme.pdf [Zugriff: 11.06.2025]

Leitfaden Nachhaltiges Bauen. Stand: Januar 2019. 3. aktualisierte Aufl. Berlin: Bundesministerium des Innern, für Bau und Heimat (BMI), 2019 [online]. Internet: https://www.bmwsb.bund.de/SharedDocs/downloads/Webs/BMWSB/DE/publikationen/bauen/leitfaden-nachhaltiges-bauen.pdf?__blob=publicationFile&v=2 [Zugriff: 11.06.2025]

Maßnahmenvorschläge für einen klimaneutralen Gebäudebestand 2045. Bonn: Bundesinstitut für Bau-, Stadt- und Raumforschung (BBSR), 2024 [online]. Internet: https://www.bbsr.bund.de/BBSR/DE/veroeffentlichungen/bbsr-online/2024/bbsr-online-105-2024-dl.pdf (Zugriff: 06.08.2025).

Nationaler Asbestdialog. Stand: April 2020. Berlin: Bundesministerium für Arbeit und Soziales (BMAS), 2020 [online]. Internet: https://www.bmas.de/SharedDocs/Downloads/DE/Arbeitsschutz/Asbestdialog/2020-05-05-asbestdialog-sachstand-bmas.pdf?__blob=publicationFile&v=4

Nutzungsdauern von Bauteilen [online]. Berlin: Bundesinstitut für Bau-, Stadt- und Raumforschung (BBSR) im Bundesamt für Bauwesen und Raumordnung (BBR), 2017. Internet: https://www.nachhaltigesbauen.de/austausch/nutzungsdauern-von-bauteilen/ [Zugriff: 17.03.2025]

ÖKOBAUDAT Informationsportal Nachhaltiges Bauen. Stand: 02.10.2024 [online]. Berlin: Bundesinstitut für Bau-, Stadt- und Raumforschung (BBSR) im Bundesamt für Bauwesen und Raumordnung (BBR), 2024. Internet: https://www.oekobaudat.de/ [Zugriff: 17.03.2025]

OPTIMUS – Optimierung von Heizungssystemen durch Information und Qualifikation zur nachhaltigen Nutzung von Energieeinsparpotentialen. Abschlussbericht zum Projekt 18315/01, gefördert durch die Deutsche Bundesstiftung Umwelt (DBU), 2003 [online]. Wilhelmshaven: DBU, 2003. Internet: https://www.dbu.de/projektdatenbank/18315-01/ [Zugriff: 08.05.2025]

QNG Siegeldokumente. Stand: 2025 [online]. Berlin: Bundesministerium für Wohnen, Stadtentwicklung und Bauwesen (BMWSB), 2025. Internet: https://www.qng.info/qng/qng-anforderungen/qng-siegeldokumente/ [Zugriff: 17.03.2025]

Stahr, M.: Bausanierung – Erkennen und Beheben von Bauschäden. 7. vollständig überarbeitete Aufl. Wiesbaden: Springer Vieweg, 2022

TRG 519. Technische Regeln für Gefahrstoffe. Asbest – Abbruch-, Sanierungs- oder Instandhaltungsarbeiten. Ausgabe: Januar 2014. Berlin: Bundesanstalt für Arbeitsschutz und Arbeitsmedizin, Ausschuss für Gefahrstoffe (AGS), 2014, zuletzt geändert und ergänzt: Gemeinsames Ministerialblatt Nr. 7, 28.2.2025, S. 144–145

TRG 910. Technische Regeln für Gefahrstoffe. Risikobezogenes Maßnahmenkonzept für Tätigkeiten mit krebserzeugenden Gefahrstoffen. Ausgabe: Februar 2014. Berlin: Bundesanstalt für Arbeitsschutz und Arbeitsmedizin, Ausschuss für Gefahrstoffe (AGS), 2014, zuletzt geändert und ergänzt: Gemeinsames Ministerialblatt Nr. 8, 20.03.2025, S. 156

VDI-Richtlinie 2067 Blatt 1:2012-09 Wirtschaftlichkeit gebäudetechnischer Anlagen – Grundlagen und Kostenberechnung. Düsseldorf: Verein Deutscher Ingenieure e. V. (VDI), 2012

VDI-Richtlinie 2078 2015-06 Berechnung der thermischen Lasten und Raumtemperaturen (Auslegung Kühllast und Jahressimulation). Düsseldorf: Verein Deutscher Ingenieure e. V. (VDI), 2015

VDI-Richtlinie 4100:1994-06 Schallschutz im Hochbau – Wohnungen – Beurteilung und Vorschläge für erhöhten Schallschutz. Düsseldorf: Verein Deutscher Ingenieure (VDI), 1996

VDI-Richtlinie 4100:2012-10 Schallschutz im Hochbau – Wohnungen – Beurteilung und Vorschläge für erhöhten Schallschutz. Düsseldorf: Verein Deutscher Ingenieure e. V. (VDI), 2012

Willems, Wolfgang M.: Lehrbuch der Bauphysik. Wärme – Feuchte – Klima – Schall – Licht – Brand. 9. Aufl. Wiesbaden: Springer Vieweg, 2022

Zilch, Konrad: Allgemeine Grundlagen des Bauwesens. Technik – Organisation – Wirtschaftlichkeit. 3. Aufl. Wiesbaden: Springer Vieweg, 2022

Zirkuläres Bauen erfolgreich umsetzen. Ein praxisnaher Leitfaden für Entscheidungstragende, Bauverantwortliche und Planende. Stand: Oktober 2024. Karlsruhe: LUBW Landesanstalt für Umwelt Baden-Württemberg, 2024 [online]. Internet: https://pudi.lubw.de/detailseite/-/publication/10662-Ein_praxisnaher_Leitfaden_f%C3%BCr_Entscheidungstragende__Bauverantwortliche_und_Planende.pdf [Zugriff: 11.06.2025]

12.2 Abkürzungen

aBaG	Allgemeine Bauartgenehmigung
aaRdT	allgemein anerkannte Regeln der Technik
AWP	Abluftwärmepumpe
BEG	Bundesförderung für effiziente Gebäude
BEMS	Building Energy Management System
BIM	Building Information Modeling
BIPV	bauwerkintegrierte Photovoltaik
BNB	Bewertungssystem Nachhaltiges Bauen
BREEAM	Building Research Establishment Environmental Assessment Method
COP	Coefficient of Performance
DfD	Design for Disassembly
DGNB	Deutsche Gesellschaft für Nachhaltiges Bauen
EMS	Energiemanagementsystem
EPD	Environmental Product Declaration
EPS	expandiertes Polystyrol
FUK	Fachunternehmererklärung
GLT	Gebäudeleittechnik
GWP	Global Warming Potential
HAVC	Heating, Ventilation, Air Conditioning
HLK	Heizung, Lüftung, Klimatisierung
HOAI	Honorarordnung für Architekten und Ingenieure
KfW	Kreditanstalt für Wiederaufbau
IoT	Internet of Things (Internet der Dinge)
KWK	Kraft-Wärme-Kopplung
KWL	kontrollierte Wohnraumlüftung
LCA	Life Cycle Assessment
LCC	Life Cycle Costs
LEED	Leadership in Energy and Environmental Design
MEPS	Minimum Energy Performance Standards
MOF	metallorganisches Framework
MPP	Maximum Power Point
MPPT	Maximum Power Point Tracking
NT-ready	für den Niedertemperaturbetrieb vorbereitet
OSB	orientated strand board
PENRT	Primärenergie, nicht erneuerbar, gesamt
PIR	Polyisocyanurat
PtH	Power-to-Heat
PtL	Power-to-Liquid
PUR	Polyurethan
SHK	Sanitär, Heizung, Klima
TGA	technische Gebäudeausrüstung
V2G	Vehicle-to-Grid
VHF	vorgehängte hinterlüftete Fassade
VIP	Vakuumisolationspaneele
VOC	Volatile Organic Compounds (flüchtige organische Verbindungen)
WACC	Weighted Average Cost of Capital
WDVS	Wärmedämm-Verbundsystem
WEG	Wohneigentümergemeinschaft
WRG	Wärmerückgewinnung
XPS	extrudiertes Polystyrol

12.3 Stichwortverzeichnis